工程物资管理
系/列/丛/书

中铁四局集团物资工贸有限公司　组编

建设工程物资

Materials for Construction Engineering

黎小刚　王蕾 ◎ 主编

北京师范大学出版集团
安徽大学出版社

图书在版编目(CIP)数据

建设工程物资/黎小刚,王蕾主编. —合肥:安徽大学出版社,2019.11
(工程物资管理系列丛书)
ISBN 978-7-5664-1906-4

Ⅰ.①建… Ⅱ.①黎…②王… Ⅲ.①建设材料－物资管理－高等学校－教材 Ⅳ.①F407.965

中国版本图书馆CIP数据核字(2019)第158333号

建设工程物资

黎小刚 王 蕾 主编

出版发行：北京师范大学出版集团
　　　　　安 徽 大 学 出 版 社
　　　　　(安徽省合肥市肥西路3号 邮编230039)
　　　　　www.bnupg.com.cn
　　　　　www.ahupress.com.cn
印　　刷：合肥远东印务有限责任公司
经　　销：全国新华书店
开　　本：184mm×260mm
印　　张：34.25
字　　数：652千字
版　　次：2019年11月第1版
印　　次：2019年11月第1次印刷
定　　价：98.00元
ISBN 978-7-5664-1906-4

策划编辑：陈　来　刘中飞　　　　装帧设计：李伯骥
责任编辑：武溪溪　陈玉婷　　　　美术编辑：李　军
责任印制：赵明炎

版权所有　侵权必究
反盗版、侵权举报电话：0551-65106311
外埠邮购电话：0551-65107716
本书如有印装质量问题,请与印制管理部联系调换。
印制管理部电话：0551-65106311

工程物资管理系列丛书

编委会

主　　任　　刘　勃　　汪海旺

执行主任　　余守存　　王　琨　　晏荣龙　　杨高传

副 主 任　　吴建新　　张世军　　刘克保　　季文斌
　　　　　　　金礼俊

委　　员（以姓氏拼音为序）

蔡长善　　陈春林　　陈根宝　　陈　武
陈　勇　　杜宗晟　　冯松林　　侯培赢
姜维亚　　经宏启　　黎小刚　　李继荣
刘英顺　　牟艳杰　　单学良　　沈　韫
田军刚　　王衡英　　吴　峰　　吴　剑
徐晓林　　杨维灵　　郁道华　　袁　毅
詹家敏　　赵　瑜　　周　黔　　周　勇
朱玉蜂

本书编委会

主　编 黎小刚　王　蕾

副主编 李立胜　鲍尚玉　沈　韫

编　者（以姓氏拼音为序）

鲍尚玉	别　杰	陈成坤	陈春林	陈科玮
陈小林	陈晓光	陈　真	程　前	杜文浩
高　刚	葛巍巍	郭宜学	黄　陈	黄沈明
黄　诗	季　鹏	黎小刚	李国威	李立胜
李妍蓓	李　院	李志辉	凌育森	刘海林
吕　磊	马冬冬	尚黎明	邵凤琴	沈少明
沈　韫	施园园	史田俊	唐　娟	唐全德
陶龙祥	汪　毅	王宏学	王　蕾	王时根
谢灵锐	徐　斌	徐漫远	徐先创	姚　亮
殷　斌	余宝胜	余红生	张　创	张虎良
周祥东	朱文强

总 序

　　工程物资管理是一个历史悠久、专业性强、实用性突出的重要专业,它和工程类其他专业一起,为高速列车疾驶在祖国大地上、为高楼大厦耸立在城市天际线、为水电天然气走进千家万户作了理论支撑和技术支持。但是,2008年以来,为了迎接来势凶猛、发展迅速的电商物流产业,原开设工程物资管理的院校纷纷将原有的工程物资管理专业调整为物流管理专业,一字之差,专业方向南辕北辙、专业内容天壤之别,工程物资管理的课程和教学课程已经被边缘化到了近似于无的不堪境地。2008年以后,分配到建筑施工企业的物流管理专业毕业生基本上专业不对口,全国近百万工程物资从业人员处于专业知识匮乏、技能培训不足、工作缺乏指导的蒙昧状态;与此同时,工程建设领域新理念日新月异、新技术层出不穷、新材料竞相登场;工程物资管理也出现了很多新挑战、新问题和新机遇,专业方向的偏差使得广大物资人很难在自己的事业中掌握实用的专业知识和积淀深厚的理论素养,活跃在天涯海角、大江南北的物资人亟须得到系统性的专业教育和实用性的知识更新。加强工程物资管理的专业培训,不仅是一个企业的刚性需求,更是一个企业对整个建筑行业的历史担当。

　　为了助推建筑施工企业持续健康发展,提高工程物资管理人员的综合素质,培养工程物资管理复合型人才,由中铁四局集团物资工贸有限公司牵头,在集团公司领导和相关部门大力支持下,在全局100多位资深物资人和其他专业人员精心编纂与苦心锤炼下,在安徽职业技术学院鼎力支持下,经过无数次会议的策划和切磋,无数个日夜的筚路蓝缕,无数个信函的时空穿梭,我们历时两年多的时间,终于将这套鲜活、精湛、全面的"工程物资管理系列丛书"呈现在读者面前。系列丛书共六册,即《建设工程概论》《建设工程物资》《工程物资管理实务》《工程经济管理》《国际贸易与海外项目物资管理》和《电子商务与现代物流》,共计260万字;丛书详细诠释了与工程物资管理相关的专业理论知识,并结合当前行业标准、技术规范、质量要求和前沿工程实践,为不同方向、不同层次、不同岗位的物资人员提供既有全面性又有差异性的知识供给,力求满足每位物资人个性化学习和发展的需要;概括地说,丛书内容涵盖了一位复合型物资人才需要掌握的全部知识。

《建设工程概论》主要针对建设施工涉及的专业领域,从专业分类、技术流程、施工组织、项目管理、法律法规等方面进行阐述,以便物资管理人员及时且准确地明晰建筑工程的特点、流程和规律,围绕工程施工的主线,确立自身工作职能和定位,找到具体工作的切入点和着力点。

《建设工程物资》对主要物资的性能、参数、检验与保管等进行全面系统的描述,是工程物资管理中最基础的具有工具书性质的专业书籍,方便物资管理人员随时学习和查阅。

《工程物资管理实务》主要梳理建筑施工企业物资采购管理、供应管理、现场管理等内容,并介绍了现代采购管理新理念以及信息化建设的发展前沿。在网络技术和信息化高度发达的今天,供应链管理成为重点研究方向,本书对上游(产品制造商或服务提供商)、中游(供应商或租赁商)、下游(终端用户)分别进行了详细阐述,并系统阐述相互关联与合作的路径,引导物资管理人员树立全新的采购和供应商管理理念。

《工程经济管理》主要介绍建设工程的投资估价、调概索赔、成本管控、财税管理等内容,使物资管理人员深入了解工程施工中相关费用的构成与管控,明晰物资管理在工程管理中的作用与价值,拓展了理论视野与知识边界,便于广大物资人跳出专业之外看问题与做事情。

《国际贸易与海外项目物资管理》重点介绍了国际贸易的理论、法规、术语、合同等内容,针对海外工程项目物资管理的特殊性,详细阐述了海外物资采购、商检报关、集港运输、出口退税等一系列业务流程,方便物资管理人员学习掌握与灵活应用。

《电子商务与现代物流》主要介绍电子商务和现代物流的发展趋势、主要特征和运作模式,让物资管理人员了解电商背景下的企业物流管理。高校物流管理专业也开设了这门课程,毕业生对电子商务和物流方面的知识相对熟悉,但本书难能可贵之处就是将其思想和理念有效地运用到建筑施工企业的物资管理中,深度聚焦工程实际,对物资人的工作实践大有裨益。

我们怀揣着"春风化雨"的美好夙愿,向广大物资人推广和普及本套系列丛书,让基础理论和相关知识滋养有志于工程物资管理工作的同仁们,并在具体的工作实践中开花结果。然而,由于本套系列丛书专业性强、内容庞杂、理论跨度较大,加上编写时间仓促,难免存在不足之处;因此,当这套系列丛书与大家见面时,希望广大专家和同仁们多提宝贵意见和建议,我们将进一步修订和完善。

已欲立而立人,已欲达而达人。时代的浪潮川流不息、滚滚向前,唯有不断地鞭策和学习才能使我们在这个日新月异的世界里保持从容和淡定。愿这套系列丛书成为我们丰富知识的法宝、增进友谊的桥梁、共同进步的见证。

余守存

2019 年 8 月

前　言

　　《建设工程物资》是"工程物资管理系列丛书"之一种，"工程物资管理系列丛书"的受众很明确，就是工程项目的物资管理人员；而我们编写《建设工程物资》的出发点也很明确，就是要让它成为工程项目物资管理人员的良师益友，使之成为工程项目物资管理人员日常工作中可以随时翻阅的工具书，当然，它也可以作为工程项目物资管理人员业务培训的基础教材。

　　基于以上原因，我们在本书编写过程中作了如下尝试和探索：

　　第一，在章节划分上进行创新。目前多数同类图书一般会根据原材料的物理属性和化学属性，将其分为"无机材料""有机材料"和"复合材料"，而无机材料又再细分为"金属材料"和"非金属材料"等。这种分类方式对于我们所编的《建设工程物资》来说，具有很大局限性。一是同一种类工程物资有可能会出现归类困难的现象，例如，同是桥梁支座，钢支座应该归类到金属材料，而橡胶支座则应该归类到非金属材料；二是在建设工程领域，新材料、新工艺的应用非常普遍，很多新材料按传统分类方式进行归类后会造成工程项目物资管理人员在查阅和学习时无所适从。因而，在本书中，我们尝试根据原材料的使用方向进行分类。首先将建设工程中通用的"建筑钢材"和"混凝土及混凝土组成材料"作为独立的两章，然后根据该种工程物资主要用于哪种专业工程分为"道路工程物资""桥涵工程物资""隧道工程物资""房屋建筑工程物资""轨道工程物资"和"铁路四电工程物资"，一共分为八章。这样的章节划分，对于工程项目物资管理人员而言，较为简洁和清晰。

　　第二，在每种工程物资应该涵盖的知识点上进行调整。多数同类图书在介绍一种物资时，往往从工厂的生产工艺一直到现场施工工艺都会涉及，追求大而全。而在本书中，我们主要聚焦于工程项目物资管理人员的"应知、应会"，只对每种工程物资的主要分类、规格型号、检验批、取样方法、合格标准以及运输、储存、保管过程注意事项等与日常业务息息相关的内容进行介绍,使之更贴近工程项目物资管理人员的需求,做到"该掌握的知识点一个都不能少,可以不掌握的知识点尽量不涉及",追求小而精。

由于编者水平所限及时间紧迫,书中难免存在不当与疏漏之处,敬请读者提出宝贵的建议。

编 者
2019 年 8 月

目　录

第一章　建筑钢材 ·· 1

　　第一节　概述 ·· 1
　　第二节　钢筋混凝土结构用钢 ·· 4
　　第三节　钢结构用钢 ··· 15

第二章　混凝土及混凝土组成材料 ·· 45

　　第一节　混凝土 ·· 45
　　第二节　水泥 ··· 55
　　第三节　骨料 ··· 60
　　第四节　掺和料 ·· 69
　　第五节　外加剂 ·· 75

第三章　道路工程物资 ·· 91

　　第一节　沥青混凝土 ··· 91
　　第二节　沥青混凝土组成材料 ··· 99
　　第三节　路基填筑材料 ·· 111
　　第四节　土工合成料 ··· 118

第四章　桥涵工程物资 ··· 128

　　第一节　锚具 ··· 128
　　第二节　预应力波纹管 ·· 131
　　第三节　橡胶抽拔管 ··· 133
　　第四节　桥梁支座 ·· 135
　　第五节　桥梁伸缩缝 ··· 139
　　第六节　预应力混凝土管桩 ·· 141

第五章 隧道工程物资 …… 144

 第一节 矿山法隧道物资 …… 144
 第二节 盾构法隧道常用物资 …… 156

第六章 房屋建筑工程物资 …… 169

 第一节 砌筑材料 …… 169
 第二节 门窗材料 …… 197
 第三节 水、暖、电材料 …… 207
 第四节 消防材料 …… 232
 第五节 防水材料 …… 246
 第六节 装饰装修材料 …… 251
 第七节 保温材料 …… 259

第七章 轨道工程物资 …… 264

 第一节 钢轨 …… 264
 第二节 道岔 …… 269
 第三节 轨枕及扣件 …… 279
 第四节 道砟 …… 291

第八章 铁路四电工程物资 …… 293

 第一节 通信专业物资 …… 293
 第二节 信号专业物资 …… 316
 第三节 电力专业物资 …… 350
 第四节 接触网设备物资 …… 405

附 表 …… 493

参考文献 …… 529

第一章 建筑钢材

第一节 概 述

建筑钢材主要包括钢筋混凝土结构用钢、钢结构用钢和建筑装饰用钢材制品等。

一、建筑钢材的主要钢种

钢材是以铁为主要元素,含碳量为 0.02%～2.06%,并含有其他元素的合金材料。钢材按化学成分分为碳素钢和合金钢两大类,碳素钢根据含碳量又可分为低碳钢(含碳量<0.25%)、中碳钢(含碳量为 0.25%～0.6%)和高碳钢(含碳量>0.6%)。合金钢是在炼钢过程中加入一种或多种合金元素,如硅(Si)、锰(Mn)、钛(Ti)、钒(V)等而得到的钢种。按合金元素的总含量,合金钢又可分为低合金钢(总含量<5%)、中合金钢(总含量为 5%～10%)和高合金钢(总含量>10%)。

根据钢中有害杂质硫、磷的多少,工业用钢可分为普通钢、优质钢、高级优质钢和特级优质钢。根据用途的不同,工业用钢常分为结构钢、工具钢和特殊性能钢。

建筑钢材的主要钢种有碳素结构钢、优质碳素结构钢和低合金高强度结构钢。

国家标准《碳素结构钢》(GB/T 700—2006)规定,碳素结构钢的牌号由代表屈服强度的字母 Q、屈服强度数值、质量等级符号、脱氧方法符号等四个部分按顺序组成。其中,质量等级以磷、硫杂质含量由多到少,分别用 A、B、C、D 表示,D 级钢质量最好,为优质钢;脱氧方法符号的含义为:F——沸腾钢,Z——镇静钢,TZ——特殊镇静钢,牌号中符号 Z 和 TZ 可以省略。例如,Q235-AF 表示屈服强度为 235 MPa 的 A 级沸腾钢。除常用的 Q235 外,碳素结构钢的牌号还有 Q195、Q215 和 Q275。碳素结构钢为一般结构和工程用钢,适于生产各种型钢、钢板、钢筋、钢丝等。

优质碳素结构钢钢材按冶金质量等级分为优质钢、高级优质钢(牌号后加"A")和特级优质钢(牌号后加"E")。优质碳素结构钢一般用于生产预应力混凝土用钢丝、钢绞线、锚具,以及高强度螺栓、重要结构的钢铸件等。

低合金高强度结构钢的牌号与碳素结构钢类似,不过其质量等级分为 A、B、

C、D、E五级,牌号有Q345、Q390、Q420、Q460等,主要用于轧制各种型钢、钢板、钢管及钢筋,广泛用于钢结构和钢筋混凝土结构中,特别适用于各种重型结构、高层结构、大跨度结构及桥梁工程等。

二、建筑钢材的力学性能

钢材的主要性能包括力学性能和工艺性能。其中力学性能是钢材最重要的使用性能,包括拉伸性能、冲击性能、疲劳性能等。工艺性能表示钢材在各种加工过程中的行为,包括弯曲性能和焊接性能等。

(一)拉伸性能

反映建筑钢材拉伸性能的指标包括屈服强度、抗拉强度和伸长率。屈服强度是结构设计中钢材强度的取值依据。抗拉强度与屈服强度之比(强屈比)是评价钢材使用可靠性的一个参数。强屈比越大,钢材受力超过屈服点工作时的可靠性越大,安全性越高;但强屈比太大,钢材强度利用率偏低,浪费材料。

钢材在受力破坏前可以经受永久变形的性能,称为塑性。在工程应用中,钢材的塑性指标通常用伸长率表示。伸长率是钢材发生断裂时所能承受永久变形的能力。伸长率越大,说明钢材的塑性越大。试件拉断后标距长度的增量与原标距长度的百分比即为断后伸长率。对常用的热轧钢筋而言,还有一个最大力总伸长率的指标要求。

预应力混凝土用高强度钢筋和钢丝具有硬钢的特点,抗拉强度高,无明显的屈服阶段,伸长率小。由于屈服现象不明显,不能测定屈服点,故常以发生残余变形为0.2%标距长度时的应力作为屈服强度,称条件屈服强度,用$\sigma_{0.2}$表示。

(二)冲击性能

冲击性能是指钢材抵抗冲击荷载的能力。钢的化学成分及冶炼、加工质量都对冲击性能有明显的影响。除此以外,钢的冲击性能受温度的影响较大,冲击性能随温度的下降而减小;当降到一定温度范围时,冲击值急剧下降,从而可使钢材出现脆性断裂,这种性质称为钢的冷脆性,这时的温度称为脆性临界温度。脆性临界温度的数值越低,钢材的低温冲击性能越好。所以,在负温下使用的结构,应当选用脆性临界温度较使用温度低的钢材。

(三)疲劳性能

受交变荷载反复作用时,钢材在应力远低于其屈服强度的情况下突然发生脆性断裂破坏的现象,称为疲劳破坏。疲劳破坏是在低应力状态下突然发生的,所以危害极大,往往造成灾难性的事故。钢材的疲劳极限与其抗拉强度有关,一般抗拉强度高,其疲劳极限也较高。

三、钢材化学成分及其对钢材性能的影响

钢材中除含有主要化学成分铁(Fe)以外,还含有少量的碳(C)、硅(Si)、锰(Mn)、磷(P)、硫(S)、氧(O)、氮(N)、钛(Ti)、钒(V)等元素,这些元素虽含量很少,但对钢材性能的影响很大。

(1)碳。碳是决定钢材性能的最重要元素。建筑钢材的含碳量≤0.8%,随着含碳量的增加,钢材的强度和硬度提高,塑性和韧性下降。含碳量超过0.3%时钢材的可焊性显著降低。碳还增加钢材的冷脆性和时效敏感性,降低抗大气锈蚀性。

(2)硅。当硅含量<1%时,可提高钢材强度,对塑性和韧性影响不明显。硅是我国钢筋用钢材中的主加合金元素。

(3)锰。锰能消减硫和氧引起的热脆性,改善钢材的热加工性能,同时也可提高钢材强度。

(4)磷。磷是碳素钢中很有害的元素之一。磷含量增加,钢材的强度、硬度提高,塑性和韧性显著下降。特别是温度越低,对塑性和韧性的影响越大,从而显著增大钢材的冷脆性,也使钢材的可焊性显著降低。但磷可提高钢材的耐磨性和耐蚀性,在低合金钢中可配合其他元素作为合金元素使用。

(5)硫。硫也是很有害的元素,以非金属硫化物夹杂物形式存在于钢中,降低钢材的各种机械性能。硫化物所造成的低熔点使钢材在焊接时易产生热裂纹,形成热脆现象,称为热脆性。硫使钢的可焊性、冲击韧性、耐疲劳性和抗腐蚀性等均降低。

(6)氧。氧是钢中的有害元素,会降低钢材的机械性能,特别是韧性。氧有促进时效倾向的作用。氧化物所造成的低熔点亦使钢材的可焊性变差。

(7)氮。氮对钢材性质的影响与碳、磷相似,会使钢材强度提高,塑性特别是韧性显著下降。

国家标准《钢筋混凝土用钢 第1部分:热轧光圆钢筋》(GB/T 1499.1—2017)、《钢筋混凝土用钢 第2部分:热轧带肋钢筋》(GB/T 1499.2—2018)规定,各牌号钢筋的化学成分和碳当量(熔炼分析)应符合有关规定。钢筋的成品化学成分允许偏差应符合《钢的成品化学成分允许偏差》(GB/T 222—2006)的规定,碳当量C_{eq}的允许偏差为+0.03%。

第二节　钢筋混凝土结构用钢

钢筋混凝土结构用钢常用的品种有热轧钢筋、预应力混凝土用钢绞线等。

一、热轧钢筋

热轧钢筋是建筑工程中用量最大的钢材品种之一，主要用于钢筋混凝土结构和预应力混凝土结构的配筋，主要有热轧光圆钢筋和热轧带肋钢筋两类。

(一)热轧光圆钢筋

1. 定义

热轧光圆钢筋是指经热轧成型，横截面通常为圆形，表面光滑的钢筋。热轧光圆钢筋强度较低，与混凝土的黏结强度也较低。

2. 分类和牌号

热轧光圆钢筋按屈服强度特征值分为235和300两个级别，牌号及其含义见表1-1。

表1-1　热轧光圆钢筋牌号的构成及其含义

产品名称	牌号	牌号构成	英文字母含义
热轧光圆钢筋	HPB300	由HPB+屈服强度特征值构成	Q:屈服点；H:热轧；P:光圆；B:钢筋

3. 热轧光圆钢筋的验收

(1)资料验收。检查实物是否与采购合同约定的内容相符；检查实物是否与随车的质量保证文件相符。

(2)外观验收。

①表面质量，不得有裂纹、结疤、折叠、凸块或凹陷。

②尺寸、重量及允许偏差，包括直径、不圆度、筋高等应符合标准规定。

热轧光圆钢筋公称直径一般为6 mm、8 mm、10 mm、12 mm、16 mm、20 mm和22 mm。其直径、重量及允许偏差应符合表1-2的规定。

圆钢一般以盘卷交货的按实际重量交货，以直条交货的按理论重量交货，按盘卷交货的钢筋每根盘条重量应不小于500 kg，每盘重量应不小于11000 kg。以直条交货的钢筋实际重量与理论重量的偏差应符合表1-2的规定。

表 1-2　热轧光圆钢筋公称直径、重量及允许偏差

公称直径/mm	允许偏差/mm	公称横截面面积/mm²	理论重量/(kg/m)	实际重量与理论重量的偏差/%	不圆度/mm
6(6.5)	±0.3	28.27(33.18)	0.222(0.260)	±6	≤0.4
8	±0.3	50.27	0.395	±6	≤0.4
10	±0.3	78.54	0.617	±6	≤0.4
12	±0.3	113.1	0.888	±6	≤0.4
14	±0.4	153.9	1.21	±5	≤0.4
16	±0.4	201.1	1.58	±5	≤0.4
18	±0.4	254.5	2.00	±5	≤0.4
20	±0.4	314.2	2.47	±5	≤0.4
22	±0.4	380.1	2.98	±5	≤0.4

③长度及允许偏差。钢筋可按直条和盘圈交货,直条钢筋定尺长度应在合同中注明,按定尺长度交货的直条钢筋长度允许偏差范围为 0~+50 mm。

(3) 化学成分、力学性能和工艺性能复试。

①取样。钢筋应按批次进行检查和验收,每批由同一牌号、同一炉罐号、同一尺寸的钢筋组成。每批重量通常不大于 60 t。超过 60 t 的部分,每增加 40 t(或不足 40 t 的余数),增加一个拉伸试验试样和弯曲试验试样。

允许同一牌号、同一冶炼方法、同一浇注方法的不同炉罐号组成混合批。但各炉罐号含碳量之差不大于 0.02%,含锰量之差不大于 0.15%。混合批的重量不大于 60 t。

凡是拉伸和冷弯均取两个试件的,应从任意两根钢筋中截取,每根钢筋取一根拉伸试样和一根弯曲试样。取样时,应首先在钢筋的端部至少截取 50 cm,然后切去试件。

试件长度:拉伸试件 $L \geqslant L_0 + 200$ mm,冷弯试件 $L \geqslant 5d + 150$ mm。
其中 L_0 为原始标距长度,d 为钢筋直径,单位为 mm。

②化学成分指标。热轧光圆钢筋的化学成分应满足表 1-3 的规定。

表 1-3　热轧光圆钢筋的化学成分

牌号	化学成分(质量分数)(%)不大于				
	C	Si	Mn	P	S
HPB300	0.25	0.55	1.50	0.045	0.045

③力学性能和工艺性能指标。热轧光圆钢筋的力学性能和工艺性能应满足表 1-4 的规定。

表 1-4　热轧光圆钢筋的力学性能和工艺性能

牌号	下屈服强度 R_{eL}/MPa	抗拉强度 R_m/MPa	断后伸长率 A/%	最大力总伸长率 A_{gt}/%	冷弯试验 180° d=弯芯直径 a=钢筋公称直径
	不小于				
HPB300	300	420	25.0	10.0	$d=a$

根据供需双方协定,伸长率可从 A 和 A_{gt} 中选定。如未经协议确定,则伸长率采用 A,仲裁检查时采用 A_{gt}。

按表 1-4 规定的弯芯直径弯曲 180°后,钢筋受弯曲部位表面不得产生裂纹。

4. 技术要求和检验数量

铁路混凝土用光圆钢筋的技术要求和检验规定应符合表 1-5 的规定。

表 1-5　光圆钢筋的技术要求和检验规定

检验项目		质量要求	全面检验项目	抽检项目频次
热轧光圆钢筋	抗拉强度	符合 GB/T 1499.1—2017	√	√ 每批不大于 60 t 同厂家、同批号、同品种、同规格的钢筋
	屈服强度		√	√
	伸长率		√	√
	冷弯		√	√
			任何新选厂家	

(二)热轧带肋钢筋

1. 定义

热轧带肋钢筋是指经热轧成型,横截面通常为圆形,且表面带肋的混凝土结构用钢材。热轧带肋钢筋与混凝土之间的握裹力大,共同工作性能较好,其中的 HRB400 和 HRB500 级钢筋是钢筋混凝土用的主要受力钢筋。

2. 分级和牌号

热轧带肋钢筋按屈服强度特征值分为 400、500 和 600 级。热轧带肋钢筋的牌号及其含义见表 1-6。

表 1-6　热轧带肋钢筋牌号的构成及其含义

类别	牌号	牌号构成	英文字母含义
普通热轧钢筋	HRB400	由 HRB+屈服强度特征值构成	HRB——"热轧带肋钢筋"的英文(Hot rolled Ribbed Bars)缩写。 E——"地震"的英文(Earthquake)首位字母
	HRB500		
	HRB600		
	HRB400E	由 HRB+屈服强度特征值+E 构成	
	HRB500E		

续表

类别	牌号	牌号构成	英文字母含义
细晶粒热轧钢筋	HRBF400	由 HRBF+屈服强度特征值构成	HRBF——在热轧带肋钢筋的英文缩写后加"细"的英文(Fine)首位字母。 E——"地震"的英文(Earthquake)首位字母
	HRBF500		
	HRBF400E	由 HRBF+屈服强度特征值+E构成	
	HRBF500E		

3. 热轧带肋钢筋的验收

(1)资料验收。检查发货码单和质量说明书内容是否与建筑钢材标牌上的内容相符;是否有《全国工业产品生产许可证》。

(2)外观验收。

①表面质量,不得有裂纹、结疤、折叠、凸块或凹陷等。

②尺寸、重量及允许偏差,包括直径、不圆度、筋高等应符合标准规定。

热轧带肋钢筋公称直径一般为 6 mm、8 mm、10 mm、12 mm、16 mm、20 mm、25 mm、32 mm、40 mm 和 50 mm。其重量及允许公差应满足表1-7 的规定。

表1-7 热轧带肋钢筋公称直径、重量及允许公差

公称直径/mm	公称横截面面积/mm²	理论重量/(kg/m)	实际重量与理论重量的偏差/%
6	28.27	0.222	±6.0
8	50.27	0.395	
10	78.54	0.617	
12	113.1	0.888	
14	153.9	1.21	
16	201.1	1.58	±5.0
18	254.5	2.00	
20	314.2	2.47	
22	380.1	2.98	
25	490.9	3.85	
28	615.8	4.83	
32	804.2	6.31	
36	1018	7.99	±4.0
40	1257	9.87	
50	1964	15.42	

注:理论重量按密度为 7.85 g/cm³ 计算。

带有纵肋的月牙形肋钢筋尺寸及允许偏差应符合表1-8的规定。

表1-8 带有纵肋的月牙形肋钢筋尺寸及允许偏差(单位:mm)

公称直径 d	内径 d_1 公称尺寸	内径 d_1 允许偏差	横肋高 h 公称尺寸	横肋高 h 允许偏差	纵肋高 h_1(不大于)	横肋宽 b	纵肋宽 a	间距 l 公称尺寸	间距 l 允许偏差	横肋末端最大间隙(公称周长的10%弦长)
6	5.8	±0.3	0.6	±0.3	0.8	0.4	1.0	4.0		1.8
8	7.7		0.8	+0.4 −0.3	1.1	0.5	1.5	5.5		2.5
10	9.6		1.0	±0.4	1.3	0.6	1.5	7.0	±0.5	3.1
12	11.5	±0.4	1.2		1.6	0.7	1.5	8.0		3.7
14	13.4		1.4	+0.4 −0.5	1.8	0.8	1.8	9.0		4.3
16	15.4		1.5		1.9	0.9	1.8	10.0		5.0
18	17.3		1.6	±0.5	2.0	1.0	2.0	10.0		5.6
20	19.3		1.7		2.1	1.2	2.0	10.0		6.2
22	21.3	±0.5	1.9		2.4	1.3	2.5	10.5	±0.8	6.8
25	24.2		2.1	±0.6	2.6	1.5	2.5	12.5		7.7
28	27.2		2.2		2.7	1.7	3.0	12.5		8.6
32	31.0	±0.6	2.4	+0.8 −0.7	3.0	1.9	3.0	14.0		9.9
36	35.0		2.6	+1.0 −0.8	3.2	2.1	3.5	15.0	±1.0	11.1
40	38.7	±0.7	2.9	±1.1	3.5	2.2	3.5	15.0		12.4
50	48.5	±0.8	3.2	±1.2	3.8	2.5	4.0	16.0		15.5

注:1. 纵肋斜角 θ 为 $0°\sim30°$;2. 尺寸 a、b 为参考数据。

③长度及允许偏差。热轧带肋钢筋通常按定尺长度交货,具体交货长度应在合同中注明。直径不大于16 mm的钢筋可以盘卷交货,每盘应是一条钢筋,允许每批有5%的盘数(不足两盘时可有两盘)由两条钢筋组成。其盘重及盘径由供需双方商定。热轧带肋钢筋按定尺交货时的长度偏差为+50 mm。

(3)化学成分、力学性能和工艺性能指标。

①取样。钢筋应按批次进行检查和验收,每批由同一牌号、同一炉罐号、同一规格的钢筋组成。每批重量通常不大于60 t。超过60 t部分,每增加40 t(或不足40 t余数),增加一个拉伸试验试样和一个弯曲试验试样。

允许同一牌号、同一冶炼方法、同一浇注方法的不同炉罐号组成混合批。但各炉罐号含碳量之差不大于0.02%,含锰量之差不大于0.15%。混合批的重量不大于 60 t。

凡是拉伸和冷弯均取两个试件的，应从任意两根钢筋中截取，每根钢筋取一根拉伸试样和一根弯曲试样。取样时，应首先在钢筋的端部至少截取 50 cm，然后切去试件。

试件长度：拉伸试件 $L \geqslant L_0 + 200$ mm，冷弯试件 $L \geqslant 5d + 150$ mm。

其中 L_0 为原始标距长度，d 为钢筋直径，单位为 mm。

检验结果及质量判定：试验用试样数量、取样规则及试验方法必须按标准规定。如果某一项试验结果不符合标准要求，则在同一批中再取双倍数量的试样进行该不合格项目的复验。复验结果（包括该项试验所要求的任一指标）即使有一个指标不合格，则判定该批钢筋不合格。

② 化学成分指标。热轧带肋钢筋的化学成分应满足表 1-9 的规定。

表 1-9　热轧带肋钢筋的化学成分

牌号	化学成分(质量分数)/%					Ceq/%
	C	Si	Mn	P	S	
HRB400 HRBF400 HRB400E HRBF400E	0.25	0.80	1.60	0.045	0.045	0.54
HRB500 HRBF500 HRB500E HRBF500E						0.55
HRB600	0.28					0.58

碳当量 $Ceq(\%) = C + Mn/6 + (Cr + V + Mo)/5 + (Cu + Ni)/15$

钢的氮含量应不大于 0.012%，Ceq 的允许偏差为 +0.03%。

③ 力学性能指标。钢筋的力学性能应满足表 1-10 的规定。

表 1-10　钢筋的力学性能特征值

牌号	下屈服强度 R_{eL}/MPa	抗拉强度 R_m/MPa	断后伸长率 A/%	最大力总伸长率 A_{gt}/%	R_m°/R_{eL}	R_{eL}°/R_{eL}
	不小于					不大于
HRB400 HRBF400	400	540	16	7.5	—	—
HRB400E HRBF400E			—	9.0	1.25	1.30

续表

牌号	下屈服强度 R_{eL}/MPa	抗拉强度 R_m/MPa	断后伸长率 A/%	最大力总伸长率 A_{gt}/%	R_m°/R_{eL}°	R_{eL}°/R_{eL}
			不小于			不大于
HRB500 HRBF500	500	630	15	7.5	—	—
HRB500E HRBF500E			—	9.0	1.25	1.30
HRB600	600	730	14	7.5	—	—

注:R_m° 为钢筋实测抗拉强度;R_{eL}° 为钢筋实测下屈服强度。

公称直径为 28~40 mm 的各牌号钢筋的断后伸长率 A 可降低 1%,公称直径大于 40 mm 的各牌号钢筋的断后伸长率 A 可降低 2%。

④工艺性能指标。钢筋应进行弯曲试验,按表 1-11 规定的弯曲压头直径弯曲 180°后,钢筋的受弯曲部位表面不得产生裂纹。

表 1-11 钢筋的弯曲试验特征值(单位:mm)

牌号	公称直径 d	弯曲压头直径
HRB400 HRBF400 HRB400E HRBF400E	6~25	4d
	28~40	5d
	>40~50	6d
HRB500 HRBF500 HRB500E HRBF500E	6~25	6d
	28~40	7d
	>40~50	8d
HRB600	6~25	6d
	28~40	7d
	>40~50	8d

除了满足《钢筋混凝土用钢 第 2 部分:热轧带肋钢筋》(GB/T 1499.2—2018)中钢筋的检验要求外,还要符合以下标准。

a. 带肋钢筋应在其表面轧上钢筋牌号标志,还可依次轧上经注册的厂名(或商标)和公称直径毫米数字。

b. 钢筋牌号以阿拉伯数字或阿拉伯数字加英文字母表示,HRB400、HRB500、HRB600 分别以 4、5、6 表示,HRBF400、HRBF500 分别以 C4、C5 表示。厂名以汉语拼音字头表示。公称直径毫米数以阿拉伯数字表示。

c. 公称直径不大于 10 mm 的钢筋,可不轧制标志,而采用挂标牌方法。

d. 标志应清晰明了,标志的尺寸由供方按钢筋直径大小作适当规定,与标志相交的横肋可以取消。

e. 牌号带 E(如 HRB400E、HRBF400E 等)的钢筋,应在标牌及质量证明书上明示。

f. 除上述规定外,钢筋的包装、标志和质量说明书应符合 GB/T 2101 的有关规定。

钢筋混凝土用带肋钢筋的技术要求和检验数量应符合表 1-12 的规定。

表 1-12　钢筋混凝土用带肋钢筋的技术要求和检验规定

检验项目		质量要求	全面检验项目		抽检项目频次	
抽检项目频次	抗拉强度	符合 GB/T 1499.2—2018	√	任何新选厂家	√	每批不大于 60 t 同厂家、同批号、同品种、同规格的钢筋
	屈服强度		√		√	
	伸长率		√		√	
	冷弯		√		√	

(三)钢筋的保管与储存

钢筋必须成捆交货,每捆必须用钢带、盘条或铁丝均匀捆扎结实,端面要求平齐,不得有异类钢材混装现象。

钢筋由于质量大、长度长,运输前必须了解所运钢筋的长度和单捆质量,以便安排运输车辆和吊车。

钢筋应按不同的品种、规格分别堆放。在条件允许的情况下,钢筋应尽可能存放在库房或料棚内(特别是有精度要求的冷拉、冷拔等钢材)。若采用露天存放,则料场应选择地势较高而又平坦的地面,经平整、夯实、预设排水沟道、安排好垛底后方能使用。为避免因潮湿环境而引起的钢材表面锈蚀现象,雨雪季节钢筋要用防雨材料覆盖。

施工现场堆放的钢筋应注明"合格""不合格""在检""待检"等产品质量状态,注明钢材生产企业名称、品种规格、进场日期及数量等内容,并以醒目标识标明,工地应由专人负责钢筋收货和发料。

二、预应力混凝土用钢绞线

(一)概述

钢绞线是以热轧盘条为原料,经冷拔后捻制而成的。捻制后,钢绞线应进行连续的稳定性处理,且符合《预应力混凝土用钢绞线》(GB/T 5224—2014)规定。预应力钢绞线具有强度高、柔度好、质量稳定、与混凝土黏结力强、易于锚固、成盘供应不需接头等诸多优点,主要用于大跨度、大负荷的桥梁、电杆、轨枕、屋架、大跨度吊车梁等结构的预应力筋。

(二)分类和标记

1. 分类

钢绞线按结构分为 8 类。其结构代号为：

(1)用 2 根钢丝捻制的钢绞线：1×2。

(2)用 3 根钢丝捻制的钢绞线：1×3。

(3)用 3 根刻痕钢丝捻制的钢绞线：1×3I。

(4)用 7 根钢丝捻制的标准型钢绞线：1×7。

(5)用 6 根刻痕钢丝和 1 根光圆中心钢丝捻制的钢绞线：1×7I。

(6)用 7 根钢丝捻制又经拔模的钢绞线：(1×7)C。

(7)用 19 根钢丝捻制的 1+9+9 西鲁式钢绞线：1×19S。

(8)用 19 根钢丝捻制的 1+6+6/6 瓦林吞式钢绞线：1×19W。

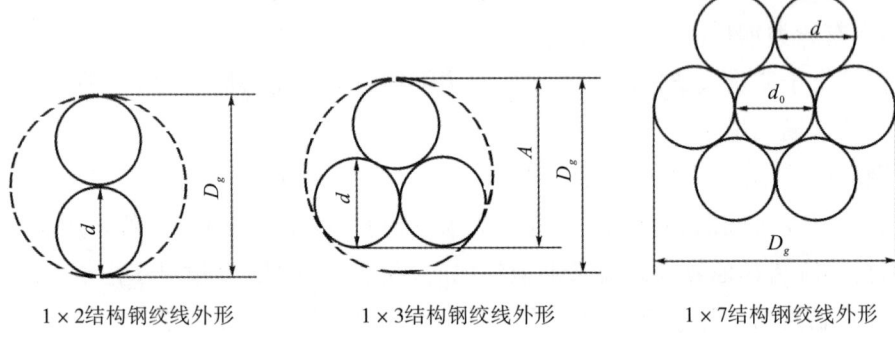

1×2结构钢绞线外形　　1×3结构钢绞线外形　　1×7结构钢绞线外形

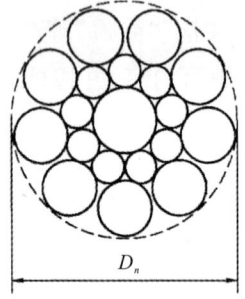

1×19结构西鲁式钢绞线外形

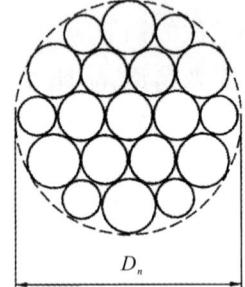

1×19结构瓦林吞式钢绞线外形

图 1-1　预应力钢绞线外形示意图

2. 标记

钢绞线的标记包括预应力钢绞线、结构代号、公称直径、强度等级、标准编号等。

示例：公称直径为 15.20 mm，抗拉强度等级为 1860 MPa 的 7 根钢捻丝捻制的标准型钢绞线标记为：预应力钢绞线 1×7-15.20-1860-GB/T 5224—2014。

(三)钢绞线的验收

钢绞线的检验分交货检验和特征值检验。

1. 交货检验

产品的工厂检查由供方质量检验部门按供方出厂常规检验项目和取样数量进行,需方可按国家标准进行检查验收。

(1)表面质量。钢绞线表面不得有油、润滑脂等物质。钢绞线表面不得有影响使用性能的有害缺陷。允许存在轴向表面缺陷,但其深度应小于单根钢丝直径的4%。钢绞线允许有轻微的浮锈,但不得有目视可见的锈蚀麻坑。钢绞线表面允许存在回火颜色。

(2)组批规则。钢绞线应成批验收,每批钢绞线由同一牌号、同一规格、同一生产工艺捻制的钢绞线组成,每批重量不大于60 t。

(3)试件数量。每批钢绞线取试件一组,从中任取3盘,每盘取试件1根。如每批少于3盘,则应逐盘进行检验。

(4)取样方法。从每捆钢绞线的任一端切取样品,发现钢丝有接缝的任何试样都应作废,并应选取新的试样。试件长度不小于700 mm。

(5)复验与判定规则。当某一项检验结果不符合本标准相应规定时,则该盘卷不得交货,并从同一批未经试验的钢绞线盘卷中取双倍数量的试样进行该不合格项目的复验。复验结果即使有一个试样不合格,则整批钢绞线不得交货,或进行逐盘检验合格者交货。

2. 特征值检验

(1)尺寸、质量及允许偏差。

①1×2结构钢绞线的尺寸及允许偏差、每米理论重量应符合表1-13的规定。

表1-13 1×2结构钢绞线的尺寸及允许偏差、每米理论重量

钢绞线结构	公称直径		钢绞线直径允许偏差/mm	钢绞线公称横截面积 S_n/mm²	每米理论重量/(g/m)
	钢绞线直径 D_n/mm	钢丝直径 d/mm			
1×2	5.00	2.50	+0.15 −0.05	9.82	77.1
	5.80	2.90		13.2	104
	8.00	4.00	+0.25 −0.10	25.1	197
	10.00	5.00		39.3	309
	12.00	6.00		56.5	444

②1×3结构钢绞线的尺寸及允许偏差、每米理论重量应符合表1-14的规定。

表1-14 1×3结构钢绞线的尺寸及允许偏差、每米理论重量

钢绞线结构	公称直径 钢绞线直径 D_n/mm	公称直径 钢丝直径 d/mm	钢绞线测量尺寸 A/mm	测量尺寸 A 允许偏差/mm	钢绞线公称横截面积 S_n/mm²	每米理论重量/(g/m)
1×3	6.20	2.90	5.41	+0.15 −0.05	19.8	155
	6.50	3.00	5.60		21.2	166
	8.50	4.00	7.46	+0.20 −0.10	37.7	296
	8.70	4.04	7.54		38.5	303
	10.80	5.00	9.33		58.9	462
	12.90	6.00	11.2		84.8	666
1×3I	8.70	4.04	7.54		38.5	302

③1×7结构钢绞线的尺寸及允许偏差、每米理论重量应符合表1-15的规定。

表1-15 1×7结构钢绞线的尺寸及允许偏差、每米理论重量

钢绞线结构	公称直径 D_n/mm	直径允许偏差/mm	钢绞线公称横截面积 S_n/mm²	每米理论重量/(g/m)	中心钢丝直径 d_0 加大范围/%,≥
1×7	9.50 (9.53)	+0.30 −0.15	54.8	430	2.5
	11.10 (11.11)		74.2	582	
	12.70		98.7	775	
	15.20 (15.24)		140	1101	
	15.70	+0.40 −0.15	150	1178	
	17.80 (17.78)		191 (189.7)	1500	
	18.90		220	1727	
	21.60		285	2 237	
1×7I	12.70	+0.40 −0.15	98.7	775	
	15.20 (15.24)		140	1101	
(1×7)C	12.70	+0.40 −0.15	112	890	
	15.20 (15.24)		165	1295	
	18.00		223	1750	

注:可按括号内规格供货。

④盘重。每盘卷钢绞线重量不小于1000 kg,不小于10盘时允许有10%的盘卷数小于1000 kg,但不能小于300 kg。

⑤盘卷尺寸。直径不大于 18.9 mm 的钢绞线,盘内径不小于 750 mm;直径大于 18.9 mm 的钢绞线,盘内径不小于 1100 mm。卷宽为 750±50 mm 或 600±50 mm。供方应在质量证明书中注明盘卷尺寸。

(2)技术要求。钢绞线的技术参数应符合 GB/T 5224—2014 规定。

(四)钢绞线的保管与储存

(1)钢绞线的包装要求。每盘卷钢绞线应捆扎结实,捆扎不少于 6 道。经双方协议,可加防潮纸、麻布等材料包装。

(2)标志要求。每一钢绞线盘卷应拴挂标牌,其中注明供方名称、产品名称、出厂编号、规格、强度级别、批号、执行标准编号、重量及件数等。

(3)质量证明书。每一合同批应附有质量证明书,其中应注明供方名称、产品名称、规格、强度级别、批号、执行标准号、重量、件数、需方名称、试验结果、发货日期、质量检验部门印记等。

第三节 钢结构用钢

一、热轧工字钢、槽钢和角钢

(一)规格表示方法

1. 热轧工字钢

热轧工字钢的截面图如图 1-2 所示,其规格表示方法为"I"与高度值×腿宽度值×腰厚度值,如 I450×150×11.5(简记为 I45a)。普通工字钢的规格也可用型号表示,型号表示腰高的厘米数,如 I450×150×11.5 可以表示为 I45#。腰高相

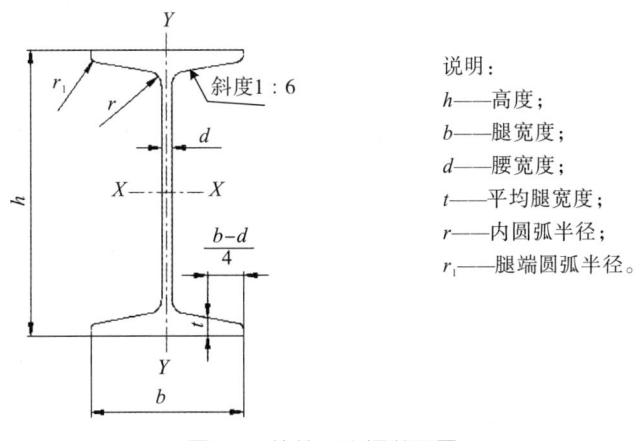

说明:
h——高度;
b——腿宽度;
d——腰宽度;
t——平均腿宽度;
r——内圆弧半径;
r_1——腿端圆弧半径。

图 1-2 热轧工字钢截面图

同的工字钢,如有几种不同的腿宽和腰厚,需在型号右边加 a、b、c 予以区别,如 32♯a、32♯b、32♯c 等。热轧普通工字钢的规格为 10♯～63♯。

2. 槽钢

槽钢的截面图如图 1-3 所示,其规格表示方法为"[" 与高度值×腿宽度值×腰厚度值,如[200×75×9(简记为[20b)。腰高相同的槽钢,如有几种不同的腿宽和腰厚,需在型号右边加 a、b、c 予以区别,如普槽[20b 等。

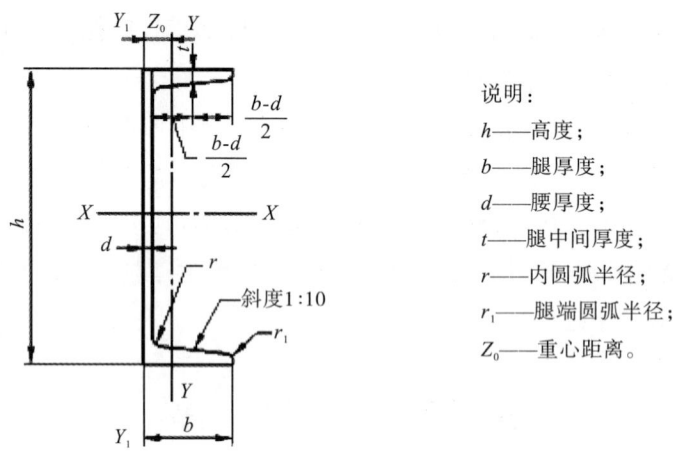

图 1-3 槽钢截面图

说明:
h——高度;
b——腿厚度;
d——腰厚度;
t——腿中间厚度;
r——内圆弧半径;
r_1——腿端圆弧半径;
Z_0——重心距离。

3. 角钢

角钢分为等边角钢和不等边角钢。角钢的规格表示方法如下:

等边角钢:"∠"与边宽度值×边宽度值×边厚度值,如∠200×200×24(简记为∠200×24)。等边角钢截面图如图 1-4 所示。

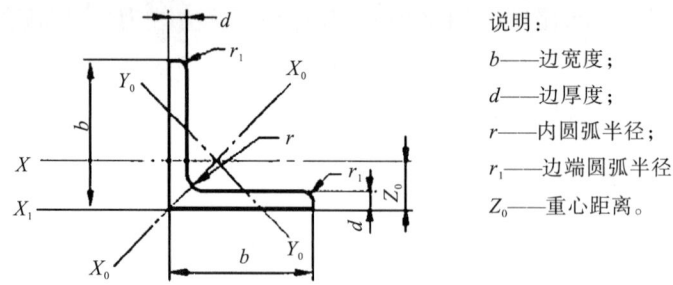

图 1-4 等边角钢截面图

说明:
b——边宽度;
d——边厚度;
r——内圆弧半径;
r_1——边端圆弧半径;
Z_0——重心距离。

不等边角钢:"∠"与长边宽度值×短边宽度值×边厚度值,如∠160×100×16。不等边角钢截面图如图 1-5 所示。

目前国产角钢规格为 2♯～20♯,以边长的厘米数为号数,同一号角钢常有 2～7 种不同的边厚。

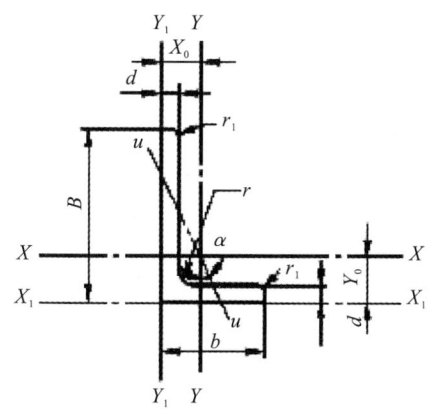

说明:
B——长边宽度;
b——短边宽度;
d——边厚度;
r——内圆弧半径;
r_1——边端圆弧半径;
Z_0——重心距离;
Y_0——重心距离。

图 1-5 不等边角钢截面图

(二) 热轧工字钢、槽钢和角钢的验收

1. 表面质量

型钢表面不应有裂缝、折叠、结疤、分层和夹杂。型钢表面允许有局部发纹、凹坑、麻点、划痕和氧化铁皮压入等缺陷存在,但不应超出型钢尺寸的允许偏差。型钢表面缺陷允许清除,清除处应圆滑无棱角,但不应进行横向清除。清除宽度不应小于清除深度的 5 倍,清除后的型钢尺寸不应超出尺寸的允许偏差。型钢端部不应有大于 5 mm 的毛刺。根据供需双方协议,表面质量也可按 YB/T 4427—2014 的规定执行。

2. 尺寸、外形及允许偏差

(1) 应符合 GB/T 706—2016 的规定。

(2) 型钢的腿端外缘和肩钝化不应使直径等于 $0.18t$ 的圆棒通过;型钢的外缘斜度和弯腰挠度在距端头不小于 750 mm 处检查;型钢的腿中间厚度(t)的允许偏差为 $\pm 0.06t$,且不能有明显的扭转。

3. 长度及允许偏差

长度及允许偏差应符合表 1-16 的规定。型钢按定尺或倍尺长度交货时,应在合同中注明。

表 1-16 型钢的长度及允许偏差

定尺、倍尺长度/mm	允许偏差/mm
≤8000	+50 0
>8000	+80 0

4. 重量及允许偏差

(1)型钢按理论重量交货,实际重量按密度为 7.85 g/cm³ 计算。经供需双方协商并在合同中注明,也可按实际重量交货。

(2)根据双方协议,型钢每米重量允许偏差不得超过±5%。重量偏差(%)按下式计算。重量允许偏差适用于同一尺寸且质量超过 1 t 的一批,当一批同一尺寸的质量不大于 1 t 但根数大于 10 根时也适用。

$$重量偏差 = \frac{实际重量 - 理论重量}{理论重量} \times 100\%$$

(3)计算理论重量时,

工字钢的截面面积计算公式为 $hd+2t(b-d)+0.577(r^2-r_1^2)$;

槽钢的截面面积计算公式为 $hd+2t(b-d)+0.339(r^2-r_1^2)$;

等边角钢的截面面积计算公式为 $d(2b-d)+0.215(r^2-2r_1^2)$;

不等边角钢的截面面积计算公式为 $d(B+b-d)+0.215(r^2-2r_1^2)$。

5. 技术要求

(1)牌号和化学成分。型钢的牌号和化学成分(熔炼分析)应符合 GB/T 700—2006 或 GB/T 1591—2018 的有关规定。根据需方要求,经供需双方商议,也可按其他牌号和化学成分供货。

(2)力学性能。型钢的力学性能应符合 GB/T 700—2006 或 GB/T 1591—2018 的有关规定。根据需方要求,经供需双方商议,也可按其他力学性能指标供货。

(3)检验项目、取样数量、取样方法和试验方法。每批钢材的检验项目、取样数量、取样方法和试验方法应符合表 1-17 的规定。

表 1-17 型钢检验项目、取样数量、取样方法和试验方法

序号	检验项目	取样数量	取样方法	试验方法
1	化学成分(熔炼分析)	按相应牌号标准的规定		
2	拉伸试验	1 个/批	GB/T 2975	GB/T 228.1
3	弯曲试验	1 个/批		GB/T 232
4	冲击试验	3 个/批		GB/T 229
5	表面质量	逐根	—	目视、量具
6	尺寸、外形	逐根	—	量具
7	重量偏差	GB/T 706—2016 中 4.4.2	GB/T 706—2016 中 4.4.2	称重

注:槽钢在腰部取样。

6. 检验规则

型钢的检查和验收由供方技术质量监督部门进行。需方有权对本标准或合同所规定的任一检验项目进行检查和验收;型钢的组批按 GB/T 700—2006、GB/

T 1591—2018 及相应标准的规定；型钢的复验和验收规则应符合 GB/T 2101—2017 的规定。

(三)保管与储存

型钢的包装、标志及质量证明书应符合 GB/T 2101—2017 的规定。产品在运输与储存时，应采取防潮、防锈蚀措施。

1. 选择适宜的场地和库房

(1)保管钢材的场地或仓库，应选择在清洁干净、排水通畅的地方，远离产生有害气体或粉尘的厂矿。在场地上要清除杂草及一切杂物，保持钢材干净。

(2)在仓库里不得与酸、碱、盐、水泥等对钢材有侵蚀性的材料堆放在一起。不同品种的钢材应分别堆放，防止混淆，防止接触腐蚀。

(3)库房应根据地理条件选定，一般采用普通封闭式库房，即有房顶、有围墙、门窗严密、设有通风装置的库房。

(4)库房要求晴天注意通风，雨天注意关闭防潮，经常保持适宜的储存环境。

2. 保护材料的包装和保护层

钢材出厂前涂的防腐剂或其他镀复及包装，是防止材料锈蚀的重要措施，在运输装卸过程中须注意保护，不能损坏，这样才能延长材料的保管期限。尺寸、外形及允许偏差应符合 GB/T 706—2016 的规定。

二、热轧 H 型钢和 T 型钢

(一)概述

H 型钢和 T 型钢是一种截面面积分配更加优化、强重比更加合理的经济断面高效型材，因其断面与英文字母"H"相同而得名。H 型钢和 T 型钢是一种新型经济建筑用钢。H 型钢和 T 型钢截面形状经济合理，力学性能好，轧制时截面上各点延伸较均匀、内应力小，与普通工字钢比较，具有截面模数大、重量轻、节省金属的优点，可使建筑结构减轻 30%～40%；又因其腿内外侧平行，腿端是直角，拼装组合成构件，可节约焊接、铆接工作量达 25%。H 型钢和 T 型钢常用于要求承载能力大、截面稳定性好的大型建筑(如厂房、高层建筑等)，以及桥梁、船舶、起重运输机械、设备基础、支架、基础桩等。

(二)牌号和分类

1. 分类

(1)H 型钢分为四类，其代号如下(GB/T 11263—2017)：宽翼缘 H 型钢：HW

(W 为 Wide 英文字头);中翼缘 H 型钢:HM(M 为 Middle 英文字头);窄翼缘 H 型钢:HN(N 为 Narrow 英文字头);薄壁 H 型钢:HT(T 为 Thin 英文字头)。

(2)T 型钢分为三类,其代号如下(GB/T 11263—2017):宽翼缘 T 型钢:TW (W 为 Wide 英文字头);中翼缘 T 型钢:TM(M 为 Middle 英文字头);窄翼缘 T 型钢:TN(N 为 Narrow 英文字头)。

2. 规格表示

(1)H 型钢的规格标记采用 H 与高度 H 值×宽度 B 值×腹板厚度 t_1 值×翼缘厚度 t_2 值表示,如 H596×199×10×15。H 型钢必须采用轧或喷等方式在表面标记生产厂家名称或注册商标,标志应清晰明了。

(2)T 型钢的规格标记采用 T 与高度 h 值×宽度 B 值×腹板厚度 t_1 值×翼缘厚度 t_2 值表示,如 T207×405×18×28。

(三)热轧 H 型钢和 T 型钢验收

1. 表面质量

(1)H 型钢和 T 型钢的表面不允许有影响使用的裂缝、折叠、结疤、分层和夹杂。局部细小的裂纹、凹坑、凸起、麻点及刮痕等缺陷允许存在,但不应超出厚度尺寸允许偏差。H 型钢和 T 型钢表面的缺陷允许用铲除、砂轮打磨等机械方法修磨清理并允许对缺陷进行焊补,焊补和焊补质量检验部分条款可参考 GB/T 11263—2017 附录 A 执行。

(2)清理应符合如下规定:

①H 型钢和剖分 T 型钢清理后,截面尺寸应在允许偏差范围内。在征得用户同意的情况下,也可根据不同的用途放宽此限制。

②清理处与原轧制表面的交界面应圆滑无棱角。清理宽度不得小于清理深度的 5 倍。

③清理后,如果清理处深度不超过规定的尺寸公差范围,可不经焊补直接交货。

(3)如果缺陷经清理后,清理部位的尺寸超过允许负偏差,则可以对缺陷清理的部位进行金属焊补,但应符合下述条件:

①H 型钢和剖分 T 型钢的表面缺陷在焊补前应采取铲除或砂轮打磨等机械方法完全除净,然后进行堆焊修补。缺陷清理部位焊补后应进行修磨,并保持与原轧制面一致。

②焊补前所去除的缺陷部分深度,应小于被清理面厚度的 30%。

③焊补总面积应小于 H 型钢或剖分 T 型钢总表面积的 2%,每个焊补处的最大面积应小于 150 cm^2。

④焊补应根据钢的牌号,采用适当的焊补工艺进行。

⑤H型钢和剖分T型钢的焊接外缘不得存在咬边及焊瘤。加强焊缝的焊波高度应至少高于原轧制表面1.5 mm,用铲除或砂轮打磨等机械方法清理加强焊缝焊波后,应保证其与原轧制表面同高度。

⑥翼缘边缘上的缺陷可进行焊补,但焊补前从翼缘边缘向内测得的凹陷深度不应超过翼缘的公称厚度,并且最大深度不超过12.5 mm。

(4)经供需双方协商,并在合同中注明,表面质量也可按YB/T 4427—2014的规定执行。

2. 尺寸、外形及重量

H型钢截面尺寸和理论重量应符合表1-18的规定;T型钢的截面尺寸、截面面积、理论重量和截面特性应符合表1-19的规定(GB/T 11263—2017),根据需方要求,也可由供需双方协议供应;H型钢和T型钢的交货长度应在合同中注明,通常定尺长度为12000 mm,根据需方要求,也可供应其他定尺长度产品。H型钢和T型钢的截面图如图1-6、图1-7所示。

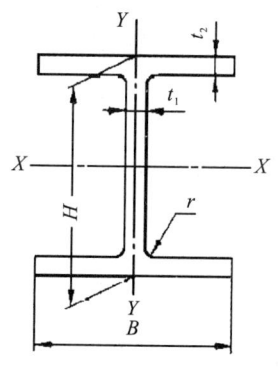

说明:
H——高度;
B——宽度;
t_1——腹板厚度;
t_2——翼缘厚度;
r——圆角半径。

图1-6 H型钢截面图

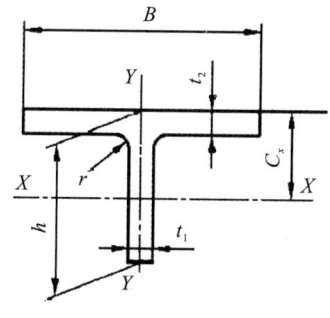

说明:
h——高度;
B——宽度;
t_1——腹板厚度;
t_2——翼缘厚度;
r——圆角半径
C_x——重心。

图1-7 T型钢截面图

表 1-18 H 型钢截面尺寸和理论重量

类别	型号(高度×宽度)/mm×mm	截面尺寸/mm H	B	t_1	t_2	理论重量/(kg/m)	类别	型号(高度×宽度)/mm×mm	截面尺寸/mm H	B	t_1	t_2	理论重量/(kg/m)
HW	100×100	100	100	6	8	16.9	HM	250×175	244	175	7	11	43.6
HW	125×125	125	125	6.5	9	23.6	HM	300×200	294	200	8	12	55.8
HW	150×150	150	150	7	10	31.1	HM	350×250	340	250	9	14	78.1
HW	175×175	175	175	7.5	11	40.4	HM	400×300	390	300	10	16	104.6
HW	200×200	200	200	8	12	49.9	HM	450×300	440	300	11	18	120.8
HW	200×200	*200	204	12	12	56.2	HM	500×300	*482	300	11	15	110.8
HW	250×250	*244	252	11	11	63.8	HM	500×300	488	300	11	18	124.9
HW	250×250	250	250	9	14	71.8	HM	550×300	*550	300	11	18	130.3
HW	250×250	*250	255	14	14	81.6	HM	600×300	588	300	12	20	147.0
HW	300×300	*294	302	12	12	83.5	HM	600×300	*594	302	14	23	170.4
HW	300×300	300	300	10	15	93.0	HN	*100×50	100	50	5	7	9.3
HW	300×300	*300	305	15	15	105	HN	*125×60	125	60	6	8	13.1
HW	350×350	*338	351	13	13	105	HN	150×75	150	75	5	7	14.0
HW	350×350	*344	348	10	16	113	HN	175×90	175	90	5	8	18.0
HW	350×350	*344	354	16	16	129	HN	200×100	*198	99	4.5	7	17.8
HW	350×350	350	350	12	19	135	HN	200×100	200	100	5.5	8	20.9
HW	350×350	*350	357	19	19	154	HN	250×125	*248	124	5	8	25.1
HW	400×400	*388	402	15	15	140.1	HN	250×125	250	125	6	9	29.0
HW	400×400	*394	398	11	18	146.6	HN	300×150	*298	149	5.5	8	32.0
HW	400×400	*394	405	18	18	168.3	HN	300×150	300	150	6.5	9	36.7
HW	400×400	400	400	13	21	171.7	HN	350×175	*346	174	6	9	41.2
HW	400×400	*400	408	21	21	196.8	HN	350×175	350	175	7	11	49.4
HW	400×400	*414	405	18	28	231.9	HN	400×150	400	150	8	13	55.2
HW	400×400	*428	407	20	35	283.1	HN	400×200	*396	199	7	11	56.1
HW	400×400	*458	417	30	50	414.9	HN	400×200	400	200	8	13	65.4
HW	400×400	*498	432	45	70	604.5	HN	450×200	*446	199	8	12	65.1
HW	500×500	*492	465	15	20	202.5	HN	450×200	450	200	9	14	74.9
HW	500×500	*502	465	15	25	239.0	HN	500×200	*496	199	9	14	77.9
HW	500×500	*502	470	20	25	258.7	HN	500×200	500	200	10	16	88.1
HM	150×100	148	100	6	9	20.7	HN	500×200	*506	201	11	19	101.5
HM	200×150	194	150	6	9	29.9	HN	550×200	*546	199	9	14	81.5

续表

类别	型号(高度×宽度)/mm×mm	截面尺寸/mm				理论重量/(kg/m)	类别	型号(高度×宽度)/mm×mm	截面尺寸/mm				理论重量/(kg/m)
		H	B	t_1	t_2				H	B	t_1	t_2	
HN	550×200	550	200	10	16	90.0	HT	150×75	145	73	3.2	4.5	9.0
	600×200	*596	199	10	15	92.4			147	74	4	5.5	11.1
		600	200	11	17	103.4		150×100	139	97	3.2	4.5	10.6
		*606	201	12	20	117.6			142	99	4.5	6	14.3
	650×300	*646	299	12	18	144		150×150	144	148	5	7	21.8
		*650	300	13	20	159			147	149	6	8.5	26.4
		*654	301	14	22	173		175×90	168	88	3.2	4.5	10.6
	700×300	*692	300	13	20	162.9			171	89	4	6	13.8
		700	300	13	24	181.8		175×175	167	173	5	7	26.2
	750×300	*750	300	13	24	186.9			172	175	6.5	9.5	35.0
	800×300	*792	300	14	22	188.0		200×100	193	98	3.2	4.5	12.0
		800	300	14	26	206.5			196	99	4	6	15.5
	850×300	*850	300	16	27	229.3		200×150	188	149	4.5	6	20.7
	900×300	900	300	16	28	240.1		200×200	192	198	6	8	34.3
	1000×300	*1000	300	19	36	310.2		250×125	244	124	4.5	6	20.3
HT	100×50	95	48	3.2	4.5	6.0		250×175	238	173	4.5	8	30.7
		97	49	4	5.5	7.4		300×150	294	148	4.5	6	25.0
	100×100	96	99	4.5	6	12.7		300×200	286	198	6	8	38.7
	125×60	118	58	3.2	4.5	7.3		350×175	340	173	4.5	6	29.0
		120	59	4	5.5	8.9		400×150	390	148	6	8	37.3
	125×125	119	123	4.5	6	15.8		400×200	390	198	6	8	43.6

注：表中"*"表示的规格为市场非常用规格。

表 1-19 剖分 T 型钢截面尺寸、截面面积、理论重量和截面特性

类别	型号(高度×宽度)/mm×mm	截面尺寸/mm					截面面积/cm²	理论重量/(kg/m)	截面特性参数						重心C_x/cm	对应H型钢系列型号
									惯性矩/cm⁴		惯性半径/cm		截面模数/cm³			
		h	B	t_1	t_2	r			I_x	I_y	i_x	i_y	W_x	W_y		
TW	50×100	50	100	6	8	10	10.95	8.56	16.1	66.9	1.21	2.47	4.03	13.4	1.00	100×100
	62.5×125	62.5	125	6.5	9	10	15.16	11.9	35.0	147	1.52	3.11	6.91	23.5	1.19	125×125
	75×150	75	150	7	10	13	20.28	15.9	66.4	282	1.81	3.73	10.8	37.6	1.37	150×150
	87.5×175	87.5	175	7.5	11	13	25.71	20.2	115	492	2.11	4.37	15.9	56.2	1.55	175×175
	100×200	100	200	8	12	16	32.14	25.2	185	801	2.40	4.99	22.3	80.1	1.73	200×200
		♯100	204	12	12	16	36.14	28.3	256	851	2.66	4.85	32.4	83.5	2.09	
	125×250	125	250	9	14	16	46.09	36.2	412	1820	2.99	6.29	39.5	146	2.08	250×250
		♯125	255	14	14	16	52.34	41.1	589	1940	3.36	6.09	59.4	152	2.58	
	150×300	♯147	302	12	12	20	54.16	42.5	858	2760	3.98	7.14	72.3	183	2.83	300×300
		150	300	10	15	20	60.22	47.3	798	3380	3.64	7.49	63.7	225	2.47	
	175×350	150	305	15	15	20	67.72	53.1	1110	3550	4.05	7.24	92.5	233	3.02	350×350
		♯172	348	10	16	20	73.00	57.3	1230	5620	4.11	8.78	84.7	323	2.67	
	200×400	175	350	12	19	20	86.94	68.2	1520	6790	4.18	8.84	104	388	2.86	400×400
		♯194	402	15	15	24	89.62	70.3	2480	8130	5.26	9.52	158	405	3.69	
		♯197	398	11	18	24	93.80	73.6	2050	9460	4.67	10.0	123	476	3.01	
		200	400	13	21	24	109.7	86.1	2480	11200	4.75	10.1	147	560	3.21	
		♯200	408	21	21	24	125.7	98.7	3650	11900	5.39	9.73	229	584	4.07	
		♯207	405	18	28	24	148.1	116	3620	15500	4.95	10.2	213	766	3.68	
		♯214	407	20	35	24	180.7	142	4380	19700	4.92	10.4	250	967	3.90	
TM	74×100	74	100	6	9	13	13.63	10.7	51.7	75.4	1.95	2.35	8.80	15.1	1.55	150×100
	97×150	97	150	6	9	16	19.88	15.6	125	254	2.50	3.57	15.8	33.9	1.78	200×150
	122×175	122	175	7	11	16	28.12	22.1	289	492	3.20	4.18	29.1	56.3	2.27	250×175
	147×200	147	200	8	12	20	36.52	28.7	572	802	3.96	4.69	48.2	80.2	2.82	300×200
	170×250	170	250	9	14	20	50.76	39.9	1020	1830	4.48	6.00	73.1	146	3.09	350×250
	200×300	195	300	10	16	24	68.37	53.7	1730	3600	5.03	7.26	108	240	3.40	400×300
	220×300	220	300	11	18	24	78.69	61.8	2680	4060	5.84	7.18	150	270	4.05	450×300
	250×300	241	300	11	15	28	73.23	57.5	3420	3380	6.83	6.80	178	226	4.90	500×300
		244	300	11	18	28	82.23	64.5	3620	4060	6.64	7.03	184	271	4.65	
	300×300	291	300	12	17	28	87.25	68.5	6360	3830	8.54	6.63	280	256	6.39	600×300
		294	300	12	20	28	96.25	75.5	6710	4510	8.35	6.85	288	301	6.08	
		♯297	302	14	23	28	111.5	87.3	7920	5290	8.44	6.90	339	351	6.33	

3. 允许偏差

H 型钢和剖分 T 型钢的尺寸、外形允许偏差应符合表 1-20、表 1-21 的规定(GB/T 11263—2017);根据需方要求,也可由供需双方协议供应;H 型钢和 T 型钢的切断面上不应有大于 8 mm 的毛刺;H 型钢和 T 型钢不应有明显的扭转。

表1-20 H型钢尺寸、外形允许偏差(单位:mm)

项目			允许偏差
高度 H		<400	±2.0
		≥400~<600	±3.0
		≥600	±4.0
宽度 B		<100	±2.0
		≥100~<200	±2.5
		≥200	±3.0
厚度	t_1	<5	±0.5
		≥5~<16	±0.7
		≥16~<25	±1.0
		≥25~<40	±1.5
		≥40	±2.0
	t_2	<5	±0.7
		≥5~<16	±1.0
		≥16~<25	±1.5
		≥25~<40	±1.7
		≥40	±2.0
长度		≤7 m	+60 0
		>7 m	长度每增加1 m或不足1 m时,正偏差在上述基础上加5 mm

表1-21 T型钢尺寸、外形允许偏差(单位:mm)

项目		允许偏差
高度 h	<200	+4.0 −6.0
	≥200~<300	+5.0 −7.0
	≥300	+6.0 −8.0
翼缘弯曲 F'	连接部位	$F'≤B/200$ 且 $F'≤1.5$
	一般部位　B≤150	$F'≤2.0$
	B>150	$F'≤B/150$

注:其他部位的允许偏差,按对应H型钢规格的部位允许偏差。

4. 重量及允许偏差

(1)H 型钢和剖分 T 型钢应按理论重量交货(理论重量按密度为 7.85 g/cm³ 计算)。经供需双方协商并在合同中注明,也可按实际重量交货。

(2)H 型钢和剖分 T 型钢交货重量允许偏差应符合表 1-22 的规定。重量偏差(%)按下式计算。

$$重量偏差 = \frac{(实际重量 - 理论重量)}{理论重量} \times 100\%$$

表 1-22　H 型钢和剖分 T 型钢交货重量及允许偏差

类别	重量及允许偏差
H 型钢	每根重量偏差±6%,每批交货重量偏差±4%
剖分 T 型钢	每根重量偏差±7%,每批交货重量偏差±5%

5. 技术要求

(1)H 型钢和剖分 T 型钢的化学成分。H 型钢和剖分 T 型钢一般以热轧状态交货,H 型钢和剖分 T 型钢的化学成分(熔炼分析)应符合 GB/T 700、GB/T 712、GB/T 714、GB/T 1591、GB/T 4171、GB/T 19879 或其他标准的有关规定。经供需双方协商,并在合同中注明,也可按其他牌号和化学成分供货。H 型钢和剖分 T 型钢的成品化学成分允许偏差应符合 GB/T 222 的规定。

(2)H 型钢和剖分 T 型钢的力学性能。H 型钢和剖分 T 型钢的力学性能应符合 GB/T 700、GB/T 712、GB/T 714、GB/T 1591、GB/T 4171、GB/T 19879 或其他标准的有关规定。经供需双方协商,并在合同中注明,也可按其他力学性能、工艺性能指标供货。

(3)试验方法。每批 H 型钢和剖分 T 型钢的检验项目、取样数量和试验方法应符合表 1-23 的规定。

表 1-23　检验项目、取样数量和试验方法

序号	检验项目	取样数量	取样方法	试验方法
1	化学成分	1个/炉	GB/T 20066	GB/T 4336 或按相应牌号标准
2	拉伸试验	1个	GB/T 2975	GB/T 228.1
3	弯曲试验	1个		GB/T 232
4	冲击试验	3个		GB/T 229
5	表面质量	逐根	—	目视、量具
6	尺寸、外形	逐根[a]	—	量具
7	重量偏差	见 GB/T 11263 中 5.3	见 GB/T 11263 中 5.3	称重

注:a 表示供方如能保证,可抽样检查。

(4)检验规则。

①检验和验收。H型钢和剖分T型钢的检查和验收由供方质量监督部门进行,供方应保证交货的钢材符合标准或合同的规定,需方有权对标准或合同所规定的任一检验项目进行检查和验收。

②组批规则。H型钢和剖分T型钢的组批按相应标准规定进行。

③取样规则。H型钢的拉伸、弯曲和冲击试验的取样部位、取样方法按GB/T 2975的规定执行,剖分T型钢按H型钢的规定进行取样。

④复验与判定。H型钢的复验与判定规则应符合GB/T 2101的规定。

(四)保管与储存

H型钢应采用轧或喷或贴等方式标志生产厂家名称或注册商标,标志应清晰明了;H型钢和剖分T型钢可打包成捆交货,也可单根交货。成捆交货的H型钢和剖分T型钢应符合表1-24的规定;除表1-24中规定外,H型钢和剖分T型钢的包装、标志及质量保证书应符合GB/T 2101的规定。

表1-24 H型钢和剖分T型钢成捆交货的包装规定

包装类别	每捆重量/kg	捆扎道次		同捆长度差/m
		长度≤12 m	长度>12 m	
1	≤2000	≥4	≥5	定尺长度允许偏差
2	>2000~≤4000	≥3	≥4	≤2
3	>4000~≤5000	≥3	≥4	无限定
4	>5000~≤10000	≥5	≥6	无限定

注:长度大于24000 mm的H型钢可不成捆交货。

三、热轧钢板

(一)概述

按轧制工艺分,钢板主要分为热轧钢板和冷轧钢板,建筑工程常用的为热轧钢板。按公称厚度划分,厚度为0.1~4 mm的称薄板,厚度为4~20 mm的称中板,厚度为20~60 mm的称厚板,厚度大于60 mm的称特厚板。钢带是指成卷交货、轧制宽度不小于600 mm的宽钢带。钢带是厚度较薄、宽度较窄、长度很长的钢板,常成卷供应,也称为带钢。

(二)规格、分类和代号

1. 规格

(1)成张钢板规格:厚度×宽度×长度。

(2)成卷钢板规格:厚度×宽度。

2. 分类和代号

(1)按边缘状态分:切边 EC;不切边 EM。

(2)按厚度偏差种类分:N 类偏差:正偏差和负偏差相等;A 类偏差:按公称厚度规定负偏差;B 类偏差:固定负偏差为 0.3 mm;C 类偏差:固定负偏差为零,按公称厚度规定正偏差。

(3)按厚度精度分:普通厚度精度 PT.A;较高厚度精度 PT.B。

(三)热轧钢板和钢带的验收

1. 厚度测量

切边钢带(包括连轧钢板)在距纵边不小于 25 mm 处测量;不切边钢带(包括连轧钢板)在距纵边不小于 40 mm 处测量。切边单轧钢板在距边部(纵边和横边)不小于 25 mm 处测量;不切边单轧钢板的测量部位由供需双方协议。单轧钢板和钢带的厚度允许偏差见表 1-25 至表 1-29。

表 1-25 单轧钢板的厚度允许偏差(N 类)(单位:mm)

公称厚度	下列公称宽度的厚度允许偏差			
	≤1500	>1500~2500	>2500~4000	>4000~4800
3.00~5.00	±0.45	±0.55	±0.65	—
>5.00~8.00	±0.50	±0.60	±0.75	—
>8.00~15.0	±0.55	±0.65	±0.80	±0.90
>15.0~25.0	±0.65	±0.75	±0.90	±1.10
>25.0~40.0	±0.70	±0.80	±1.00	±1.20
>40.0~60.0	±0.80	±0.90	±1.10	±1.30
>60.0~100	±0.90	±1.10	±1.30	±1.50
>100~150	±1.20	±1.40	±1.60	±1.80
>150~200	±1.40	±1.60	±1.80	±1.90
>200~250	±1.60	±1.80	±2.00	±2.20
>250~300	±1.80	±2.00	±2.20	±2.40
>300~400	±2.00	±2.20	±2.40	±2.60

表1-26 单轧钢板的厚度允许偏差(A类)(单位:mm)

公称厚度	下列公称宽度的厚度允许偏差			
	≤1500	>1500～2500	>2500～4000	>4000～4800
3.00～5.00	+0.55 −0.35	+0.70 −0.40	+0.85 −0.45	—
>5.00～8.00	+0.65 −0.35	+0.75 −0.45	+0.95 −0.55	—
>8.00～15.0	+0.70 −0.40	+0.85 −0.45	+1.05 −0.55	+1.20 −0.60
>15.0～25.0	+0.85 −0.45	+1.00 −0.50	+1.15 −0.65	+1.50 −0.70
>25.0～40.0	+0.90 −0.50	+1.05 −0.55	+1.30 −0.70	+1.60 −0.80
>40.0～60.0	+1.05 −0.55	+1.20 −0.60	+1.45 −0.75	+1.70 −0.90
>60.0～100	+1.20 −0.60	+1.50 −0.70	+1.75 −0.85	+2.00 −1.00
>100～150	+1.60 −0.80	+1.90 −0.90	+2.15 −1.05	+2.40 −1.20
>150～200	+1.90 −0.90	+2.20 −1.00	+2.45 −1.15	+2.50 −1.30
>200～250	+2.20 −1.00	+2.40 −1.20	+2.70 −1.30	+3.00 −1.40
>250～300	+2.40 −1.20	+2.70 −1.30	+2.95 −1.45	+3.20 −1.60
>300～400	+2.70 −1.30	+3.00 −1.40	+3.25 −1.55	+3.50 −1.70

表 1-27 单轧钢板的厚度允许偏差(B类)(单位:mm)

公称厚度	下列公称宽度的厚度允许偏差							
	≤1500		>1500~2500		>2500~4000		>4000~4800	
3.00~5.00	-0.30	+0.60	-0.30	+0.80	-0.30	+1.00	-0.30	—
>5.00~8.00		+0.70		+0.90		+1.20		—
>8.00~15.0		+0.80		+1.00		+1.30		+1.50
>15.0~25.0		+1.00		+1.20		+1.50		+1.90
>25.0~40.0		+1.10		+1.30		+1.70		+2.10
>40.0~60.0		+1.30		+1.50		+1.90		+2.30
>60.0~100		+1.50		+1.80		+2.30		+2.70
>100~150		+2.10		+2.50		+2.90		+3.30
>150~200		+2.50		+2.90		+3.30		+3.50
>200~250		+2.90		+3.30		+3.70		+4.10
>250~300		+3.30		+3.70		+4.10		+4.50
>300~400		+3.70		+4.10		+4.50		+4.90

表 1-28 单轧钢板的厚度允许偏差(C类)(单位:mm)

公称厚度	下列公称宽度的厚度允许偏差							
	≤1500		>1500~2500		>2500~4000		>4000~4800	
3.00~5.00	0	+0.90	0	+1.10	0	+1.30	0	—
>5.00~8.00		+1.00		+1.20		+1.50		—
>8.00~15.0		+1.10		+1.30		+1.60		+1.80
>15.0~25.0		+1.30		+1.50		+1.80		+2.20
>25.0~40.0		+1.40		+1.60		+2.00		+2.40
>40.0~60.0		+1.60		+1.80		+2.20		+2.60
>60.0~100		+1.80		+2.20		+2.60		+3.00
>100~150		+2.40		+2.80		+3.20		+3.60
>150~200		+2.80		+3.20		+3.60		+3.80
>200~250		+3.20		+3.60		+4.00		+4.40
>250~300		+3.60		+4.00		+4.40		+4.80
>300~400		+4.00		+4.40		+4.80		+5.20

表1-29 钢带(包括连轧钢板)的厚度允许偏差(单位:mm)

公称厚度	钢带厚度允许偏差[a]							
	普通精度 PT.A				较高精度 PT.B			
	公称宽度				公称宽度			
	600~1200	>1200~1500	>1500~1800	>1800	600~1200	>1200~1500	>1500~1800	>1800
0.8~1.5	±0.15	±0.17	—	—	±0.10	±0.12	—	—
>1.5~2.0	±0.17	±0.19	±0.21	—	±0.13	±0.14	±0.14	—
>2.0~2.5	±0.18	±0.21	±0.23	±0.25	±0.14	±0.15	±0.17	±0.20
>2.5~3.0	±0.20	±0.22	±0.24	±0.26	±0.15	±0.17	±0.19	±0.21
>3.0~4.0	±0.22	±0.24	±0.26	±0.27	±0.17	±0.18	±0.21	±0.22
>4.0~5.0	±0.24	±0.26	±0.28	±0.29	±0.19	±0.21	±0.22	±0.23
>5.0~6.0	±0.26	±0.28	±0.29	±0.31	±0.21	±0.22	±0.23	±0.25
>6.0~8.0	±0.29	±0.30	±0.31	±0.35	±0.23	±0.24	±0.25	±0.28
>8.0~10.0	±0.32	±0.33	±0.34	±0.40	±0.26	±0.26	±0.27	±0.32
>10.0~12.5	±0.35	±0.36	±0.37	±0.43	±0.28	±0.29	±0.30	±0.36
>12.5~15.0	±0.37	±0.38	±0.40	±0.46	±0.30	±0.31	±0.33	±0.39
>15.0~25.4	±0.40	±0.42	±0.45	±0.50	±0.32	±0.34	±0.37	±0.42

注:[a] 规定最小屈服强度 $R_e \geqslant 345$ MPa 的钢带,厚度偏差应增加10%。

2. 宽度测量

宽度应在垂直于钢板或钢带中心线的方位测量。

(1)切边单轧钢板的宽度允许偏差应符合表1-30的规定。

表1-30 切边单轧钢板的宽度允许偏差(单位:mm)

公称厚度	公称宽度	允许偏差
3~16	≤1500	+10 / 0
	>1500	+15 / 0
>16	≤2000	+20 / 0
	>2000~3000	+25 / 0
	>3000	+30 / 0

(2)不切边单轧钢板的宽度允许偏差由供需双方协商。

(3)不切边钢带(包括连轧钢板)的宽度允许偏差应符合表 1-31 的规定。

表 1-31 不切边钢带(包括连轧钢板)的宽度允许偏差(单位:mm)

公称宽度	允许偏差
≤1500	+20 0
>1500	+25 0

(4)切边钢带(包括连轧钢板)的宽度允许偏差应符合表 1-32 的规定。经供需双方协议,可以供应较高宽度精度的钢带。

表 1-32 切边钢带(包括连轧钢板)的宽度允许偏差(单位:mm)

公称宽度	允许偏差
≤1200	+3 0
>1200~1500	+5 0
>1500	+6 0

(5)纵切钢带的宽度允许偏差应符合表 1-33 的规定。

表 1-33 纵切钢带的宽度允许偏差(单位:mm)

公称宽度	公称厚度		
	≤4.0	>4.0~8.0	>8.0
120~160	+1 0	+2 0	+2.5 0
>160~250	+1 0	+2 0	+2.5 0
>250~600	+2 0	+2.5 0	+3 0
>600~900	+2 0	+2.5 0	+3 0

3. 长度测量

测量钢板内最大矩形的长度。

（1）单轧钢板的长度允许偏差应符合表 1-34 的规定。

表 1-34　单轧钢板的长度允许偏差（单位：mm）

公称长度	允许偏差
2000～4000	+20 0
>4000～6000	+30 0
>6000～8000	+40 0
>8000～10000	+50 0
>10000～15000	+75 0
>15000～20000	+100 0
>20000	由供需双方协商

（2）连轧钢板的长度允许偏差应符合表 1-35 的规定。

表 1-35　连轧钢板的长度允许偏差（单位：mm）

公称长度	允许偏差
2000～8000	+0.5%×公称长度
>8000	+40 0

4. 不平度测量

将钢板自由地放在平面上，除钢板本身重量外，不施加任何压力。用一根长度为 1000 mm 或 2000 mm 的直尺，在距单轧钢板纵边至少 25 mm 和距横边至少 200 mm 区域内的任何方向，测量钢板上表面与直尺之间的最大距离，如图 1-8 所示。

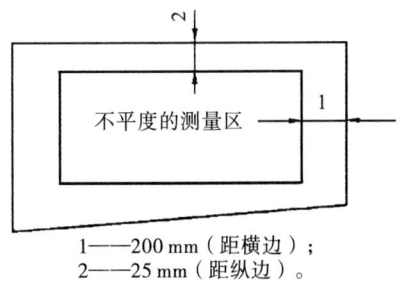

1——200 mm（距横边）；
2——25 mm（距纵边）。

图 1-8　单轧钢板不平度的测量

（1）单轧钢板按下列两类钢分别规定钢板不平度。

钢类 L：规定的最低屈服强度值≤460 MPa，未经淬火或淬火加回火处理的钢板。

钢类 H:规定的最低屈服强度值＞460~700 MPa,以及所有淬火或淬火加回火的钢板。

单轧钢板的不平度应符合表 1-36 的规定(GB/T 709—2006)。

表 1-36 单轧钢板的不平度(单位:mm)

公称厚度	钢类 L				钢类 H			
	下列公称宽度钢板的不平度,不大于							
	≤3000		＞3000		≤3000		＞3000	
	测量长度							
	1000	2000	1000	2000	1000	2000	1000	2000
＞3~5	9	14	15	24	12	17	19	29
＞5~8	8	12	14	21	11	15	18	26
＞8~15	7	11	11	17	10	14	16	22
＞15~25	7	10	10	15	10	13	14	19
＞25~40	6	9	9	13	9	12	13	17
＞40~400	5	8	8	11	8	11	11	15

如测量时直尺(线)与钢板接触点之间距离小于 1000 mm,则不平度最大允许值应符合以下要求:对钢类 L,为接触点间距离(300~1000 mm)的 1%;对钢类 H,为接触点间距离(300~1000 mm)的 1.5%。但两者均不得超过表 1-36 的规定。

(2)连轧钢板的不平度应符合表 1-37 的规定。

表 1-37 连轧钢板的不平度(单位:mm)

公称厚度	公称宽度	不平度,不大于		
		规定的屈服强度,R_e		
		＜220 MPa	220~320 MPa	＞320 MPa
≤2	≤1200	21	26	32
	＞1200~1500	25	31	36
	＞1500	30	38	45
＞2	≤1200	18	22	27
	＞1200~1500	23	29	34
	＞1500	28	35	42

如用户对钢带的不平度有要求,在用户开卷设备能保证质量的前提下,供需

双方可以协商规定,并在合同中注明。

5. 镰刀弯测量

钢板或钢带的凹形侧边与连接测量部分两端点直线之间的最大距离称为镰刀弯,如图1-9所示。单轧钢板的镰刀弯应不大于实际长度的0.2%;钢带(包括纵切钢带)和连轧钢板的镰刀弯应符合表1-38的规定。对不切头尾的不切边钢带检查镰刀弯时,两端不考核的总长度按检查不切头尾的不切边钢带的厚度、宽度两端不考核总长的规定。

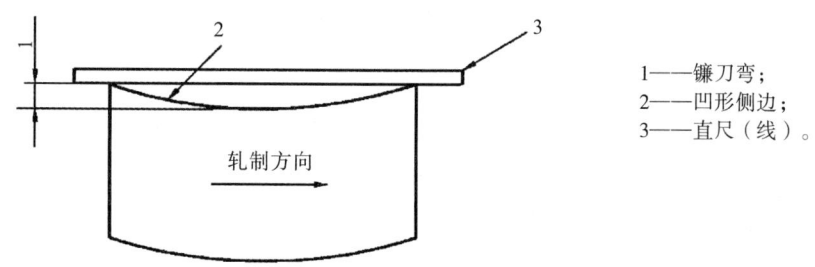

图1-9 镰刀弯测量

1——镰刀弯;
2——凹形侧边;
3——直尺(线)。

表1-38 钢带(包括纵切钢带)和连轧钢板的镰刀弯(单位:mm)

产品类型	公称长度	公称宽度	镰刀弯,不大于		测量长度
			切边	不切边	
连轧钢板	<5000	≥600	实际长度×0.3%	实际长度×0.4%	实际长度
	≥5000	≥600	15	20	任意5000 mm长度
钢带	—	≥600	15	20	任意5000 mm长度
		<600	15	—	—

6. 切斜测量

钢板的横边在纵边上的垂直投影长度称为切斜,如图1-10所示。钢板的切斜应不大于实际宽度的1%。

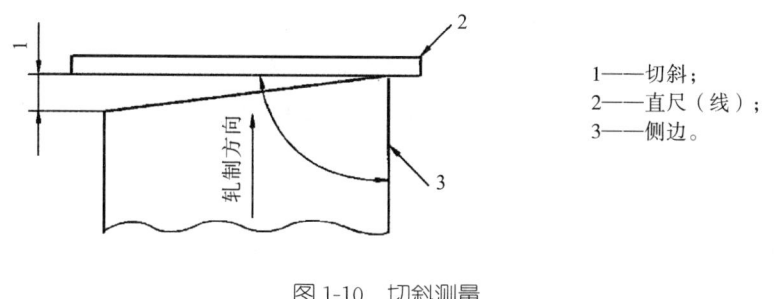

图1-10 切斜测量

1——切斜;
2——直尺(线);
3——侧边。

7. 钢带应牢固成卷

钢带卷的一侧塔形高度不得超过表1-39的规定。

表 1-39　塔形高度(单位:mm)

公称宽度	切边	不切边
≤1000	20	50
>1000	30	60

8. 钢板和钢带重量计算

钢板按理论或实际重量交货,钢带按实际重量交货。

(1)钢板按理论重量交货时,理论计重采用公称尺寸,碳钢密度为 7.85 g/cm³,其他钢种按相应标准的规定。

(2)当钢板的厚度允许偏差为限定负偏差或正偏差时,理论计重所采用的厚度为允许的最大厚度和最小厚度的平均值。

(3)钢板理论计重的计算方法按表 1-40 的规定。

(4)数值修约方法。数值修约方法按 GB/T 8170 的规定。

表 1-40　钢板理论计重的计算方法

计算顺序	计算方法	结果的修约
基本重量/[kg/(mm·m²)]	7.85(厚度 1 mm、面积 1 m² 的重量)	—
单位重量/(kg/m²)	基本重量[kg/(mm·m²)]×厚度(mm)	修约到有效数字 4 位
钢板的面积/m²	宽度(m)×长度(m)	修约到有效数字 4 位
一张钢板的重量/kg	单位重量(kg/m²)×面积(m²)	修约到有效数字 3 位
总重量/kg	各张钢板的重量之和	kg 的整数值

9. 钢板和钢带的检验规则

(1)钢板和钢带的质量由供方技术监督部门进行检验和验收。

(2)交货钢板和钢带应符合有关标准的规定,需方可以按相应标准的规定进行复查。

(3)钢板和钢带应成批提交检验和验收,组批规则应符合相应标准的规定。

(4)钢板和钢带的检验项目、试样数量、取样规定和试验方法应符合相应标准的规定。

(5)复验。当某一项试验结果不符合标准规定时,应从同一批钢板或钢带中任取双倍数量的试样进行不合格项目的复验(白点除外)。复验结果均应符合标准,否则为不合格,整批不得交货。

供方对复验不合格的钢板和钢带可以重新分类或进行热处理,然后作为新的一批再提交检验和验收。

(四)保管与储存

1. 运输规定

钢板和钢带在运输过程中应避免碰撞;运输过程中应防水、防潮;热轧钢带卷通常用敞篷车运输,对精加工程度高的薄钢板和钢带,用敞篷车运输时,推荐进行裹包或覆盖,防止雨雪浸入,镀锡板推荐采用有篷车或封闭车运输;产品在车站、码头中转时,应堆放在库房,若露天堆放,应用防雨布等覆盖,同时下边要用垫块垫好;应采用合适的方法装卸。

2. 储存规定

钢板和钢带应储存在清洁、干燥、通风的地方;钢板和钢带附近不得有腐蚀性化学物品;对精加工程度高的钢板和钢带,应防止雨雪浸入。

3. 包装一般规定

包装应能保证产品在运输和储存期间不致松散、受潮、变形和损坏;各类产品的包装方法应按其相应产品标准的规定执行。当相应产品标准中无明确规定时,可按 GB/T 247 的规定执行,并应在合同中注明包装种类。若未注明,则由供方选择。需方有责任向供方提出自己对防护包装材料的要求以及提供其卸货方法和有关设备的资料;经供需双方协商,亦可采用其他包装方法。

四、钢管

钢管是一种中空截面的长条钢材,一般按生产方法可分为焊接钢管和无缝钢管。

(一)焊接钢管

焊接钢管也称焊管,是由带材经过卷曲成型后焊接制成的空心管,还可能经过进一步热、冷加工获得最终尺寸。焊接钢管生产工艺简单,生产效率高,品种规格多,设备投资少,但一般强度低于无缝钢管。一般情况下,较小口径的焊管大都采用直缝焊,大口径焊管则大多采用螺旋焊。

1. 焊接钢管分类

按照《焊接钢管尺寸及单位长度重量》(GB/T 21835—2008),焊接钢管分为普通焊接钢管、精密焊接钢管和不锈钢焊接钢管。

2. 焊接钢管公称尺寸检验规定

(1)焊接钢管尺寸系列。

①焊接钢管的外径分为三个系列:系列 1、系列 2 和系列 3。系列 1 是通用系列,属推荐选用系列;系列 2 是非通用系列;系列 3 是少数特殊、专用系列。

普通焊接钢管的外径分为系列1、系列2和系列3,精密焊接钢管的外径分为系列2和系列3,不锈钢焊接钢管的外径分为系列1、系列2和系列3。

②普通焊接钢管的壁厚分为系列1和系列2。系列1是优先选用系列,系列2是非优先选用系列。

(2)焊接钢管的外径和壁厚。

①普通焊接钢管的外径和壁厚应符合 GB/T 21835—2008 中表1的规定。

②精密焊接钢管的外径和壁厚应符合 GB/T 21835—2008 中表2的规定。

③不锈钢焊接钢管的外径和壁厚应符合 GB/T 21835—2008 中表3的规定。

(3)焊接钢管单位长度理论重量。

①普通焊接钢管和精密焊接钢管。普通焊接钢管和精密焊接钢管单位长度理论重量按下式计算(钢的密度取 7.85 kg/dm³),其计算值分别列于 GB/T 21835—2008 中的表1和表2。

$$W=0.0246615(D-S)S$$

式中:

W——单位长度重量,单位为千克每米(kg/m);

D——钢管的公称外径,单位为毫米(mm);

S——钢管的公称壁厚,单位为毫米(mm)。

单位长度理论重量计算值的修约规则应符合 GB/T 8170 的规定。当计算值小于 1.00 kg/m 时,单位长度理论重量计算结果修约到最接近的 0.001 kg/m;当计算值不小于 1.00 kg/m 时,单位长度理论重量计算结果修约到最接近的 0.01 kg/m。

②不锈钢焊接钢管。不锈钢焊接钢管单位长度理论重量按下式计算。

$$W=\frac{\pi}{1000}S(D-S)\rho$$

式中:

W——钢管的理论重量,单位为千克每米(kg/m);

π——圆周率,取 3.1416;

S——钢管的公称壁厚,单位为毫米(mm);

D——钢管的公称外径,单位为毫米(mm);

ρ——钢的密度,单位为千克每立方分米(kg/dm³),各牌号钢的密度按 GB/T 20878 中的给定值。

(二)无缝钢管

无缝钢管是由实心材料穿孔制成空心管,经进一步热加工或冷加工而获得最终尺寸的钢管。无缝钢管具有中空截面,大量用作输送流体的管道,如输送石油、天然气、煤气、水及某些固体物料的管道等。

1. 无缝钢管分类

无缝钢管分为普通钢管、精密钢管和不锈钢管三类。

2. 无缝钢管检验规定

(1)无缝钢管表面质量检验。钢管的内外表面不允许有裂纹、折叠、轧折、离层和结疤。如有上述缺陷,应完全清除,清除深度应不超过壁厚的10%,缺陷清除处的实际壁厚应不小于壁厚所允许的最小值。不超过壁厚负偏差的其他局部缺陷允许存在。人工肉眼检查的内容包括照明条件、标准、经验、标示、钢管转动等。探伤检验包括超声波探伤 UT、涡流探伤 ET、磁粉 MT 和漏磁探伤、电磁超声波探伤和渗透探伤。

(2)无缝钢管的外径和壁厚检查。无缝钢管的外径和壁厚分为三类:普通钢管的外径和壁厚应符合《无缝钢管尺寸、外形、重量及允许偏差》(GB/T 17395—2008)中表1的规定;精密钢管的外径和壁厚应符合 GB/T 17395—2008 中表2的规定;不锈钢管的外径和壁厚符合 GB/T 17395—2008 中表3的规定。

无缝钢管的外径分为三个系列:系列1、系列2和系列3。系列1是通用系列,属推荐选用系列;系列2是非通用系列;系列3是少数特殊、专用系列。

普通钢管的外径分为系列1、系列2和系列3,精密钢管的外径分为系列2和系列3,不锈钢管的外径分为系列1、系列2和系列3。

①外径允许偏差。

a. 优先选用的标准化外径允许偏差符合表1-41的规定。

表1-41 标准化外径允许偏差(单位:mm)

偏差等级	标准化外径允许偏差
D1	±1.5%D 或 ±0.75,取其中的较大值
D2	±1.0%D 或 ±0.50,取其中的较大值
D3	±0.75%D 或 ±0.30,取其中的较大值
D4	±0.5%D 或 ±0.10,取其中的较大值

注:D 为钢管的公称外径。

b. 推荐选用的非标准化外径允许偏差应符合表1-42的规定。

表1-42 非标准化外径允许偏差(单位:mm)

偏差等级	非标准化外径允许偏差
ND1	+1.25%D −1.5%D
ND2	±1.25%D
ND3	+1.25%D −1%D
ND4	±0.8%D

注:D为钢管的公称外径。

c. 特殊用途的钢管和冷轧(拔)钢管外径允许偏差可采用绝对偏差。

②壁厚允许偏差。

a. 优先选用的标准化壁厚允许偏差应符合表1-43的规定。

表1-43 标准化壁厚允许偏差(单位:mm)

偏差等级		壁厚允许偏差			
		$S/D>0.1$	$0.05<S/D\leqslant 0.1$	$0.025<S/D\leqslant 0.05$	$S/D\leqslant 0.025$
S1		±15.0%S 或 ±0.60,取其中的较大值			
S2	A	±12.5%S 或 ±0.40,取其中的较大值			
	B	−12.5%S			
S3	A	±10.0%S 或 ±0.20,取其中的较大值			
	B	±10%S 或 ±0.40,取其中的较大值	±12.5%S 或 ±0.40,取其中的较大值	±15.0%S 或 ±0.40,取其中的较大值	
	C	−10%S			
S4	A	±7.5%S 或 ±0.15,取其中的较大值			
	B	±7.5%S 或 ±0.20,取其中的较大值	±10.0%S 或 ±0.20,取其中的较大值	±12.5%S 或 ±0.20,取其中的较大值	±15.0%S 或 ±0.20,取其中的较大值
S5		±5.0%S 或 ±0.10,取其中的较大值			

注:S为钢管的公称壁厚,D为钢管的公称外径。

b. 推荐选用的非标准化壁厚允许偏差应符合表1-44的规定。

表1-44 非标准化壁厚允许偏差(单位:mm)

偏差等级	非标准化壁厚允许偏差
NS1	+15.0%S −12.5%S
NS2	+15.0%S −10.0%S
NS3	+12.5%S −10.0%S
NS4	+12.5%S −7.5%S

注:S为钢管的公称壁厚。

c.特殊用途的钢管和冷轧(拔)钢管壁厚允许偏差可采用绝对偏差。

(3)长度检查。

①通常长度。钢管的通常长度为3000～12500 mm。

②定尺长度和倍尺长度。定尺长度和倍尺长度应在通常长度范围内,全长允许偏差分为四级,见表1-45。每个倍尺长度按以下规定留出切口余量:外径≤159 mm,5～10 mm;外径＞159 mm,10～15 mm。

表1-45 全长允许偏差(单位:mm)

偏差等级	全长允许偏差
L1	+20 0
L2	+15 0
L3	+10 0
L4	+5 0

③特殊用途钢管长度。特殊用途的钢管,如不锈耐酸钢极薄壁钢管、小直径钢管等的长度要求可另行规定。

(4)无缝钢管外形检查。

①弯曲度。钢管的弯曲度分为全长弯曲度和每米弯曲度。

a.全长弯曲度。对钢管全长测得的弯曲度称为全长弯曲度,全长弯曲度分为五级,见表1-46。

表 1-46　全长弯曲度(单位:mm)

弯曲度等级	全长弯曲度,不大于
E1	0.2％L
E2	0.15％L
E3	0.10％L
E4	0.08％L
E5	0.06％L

注:L 为单根钢管的长度。

b. 每米弯曲度。对钢管每米长度测量的弯曲度称为每米弯曲度,每米弯曲度分为五级,见表 1-47。

表 1-47　每米弯曲度(单位:mm)

弯曲度等级	每米弯曲度,不大于
F1	3.0
F2	2.0
F3	1.5
F4	1.0
F5	0.5

②不圆度。钢管的不圆度分为四级,见表 1-48。

表 1-48　不圆度

不圆度等级	不圆度[a],不大于外径公差的
NR1	80％
NR2	70％
NR3	60％
NR4	50％

注:[a] 不圆度的计算公式为:$2(D_{max}-D_{min})/(D_{max}+D_{min})\times 100\%$,式中 D_{max} 为实测钢管同一横截面外径的最大值,D_{min} 为实测钢管同一横截面外径的最小值。

(5)无缝钢管的重量及允许偏差。

①钢管按实际重量交货,也可按理论重量交货。实际重量交货可分为单根重量或每批重量。

②钢管的理论重量按下式计算。

$$W=\frac{\pi\rho(D-S)S}{1000}$$

式中：
W——钢管的理论重量,单位为千克每米(kg/m)；
π——圆周率,取 3.1416；
ρ——钢的密度,单位为千克每立方分米(kg/dm³)；
D——钢管的公称外径,单位为毫米(mm)；
S——钢管的公称壁厚,单位为毫米(mm)。

③按理论重量交货的钢管,根据需方要求,可规定钢管实际重量与理论重量的允许偏差。单根钢管实际重量与理论重量的允许偏差分为五级,见表1-49。每批不小于10 t 钢管的理论重量与实际重量的允许偏差为±7.5%或±5%。

表1-49 重量允许偏差

偏差等级	单根钢管重量允许偏差
W1	±10%
W2	±7.5%
W3	+10% −5%
W4	+10% −3.5%
W5	+6.5% −3.5%

(三)钢管的验收

1. 钢管的试验方法

(1)钢管的尺寸和外形应采用符合精度要求的量具逐根测量。

(2)钢管的内外表面应在充分照明条件下逐根目视检查。

(3)钢管其他检验项目的试验方法和取样方法应符合标准的规定。

2. 检查和验收

(1)钢管的检查和验收由供方质量技术监管部门进行。

(2)组批规则。钢管按批进行检查和验收,每批应由同一牌号、同一炉号、同一规格和同一热处理制度(炉次)的钢管组成,每批钢管的数量应不超过如下规定:外径≤76mm且壁厚≤3mm,500 根;外径＞351mm,50 根;其他尺寸,200 根。

剩余钢管的根数如不少于上述规定的50%时,则单独列为一批;少于上述规定的50%时,并入同一牌号、同一炉号和同一规格的相邻批中。

(3)取样数量和取样部位。每批钢管各项检验的取样数量和取样部位应符合标准的规定。

（4）钢管物理性能检验。拉伸试验中测应力和变形，判断材料的强度和塑性指标。

（四）保管与储存

钢管保管场地或仓库应选择在清洁干净、排水通畅的地方，远离生产有害气体或者粉尘的厂矿，在钢管生锈时，应该对其进行无缝钢管除锈，平时注意钢管表面清洁度的观察，不得与酸、碱、盐、水泥等对钢材有侵蚀性的材料堆放在一起。不同规格型号的钢管分别堆放，防止混淆，防止接触腐蚀物品。大口径钢管可以露天堆放，中小型钢管可放置于仓库内，但是必须有垫木。

第二章　混凝土及混凝土组成材料

凡以胶凝材料将大小不等的颗粒材料胶结成为整体,并具有一定的形状和强度的人工石材,称为混凝土,其中大小不等的颗粒称为骨料。混凝土按所用的胶凝材料可分为水泥混凝土、沥青混凝土、水玻璃混凝土、聚合物混凝土等。混凝土按其用途可分为结构混凝土、道路混凝土、防水混凝土、耐热混凝土、防射线混凝土等。混凝土按体积密度可分为特重混凝土($\rho_0 > 2700$ kg/m³)、重混凝土($\rho_0 = 1950 \sim 2700$ kg/m³)、轻混凝土($\rho_0 = 800 \sim 1950$ kg/m³)和特轻混凝土($\rho_0 < 800$ kg/m³)等。

混凝土作为一种不可缺少的重要土建工程材料,广泛应用于铁道工程、桥梁隧道、工业与民用建筑、水工结构及道路、海港、军事等土建工程中。混凝土具有许多优良性能,主要包括:

(1)混凝土中大部分是天然石材,价格低廉,可就地取材,经济实用。

(2)混凝土拌和物具有良好的可塑性,容易浇筑成不同形状而且整体性很强的构件。

(3)具有较高的抗压强度,并且可以根据需要配制成不同强度的混凝土。

(4)具有较好的耐久性,对各种外界破坏因素有较强的抵抗能力,因而很少需要维修。

(5)与钢筋能牢固地黏结、组成钢筋混凝土,适用于各种大中小型构件。

但是混凝土的抗拉强度低、受拉时容易开裂、自重大、硬化养护时间长、破损后不易修复等缺点,对其使用有一定的影响。尤其重要的是,施工中的各种人为因素对混凝土的质量,特别是对混凝土的强度影响甚大,值得有关工程人员充分注意。

第一节　混凝土

一、混凝土的技术性能

混凝土的主要技术性质一般包括和易性、强度、变形及耐久性。

(一)混凝土的和易性

1. 和易性的概念

经加水拌和、浇筑成型、凝结以前的混凝土称为混凝土拌和物。混凝土拌和物的和易性，是指新拌和的混凝土在保证质地均匀、各组分不离析的条件下，适合于施工操作要求的综合性能。和易性好的混凝土拌和物，应该具有符合施工要求的流动性、良好的黏聚性和保水性。也就是说，和易性包括流动性、黏聚性和保水性三个方面的含义。

（1）流动性是指混凝土拌和物在自重或机械振动作用下能产生流动，并均匀密实地充满模板的性能。流动性的大小反映拌和的稀稠情况，故亦称稠度。

（2）黏聚性是指混凝土拌和物在施工过程中，各组成材料之间有一定的黏聚力，不致产生分层离析的性能。

（3）保水性是指混凝土拌和物在施工过程中，具有一定的保水能力，不致产生严重的泌水现象。发生泌水的混凝土，由于水分上浮泌出，在混凝土内形成容易渗水的孔隙和通道，在混凝土表层形成疏松的表层；上浮的水分还会积聚在石子或钢筋的下方形成较大孔隙（水囊），削弱了水泥浆与石子、钢筋间的黏结力，影响混凝土的质量。

由此可见，混凝土拌和物和易性是关系到是否既便于施工，又能获得均匀密实混凝土的一个重要性质。

混凝土和易性的检测方法包括坍落度法和维勃稠度法，具体试验方法见 TB/T 3275—2011。

坍落度试验示意图如图 2-1 所示。

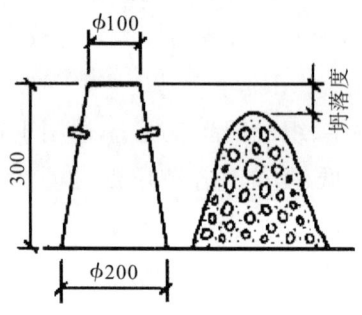

图 2-1　坍落度试验

流动性：用坍落度表示，即测锥体下沉深度；黏聚性：用捣固棒轻敲混凝土锥体侧面，观察其坍塌情况，若锥体逐渐下沉，则表示黏聚性良好；保水性：装筒时即观察锥体底部流水或水泥浆的情况。

维勃稠度试验示意图如图 2-2 所示。

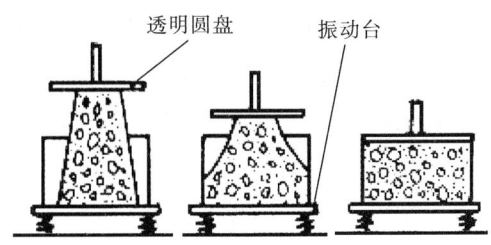

图 2-2 维勃稠度试验

维勃稠度为振平新拌混凝土锥体所需的时间。

2. 影响和易性的因素

影响和易性的因素有水泥浆的稀稠(水灰比)、水泥浆的数量、骨料的粒形与级配、砂率、外加剂、施工方法、温度和时间。

3. 改善和易性的措施

为保证混凝土拌和物具有良好的和易性,可使用下列措施加以改善:采用级配良好的骨料;采用合理的砂率;在水灰比不变的情况下调整水泥浆量(可以小幅度调整拌和物的流动性);采用机械施工方法;掺入减水剂(可以大幅度增大拌和物的流动性)。

(二)混凝土的强度

混凝土的强度包括立方体抗压强度、轴心抗压强度、抗拉强度和抗折强度等。由于立方体抗压强度最容易测定,其他强度与立方体抗压强度之间又有一定的相互关系可以换算,因此,选定立方体抗压强度作为混凝土设计和施工质量控制的基准。

1. 混凝土的立方体抗压强度和强度等级

用标准方法将混凝土制成边长 150 mm 的立方体试块(每组 3 块),在标准条件(温度 20±3 ℃,相对湿度＞90%)下养护 28 d,所测得的抗压强度的代表值称为混凝土的立方体抗压强度,简称为混凝土的强度,用 f_{cu} 代表。

混凝土的强度等级采用符号 C 与立方体抗压强度标准值(单位为 N/mm², 即 MPa)表示,划分为 C15、C20、C25、C30、C35、C40、C45、C50、C55、C60、C65、C70、C75 和 C80 共 14 个等级。C20 表示混凝土立方体抗压强度标准值 $f_{cu \cdot k}$ = 20 MPa。

施工现场混凝土立方体抗压强度试件种类有开盘鉴定试件、拆模试件、同条件试件、标准养护试件等。

开盘鉴定试件是指同强度等级配合比的混凝土在浇筑第一盘时要做的一组试件,标准养护 28 d 检测其抗压强度值,目的是检验混凝土配合比。

拆模试件是为了指导模板拆除而做的一组试件,试件拆除后放在构件旁边,与构件同时养护至模板拆除前送检,达到模板拆除强度后方可拆模。

同条件试件是为了督促施工单位及时养护混凝土而做的一组试件,试件拆除后放在构件旁边,与构件同时养护至 600 ℃·d 送检,要求强度值达到设计值。

标准养护试件是为了混凝土验收而做的一组试件,标准养护 28 d 后检测其抗压强度值。

2. 混凝土的其他强度

(1)混凝土的轴心抗压强度(棱柱体抗压强度)。实际工程结构的形状和受压状态极少有立方体,绝大部分是棱柱体的。为了使所测混凝土强度接近于结构的实际情况,应采用棱柱体抗压强度作为结构设计的依据。规定采用 150 mm×150 mm×300 mm 棱柱体试块,在标准条件下养护 28 d,测其抗压强度值,即为轴心抗压强度,亦称棱柱体抗压强度,用 f_c 表示。

(2)混凝土的抗拉强度。混凝土在受拉时,变形很小就会开裂,并很快发生脆断。混凝土的抗拉强度很低,一般只有其立方体抗压强度的 1/10~1/20,因此,在结构中不依靠混凝土的抗拉强度,而只是用作确定混凝土抗裂能力的指标。

测定混凝土抗拉强度的试验方法可用轴心抗拉试验或劈裂抗拉试验。轴心抗拉试验难度很大,一般都用劈裂试验,间接取得抗拉强度。劈裂试验试件尺寸为 150 mm×150 mm×150 mm,共 3 块。

(3)混凝土的抗折强度。道路路面或机场跑道用水泥混凝土必须做抗折强度(抗弯拉强度)试验,试件尺寸为 150 mm×150 mm×550 mm。

3. 影响混凝土强度的主要因素

影响混凝土强度 h_0 的主要因素包括:水泥标号和水灰比;骨料质量与施工质量;养护的温度和湿度;龄期;测试条件,包括试件的形状和大小;加荷速度;其他因素,如试件平整度如何,试件与夹板的接触面有无碎片砂粒,荷载是否施加于轴线上等。

要获得较高强度的混凝土时,主要采用下列措施:采用高标号的水泥,掺用硅灰以增加强度;采用坚实洁净、级配良好的骨料;采用较小的水灰比,拌制干硬性混凝土,配以强力机械进行搅拌和振捣;掺入高效减水剂,降低水灰比,减少用水量,以提高水泥石的密实度,增加混凝土的强度;保证成型均匀密实,加强养护。

提高混凝土早期强度的措施:采用高标号水泥、早强型水泥或快硬性水泥;掺入早强剂,促使混凝土快硬早强;采用蒸汽养护。

(三)混凝土的变形性能

混凝土变形包括非荷载作用下的变形和荷载作用下的变形。非荷载作用下的变形分为沉降收缩、化学收缩、干湿收缩、碳化收缩及温度变形;荷载作用下的变形分为短期荷载作用下的变形(弹塑性变形)及长期荷载作用下的变形(徐变)。

1. 非荷载作用下的变形

(1)沉降收缩。沉降收缩是混凝土凝结前在垂直方向上的收缩,由集料下沉、泌水、气泡上升到表面和化学收缩而引起。沉降不均和过大会使同时浇筑的不同尺寸构件在交界处产生裂缝,在钢筋上方的混凝土保护层产生顺筋开裂。沉降过大,通常由混凝土拌和物不密实而引起。引气、足够细集料和低用水量(低坍落度)可以减少沉降收缩。

(2)化学收缩。化学收缩是指在混凝土硬化过程中,由于水泥水化生成物的体积比反应前物质的总体积小,从而引起混凝土的收缩。其收缩量随混凝土硬化龄期的延长而增加,一般在混凝土成型后 40 天左右增长较快,以后逐渐趋于稳定,化学收缩是不可恢复的。化学收缩值很小(小于 1‰),对混凝土结构没有破坏作用,但在混凝土内部可能产生微细裂缝。

(3)干湿收缩。混凝土成型后尚未凝结硬化时属于塑性阶段,在此阶段往往由于表面失水而产生收缩,称为干湿收缩或塑性收缩。若新拌混凝土表面失水速率超过内部水分向表面迁移的速率,则会造成毛细管内部产生负压,使浆体中固体粒子间产生一定的引力,产生收缩。降低混凝土表面失水速率可采取防风、降温等措施,最有效的方法是在凝结硬化前保持表面的润湿,如在表面覆盖塑料膜、喷洒养护剂等。

(4)碳化收缩。混凝土暴露在空气中,空气中的 CO_2 溶进孔隙溶液中成为碳酸,与混凝土中 $Ca(OH)_2$ 生成 $CaCO_3$ 和水,这些水蒸发可导致混凝土体积收缩,这就是混凝土的碳化收缩。在混凝土工程中,碳化主要发生在混凝土的表面,此处的干燥速度也最大,碳化收缩和干湿收缩叠加后,可能引起严重的收缩裂缝。

(5)温度变形。温度变形是指混凝土随着温度的变化而产生热胀冷缩的变形。温度变形对大体积混凝土及大面积混凝土工程极为不利,易使这些混凝土产生温度裂缝。热裂缝的控制方法包括掺入粉煤灰等混合材料、加大粗骨料粒径、使用非常低的水泥用量、预冷拌和物原材料、限制浇注层高、管道冷却等。

2. 荷载作用下的变形

(1)短期荷载作用下的变形——弹塑性变形。混凝土是一种由水泥石、砂、石组成的不均匀的复合材料,它既不是完全的弹性体,也不是完全的塑性体,而是一个弹塑性体。混凝土在外力作用下,既会产生可以恢复的弹性变形,又会产生不可恢复的塑性变形,这就是随荷载发生的弹塑性变形。

在混凝土硬化过程中,由于水泥石的干缩受到骨料的限制,在水泥石与骨料的界面上就会存在一些细微的裂缝。在混凝土受压时,其内部应力在裂缝端部形成应力集中,而使裂缝不断扩展,以致延伸会合成较大的裂缝。当荷载增大到一定程度之后,这些裂缝不断扩大并达到贯通的程度,混凝土就会发生横向鼓胀而导致破坏。

(2)长期荷载作用下的变形——徐变。混凝土在荷载作用下,除了会发生随荷载而产生的"瞬时变形"外,还会发生随时间变化的徐变。徐变是在长期荷载作用下,混凝土沿作用力方向随时间不断增加的塑性变形,开始时较快,延续2~3年才会逐渐稳定。徐变的数量范围为 0.3~1.5 mm/m。一般认为徐变是水泥凝胶体发生缓慢的黏性流动并沿毛细孔迁移的结果。

混凝土的徐变能缓和钢筋混凝土内的应力集中,使应力较为均匀地重新分布,这是有利的。但在预应力混凝土中,混凝土的徐变将使预应力受到部分损失,这在预应力混凝土的设计和施工中应予以考虑。

(四)混凝土的耐久性

土建工程的混凝土结构物经常受到各种物理和化学因素的破坏作用,如温度和湿度变化、冻融循环、压力水或其他液体的渗透、环境水和土壤中有害介质以及有害气体的侵蚀等。混凝土在上述各种破坏因素作用下能否经久耐用的性质,称为混凝土的耐久性。

1. 混凝土耐久性的主要表现

混凝土的耐久性主要表现在抗蚀、抗渗、抗冻、抗碳化和碱-骨料反应等几个方面。

(1)抗蚀性。混凝土抗化学腐蚀的性能主要取决于水泥石的抗蚀性能和孔隙状况。合理选用水泥品种,提高混凝土的密实度或改善孔隙构造,均可增强混凝土的抗蚀性。

(2)抗渗性。混凝土的抗渗性主要取决于混凝土的密实程度和孔隙构造。若密实性差,且开口连通孔隙多,则混凝土的抗渗性就差;但如果孔隙均为封闭,则混凝土的抗渗性较强。普通混凝土的抗渗性用抗渗等级(标号)表示。以 28 d 龄期的六个标准试件,按标准方法做单面水压试验,当有两个试件出现渗水时(还有四个试件不渗水)的水压力,分为 P4、P6、P8、P10 和 P12 等五个抗渗等级,如 P10 表示能承受 1 MPa 的水压而不渗透。

(3)抗冻性。混凝土的抗冻性也取决于混凝土的密实程度和孔隙构造。在寒冷地区和严寒地区与水接触又容易受冻的环境下的混凝土,要求具有较强的抗冻性能。混凝土的抗冻性用抗冻等级(标号)来表示,以 28 d 龄期的标准试块,按标准方法进行冻融循环试验,以同时满足强度损失不超过 25%、质量损失不超过 5% 时的最大循环次数,分为 F10、F15、F25、F50、F100、F150、F200、F250 和 F300 等九个抗冻等级。

(4) 抗碳化。硬化后的混凝土中含有水泥水化产生的 $Ca(OH)_2$，能使钢筋表面形成一种阻锈的钝化膜，对钢筋提供了碱性保护。

长期处于潮湿状态，又受到空气中 CO_2 作用的混凝土，其所含 $Ca(OH)_2$ 和 CO_2 反应生成 $CaCO_3$，这就是碳化。严重的碳化不仅会使混凝土产生收缩裂纹，而且当碳化深度超过混凝土保护层时，钢筋便在 CO_2 和水的作用下发生锈蚀，不但失去了和混凝土的黏结，而且铁锈的膨胀会使已有裂纹的混凝土保护层发生剥落，这种剥落又将引起更严重的锈蚀和崩裂，最后导致结构破坏。因此，对于长期潮湿并有较浓 CO_2 环境中的混凝土，要重视碳化的危害。

长期处于水中的混凝土不会与 CO_2 接触，干燥环境中的混凝土没有支持碳化的水，均不存在碳化问题。

(5) 碱-骨料反应。如果混凝土的骨料中含有蛋白石、玉髓、鳞石英、方石英、安山岩、凝灰岩等活性骨料，其所含的活性 SiO_2 会与水泥中的 Na_2O、K_2O 等碱性物质发生化学反应，称为碱-骨料反应。

当水泥中的碱含量>0.6%时，就很容易与活性骨料反应，生成碱的硅酸盐凝胶，吸水膨胀，引起混凝土的膨胀开裂。这种反应进行得很慢，它所引起的膨胀破坏往往在几年之后才会发现，但它所引起的后果却不容忽视。因此，凡在潮湿环境中和水中使用的混凝土，都应注意水泥中的碱含量和骨料中的活性成分，当骨料中有活性成分时，就应采用含碱量<0.6%的低碱水泥。

2. 提高混凝土耐久性的措施

(1) 根据工程所处环境及要求，合理选用水泥品种，以适应抗蚀、抗渗或抗冻的要求。

(2) 改善骨料级配，从严控制骨料中有害杂质的含量，注意是否含有活性骨料，保证水泥石和骨料不被腐蚀。

(3) 控制水灰比不得过大，保证必要的水泥用量，以保证混凝土的密实性。

(4) 掺用减水剂，减少用水量，提高混凝土的密实性。

(5) 掺入引气剂，改善孔隙构造，提高抗渗、抗冻能力。

(6) 确保施工质量，浇捣均匀密实。

(7) 用涂料、防水砂浆、瓷砖、沥青等进行表面防护，防止混凝土的腐蚀和碳化。

二、混凝土质量控制

(一) 对原材料的控制

混凝土是由水泥、砂、石和水组成的，有的还有掺和料和外加剂。应对组成混凝土的原材料进行控制，使之符合相应的质量标准。

1. 水泥质量控制

水泥在使用前,除应持有生产厂家的合格证外,还应做强度、凝结时间、安定性等常规检验,检验合格后方可使用,切勿先用后检或边用边检。不同品种的水泥要分别储存或堆放,不得混合使用。大体积混凝土尽量选用低热或中热水泥,降低水化热。在钢筋混凝土结构中,严禁使用含氯化物的水泥。

2. 骨料质量控制

河砂等天然砂是建筑工程中的主要用砂,但随着河砂资源的减少和价格的上升,不少工程已使用山砂和人工砂。用于混凝土的砂应控制泥和有机质的含量。砂进场后应做筛分试验、含泥量试验、视比重试验和有机质含量试验。

普通混凝土宜优先选用细度模数在 2.4~2.6 之间的中砂,泵送混凝土用砂对 0.315 mm 筛孔的通过量不宜小于 15%,且不大于 30%;对 0.16 mm 筛孔的通过量不应小于 5%。

石子一般选用粒径为 4.75~40 mm 的碎石或卵石,泵送高度超过 50 m 时,碎石最大粒径不宜超过 25 mm,卵石最大粒径不宜超过 30 mm。石子进场后应做压碎值试验、筛分试验、针片状含量试验、含泥量试验和视比重试验。储料场中不同规格、不同产地、不同品种的石子应分别堆放,并有明显的标示。

3. 拌和混凝土用水

拌和用水可使用自来水或不含有害杂质的天然水,不得使用污水搅拌混凝土。对于预拌混凝土生产厂家,不提倡使用经沉淀过滤处理的循环洗车废水,因为其中含有机油、外加剂等各种杂质,并且含量不确定,容易使预拌混凝土质量出现难以控制的波动现象。

4. 外加剂质量控制

外加剂可改善混凝土的和易性,调节凝结时间、提高强度、改善耐久性。应根据使用目的混凝土的性能要求、施工工艺及气候条件,结合混凝土的原材料性能、配合比以及对水泥的适应性等因素,通过试验确定其品种和掺量。低温时产生结晶的外加剂在使用前应采取防冻措施。预拌混凝土生产厂家不得直接使用粉状外加剂,应使用水性外加剂。必须使用粉状外加剂时,应采取相应的搅拌匀化措施,并在确保计量准确的前提下,方可使用。

5. 掺和料质量控制

在混凝土中掺入掺和料,可节约水泥,并改善混凝土的性能。掺和料进场时,必须具有质量证明书,按不同品种、等级分别储存在专用的仓罐内,并做好明显标记,防止受潮和环境污染。

(二)混凝土配合比的控制

混凝土的配合比应根据设计的混凝土强度等级、耐久性、坍落度的要求,按

《普通混凝土配合比设计规程》通过试配确定,不得使用经验配合比。试验室应结合原材料实际情况,确定一个既满足设计要求,又满足施工要求,同时经济合理的混凝土配合比。

影响混凝土抗压强度的主要因素是水泥强度和水灰比,若要控制混凝土质量,最重要的是控制水泥用量和混凝土的水灰比两个主要环节。在相同配合比的情况下,水泥强度等级越高,混凝土的强度等级也越高。水灰比越大,混凝土的强度越低,增加用水量时混凝土的坍落度虽然增加了,但是混凝土的强度也下降了。

泵送混凝土配合比应考虑混凝土运输时间、坍落度损失、输送泵的管径、泵送的垂直高度和水平距离、弯头设置、泵送设备的技术条件、气温等因素,必要时应通过试泵确定。设计出合理的配合比后,要测定现场砂、石含水率,将设计配合比换算为施工配合比。

混凝土原材料的变更将影响混凝土强度,需根据原材料的变化,及时调整混凝土的配合比。

(三)混凝土浇筑质量的控制

1. 混凝土浇筑前施工方案的编制与审查

混凝土浇筑前,对有特殊要求、技术复杂、施工难度大(如基础、主体、技术转换层、大体积混凝土和后浇带等部位)的结构,应要求施工单位编制专项施工方案,监理工程师认真审查:方案中的人员组织、混凝土配合比、混凝土的拌制和浇筑方法及养护措施;混凝土施工缝的留置部位、后浇带的技术处理措施;大体积混凝土的温控及保湿保温措施;施工机械及材料储备、停水、停电等应急措施;审查模板及其支架的设计计算书、拆除时间及拆除顺序,施工质量和施工安全专项控制措施等;同时审查钢筋的制作安装方案、钢筋的连接方式、钢筋的锚固定位等技术措施。

要认真检查模板支撑系统的稳定性,检查模板、钢筋、预埋件、预留孔洞是否按设计要求施工,其质量是否达到施工质量验收规范的要求。

混凝土被运到施工地点后,应首先检查混凝土的坍落度,预拌混凝土应检查随车出料单,对强度等级、坍落度和其他性能不符合要求的混凝土不得使用。预拌混凝土中不得擅自加水。督促试验人员随机见证取样制作混凝土试件。试件的留置数量应符合规范要求,要留同条件养护试块和拆模试块。

2. 浇筑混凝土时严格控制浇筑流程

合理安排施工工序,分层、分块浇筑。对已浇筑的混凝土,在终凝前进行二次振动,提高黏结力和抗拉强度,并减少内部裂缝与气孔,提高抗裂性。二次振动完成后,板面要找平,排除板面多余的水分。若发现局部有漏振及过振情况时,应及时返工进行处理。

混凝土浇灌过程中,应实行旁站,检查混凝土振捣方法是否正确、是否存在漏振或振动太久的情况,并随时观察模板及其支架,看是否有变形、漏浆、下沉或扣件松动等异常情况,如有异常情况,应立即采取措施进行处理。

3. 加强混凝土的养护

混凝土养护主要是保持适当的温度和湿度条件。保温能减少混凝土表面的热扩散,降低混凝土表层的温差,防止表面裂缝。混凝土浇筑后,及时用湿润的草帘、麻袋等覆盖,并注意洒水养护,延长养护时间,保证混凝土表面缓慢冷却。在高温季节泵送时,宜及时用湿草袋覆盖混凝土,尤其在中午阳光直射时,宜加强覆盖养护,以避免表面快速硬化后,产生混凝土表面温度和收缩裂缝。在寒冷季节,混凝土表面应覆盖草帘进行保温,以防止寒潮袭击。

(四)混凝土工程质量的验收

混凝土工程完成且质量控制资料齐全后,监理工程师应根据质量保证资料、混凝土结构实体质量和设计文件、现行《混凝土强度检验评定标准》(GB/T 50107—2010)、《混凝土结构工程施工质量验收规范》(GB 50204—2015)、《建筑工程施工质量验收统一标准》(GB 50300—2013)的规定,对混凝土结构工程的施工质量进行检查、评估与验收。

混凝土施工过程中,相关技术人员应加强对原材料的质量控制,并及时对施工现场进行巡视检查、平行检查和旁站,如发现有影响混凝土结构施工质量的问题或事项,决不迁就,并及时要求整改,该返工的要彻底返工,使混凝土结构的施工质量自始至终处于受控状态,才能提高混凝土结构的施工质量。

1. 混凝土强度、和易性等指标一般要按检验批进行检测

必试:稠度和抗压强度。

其他:轴心抗压、静力受压弹性模量、劈裂抗拉强度、抗折强度、长期性能和耐久性能试验、碱含量、氯化物总量等。

2. 试块的留置

(1)每拌制100盘且不超过100 m^3 的同配合比的混凝土,取样不得少于一次。

(2)每工作班拌制的同一配合比的混凝土不足100盘时,取样不得少于一次。

(3)当一次连续浇筑超过1000 m^3 时,同一配合比的混凝土每200 m^3 取样不得少于一次。

(4)每一楼层、同一配合比的混凝土,取样不得少于一次。

(5)冬期施工还应留置负温转常温试块和临界强度块。

(6)对预拌混凝土,当一个分项工程连续供应相同配合比的混凝土量大于

1000 m³ 时,其交货检验的试样,每 200 m³ 混凝土取样不得少于一次。

(7)建筑地面的混凝土,以同一配合比、同一强度等级,每一层或每 1000 m² 为一检验批,不足 1000 m² 也按一批计。每批应至少留置一组试块。

3. 取样方法及数量

用于检查结构构件混凝土质量的试件,应在混凝土浇筑地点随机取样制作,每组试件所用的拌和物应从同一盘搅拌混凝土或同一车运送的混凝土中取出。对于预拌混凝土,还应在卸料过程中卸料量的 1/4～3/4 之间取样,每个试样量应满足混凝土质量检验项目所需用量的 1.5 倍,但不少于 0.2 m³。

每次取样应至少留置一组标准养护试件,同条件养护试件的留置组数应根据实际需要确定。

三、实用信息

中国混凝土网(www.cnrmc.com)及各地混凝土行业信息网。

第二节 水 泥

一、概述

水泥为无机水硬性胶凝材料,是重要的建筑材料之一,在建筑工程中有着广泛的应用。水泥品种非常多,按其主要水硬性物质名称分为硅酸盐水泥、铝酸盐水泥、硫铝酸盐水泥、氟铝酸盐水泥、磷酸盐水泥等。根据国家标准《水泥的命名原则和术语》(GB/T 4131—2014)规定,水泥按其用途及性能可分为通用水泥和特种水泥两类。目前,我国建筑工程中常用的是通用硅酸盐水泥,它是以硅酸盐水泥熟料和适量的石膏及规定的混合材料制成的水硬性胶凝材料。

二、常用水泥的分类及规格型号

国家标准《通用硅酸盐水泥》(GB 175—2007)规定,按混合材料的品种和掺量,通用硅酸盐水泥可分为硅酸盐水泥、普通硅酸盐水泥、矿渣硅酸盐水泥、火山灰质硅酸盐水泥、粉煤灰硅酸盐水泥和复合硅酸盐水泥见表 2-1。通用硅酸盐水泥的主要特性见表 2-2。

通用水泥规格型号按"代号+强度等级"的形式进行表示。例如,P.O42.5R 表示强度等级为 42.5 MPa 的早强型普通硅酸盐水泥。

表 2-1　通用硅酸盐水泥的代号和强度等级

水泥名称	简称	代号	强度等级
硅酸盐水泥	硅酸盐水泥	P.Ⅰ、P.Ⅱ	42.5、42.5R、52.5、52.5R、62.5、62.5R
普通硅酸盐水泥	普通水泥	P.O	42.5、42.5R、52.5、52.5R
矿渣硅酸盐水泥	矿渣水泥	P.S	32.5、32.5R 42.5、42.5R 52.5、52.5R
火山灰质硅酸盐水泥	火山灰水泥	P.P	
粉煤灰硅酸盐水泥	粉煤灰水泥	P.F	
复合硅酸盐水泥	复合水泥	P.C	

注：强度等级中，R 表示早强型。

表 2-2　通用硅酸盐水泥的主要特性

	硅酸盐水泥	普通水泥	矿渣水泥	火山灰水泥	粉煤灰水泥	复合水泥
主要特性	①凝结硬化快、早期强度高；②水化热大；③抗冻性好；④耐热性差；⑤耐腐蚀性差；⑥干缩性较小	①凝结硬化快、早期强度高；②水化热较大；③抗冻性较好；④耐热性较差；⑤耐腐蚀性较差；⑥干缩性较小	①凝结硬化慢、早期强度低、后期强度增长较快；②水化热较小；③抗冻性差；④耐热性好；⑤耐腐蚀性较好；⑥干缩性较大；⑦泌水性大、抗渗性差	①凝结硬化慢、早期强度低、后期强度增长较快；②水化热较小；③抗冻性差；④耐热性较差；⑤耐腐蚀性较差；⑥干缩性较大；⑦抗渗性较好	①凝结硬化慢、早期强度低、后期强度增长较快；②水化热较小；③抗冻性差；④耐热性较差；⑤耐腐蚀性较好；⑥干缩性较小；⑦抗裂性较高	①凝结硬化慢、早期强度低、后期强度增长较快；②水化热较小；③抗冻性差；④耐腐蚀性较好；⑤其他性能与掺料种类、掺量有关

三、水泥的验收

(一)资料验收

水泥生产厂家应随车附带 3 d 强度报告单，28 d 后应即时补报 28 d 强度报告单。强度报告单中各项指标应符合 GB 175—2007 或甲乙双方约定的其他标准的指标要求。

(二)外观验收

应重点检查水泥有无受潮、结块现象，袋装水泥还应检查包装袋有无破损。

(三)物理化学性能复试(按 GB 175—2007)

1. 取样

水泥检验应按同一生产厂家、同一级别、同一品种、同一批号且连续进场的水泥,袋装不超过 200 t 为一个批次,散装不超过 500 t 为一个批次,每批次取样不少于一次。取样应具有代表性,可连续取样,也可从 20 个以上不同部位抽取等量样品,总量至少 12 kg。

2. 化学指标

通用硅酸盐水泥的化学性能指标见表 2-3。

表 2-3 通用硅酸盐水泥化学性能指标(单位:%)

品种	代号	不溶物	烧失量	SO_3	MgO	Cl^-
				质量分数,≤		
硅酸盐水泥	P.Ⅰ	0.75	3.0	3.5	5.0	0.06
	P.Ⅱ	1.50	3.5			
普通水泥	P.O	—	5.0			
矿渣水泥	P.S.A	—	—	4.0	6.0	
	P.S.B	—	—		—	
火山灰水泥	P.P	—	—	3.5	6.0	
粉煤灰水泥	P.F	—	—			
复合水泥	P.C	—	—			

3. 碱含量

用户要求提供低碱水泥时,水泥碱含量应低于 0.6% 或由双方协商确定。

4. 物理指标

(1)凝结时间。水泥的凝结时间分为初凝时间和终凝时间。初凝时间是从水泥加水拌和起至水泥浆开始失去可塑性所需的时间;终凝时间是从水泥加水拌和起至水泥浆完全失去可塑性并开始产生强度所需的时间。为了保证有足够的时间在初凝之前完成混凝土的搅拌、运输和浇捣及砂浆的粉刷、砌筑等施工工序,初凝时间不宜过短;为使混凝土、砂浆能尽快地硬化达到一定的强度,以利于下道工序及早进行,终凝时间也不宜过长。国家标准规定,六大常用水泥的初凝时间均 ≥45 min,硅酸盐水泥的终凝时间 ≤6.5 h,其他五类常用水泥的终凝时间 ≤10 h。

(2)体积安定性。水泥的体积安定性是指水泥在凝结硬化过程中,体积变化的均匀性。如果水泥硬化后产生不均匀的体积变化,即所谓的"体积安定性不良",就会使混凝土构件产生膨胀性裂缝,降低建筑工程质量,甚至引起严重事故。

引起水泥体积安定性不良的原因有水泥熟料矿物组成中游离氧化钙或氧化镁过多,或者水泥粉磨时石膏掺量过多。水泥熟料中所含的游离氧化钙或氧化镁都是过烧的,熟化很慢,在水泥已经硬化后还在慢慢水化并产生体积膨胀,引起不均匀的体积变化,导致水泥石开裂。石膏掺量过多时,水泥硬化后过量的石膏还会继续与已固化的水化铝酸钙作用,生成高硫型水化硫铝酸钙(俗称"钙矾石"),体积约增大1.5倍,引起水泥石开裂。

国家标准规定,游离氧化钙对水泥体积安定性的影响用煮沸法来检验,测试方法可采用试饼法或雷氏法。

(3)强度。水泥的强度是评价和选用水泥的重要技术指标,也是划分水泥强度等级的重要依据。水泥的强度除受水泥熟料的矿物组成、混合料的掺量、石膏掺量、细度、龄期和养护条件等因素影响外,还与试验方法有关。国家标准规定,采用胶砂法来测定水泥的3 d和28 d的抗压强度和抗折强度,根据测定结果来确定该水泥的强度等级,见表2-4。

表2-4 通用硅酸盐水泥不同龄期的强度(单位:MPa)

品种	强度等级	抗压强度		抗折强度	
		3 d	28 d	3 d	28 d
硅酸盐水泥	42.5	≥17.0	≥42.5	≥3.5	≥6.5
	42.5R	≥22.0		≥4.0	
	52.5	≥23.0	≥52.5	≥4.0	≥7.0
	52.5R	≥27.0		≥5.0	
	62.5	≥28.0	≥62.5	≥5.0	≥8.0
	62.5R	≥32.0		≥5.5	
普通硅酸盐水泥	42.5	≥17.0	≥42.5	≥3.5	≥6.5
	42.5R	≥22.0		≥4.0	
	52.5	≥23.0	≥52.5	≥4.0	≥7.0
	52.5R	≥27.0		≥5.0	
矿渣硅酸盐水泥 火山灰质硅酸盐水泥 粉煤灰硅酸盐水泥 复合硅酸盐水泥	32.5	≥10.0	≥32.5	≥2.5	≥5.5
	32.5R	≥15.0			
	42.5	≥15.0	≥42.5	≥3.5	≥6.5
	42.5R	≥19.0		≥4.0	
	52.5	≥21.0	≥52.5	≥4.0	≥7.0
	52.5R	≥23.0		≥4.5	

(4)不同标准之间的对比。在实际工作中,铁路项目用水泥往往执行铁路行

业标准,现行相关的铁路行业标准主要有二:一是《铁路混凝土》(TB/T 3275—2018);二是《高速铁路预制后张法预应力混凝土简支梁》(TB/T 3432—2016)。

现将 GB 175—2007 与 TB/T 3275—2018、TB/T 3432—2016 对比如下。

①水泥选用。

GB 175:通用硅酸盐水泥分为硅酸盐水泥(P.Ⅰ型、P.Ⅱ型)、普通硅酸盐水泥(P.O)、矿渣硅酸盐水泥(P.S)、火山灰质硅酸盐水泥(P.P)、粉煤灰硅酸盐水泥(P.F)和复合硅酸盐水泥(P.C)。

TB/T 3275:C30 以上砼应采用硅酸盐水泥或普通硅酸盐水泥,C30 以下砼可采用矿渣硅酸盐水泥、粉煤灰硅酸盐水泥和复合硅酸盐水泥。

TB/T 3432:应采用硅酸盐水泥或普通硅酸盐水泥。

②碱含量。

GB 175:选择性指标。

TB/T 3275:≤0.8%,但当骨料具有碱-骨料反应活性时,水泥碱含量应低于 0.6%;C40 及以上砼用水泥碱含量应低于 0.6%。

TB/T 3432:应低于 0.6%。

③其他技术指标对比。其他技术指标对比见表 2-5。

表 2-5 其他技术指标对比

序号	对比指标	GB 175	TB/T 3275	TB/T 3432
1	比表面积/(m²/kg)	≥300	300~350	300~350
2	游离 CaO(质量分数)/%,≤	—	1.0	1.0
3	熟料中 C_3A 含量(质量分数)/%,≤	—	8.0	8.0

四、水泥的保管与储存

按合同约定,水泥一般按散装或袋装交货。散装水泥应储存在密封良好、能保证上进下出的罐体内,并有严格的防潮措施。

袋装水泥每袋净含量为 50 kg,且应≥标志质量的 99%;随机抽取 20 袋总质量(含包装袋)应≥1000 kg。水泥包装袋上应清楚标明执行标准、水泥品种、代号、强度等级、生产者名称、生产许可证标志(QS)及编号、出厂编号、包装日期、净含量等。包装袋两侧应根据水泥的品种采用不同的颜色印刷水泥名称和强度等级,硅酸盐水泥和普通硅酸盐水泥采用红色,矿渣硅酸盐水泥采用绿色;火山灰质硅酸盐水泥、粉煤灰硅酸盐水泥和复合硅酸盐水泥采用黑色或蓝色。散装发运时应提交与袋装标志相同内容的卡片。

水泥进场后应按规定进行挂牌标识,标识内容应包括材料名称、规格型号、批号、单位、数量、检验状态等。

五、实用信息

国内能够即时查询水泥行业资讯和价格信息的网站主要有"中国水泥网"(www.ccement.com)和"数字水泥网"(www.dcement.com)。

第三节 骨 料

一、粗骨料

(一)概述

粒径大于 4.75 mm 的骨料称为粗骨料,通称石子,其品种有天然卵石和人工碎石两种。卵石表面圆滑,空隙率和总表面积均较小,所拌制混凝土的水泥用量较少,和易性较好,但与水泥浆的黏结力不如碎石。碎石由岩石破碎而成,颗粒多棱角,表面粗糙,空隙率和表面积均较大,用碎石拌制的混凝土,所需的水泥浆较多,但水泥浆与碎石的黏结力较强。因此,拌制较高强度的混凝土时,宜用碎石或碎卵石,一般情况下宜就地取材。

(二)粗骨料的分类及规格型号

在水泥混凝土中,粒径大于 4.75 mm 的骨料称为粗骨料。在沥青混合料中,粗骨料指粒径大于 2.36 mm 的碎石、破碎砾石和矿渣等。常用的粗骨料有天然卵石和人工碎石两种。天然卵石是岩石经过自然条件作用而形成的,可分为河卵石、海卵石和山卵石。河卵石表面光滑,少棱角,比较洁净,大都具有天然级配;而山卵石含黏土等杂质较多,使用前须冲洗干净,因此河卵石最为常用。人工碎石是天然岩石或卵石经机械破碎、筛分而制成的,颗粒富有棱角,表面粗糙,较天然卵石干净,与水泥浆的黏结力较强,但流动性较差。

碎石和卵石按技术要求的分类如下:Ⅰ类,适用于强度等级大于 C60 的混凝土;Ⅱ类,适用于强度等级为 C30~C60 及有抗冻、抗渗或其他要求的混凝土;Ⅲ类,适用于强度等级小于 C30 的混凝土和建筑砂浆。

粗骨料按照级配分为连续粒级和间断粒级。

(三)粗骨料的验收

1. 石子的物理性质

石子的体积密度一般为 2.5~2.7 g/cm^3,堆积密度为 1400~1700 kg/m^3,卵

石的空隙率为35%~45%,碎石的空隙率约为45%。

2. 混凝土用石的质量要求

《铁路混凝土与砌体工程施工规范》(TB 10210—2001)和《普通混凝土用碎石或卵石质量标准及检验方法》(JGJ 53—1992)对混凝土用石子的质量要求均作了明确规定。

(1)有害物质含量。石子中不宜混有草根、树叶、树枝、塑料品、煤块、炉渣等杂物,含泥量、泥块含量应符合表2-6的规定。表中的"泥"指粒径<0.08 mm的岩屑、淤泥与黏土的总和,"泥块"指粒径>5 mm,经水浸捏洗后变成<2.5 mm的颗粒。

表2-6 石子的含泥量和泥块含量

项目	Ⅰ类	Ⅱ类	Ⅲ类
含泥量(按质量计)/%	≤0.5	≤1.0	≤1.5
泥块含量(按质量计)/%	0	≤0.2	≤0.5

粗骨料的有机物、硫化物及硫酸盐含量不能超过表2-7的要求。若所含有害物质超标,应用水冲洗后方可使用。

表2-7 石子的有害物质含量

项目	Ⅰ类	Ⅱ类	Ⅲ类
有机物	合格	合格	合格
硫化物及硫酸盐(按SO_3质量计)/%	≤0.5	≤1.0	≤1.0

此外,当粗骨料中含蛋白石、玉髓、鳞石英、方石英等含有活性SiO_2的矿物(即活性骨料)时,其活性SiO_2会与水泥中的碱物质发生碱-骨料反应,引起混凝土开裂破坏,因此必须进行专门的检验,在确认对混凝土质量无害时方可使用;当认定有潜在危害时,不宜使用;必须使用时,应采用低碱水泥(含碱量<0.6%),或采用能抑制碱-骨料反应的掺和料,并不得使用含钠、钾离子的外加剂。还有,粗骨料中严禁混入煅烧过的白云石或石灰块。

(2)针片状颗粒含量。石子颗粒以接近球形为好。但石子中常含有针状颗粒(其长度大于所属粒级平均粒径的2.4倍)和片状颗粒(其厚度小于所属粒级平均粒径的0.4倍),它们阻碍混凝土拌和物的流动,在混凝土受力时容易折断,影响混凝土的质量。因此,混凝土用石子中的针片状颗粒的含量应符合表2-8的规定。

表2-8 石子中针片状颗粒含量

项目	指标		
	Ⅰ类	Ⅱ类	Ⅲ类
针片状颗粒(按质量计)/%	≤5	≤10	≤15

（3）最大粒径和颗粒级配。最大粒径 d_m 是指石子公称粒级的上限，如 5～40 mm 粒级的石子，最大粒径 d_m 即为 40 mm。使用最大粒径较大的石子拌制混凝土时，由于石子的总表面积较小，水泥浆包裹层较厚，有利于润滑和黏结，因此，在允许条件下，石子的最大粒径宜选大一些。但由于构件尺寸和钢筋疏密程度所限，又不能选得太大。《混凝土质量控制标准》(GB 50164—2011)规定：混凝土用石子的最大粒径不得超过结构截面最小尺寸的 1/4，也不得超过钢筋间最小净距的 3/4；对于建筑用的混凝土实心板，石子的最大粒径不得超过板厚的 1/3，同时不得超过 40 mm。

石子的颗粒级配的原理和要求与砂基本相同，各粒级的比例要适当，使骨料的空隙率尽可能小。

石子的级配有连续级配和间断级配两种。连续级配是指颗粒尺寸由大到小连续分级，每一级骨料都占适当比例。采用连续级配骨料拌制的混凝土和易性好，不易发生分层离析现象，且施工方便，故工程中广泛采用。间断级配是指人为地剔除石子中的某中间粒级，造成颗粒级配的间断，大颗粒间的空隙由比它小得多的小颗粒填充，这样可以减小空隙率。但使用间断级配石子拌制的混凝土拌和物容易产生离析，且增加施工难度，故较少采用。另外还有单粒级配，粒径范围为 10～20 mm，一般不宜配制混凝土，可用于组合成所要求的连续级配或与连续级配参配使用。

石子的颗粒级配用筛分析法测定，用一套标准筛(筛孔径尺寸见表 2-9)进行筛分。混凝土用碎石和卵石的颗粒级配应符合表 2-9 的要求。一般的混凝土工程多使用表内连续粒级的石子。表内的单粒级石子可以用于配制有特殊级配要求的石子，也可以与连续粒级石子混合使用，以改变其级配状况，或组成较大粒度的连续粒级。由于单粒级石子级配不好，故不宜使用单一的单粒级石子拌制混凝土。

表 2-9 粗骨料级配表

粒径情况	公称直径 mm	累计筛余(按质量计)/% 筛孔直径/mm										
		2.36	4.75	9.50	16.0	19.0	26.5	31.5	37.5	53.0	63.0	75.0	90
连续粒级	5～10	95～100	80～100	0～15	0								
	5～16	95～100	85～100	30～60	0～10	0							
	5～20	95～100	90～100	40～80	—	0～10	0						
	5～25	95～100	90～100	—	30～70	—	0～5	0					
	5～31.5	95～100	90～100	70～90	—	15～45	—	0～5	0				
	5～40	—	95～100	70～90	—	30～65	—	—	0～5	0			
单粒粒级	10～20		95～100	85～100	—	0～15	0						
	16～31.5		95～100	—	85～100	—	—	0～10	0				
	20～40		—	95～100	—	80～100	—	—	0～10	0			
	31.5～63			—	—	95～100	—	75～100	45～75	—	0～10	0	
	40～80				—	95～100	—	—	70～100	—	30～60	0～10	0

(4)强度。石子的强度直接影响混凝土的强度,因此,混凝土中的石子必须具有足够的强度。石子的强度有两种表示方法,即抗压强度和压碎指标。

在选择采石场或对石子强度有严格要求时,采用抗压强度检验,方法是:将碎石的母岩或较大的卵石制成 50 mm×50 mm×50 mm 立方体试件或 ϕ50 mm×50 mm 圆柱体试件,在吸水饱和状态下,测得 6 个试件抗压强度的平均值,不应低于所配混凝土强度的 1.5 倍,且不小于 45 MPa。

工程施工中可采用压碎指标进行质量控制,方法是:将 10~20 mm 的气干状态的石子,按规定方法装入压碎值测定仪的圆模中,放上压头,在 3~5 min 内均匀加压至 200 kN,卸荷后,倒出模中试样,秤其总质量 m_0,用孔径为 2.50 mm 的筛子筛出压碎了的细粒(碎片),秤出筛余质量 m_1,则压碎指标 Q_a 为

$$Q_a = \frac{m_0 - m_1}{m_0} \times 100\%$$

压碎指标表示被压出的碎片质量占试样总质量的百分率。对于同一种类的粗骨料,Q_a 值越小,表示其抵抗压碎能力越强,石子的强度就越高。混凝土用石子的压碎指标应满足表 2-10 的要求。

表 2-10 石子压碎指标

项目	Ⅰ	Ⅱ	Ⅲ
碎石压碎指标/%	≤10	≤20	≤30
卵石压碎指标/%	≤12	≤14	≤16

(5)坚固性。混凝土用石子亦应满足一定的坚固性要求,以保证混凝土的耐久性。混凝土用石子的坚固性按硫酸钠溶液法检验,应满足表 2-11 的要求。

表 2-11 石子坚固性指标

项目	Ⅰ	Ⅱ	Ⅲ
质量损失/%	≤5	≤8	≤12

3. 验收依据标准

依据《建设用卵石、碎石》(GB/T 14685—2011)验收。

检测项目中,必试的包括筛分析含泥量、泥块含量、针片状颗粒含量和压碎指标;其他包括密度、有害物质含量、坚固性、碱活性检验和含水率。

检验批及取样量规定如下:

(1)砂石用大型工具运输的,以 400 m³ 或 600 t 为一验收批;用小型工具运输的,以 200 m³ 或 300 t 为一验收批;不足上述数量的,以一批论。当砂石质量比较稳定、进料量较大时,可以 1000 t 为一验收批。

(2)在料堆取样时,取样部位应均匀分布。取样前先将取样部位表层铲除。对于石子,由各部位抽取大致相等的 15 份(在料堆的顶部、中部和底部各由均匀分布的 5 个不同部位取得),组成一组样品 100 kg。

(3)若检验不合格,应重新取样。对不合格项,进行加倍复验。若仍有一个试样不能满足标准要求,应按不合格品处理。

(四)粗骨料的保管与储存

粗骨料可以堆放在料库或料棚里,也可露天堆放,但堆场要硬化,且不同岩石、不同级配的粗骨料分类堆放。平时注意保持清洁,不要污染,如果因堆放时间过长而导致含泥量超标,在使用时要清洗。

(五)实用信息

砂石骨料网(www.cssglw.com)。

二、细骨料

(一)概述

粒径小于 4.75 mm 的骨料称为细骨料,也称砂子。混凝土的细骨料主要采用天然砂,有时也采用人工砂。天然砂根据产源不同,可分为河砂、湖砂、山砂和淡化海砂。山砂富有棱角,表面粗糙,与水泥浆的黏结力好,但含泥量和有机杂质含量较多。海砂颗粒表面圆滑,比较洁净,但常混有贝壳碎片,而且含盐分较多,对混凝土中的钢筋有锈蚀作用。河砂介于山砂和海砂之间,比较洁净,而且分布较广,一般工程上大都采用河砂。人工砂是岩石经轧碎、筛选而制成的,富有棱角,比较洁净,但石粉和片状颗粒较多且成本较高。在铁路混凝土中,若就近没有河砂和山砂,则常用由白云岩、石灰岩、花岗岩和玄武岩爆破、机械轧碎而制成的机制砂。

(二)细骨料的分类及规格型号

砂按技术要求分为Ⅰ类、Ⅱ类和Ⅲ类。Ⅰ类砂宜用于强度等级大于 C60 的混凝土;Ⅱ类砂宜用于强度等级为 C30～C60 及有抗冻、抗渗或其他要求的混凝土;Ⅲ类砂宜用于强度等级小于 C30 的混凝土和建筑砂浆。

(三)细骨料的验收

根据国家标准《建设用砂》(GB/T 14684—2011)的规定,混凝土用砂应尽量选用洁净、坚硬、表面粗糙有棱角、有害杂质少的砂,具体质量要求如下。

1. 有害杂质含量

天然砂中常含有淤泥、黏土块、云母、轻物质、硫化物、硫酸盐、有机质、氯化物及草根、树叶、树枝、塑料品、煤块、炉渣等有害杂质，这些杂质含量过多会影响混凝土的质量。

（1）含泥量、泥块含量和石粉含量。砂的含泥量是指粒径小于 0.075 mm 的尘屑、淤泥等颗粒的质量占砂子质量的百分率。泥块含量是指原粒径大于 1.18 mm，经水洗、手捏后可破碎成小于 0.6 mm 的颗粒含量。这些细微颗粒可在骨料表面形成包裹层，阻碍骨料与水泥凝胶体的黏结；有的则以松散的颗粒存在，大大增加了骨料的表面积，从而增加了用水量；特别是体积不稳定的黏土颗粒，干燥时收缩，潮湿时膨胀，对混凝土有很大的破坏作用。

石粉是在生产人工砂的过程中形成的粒径小于 0.075 mm，矿物组成和化学成分与母岩相同的物质。它的掺入对改善混凝土细骨料颗粒级配、提高混凝土密实性有很大的益处，进而起到提高混凝土综合性能的作用。

天然砂的含泥量和泥块含量应符合表 2-12 的规定。

表 2-12　天然砂的含泥量和泥块含量

项目	Ⅰ类	Ⅱ类	Ⅲ类
含泥量（按质量计）/%	≤1.0	≤3.0	≤5.0
泥块含量（按质量计）/%	0	≤1.0	≤2.0

人工砂的石粉含量和泥块含量应符合表 2-13 的规定。亚甲蓝试验 MB 值用于判定人工砂中粒径小于 0.075 mm 的颗粒成分主要是泥土还是与母岩化学成分相同的石粉。

表 2-13　人工砂的石粉含量和泥块含量

	项目	Ⅰ类	Ⅱ类	Ⅲ类
亚甲蓝试验	MB 值≤1.40 或合格	≤0.5	≤1.5	≤1.4 或合格
	石粉含量（按质量计）/%		≤10.0	
	泥块含量（按质量计）/%	≤0	≤1.0	≤2.0
	MB 值>1.40　石粉含量（按质量计）/%	≤1.0	≤3.0	≤5.0
	或不合格　泥块含量（按质量计）/%	0	≤1.0	≤2.0

注：根据使用地区和用途，在试验验证的基础上，可由供需双方协商确定。

（2）有害物含量。云母呈薄片状，表面光滑，与水泥黏结不牢，且易风化，会降低混凝土强度；硫酸盐、硫化物会对硬化的水泥凝胶体产生腐蚀作用；有机物通常是植物腐烂的产物，妨碍、延缓水泥的正常水化，降低混凝土强度；氯盐引起混凝土中钢筋锈蚀，破坏钢筋与混凝土的黏结，使混凝土保护层开裂。密度小于 2 g/cm³ 的轻物质，如煤屑、炉渣等，会降低混凝土的强度和耐久性。为了保证混凝土的质量,上述有害物质的含量应符合表 2-14 的规定。

表 2-14　砂中有害物质限量

项目	Ⅰ 类	Ⅱ 类	Ⅲ 类
云母含量(按质量计)/%	≤1.0	≤2.0	
硫化物及硫酸盐含量(按 SO_3 质量计)/%	≤0.5		
有机物含量(用比色法试验)	合格		
氯化物含量(按氯离子质量计)/%	≤0.01	≤0.02	≤0.06
轻物质含量(按质量计)/%	≤1.0		

2. 坚固性

坚固性是指砂在自然风化和其他外界物理化学因素作用下抵抗破裂的能力。根据国家标准《建设用砂》(GB/T 14684—2011)的规定,天然砂的坚固性用硫酸钠溶液法检验,砂样经 5 次干湿循环后的质量损失应符合表 2-15 的规定;人工砂采用压碎指标法进行试验,压碎指标应符合表 2-15 的规定。

表 2-15　砂的坚固性指标

项目	Ⅰ 类	Ⅱ 类	Ⅲ 类
天然砂的质量损失/%	≤8	≤8	≤10
人工砂的单级最大压碎指标/%	≤20	≤25	≤30

3. 颗粒级配和粗细程度

砂的颗粒级配是指砂中大小颗粒互相搭配的情况。如果大小颗粒搭配适当,小颗粒的砂恰好填满中等颗粒砂的空隙,而中等颗粒的砂又恰好填满大颗粒砂的空隙,这样一级一级地互相填满,使得砂的总空隙率达到最小,因此砂的级配良好就意味着砂的空隙率较小。

砂的粗细程度是指不同粒径的砂混合在一起后的总体粗细程度,通常有粗砂、中砂和细砂之分。在相同质量条件下,若粗粒砂较多,砂就显得粗些,砂的总表面积就越小,相应地包裹砂子的水泥浆数量也越少。但若砂中的粗粒砂过多,而中小颗粒的砂又搭配得不好,那么砂的空隙率就会很大。因此,混凝土用砂应同时考虑颗粒级配和粗细程度两个因素,宜采用级配良好的中砂或粗砂。

砂的颗粒级配和粗细程度常用筛分析的方法来测定。筛分析法是用一套标准筛,将砂子试样依次进行筛分,标准筛由孔径为 9.50 mm、4.75 mm、2.36 mm、1.18 mm、0.6 mm、0.3 mm 和 0.15 mm 的 7 个筛子组成,将 500 g 干砂由粗到细依次过筛,然后称得余留在各个筛子上的砂子质量为分计筛余量;各分计筛余量占砂子试样总质量的百分率称为分计筛余百分率,分别用 a_1、a_2、a_3、a_4、a_5、a_6 表示;各筛上及所有孔径大于该筛的分计筛余百分率之和称为累计筛余百分率,分别用 A_1、A_2、A_3、A_4、A_5 和 A_6 表示,它们的关系见表2-16。

表2-16 分计筛余和累计筛余关系表

筛孔尺寸/mm	分计筛余量/g	分计筛余率/%	累计筛余率/%
4.75	M_1	$a_1=M_1/M$	$A_1=a_1$
2.36	M_2	$a_2=M_2/M$	$A_2=a_1+a_2$
1.18	M_3	$a_3=M_3/M$	$A_3=a_1+a_2+a_3$
0.6	M_4	$a_4=M_4/M$	$A_4=a_1+a_2+a_3+a_4$
0.3	M_5	$a_5=M_5/M$	$A_5=a_1+a_2+a_3+a_4+a_5$
0.15	M_6	$a_6=M_6/M$	$A_6=a_1+a_2+a_3+a_4+a_5+a_6$
筛底	M_7		

根据国家标准《建设用砂》(GB/T 14684—2011)的规定,砂按0.6 mm筛孔的累计筛余率(A_4)可分为3个级配区,$A_4=71\%\sim85\%$ 为Ⅰ区,$A_4=41\%\sim70\%$ 为Ⅱ区,$A_4=16\%\sim40\%$ 为Ⅲ区,建筑用砂的实际颗粒级配(各A值)处于表2-17中的任何一个级配区内,说明砂子的级配良好。但表中所列的累计筛余率,除4.75 mm和0.6 mm筛外,允许超出分区界线,但其总量不应大于5%,否则为级配不合格。

表2-17 砂的颗粒级配表

筛孔尺寸/mm	级配区		
	Ⅰ区	Ⅱ区	Ⅲ区
	累计筛余率/%		
9.50	0	0	0
4.75	10～0	10～0	10～0
2.36	35～5	25～0	15～0
1.18	65～35	50～10	25～0
0.6	85～71	70～41	40～16
0.3	95～80	92～70	85～55
0.15	100～90	100～90	100～90

注:Ⅰ区人工砂中0.15 mm筛孔的累计筛余率可以放宽到97%～85%,Ⅱ区人工砂中0.15 mm筛孔的累计筛余率可以放宽到94%～80%,Ⅲ区人工砂中0.15 mm筛孔的累计筛余率可以放宽到94%～75%。

Ⅰ区砂粗粒较多,保水性较差,宜于配制水泥用量较多或流动性较小的普通混凝土。Ⅱ区砂颗粒粗细程度适中,级配最好。Ⅲ区砂颗粒偏细,用它配制的普通混凝土拌和物黏聚性稍大,保水性较好,容易插捣,但干缩性较大,表面容易产生微裂纹。

用筛分方法来分析细骨料的颗粒级配，只能对砂的粗细程度作出大致的区分，而对于同一个级配区内粗细程度不同的砂，则需要用细度模数 M_x 来进一步评定砂的粗细程度。

砂的粗细程度用细度模数 M_x 来表示：

$$M_x = \frac{(A_2 + A_3 + A_4 + A_5 + A_6) - 5A_1}{100 - A_1}$$

式中：

M_x——砂的细度模数；

A_1、A_2、A_3、A_4、A_5 和 A_6——各筛的累计筛余百分率，%。

细度模数越大，表示砂越粗，砂按细度模数可分为粗砂 $M_x = 3.7 \sim 3.1$；中砂 $M_x = 3.0 \sim 2.3$；细砂 $M_x = 2.2 \sim 1.6$。

4. 验收依据标准

砂的验收依据《建设用砂》(GB/T 14684—2011)。

检测项目中，必试的包括筛分析、含泥量和泥块含量；其他包括密度、有害物质含量、坚固性、碱活性检验和含水率。

检验批及取样量规定如下：

(1) 砂石用大型工具运输的，以 400 m^3 或 600 t 为一验收批；用小型工具运输的，以 200 m^3 或 300 t 为一验收批；不足上述数量的，以一批论。当砂石质量比较稳定、进料量较大时，可以 1000 t 为一验收批。

(2) 在料堆取样时，取样部位应均匀分布。取样前先将取样部位表层铲除，然后对于砂子，由各部位抽取大致相等的 8 份，组成一组样品 50 kg。

(3) 若检验不合格，应重新取样。对不合格项，进行加倍复验。若仍有一个试样不能满足标准要求，应按不合格品处理。

(四) 细骨料的保管与储存

细骨料可以堆放在料库或料棚里，也可露天堆放，但堆场要硬化，且不同岩石、不同级配的粗骨料分类堆放。平时注意保持清洁，不要污染，如果因堆放时间过长而导致含泥量超标，在使用时要清洗。

(五) 实用信息

砂石骨料网(www.cssglw.com)。

第四节　掺和料

一、粉煤灰

(一)概述

粉煤灰是从煤粉炉烟道气体中收集的粉末,其颗粒多呈球形,表面光滑。粉煤灰有两种,一种是高钙粉煤灰,它是由褐煤燃烧形成的,呈褐黄色,具有一定的水硬性;另一种是低钙粉煤灰,它是由烟煤和无烟煤燃烧形成的,呈灰色或深灰色,具有火山灰活性,由于其来源比较广泛,是当前国内外用量最大、使用范围最广的混凝土掺和料。

根据《用于水泥和混凝土中的粉煤灰》(GB/T 1596—2017)的规定,粉煤灰可分为Ⅰ、Ⅱ、Ⅲ三个等级,用于混凝土工程时,可根据下列规定选用:①Ⅰ级粉煤灰适用于钢筋混凝土和跨度小于 6 m 的预应力钢筋混凝土;②Ⅱ级粉煤灰适用于钢筋混凝土和无筋混凝土;③Ⅲ级粉煤灰主要用于无筋混凝土。对强度等级要求大于等于 C30 的无筋粉煤灰混凝土,宜采用Ⅰ、Ⅱ级粉煤灰。

粉煤灰由于其本身的化学成分、结构和颗粒形状特征,在混凝土中产生下列三种效应。

(1)活性效应(火山灰效应)。粉煤灰中的活性 SiO_2 及 Al_2O_3 与水泥水化生成的 $Ca(OH)_2$ 发生反应,生成具有水硬性的低碱度水化硅酸钙和水化铝酸钙,增加了混凝土的强度,同时由于消耗了水泥石中的氢氧化钙,提高了混凝土的耐久性,降低了抗碳化性能。

(2)形态效应。粉煤灰颗粒大部分为玻璃体微珠,掺入混凝土中,可减小拌和物的内摩阻力,起到减水、分散和匀化作用。

(3)微骨料效应。粉煤灰中的微细颗粒均匀分布在水泥浆内,填充空隙和毛细孔,改善了混凝土的孔隙结构,增加了密实度。

粉煤灰的掺入,改善了混凝土拌和物的和易性、可泵性,降低了混凝土的水化热,提高了抗硫酸盐腐蚀的能力,抑制了碱-骨料反应,但使混凝土的早期强度和抗碳化能力有所降低。

掺粉煤灰的混凝土适用于绝大多数结构,尤其适用于泵送混凝土、商品混凝土、大体积混凝土、抗渗混凝土、地下及水工混凝土、道路混凝土及碾压混凝土等。

(二)粉煤灰的分类及规格型号

1. 分类

粉煤灰根据燃煤品种分为 F 类粉煤灰(由无烟煤或烟煤煅烧收集的粉煤灰)和 C 类粉煤灰(由褐煤或次烟煤煅烧收集的粉煤灰,氧化钙含量≥10%)。

粉煤灰根据用途分为拌制砂浆和混凝土用粉煤灰、水泥活性混合材料用粉煤灰两类。

2. 等级

拌制砂浆和混凝土用粉煤灰分为Ⅰ级、Ⅱ级和Ⅲ级三个等级。水泥活性混合材料用粉煤灰不分级。

(三)粉煤灰的验收

根据《用于水泥和混凝土中的粉煤灰》(GB/T 1596—2011)的规定,粉煤灰应该满足相关要求。

1. 技术要求

(1)理化性能。拌制砂浆和混凝土用粉煤灰的理化性能应符合表2-18的要求,水泥活性混合材料用粉煤灰的理化性能应符合表2-19的要求。

表2-18 拌制砂浆和混凝土用粉煤灰理化性能要求

项目		理化性能要求		
		Ⅰ级	Ⅱ级	Ⅲ级
细度(45 μm方孔筛筛余)/%	F类粉煤灰	≤12.0	≤30.0	≤45.0
	C类粉煤灰			
需水量比/%	F类粉煤灰	≤95	≤105	≤115
	C类粉煤灰			
烧失量/%	F类粉煤灰	≤5.0	≤8.0	≤10.0
	C类粉煤灰			
含水量/%	F类粉煤灰	≤1.0		
	C类粉煤灰			
三氧化硫(SO_3)质量分数/%	F类粉煤灰	≤3.0		
	C类粉煤灰			
游离氧化钙(f-CaO)质量分数/%	F类粉煤灰	≤1.0		
	C类粉煤灰	≤4.0		
SiO_2、Al_2O_3、Fe_2O_3总质量分数/%	F类粉煤灰	≥70.0		
	C类粉煤灰	≥50.0		
密度/(g/cm³)	F类粉煤灰	≤2.6		
	C类粉煤灰			
安定性(雷氏法)/mm	C类粉煤灰	≤5.0		
强度活性指数/%	F类粉煤灰	≥70.0		
	C类粉煤灰			

表 2-19 水泥活性混合材料用粉煤灰理化性能要求

项目		理化性能要求
烧失量/%	F 类粉煤灰	≤8.0
	C 类粉煤灰	
含水量/%	F 类粉煤灰	≤1.0
	C 类粉煤灰	
三氧化硫(SO_3)质量分数/%	F 类粉煤灰	≤3.5
	C 类粉煤灰	
游离氧化钙(f-CaO)质量分数/%	F 类粉煤灰	≤1.0
	C 类粉煤灰	≤4.0
SiO_2、Al_2O_3、Fe_2O_3 总质量分数/%	F 类粉煤灰	≥70.0
	C 类粉煤灰	≥50.0
密度/(g/cm³)	F 类粉煤灰	≤2.6
	C 类粉煤灰	
安定性(雷氏法)/mm	C 类粉煤灰	≤5.0
强度活性指数/%	F 类粉煤灰	≥70.0
	C 类粉煤灰	

(2)放射性。应符合 GB 6566 中建筑主体材料规定的指标要求。

(3)碱量。按 $Na_2O+0.658K_2O$ 计算值表示。当粉煤灰应用中有碱含量要求时,由供需双方协商确定。

(4)半水亚硫酸钙含量。采用干法或半干法脱硫工艺排出的粉煤灰应检测半水亚硫酸钙($CaSO_3·1/2H_2O$)含量,其含量不大于 3.0%。

(5)均匀性。以细度表征,单一样品的细度不应超过前 10 个样品细度平均值(如样品少于 10 个时,则为所有前述样品试验的平均值)的最大偏差。最大偏差范围由供需双方协商确定。

2. 检验依据标准

检验依据《用于水泥和混凝土中的粉煤灰》(GB/T 1596—2017)。

检测项目中,必试:细度、烧失量和需水量比;其他:含水量、三氧化硫等。

(1)编号及取样。粉煤灰出厂前按同种类、同等级编号和取样。散装粉煤灰和袋装粉煤灰应分别进行编号和取样。不超过 500 t 为一个编号,每一编号为一取样单位。当散装粉煤灰运输工具的容量超过该厂规定出厂编号吨数时,允许该编号的数量超过取样规定吨数。粉煤灰质量按干灰(含水量小于 1%)的质量计算。

取样方法按 GB/T 12573 进行。取样应有代表性,可连续取,也可从 10 个以上不同部位取等量样品,总量至少 3 kg。注意:对于拌制砂浆和混凝土用粉煤灰,必要时,买方可对其进行随机抽样检验。

(2)出厂检验。

①拌制砂浆和混凝土用粉煤灰的出厂检验项目为表 2-18 中除烧失量和强度活性指数以外的所有项目;采用干法或半干法脱硫工艺排出的粉煤灰增加半水亚硫酸钙($CaSO_3 \cdot 1/2H_2O$)项目。

②水泥活性混合材料用粉煤灰的出厂检验项目为表 2-19 中除强度活性指数以外的所有项目;采用干法或半干法脱硫工艺排出的粉煤灰增加半水亚硫酸钙($CaSO_3 \cdot 1/2H_2O$)项目。

(四)粉煤灰的包装、标志、保管与储存

袋装粉煤灰的包装袋上应清楚标明"粉煤灰"、厂名、级别、重量、批号及包装日期。粉煤灰在运输和储存时,不得与其他材料混杂。并注意防止受潮和污染环境。

(五)实用信息

粉煤灰网(www.jiancai.com/fenmeihui)和中国矿粉网(www.kuangfenwang.com)。

二、粒化高炉矿渣粉

(一)概述

粒化高炉矿渣粉是将炼铁高炉中的熔融矿渣经水淬急速冷却而形成的粒状颗粒,细度大于 350 m^2/kg,一般为 400~600 m^2/kg,其主要成分是氧化铝和氧化硅。急速冷却的粒化高炉矿渣粉为不稳定的玻璃体,具有较高的潜在活性,其活性比粉煤灰高。根据《用于水泥、砂浆和混凝土中的粒化高炉矿渣粉》(GB/T 18046—2017),按 7 d 和 28 d 的活性指数,分为 S105、S95 和 S75 三个级别,作为混凝土掺和料,可等量取代水泥,其掺量也可较大。

(二)粒化高炉矿渣粉的分类及规格型号

根据《用于水泥、砂浆和混凝土中的粒化高炉矿渣粉》(GB/T 18046—2017)的规定,粒化高炉矿渣粉(以下简称矿渣粉)应该满足相关要求。

1. 技术要求

矿渣粉应符合表 2-20 中的技术要求。

表 2-20 矿渣粉等级与质量指标

序号	项目		技术要求		
			S105	S95	S75
1	密度/(g/cm³)	≥	2.8		
2	SO₃ 含量(质量分数)/%	≤	4.0		
3	烧失量(质量分数)/%	≤	1.0		
4	氯离子含量(质量分数)/%	≤	0.06		
5	比表面积/(m²/kg)	≥	500	400	300
6	流动度比/%	≥	95		
7	含水率/%	≤	1.0		
8	活性指数(7 d)/%	≥	95	70	55
	活性指数(28 d)/%	≥	105	95	75
9	玻璃体含量(质量分数)/%	≥	85		

2. 检验依据标准

检验依据《用于水泥、砂浆和混凝土中的粒化高炉矿渣粉》(GB/T 18046—2017)。

(1)组批与取样。

①组批。矿渣粉出厂前按同级别进行组批和取样。每一批号为一个取样单位。矿渣粉出厂批号按矿渣粉单线年生产能力规定为:60×10^4 t 以上,不超过 2000 t 为一批号;$30 \times 10^4 \sim 60 \times 10^4$ t,不超过 1000 t 为一批号;$10 \times 10^4 \sim 30 \times 10^4$ t,不超过 600 t 为一批号;10×10^4 t 以下,不超过 200 t 为一批号。

当散装运输工具容量超过该厂规定出厂批号吨数时,允许该批号数量超过该厂规定出厂批号吨数。

②取样方法。取样按 GB/T 12573 规定进行,取样应有代表性,可连续取样,也可以在 20 个以上部位取等量样品,总量至少 20 kg。试样应混合均匀,按四分法取出比试验量大 1 倍的试样。

(2)出厂检验。出厂检验项目为密度、比表面积、活性指数、流动度比、初凝时间比、含水量、三氧化硫、烧失量和不溶物。

(3)合格判断。检验结果符合密度、比表面积、活性指数、流动度比、初凝时间比、含水量、三氧化硫、烧失量和不溶物技术要求的为合格品,检验结果不符合密度、比表面积、活性指数、流动度比、初凝时间比、含水量、三氧化硫、烧失量和不溶物中任何一项技术要求的为不合格品。

(三)粒化高炉矿渣粉的交货与验收

交货时矿渣粉的质量验收可抽取实物试样,以其检验结果为依据,也可以卖方同批号矿渣粉的检验报告为依据。采取何种方法验收由买卖双方商定,并在合同或协议中注明。卖方有告知买方验收方法的责任。无书面合同或协议,或未在合同、协议中注明验收方法的,卖方应在发货票上注明"以本厂同批号矿渣粉的检验报告为验收依据"字样。

以抽取实物试样的检验结果为验收依据时,买卖双方应在发货前或交货地共同取样和签封。取样方法按 GB/T 12573 进行,取样数量为 10 kg,缩分为二等份。一份由卖方保存 40 d,另一份由买方按本标准规定的项目和方法进行检验。

在 40 d 以内,买方检验认为产品质量不符合本标准要求,而卖方又有异议时,则双方应将卖方保存的另一份试样送双方共同认可的具有资质的检测机构进行仲裁检验。

以生产厂同批号矿渣粉的检验报告为验收依据时,在发货前或交货时买方(或委托卖方)在同批号矿渣粉中抽取试样,双方共同签封后保存 2 个月。

在 2 个月内,买方对矿渣粉质量有疑问时,则买卖双方应将共同认可的样品送双方共同认可的具有资质的检测机构进行仲裁检验。

(四)粒化高炉矿渣粉的包装、标志、保管与储存

1. 包装

矿渣粉可以袋装或散装,袋装每袋净含量 50 kg,且不得少于标志质量的 99%,随机抽取 20 袋,总量不得少于 1000 kg(含包装袋),其他包装形式由供需双方协商确定。矿渣粉包装袋应符合 GB/T 9774 的规定。

2. 标志

包装袋上应清楚标明生产厂名称、产品名称、级别、包装日期和批号。掺石膏的矿渣粉还应标有"掺石膏"的字样。散装时应提交与袋装标志相同内容的卡片。

3. 运输与储存

矿渣粉在运输与储存时不得受潮和混入杂物。

(五)实用信息

中国供应商/混凝土制品(www.china.cn/hunningtuzhipin)。

第五节 外加剂

一、外加剂的概念和分类

(一)外加剂的概念

混凝土外加剂是混凝土中除胶凝材料、骨料、水和纤维组分以外,在混凝土拌制之前或拌制过程中加入的,用以改善新拌混凝土和(或)硬化混凝土性能,对人、生物及环境安全无有害影响的材料。外加剂的掺入量一般不超过水泥用量的5%。

混凝土外加剂作为混凝土第五组分,不包括生产水泥时加入的混合材料、石膏和助磨剂,也不同于在混凝土拌制时掺入的大量掺和料。外加剂的掺量虽小,但可以明显改善混凝土的性能,包括改善混凝土拌和物和易性、调节凝结时间、提高混凝土强度及耐久性等。

(二)外加剂的分类

1. 按主要功能分类

根据国家标准《混凝土外加剂》(GB 8076—2008)的规定,混凝土外加剂按其功能不同分为以下四类。

(1)改变混凝土拌和物流动性的外加剂,包括各种减水剂、引气剂和泵送剂等。

(2)调节混凝土凝结时间、硬化性能的外加剂,包括缓凝剂、早强剂和速凝剂等。

(3)改善混凝土耐久性的外加剂,包括引气剂、防水剂和阻锈剂等。

(4)改善混凝土其他性能的外加剂,包括加气剂、膨胀剂、防冻剂、防水剂和泵送剂等。

2. 按化学成分分类

(1)无机化学外加剂。该类包括各种无机盐类、一些金属单质和少量氢氧化物等,如早强剂中的$CaCl_2$和Na_2SO_4、加气剂中的铝粉、防水剂中的氢氧化铝等。

(2)有机化学外加剂。这类外加剂占混凝土外加剂的绝大部分,种类极多,其中大部分属于表面活性剂的范畴,有阴离子型、阳离子型、非离子型及高分子型表面活性剂等,如减水剂中的木质素碳酸盐、萘磺酸甲醛缩合物等。某些有机化学外加剂本身并不具有表面活性作用,但却可作为优质外加剂。

（3）复合化学外加剂。适当的无机物与有机物复合制成的外加剂，往往具有多种功能或使某项性能得到显著改善，这也是"杂交优势"在外加剂技术中的体现，是外加剂的发展方向之一。

二、掺外加剂混凝土受检性能指标

1. 性能

掺外加剂混凝土的性能应符合表 2-21 的要求。

表 2-21 掺外加剂混凝土的性能要求

项目		外加剂品种											
		高性能减水剂 HPWR			高效减水剂 HWR		普通减水剂 WR			引气减水剂 AEWR	泵送剂 PA	早强剂 Ac	缓凝剂 Re	引气剂 AE
		早强型 HPWR-A	标准型 HPWR-S	缓凝型 HPWR-R	标准型 HWR-S	缓凝型 HWR-R	早强型 WR-A	标准型 WR-S	缓凝型 WR-R					
减水率/%，不小于		25	25	25	14	14	8	8	8	10	12	—	—	6
泌水率/%，不大于		50	60	70	90	100	95	100	100	70	70	100	100	70
含气量/%		≤6.0	≤6.0	≤6.0	≤3.0	≤4.5	≤4.0	≤4.0	≤5.5	≥3.0	≤5.5	—	—	≥3.0
凝结时间之差/min	初凝	−90~+90	−90~+120	>+90	−90~+120	>+90	−90~+90	−90~+120	>+90	−90~+120	—	−90~+90	>+90	−90~+120
	终凝													
1h经时变化量	坍落度/mm	—	≤80	≤60	—	—	—	—	—	—	≤80	—	—	—
	含气量/%	—	—	—	—	—	—	—	—	−1.5~+1.5	—	—	—	−1.5~+1.5
抗压强度比/%，不小于	1 d	180	170	—	140	—	135	—	—	—	—	135	—	—
	3 d	170	160	—	130	—	130	115	—	115	—	130	—	95
	7 d	145	150	140	125	125	115	110	110	110	115	110	100	95
	28 d	130	140	130	120	120	100	100	100	100	100	100	100	90
收缩率比/%，不大于	28 d	110	110	110	135	135	135	135	135	135	135	135	135	135
相对耐久性(200次)/%，不小于		—	—	—	—	—	—	—	—	80	—	—	—	80

注：1. 表中抗压强度比、收缩率比、相对耐久性为强制性指标，其余为推荐性指标。2. 除含气量和相对耐久性外，表中所列数据为掺外加剂混凝土与基准混凝土的差值或比值。3. 凝结时间之差性能指标中的"－"号表示提前，"＋"号表示延缓。4. 相对耐久性（200 次）性能指标中的"≥80"表示将 28 d 龄期的受检混凝土试件快速冻融循环 200 次后，动弹性模量保留值≥80%。5. 1 h 含气量经时变化量指标中的"－"号表示含气量增加，"＋"号表示含气量减少。6. 其他品种的外加剂是否需要测定相对耐久性指标，由供需双方协商确定。7. 当用户对泵送剂等产品有特殊要求时，需要进行的补充试验项目、试验方法及指标，由供需双方协商决定。

2. 匀质性指标

匀质性指标应符合表 2-22 的要求。

表 2-22 匀质性指标

项目	指标
氯离子含量/%	不超过生产厂控制值
总碱量/%	不超过生产厂控制值
含固量/%	$S>25\%$ 时，应控制在 $0.95S \sim 1.05S$； $S \leqslant 25\%$ 时，应控制在 $0.90S \sim 1.10S$
含水率/%	$W>5\%$ 时，应控制在 $0.90W \sim 1.10W$； $W \leqslant 5\%$ 时，应控制在 $0.80W \sim 1.20W$
密度/(g/cm³)	$D>1.1$ 时，应控制在 $D \pm 0.03$； $D \leqslant 1.1$ 时，应控制在 $D \pm 0.02$
细度	应在生产厂控制范围内
pH	应在生产厂控制范围内
硫酸钠含量/%	不超过生产厂控制值

注：1. 生产厂应在相关的技术资料中明示产品匀质性指标的控制值。2. 对相同和不同批次之间的匀质性和等效性的其他要求，可由供需双方商定。3. 表中的 S、W 和 D 分别为含固量、含水率和密度的生产厂控制值。

三、减水剂

(一)减水剂的概念

在混凝土坍落度基本相同的条件下，能减少拌和用水量的外加剂为减水剂；能大幅度减少拌和用水量的外加剂为高效减水剂。

(二)减水剂的作用机理

水泥加水拌和后，通常会产生如图 2-3 所示的絮凝状结构。在絮凝状结构中包裹了许多拌和水，从而降低了混凝土拌和物的流动性。

掺入减水剂后，减水剂分子将在水泥颗粒和拌和水的界面产生定向吸附和定向排列，如图 2-4 所示。减水剂的憎水基团将吸附于水泥颗粒表面，亲水基团则指向水溶液。这种定向吸附一

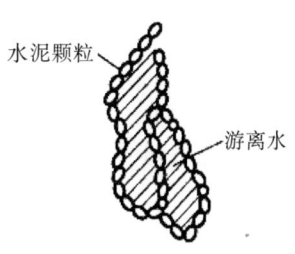

图 2-3 水泥浆的絮凝状结构

方面使水泥颗粒表面带上了相同的电荷,加大了水泥颗粒间的静电斥力,如图 2-4(a)所示,使絮凝状结构中包裹的游离水被释放出来,增加了砼拌和物的流动性;另一方面,由于亲水基对水的亲和力较大,因此在水泥颗粒表面形成一层稳定的溶剂化水膜,增加了水泥颗粒间的滑动能力,使拌和物流动性增大,同时,水膜又将水泥颗粒隔开,使水泥颗粒的分散程度增大,如图 2-4(b)所示。上述两种作用的结果就是在不增加用水量的情况下,使砼拌和物的流动性增大了。

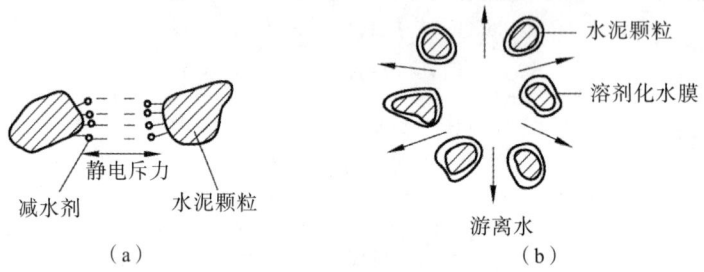

图 2-4　减水剂在水泥浆体中的作用

(三)技术经济效果

减水剂合理地应用于混凝土施工中,可取得以下技术和经济效果。

1. 增大流动性

在水泥量和用水量不变时,坍落度可增大 100～200 mm,且不影响混凝土的强度,所以适用于大流动性混凝土。

2. 提高混凝土强度

在保证流动性和水泥用量不变的情况下,可减水 10%～20%,从而降低水灰比,提高密实度,使混凝土强度提高 15%～20%,早期强度提高 30%～50%,所以适用于高强混凝土。

3. 提高耐久性

由于水泥颗粒被充分分散,与水的接触面增大,水化较完全,混凝土密实性增强,从而提高抗冻、抗渗能力。

4. 节约水泥

保持流动性和强度不变,可在减水的同时节约水泥 10%～15%。

(四)常用减水剂品种

常用减水剂品种见表 2-23。

表 2-23　常用减水剂

类别	普通减水剂		高效减水剂		高性能减水剂
种类	木质素系	糖蜜系	多环芳香族硫酸盐系(萘系)	水溶性树脂系	聚羧酸盐系
主要成分	木质素磺酸钙 木质素磺酸钠 木质素磺酸镁	制糖废液经石灰中和处理而成	芳香族磺酸盐甲醛缩合物	三聚氰胺树脂磺酸钠(SM)、古马隆-茚树脂磺酸钠(CRS)	聚羧酸盐共聚物
适宜掺量(占水泥重)/%	0.2～0.3	0.2～0.3	0.2～1.0	0.5～2.0	0.2～0.5
减水率/%	10 左右	6～10	15～25	18～30	25～35
早强效果			明显	显著	显著
缓凝效果/h	1～3	>3			
引气效果/%	1～2		非引气,或<2	<2	<3

1. 木质素系减水剂

主要有木质素磺酸钙(木钙,代号 MG)、木质素磺酸钠(木钠)和木质素磺酸镁(木镁)三大类。工程上最常用的是木钙。

木质素磺酸钙,又称 M 型减水剂,是由纸浆废液经发酵脱糖、喷雾干燥而成的棕黄色粉末。掺水泥量的 0.2%～0.3%,可减水 10%,减水后强度提高 10%～20%,或节约水泥 10%;若不减水,坍落度可提高约 100 mm。木质素磺酸钙是引气缓凝型减水剂,一般缓凝 1～3 h,引气量为 2%～2.5%,使混凝土强度受到影响,但对抗渗、抗冻有利。木质素磺酸钙是利用工业废料制作而成的,原材料丰富,成本较低,使用效果好,是较常用的减水剂。

2. 萘系高效减水剂

萘系高效减水剂是从煤焦油中分馏出来的萘及其同系物经磺化缩合而成的棕黄色粉末,主要成分是芳香族磺酸盐甲醛缩合物。萘系高效减水剂对水泥有强烈的分散作用,其减水效果优于木钙粉,属高强减水剂。其适宜掺量为 0.2%～1.0%,一般减水 15% 以上,减水后可增强 20%,或节约水泥 20%,早强效果显著。萘系高效减水剂适用于所有混凝土,包括蒸汽养护的混凝土,更适于配制高强混凝土和大流动性混凝土。

3. 树脂系减水剂

树脂系减水剂是以可溶性树脂为原料制成的减水剂。其效果比萘系减水剂还好,被誉为"减水剂之王"。品种有三聚氰胺、多羧酸、氨基磺酸盐等。

如密胺树脂,其主要成分是三聚氰胺磺酸盐甲醛缩合物,属早强、非引气型高效减水剂,当掺量为 0.5%～2.0%时,可减水 20%～27%,最高达 30%,各龄期强度均有显著提高,1 d 强度提高 1 倍以上,7 d 可达基准混凝土(配合比相同而不掺外加剂的混凝土)28 d 的强度,28 d 增强 30%～60%,若保持强度不变,可节约水泥 25%左右,且抗渗性、抗冻性均有提高。密胺树脂可用于配制早强高强(80～100 MPa)混凝土和耐热(1000～1200 ℃)混凝土,适合于蒸汽养护,但因价格较高,使用受限,目前仅用于有特殊要求的混凝土。

4. 糖蜜系减水剂

糖蜜系减水剂是以制糖业的糖渣和废蜜为原料,经石灰中和处理而成的棕色粉末或液体。国产品种主要有 3FG、TF、ST 等。糖蜜系减水剂与木钙减水剂的性能基本相同,但缓凝作用比木钙强,故通常作为缓凝剂使用。其掺量为 0.2%～0.3%,减水率为 10%左右,主要用于大体积混凝土、大坝混凝土和有缓凝要求的混凝土。

四、早强剂及早强减水剂

(一)早强剂

能加速混凝土早期强度发展的外加剂称为早强剂。早强剂主要有氯盐类、硫酸盐类、有机胺类以及它们组成的复合早强剂。

1. 常用早强剂

常用早强剂见表 2-24。

表 2-24 常用早强剂

类别	氯盐类	硫酸盐类	有机胺类	复合类
常用品种	氯化钙	硫酸钠 (元明粉)	三乙醇胺	①三乙醇胺(A)+氯化钠(B) ②三乙醇胺(A)+亚硝酸钠(B)+氯化钠(C) ③三乙醇胺(A)+亚硝酸钠(B)+二水石膏(C) ④硫酸盐复合早强剂(NC)
掺量(占水泥质量)/%	0.5～1.0	0.5～2.0	0.02～0.05,常与其他早强剂复合使用	①(A)0.05＋(B)0.5 ②(A)0.05＋(B)0.5＋(C)0.5 ③(A)0.05＋(B)1.0＋(C)2.0 ④(NC)2.0～4.0
早强效果	3 d 强度可提高 50%～100%;7 d 强度可提高 20%～40%	掺 1.5%时达到混凝土设计强度 70%的时间可缩短一半	早期强度可提高 50%;28 d 强度不变或稍有提高	2 d 强度可提高 70%;28 d 强度可提高 20%

2. 常用早强剂的作用机理

(1)氯化钙早强作用机理。$CaCl_2$ 能与水泥中的 C_3A 作用,生成几乎不溶于

水和 $CaCl_2$ 溶液的水化氯铝酸钙($3CaO·Al_2O_3·3CaCl_2·32H_2O$),又能与水化产物 $Ca(OH)_2$ 反应,生成溶解度极小的氧氯化钙[$CaCl_2·3Ca(OH)_2·12H_2O$]。水化氯铝酸钙和氧氯化钙固相早期析出,形成骨架,加速水泥浆体结构的形成,同时也由于水泥浆中 $Ca(OH)_2$ 浓度的降低,有利于 C_3S 水化反应的进行,因此早期强度获得提高。

(2)硫酸钠早强作用机理。Na_2SO_4 掺入混凝土中能与水泥水化生成的 $Ca(OH)_2$ 发生如下反应:

$$Na_2SO_4 + Ca(OH)_2 + 2H_2O = CaSO_4·2H_2O + 2NaOH$$

生成的 $CaSO_4$ 均匀分布在混凝土中,并且与 C_3A 反应,迅速生成水化硫铝酸钙,此反应的发生还能加速 C_3S 的水化,使早期强度提高。

(3)三乙醇胺早强作用机理。三乙醇胺是一种络合剂,在水泥水化的碱性溶液中,能与 Fe^{3+} 和 Al^{3+} 等离子形成较稳定的络离子。这种络离子与水泥的水化物作用生成溶解度很小的络盐并析出,有利于早期骨架的形成,从而使混凝土早期强度提高,但会显著增加早期的干缩。

3. 早强剂的掺入方法

含有硫酸钠的粉状早强剂在使用时,应先加入水泥中,不能先与潮湿的砂石混合。含有粉煤灰等不溶物及溶解度较小的早强剂、早强减水剂,应以粉剂掺入,并要适当延长搅拌时间。

(二)早强减水剂

1. 特点

早强减水剂主要由早强剂与减水剂复合而成。

2. 适用范围

早强减水剂主要适用于蒸养混凝土及在常温、低温和负温(最低气温不低于-5 ℃)条件下施工的有早强或防冻要求的混凝土工程。

3. 技术性能

早强高效减水剂是一种兼有早强和显著减水功能的外加剂。早强高效减水剂是在保证混凝土坍落度及水泥用量不变的条件下,掺量为水泥质量2%~3%(蒸养混凝土中掺量为水泥干质量的1.5%)的有较好的减水和增大混凝土强度效果的外加剂,可减少用水量12%以上,从而能显著改善混凝土的各项物理力学性能。早强高效减水剂是低引气型外加剂,混凝土的含气量在2.5%左右,能显著地提高混凝土的保水性和黏聚性,泌水率比一般为30%~60%,塑化功能显著,可使混凝土的坍落度由3~5 cm 提高到15~20 cm,早期强度还可提高约30%,有一定的促硬和引气功能。

早强高效减水剂的促凝效果十分明显,初凝及终凝均提前 1 h 左右,掺早强高效减水剂的混凝土,在标准养护条件下,3 d 龄期的强度达设计强度的 70%,后期强度提高 20%～30%,抗冻害、抗冻融、抗渗、耐磨等性能显著提高,其中抗渗标号可超过 S15。

掺早强高效减水剂的混凝土对蒸养适应性好。蒸养强度提高 40%～60%,蒸养后 28 d 强度提高 20%～30%。保持蒸养强度相同的情况下,可缩短蒸养时间 40%;保持蒸养周期相同的情况下,恒温温度可从 80～90 ℃降到 60 ℃。每 1 t 产品可节煤 15 t 以上。在保持混凝土强度及坍落度基本不变的情况下,可节约水泥 15%～20%。早强高效减水剂对矿渣水泥、粉煤灰水泥、普通硅酸盐水泥有良好的适应性,对混凝土收缩无明显影响,对钢筋无锈蚀危害,能提高混凝土的护筋性能。

早强高效减水剂适用于最低气温不低于-10 ℃的混凝土冬季施工,防止冻害及加快施工进度;蒸养混凝土;常温下既要求早强,又要求高强、抗渗、耐冻融、大坍落度的混凝土。

(三)早强剂及早强减水剂的应用

1. 早强剂的应用

(1)硫酸盐和氯化物的掺量限值。硫酸盐和氯化物是最常使用的早强剂,由于在掺量大的情况下会影响钢筋强度和混凝土耐久性,因而有不同情况下的掺量限值。《混凝土外加剂应用技术规范》(GB 50119—2003)中有相应规定,见表 2-25。

表 2-25　常用早强剂掺量限值

混凝土种类	使用环境	早强剂名称	掺量限值(占水泥质量的百分数)不大于/%
预应力混凝土	干燥环境	三乙醇胺	0.05
		硫酸钠	1.00
钢筋混凝土	干燥环境	氯离子[Cl⁻]	0.60
		硫酸钠	2.00
		与缓凝减水剂复合的硫酸钠	3.00
		三乙醇胺	0.05
	潮湿环境	硫酸钠	1.50
		三乙醇胺	0.05
有饰面要求的混凝土		硫酸钠	0.80
素混凝土		氯离子[Cl⁻]	1.80

注:预应力混凝土及在潮湿环境中使用的钢筋混凝土中不得掺氯盐早强剂。

(2)氯化物早强剂的应用限制。下列结构中严禁采用含有氯盐的早强剂及早强减水剂：

①大体积混凝土。
②预应力混凝土结构。
③骨料有碱活性的混凝土结构。
④使用冷拉钢筋或冷拔低碳钢丝的结构。
⑤直接接触酸、碱或其他侵蚀性介质的结构。
⑥经常处于相对湿度在60%以上环境的结构，需经蒸养的钢筋混凝土预制构件。
⑦有装饰要求的混凝土，特别是要求色彩一致或表面有金属装饰的混凝土。
⑧薄壁混凝土结构，中级和重级工作制吊车的梁、屋架、落锤及锻锤混凝土基础等结构。
⑨在相对湿度大于80%的环境中使用的结构，处于水位变化部位的结构，露天结构及经常受水淋、水流冲刷的结构。

(3)硫酸盐等强电解质无机盐的应用限制。下列混凝土结构中严禁采用含有强电解质无机盐类的早强剂及早强减水剂：

①使用直流电源的结构以及距高压直流电源100 m以内的结构。
②与镀锌钢材或铝铁相接触部位的结构以及有外露钢筋预埋铁件而无防护措施的结构。

(4)其他早强剂的应用禁忌。掺入混凝土后会对人体产生危害或对环境产生污染的化学物质严禁用作早强剂。含有六价铬盐、亚硝酸盐等有害成分的早强剂严禁用于饮水工程及与食品相接触的工程。硝铵类早强剂严禁用于办公、居住等建筑工程。

(5)早强剂的适用范围。早强剂及早强减水剂适用于蒸养混凝土及在常温、低温(最低温度不低于-5 ℃)环境中施工的有早强要求的混凝土工程。炎热环境条件下不宜使用早强剂和早强减水剂。

(6)羟胺类早强剂(如三乙醇胺)不宜用于蒸养的混凝土制品。因其引入微细气泡而使经蒸养工艺的混凝土制品表面起酥。

(7)早强剂的含碱量。混凝土的含碱量既来自水泥，也来自外加剂，尤其是早强剂等，因碱性激活剂主要是各种酸的钠、钾盐。水泥的含碱量是以氧化钠、氧化钾的当量计算的。当测知某物质中的氧化钠、氧化钾含量后，含碱量可由下式计算得出：

$$R_2O = 1 \times Na_2O + 0.658 K_2O$$

表2-26列举出了各类早强剂的含碱量情况。

表 2-26　各类早强剂的含碱量

名称	化学式	每千克物质含碱量/kg
硫酸钠	Na_2SO_4	0.436
硫代硫酸钠	$Na_2S_2O_3$	0.291
氯化钠+硫酸钠	$NaCl+Na_2SO_4$	0.464
氯化钠+亚硝酸钠	$NaCl+NaNO_2$	0.486

碱与活性骨料相遇就有发生混凝土中碱-骨料反应的可能,即碱与活性二氧化硅反应生成碱性硅凝胶,吸收水分膨胀而使混凝土结构胀裂疏松。

(8)碱性早强剂用于含碱活性骨料的规定。含钾、钠离子的早强剂用于骨料具有碱活性的混凝土结构时,应符合以下规定:处于与水相接触或潮湿环境中的混凝土,当使用碱活性骨料时,外加剂掺入的碱含量(以当量氧化钠计)不宜超过 1 kg/m³ 混凝土,混凝土总碱含量应当符合相关标准的规定。

(9)使用早强剂应注意其溶解度。配制和使用含早强剂的减水剂、各种复配外加剂时,必须注意这种早强剂在不同温度时在水中的溶解度,应避免产生大量沉淀而影响外加剂的使用效果。

2. 早强减水剂的应用

(1)以粉剂掺加的早强减水剂如有受潮结块,应通过 0.63 mm 的筛筛后方可使用。

(2)掺早强减水剂混凝土的搅拌和振捣方法可与不掺外加剂的混凝土相同,若以粉剂加入时,应先与水泥、骨料干拌后再加水,搅拌时间不得少于 3 min。

(3)蒸汽养护时,养护制度应根据外加剂和水泥品种及浇筑温度等条件通过试验确定。

(4)掺早强减水剂的混凝土采用自然养护时,应使用塑料薄膜覆盖,低温时应用保温材料。

五、引气剂及引气减水剂

(一)引气剂

在搅拌混凝土过程中能引入大量均匀分布的、闭合而稳定的微小气泡(直径为 10~100 μm)的外加剂,称为引气剂。引气剂的主要品种有松香热聚物、松脂皂和烷基苯磺酸盐等,其中,松香热聚物的效果较好,最常使用。松香热聚物是由松香与硫酸、苯酚经聚合反应,再经氢氧化钠中和而得到的憎水性表面活性剂。

1. 引气剂的分子结构特性

引气剂为憎水性表面活性物质,它能在水泥-水-空气的界面定向排列,形成单分子吸附膜,提高泡膜的强度,并使气泡排开水分而吸附于固相粒子表面,因而能使搅拌过程混进的空气形成微小而稳定的气泡,均匀分布于混凝土中。

2. 引气剂对混凝土的作用

(1)改善混凝土拌和物的和易性。大量微小封闭的球状气泡在混凝土拌和物内形成,如同滚珠一样,减小了颗粒间的摩擦阻力,减少了泌水和离析,改善了混凝土拌和物的保水性和黏聚性。

(2)显著提高混凝土的抗渗性和抗冻性。大量均匀分布的封闭气泡切断了混凝土的毛细管渗水通道,改变了混凝土的孔结构,使混凝土的抗渗性显著提高。

(3)降低混凝土强度。由于大量气泡的存在,减少了混凝土的有效受力面积,使混凝土强度有所降低。一般混凝土的含气量每增加1%,其抗压强度将降低4%~5%,抗折强度降低2%~3%。

引气剂可用于抗渗混凝土、抗冻混凝土、抗硫酸侵蚀混凝土和泌水严重的混凝土等,但引气剂不宜用于蒸养混凝土及预应力钢筋混凝土。

近年来,引气剂逐渐被引气型减水剂所代替,因为它不但能减水,而且有引气作用,能提高混凝土的强度,节约水泥。

(二)引气减水剂

1. 引气减水剂的特点

引气减水剂具有引气剂的性能,如改善和易性,引气,减少泌水和沉降,提高混凝土的耐久性(抗冻融循环、抗渗)及抗侵蚀能力;同时具备减水剂的性能,如减水、增强以及对混凝土其他性能的普遍改善。其最大特点是在提高混凝土含气量的同时,不降低混凝土后期强度。在普遍改善混凝土物理力学性能的基础上,提高了混凝土的抗冻融、抗渗等耐久性。具有缓凝作用的引气减水剂还能有效地控制混凝土的坍落度损失。因此,目前在混凝土中单独使用引气剂的比较少,一般都使用引气减水剂。

2. 引气减水剂的适用范围

引气减水剂的适用范围与引气剂同样广泛,一切使用引气剂的场合基本都可用引气减水剂代替,除了需要大引气量的土木工程用混凝土以外。

缓凝型引气减水剂具有不同程度地控制坍落度损失的功能,适用于泵送混凝土、大体积混凝土、高强混凝土(宜使用高效引气减水剂)和预填骨料混凝土。

引气减水剂适用于需要优良耐磨损性能的混凝土结构。

3. 引气减水剂的主要品种及性能

引气减水剂可分为普通型和高效型两类。

(1)普通引气减水剂。

①木质素磺酸钙和木质素磺酸镁。在木质素磺酸盐减水剂中,木钠基本不引气,

而木钙和木镁均为引气减水剂,它们的主要成分是松柏醇和芥子醇。在适宜掺量范围内,即掺量为混凝土中胶凝材料总量的0.1%~0.4%时,引气量为2%~5%。继续提高掺量,引气性增加较少且混凝土强度降低,这种降低是不可恢复和永久性的。

必须指出的是,以上指的是木材木质素磺酸盐。若是非木材即草本木质素磺酸盐,即使是木钠,引气性也大于木材木质素磺酸盐,混凝土强度降低也较明显。

②腐殖酸盐减水剂。腐殖酸钠又称胡敏酸钠,是一种引气性较大的引气减水剂,在适宜掺量范围内(0.2%~0.35%),引气量为3.0%~5.6%,若超过适宜掺量,混凝土强度即明显降低。

(2)高效引气减水剂。

①甲基萘磺酸盐甲醛缩合物。以甲基萘为反应起始物的聚烷基芳基磺酸盐甲醛缩合物如MF减水剂是引气型高效减水剂,主要成分为α-甲基萘磺酸钠,掺量为胶凝材料总量的0.3%~0.75%。此掺量范围内的引气量为4%~5%。由于有一定引气性,故混凝土增强率不如非引气的萘磺酸钠甲醛缩合物,除此之外,它的坍落度损失也很快。

②蒽磺酸钠甲醛缩合物。以粗蒽或脱晶蒽油为原材料合成的蒽磺酸钠甲醛缩合物是稍后于甲基萘磺酸钠开发的另一种高效引气减水剂。在常用掺量范围内(0.5%~1.0%),引气量为1.5%~3.5%。其不足之处是所引进的气泡较大且稳定性稍差,宜与消泡剂复配使用,以消除较大气泡和改善混凝土表面质量。由于蒽磺酸钠甲醛缩合物的硫酸钠含量高,因此适宜在硫酸根含量低的水泥中作为引气减水剂使用。

以上两种是国内较成熟的高效引气减水剂,但引发混凝土坍落度损失过快也是它们的共同缺点,需经复配缓凝剂或新型高效减水剂纠正。

③改性木质素磺酸盐。木质素的改性至今只在木材木质素原材中进行并有产品上市。改性途径一是氧化聚合,用化学方法除去低分子量木质素及还原糖;改性途径二是采用超滤和精滤的方法,使用膜分离技术。

④聚羧酸盐系高效引气减水剂。表2-27给出了几种聚羧酸盐系产品的引气量。表中JM-PCA为国产,SP-8N为日产,ViS-3010为瑞士产,以相同的干基掺量进行比较。

表2-27 以泵送剂标准(JC 473)测定掺聚羧酸盐系减水剂混凝土的性能

外加剂	掺量/(C×%)	含气量/%	坍落度/mm	减水率/%	R_{28}/MPa	R_{90}/MPa
基准	—	1.8	185	—	40.9	52.9
JM-PCA	0.2	2.5	210	28.2	71.7	78.5
SP-8N	0.2	3.1	210	25.5	67.1	70.4
ViS-3010	0.2	5.7	215	29.0	64.2	68.5

引气量过大必然影响混凝土各龄期的强度,聚羧酸盐系引气型高效减水剂也不例外,见表2-28。

表2-28 聚羧酸减水剂的引气性

掺量/(C×%)	含气量/%	减水率/%	凝结时间		抗压强度/MPa	
			初凝	终凝	R_3	R_{90}
基准	1.4	—	7 h 15 min	9 h 15 min	16.0	37.4
0.15	1.9	21.8	10 h 20 min	13 h 10 min	31.0	58.4
0.20	2.5	28.2	10 h 10 min	13 h 30 min	40.5	83.9
0.30	2.9	30.9	12 h	15 h 10 min	40.3	80.4
0.40	3.3	31.8	15 h 15 min	19 h	39.2	78.4

各种引气型减水剂所产生气泡的可能性可参见表2-29。

表2-29 使用各种减水剂混凝土气泡粒径分布

减水剂		含气量/%	气泡的比表面积/(cm^2/cm^3)	气泡的间隔系数/μm	1 m^3 混凝土中所含气泡数/(个/m^3)	搅拌中混凝土含气量/%
品种	名称					
木质素系	E	4.1	226	218	16230	4.0
	F	3.5	223	238	18070	4.3
	G	4.3	213	224	14250	4.8
	I	3.6	217	250	13250	4.2
氧化羧酸系	J	3.6	204	257	12750	4.1
非离子型系	K	5.3	134	325	4110	5.0

4. 引气减水剂的应用

(1)引气减水剂的常用掺量见产品说明。超掺会使引气量增加过多而影响强度,超掺到一定程度时,引气性增大的幅度将变缓。

(2)配制有含气量要求的混凝土时,搅拌越剧烈,引气剂和引气减水剂发挥的作用就越大。含气量先随搅拌时间增加而增高,在搅拌1~2 min时,含气量急剧增加;3~5 min时达到最大值,而后又趋于减少,因此搅拌时间应较非引气混凝土延长1~2 min。

(3)引气减水剂与减水剂复合使用。含气量通常随引气减水剂掺量的增大而提高。而在引气量相同时,引气减水剂用量可以减少,而此时减水率不够的话,则必须复配适量减水剂。相反,当减水率和混凝土增强已达要求而含气量不够时,则需复配引气剂,但后种情形很少发生。

(4)引气减水剂的效果因骨料粒径、水泥品种等不同而不同。

六、其他混凝土外加剂

(一)速凝剂

速凝剂是指能使混凝土迅速凝结硬化的外加剂。大部分速凝剂的主要成分为铝酸钠(铝氧熟料),此外还有碳酸钠、铝酸钙、氟硅酸锌、氟硅酸镁、氯化亚铁、硫酸铝、三氯化铝等盐类。国产的速凝剂主要有红星Ⅰ型、711型和782型等。

速凝剂与水泥加水拌和后,立即与水泥中的石膏发生反应,使水泥中的石膏变成硫酸钠,失去其缓凝作用,从而让 C_3A 迅速水化并很快析出其水化物,导致水泥浆迅速凝固。

掺用速凝剂的混凝土的水灰比以 0.4 为宜,水灰比大了,其作用就不明显。掺入速凝剂的混凝土在 5 min 中内初凝,10 min 内终凝,1 h 可产生相当的强度,1 d 强度可提高 2~3 倍。但后期强度下降,28 d 强度为不掺者的 80%~90%。

速凝剂主要用于喷射混凝土,在铁路隧道、引水涵洞、地下厂房工程、喷锚支护和修补工程中广泛应用。

(二)防水剂

防水剂能够减少混凝土孔隙和填塞毛细管通道。在搅拌混凝土过程中掺入防水剂,可使混凝土内部碱性物质起反应生成硅酸盐凝胶体,从而密封混凝土内部孔隙,堵塞渗漏水路,达到永久性结构防水的目的。防水剂也可掺入混凝土中使用,可以提高混凝土凝结结构质量,增加抗渗能力和抗压强度。

SDZ091 是一种含有催化剂和载体的复合水性溶液,它会渗透到建筑物内部并与碱性起化学作用,产生乳胶体,填满毛细孔隙而形成完全永久性防水体,而起到防水、防潮、防腐、防污、防风化、防苔、防霉等多重作用。

(三)防冻剂

防冻剂是指在规定温度下,能显著降低混凝土冰点,使混凝土液相不冻结或仅部分冻结,以保证水泥的水化作用,并在一定时间内获得预期强度的外加剂。

常用的防冻剂有氯盐类(氯化钙和氯化钠)、氯盐阻锈类(由氯盐与亚硝酸钠阻锈剂复合而成)和无氯盐类(由硝酸盐、亚硝酸盐、碳酸盐、乙酸钠或尿素复合而成)。

氯盐类防冻剂适用于无筋混凝土;氯盐阻锈类防冻剂适用于钢筋混凝土;无氯盐类防冻剂可用于钢筋混凝土工程和预应力钢筋混凝土工程。硝酸盐、亚硝酸盐、碳酸盐易引起钢筋腐蚀,故不适用于预应力钢筋混凝土以及与镀锌钢材或与铝铁相接触部位的钢筋混凝土结构。

防冻剂用于负温条件下施工的混凝土。目前国产防冻剂适于在$-15\sim 0$ ℃的气温下使用,当在更低气温下施工时,应增加相应的混凝土冬季施工措施,如暖棚法、原料(砂、石、水)预热法等。

(四)膨胀剂

膨胀剂是能使混凝土产生一定体积膨胀的外加剂。混凝土膨胀剂的品种很多,它们对混凝土性能的影响各有不同。应根据不同的使用目的,选择适宜的品种及掺量,并应注意膨胀剂对混凝土其他性能的影响,使其充分发挥有益的作用,避免副作用。此外,同一种膨胀剂会因水泥品种不同而有不同的效果,称为"外加剂对水泥的适度性",选择时应当充分注意。使用膨胀剂时,应预先进行试验,常用的品种为 UEA(U 型膨胀剂),凡要求抗裂、防渗、接缝、填充用的混凝土工程和水泥制品,都可用 UEA。

(五)阻锈剂

钢筋阻锈剂是指加入混凝土中或涂刷在混凝土表面,能阻止或减缓钢筋腐蚀的化学物质。一些能改善混凝土对钢筋防护性能的添加剂或外涂保护剂(如硅灰、硅烷浸渍剂等)不属于钢筋阻锈剂范畴,钢筋阻锈剂必须能直接阻止或延缓钢筋锈蚀。目前,市场上的阻锈剂主要有:①掺入型(DCI):掺加到混凝土中,主要用于新建工程,也可用于修复工程;②渗透型(MCI):喷涂于混凝土外表面,主要用于已建工程的修复。

(六)泵送剂

泵送剂主要由多种分溶性磺化聚合物等复合而成。它具有保水、缓凝、引气、增强等特点,能防止混凝土拌和物在泵送管路中的离析和阻塞,改善泵送性能,不含氯化物,对钢筋无锈蚀作用,广泛用于桥梁、隧道、码头、水利及高层建筑等混凝土工程。它是炎热夏季混凝土施工的首选外加剂。

泵送剂可使低性混凝土流态化,在水灰比相同条件下,混凝土坍落度由$5\sim 7$ cm增大到$19\sim 23$ cm,坍落度损失小,能延缓混凝土凝结时间$3\sim 8$ h,也可根据用户要求调节凝结时间。

七、影响水泥和外加剂适应性的主要因素

水泥与外加剂的适应性是一个十分复杂的问题,至少受到下列因素的影响。遇到水泥和外加剂不适应的问题,必须通过试验,对不适应因素逐个排除,找出其原因。

（1）水泥，包括矿物组成、细度、游离氧化钙含量、石膏加入量及形态、水泥熟料碱含量、碱的硫酸饱和度、混合材种类及掺量、水泥助磨剂等。

（2）外加剂的种类和掺量，如萘系减水剂的分子结构，包括磺化度、平均分子量、分子量分布、聚合性能、平衡离子的种类等。

（3）混凝土配合比，尤其是水胶比、矿物外加剂的品种和掺量。

（4）混凝土搅拌时的加料程序、搅拌时的温度、搅拌机的类型等。

八、应用外加剂的注意事项

外加剂的使用效果受到多种因素的影响，因此，选用外加剂时应特别予以注意。

（1）外加剂的品种应根据工程设计和施工要求选择。应使用工程原材料，通过试验及技术经济比较后确定。

（2）几种外加剂复合使用时，应注意不同品种外加剂之间的相容性及对混凝土性能的影响。使用前应进行试验，满足要求后，方可使用。如聚羧酸系高性能减水剂与萘系减水剂不宜复合使用。

（3）严禁使用对人体产生危害、对环境产生污染的外加剂。用户应注意工厂提供的混凝土外加剂安全防护措施的有关资料，并遵照执行。

（4）对钢筋混凝土和有耐久性要求的混凝土，应按有关标准规定严格控制混凝土中氯离子含量和总碱量。混凝土中氯离子含量和总碱量是指各种原材料所含氯离子和碱含量之和。

（5）由于聚羧酸系高性能减水剂的掺加量对其性能影响较大，用户应注意准确计量。

九、外加剂的质量要求与检验

混凝土外加剂的质量应符合《混凝土外加剂》（GB 8076—2008）、《混凝土外加剂应用技术规范》（GB 50119—2013）及相关外加剂行业标准的有关规定。为了检验外加剂质量，应对基准混凝土与所用外加剂配制的混凝土拌和物进行坍落度、含气量、泌水率及凝结时间试验，对硬化混凝土检验其抗压强度、耐久性、收缩性等。

十、实用信息

中国混凝土外加剂网（砼心网）（www.china-admixture.com）。

第三章　道路工程物资

道路施工材料泛指用于道路工程及其附属构造物所用的各类建筑材料,主要包括土、砂石、沥青、水泥、石灰、工业废料、土工材料等及由它们所组成的混合料。道路工程材料是道路工程建设与养护的物质基础,其性能直接决定了道路工程质量和服务寿命。

目前,高等级沥青路面设计一般都是三层(或二层),即沥青下面层、中面层和上面层,各层间设置黏层,但各层的施工工艺大致都是相同的,施工主要工序为:施工准备→沥青混合料拌和→沥青混合料运输→摊铺、整型→碾压→检测验收→下道工序。

第一节　沥青混凝土

沥青混凝土是由沥青与适当比例的粗集料、细集料、填料经拌制而成的混合料的总称。沥青混合料经摊铺、压实成型后成为沥青路面,具有良好的路用性能,广泛应用于高速公路、城市快速路、主干道和其他公路的路面结构,是现代道路路面的主要材料之一。沥青混凝土路面如图 3-1 所示。

沥青混合料(图 3-2)按材料组成及结构分为连续级配混合料和间断级配混合料;按矿料级配组成及空隙率大小分为密级配混合料、半开级配混合料和开级配混合料;按公称最大粒径的大小可分为特粗式(公称最大粒径大于等于 31.5 mm)、粗粒式(公称最大粒径为 26.5 mm)、中粒式(公称最大粒径为 16 mm 或 19 mm)、细粒式(公称最大粒径为 9.5 mm 或 13.2 mm)和砂粒式(公称最大粒径小于 9.5 mm)沥青混合料;按制造工艺分为热拌沥青混合料、冷拌沥青混合料、再生沥青混合料等。

图 3-1　沥青混凝土路面

图 3-2　沥青混合料

一、常见沥青混凝土规格划分

1. 密级配沥青混合料

按密实级配原理设计组成的各种粒径颗粒的矿料,与沥青结合料拌和而成的混合料,称为密级配沥青混合料,分为设计空隙率较小(对不同交通及气候情况、层位可作适当调整)的密实式沥青混凝土混合料(以 AC 表示)和密实式沥青稳定碎石混合料(以 ATB 表示);按关键性筛孔通过率的不同又可分为细型密级配沥青混合料和粗型密级配沥青混合料等。粗集料嵌挤作用较好的也称嵌挤密实型沥青混合料。

2. 开级配沥青混合料

开级配沥青混合料是指矿料级配主要由粗集料嵌挤组成,细集料及填料较少,设计空隙率为 18% 的混合料。

3. 半开级配沥青碎石混合料

半开级配沥青碎石混合料是指由适当比例的粗集料、细集料及少量填料(或不加填料)与沥青结合料拌和而成,经马歇尔标准击实成型试件的剩余空隙率在 6%~12% 的半开式沥青碎石混合料(以 AM 表示)。

4. 间断级配沥青混合料

间断级配沥青混合料是指矿料级配组成中缺少 1 个或几个档次(或用量很少)而形成的沥青混合料。

5. 沥青稳定碎石混合料

沥青稳定碎石混合料(简称沥青碎石)是指由矿料和沥青组成的具有一定级配要求的混合料,按空隙率、集料最大粒径、添加矿粉数量的多少,分为密级配沥青碎石(ATB)、开级配沥青碎石(OGFC 表面层及 ATPB 基层)和半开级配沥青碎石(AM)。

6. 沥青玛蹄脂碎石混合料

沥青玛蹄脂碎石混合料是指由沥青结合料与少量的纤维稳定剂、细集料以及较多量的填料(矿粉)组成的沥青玛蹄脂,填充于间断级配的粗集料骨架的间隙,组成一体而形成的沥青混合料,简称 SMA。

二、沥青混凝土的技术性能

沥青混凝土作为沥青路面的面层材料,承受车辆行驶反复荷载和气候因素的作用,而胶凝材料沥青具有黏-弹-塑性的特点,因此,沥青混合料应具有抗高温变形、抗低温脆裂、抗滑、耐久等技术性能以及施工和易性。

1. 高温稳定性能

沥青混合料的高温稳定性是指在高温条件下,沥青混合料承受多次荷载作用而不发生过大的累积塑性变形的能力。高温稳定性良好的沥青混合料在车轮的垂直力和水平力的综合作用下,能抵抗高温的作用,保持稳定而不产生车辙和波浪(图 3-3)等破坏现象。常用的测试评定方法有马歇尔试验法、无侧限抗压强度试验法、史密斯三轴试验法等,相关仪器如图 3-4 至图 3-6 所示。

图 3-3　沥青路面波浪

图 3-4　马歇尔稳定度测定仪　　　图 3-5　无侧限抗压强度试验仪

图 3-6　三轴试验仪

马歇尔试验法比较简便,既可以用于混合料的配合比设计,也可以用于工地现场质量检验,因而得到了广泛应用,我国国家标准也采用了这一方法,但该方法仅适用于热拌沥青混合料。尽管马歇尔试验方法比较简便,但多年的实践和研究认为,马歇尔试验用于混合料配合比设计决定沥青用量和施工质量控制,并不能正确地反映沥青混合料的抗车辙能力,因此,在《沥青路面施工及验收规范》(GB 50092—1996)中规定:对用于高速公路、一级公路和城市快速路等沥青路面的上面层和中面层的沥青混凝土混合料,在进行配合比设计时,应通过车辙试验对抗车辙能力进行检验。

2. 低温抗裂性

沥青混合料不仅应具备高温的稳定性,还要具有低温的抗裂性,以保证路面在冬季低温时不产生裂缝。

3. 耐久性

沥青混合料在路面中长期受自然因素(阳光、热、水分等)的作用,为使路面具有较长的使用年限,必须具有较好的耐久性。目前,沥青混合料耐久性常用浸水马歇尔试验或真空饱水马歇尔试验评价。

4. 抗滑性

随着现代交通工具速度的不断提高,对沥青路面的抗滑性提出了更高的要求,沥青路面的抗滑性能与集料的表面结构(粗糙度)、级配组成、沥青用量等因素有关。为保证抗滑性能,面层集料应选用质地坚硬、具有棱角的碎石,采用玄武岩、适当增大集料粒径、减少沥青用量及控制沥青的含蜡量等措施,均可提高路面的抗滑性。

5. 施工和易性

沥青混合料应具备良好的施工和易性,使混合料易于拌和、摊铺和碾压施工。影响施工和易性的因素很多,如气温、施工机械条件及混合料性质等。从混合料的材料性质看,影响施工和易性的是混合料的级配和沥青用量。如粗、细集料的颗粒大小相差过大,则缺乏中间尺寸的颗粒,混合料容易分层层积;如细集料太少,则沥青层不容易均匀地留在粗颗粒表面;如细集料过多,则使拌和困难。如沥青用量过少,或矿粉用量过多,则混合料容易出现疏松,不易压实;如沥青用量过多,或矿粉质量不好,则混合料容易黏结成块,不易摊铺。

三、沥青混凝土的质量控制

必须做好沥青及集料的试验检测工作,检测材料的各种性能指标。相关检测项目、频度及标准见表3-1至表3-4。

(1)沥青。运到现场的每批沥青都应附有出厂证明和出厂检测报告,并说明装运数量、装运日期、数量等,进场沥青每批都应重新进行取样和试验。

(2)粗集料。采用灰岩轧制的碎石,要求石质坚硬、耐磨、洁净且形状接近立方体。

(3)细集料。采用灰岩加工碎石时产生的石屑、机制砂及天然砂,应耐嵌挤、颗粒饱满、粉尘含量低且洁净、坚硬、干燥、无风化、无杂质或其他有害物质。

(4)填料。采用石灰岩的强基性岩石等憎水性石料经磨细得到的矿粉,始终保持干燥、不起团,能自由地从矿粉仓中流出。

表 3-1 施工过程中材料质量的检查项目与频度

材料	检查项目	检查频度		试验规程规定的平行试验次数或一次试验的试样数
		高速公路、一级公路	其他等级公路	
粗集料	外观(石料品种、含泥量等)	随时	随时	—
	针片状颗粒含量	随时	随时	2~3
	颗粒组成(筛分)	随时	必要时	2
	压碎值	必要时	必要时	2
	磨光值	必要时	必要时	4
	洛杉矶磨耗值	必要时	必要时	2
	含水量	必要时	必要时	2
细集料	颗粒组成(筛分)	随时	必要时	2
	砂当量	必要时	必要时	2
	含水量	必要时	必要时	2
	松方单位重	必要时	必要时	2
矿粉	外观	随时	随时	—
	<0.075 mm 含量	必要时	必要时	2
	含水量	必要时	必要时	2
石油沥青	针入度	每2~3天1次	每周1次	3
	软化点	每2~3天1次	每周1次	2
	延度	每2~3天1次	每周1次	3
	含蜡量	必要时	必要时	2~3
改性沥青	针入度	每天1次	每天1次	3
	软化点	每天1次	每天1次	2
	离析试验(对成品改性沥青)	每周1次	每周1次	2
	低温延度	必要时	必要时	3
	弹性恢复	必要时	必要时	3
	显微镜观察(对现场改性沥青)	随时	随时	—
乳化沥青	蒸发残留物含量	每2~3天1次	每周1次	2
	蒸发残留物针入度	每2~3天1次	每周1次	2
改性乳化沥青	蒸发残留物含量	每2~3天1次	每周1次	2
	蒸发残留物针入度	每2~3天1次	每周1次	3
	蒸发残留物软化点	每2~3天1次	每周1次	2
	蒸发残留的延度	必要时	必要时	3

注:①表列内容是在材料进场时已按"批"进行了全面检查的基础上,日常施工过程中质量检查的项目与要求。②"随时"是指需要经常检查的项目,其检查频度可根据材料来源及质量波动情况由业主及监理确定;"必要时"是指施工各方任何一个部门对其质量产生怀疑,提出需要检查时,或根据需要商定的检查频度。

表3-2 热拌沥青混合料的检查频度和质量要求

材料		检查频度及单点检验评价方法	质量要求或允许偏差		实验方法
			高速公路、一级公路	其他等级公路	
混合料外观		随时	观察集料粗细、均匀性、离析、油石比、色泽、冒烟、有无花白料、油团等各种现象		目测
拌和温度	沥青、集料的加热温度	盘检测评定	符合《公路沥青路面施工技术规范》(JTGF 40—2004)规定		传感器自动检测、显示并打印
	混合料出厂温度	逐车检测评定			传感器自动检测、显示并打印,出厂时逐车按 T 0981 人工检测
		逐盘测量记录,每天取平均值评定			传感器自动检测、显示并打印
矿料级配(筛孔)	0.075 mm	逐盘在线检测	±2%(2%)	—	计算机采集数据计算
	≤2.36 mm		±5%(4%)	—	
	≥4.75 mm		±6%(5%)	—	
	0.075 mm	逐盘检查,每天汇总1次,取平均值评定	±1%	—	总量检验
	≤2.36 mm		±2%	—	
	≥4.75 mm		±2%	—	
	0.075 mm	每台拌和机每天1~2次,以2个试样的平均值评定	±2%(2%)	±2%	抽提筛分与标准级配比较的差
	≤2.36 mm		±5%(3%)	±6%	
	≥4.75 mm		±6%(4%)	±7%	
沥青用量(油石比)		逐盘在线监测	±0.3%	—	计算机采集数据计算
		逐盘检查,每天汇总1次,取平均值评定	±0.1%	—	总量检验
		每台拌和机每天1~2次,以2个试样的平均值评定	±0.3%	±0.4%	抽提
马歇尔试验:空隙率、稳定度、流值		每台拌和机每天1~2次,以4~6个试件的平均值评定	符合《公路沥青路面施工技术规范》(JTGF 40—2004)的规定		参见《公路工程沥青及沥青混合料试验规程》(JTG E20—2011)
浸水马歇尔试验		必要时(试件数同马歇尔试验)			
车辙试验		必要时(以3个试件的平均值评定)			

注:①单点检验是指试验结果以一组试验结果的报告值为一个测点的评价依据,一组试验(如马歇尔试验、车辙试验)有多个试样时,报告值的取用按《公路工程沥青及沥青混合料试验规程》(JTGE 20—2011)的规定执行。②对高速公路和一级公路,矿料级配和油石比必须进行总量检验和抽提筛分的双重检验控制,互相校核,表中括号内的数字是对SMA的要求。油石比抽提试验应

事先进行空白的试验标定,提高测试数据的准确度。

表3-3 公路热拌沥青混合料路面施工过程中工程质量的控制标准

项目		检查频度及单点检验评价方法	质量要求或允许偏差		实验方法
			高速公路、一级公路	其他等级公路	
外观		随时	表面平整密实,不得有明显轮迹、裂缝、推挤、油汀、油包等缺陷,且无明显离析		目测
接缝		随时	紧密平整、顺直、无跳车		目测
		逐条缝检测评定	3 mm	5 mm	T 0931
施工温度	摊铺温度	逐车检测评定	符合规范规定		T 0981
	碾压温度	随时	符合规范规定		插入式温度计实测
厚度①	每一层次	随时,厚度50 mm以下	设计值的5%	设计值的8%	施工时用插入法量测松铺厚度及压实厚度
		厚度50 mm以上	设计值的8%	设计值的10%	
	每一层次	1个台班区段的平均值 厚度50 mm以下 厚度50 mm以上	−3 mm −5 mm	—	总量检验
	总厚度	每2000 m²一点单点评定	设计值的−5%	设计值的−8%	T 0912
	上面层	每2000 m²一点单点评定	设计值的−10%	设计值的−10%	
压实度②		每2000 m²检查1组,逐个试件评定并计算平均值	实验室标准密度的97%(98%) 最大理论密度的93%(94%) 试验段密度的99%(99%)		T 0924、T 0922
平整度(最大间隙)③	上面层	随时,接缝处单杆评定	3 mm	5 mm	T 0931
	中、下面层	随时,接缝处单杆评定	5 mm	7 mm	T 0931
平整度(标准差)	上面层	连续测定	1.2 mm	2.5 mm	T 0932
	中面层	连续测定	1.5 mm	2.8 mm	
	下面层	连续测定	1.8 mm	3.0 mm	
	基层	连续测定	2.4 mm	3.5 mm	
宽度	有侧石	检测每个断面	±20 mm	±20 mm	T 0911
	无侧石	检测每个断面	不小于设计宽度	不小于设计宽度	
纵断面高程		检测每个断面	±10 mm	±15 mm	T 0911
横坡度		检测每个断面	±0.3%	±0.5%	T 0911
沥青层层面上的渗水系数④		每1 km不少于5点,每点3处,取平均值	300 mL/min(普通密级配沥青混合料) 200 mL/min(SMA混合料)		T 0971

注：①表中厚度检测频度是指高速公路和一级公路的钻孔频度，其他等级公路可酌情减少状况，且通常采用压实度钻孔试件测定。上面层的允许误差不适用于磨耗层。②压实度检测按《公路沥青路面施工技术规范》附录 E 的规定执行，钻孔试件的数量按《公路路基路面现场测试规程》执行。括号中的数值是对 SMA 路面的要求，对马歇尔成型试件采用 50 次或者 35 次击实的混合料，压实度应适当提高要求。进行核子仪等无破损检测时，每 13 个测点的平均数作为一个测点进行评定，评定其是否符合要求。实验室密度是指与配合比设计相同方法成型的试件密度。以最大理论密度作标准密度时，对普通沥青混合料通过真空法实测确定，对改性沥青和 SMA 混合料，由每天的矿料级配和油石比计算得到。③3 m 直尺主要用于接缝检测，对正常生产路段，采用连续式平整度仪测定。④渗水系数适用于公称最大粒径小于等于 19 mm 的沥青混合料，应在铺筑成型后未遭行车污染的情况下测定，且仅适用于要求密水的密级配沥青混合料和 SMA 混合料，不适用于 OGFC 混合料。表中渗水系数以平均值评定，计算的合格率不得小于 90%。

表 3-4　公路热拌沥青混合料路面交工检查与验收质量标准

检查项目		检查频度（每一侧车行道）	质量要求或允许偏差		实验方法
			高速公路、一级公路	其他等级公路	
外观		随时	表面平整密实，不得有明显轮迹、裂缝、推挤、油汀、油包等缺陷，且无明显离析		目测
面层总厚度①	代表值	每 1 km 5 点	设计值的 -5%	设计值的 -8%	T 0912
	极值	每 1 km 5 点	设计值的 -10%	设计值的 -15%	T 0912
上面层厚度①	代表值	每 1 km 5 点	设计值的 -10%	—	T 0912
	极值	每 1 km 5 点	设计值的 -20%	—	T 0912
压实度②	代表值	每 1 km 5 点	实验室标准密度的 96%(98%) 最大理论密度的 92%(94%) 试验段密度的 98%(99%)		T 0924
	极值（最小值）	每 1 km 5 点	比代表值放宽 1%(每 1 km)或 2%(全部)		T 0924
路表平整度	标准差 σ	全线连续	1.2 mm	2.5 mm	T 0932
	IRI	全线连续	2.0 m/km	4.2 m/km	T 0933
	最大间隙	每 1 km 10 处，各连续 10 杆	—	5 mm	T 0931
路表渗水系数不大于		每 1 km 不少于 5 点，每点 3 处，取平均值评定	300 mL/min（普通沥青路面） 200 mL/min（SMA 路面）	—	T 0971
宽度	有侧石	每 1 km 20 个断面	±20 mm	±30 mm	T 0911
	无侧石	每 1 km 20 个断面	不小于设计宽度	不小于设计宽度	T 0911

续表

检查项目		检查频度（每一侧车行道）	质量要求或允许偏差		实验方法
			高速公路、一级公路	其他等级公路	
纵断面高程		每1 km 20个断面	±15 mm	±20 mm	T 0911
中线偏位		每1 km 20个断面	±20 mm	±30 mm	T 0911
横坡度		每1 km 20个断面	±0.3%	±0.5%	T 0911
弯沉	回弹弯沉	全线每20 m 1点	符合设计对交工验收的要求	符合设计对交工验收的要求	T 0951
	总弯沉	全线每5 m 1点	符合设计对交工验收的要求	—	T 0952
构造深度		每1 km 5点	符合设计对交工验收的要求	—	T 0961/62/63
摩擦系数摆值		每1 km 5点	符合设计对交工验收的要求	—	T 0964
横向力系数		全线连续	符合设计对交工验收的要求	—	T 0965

注：①高速公路、一级公路面层除验收总厚度外，尚需验收上面层厚度，代表值的计算方法按 JTG F40—2004 附录 E 进行。②压实度检测按 JTG F40—2004 附录 E 的规定执行，钻孔试件的数量按 11.4.8 的规定执行。括号中的数值是对 SMA 路面的要求，对马歇尔成型试件采用 50 次或者 35 次击实的混合料，压实度应当提高要求。进行核子仪等无破损检测时，每 13 个测点的平均数作为一个测点进行评定，评定其是否符合要求。实验室密度是指与配合比设计相同方法成型的试件密度。以最大理论密度作标准密度时，对普通沥青混合料通过真空法实测确定，对改性沥青和 SMA 混合料，由每天的矿料级配和油石比计算得到。

第二节　沥青混凝土组成材料

一、沥青

(一)沥青材料的基础知识

沥青是一种有机结合材料，是多种有机化合物的复杂混合物。沥青溶于二硫化碳、四氯化碳、苯及其他有机溶剂；在常温状态下呈现固态、半固态或液态，颜色呈现黑色至黑褐色。沥青具有良好的黏结性、塑性、感温性及安全性，并能抵抗大气的风化作用，主要用于道路路面及防水等。

1. 沥青材料的分类

沥青材料的分类如图 3-7 所示。

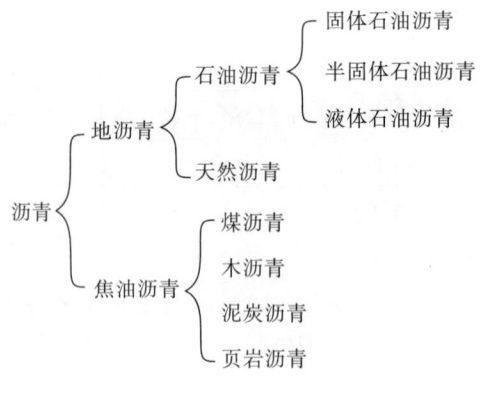

图 3-7 沥青材料的分类

2. 常用沥青材料的符号及代号

常用沥青材料的符号及代号见表 3-5。

表 3-5 常用沥青材料的符号及代号

编号	符号或代号	意义
1	A	道路石油沥青
2	T	道路煤沥青
3	PC	喷洒型阳离子乳化沥青
4	BC	拌和型阳离子乳化沥青
5	PA	喷洒型阴离子乳化沥青
6	BA	拌和型阴离子乳化沥青
7	AL(R)	快凝液体石油沥青
8	AL(M)	中凝液化石油沥青
9	AL(S)	慢凝液化石油沥青
10	HMA	热拌沥青混合料
11	AC	密级配沥青混凝土混合料,分为粗型和细型两类
12	SMA	沥青玛蹄脂碎石混合料
13	OGFC	大孔隙开级配排水式沥青磨耗层
14	ATB	密级配沥青稳定碎石混合料
15	ATPB	铺筑在沥青层底部的排水式沥青稳定碎石混合料
16	AM	半开级配沥青稳定碎石混合料
17	ES	乳化沥青稀释封层沥青混合料

3. 沥青材料要求

(1)沥青材料应附有炼油厂的沥青质量检验单。运至现场的各种材料必须按要求进行试验,经评定合格后方可使用。

道路石油沥青仍然是我国沥青路面建设最主要的材料。目前沥青供应的数量和质量与需求相比仍有较大差距,在选购沥青时应查明其原油种类及炼油工艺,并征得主管部门的同意,这是因为沥青质量基本上受制于原油品种,且与炼油工艺关系很大。为防止因沥青质量发生纠纷,参照国外各炼油厂的做法,沥青出厂均应附有质量检验单,使用单位在购货后进行试验确认。如有疑问或达不到检验单的数据标准,可请有关质检部门或质量监督部门仲裁,以明确责任。

(2)沥青路面的沥青材料可采用道路石油沥青、煤沥青、乳化石油沥青、液体石油沥青等。沥青材料的选择应根据交通量、气候条件、施工方法、沥青面层类型、材料来源等情况确定。当采用改性沥青时,应进行试验并进行技术论证。

(3)路面材料进入施工场地时,应登记,并签发材料验收单。验收单应包括材料来源、品种、规格、数量、使用目的、购置日期、存放地点及其他应予注明的事项。

(二)常见沥青材料

道路用沥青主要是指石油沥青,它是石油炼制的副产品。它与煤油、汽油、柴油是肤色不同的"亲兄弟",都来源于石油。除了石油沥青外,还有煤沥青、天然沥青(岩沥青和湖沥青)等其他类型的沥青材料。

图3-8 沥 青

1. 道路石油沥青

(1)适用范围。A级沥青:适用于各个等级的公路,适用于任何场合和层次;B级沥青:适用于高速公路、一级公路沥青下面层及以下的层次,二级及二级以下公路的各个层次;C级沥青:适用于三级及三级以下公路的各个层次。

(2)技术要求。石油沥青的质量应符合《公路沥青路面施工技术规范》(JTG F40—2004)的规定,道路石油沥青技术要求见表3-6。

表 3-6 道路石油沥青技术要求

指标	等级	沥青标号														
		160号③	130号③	110号	90号					70号②					50号②	30号③
针入度(25 ℃, 5 s,100 g)/ 0.1 mm		140~200	120~140	100~120	80~100					60~80					40~60	20~40
适用的气候分区		注③	注③	2-1	2-2	3-2	1-1	1-2	1-3	2-2	2-3	1-3	1-4	2-2	2-3	2-4	1-1	注③
针入度指数 PI①	A	−1.5~+1.0														
	B	−1.8~+1.0														
软化点 (R&B)/℃, 不小于	A	38	40	43	45					44		46			45	49	55
	B	36	39	42	43					42		44			43	46	53
	C	35	37	41	42							43				45	50
60 ℃动力黏度①/(Pa·s), 不小于	A	—	60	120	160					140		180			160	200	260
10 ℃延度①/ cm,不小于	A	50	50	40	45	30	20	30	20	20	15	25	20	15	15	10
	B	30	30	30	30	20	15	20	15	15	10	20	15	10	10	8
15 ℃延度/ cm,不小于	A,B	100													80	50
	C	80	80	60	50							40				30	20
蜡含量(蒸馏法)/%, 不大于	A	2.2														
	B	3.0														
	C	4.5														
闪点/℃, 不小于		230			245					260						
溶解度/%, 不小于		99.5														
密度(15℃)/ (g/cm³)		实测记录														
TFOT(或 RTFOT)后④																
质量变化/%, 不大于		±0.8														
残留针入度 比(25 ℃)/%, 不小于	A	48	54	55	57					61					63	65
	B	45	50	52	54					58					60	62
	C	40	45	48	50					54					58	60
残留延度 (10 ℃)/cm, 不小于	A	12	12	10	8					6					4	—
	B	10	10	8	6					4					2	—
残留延度 (15 ℃)/cm, 不小于	C	40	35	30	20					15					10	—

注:①经建设单位同意,表中 PI 值、60 ℃动力黏度、10 ℃延度可作为选择性指标,也可不作为施工质量检验指标。②70 号沥青可根据需要要求供应商提供针入度范围为 60~70 或 70~80 的沥青,50 号沥青可要求提供针入度范围为 40~50 或 50~60 的沥青。③30 号沥青仅适用于沥青稳定基层,130 号和 160 号沥青除寒冷地区可直接在中低级公路上应用外,通常用作乳化沥青、稀释沥

青、改性沥青的基质沥青。④老化试验以 TFOT 为准,也可以 RTFOT 代替。

当高温要求与低温要求发生矛盾时,应优先考虑满足高温性能的要求。

当缺乏所需标号的沥青时,可采用不同标号掺配的调和沥青,其掺配比例由试验决定。掺配后的沥青质量应符合石油沥青技术要求表的规定。

(3)沥青标号及储运。

①沥青路面采用的沥青标号。宜按照公路等级气候条件、交通条件、路面类型、在结构层中的层位及受力特点、施工方法等结合当地的使用经验,经技术论证后确定。

②沥青必须按品种标号分开存放。除长期不使用的沥青可放在自然温度下储存外,沥青在储罐中的储存温度不宜低于 130 ℃,并不得高于 170 ℃。桶装沥青应直立堆放,加盖毡布。

③道路石油沥青在储运、使用及存放过程中应有良好的防水措施,避免雨水或加热管道蒸汽进入沥青中。

(4)沥青取样和试验。

①从储油罐中取样。液体沥青或经加热已变成流体的黏稠沥青取样时,应先关闭进油阀和出油阀,然后取样,用取样器按液面上、中、下位置每层取样,混合后取 4 kg 样品作为试样。

②从槽车、罐车、沥青撒布车中取样。设有取样阀时,打开取样阀,待流出至少 4 kg 或 4 L 后再取样。

③从沥青储存池中取样。沥青储存池中的沥青应待加热熔化后,经管道或沥青泵流至沥青加热锅之后取样,分间隔每锅至少取 3 个样品,然后将这些样品混合均匀,再取 4.0 kg 作为试样进行试验。

④从沥青桶中取样。当确认是同一批生产的产品时,可随机取样。沥青样品桶数见表 3-7。

表 3-7　沥青样品桶数

沥青桶总数	选取桶数	沥青桶总数	选取桶数
2～8	2	217～343	7
9～27	3	344～512	8
28～64	4	513～729	9
65～125	5	730～1000	10
126～216	6	1001～1331	11

2. 液体石油沥青

(1)适用范围。液体石油沥青适用于透层、黏层及拌制常温沥青混合料。根据使用目的和场所,可分别选用快凝、中凝和慢凝的液体石油沥青。

(2)技术要求。液体石油沥青使用前由试验确定掺配比例,其质量应符合表3-8的规定。

表3-8 道路液体石油沥青技术要求

试验项目		快凝		中凝						慢凝					
		AL(R)-1	AL(R)-2	AL(M)-1	AL(M)-2	AL(M)-3	AL(M)-4	AL(M)-5	AL(M)-6	AL(S)-1	AL(S)-2	AL(S)-3	AL(S)-4	AL(S)-5	AL(S)-6
黏度	$C_{25,5}$/s	<20	—	<20	—	—	—	—	—	<20	—	—	—	—	—
	$C_{60,5}$/s	—	5~15	—	5~15	16~25	26~40	41~100	101~200	—	5~15	16~25	26~40	41~100	101~200
蒸馏体积	225 ℃前/%	>20	>15	<10	<7	<3	<2	0	0	—	—	—	—	—	—
	315 ℃前/%	>35	>30	<35	<25	<17	<14	<8	<5	—	—	—	—	—	—
	360 ℃前/%	>45	>35	<50	<35	<30	<25	<20	<15	<40	<35	<25	<20	<15	<5
蒸馏后残留物	针入度(25 ℃)/0.1 mm	60~200	60~200	100~300	100~300	100~300	100~300	100~300	100~300	—	—	—	—	—	—
	延度(25 ℃)/cm	>60	>60	>60	>60	>60	>60	>60	>60	—	—	—	—	—	—
	浮漂度(5 ℃)/s	—	—	—	—	—	—	—	—	<20	<20	<30	<40	<45	<50
闪点(TOC法)/℃		>30	>30	>65	>65	>65	>65	>65	>65	>70	>70	>100	>100	>120	>120
含水量/%,不大于		0.2	0.2	0.2	0.2	0.2	0.2	0.2	0.2	2.0	2.0	2.0	2.0	2.0	2.0

液体石油沥青宜采用针入度较大的石油沥青,使用前按先加热沥青后加稀释剂的顺序,掺配煤油或轻柴油,经适当的搅拌、稀释制成。掺配比例根据使用要求由试验确定。

(3)沥青储运。液体石油沥青在制作、储存、使用的过程中必须通风良好,并有专人负责,确保安全。基质沥青的加热温度严禁超过140 ℃,液体沥青的储存温度不得高于50 ℃。

3. 乳化沥青

(1)适用范围。乳化沥青适用于沥青表面处治路面、沥青贯入式路面、冷拌沥青混合料路面,修补裂缝、喷洒透层、黏层与封层等。乳化沥青的品种及适用范围见表3-9。

表3-9 乳化沥青品种及适应范围

分类	品种及代号	适应范围
阳离子乳化沥青	PC-1	表处、贯入式路面及下封层用
	PC-2	透层油及基层养生用
	PC-3	黏层油用
	BC-1	稀浆封层或冷拌沥青混合料用

续表

分类	品种及代号	适应范围
阴离子乳化沥青	PA-1	表处、贯入式路面及下封层用
	PA-2	透层油及基层养生用
	PA-3	黏层油用
	BA-1	稀浆封层或冷拌沥青混合料用
非离子乳化沥青	PN-1	透层油用
	BN-1	与水泥稳定集料同时使用(基层路拌或再生)

(2)技术要求。在高温条件下宜采用黏度较大的乳化沥青,寒冷条件下宜采用黏度较小的乳化沥青。乳化沥青类型根据集料品种及使用条件选择。阳离子乳化沥青适用于各种集料品种,阴离子乳化沥青适用于碱性石料。乳化沥青的破乳速度、黏度宜根据用途与施工方法选择。制备乳化沥青用的基质沥青,对高速公路和一级公路宜符合 A、B 级沥青的要求,其他情况可采用 C 级沥青。

(3)储存。乳化沥青宜存放在立式罐中,并保持适当搅拌。储存期以不离析、不冻结、不破乳为度。

(三)特殊沥青材料

1. 改性沥青

(1)改性沥青可单独或复合采用高分子聚合物天然沥青及其他改性材料制作。

(2)用作改性剂的 SBR 胶乳中的固体物含量不宜少于 45%,使用中严禁长时间暴晒或遭冰冻。

(3)改性沥青的剂量以改性剂占改性沥青总量的百分数计算,胶乳改性沥青的剂量应以扣除水以后的固体物含量计算。

(4)改性沥青宜在固定式工厂或在现场设厂集中制作,也可在拌和现场边制作边使用。改性沥青的加工温度不宜超过 180 ℃。胶乳类改性剂和制成颗粒的改性剂可直接投入拌和缸中生产改性沥青混合料。

(5)用溶剂法生产改性沥青母体时,挥发性溶剂回收后的残留量不得超过 5%。

(6)现场制作的改性沥青宜随配随用,需作短时间保存或运送到附近的工地时,使用前必须搅拌均匀,在不发生离析的状态下使用。改性沥青制作设备必须设有随机采集样品的取样口,采集的试样宜立即在现场灌模。

(7)工厂制作的成品改性沥青到达施工现场后储存在改性沥青罐中,改性沥青罐中必须加设搅拌设备并进行搅拌,使用前改性沥青必须搅拌均匀。在施工过程中应定期取样检验产品质量,发现离析等质量不符要求的改性沥青时,不得使用。

2. 改性乳化沥青

喷洒性改性乳化沥青(PCR)适用于黏层、封层和桥面防水黏结层;拌和用乳化沥青(BCR)适用于改性稀浆封层和微表处。

3. 煤沥青

煤沥青适用于各种等级公路的各种基层上的透层,宜采用 T-1 或 T-2 级。三级及三级以下的公路铺筑表面处治或贯入式沥青路面宜采用 T-5、T-6 或 T-7 级。与道路石油沥青、乳化沥青混合使用,可以改善渗透性。道路用煤沥青严禁用于热拌热铺的沥青混合料,用于其他方面时的储存温度宜为 70~90 ℃,且不得长时间储存。

二、粗集料

(1)用于沥青面层的粗集料包括碎石、破碎砾石、筛选砾石、钢渣、矿渣等,但高速公路和一级公路不得使用筛选砾石和矿渣。粗集料必须由具有生产许可证的采石场生产或施工单位自行加工。

(2)粗集料应该洁净、干燥、表面粗糙,质量应符合表 3-10 的规定。

表 3-10　沥青混合料用粗集料质量技术要求

指标	高速公路及一级公路		其他等级公路
	表面层	其他层次	
石料压碎值/%,不大于	26	28	30
洛杉矶磨耗损失/%,不大于	28	30	35
表观相对密度,不小于	2.60	2.50	2.45
吸水率/%,不大于	2.0	3.0	3.0
坚固性/%,不大于	12	12	—
针片状颗料含量(混合料)/%,不大于	15	18	20
其中粒径大于 9.5 mm/%,不大于	12	15	—
其中粒径小于 9.5 mm/%,不大于	18	20	—
水洗法<0.075 mm 颗粒含量/%,不大于	1	1	1
软石含量/%,不大于	3	5	5

当单一规格集料的质量指标达不到表中要求,而按照集料配合比计算的质量指标符合要求时,工程上允许使用。对受热易变质的集料,宜采用经拌和机烘干后的集料进行检验。

(3)粗集料的粒径规格应按照表 3-11 的规定选用。

表 3-11 沥青混合料用粗集料粒径规格

规格	公称粒径/mm	通过下列筛孔(mm)的质量百分率/%											
		106	75	63	53	37.5	31.5	26.5	19.0	13.2	9.5	4.75	2.36	0.6
S1	40~75	100	90~100	—	—	0~15	—	0~5						
S2	40~60		100	90~100	—	0~15	—	0~5						
S3	30~60		100	90~100	—	—	0~15	—	0~5					
S4	25~50			100	90~100	—	—	0~15	—	0~5				
S5	20~40				100	90~100	—	—	0~15	—	0~5			
S6	15~30					100	90~100	—	—	0~15	—	0~5		
S7	10~30					100	—	90~100	—	—	0~15	0~5		
S8	15~25						100	90~100	—	0~15	—	0~5		
S9	10~20							100	90~100	—	0~15	0~5		
S10	10~15								100	90~100	0~15	0~5		
S11	5~15								100	90~100	40~70	0~15	0~5	
S12	5~10									100	90~100	0~15	0~5	
S13	3~10									100	90~100	40~70	0~20	0~5
S14	3~5										100	90~100	0~15	0~3

当生产的粗集料不符合规格要求,但与其他材料配合后的级配符合各类沥青面层的矿料使用要求时,亦可使用。

(4)采石场在生产过程中必须彻底清除覆盖层及泥土夹层。石不得含有土块和杂物,集料成品不得堆放在泥土地上。

(5)高速公路、一级公路沥青路面表面层(或磨耗层)粗集料的磨光值应符合表 3-12 的要求。除 SMA、OGFC 路面外,允许在硬质粗集料中掺加部分较小粒径的磨光值达不到要求的粗集料,其最大掺加比例由磨光值试验确定。

表 3-12 粗集料与沥青的黏附性、磨光值的技术要求

雨量气候区	1(潮湿区)	2(湿润区)	3(半干区)	4(干旱区)
年降雨量/mm	>1000	1000~500	500~250	<250
粗集料的磨光值 PSV,不小于 高速公路、一级公路表面层	42	40	38	36

续表

雨量气候区	1(潮湿区)	2(湿润区)	3(半干区)	4(干旱区)
粗集料与沥青的黏附性,不小于				
高速公路、一级公路表面层	5	4	4	3
高速公路、一级公路的其他层次及其他等级公路的各个层次	4	4	3	3

(6)粗集料与沥青的黏附性应符合表3-12的要求,当使用不符合要求的粗集料时,宜掺加消石灰、水泥或用饱和石灰水处理后使用,必要时可同时在沥青中掺加耐热、耐水、长期性能好的抗剥落剂,也可采用改性沥青,使沥青混合料的水稳定性检验达到要求。掺加掺和料的剂量由沥青混合料的水稳定性检验确定。

(7)破碎砾石应采用粒径大于50 mm、含泥量不大于1%的砾石轧制,破碎砾石的破碎面应符合表3-13的要求。

表3-13 粗集料对破碎面的要求

路面部位或混合料类型	具有一定数量破碎面颗粒的含量/%	
	1个破碎面	2个或2个以上破碎面
沥青路面表面层		
高速公路、一级公路,不小于	100	90
其他等级公路,不小于	80	60
沥青路面中下面层、基层		
高速公路、一级公路,不小于	90	80
其他等级公路,不小于	70	50
SMA混合料	100	90
贯入式路面,不小于	80	60

(8)筛选砾石仅适用于三级及三级以下公路的沥青表面处治路面。

(9)经过破碎且存放期超过6个月的钢渣可作为粗集料使用。除吸水率允许适当放宽外,各项质量指标应符合表3-10的规定。钢渣在使用前应进行检验,要求钢渣中的游离氧化钙含量不大于3%,浸水膨胀率不大于2%。

三、细集料

(1)沥青路面的细集料包括天然砂、机制砂、石屑等。细集料必须由具有生产许可证的采石场、采砂场生产。

(2)细集料应洁净、干燥、无风化、无杂质,并有适当的颗粒级配,其质量应符合表3-14的规定。细集料的洁净程度,天然砂以小于0.075 mm含量的百分数表示,石屑和机制砂以砂当量(适用于 0～4.75 mm)或亚甲蓝值(适用于 0～2.36 mm 或 0～0.15 mm)表示。机制砂规格见表 3-15,试验项目检验频率见表3-16。

表 3-14 细集料检测项目

试验项目	单位	高速公路、一级公路	其他等级公路
表观相对密度,≥	—	2.50	2.45
坚固性(>0.3 mm 部分),≥	%	12	—
含泥量(<0.075 mm 的含量),≤	%	3	5
砂当量,≥	%	60	50
亚甲蓝值,≤	g/kg	25	—
棱角性(流动时间),≥	s	30	—

表 3-15 机制砂规格

规格	公称粒径	水洗法通过各筛孔的质量百分比/%							
		9.5	4.75	2.36	1.18	0.6	0.3	0.15	0.075
S16	0～3	—	100	80～100	50～80	25～60	8～45	0～25	0～15

表 3-16 检验频率

试验项目	检验频率	执行标准	备注
级配及密度试验	每 200 m³ 一次	JTG E42—2005	不足 200 m³ 每批次一次
含泥块含量试验	每 200 m³ 一次	JTG E42—2005	
坚固性试验	每 200 m³ 一次	JTG E42—2005	

(3)天然砂可采用河砂或海砂,通常宜采用粗、中砂。砂的含泥量超过规定时应水洗后使用,海砂中的贝壳类材料必须筛除。开采天然砂必须取得当地政府主管部门的许可,并符合水利及环境保护的要求。

热拌密级配沥青混合料中天然砂的用量通常不宜超过集料总量的 20%,SMA 和 OGFC 混合料不宜使用天然砂。

(4)石屑是采石场破碎石料时通过 4.75 mm 或 2.36 mm 的筛下部分,其规格应符合表 3-17 的要求。采石场在生产石屑的过程中应具备抽吸设备,高速公路和一级公路的沥青混合料宜将 S14 与 S16 组合使用,S15 可在沥青稳定碎石基层或其他等级公路中使用。

表3-17 沥青混合料用机制砂或石屑规格

规格	公称粒径/mm	水洗法通过各筛孔的质量百分率/%						
		9.5	4.75	2.36	1.18	0.6	0.3	0.15	0.075
S15	0~5	100	90~100	60~90	40~75	20~55	7~40	2~20	0~10
S16	0~3	—	100	80~100	50~80	25~60	8~45	0~25	0~15

注：当生产石屑采用喷水抑制扬尘工艺时，应特别注意含粉量不得超过表中要求。

(5)机制砂宜采用专用的制砂机制造，并选用优质石料生产，其级配应符合S16的要求。

四、填料

(1)沥青混合料的矿粉必须采用石灰岩或岩浆中的强基性岩石等憎水性石料经磨细得到的矿粉，原石料中的泥土杂质应除净。矿粉应干燥、洁净，能自由地从矿粉仓流出，其质量应符合表3-18的要求。

表3-18 沥青混合料用矿粉质量要求

项目	高速公路、一级公路	其他等级公路
表观密度/(t/m³)，不小于	2.50	2.45
含水量/%，不大于	1	1
粒度范围<0.6 mm(%)	100	100
<0.15 mm(%)	90~100	90~100
<0.075 mm(%)	75~100	70~100
外观	无团粒结块	—
亲水系数	<1	
塑性指数	<4	
加热安定性	实测记录	

(2)拌和机的粉尘可作为矿粉的一部分回收使用。但每盘用量不得超过填料总量的25%，掺有粉尘填料的塑性指数不得大于4%。

(3)粉煤灰作为填料使用时，不得超过填料总量的50%，粉煤灰的烧失量应小于12%，与矿粉混合后的塑性指数应小于4%，其余质量要求与矿粉相同。高速公路、一级公路的沥青面层不宜采用粉煤灰作填料。

第三节 路基填筑材料

一、改良土

1. 概述

改良土是改善土的工程地质性质,以达到工程活动目的的措施。土与工程建筑物直接相关的工程地质性质,主要为透水性和力学性能(可压缩性和抗破坏性),而它们则取决于土的物质成分和结构特点。因此,土质改良实质上是通过改变土的成分和结构,达到改善性质的目的。

改良土分为物理改良土和化学改良土。物理改良是通过掺入碎石等,改变其粒径大小的改良;化学改良是通过掺入石灰、水泥、粉煤灰等固化剂材料,以提高工程性能的改良。石灰改良土如图 3-9 所示,水泥改良土如图 3-10 所示。

图 3-9　石灰改良土　　　图 3-10　水泥改良土

2. 土质改良方法

根据对土体处理的方式,可将人工土质改良方法概括为四类。

(1)机械致密。机械致密是指对土体施加一定的静力或动力,增加土的密实程度,从而降低其可压缩性,提高其抗破坏性。机械致密的方法有多种,主要分为静力法和动力法。前者(预压和碾压)主要适用于黏性土,而后者(振冲、爆炸、压密桩等)一般只对无黏性土有效。属于冲击压密的夯实法对浅层黏性土的增密有效,而在碾压机上附加振动器,则同时具有静压和振动两种作用,对无黏性土的压密可以获得良好的效果。

(2)排水。将高含水率土中的水排出以改善黏性土的稠度状态,从而降低其可压缩性,提高其强度;或者排出饱和无黏性土中的水以提高其强度,或使其在松动作用下不致发生液化。一般采用排水沟、井、廊道或矿井等构筑物使土中的水渗出后集中排除。对于黏土,也可利用电渗原理加快其排水过程。

(3)掺加材料。将某些材料加进土中,使其成为土的一种成分,以降低土的透水性,提高其力学性能。按照掺加方式,这种方法可分为掺和和灌注两类。掺合法是将一定数量的固体物质(常用的有石灰、水泥、沥青等)拌入土中。根据需要掺入一定粒径的土料,使其在干、湿季节都能保持相对最佳性能,称之为最优级配的土。由于掺和法只能用于处理浅部土体,因而多用于改善黏性土或砂土组成的路面或路基。灌注法是通过钻孔在一定的压力下将某些物质(如黏土、水泥、沥青、水玻璃等)的浆液灌入土中,浆液凝固后便起充填孔隙和胶结颗粒的作用。这种方法对于降低土的透水性效果良好;土力学性能的提高程度随材料的不同而异。此法用于处理较深部的无黏性土体。

(4)冻结。降低土的温度,使孔隙中的水冻结,借以提高土的强度,降低其透水性。在建筑物基坑开挖和隧道施工中,此方法对于防止流沙或地下水流入施工场所甚为有效。

各种土质改良方法的效果、适用范围以及成本和技术条件等方面各不相同,应根据工程建设的要求、土的类型、场地的水文地质条件(对灌注法、冻结法尤其重要)以及技术可能性和经济合理性进行选择。

3. 施工要求

改良土运至现场后,应对改良土原材料、外掺料和混合料的出场检验资料进行核实。化学改良土填筑压实质量应符合表 3-19 的要求。

表 3-19　化学改良土填筑压实标准

压实标准	基床以下
压实系数 K	≥0.92
7 d 饱和无侧限抗压强度/kPa	≥250

化学改良土混合料摊铺、拌和、整形及碾压应符合下列规定:

(1)改良土填料应按工艺试验确定的填筑压实厚度分层填筑,具体的摊铺厚度及碾压遍数应按试验段确定的并经监理确认的参数进行控制。

(2)两工作段的纵向搭接长度不应小于 2.0 m。

(3)化学改良土混合料中不应含有大于 15 mm 的土块和未消解的石灰颗粒。

(4)碾压时,各区段交接处应互相重叠压实,纵向搭接长度不得小于 2.0 m,纵向行与行之间的轮迹重叠不小于 40 cm,上下两层填筑接头应错开不小于 3.0 m。

(5)化学改良土外掺料剂量允许偏差为试验配合比的外掺料剂量(以百分率表示)-0.5%~+1.0%。

(6)路拌法改良土混合料中应不含有素土团或素土层。

(7)化学改良土填筑基床以下路基顶面宽度应不小于设计宽度。

改良土检测项目及频率见表 3-20。

表 3-20 改良土检测项目及频率

项次	项目	内容	频度
1	原材料抽检	水泥强度等级和初凝、终凝时间	材料组成设计时测 1 个样品,料源或强度等级变化时重测
		石灰有效钙镁含量、残渣含量	材料组成设计和生产使用时分别测 2 个样品,以后每月测 2 个样品
		粉煤灰含水率、烧失量、细度、二氧化硅等氧化物含量	含水率每天使用前测 2 个样品;其他做材料组成设计前测 2 个样品
2	混合料抽检	剂量	每 2000 m² 一次
		最大干密度	每个工作日
		含水率	每 2000 m² 一次
		强度	每一作业段不少于 9 个
3	现场检测	压实度检测	每一作业段检查 6 次以上
		弯沉检测	每一评定段(不超过 1 km)每车道 40～50 个测点

4. 填料要求

施工前应对需改良的土料种类进行核实,路堤填料种类、改良土外掺料(石灰或水泥)的种类及技术条件应符合设计要求。填筑前对取土场填料进行取样检验;填筑时对运至现场的填料进行抽样检验。当填料土质发生变化或更换取土场时,应重新进行检验。

原材料应符合设计要求,设计未明确时应符合以下要求:

(1)石灰应选用消解石灰或钙质生石灰,其指标应达到合格标准,石灰在使用前 4～7 天应充分消解。

(2)用石灰改良时,土中硫酸盐含量应小于 0.8%,有机质含量小于 5%;用水泥改良时,土中硫酸盐含量应小于 0.25%。

(3)掺入水泥时,其初凝时间应大于 3 h,终凝时间宜大于 6 h。

(4)在设计规定范围内取土,取土时应清除树木、草皮以及表面腐殖土。当土源发生变化时,必须按要求重做配比试验。

(5)对符合要求的土质进行过筛处理,使石灰颗粒与黄土颗粒尽可能小,增加其表面积,并拌和均匀,能充分接触并发生反应。

(6)施工用水质应符合工程用水标准。

(7)石灰、水泥等化学改良土外掺料的运输、使用应有环境保护的措施,外掺料应分类堆放,与原地面架空隔离,并有防风、雨设施,防止材料受潮、变质。

(8)冻土不能作为路基改良填料。

5. 机械配置要求

改良土施工劳力与机械设备配置分为两个大的部分,即改良土拌和站和路堤填筑区的各个施工单元。其中改良土拌和站的数量和厂拌设备生产能力根据各标段的工程数量和工期要求进行配置,一般厂拌设备生产能力宜高于均衡施工能力的1.2~1.5倍。改良土拌和站的主要机械设备包括改良土厂拌设备、挖掘机、装载机、碎土设施等。每个改良土拌和站供应数个路堤填筑区的施工单元。每个施工单元为一个完整的作业区,包含四个区段,即填土区段、平整区段、碾压区段和检测区段。

路堤填筑区施工单元的主要机械设备包括推土机、平地机、压路机和自卸汽车,采用大吨位自卸车运输。拌和好的混合料应尽快运送到铺筑现场。混合料在运送过程中应加以覆盖,减少水分损失。

二、级配碎石

1. 概述

级配碎石是由各种大小不同的粒级集料组成的混合料,当其级配符合技术规范的规定时,称其为级配型集料。级配型集料包括级配碎石、级配碎砾石(碎石和砂砾的混合料,也常将砾石中的超尺寸颗粒砸碎后与砂砾一起组成碎砾石)和级配砾石(或称级配砂砾)。级配型集料可以用作沥青路面和水泥混凝土路面的基层和底基层,也可用作路基改善层。在排水良好的前提下,级配型集料可在不同气候区用于不同交通等级的道路上。在潮湿多雨地区使用级配型集料特别有利。

级配碎石的使用范围如下:

(1)在轻交通道路上用于路面或薄沥青面层下。几乎所有的国家都采用这种结构。

(2)在重交通道路上用在厚沥青面层下。这种情况可能有两种形式,一是施工质量很好的高质量的级配碎石,直接用在厚沥青面层下作为基层;另一种是施工质量略次的级配集料用于较深的位置,通常用于有结合料基层的下面。

(3)不少国家常将级配碎石用作沥青面与水硬性结合料处治基层之间的中间层,以减少水硬性结合料处治层反射到沥青面层上的干缩裂缝,即减轻反射裂缝,也有利于排除路面结构层中的水,减少甚至消除基层的冲刷现象。这种路面结构又常称为倒装结构。

2. 质量控制

(1)生产级配碎石用原材料质量应满足设计要求,并符合下列规定:

①粒径大于 1.7 mm 颗粒的磨耗率应不大于 30%,硫酸钠溶液浸泡损失率应不大于 6%。

②粒径小于 0.5 mm 的细颗粒的液限应不大于 25%,塑性指数应小于 6。

③施工单位每一料场抽样检验洛杉矶磨耗率、硫酸钠溶液浸泡损失率、液限和塑性指数 2 次。

(2)基床表层级配碎石应符合设计要求及下列规定:

①级配碎石材料由开山块石、天然卵石或砂砾石经破碎筛选而成。

②级配碎石颗粒级配不均匀系数 C_u 不得小于 15,0.02 mm 以下颗粒质量百分率不得大于 3%,大于 22.4 mm 的粗颗粒中带有破碎面的颗粒所占的质量百分率不应小于 30%,不得含有黏土及其他杂质。施工单位在级配碎石生产期间,每工班抽样检验 1 次粒径级配、黏土及其他杂质含量、大于 22.4 mm 的粗颗粒中带有破碎面的颗粒含量。

(3)路基过渡段级配碎石应符合设计要求及下列规定:

①路基过渡段级配碎石填料粒径、级配及质量应符合设计要求。碎石颗粒中针状和片状碎石含量不大于 20%;质软和易破碎的碎石含量不得超过 10%。

②施工单位每工班抽样检验 1 次颗粒级配、针状和片状碎石含量、质软和易破碎的碎石含量。

(4)级配碎石出场前应进行最大干密度试验。施工单位每 5000 m³ 检验 1 次,当级配碎石材质发生变化或更换石场时,应重新进行检验。

三、水泥稳定碎石

1. 概述

水泥稳定碎石是以级配碎石作骨料,采用一定数量的胶凝材料和足够的灰浆体积填充骨料的空隙,按嵌挤原理摊铺压实。其压实度接近于密实度,强度主要靠碎石间的嵌挤锁结原理,同时有足够的灰浆体积来填充骨料的空隙。它的初期强度高,并且强度随龄期而增加,很快结成板体,因而具有较高的强度,抗渗度和抗冻性较好。水泥稳定碎石水泥用量一般为混合料的 3%~6%,7 d 无侧限抗压强度可达 5.0 MPa,较其他路基材料高。水泥稳定碎石成活后遇雨不泥泞,表面坚实,是理想的基层材料。

水泥稳定碎石均属中粒土,由于水泥稳定碎石中含有水泥等胶凝材料,因此要求整个施工过程要在水泥终凝前完成,并且一次达到质量标准,否则不易修整。施工中要求加强施工组织设计和计划治理,增加现场施工人员的紧迫感和责任感,加快施工进度,加大机械化施工程度,提高机械效率。水泥稳定碎石的施工方法也符合现代化大规模机械化发展的方向,因此水泥稳定碎石在市政工程中的应用会得到很快推广。水泥稳定碎石拌和站如图 3-11 所示,水泥稳定碎石混合料如图 3-12 所示。

图 3-11 水泥稳定碎石拌和站

图 3-12 水泥稳定碎石混合料

2. 材料要求

(1)水泥稳定碎石材料主要由粒料和灰浆体积组成。粒料为级配碎石,灰浆体积包括水和胶凝材料,胶凝材料由水泥和混合材料组成。

(2)水泥稳定碎石水泥。普通硅酸盐水泥、矿渣硅酸盐水泥和火山灰质硅酸盐水泥均可,但应选用终凝时间较长的水泥。快硬水泥、早强水泥以及已受潮变质的水泥不应使用。宜采用标号较低的水泥,水泥品质必须符合国家标准规定。

(3)水泥稳定碎石混合材料。混合材料分为活性和非活性两大类。活性材料是指粉煤灰等物质,可与水泥中析出的氧化钙作用。非活性材料是指不具有活性或活性甚低的人工或天然的矿物材料,对这类材料的品质要求是材料的细度符合要求,不含有害成分。

(4)水泥稳定碎石水质。通常适合于饮用的水,均可用于拌制和养护水泥稳定碎石。如对水质有疑问,要确定水中是否有对水泥强度发展有重大影响的物质时,需要进行试验。从水源中取水制成的水泥砂浆抗压强度与蒸馏水制成的水泥砂浆抗压强度比,低于 90% 者,此种水不宜用于水泥稳定碎石施工。

(5)水泥稳定碎石粗集料。碎石采用反击式、冲击式或圆锥式破碎机生产,二次破碎禁止采用鳄式破碎机生产,生产线必须安装除尘设备进行除尘。碎石加工厂振动筛网规格为 6 mm、11 mm、22 mm 和 41 mm。碎石技术指标要求,密度大于 2.6 t/m³,压碎值(%)小于 25%。

(6)水泥稳定碎石细集料。细集料应洁净、干燥、无风化、无杂质。细集料的洁净程度以砂当量表示。

四、二灰稳定碎石

1. 概述

二灰稳定碎石是通过无机结合料石灰、粉煤灰和级配碎石加一定的水分拌和,经碾压、养生后而产生强度的一种半刚性结构。

2. 材料要求

石灰粉煤灰稳定级配碎石混合料原材料的试验要求和设计步骤应严格执行《公路路面基层施工技术规范》(JTJ 034—2000),同时,除对各种混合料进行重型击实试验外,还应进行振动击实试验,进而确定各种混合料在不同试验方式下的最佳含水量和最大干密度。按振动击实试验确定振动成型试件的最佳含水量和计算所得的干密度,并按重型击实试验确定静压制备试件的最佳含水量和计算所得的干密度,以寻求静压成型试件室内 7 d 无侧限抗压强度与振动成型试件室内 7 d 无侧限抗压强度之间的相关系数。根据设计要求的强度标准,结合混合料振动成型试件的强度,选定合适的结合料剂量。路用的水泥、石子等材料必须经驻地办和总监办批准。未经批准的原材料不允许进场,更不准使用。

(1)水泥。选用终凝时间较长(宜在 6 h 以上)的水泥,且宜用 325♯ 矿渣硅酸盐水泥。快硬水泥、早强水泥以及受潮结块变质的水泥严禁使用。水泥品牌的选用应考虑其质量稳定性、生产数量、运距等各种因素。水泥每次进场前应有合格证书,每 200 t 应对水泥的凝结时间、标号进行抽检。

(2)石灰。石灰质量应符合 JTJ 034—2000 中表 4.2.2 规定的 Ⅲ 级以上的生石灰或消石灰的技术标准,灰块须充分消解,未消解的生石灰块必须剔除。石灰要分批进料,既不影响进度,又不过多存放,尽量缩短石灰从消解、过筛到使用的时间。如果存放时间稍长,应予覆盖,并采取封存措施,妥善保管。石灰应在使用前 7~10 d 充分消解且过筛,要求全部通过 1 cm 的筛孔,每吨生石灰消解用水量一般为 500~800 kg。消解后的石灰应保持一定的湿度,既不能过干飞扬,也不能过湿成团。消石灰在使用前 1 d 应检测 CaO 和 MgO 含量,以确保石灰质量满足规范要求。

(3)粉煤灰。粉煤灰中的 SiO_2、Al_2O_3 和 Fe_2O_3 总含量应大于 70%,烧失量不超过 20%,粉煤灰的比表面积宜大于 2500 cm^2/g。粉煤灰应集中堆放,施工过程中粉煤灰应保持一定的含水量(15%~20%),以免飞扬。对于凝结成块的粉煤灰,使用时应将灰块打碎,湿粉煤灰的含水量不宜超过 35%。

(4)碎石。单个颗粒的最大粒径不应超过 31.5 mm(方孔筛),一律采用规格料配制,不得使用 0~30 mm 的混合料。

集料应符合规范要求,其压碎值不大于 30%,软弱颗粒和针片状含量不超标,有机质含量不应超过 2%,硫酸盐含量不应超过 0.25%,不含山皮土等杂质,各种材料堆放整齐,界限清楚。

集料的级配应符合表 3-21 的要求,原则上级配应在中、下限之间,特别是 9.5 mm、4.75 mm、2.36 mm 的通过量可接近规范下限。

表 3-21 石灰粉煤灰稳定碎石级配范围

筛孔尺寸/mm	31.5	19	9.5	4.75	2.36	1.18	0.6	0.075
通过质量百分率/%	100	81~92.3	52~63.5	30~42	18~30	10~21.3	6~16.5	0~6

(5)水。凡人或牲畜的饮用水均可用于水泥稳定碎石的施工。

第四节 土工合成料

一、有纺土工织物

1. 产品分类与型号

(1)分类。有纺土工织物分为机织有纺土工织物和针织有纺土工织物两类。机织有纺土工织物是由 2 组或 2 组以上纱线、条带或其他线条状物体,通过垂直相交编织成的土工织物。针织有纺土工织物是由 1 根或多根纱线或其他成分弯曲成圈,并互相穿套成的土工织物。

(2)原材料名称代号,包括聚乙烯(PE)、聚丙烯(PP)、高密度聚乙烯(HDPE)、聚酯(PES)、无碱玻璃纤维(GE)、聚酰胺(PA)等。

(3)产品型号如图 3-13 所示。

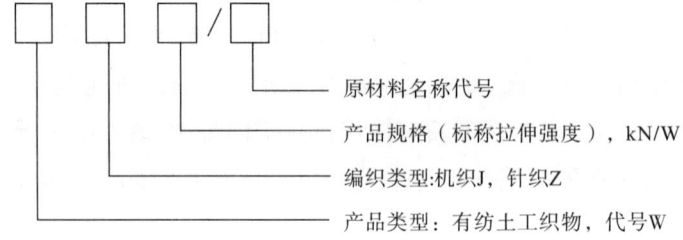

图 3-13 有纺土工织物产品型号

示例 1:拉伸强度为 35 kN 的聚丙烯机织有纺土工织物。型号表示为 WJ35/PP。

示例 2:拉伸强度为 50 kN 的聚乙烯针织有纺土工织物。型号表示为 WZ50/PE。

2. 外观质量

产品颜色应色泽均匀,无明显油污;产品无损伤、无破裂;外观质量符合表 3-22 的要求。

表 3-22　有纺土工织物外观质量要求

项目	要求
经、纬密度偏差	在 100 mm 内与公称密度相比不允许缺 2 根以上
断丝	在同一处不允许有 2 根以上的断丝。同一处断丝 2 根以内（包括 2 根），100 m² 内不超过 6 处
蛛丝	不允许有大于 50 mm² 的蛛网，100 m² 内不超过 3 个
布边不良	整卷不允许连续出现长度大于 2000 mm 的毛边、散边

成品尺寸：有纺土工织物每卷的纵向基本长度不允许小于 30 m，卷中不得有拼段。

3. 运输与储存

(1) 运输。在装卸运输过程中，不得抛摔，避免与尖锐物品混装运输，避免剧烈冲击。运输应有遮篷等防雨、防日晒措施。

(2) 储存。产品不得露天存放，应避免日光长期照射，并远离热源，距离应大于 15 m。产品自生产日期起，保存期为 12 个月。玻纤有纺土工织物应储存在无腐蚀气体、无粉尘和通风良好、干燥的室内。

二、土工网

1. 产品分类与型号

(1) 土工网的代号为 N，按结构形式分为四类。

①塑料平面土工网（NSP）。以高密度聚乙烯（HDPE）或其他高分子聚合物，加入一定的抗紫外线助剂等辅料，经挤出成型的平面网状结构制品。

②塑料三维土工网（NSS）。底面为一层或多层双向拉伸或挤出的平面网，表面为一层或多层非拉伸的挤出网，经点焊形成表面呈凹凸泡状的多层网状结构制品。

③经编平面土工网（NJP）。以无碱玻璃纤维或高强聚酯长丝经机织并经表面涂覆而成的平面网状结构制品。

④经编三维土工网（NJS）。以塑料长丝或可降解的纤维为原料经织造而成的三维土工网。

(2) 原材料名称代号，包括聚乙烯（PE）、聚丙烯（PP）、高密度聚乙烯（HDPE）、聚酯（PES）、无碱玻璃纤维（GE）、聚酰胺（PA）等。

(3) 产品型号如图 3-14 所示。

示例 1：拉伸强度为 10 kN/m，由一层平面网组成的塑料平面土工网，原材料为聚丙烯。表示为 NSP10(1)/PP。

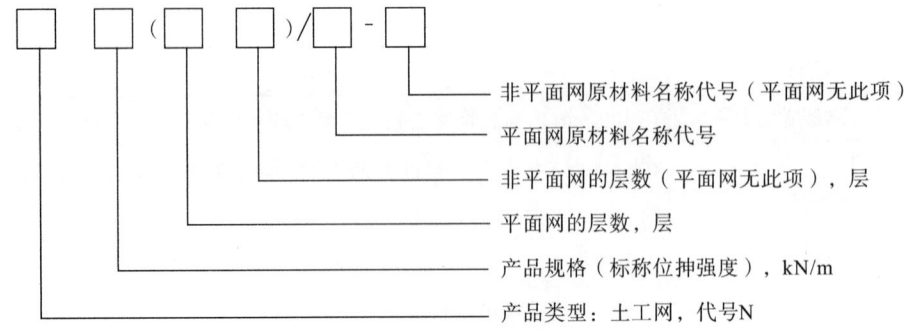

图 3-14 土工网产品型号

示例 2:拉伸强度为 4 kN/m,由二层平面网和一层平面网组成的塑料三维土工网,原材料为聚乙烯。表示为 NSS4(2-1)/PE-PE。

示例 3:纵向拉伸强度为 15 kN/m,由一层平面网组成的经编平面土工网,原材料为聚乙烯。表示为 NJP15(1)/PE。

示例 4:纵向拉伸强度为 4 kN/m,由一层平面网与另一层经编平面网中间用长丝连接组成的经编三维土工网,原材料为聚乙烯。表示为 NJS4(1-1)/PE-PE。

2. 外观质量

产品颜色应色泽均匀,无明显油污;产品无损伤、无破裂。

成品尺寸:有纺土工织物每卷的纵向基本长度不允许小于 30 m,卷中不得有拼段。土工网尺寸偏差见表 3-23。

表 3-23 土工网尺寸偏差

项目		尺寸偏差
土工网单位面积质量相对偏差/%	平面土工网	±8
	三维土工网	±10
土工网网孔中心最小净空尺寸/mm	平面土工网	≥4
	三维土工网	≥4
土工网厚度/mm	塑料三维土工网	≥10
	经编三维土工网	≥8
土工网宽度/m		≥1
土工网宽度偏差/mm		+60

3. 运输与储存

(1)运输。产品在装卸运输过程中,不得抛摔,避免与尖锐物品混装运输,避免剧烈冲击。运输应有遮篷等防雨、防日晒措施。

(2)储存。产品不得露天存放,应避免日光长期照射,并远离热源,距离应大于 15 m。暴露存放不得超过 3 个月。

三、土工模袋

1. 产品分类与型号

机织布土工模袋的代号为 FJ；针织布土工模袋的代号为 FZ。

产品型号如图 3-15 所示。

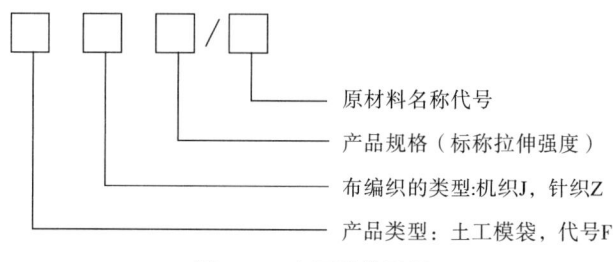

图 3-15　土工模袋型号

示例 1：机织土工模袋布拉伸强度为 60 kN/m 的聚丙烯土工模袋，表示为 FJ60/PP。

示例 2：针织土工模袋布拉伸强度为 50 kN/m 的聚乙烯土工模袋，表示为 FZ50/PE。

2. 外观质量

产品颜色应色泽均匀，无明显油污，无损伤、无破裂。土工模袋布外观质量见表 3-24。

表 3-24　土工模袋布外观质量

项目	要求
经、纬密度偏差	在 100 mm 内与公称密度相比不允许缺 2 根以上
断丝	在同一处不允许有 2 根以上的断丝，同一处断丝 2 根以内（包括 2 根），100 m² 内不超过 6 处
蛛丝	不允许大小 50 mm² 的蛛网，100 m² 内不超过 3 个
模袋边不良	整卷模袋不允许连续出现长度大于 2000 mm 的毛边、散边
接口缝制	不允许有断口和开口。若有断线，必须重合缝制，重合缝制搭接长度不小于 200 mm
布边抽缩和边缘不良	允许距土工模袋边缘 20 mm 内有布边抽缩和边缘不良现象

土工模袋产品规格见表 3-25。

表 3-25　土工模袋产品规格

项目	型号规格								
	FJ40	FJ50	FJ60	FJ70	FJ80	FJ100	FJ120	FJ150	FJ180
	FZ40	FZ50	FZ60	FZ70	FZ80	FZ100	FZ120	FZ150	FZ180
模袋布拉伸强度/(kN/m)	≥40	≥50	≥60	≥70	≥80	≥100	≥120	≥150	≥180

土工模袋尺寸偏差见表 3-26。

表 3-26 土工模袋尺寸偏差

单位面积质量相对偏差/%	±2.5
宽度/m	≥5
宽度偏差/%	+3

四、土工膜

1. 产品分类与型号

土工膜代号为 M。

土工膜型号表示方式如图 3-16 所示。

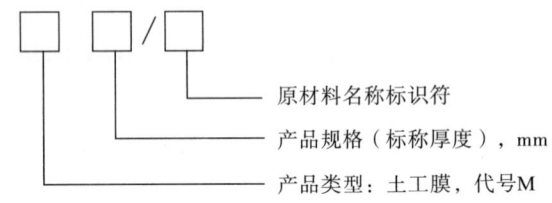

图 3-16 土工膜型号

示例 1：厚度为 0.5 mm 的聚丙烯土工膜，型号为 M0.5/PP。

示例 2：厚度为 1.5 mm 的聚乙烯土工膜，型号为 M1.5/PE。

2. 外观质量

产品颜色应色泽均匀，无明显油污；产品无损伤、无破裂、无气泡、不黏结、无孔洞，不应有接头、断头和永久性皱褶。土工膜外观质量要求见表 3-27。

表 3-27 土工膜外观质量要求

项目	要求
切口	平直，无明显锯齿现象
水云、云雾和机械划痕	不明显
杂质和僵块	直径 0.6~2.0 mm 的杂质和僵块，允许每平方米 20 个以内；直径 20 mm 以上的，不允许出现
卷端面错位	≤50 mm

土工膜产品规格见表 3-28。

表 3-28 土工膜产品规格

型号	M0.3	M0.4	M0.5	M0.6	M1	M1.5	M2	M2.5	M3
标称厚度/mm	0.3	0.4	0.5	0.6	1	1.5	2	2.5	3

土工膜尺寸偏差见表 3-29。

表 3-29　土工膜尺寸偏差

幅宽/m	≥3
幅宽偏差/%	+2.5
厚度偏差/%	+24

3. 运输与储存

(1)运输。土工膜在装卸运输过程中,不得抛摔,避免与尖锐物品混装运输,避免剧烈冲击。运输应有遮篷等防雨、防日晒措施。

(2)储存。产品不得露天存放,应避免日光长期照射,并远离热源,距离应大于 5 m。保存期自产品生产之日起不超过 12 个月。土工膜应包装完好,储存在无腐蚀气体、无粉尘和通风良好干燥的室内,堆码高度不超过 1.5 m。

五、土工格室

1. 产品分类、结构与型号

土工格室可分为塑料土工格室和增强土工格室两种类型。

单组土工格室的示意图如图 3-17 所示。

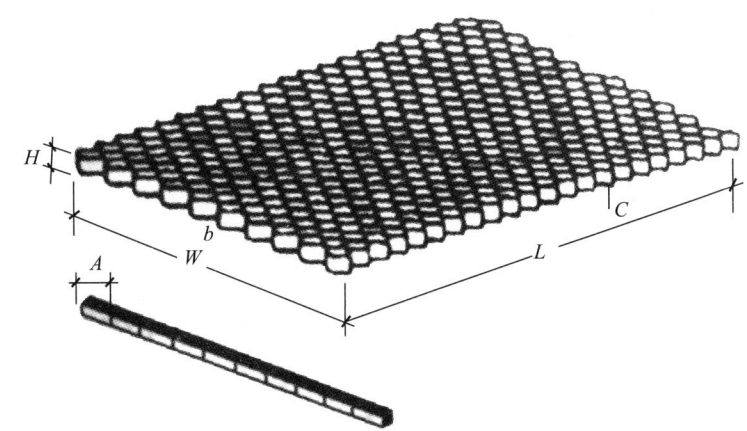

A——焊接距离；H——格室高度；C——格室间格室片的边缘连接处；L——单组格室展开后的长度；b——格室间格室片的中间连接处；W——单组格室展开后的宽度。

图 3-17　单组土工格室

塑料土工格室由长条形的塑料片材,通过超声波焊接等方法连接而成,展开后是蜂窝状的立体网格。长条片材的宽度即为格室的高度。格室未展开时,在同一条片材的同一侧,相邻两条焊缝之间的距离为焊接距离。

增强土工格室是在塑料片材中加入低伸长率的钢丝、玻璃纤维、碳纤维等筋材所组成的复合片材,通过插件或扣件等形式连接而成,展开后是蜂窝状的立体网格。格室未展开时,在同一条片材的同一侧,相邻两连接处之间的距离为连接距离。

土工格室产品型号如图3-18所示。

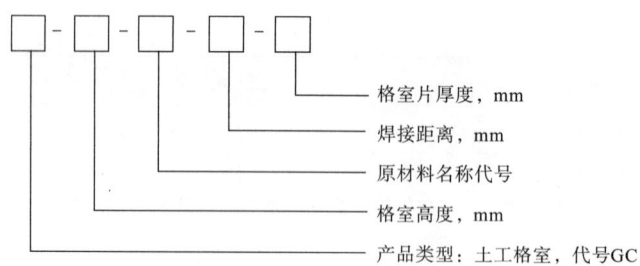

图3-18 土工格室产品型号

示例1：聚乙烯为主要材料，其格室高度为100 mm，焊接距离为340 mm，格室片厚度为1.2 mm；塑料土工格室型号：GC-100-PE-340-1.2。

示例2：钢丝为受力材料（裹覆聚乙烯），其格室高度为150 mm，焊接距离为400 mm，格室片厚度为1.5 mm；增强格室型号：GC-150-GSA-400-1.5。

2. 外观质量

塑料土工格室片为黑色或其他颜色聚乙烯塑料制成的片材，增强土工格室片是用黑色聚乙烯塑料裹覆筋材制成的片材，其外观应色泽均匀。塑料土工格室的表面应平整、无气泡。增强土工格室片不应有裂缝、损伤、穿孔、沟痕和露筋等缺陷。

3. 规格和尺寸偏差

土工格室的高度一般为50～300 mm。单组格室的展开面积应不小于4 m×5 m。格室片边缘接近焊接处的距离不大于100 mm。

塑料土工格室的尺寸偏差见表3-30。

表3-30 塑料土工格室尺寸偏差

格室高度 H		格室片厚度 T		焊接距离 A	
标称值	偏差	标称值	偏差	标称值	偏差
$H \leqslant 100$	±1	1.1	+0.3	340～800	±30
$100 < H \leqslant 200$	±2				
$200 < H \leqslant 300$	±2.5				

增强土工格室的尺寸偏差见表3-31。

表3-31 增强土工格室尺寸偏差

格室高度 H		格室片厚度 T		焊接距离 A	
标称值	偏差	标称值	偏差	标称值	偏差
100	±2	1.5	+0.3	400～800	±2
150					
200					
300					

4. 标志、运输及储存

(1)标志。产品出厂时,应附有产品质量检验合格证,并盖有质检专用章和检验员的章。合格证上应有下列标志:产品名称及注册商标、型号规格、产品标准号、检验员代号、厂名及厂址等。

(2)运输。土工格室为非危险品。在装卸和运输过程中不得重压,严禁使用铁钩等锐利工具装卸,避免划伤。运输时应有遮篷等措施,以防日晒雨淋。

(3)储存。土工格室产品应储存在库房内,远离热源,距离应不小于 5 m,并防止阳光直接照射。若在户外储存时,需用毡布盖上。严禁与化工腐蚀物品一起堆放。储存期自生产之日起,一般不超过 12 个月。

5. 与土工格栅的比较

(1)定义与用途。土工格栅是由聚丙烯、聚氯乙烯等高分子聚合物经热塑或模压而成的二维网格状或具有一定高度的三维立体网格屏栅。土工格栅具有强度大、承载力强、变形小、蠕变小、耐腐蚀、摩擦系数大、寿命长、施工方便快捷、周期短、成本低等特点,被广泛地用于公路、铁路、桥台、引道、码头、水坝、渣场等的软土地基加固、挡墙和路面抗裂工程等领域。

土工格室是目前国内外较为流行的一种新型的高强度土工合成材料,它是由强化的 HDPE 片材料,经高强力焊接而形成的一种三维网状格室结构;具有伸缩自如,运输可缩叠,施工时可张拉成网状,填入泥土、碎石、混凝土等松散物料,构成具有强大侧向限制和大刚度的结构体;具有材质轻、耐磨损、化学性能稳定、耐光氧老化、耐酸碱等特性。由于它具有较高的侧向限制和防滑、防变形、有效地增强路基的承载能力和分散荷载作用,目前被广泛地用于垫层、稳固铁路路基、稳固公路软地基处理,管道及下水道的支撑结构,防止滑坡及受载重力的混合式挡墙,沙漠、海滩和河床、河岸的治理等。

(2)共同点。二者都是高分子复合材料,并具有强度大、承载力强、变形小、蠕变小、耐腐蚀、摩擦系数大、寿命长、施工方便快捷的特点;都被用于公路、铁路、桥台、引道、码头、水坝、渣场等的软土地基加固、挡墙和路面抗裂工程等领域。

(3)不同点。形状结构:土工格室为三维网状格室结构,土工格栅为二维网格状或具有一定高度的三维立体网格屏栅结构;侧向限制和刚度:土工格室优于土工格栅;承载能力和分散荷载作用:土工格室优于土工格栅;防滑、防变形能力:土工格室优于土工格栅;工程的使用成本:土工格室略高于土工格栅。

六、塑料排水板(带)

1. 产品结构与分类

(1)结构。以薄型土工织物包裹不同材料制成的不同形状的芯材,组合成一种具有一定宽度的复合型排水产品。一般将宽度为 10 cm 的称为排水带,将宽度不小于 100 cm 的称为排水板。塑料排水板(带)的典型结构如图 3-19 所示。

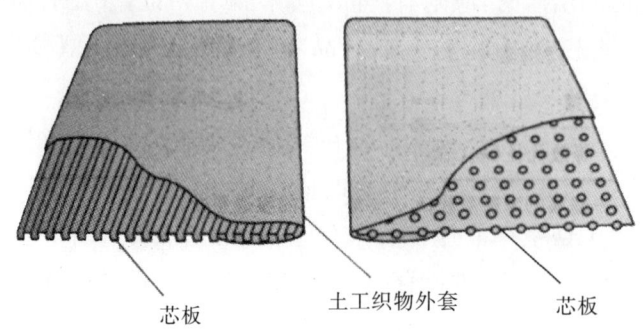

图 3-19　塑料排水板(带)

(2)塑料排水板(带)按打设软土地基深度可分为五类,见表 3-32。

表 3-32　塑料排水板(带)分类

类型	适用打设深度/m	类型	适用打设深度/m
A	10	B_0	25
A_0	15	C	35
B	20		

塑料排水板(带)按功能分为四类:双面反滤排水板(带),代号为 FF;单面反滤排水板(带),代号为 F;一面反滤排水,另一面隔离防渗排水板(带),代号为 FL;加筋反滤排水板(带),代号为 FI。

塑料排水板(带)型号的表示方法如图 3-20 所示。

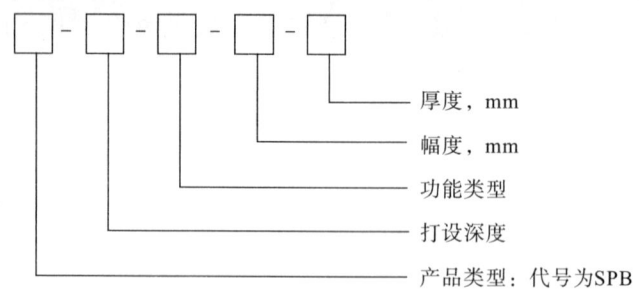

图 3-20　塑料排水板(带)型号

示例:打设深度小于 25 m 的软土地基,幅宽为 1000 mm、厚度为 10 mm 的单面反滤排水板(带)表示为 SPB-B-F-1000-10。

2. 外观质量

芯板用聚丙烯为原材料时,严禁使用再生料。槽型塑料排水板(带)板芯槽齿无倒伏现象,钉型排水板(带)板芯乳头圆滑不带刺。塑料排水板(带)板芯无接头,表面光滑、无空洞和气泡,齿槽应分布均匀。

塑料排水板(带)滤膜应符合下列规定:每卷滤膜接头不多于1个;接头搭接长度大于20 cm;滤膜应包紧板芯,包覆时用热合法或黏合法;当用黏合法时,黏合缝应连续,缝宽为 5 mm+1 mm。

3. 包装、运输与储存

(1)包装。塑料排水板(带)外包装应牢固,并确保在运输过程中不破损,不露板芯。对于存放时间较长的排水板(带),包装材料应具有防紫外线辐射能力。

(2)运输。塑料排水板(带)在运输过程中应轻放、轻卸,不能长期日晒雨淋。

(3)储存。塑料排水板(带)应储存在通风、干燥、温度适宜的仓库内,产品不应重压。严禁与化工腐蚀物品一起堆放。

第四章 桥涵工程物资

第一节 锚 具

一、概述

锚具是指预应力混凝土中所用的永久性锚固装置,是在后张法结构或构件中,为保持预应力筋的拉力并将其传递到混凝土内部的锚固工具,也称为预应力锚具。现行锚具标准主要有《公路桥梁预应力钢绞线用锚具、夹具和连接器》(JT/T 329—2010)和《铁路工程预应力筋用夹片式锚具、夹具和连接器》(TB/T 3193—2016),其中,铁路项目用锚具的生产厂家还需通过CRCC认证。

二、常用分类及规格型号

1. 锚具的常见体系分类

(1)圆柱体常规锚具。规格型号表示为 M15-N 或 M13-N;此锚具具有良好的锚固性能和放张自锚性能。张拉一般采用穿心式千斤顶。

(2)长方体扁锚。规格型号表示为 BM15-N 或 BM13-N(BM 为"扁锚"汉语拼音第一个字母,表示扁形锚具的意思);扁型锚具主要用于桥面横向预应力、空心板和低高度箱梁,使应力分布更加均匀合理,进一步减小结构厚度。

(3)握裹式锚具。(固定端锚具)规格型号表示为 M15P-N 或 M13P-N;适用于构件端部设计应力大或端部空间受到限制的情况,它是用挤压机将挤压套压结在钢绞线上的一种握裹式锚具,它预埋在混凝土内,按需要排布,混凝土凝固到设计强度后,再进行张拉。

2. 国内普遍采用的锚具规格

(1)M15-N 锚具。M 代表锚具("锚具"汉语拼音第一个字母);15 代表钢绞线的规格为 15.24(我国一般普遍使用的钢绞线强度为 1860 MPa 级的 15.24 钢绞线);N 是指所要穿载的钢绞线根数。

(2)M13-N 锚具。M 代表锚具("锚具"汉语拼音第一个字母);13 代表钢绞线的规格为 12.78(国外一般普遍使用的钢绞线强度为 1860 MPa 级的 13.78 钢绞线);N 是指所要穿载的钢绞线根数。

三、材料验收

(1)生产厂家有设计文件、产品合格文件,该类文件具有可追溯性。

(2)工具锚、工具夹片、限位板和工作锚由同一生产厂家制作;由厂家给出钢绞线直径为15.20 mm时的限位板的限位高度,钢绞线每增加0.1 mm时限位高度的具体参数详见表4-1;工具锚表面硬度不应小于25HRC,工具夹片应进行化学热处理,表面硬度不应小于81HRA。

表4-1 钢绞线直径与限位板的限位高度对应表

钢绞线直径/mm	15.00~15.10	15.11~15.20	15.21~15.30	15.31~15.40	15.41~15.50	15.51~15.60
限位高度/mm	7.2±0.1	7.6±0.1	8.0±0.1	8.4±0.1	8.8±0.1	9.2±0.1

(4)每批产品的数量是指同一类产品、同一批原材料、用同一种工艺一次投料生产的数量,每批不得超过2000套。

(5)检验规定。

①外观检验。外观检查抽取5%~10%,且不少于10套,锚板直径和厚度应满足表4-2的规定,锚垫板最小结构尺寸及最小质量应满足表4-3的规定,螺旋筋结构尺寸及允许偏差应满足表4-4的规定,锚板质量指标及检验要求见表4-5。

表4-2 锚板最小直径、厚度以及外孔边缘到锚板边缘最小距离

锚具孔数	锚板尺寸/mm			备注
	直径	厚度	外孔边缘到锚板边缘最小距离	
5	112.0(±0.5)	50.0(±0.5)	11.0(0~2.0)	
6	126.0(±0.5)	52.0(±0.5)	13.0(0~2.0)	
7	126.0(±0.5)	53.0(±0.5)	13.0(0~2.0)	
8	136.0(±0.5)	55.0(±0.5)	13.0(0~2.0)	
9	146.0(±0.5)	55.0(±0.5)	13.0(0~2.0)	
12	166.0(±0.5)	60.0(±0.5)	13.0(0~2.0)	

表4-3 锚垫板最小结构尺寸及最小质量

序号	锚板孔数	端板尺寸/mm	端板根部厚度/mm	高度/mm	上口直径/mm	下口直径/mm	壁厚/mm	质量/kg	备注
1	5孔	180×180	20(0~+3)	120(0~+5)	81(0~+2.5)	70(-2~0)	9(0~+2)	≥5.5	
2	6孔	195×195	20(0~+3)	130(0~+5)	91(0~+2.5)	75(-2~0)	10(0~+2)	≥7.1	
3	7孔	210×210	22(0~+3)	130(0~+7)	91(0~+2.5)	75(-2~0)	10(0~+2)	≥8.5	

续表

序号	锚板孔数	端板尺寸/mm	端板根部厚度/mm	高度/mm	上口直径/mm	下口直径/mm	壁厚/mm	质量/kg	备注
4	8孔	225×225	25 (0～+3)	140 (0～+7)	103 (0～+2.5)	85 (-2～0)	10 (0～+2)	≥9.5	
5	9孔	240×240	25 (0～+3)	155 (0～+7)	110 (0～+2.5)	90 (-2～0)	10 (0～+2)	≥10.9	
6	12孔	275×275	30 (0～+3)	255 (0～+7)	130 (0～+2.5)	95 (-2～0)	11 (0～+2)	≥17.5	

注：钢绞线在锚具口处的最大折角不大于4°，端面的平面度应不大于0.5 mm，端面应设有锚具对中凹口。下口直径为最大尺寸，其他为最小尺寸。

表4-4 螺旋筋结构尺寸及允许偏差

序号	锚板孔数	螺旋筋直径/mm	螺旋筋直径允许偏差/mm	螺距/mm	螺距允许偏差/mm	钢筋直径/mm	圈数	备注
1	5孔	215	±8.6	50	±5	12	≥4	
2	6孔	230	±9.2	50	±5	12	≥4	
3	7孔	250	±10	50	±5	12	≥4	
4	8孔	265	±10.6	55	±5.5	16	≥5	
5	9孔	275	±11	55	±5.5	16	≥5	
6	12孔	300	±12	55	±5.5	16	≥6	

②硬度检验。每批锚板抽查3%～5%，且不少于10套，夹片抽查3%～5%，每个试件测三点。

③锚固效率系数、极限总应变对选定供货厂家至少试验一次。

④锚垫板上口边缘、下口边缘及端板根部四周应无毛刺、断裂等。

表4-5 锚板质量指标及检验要求

序号	检验项目		指标	型式检验项目	进场检验项目频次
1	外观及外形尺寸		无裂纹、尺寸满足图纸要求	√	√
2	锚固效率系数		≥0.95	√	√
3	锚板强度		预应力筋95% f_{ptk} 释放荷载，挠度残余变形≤1/600；预应力筋1.2倍 f_{ptk} 时，锚板不得有可见的裂纹或破坏	√ 任何新选厂家	√ 每批不大于2000套同厂家、同品种、同规格、同批号锚具做一次常规检验
4	极限拉力总应变		≥2.0	√	√
5	硬度	工作夹片HRA	79～84	√	√
6		工作锚板HRC	20～32	√	√
7	锚口摩阻+喇叭口摩阻		≤6%	√	

抽验中有一件或一项不合格时,在该批中再抽取双倍数量检验。如全部合格,则该批产品合格;如有一件或一项不合格,则该批产品不合格。

锚板、夹具的检验项目及频次必须符合表 4-6 的规定。

表 4-6 锚板、夹具的检验项目及频次

序号	检验项目	抽验项目频次		全面检验项目
1	外观及外形尺寸	√		√
2	锚固效率系数	√		√
3	极限拉力总应变	√	同一类产品、同一批原材料、用同一种工艺一次投料生产的数量,每批不得超过 2000 套	√
4	硬度	√		√
5	锚口摩阻			√
6	喇叭口摩阻			√
7	锚板强度			√

四、保管与储存要求

(1)锚具的运输、存放均应防尘、防水,避免锈蚀、沾污和遭受机械损伤,不应露天存放。

(2)锚具建立严格的入库检验、登记、保管、领用和发放制度。锚具配套齐全与之相应的锚垫板、夹片、锚板和螺旋筋。锚具、夹具等在库房存放时,必须采用塑料薄膜对摆放的锚具、夹具进行覆盖。

第二节 预应力波纹管

一、概述

桥梁预应力波纹管主要应用于后张预应力水泥结构、拉杆的成孔,拥有密封性好、无渗水漏浆、环刚度高、摩擦参数小、耐老化、抗电侵蚀、柔弹力好、不易被捣棒凿破和新式的连接方式使施工连接更方便等优点,应用于公路、铁路、桥梁、斜坡、高层建筑等大跨度张拉工程建设中(依据 JG 225—2007)。

图 4-1 桥梁预应力波纹管

二、常用分类及规格型号

预应力波纹管主要分为金属波纹管和塑料波纹管。金属波纹管主要有两种，一种是黑色的钢带，一种是镀锌的钢带。

预应力混凝土用金属波纹管按径向刚度分为标准型和增强型；按截面形状分为圆形和扁形；也可按每两个相邻折叠咬口之间凸起波纹的数量分为多波或双波。

预应力混凝土用金属波纹管的标记由代号、内径尺寸及径向刚度类别三部分组成。金属波纹管代号为 JBG；金属波纹管内径尺寸(mm)，圆波纹管以直径表示，扁波纹管以长轴尺寸 b×短轴尺寸 h 表示；金属波纹管径向刚度类别标准型波纹管代号为 B，增强型波纹管代号为 Z。

示例1：内径为 70 mm 标准型圆波纹管标记为 JBG-70B。

示例2：内径为 70 mm 增强型圆波纹管标记为 JBG-70Z。

示例3：长轴为 65 mm，短轴为 20 mm 的标准型扁波纹管标记为：JBG-65×20B。

示例4：长轴为 65 mm，短轴为 20 mm 的增强型扁波纹管标记为：JBG-65×20Z。

三、材料检验

(1)检验批。预应力混凝土用金属波纹管按批进行检验，每批应由同一批钢带生产厂生产的同一批钢带所制造的预应力混凝土用金属波纹管组成。每半年或 50000 m 生产量为一批，取产量最多的规格。

(2)外观验收。外观要求用肉眼观察。

(3)尺寸检查。内外径尺寸、波纹高度用游标卡尺测量；钢带厚度用螺旋千分尺测量，长度用钢卷尺测量。

(4)试验内容。

①刚性试验。抗集中载荷 0.75 kN 或均布载荷 1.5 kN 时，径向变形≤$0.1d$。

②抗渗试验。灌水或水灰比为0.5的水泥浆,30 min 无漏水、漏浆。

③抗拉实验。轴向拉力5 kN 管壁无损坏。

④抗拔实验。埋设在混凝土中抗拔力为地脚螺栓设计抗拔力的2.3倍以上。

⑤抗弯实验。弯曲度为曲率半径的$30d$时,无漏水、漏浆。

四、保管与储存要求

(1)金属波纹管端部毛刺极易伤手,搬运时宜戴手套防护。

(2)金属波纹管搬运时应轻拿轻放,不得投掷、抛甩或在地上拖拉;吊装工艺应确保金属波纹管不受损伤。

(3)金属波纹管装车时,车底应平整,上部不得堆放重物,端部不宜伸出车外,装车完毕后应用绳索缚牢,并用苫布遮严。

(4)金属波纹管在仓库内长期保管时,仓库应保持干燥,且应有防潮、通风措施。

(5)金属波纹管在室外的时间不宜过长,不得长时间堆放在地上,应堆放在枕木上,并用苫布等覆盖,防止雨露影响。

(6)金属波纹管的堆放不宜超过3 m。

第三节 橡胶抽拔管

一、概述

橡胶抽拔管是一种用于混凝土构件小直径成孔的新型芯模,它主要为桥梁上形成较小预应力孔而设计,也可用于其他建筑行业混凝土的成孔。它是利用其高强度、高弹性和橡胶体积不可压缩性能,在管体轴向受力时,会轴向伸长,径向自然弯细。抽拔有力,施工方便,可反复使用,寿命长,表面光滑,平整度好,预留孔孔壁光滑,且抽拔时不受混凝土凝固时间的限制,经济效益显而易见。橡胶抽拔管的最大特点是能降低工程成本,可反复使用100～200次,经济合算,与金属波纹管和塑料波纹管相比,可大大降低施工成本。

二、材料验收

(1)预制梁纵向预应力预留管道采用橡胶抽拔管成孔。橡胶抽拔管的生产厂家须提供产品合格证。

(2)纵向预应力筋预留管道均采用橡胶抽拔管成孔。跨度31.5 m/23.5 m/19.5 m双线箱梁(直、曲)采用$\phi70(0\sim+4\ \text{mm})$、$\phi80(0\sim+4\ \text{mm})$、$\phi90(0\sim$

+4 mm)的橡胶管,纵向预应力孔道橡胶抽拔管每根长度分别为 18 m、14 m 和 12 m,具体使用部位见表 4-7。橡胶抽拔管技术性能必须符合《高速铁路预制后张法预应力混凝土简支梁》(TB/T 3432—2016)、《硫化橡胶或热塑性橡胶拉伸应力应变性能的测定》(GB/T 528—2009)及《硫化橡胶或热塑性橡胶压入硬度试验方法 第 1 部分:邵氏硬度计法(邵尔硬度)》(GB/T 531.1—2008)的规定。其检验项目、质量要求和检验频次见表 4-7。

表 4-7 橡胶抽拔管使用部位统计表

序号	全长/m	跨度/m	线型	橡胶抽拔管				备注
				型号/mm	长度/m	数量/根	使用孔道	
1	32.6	31.5	直线	80	18	54	N1a/2N1b/2N2a/2N2b/2N2c/2N2d/2N3/2N4/2N5/2N6/2N7/2N8/2N9/2N10	
2			曲线	80	18	48	2N2a/2N2b/2N2c/2N2d/2N3/2N4/2N5/2N6/2N7/2N8/2N9/2N10	
3				90	18	6	N1a/2N1b	
4	24.6	23.5	直线	70	14	36	2N2a/2N2b/2N2c/2N3/2N4/2N5/2N6/2N7/2N8	
5				80	14	4	2N1	
6			曲线	70	14	36	2N2a/2N2b/2N2c/2N3/2N4/2N5/2N6/2N7/2N8	
7				80	14	4	2N1	
8	20.6	19.5	曲线	55	12	2	N1a	
9				70	12	44	2N1b/2N2a/2N2b/2N2c/2N2d/2N3/2N4/2N5/2N6/2N7/2N8	

(3)根据抽拔管直径与喇叭口直径差,同时为了防止漏浆,制作直径为 ϕ95 mm、ϕ85 mm、ϕ75 mm 的橡胶止浆套,橡胶止浆套的材质、锚穴口橡胶圈的材质要与橡胶抽拔管的材质一致。

表 4-8　橡胶抽拔管质量指标及检验要求

序号	检验项目	指标	全面检验项目
1	外观	无表面裂口、表面热胶粒、胶层海绵。胶层气泡、表面杂质痕迹长度不大于 3 mm，深度不应大于 1.5 mm，且每米不多于一处	√
2	外径偏差	0～+4 mm	√
3	硬度（邵氏 A 型）	65±5	√
4	拉伸强度/MPa	≥12	√
5	扯断伸长率/%	≥350	√
6	300%定伸强度/MPa	≥6	√
7	不圆率	<20%	√

备注：任何新选货源

第四节　桥梁支座

一、概述

桥梁支座是连接桥梁上部结构和下部结构的重要结构部件，位于桥梁和垫石之间，它能将桥梁上部结构承受的荷载和变形（位移和角转）可靠地传递给桥梁下部结构，是桥梁的重要传力装置，如图 4-2 所示。

铁路桥梁盆式橡胶支座简称为 TPZB 盆式支座。它是为满足现行铁路运行标准设计的混凝土、预应力混凝土梁（分片梁、整孔梁、槽形梁和下承式梁）而设计的标准桥梁支座，属于非地震区支座，可用于直线、平坡、曲线及坡道的线路上。该支座螺栓孔的直径、间距与标准设计梁一致，以便与铸钢支座互换使用，适用于八度地震以下（含八度）和柔性桥墩的铁路桥梁。

图 4-2　桥梁支座

二、常用分类及规格型号

1. 分类

桥梁支座有固定支座和活动支座两种。桥梁工程常用的支座形式包括油毛毡或平板支座、板式橡胶支座、球型支座、钢支座和特殊支座等。

TPZB 盆式支座分为固定式和活动式两种。两种支座的总高度相等，TPZB 为标准设计的支座型，适用于竖向承载力为 1500～2500 kN，位移量（伸缩量）为 30～250 mm 的铁路混凝土桥梁。为现行 20～40 m 标准梁设计的支座型号为 TPZB′，竖向承载力为 2000 kN、2500 kN 和 3000 kN。

常温型支座适用于−25～60 ℃；耐寒型支座适用于−40～60 ℃，代号为 F。支座竖向转角不小于 40′。支座可承受的水平力：GD 支座所承受的水平力和 ZX 纵向活动支座横桥向所承受的水平力不小于竖向承载力的 10%，GD-Z 固定支座所承受的水平力不小于竖向承载力的 20%。支座的活动摩擦系数 μ：聚四氟乙烯滑板 $\mu \leqslant 0.05$；聚四氟乙烯滑板加 5201 硅脂润滑常温型 $\mu \leqslant 0.03$，耐寒型 $\mu \leqslant 0.05$。

2. 规格

支座竖向设计承载力分为 31 级：1000 kN、1500 kN、2000 kN、2500 kN、3000 kN、3500 kN、4000 kN、4500 kN、5000 kN、5500 kN、6000 kN、7000 kN、8000 kN、9000 kN、10000 kN、12500 kN、15000 kN、17500 kN、20000 kN、22500 kN、25000 kN、27500 kN、30000 kN、32500 kN、35000 kN、37500 kN、40000 kN、45000 kN、50000 kN、55000 kN 和 60000 kN。

(1)多向和纵向活动支座顺桥向设计位移分为 6 级：±30 mm、±50 mm、±100 mm、±150 mm、±200 mm 和±250 mm。

(2)多向和横向活动支座横桥向设计位移分为 4 级：±10 mm、±20 mm、±30 mm 和±40 mm。

(3)支座的最大调高量分为 3 级：20 mm、40 mm 和 60 mm。

(4)当有特殊要求时，设计位移和最大调高量可根据需要调整。

3. 结构形式

(1)多向活动支座及两侧导向的纵（横）向活动支座主要由上支座板（含不锈钢板）、滑板、铜密封圈、中间钢衬板、橡胶承压板、橡胶密封圈、下支座板、锚栓（螺栓、套筒及螺杆）和防尘围板组成。

(2)中间导向的纵（横）向活动支座主要由上支座板（含不锈钢板）、滑板、铜密封圈、中间钢衬板、橡胶承压板、橡胶密封圈、下支座板、中间导向块、锚栓（螺栓、套筒及螺杆）和防尘围板组成。

(3)固定支座主要由上支座板、铜密封圈、橡胶承压板、橡胶密封圈、下支座板、锚栓（螺栓、套筒及螺杆）和防尘围板组成。

(4)垫板式调高支座和填充式调高支座除具有上述基本构成外，垫板式调高支座还包含顶面的调高垫板，填充式调高支座下支座板还具有填充通道及丝堵。

三、材料检验

1. 材料

(1)橡胶。

①硬度测定应按 GB/T 6031—2007 的规定进行。

②拉伸强度和拉断伸长率的测定应按 GB/T 528—2009 中 1 型试样的规定进行。

③脆性温度试验应按 GB/T 1682—2014 的规定进行。

④恒定压缩永久变形测定应按 GB/T 7759.1—2015 中 A 型试样的规定进行。

⑤耐臭氧老化试验应按 GB/T 7762—2014 的规定进行。

⑥热空气老化试验应按 GB/T 3512—2014 的规定执行。

(2)滑板。

①密度测定应按 GB/T 1033.1—2008 的规定进行。

②拉伸强度和断裂拉伸应变的测定应按 GB/T 1040.3—2006 的规定进行,采用 5 型试样,厚度为 2±0.2 mm,试验拉伸速度为 50 mm/min。拉伸弹性模量的测定应按 GB/T 1040.1—2006 的规定进行,试样与拉伸强度和断裂拉伸应变测定的试样相同,试验速度为 1 mm/min。

③球压痕硬度的测定应按 GB/T 3398.1—2008 的规定进行。

④初始静摩擦系数和线磨耗率的测定应按 TB/T 2331—2013 附录 A 的规定进行。

⑤粘接剥离强度的测定应按 GB/T 7760—2003 的规定进行。

(3)硅脂。5201-2 硅脂的物理性能测定应按 HG/T 2502—1993 的规定进行。

(4)SF-1B 三层复合板。SF-1B 三层复合板层间结合牢度、压缩永久变形和初始静摩擦系数的测定应按 TB/T 2331—2013 附录 B 的规定进行。

2. 成品支座

(1)一般要求。成品支座应进行竖向承载力试验、摩擦系数试验、转动性能试验及解剖检验,填充式调高支座还应进行密封性试验。对于具有特殊设计要求的支座,还可进行成品支座转动磨耗试验。

(2)试样。成品支座的竖向承载力、摩擦系数、转动性能试验及填充式调高支座的密封性试验一般应采用实体支座进行。当受试验设备能力限制时,可选用有代表性的小型支座进行试验,小型支座的竖向设计承载力不宜小于 5000 kN。

(3)检验方法。

①竖向承载力试验应按 TB/T 2331—2013 附录 C 的规定进行。

②摩擦系数试验应按 TB/T 2331—2013 附录 D 的规定进行。

③转动性能试验应按 TB/T 2331—2013 附录 E 的规定进行。

④转动磨耗试验应按 TB/T 2331—2013 附录 F 规定进行。

⑤填充式调高支座密封性试验应按 TB/T 2331—2013 附录 G 的规定进行。

3. 检验规则

(1)检验分类。支座的检验分原材料进厂检验、产品出厂检验和型式检验三类。

①原材料进厂检验为支座加工用的原材料及外加工件进厂时进行的验收检验。

②产品出厂检验为支座出厂时生产厂对每批生产支座交货前进行的检验。

③型式检验应由有相应资质的质量检测机构进行。有下列情况之一时,应进行型式检验:新产品定型生产时;结构、材料、工艺等有重大改变,可能影响产品性能时;正常生产每 2 年时;产品停产 2 年后,恢复生产时;出厂检验结果与上次型式检验有较大差异时。

(2)检验项目。

①支座原材料进厂检验应符合 TB/T 2331—2013 的规定。

②产品出厂检验项目和检验频次应符合 TB/T 2331—2013 的规定。

③支座型式检验应符合 TB/T 2331—2013 的规定。

④产品出厂检验中成品支座检验,应在厂家成品库或运至现场的产品中随机取样。

⑤橡胶承压板的解剖检验。在厂家成品库或运至现场的产品中任取一块橡胶板,解剖胶料并磨成标准试片,测定其拉伸强度和拉断伸长率。

⑥滑板的解剖检验。在厂家成品库或运至现场的产品中任取一块滑板,解剖滑板并磨成标准试片,测定其密度、拉伸强度、断裂拉伸应变和球压痕硬度,检验结果应满足技术要求。

(3)检验结果的判定。

①原材料进厂检验项目全部合格方可使用,不合格部件不应使用。

②产品出厂检验中成品解剖检验、成品支座力学性能检验的试样应为原材料进厂检验和出厂部件检验合格者。检验项目全部合格,则该批次产品为合格。当检验项目中有不合格项,应取双倍试样进行复检,复检后仍有不合格项,则该批次产品为不合格。

③型式检验采用随机抽样检验的方式进行,抽样对象为原材料进厂检验和出厂部件检验合格者,且为在本评定周期内生产的产品。型式检验项目全部合格,则该次检验为合格。当检验项目中有不合格项,应取双倍试样进行复检,复检后仍有不合格项,则该次检验为不合格。

四、保管与储存要求

1. 标志

每个支座应有永久性标牌,其内容应包括产品名称、规格型号、主要技术指标

（竖向设计承载力、支座分类代号、纵横向位移量、设计水平荷载、顶面坡度和温度适用类型）、生产厂名、出厂编号和生产日期。在支座本体的明显位置标明支座的规格型号、坡度方向和位移方向，支座上下支座板四周侧面应有永久性的中线标识。

2. 包装

每个支座均应包装牢固。包装时应注明项目名称、产品名称、规格型号、出厂日期、外形尺寸和质量，并附有产品合格证、使用说明书及装箱单。支座使用说明书应包括支座简图、支座安装注意事项、支座相接部位混凝土等级要求，以及支座安装养护细则。

3. 储存和运输

支座在储存、运输中，应避免阳光直接照射、雨雪浸淋，并保持清洁。不应与酸、碱、油类及有机溶剂等影响支座质量的物质相接触，不应任意拆卸，并距离热源 1 m 以上。

第五节　桥梁伸缩缝

一、概述

桥梁伸缩缝是指为满足桥面变形的要求，通常在两梁端之间、梁端与桥台之间或桥梁的铰接位置上设置的伸缩缝，如图 4-3 所示。要求伸缩缝在平行、垂直于桥梁轴线的两个方向均能自由伸缩，牢固可靠，车辆驶过时应平顺、无突跳与噪声；要能防止雨水和垃圾泥土渗入阻塞；安装、检查、养护和消除污物都要简易方便。在设置伸缩缝处，栏杆与桥面铺装都要断开。

桥梁伸缩缝的作用在于调节由车辆荷载和桥梁建筑材料所引起的上部结构之间的位移和联结。

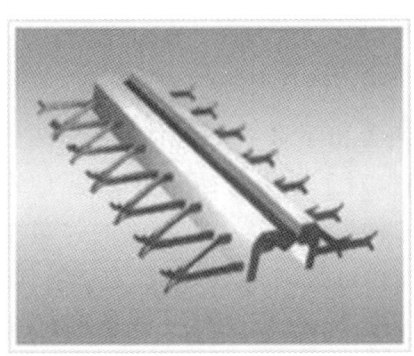

图 4-3　桥梁伸缩缝装置

二、常用分类及规格型号

桥梁伸缩缝一般有对接式、钢制支承式、组合剪切式(板式)、模数支承式以及弹塑体伸缩缝装置。

1. 对接式

对接式伸缩缝装置根据其构造形式和受力特点的不同,可分为填塞对接型和嵌固对接型两种。填塞对接型伸缩缝装置是以沥青、木板、麻絮、橡胶等材料填塞缝隙,伸缩体在任何情况下都处于受压状态。该类伸缩缝装置一般用于伸缩量在 40 mm 以下的常规桥梁工程上,但已不多见。嵌固对接型伸缩缝装置利用不同形态的钢构件将不同形状的橡胶条(带)嵌牢固定,并以橡胶条(带)的拉压变形来吸收梁体的变形,其伸缩体可以处于受压状态,也可以处于受拉状态。

2. 钢制支承式

当桥梁的伸缩变形量超过 50 mm 时,常采用钢质伸缩缝装置。当车辆驶过时,该伸缩缝装置往往由于梁端转动或挠曲变形而产生拍击作用,噪声大,而且容易使结构损坏。因此,需采用设有螺栓弹簧的装置来固定滑动钢板,以减少拍击和噪声,该伸缩缝装置的构造相对复杂。

3. 组合剪切式

该装置是利用各种不同断面形状的橡胶带作为填嵌材料的伸缩缝装置。由于橡胶富有弹性,易于粘贴,又能满足变形要求,且具备防水功能,因此在国内外桥梁工程中已获得广泛应用。

4. 模数支承式

板式橡胶制品类伸缩缝装置很难满足大位移量的要求;钢制型伸缩缝装置很难做到密封不透水,而且容易造成对车辆的冲击,影响车辆的行驶性。因此,出现了利用吸震缓冲性能好又容易做到密封的橡胶材料,与强度高、性能好的异型钢材组合的,在大位移量情况下能承受车辆荷载的各类型模数支承式(模数式)桥梁伸缩缝装置。

5. 弹塑体伸缩缝装置

弹塑体伸缩缝装置分为锌铁皮伸缩缝装置和 TST 碎石弹性伸缩缝装置。弹塑体伸缩缝装置是一种简易的伸缩缝装置,对于中小跨径的桥梁,当伸缩量在 20~40 mm 以内时可以采用 TST 碎石弹性伸缩缝装置。将特制的弹塑性材料 TST 加热熔化后,灌入经过清洗加热的碎石中,即形成了 TST 碎石弹性伸缩缝,碎石用以支持车辆荷载,TST 弹塑体在 -25~60 ℃条件下能够满足伸缩量的要求。

伸缩缝装置按照性能及安装方法可以分为 GQF-C 型、GQF-Z 型、GQF-L 型、

GQF-F 型和 GQF-MZL 型。其中 GQF-MZL 型数模式桥梁伸缩缝装置是采用热轧整体成型的异型钢材设计的桥梁伸缩缝装置。GQF-C 型、GQF-Z 型、GQF-L 型、GQF-F 型伸缩缝装置适用于伸缩量在 80 mm 以下的的桥梁接缝，GQF-MZL 型伸缩缝装置是由边梁、中梁、横梁和连动机构组成的模数式桥梁伸缩缝装置，适用于伸缩量为 80～1200 mm 的大中跨度桥梁接缝。

公路桥梁伸缩缝装置分为模数式桥梁伸缩缝装置、KS 伸缩缝装置以及 TST 弹塑体伸缩缝装置。

三、保管与储存要求

按照设计图纸提出的不同型号、长度、密封橡胶件的类型及安装时的宽度等要求进行伸缩缝装置的购置和装配，不同牌号和型号的伸缩缝装置均由专门的生产厂家成套供应。伸缩缝装置预先在生产厂家组装好，由专门的设备包装后运送至工地。装配好的伸缩缝装置在出厂前，生产厂家按图纸要求的安装尺寸用夹具固定，以便保持图纸需要的宽度并分别标出重量和吊点位置。若组合式伸缩缝装置过长，受运输长度限制或其他原因影响时，经监理工程师批准，在工厂试组装后，可以分段组装运输，但模数式伸缩缝装置必须在工厂组装。用于该分项工程的伸缩缝材料均按计划进场，伸缩缝装置运到工地存放时，均垫设高度距地面至少 30 cm 并用彩条布覆盖好，确保其不受损坏，满足开工的要求。

第六节　预应力混凝土管桩

一、概述

采用离心和预应力工艺成型的圆环形截面的预应力混凝土桩，简称管桩。20 世纪 80 年代后期，宁波浙东水泥制品有限公司与有关科研院所合作，针对我国沿海地区淤泥软弱地质的特点，通过对 PC 管桩的改造，开发了先张法预应力混凝土薄壁管桩（简称 PTC 管桩）。随着改革开放和经济建设的发展，先张法预应力混凝土管桩开始大量应用于铁道系统，并扩大到工业与民用建筑、市政、冶金、港口、公路等领域。在长江三角洲和珠江三角洲地区，由于地质条件适合管桩的使用特点，管桩的需求量猛增，从而迅速形成一个新兴的行业。

二、常用分类及规格型号

管桩按外径可分为 300 mm、350 mm、400 mm、450 mm、500 mm、550 mm、600 mm、700 mm、800 mm、1000 mm、1200 mm、1400 mm 等。

管桩按使用领域可分为桩基基础用管桩、地基处理用管桩、基坑支护用管桩等。

管桩按桩身混凝土强度等级及主筋配筋形式,可分为预应力高强度混凝土管桩、混合配筋管桩和预应力混凝土管桩。桩身混凝土强度等级为C80的管桩为高强混凝土管桩(简称PHC管桩);桩身混凝土强度等级为C60的管桩为混凝土管桩(简称PC管桩);主筋配筋形式为预应力钢棒和普通钢筋组合布置的高强混凝土管桩为混合配筋管桩(简称PRC管桩)。

预应力高强混凝土管桩按有效预应力值大小可分为A型、AB型、B型和C型,其对应混凝土有效预应力值宜分别为4 MPa、6 MPa、8 MPa和10 MPa。

管桩按养护工艺可分为高压蒸汽养护管桩和常压蒸汽养护管桩。

三、材料检验

管桩质量检查和检测宜按单位工程进行抽检,当工程规模大、施工方法不同或使用不同生产厂家的管桩时,可将单位工程划分为若干个检验批,并按检验批进行抽检。

监理人员和施工单位应对运到现场的管桩成品质量进行下列内容的检查和检测。

(1)应按照设计图纸要求,根据产品合格证、运货单位及管桩外壁的标志,对管桩的规格和型号进行逐条检查。当施工工艺对龄期有要求时,应检查龄期,管桩的龄期应满足施工工艺要求。

(2)应对管桩的尺寸偏差和外观质量进行抽检。抽查数量不应少于管桩桩节总数的2%,管桩的尺寸偏差和外观质量应符合现行国家标准《先张法预应力混凝土管桩》(GB/T 13476—2009)的有关规定。同一检验批中,当抽检结果出现一节管桩不符合质量要求时,应加倍检查,再发现有不合格的管桩时,该检验批的管桩不准使用。

(3)应对管桩端板几何尺寸进行抽检。抽查数量不应少于管桩桩节总数的2%。检测结果应符合现行行业标准《先张法预应力混凝土管桩用端板》(JC/T 947—2005)的有关规定,材质应采用Q235B,凡端板厚度或电焊坡口尺寸不合格的桩,不得使用。端板最小厚度见表4-9。

表4-9 端板最小厚度

钢棒直径/mm	7.1	9.0	10.7	12.6
端板最小厚度/mm	16	18	20	24

(4)应对管桩的预应力钢棒数量和直径、螺旋筋直径和间距、螺旋筋加密区的长度以及钢筋混凝土保护层厚度进行抽检。螺旋筋直径应符合表 4-10 的规定。每个检验批抽检桩节数不应少于 2 根,检测结果应符合设计要求或现行国家标准《先张法预应力混凝土管桩》(GB/T 13476—2009)的有关规定。同一检验批中,当抽检结果出现一节管桩不符合质量要求时,应加倍检查,再发现有不合格的管桩时,该检验批的管桩不准使用。

表 4-10　螺旋筋直径

管桩外径 D/mm	管桩型号	螺旋筋直径/mm	管桩外径 D/mm	管桩型号	螺旋筋直径/mm
300～400	A、AB、B、C	4	1000～1200	A、AB、B	6
500～600	A、AB、B、C	5		C	8
700	A、AB、B、C	6	1300～1400	A、AB	7
800	A、AB、B、C	6		B、C	8

四、保管与储存要求

管桩的现场堆放应符合下列规定:

(1)堆放场地应平整、坚实,排水条件良好。

(2)堆放时应采取支垫措施,支垫材料宜选取长方木或枕木,不得使用有棱角的金属构件。

(3)应按不同规格、类型、型号、壁厚、长度及施工流水顺序分类堆放。

(4)当场地条件许可时,宜单层或双层堆放;叠层堆放及运输过程堆叠时,堆放层数不宜超过表 4-11 的规定,堆叠的层数还应满足地基承载力的要求。

表 4-11　管桩堆放层数

外径 D/mm	300～400	500～600	700～1000	1200	1300～1400
堆放层数	9	7	5(4)	4(3)	3(2)

注:管桩及拼接桩长度超过 15m 时采用括号内的数字。

(5)叠层堆放时,应在垂直于桩身长度方向的地面上设置两道垫木,垫木支点宜分别位于距桩端 0.21 倍桩长处;采用多支点堆放时上下叠层支点不应错位,两支点间不得有突出地面的石块等硬物;管桩堆放时,底层最外缘桩的垫木处应用木楔塞紧。

第五章 隧道工程物资

第一节 矿山法隧道物资

一、概述

矿山法隧道常用物资有中空锚杆、速凝剂、无缝钢管、工字钢及防水材料,速凝剂主要用于喷射混凝土,相关内容详见第二章,无缝钢管一般用于小导管注浆,工字钢一般用于初期支护,相关内容详见第一章。本节以铁路隧道为例,主要介绍中空锚杆、防水材料及火工品等矿山法隧道常用物资。

二、中空锚杆

1. 简介

组合式中空注浆锚杆是由中空锚杆体、钢筋、连接套、垫板、螺母、止浆塞、锚头、排气管等组成的锚杆,如图 5-1 所示。它是空心锚杆的一种,适用于铁路、公路、隧道、矿山、水利枢纽、边坡、堤坝、桥基、江海湖河边、高层建筑基础及建筑物加固等工程。良好的围岩永久性支护以及公路、铁路、隧道的超前支护、边坡支护、基坑支护等工程,通过中空锚杆体的压力注浆,可固结破碎岩体,改良岩体,隔断地下水及杆体防腐,从而达到良好的支护目的。

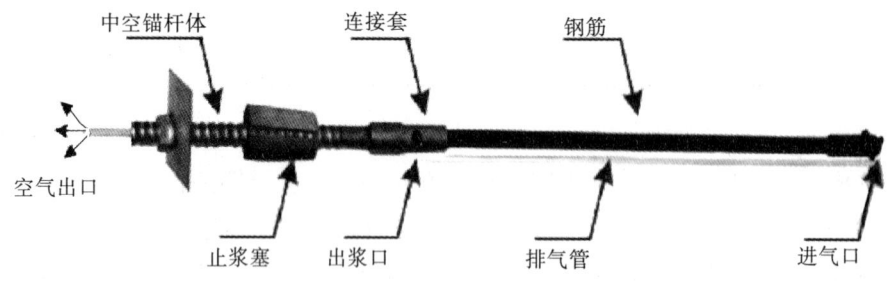

图 5-1 组合式中空注浆锚杆示意图

2. 常见分类及规格型号

组合锚杆体的常见分类及规格型号见表 5-1。

表 5-1　组合锚杆体的公称直径、公称壁厚、公称截面积、公称质量及允许偏差

组合中空锚杆产品规格	钢筋					中空锚杆体（牌号为 Q235）				
	公称直径/mm	牌号	公称截面积/mm²	质量		公称直径/mm	公称壁厚/mm	公称截面积/mm²	质量	
				公称质量/(kg/m)	允许偏差/%				公称质量/(kg/m)	允许偏差/%
φ20	20	HRB335	314.2	2.47	±5	30	4	326.7	2.56	±4
φ22	20	HRB400	314.2	2.47		30	5	392.7	3.08	
	22	HRB335	380.1	2.98	±4					
φ25	25	HRB335	490.9	3.85		32	6	490.1	3.85	

3. 材料检验标准

材料检验依据标准《中空锚杆技术条件》(TB/T 3209—2008)。

4. 外观验收

(1)组合锚杆体的内外表面不应有裂缝、折叠、轧折、离层、结疤和锈斑等缺陷。

(2)组合锚杆体内外表面的油污应清除干净。

(3)中空锚杆体和连接套的外表面应热镀锌或覆环氧树脂涂层；热镀锌应符合 JT/T 281—2007 的规定，镀锌层平均厚度应不小于 0.061 mm；环氧树脂涂层应符合 JG 3042 的规定。

5. 合格标准

组合锚杆体的屈服力、最大力和断后伸长率见表 5-2。

表 5-2　组合锚杆体的屈服力、最大力和断后伸长率

组合中空锚杆产品规格	钢筋						中空锚杆体（牌号为 Q345）				
	牌号	屈服强度 R_{eL}/MPa	极限强度 R_m/MPa	屈服力/kN	最大力/kN	断后伸长率 A/%	屈服强度 R_{eL}/MPa	极限强度 R_m/MPa	屈服力/kN	最大力/kN	断后伸长率 A/%
				不小于					不小于		
φ20	HRB335	335	455	105	142	17	325	490	106	160	21
φ22	HRB400	400	540	126	170	16			127	192	
	HRB335	335	455	127	172	17					
φ25	HRB335	335	455	164	223	17			159	240	

中空锚杆体纵向拉伸试样的屈服（颈缩）台阶、实测最大力与实测屈服力之比，实测屈服力与标准规定的屈服力最小值之比应符合规定。

6. 试验方法

试验方法见表 5-3。

表 5-3　试验方法

序号	检验项目	试验方法	取样数量
1	外形尺寸	精度 0.1 mm 量具	(a)中空锚杆体力学性能、钢筋力学性能、中空锚杆体承载能力和组合锚杆体承载能力每批各抽检 2 套；对质量有怀疑时，可增加抽检数量； (b)外形尺寸、锚杆体长度、表面质量和质量按 2% 比例抽查
2	锚杆体长度	精度 1 mm 卷尺	
3	钢筋力学性能	GB/T 228	
4	中空锚杆体力学性能	GB/T 228	
5	中空锚杆体承载能力	GB/T 228	
6	组合锚杆体承载能力	GB/T 228	
7	表面质量	肉眼、锉刀、测厚仪或 JT/T 281、JG 3042 等	
8	质量	磅秤、精确到 0.5 kg	

7. 检验规则

(1)产品应经制造厂质量检验部门检验合格，并附上合格证后方可出厂。

(2)交货检验。产品交货时，应按批检验，每批由同一批号、同一规格的成品组成，每批的数量不应超过 1000 套，取样数量按 TB/T 3209—2008 的规定执行。普通中空锚杆应检验产品规格，中空锚杆体的牌号、屈服力、最大力、断后伸长率、质量和表面质量，垫板尺寸，有连接套时，应检验中空锚杆体的承载能力；组合中空锚杆应检验产品规格，钢筋和中空锚杆体的牌号、屈服力、最大力、断后伸长率、组合锚杆体的承载能力、质量和表面质量，出浆孔、排气管和垫板尺寸。当有一个试样的检验结果不符合规定时，应从同一批中重新随机抽取两倍数量进行复验，如复验结果仍不合格，则该批产品判定为不合格。

8. 包装与验收要求

(1)包装。锚杆体应捆扎交货，每捆规格、批号相同，每捆锚杆体数量应便于运输和装卸。

(2)验收要求。成捆交货的锚杆体，每捆应挂合格证标牌，合格证上应有生产企业(或商标)、批号、规格、数量和制造日期。

三、防水板

1. 简介

防水板是以高分子聚合物为基本原料制成的一种防渗材料，既可以防止液体渗漏，也可以预防气体挥发，在建筑、交通、地铁、隧道、工程建设中广泛运用，如图 5-2 所示。

图 5-2 防水板

2. 分类

(1)乙烯-乙酸乙烯共聚物改性聚乙烯防水板(VA 含量不小于 5%),代号为 EVA。目前隧道常用。

(2)乙烯-乙酸乙烯-沥青共聚物改性乙烯防水板(VA 含量不小于 5%,沥青可溶物含量不小于 5%),代号为 ECB。

(3)聚乙烯防水板,代号为 PE。

防水板的规格尺寸及极限偏差见表 5-4,特殊规格由供需双方商定。

表 5-4 防水板的规格尺寸及极限偏差

项目	厚度	宽度	长度
规格	1.5 mm,2.0 mm, 2.5 mm,3.0 mm	2.0 m,3.0 m,4.0 m	20 m 以上
极限偏差	−5%	−20 mm	−20 mm

3. 验收

检验标准依据《铁路隧道防水材料 第 1 部分:防水板》(TB/T 3360.1—2014)。

出厂/进场检验批次:同品种、同规格的 5000 m^2 防水板为一批,不满 5000 m^2 按一批计算。

型式检验:新产品试制定性鉴定;产品的结构、工艺、材料等有重点变化;停产 6 个月后复产;检验结果较上次有差异。

型式检验项目为全部项目,其中,人工候化每年进行一次,其余项目为每 6 个月进行一次检验。判定规则为:所有项目全部符合要求,为合格品,若有一项指标不合格,取双倍试样进行复检,复检不合格,判定为不合格品。

4. 运输与储存要求

(1)运输时,不应使产品受到损伤。

(2)堆放时,应衬垫平坦的木板,离地 20 cm。不同类型、规格的产品应分别堆放。平放储存堆放高度不超过 5 层,立放单层堆放。储存时,应避免日晒雨淋,且隔离热源;禁止与酸、碱、油类及有机溶剂等接触。

四、高密度聚乙烯双壁打孔波纹管

1. 简介

高密度聚乙烯(HDPE)双壁打孔波纹管是经热熔挤出、真空成型的一种新型塑料管材,如图 5-3 所示。其内壁光滑,外壁为同心环状中空波纹管,具有强度高、重量轻、耐腐蚀、寿命长等特点,成为传统排水、排污管材极佳的替代产品,并在此领域得到了极大的推广和应用。

图 5-3　HDPE 双壁打孔波纹管

HDPE 双壁打孔波纹管是通过在凹槽处打孔,管外四周外包针刺土工布加工而成。由于该产品的管孔在波谷中且为长条形,有效地克服了平面圆孔产品易被堵塞而影响排水效果的弊端,针对不同的排水要求,管孔的大小可为孔径(10~30 mm)×壁厚(1~3 mm),并且可以在 360°、270°、180°、90°等范围内均匀分布,广泛用于公路、铁路路基、地铁工程、废弃物填埋场、隧道、绿化带、运动场及含水量偏高引起的边坡防护等排水领域,以及农业、园艺的地下灌溉和排水系统。它与软式透水管、塑料盲沟已成为我国土木工程建设(渗水、排水)的三大主要产品。

2. 常用分类及规格型号

管材可用公称外径(DN/OD)表示尺寸,见表 5-5,也可用公称内径(DN/ID)表示尺寸,见表 5-6。

例如,公称外径为 110 mm 的双壁打孔波纹管可表示为 ϕ110 mm 或者 DN/OD110。

表 5-5　外径系列管材的尺寸（单位：mm）

公称外径	最小平均外径	最大平均外径	最小平均内径	最小层压壁厚	最小内层壁厚	接合长度
110	109.4	110.4	90	1.0	0.8	32
125	124.3	125.4	105	1.1	1.0	35
160	159.1	160.5	134	1.2	1.0	42
200	198.8	200.6	167	1.4	1.1	50
250	248.5	250.8	209	1.7	1.4	55
315	313.2	316.0	263	1.9	1.6	62
400	397.6	401.2	335	2.3	2.0	70
500	497.0	501.5	418	2.8	2.8	80
630	626.3	631.9	527	3.3	3.3	93
800	795.2	802.4	669	4.1	4.1	110
1000	994.0	1003.0	837	5.0	5.0	130
1200	1192.8	1203.6	1005	5.0	5.0	150

表 5-6　内径系列管材的尺寸（单位：mm）

公称内径	最小平均内径	最小层压壁厚	最小内层壁厚	接合长度
100	95	1.0	0.8	32
125	120	1.2	1.0	38
150	145	1.3	1.0	43
200	195	1.5	1.1	54
225	220	1.7	1.4	55
250	245	1.8	1.5	59
300	294	2.0	1.7	64
400	392	2.5	2.3	74
500	490	3.0	3.0	85
600	588	3.5	3.5	96
800	785	4.5	4.5	118
1000	985	5.0	5.0	140
1200	1185	5.0	5.0	162

3. 材料检验

（1）检验批。先安装后隐蔽验收。隐蔽内容：排水管道敷设采用PVC-U双壁波纹管;施工方法:按施工图纸放线定点,机械开挖槽沟,管材与管件连接安装固定,位置、标高坡度、材料规格型号符合设计要求。

检验批:同一批原料、同一批配方和工艺情况下生产的同一规格管材为一批,管材内径≤500 mm时,每批数量不超过60 t,如生产期7天尚不足60 t,则以7天产量为一批;管材内径>500 mm时,每批数量不超过300 t,如生产数量少,生产期30天尚不足30 t,则以30天产量为一批。

(2)取样方法。环刚度、环柔性和烘箱试验及扁平试验取样按照GB/T 2828—2012进行抽样,采用正常检验一次抽样方案,取一般检验水平Ⅰ,合格质量水平(AQL)6.5。材料取样及判定见表5-7。

表5-7 材料取样及判定

批量(mm)	样本数量(个)	合格判定数	不合格判定数
≤150	8	1	2
151~280	13	2	3
281~500	20	3	4
501~1200	32	5	6
1201~3200	50	7	8
3201~10000	80	10	11

将管材沿圆周进行不少于四等份的均分,测量层压壁厚及内层壁厚,读取最小值,并从中随机抽取3个试样,对层压壁厚、内层壁厚进行测量。

(3)外观验收。管材内外壁不允许有气泡、凹陷、明显的杂质和不规则波纹。管材的两端应平整,与轴线垂直并位于波谷区。管材波谷区内外壁应紧密熔接,不应出现脱开现象,且打孔均匀分部,管孔在波谷中为长条形,呈现360°、270°、180°、90°等范围。

(4)复试项目,包括环刚度、环柔性和烘箱试验及扁平试验。

(5)复试方法及合格标准。环刚度、环柔性和烘箱试验及扁平试验有一项达不到指标时,在抽取的合格样品中再抽取双倍样品进行该项的复验,如仍不合格,则判该批为不合格批。

环柔性试验按ISO 13968—2008进行,试验力应连续增加。当试样在垂直方向外径变形量为原外径的30%时,立即卸荷,观察试样的内壁保持圆滑、无反向弯曲、不破裂、两壁不脱开,即为合格。

烘箱试验中将烘箱温度设定为110 ℃±2 ℃,温度达到后,将试样放置在烘箱内,使其不相互接触且不与烘箱四壁相接触。当层压壁厚e≤8 mm时,在110 ℃±2 ℃下放置30 min;当层压壁厚e>8 mm时,在同样温度下放置60 min,取出时不可使其变形或损坏它们,冷却至室温后观察,试样出现分层、开裂或起泡则为不合格。

冲击性能试验按 GB/T 14152—2001 的规定进行,用肉眼观察,若试样经冲击后产生裂纹、裂缝或试样破碎,则判为试样破坏。根据试样破坏数对照 GB/T 14152—2001 的图 2 或表 5 判定 TIR 值。

扁平试验中,垂直方向外径形变量为 40% 时,立即卸荷,无破裂视为合格。

4. 保管与储存要求

运输、装卸过程中,不允许抛摔、撞击、重压、长时间曝晒或靠近热源;不允许与有毒有害物质混运;成盘状的多孔管不可平放运输。当管道直接放在地上时,要求地面平整,不能有石块和容易引起管道损坏的尖利物体,要有防止管道滚动的措施。

管道堆放时,管道两侧用木楔或木板挡住。堆放时注意底层管道的承重能力,变形不得大于 5%。

HDPE 双壁打孔波纹管的最高使用温度为 45 ℃,夏季高温季节,应避免日光曝晒,并保持管间的空气流通,以防温度升高。

管道存放过程中,应严格做好防火措施,严禁管道附近有长期明火。

五、止水条

1. 简介

遇水膨胀止水条是以水溶性高分子吸水树脂与天然、氯丁等橡胶制得的,主要用于各种隧道、顶管、人防等地下工程、基础工程的接缝、防水密封等。

2. 常用分类及规格型号

遇水膨胀止水条分为腻子型遇水膨胀止水条和制品型遇水膨胀止水条,如图 5-4 所示。

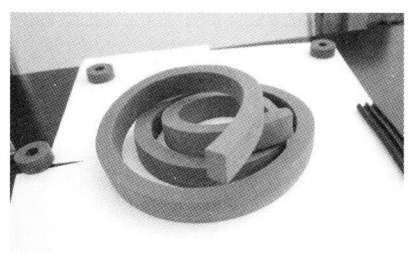

(a)腻子型遇水膨胀止水条　　　　(b)制品型遇水膨胀止水条

图 5-4　遇水膨胀止水条

规格型号及表示方法:腻子型——用 PN 表示;制品型——用 PZ 表示。

按体积膨胀倍率可分为:腻子型——PN-150/PN-220/PN-300;制品型——PZ-150/PZ-250/PZ-400。

常用规格型号为矩形 20 mm×30 mm,表示方法如 PZ-250 20 mm×30 mm。

3. 材料检验

检验批次及取样方法：以 5 t 同标记的遇水膨胀橡胶止水条为一批，抽取 1‰ 进行外观质量检测，任意 1 m 处随机取 3 处进行规格尺寸检验，在上述抽检合格的样品中随机抽取足够的试样进行物理性能检测。腻子型和制品型遇水膨胀橡胶胶料物理性能分别见表 5-8 和表 5-9。

外观检测：每米遇水膨胀橡胶止水条表面允许有深度不大于 2 mm、面积不大于 16 mm^2 的凹痕、气泡、杂质、明疤等缺陷不超过 4 处。

复试项目与方法：

①规格尺寸或外观质量若有一项不符合要求，则另外抽取 100 m 进行复试，复试结果如仍有不合格品，则应对该批产品进行 100% 检验，剔除不合格品。

②物理性能若有一项不符合技术要求，应另取双倍试样进行该项复试，复试结果如仍不合格，则该批产品不合格。

表 5-8 腻子型遇水膨胀橡胶胶料物理性能

项目	指标			适用试验条目
	PN-150	PN-220	PN-300	
体积膨胀倍率/%，≥	150	220	300	GB/T 18173.3 附录 A、附录 B
高温流滴性(80 ℃×5 h)	无流滴	无流滴	无流滴	干燥箱，取出观察
低温试验(−20 ℃×2 h)	无脆裂	无脆裂	无脆裂	低温箱，取出观察

表 5-9 制品型遇水膨胀橡胶胶料物理性能

项目		指标				适用试验条目
		PZ-150	PZ-250	PZ-400	PZ-600	
硬度(邵尔 A)/度		42±10	45±10		48±10	GB/T 18173.3 GB/T 531.1
拉伸强度/MPa，≥		3.5		3		GB/T 528
拉断伸长率/%，≥		450		350		
体积膨胀倍率/%，≥		150	250	400	600	GB/T 18173.3 附录 A、附录 B
反复浸水试验	拉伸强度/MPa，≥	3		2		同上，4 个循环周期之后测定
	拉断伸长率/%，≥	350		250		
	体积膨胀倍率/%，≥	150	250	200	500	
低温弯折(−20 ℃×2 h)		无裂纹				GB/T 18173.3 附录 C

4. 保管与储存要求

遇水膨胀止水条应用塑料袋包装,再用编织袋或纸箱包装。在运输和储存时,应注意勿使包装损坏,放置于通风干燥处的室内,避免阳光直射,禁止与水、酸、碱、油类及有机溶剂等接触,且远离热源,不得重压。

六、止水带

1. 简介

止水带是铁路隧道防水材料中重要的组成部分,如图 5-5 所示。它是利用其高弹性能在各种载荷下会产生弹性形变,遇水后发生体积膨胀,从而起到坚固密封作用。止水带既能防止建筑物外部的水进入建筑物内部,也能防止建筑物内部的水渗到外界,还能起到减振缓冲作用。

图 5-5　止水带

2. 常用分类及规格型号

(1)止水带按用途分为两类:适用于变形缝用止水带,用 B 表示;适用于施工缝用止水带,用 S 表示。

(2)止水带按材料分为两类:橡胶止水带,用 R 表示;钢边止水带,用 G 表示。

(3)止水带按设置位置分为两类:中埋式止水带,用 Z 表示;背贴式止水带,用 T 表示。

标记示例如下:

示例 1:宽度为 300 mm,厚度为 6 mm 施工缝用中埋式橡胶止水带,标记为 S-R-Z-300×6。

示例 2:宽度为 300 mm,厚度为 6 mm 施工缝用背贴式橡胶止水带,标记为 S-R-T-350×6。

3. 材料检验

(1)检测标准,依据《铁路隧道防水材料 第 2 部分:止水带》(TB/T 3360.2—2014)。

(2)组批与抽样。检验批每批为 5000 m,不足 5000 m 的按 5000 m 检验。每批逐一进行规格尺寸检验和外观质量检验,并在上述检验合格的样品中随机抽取足够的试样,进行物理力学性能检验。

(3)检验项目。每批止水带运到施工现场时,进行进场检验,检验项目包括尺寸公差、外观质量、硬度、拉伸强度、扯断伸长率、撕裂强度、压缩永久变形、热空气老化、金属黏接强度等。

(4)判定规则。规格尺寸、外观质量及物理力学性能各项检验指标全部符合技术要求,则为合格品。若物理力学性能有一项指标不符合技术要求,应另取双倍试样进行该项复试,复试结果仍不合格,则该批产品为不合格。

(5)外观质量。止水带表面不应有开裂、缺胶、海绵状等缺陷。在 1 m 长度范围内,止水带表面深度不大于 1 mm、面积不大于 10 mm^2 的凹痕、气泡、杂质、明疤等缺陷不超过 3 处。

(6)性能。止水带的性能应符合表 5-10 的规定。

表 5-10 止水带的性能

序号	项目		B(S)型
1	硬度(邵尔 A)/度		60±5
2	拉伸强度/MPa,≥		10
3	扯断伸长率/%,≥		380
4	压缩永久变形/%	70 ℃×24 h,≤	30
		23 ℃×168 h,≤	20
5	撕裂强度/(kN/m),≥		30
6	脆性温度/℃,≤		−45
7	热空气老化 (70 ℃×168 h)	硬度变化(邵尔 A)/度,≤	+6
		拉伸强度/MPa,≥	9
		扯断伸长率/%,≥	320
8	耐碱性(饱和 Ca(OH)$_2$ 溶液, 23 ℃×168 h)	硬度变化(邵尔 A)/度,≤	+6
		拉伸强度/MPa,≥	9
		扯断伸长率/%,≥	320
9	臭氧老化(50×10^{-8};20%,(40±2)℃,48 h)		无龟裂
10	橡胶与金属黏合		R 型破坏

注：橡胶与金属黏合项仅适用于钢边橡胶止水带。若有其他特殊要求时，可由供需双方协商确定。

(7)检验方法。

①尺寸测定。规格尺寸用量具测量，厚度精确到 0.02 mm，宽度精确到 1 mm；在制品上的任意 1 m 作为样品，然后自其两端起在制品表面的对称部位取四点进行测量，取其平均值。

②外观质量。开裂、缺胶和海绵通过目视观察，其余缺陷用精度为 0.02 mm 的卡尺测量。

③性能测定。在规格尺寸和外观质量检验合格的制品上裁取试验所需试样，按 GB/T 2941—2006 的规定制备试样，并在标准状态下静置 24 h 后按要求进行试验。

硬度的测定按 GB/T 531.1—2008 规定的方法进行。

拉伸强度、扯断伸长率试验按 GB/T 528—2009 规定的方法进行，用 2 型试样，拉伸速度为(500±50) mm/min，初始标距为 20 mm；接头部位应保证使其位于两条标线之内，有接头的应至少测试一个。

压缩永久变形的测定按 GB/T 7759 规定的方法进行，采用 B 型试样，压缩率为 25%。

撕裂强度的测定按 GB/T 529—2008 规定的方法进行，采用无割口直角形试样，拉伸速度为(500±50) mm/min。

脆性温度的测定按 GB/T 15256—2014 规定的方法进行。

热空气老化的测定按 GB/T 3512—2014 规定的方法进行。

耐碱性的测定按 GB/T 1690—2010 规定的方法进行，浸泡完成后测试需在 30 min 内完成。

臭氧老化的测定按 GB/T 7762—2014 规定的方法进行。

4. 保管与储存要求

止水带在运输与储存时，应注意勿使包装损坏，放置于通风、干燥处，并应避免阳光直射，禁止与酸、碱、油类及有机溶剂等接触，且隔离热源；应保存于室内，并不得重压。

七、火工品

1. 简介

火工品，又称火具，是装有火药或炸药，受外界刺激后产生燃烧或爆炸，以引燃火药、引爆炸药或做机械功的一次性使用的元器件和装置的总称。火工品包括火帽、底火、点火管、延期件、雷管、传爆管、导火索、导爆索以及爆炸开关、爆炸螺栓、启动器、切割索等。

2. 高铁隧道主要使用的爆破器材

高铁隧道主要使用的爆破器材有其他工业导爆索[25B]、二号岩石乳化炸药[02W]、普通毫秒导爆管雷管[r00]和煤矿许用瞬发电雷管[x00]。

3. 保管与储存要求

民用爆炸物品应当储存在专用仓库内，并按照国家规定设置技术防范措施。

(1)建立出入库检查、登记制度，收存和发放民用爆炸物品必须进行登记，做到账目清楚、账物相符。

(2)储存的民用爆炸物品数量不得超过储存设计容量，对性质相抵触的民爆物品必须分库储存，严禁在库房内放其他物品。

(3)专用仓库应当指定专人管理、看护，严禁无关人员进入仓库内。若民用爆炸物品丢失、被盗或被抢，应当立即报告当地公安机关。

第二节 盾构法隧道常用物资

一、盾构管片

1. 简介

盾构管片是盾构施工的主要装配构件，是隧道的最内层屏障，承担着抵抗土层压力、地下水压力以及一些特殊荷载的作用。盾构管片是盾构法隧道的永久衬砌结构，盾构管片质量直接关系隧道的整体质量和安全，影响隧道的防水性能及耐久性能。盾构管片主要包括混凝土管片(以混凝土为主要原材料，按混凝土预制构件设计制作的管片)和钢管片(以钢材为主要原材料，按钢构件设计制作的管片)，如图 5-6 所示。

(a) 混凝土管片　　　　　　(b) 钢管片

图 5-6　盾构管片

2. 常用盾构管片的分类及规格型号

(1)类型。盾构管片是隧道预制衬砌环的基本单元。管片的类型主要有钢筋混凝土管片、钢纤维混凝土管片、钢管片、铸铁管片、复合管片等。

(2)分类。管片按拼装成环后的隧道线型分为直线段管片(Z)、曲线段管片(Q)及既能用于直线段又能用于曲线段的通用管片(T)三类。曲线段管片又分为左曲管片(ZQ)、右曲管片(YQ)和竖曲管片(SQ)。

(3)形状与规格。根据隧道的断面形状,管片可分为圆形(Y)、椭圆形(TY)、矩形(J)、双圆形(SY)等多种断面。

盾构管片规格见表5-11。

表5-11 盾构管片规格(单位:mm)

项目名称	厚度	宽度	内径
公称尺寸	300,350,500,550,600,650	1000,1200,1500,1800,2000	3000,5400,5500,12000,13700

注:本表给出的是常用规格,其他规格可由供需双方确定。

3. 盾构管片的验收

(1)盾构管片试验检测。管片出厂检验批量组成、抽样数量及合格标准见表5-12,型式检验批量组成、抽样数量及合格标准见表5-13。

表5-12 管片出厂检验批量组成、抽样数量及合格标准

序号	项目	批量	抽样数量	合格标准
1	混凝土抗压强度	按GB/T 22082—2017		28 d混凝土抗压强度按规范GBJ 107—1987
2	外观质量	30环	1环	按规范GB/T 22082—2017、CJJ/T 164—2011
3	尺寸偏差	30环	1环	按规范GB/T 22082—2017、CJJ/T 164—2011
4	水平拼装	200环	三环拼装	按规范GB/T 22082—2017、CJJ/T 164—2011及设计要求
5	检漏试验	—	1块/50环;连续3次达标后,改为1块/100环;再连续3次达标后,改为最终1块/200环;若有一次不达标,恢复1块/50环,重新开始循环	按规范GB/T 22082—2017、CJJ/T 164—2011及设计要求
6	抗弯性能	1000环	标准块1块	按设计提供的参数及相关要求
7	抗拔性能	1000环	标准块1块	按设计提供的参数及相关要求
8	混凝土强度(回弹试验)	—	不少于同一检验批管片总数的5%	按规范JGJ/T 23—2001

注:管片出厂检验等同于过程中的管片成品试验检测。

表 5-13　型式检验批量组成、抽样数量及合格标准

序号	项目	批量	抽样数量	合格标准
1	混凝土抗压强度	按规范 GB/T 22082—2017		28 d 混凝土抗压强度按规范 GBJ 107—1987
2	外观质量	200 环	1 环	按 GB/T 22082—2017、CJJ/T 164—2011
3	尺寸偏差	200 环	1 环	按规范 GB/T 22082—2017、CJJ/T 164—2011
4	水平拼装	200 环	三环拼装	按规范 GB/T 22082—2017、CJJ/T 164—2011 及设计要求
5	检漏试验	200 环	1 块,复检 2 块	按规范 GB/T 22082—2017、CJJ/T 164—2011 及设计要求
6	抗弯性能	1000 环	标准块 1 块	按设计提供的参数及相关要求
7	抗拔性能	1000 环	标准块 1 块	按设计提供的参数及相关要求

(2)盾构管片验收。

①考虑到混凝土管片预制项目的特殊性,管片出厂进行分批次验收,验收批次以管片的生产时间区段进行划分。

②管片验收程序及要求。

a.管片生产商应委托具有相关资质的检测单位对该批次管片进行相关试验检测,该批次管片在申请验收前应提供以下资料后,管片生产商可向管片监理工程师提出验收申请:管片生产过程中经监理批准的报验资料;原材料、混凝土试块等检验批资料,需有资质的检测单位出具有效的检测报告,试验频率符合相关规范要求;管片出厂需有具备相关资质的检测单位出具的检验检测报告,试验频率符合相关标准要求。

b.检测单位出具的试验检测报告中,检测所包含的项目应符合规范 CJJ/T 164—2011"附录 A　原始记录表格"的要求。

c.管片验收程序。管片监理对管片生产商递交的相关验收资料进行核查,并进行验收;经过监理核查验收,若满足要求,监理单位与管片生产商共同签署验收资料;若在验收的环节中出现不满足要求的情况,则管片生产商需进行完善,完善后再进入下一个环节;通过验收后,管片生产商应将验收资料整理成册进行存档。

③对于验收通过的同一批次管片,管片生产商应将验收合格的资料复印件装订成册并递交至相关土建施工单位(资料复印件需盖管片生产商公章,并说明原件存放地),原件备查,土建施工单位、土建监理单位有权核查相关验收资料。

④出厂管片必须通过验收,在管片出厂时需提供出厂合格证。出厂合格证由管片生产商提供,监理不予签字、盖章,出厂合格证的内容应包括:制造厂厂名、商标、厂址、电话;生产日期、出厂日期;执行标准;产品型号、规格;混凝土抗压强度检验结果;出厂检验项目检验结果;制造厂技术检验部门签章。

4. 保管与储存要求

(1)管片标识。

①管片标准块、邻接块、封顶块分块号标识刻在模具中心位置上,管片浇注成型后,在管片的内弧面上形成管片拼装永久性的标记。

②标识内容包括管片型号(配筋类型)、生产日期、合格状态等。

(2)管片运输。

①管片内弧面向上呈元宝形,平稳地放于装有专用支架的运输车辆的车斗内。

②在同一车装运两块以上管片时,管片之间垫有柔性材料的垫块。

③平稳起吊,轻吊轻放,作业过程中发出的信号要清晰明确。

④管片装卸车时,应缓慢、平稳进行,逐片搬运,起吊时加垫木或软物隔离,防止管片碰撞。

二、管片螺栓

1. 简介

在隧道建设中,有一种从事始发和掘进工作的机器,叫盾构机,它具有开挖切削土体、输送土砟、拼装隧道衬砌等功能。盾构机在隧道衬砌时,是以几块管片进行拼装的,有一种螺丝起连接紧固作用,组装形成圆柱形的管道。管片就是圆柱形的墙体,具有开挖时可有效控制地面沉降、减少对地面建筑物的影响和在水下开挖时不影响水面交通等特点。将各管片组合在一起,形成管道,这种设计成一种直线形或者有一定弧形的紧固连接件,就是管片螺栓。管片螺栓分为环向和纵向两种,有的设计中环向和纵向规格一致;有的设计中环向和纵向采用两种规格,甚至两种强度等级。一般而言,环向管片螺栓的长度大于纵向管片螺栓的长度。管片螺栓如图5-7所示。

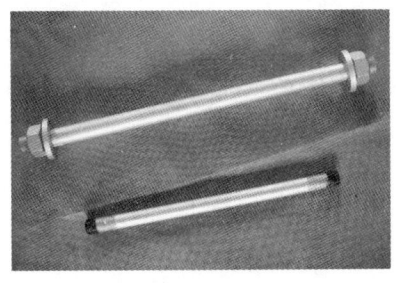
(a)双头直形管片螺栓

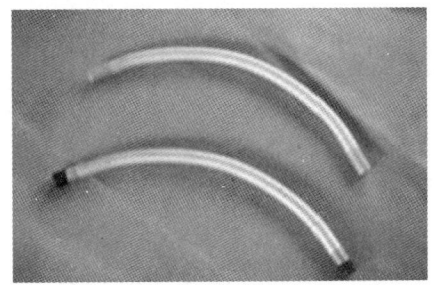
(b)双头弧形管片螺栓

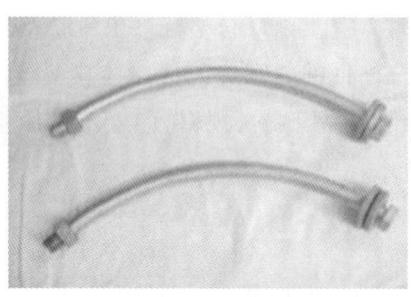
（c）六角头弧形管片螺栓

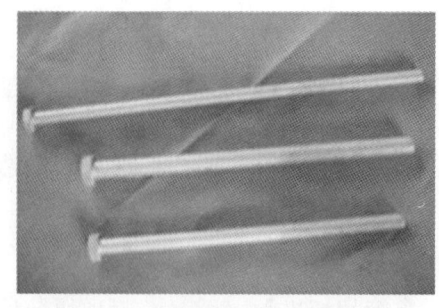
（d）六角头圆弧螺纹管片螺栓

（e）六角法兰面圆弧螺纹管片螺栓

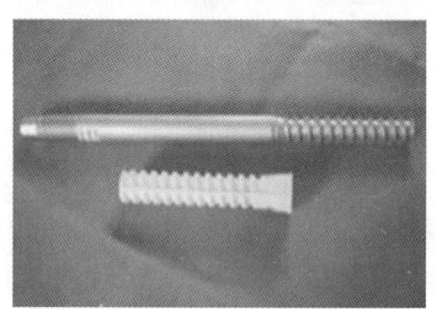
（f）非标管片螺栓

图 5-7　管片螺栓

2. 常用管片螺栓的分类及规格型号

(1)类型。常用管片螺栓包括双头直型管片螺栓、双头弧形管片螺栓、六角头弧形管片螺栓、六角头圆弧螺纹管片螺栓、六角法兰面圆弧螺纹管片螺栓和非标管片螺栓。

(2)分类。管片螺栓根据应用的环境和受力的不同情况,和其他螺栓和紧固件一样,设计上分不同的强度等级,常用的有5.8级、6.8级和8.8级,相应的生产材质有Q235、45#钢、40Cr等。

(3)管片螺栓的表面处理。表面处理方法包括热镀锌(热浸锌)、达克罗(俗称锌基铬酸盐)、粉末渗锌、多元复合粉末渗锌等。管片螺栓表面处理的好坏至关重要。管片螺栓安装在地下,起到连接管片的作用,它所处的环境潮湿,容易引起螺栓的腐蚀,造成生锈。如果螺栓的表面处理未能达到设计要求,会造成螺栓在使用过程中的生锈等现象,腐蚀到螺栓内部后将影响到螺栓的机械性能及其抗拉强度。

3. 管片螺栓的验收

(1)管片螺栓的技术满足国标《紧固件机械性能　螺栓、螺钉和螺柱》(GB/T 3098.1—2010)及设计文件的相关规定。管片螺栓的技术要求和检验方法见表5-14。

表 5-14 管片螺栓的技术要求和检验方法

序号	检验项目	技术要求	备注
1	螺栓	机械性能等级 5.8 级	按 GB/T 3098.1—2010 检验
2	螺母	机械性能等级 5 级	按 GB/T 3098.1—2010 检验
3	垫片	机械性能等级 HV 不小于 140	按 GB/T 3098.1—2010 检验

(2)防腐涂层(即锌基铬酸盐涂层及其复合涂层)的检验技术要求见表 5-15。

表 5-15 防腐涂层的检验技术要求

连接件名称	涂层种类	涂层厚度	耐碱试验/h	盐雾试验/h
环向螺栓	锌基铬酸盐涂层	≥6 μm	168	480
纵向螺栓	螺纹头部抗碱涂层	≥10 μm		
环向螺栓螺母	热喷锌合金	≥50 μm	168	480
纵向螺栓螺母	锌基铬酸盐涂层	≥6 μm		
环向垫圈	抗碱涂层	≥10 μm		
纵向垫圈				
预埋件	锌基铬酸盐涂层	≥6 μm	168	480

检验方法：

①外观。在自然散射光下(试验面的光强度大于 300 Lx)用肉眼检查，要求涂层完整、均匀、连续、不漏基材，无明显粗沉积物、附着物等。

②涂层厚度试验。用磁性测厚仪按 GB/T 4956—2003 的规定进行测定。

③划格试验。用划格刀按 GB/T 9286—1998 的规定进行测定，≤3 级为合格。

④耐碱试验。在 23 ℃±2 ℃条件下，以 100 mL 蒸馏水中加入 0.12 g 氢氧化钙的比例配置碱溶液并进行充分搅拌，溶液 pH 应为 12～13，按 GB/T 9274—1988 进行测定，168 h 后涂层无变色、气泡、斑点、脱落等现象。

⑤盐雾试验。按 GB/T 10125—2012 中盐雾试验要求进行，满足 480 h 无红锈产生。

4. 保管与储存要求

使用适宜的运输工具进行运输，运输时不得损坏包装使产品变形或镀锌层受到损坏。储存在阴凉、通风、干燥的仓库中。

三、盾构泡沫剂

1. 简介

盾构泡沫剂由多种表面活性剂、稳定剂、强化剂和渗透剂等复配而成，是专门针对土压平衡盾构机在不同土壤条件下顺利施工的一种辅助材料,如图 5-8 所示。本产品对土壤的适应性强,发泡率高,稳定性强,可减少盾构机的机械磨损,稳定土层结构,降低渣土的透水性。产品能有效改善砂岩类土体的止水性能,并具有一定的支撑作用;对黏性土有良好的润滑作用,减少黏土对壳体与刀盘的附着力,有效降低扭矩,改善作业参数,保障盾构机的正常掘进。

(a) FA 200 kg 塑桶侧面

(b) FA 200 kg 塑桶正面

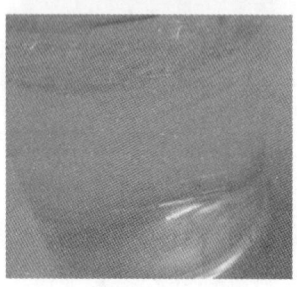
(c) FA 产品图片

(d) CFPM 产品图片

图 5-8　盾构泡沫剂

2. 泡沫剂的性能及成分

(1)性能特点。

①改善土壤工作性能,使土壤形成塑性变形,以提供均匀可控的支撑压,提高作业面的稳定性。

②减少开挖土体的内摩擦角,降低内摩擦力,减少土壤对刀盘、螺旋运输机的磨损。

③降低刀盘扭矩,防止机器能耗过高导致发热而发生故障。

④降低土体的黏性,使黏土不易黏附压力舱壁及刀盘,土体不易固结结饼,防止堵塞发生。

⑤降低渣土的透水性,有效防止掘进中喷涌的发生。

⑥在岩石隧道施工中可有效抑制粉尘产生。

(2)产品成分。泡沫剂由水及发泡剂、稳泡剂复合而成,见表 5-16。

表 5-16　泡沫剂产品成分

组分	CAS	含量/%
水	7732-18-5	≥65.00
烷基硫酸钠衍生物	9004-82-4	≤25.00
添加剂	—	≤15.00

3. 材料的验收

(1)数量确认以具体合约确认数量为准。允许免赔率±0.5%。货到工地后应立即清点交货数,发现偏差应及时跟厂家联系。

(2)质量确认以产品质量标准为准。每批发货出厂前厂家均会检验合格并留样,检测数据为常见物理数据,并随货附产品检测合格报告。

(3)产品包装规格:200 L 大塑桶,200 kg/桶;1000 L 吨桶,1000 kg/桶。

(4)产品包装。卸货使用专业卸货工具,本产品包装为塑桶,不存在变形问题。

(5)物理数据见表 5-17。

表 5-17　物理数据

项目	典型数据	试验方法
外观	无色至淡黄色透明液体	目测
水溶性	完全溶解	—
密度(25 ℃)/(g/cm^3)	1.01±0.03	GB/T 1884
黏度(25 ℃)/(mm^2/s)	10～13	GB/T 265
pH	7～8	pH 计
起泡能力/mm	≥220	罗氏泡沫仪

4. 保管与储存要求

(1)保管要求。

①企业所属地面生产作业单位必须专门设置油脂储存库房,严禁露天存放油脂。

②油脂储存区域应当保持清洁,并与办公区、生活区进行有效隔离。

(2)储存。

①应密封储存于干燥通风的仓库内,储存温度为 5～50 ℃。

②在正常储存、运输条件下,产品储存期自生产日起 2 年。

(3)注意事项。

①严禁与其他油脂混用。

②严禁与极性溶剂或氧化剂接触。

四、膨润土

1. 简介

膨润土是以蒙脱石为主要矿物成分的非金属矿产,蒙脱石结构是由两个硅氧四面体夹一层铝氧八面体组成的 2∶1 型晶体结构,由于蒙脱石晶胞形成的层状结构存在某些阳离子,如 Cu^{2+}、Mg^{2+}、Na^+、K^+ 等,且这些阳离子与蒙脱石晶胞的作用很不稳定,易被其他阳离子交换,故具有较好的离子交换性。国外已在工农业生产 24 个领域 100 多个部门中应用膨润土,有 300 多个产品,因而人们称之为"万能土"。

膨润土也叫斑脱岩、皂土或膨土岩。我国开发使用膨润土的历史悠久,原来只是作为一种洗涤剂(四川仁寿地区数百年前就有露天矿,当地人称膨润土为土粉)。膨润土真正被广泛使用却只有一百年左右的历史。美国最早发现的是在怀俄明州的古地层中呈黄绿色的黏土,加水后能膨胀成糊状,后来人们就把凡是有这种性质的黏土,统称为膨润土。其实膨润土的主要矿物成分是蒙脱石,含量在 85%~90%,膨润土的一些性质也都是由蒙脱石所决定的。蒙脱石可呈各种颜色,如黄绿色、黄白色、灰色、白色等。蒙脱石可以成致密块状,也可为松散土状,用手指搓磨时有滑感,小块体加水后体积胀大数倍至 20~30 倍,在水中呈悬浮状,水少时呈糊状。蒙脱石的性质与它的化学成分和内部结构有关。

2. 常用分类及规格型号

膨润土的层间阳离子种类决定膨润土的类型,层间阳离子为 Na^+ 时称钠基膨润土;层间阳离子为 Ca^{2+} 时称钙基膨润土;层间阳离子为 H^+ 时称氢基膨润土(活性白土、天然漂白土-酸性白土);层间阳离子为有机阳离子时称有机膨润土。

钙基膨润土和钠基膨润土的区别:钠质蒙脱石(或钠膨润土)的性质比钙质土的好。但世界上钙质土的分布远广于钠质土,因此,除了加强寻找钠质土外,还要对钙质土进行改性,使它成为钠质土。

3. 保管与储存要求

膨润土成品的保存措施主要是防潮,其次是防晒。

五、水玻璃

1. 简介

硅酸钠,俗称"泡花碱",无色、淡黄色或青灰色透明的黏稠液体,是一种水溶性硅酸盐,其水溶液俗称"水玻璃",是一种矿黏合剂。其化学式为 $R_2O \cdot nSiO_2$,式中 R_2O 为碱金属氧化物,n 为二氧化硅与碱金属氧化物摩尔数的比值,称为水玻璃的摩数。

水玻璃的用途非常广泛,几乎遍及国民经济的各个部门。在化工系统被用来制造硅胶、白炭黑、沸石分子筛、五水偏硅酸钠、硅溶胶、层硅及速溶粉状硅酸钠、硅酸钾钠等各种硅酸盐类产品,是硅化合物的基本原料。在发达国家,以硅酸钠为原料的深加工系列产品已发展到 50 余种,有些已应用于高、精、尖科技领域;在轻工业中是洗衣粉、肥皂等洗涤剂中不可缺少的原料,也是水质软化剂和助沉剂;在纺织工业中用于助染、漂白和浆纱;在机械行业中广泛用于铸造、砂轮制造和金属防腐剂等;在建筑行业中用于制造快干水泥、耐酸水泥防水油、土壤固化剂、耐火材料等;在农业方面可用于制造硅素肥料;另外,还可用作石油催化裂化的硅铝催化剂、肥皂的填料、瓦楞纸的胶黏剂、实验室坩埚等耐高温材料原料、金属防腐剂、水软化剂、洗涤剂助剂、耐火材料和陶瓷原料,用于纺织品的漂染和浆料、矿山选矿、防水、堵漏、木材防火、食品防腐等。

建筑上常用的水玻璃是硅酸钠的水溶液($Na_2O \cdot nSiO_2$)。将水玻璃与氯化钙溶液交替注入土壤中,两种溶液迅速反应生成硅胶和硅酸钙凝胶,起到胶结和填充孔隙的作用,使土壤的强度和承载能力提高。水玻璃常用于粉土、砂土和填土的地基加固,称为双液注浆。

2. 常用分类及规格型号

常用的水玻璃分为钠水玻璃和钾水玻璃两类。钠水玻璃为硅酸钠水溶液,分子式为 $Na_2O \cdot nSiO_2$。钾水玻璃为硅酸钾水溶液,分子式为 $K_2O \cdot nSiO_2$。土木工程中主要使用钠水玻璃。当工程技术要求较高时,也可采用钾水玻璃。优质纯净的水玻璃为无色透明的黏稠液体,溶于水。当含有杂质时,呈淡黄色或青灰色。

水玻璃在水溶液中的含量(或称浓度)常用密度或者波美度表示。土木工程中常用水玻璃的密度一般为 $1.36 \sim 1.50 \text{ g/cm}^3$,相当于波美度 38.4~48.3。密度越大,水玻璃含量越高,黏度越大。

3. 保管与储存要求

可采用不同规格的胶桶、铁桶、胶罐和铁罐包装,盛装同一产品的包装可重复使用。

保管要求:储存于阴凉、通风的库房;应与氧化剂、酸类物质分开储存;应确保储存容器完整,无泄漏。

六、盾尾密封油脂

1. 简介

盾尾密封油脂,也称为盾尾密封油膏,简称盾尾油脂,是现代盾构掘进机采用多道钢丝刷作为盾尾密封装置时,注入钢丝刷排之间的密封材料。盾尾密封油脂是盾构隧道掘进机(简称盾构机)的专用配套材料。

在盾构掘进过程中,隧道衬砌管片与钢丝刷之间会预留一定距离的运动间隙,地下水及泥浆在地下水压力的作用下有可能通过该间隙深入盾构机内部。通过油脂泵注入盾尾密封油脂,黏附于钢板、钢丝刷、隧道管片上,并填充它们之间的空隙,形成一道环状密封层,与弹簧钢板、钢丝刷等共同组成盾尾密封系统,有效隔绝泥浆和保护盾尾免受泥水侵蚀,抵御地下水及泥浆的入侵,保障盾构掘进过程的安全顺利进行,有助于改善施工条件,提高施工安全、质量和工作效率。

(a) TAW 2 Q 240 kg铁桶

(b) CFB系列 250 kg铁桶

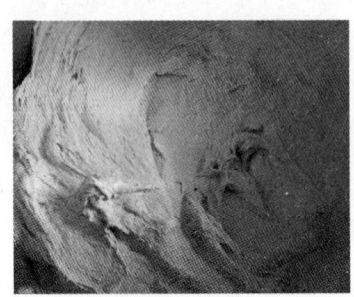
(c) TAW 2 Q产品图片

图 5-9 盾尾密封油脂

(1) 性能特点。不溶于水,可形成优良的密封;良好的抗磨损性能,有效保护盾尾刷;可泵送性能好,易于从储存箱向钢丝刷传递;良好的黏附性能,较宽温度范围的储存性能;良好的机械稳定性及极压性能;可生物降解,安全环保。

(2) 产品成分。盾尾密封油脂由合成烃类基础油、皂基稠化剂及添加剂混合制成,见表 5-18。

表 5-18 盾尾密封油脂产品成分

组分	CAS	含量/%
矿物油	8042-47-5	30.0~50.0
纤维素	11132-73-3	5.0~15.0
碳酸钙	471-34-1	35.0~55.0
添加剂	—	2.0~5.0

2. 材料检验

(1) 数量确认。以具体合约确认数量为准,允许免赔率±0.5%。货到工地后应立即清点交货数,发现偏差时应及时跟厂家联系。

(2) 质量确认。以产品质量标准为准,每批发货出厂前厂家均会检验合格并留样,检测数据为物理数据,并随货附产品检测合格报告。

(3) 产品包装规格。包装桶为 200 L 的大铁桶,每桶的单位净重为 220~250 kg;包装桶为 60 L 的中铁桶,每桶的单位净重为 70 kg。

(4) 产品包装。卸货使用专业卸货工具,避免包装桶挤压、碰撞,造成变形而无法正常使用。

(5)物理数据见表 5-19。

表 5-19　物理数据

项目	典型数据	试验方法
NLGI 等级	3	—
外观	米(白)纤维状半固体	目测
稠化剂类型	复合	目测
工作锥入度(25 ℃)/0.1 mm	245	GB/T 269
密度(20 ℃)/(g/cm^3)	>1.25	GB/T 2540
挥发性/%	1.2	SH/T 0337
抗水淋测试(38 ℃)/%	0.5	SH/T 0109
水封性(35 bars,25 ℃)	无水	MATSUMURA

3. 保管与储存要求

①保管要求。企业所属地面生产作业单位必须专门设置油脂储存库房。露天存放油脂时尽量避免暴淋、暴晒。油脂储存区域应当保持清洁,并与办公区、生活区进行有效隔离。

②储存。油脂的保存期限为 18 个月。对于已开封油脂,使用后及时密封,防止杂物进入。储存温度为 −10~+60 ℃。

③注意事项。避免与其他油脂混用。严禁与极性溶剂或氧化剂接触。

七、润滑油脂

1. 简介

润滑油脂采用精制矿物油及特种添加剂复合而成,要求具有抗磨极压性能、极高附着性、化学稳定性、抗锈蚀和腐蚀性能,特别适用于重负荷或冲击下的轴承或齿轮润滑,如图 5-10 所示。

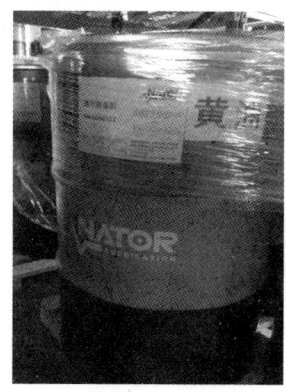

(a) Natorgrease LG2 180 kg 铁桶

(b) Natorgrease LG2 50 kg 铁桶

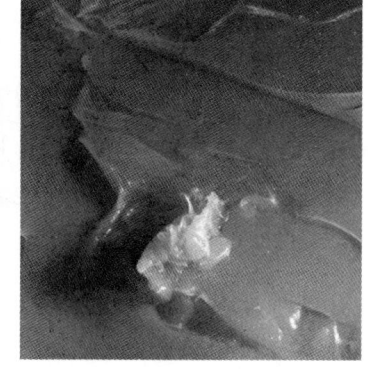

(c) Natorgrease LG2 产品图片

图 5-10　润滑油脂

2. 材料检验

①数量确认。以具体合约确认数量为准,允许免赔率±0.5%。货到工地后应立即清点交货数,发现偏差时应及时跟厂家联系。

②质量确认。以产品质量标准为准,每批发货出厂前厂家均会检验合格并留样,检测数据为物理数据,并随货附产品检测合格报告。

③产品包装规格。包装桶为200 L的大铁桶,每桶的单位净重为180 kg;包装桶为60 L的中铁桶,每桶的单位净重为50 kg。

④产品外观。卸货使用专业卸货工具,避免包装桶挤压、碰撞,造成变形而无法正常使用。

⑤物理数据见表5-20。

表5-20 润滑油脂的物理数据

项目	典型数据						试验方法
Natorgrease LG 系列	LG000	LG00	LG0	LG1	LG2	LG3	
NLGI 等级	000	00	0	1	2	3	
外观颜色	浅黄色至褐色均匀油膏						目测
稠化剂类型	锂基						
工作锥入度,25 ℃/0.1 mm	450	415	375	311	280	235	GB/T 269
滴点/℃	—	—	—	170	180	180	GB/T 3498
锥入度变化值/0.1 mm	12	10	8	8	8	5	SH/T 0122
最大无卡咬负荷 PB/N	>588	>588	>588	>588	>588	>588	GB/T 3142
铜片腐蚀	合格	合格	合格	合格	合格	合格	GB/T 7326

3. 保管与储存要求

①保管要求。企业所属地面生产作业单位必须专门设置油脂储存库房。露天存放油脂时尽量避免暴淋、暴晒。油脂储存区域应当保持清洁,并与办公区、生活区进行有效隔离。

②储存。油脂的保存期限为18个月。对于已开封油脂,使用后应及时密封,防止杂物进入。储存温度为−10~+60 ℃。

③注意事项。避免与其他油脂混用。严禁与极性溶剂或氧化剂接触。

第六章　房屋建筑工程物资

建筑材料是经济建设、城乡建设不可缺少的物质基础,与人民生活密切相关。现代建筑水平的提高以及人民对美好生活的追求,促使我国建筑材料品种日益丰富,水平不断提高,在整个国民经济中越来越显示出它的重要性。

改革开放以来,我国建筑事业有了飞跃的发展,量大面广的旅游建筑、商业建筑、住宅建筑、办公建筑对新型建筑材料的需求尤为迫切。在科技突飞猛进、知识日新月异的今天,我国新型建材工业在质和量方面有了前所未有的发展。

建筑材料品种多、分类复杂、涉及面非常广泛,本章节内容重点体现材料的通用性、实用性和先进性。

第一节　砌筑材料

砌筑材料是指用来砌筑、拼装或用其他方法构成承重或非承重墙体或构筑物的材料。砌筑材料主要包括传统石材、砖、瓦和砌块,以及现代的各种空心砌块、板材和砌筑砂浆。

一、砖砌体材料

(一)烧结普通砖

国家标准《烧结普通砖》(GB/T 5101—2017)规定,凡以黏土、页岩、煤矸石和粉煤灰、建筑渣土、淤泥、污泥等为主要原料,经成型、焙烧而成的砖,称为烧结普通砖。

1. 类别

按主要原料分为黏土砖(N)、页岩砖(Y)、煤矸石砖(M)和 粉煤灰砖(F)。

2. 等级

(1)根据抗压强度分为 MU30、MU25、MU20、MU15、MU10 五个强度等级。

(2)强度、抗风化性能和放射性物质合格的砖,根据尺寸偏差、外观质量、泛霜和石灰爆裂分为优等品(A)、一等品(B)、合格品(C)三个质量等级。

优等品适用于清水墙和装饰墙,一等品、合格品可用于混水墙。中等泛霜的砖不能用于潮湿部位。

3. 规格

砖的外形为直角六面体,其公称尺寸为长 240 mm、宽 115 mm、高 53 mm,如

图6-1所示。1 m³砖砌体需砖512块。

4. 产品标记

砖的产品标记按产品名称、类别、强度等级、质量等级和标准编号顺序编写。

示例：烧结普通砖，强度等级MU15、一等品的黏土砖，其标记为 FCB N MU15 B GB/T 5101。

5. 要求

(1) 尺寸偏差。尺寸允许偏差应符合表6-1的规定。

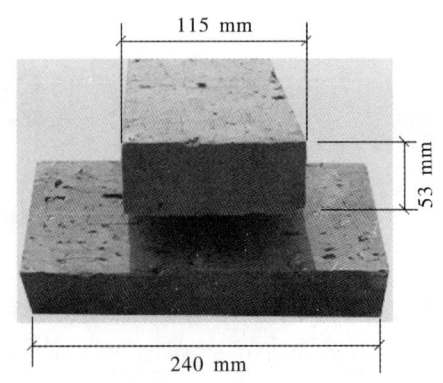

图6-1 砖的规格

表6-1 尺寸允许偏差

公称直径/mm	优等品		一等品		合格品	
	样本平均偏差/mm	样本极差/mm,≤	样本平均偏差/mm	样本极差/mm,≤	样本平均偏差/mm	样本极差/mm,≤
290、240	±2.0	6	±2.5	7	±3.0	8
190、180、175、140、115	±1.5	5	±2.0	6	±2.5	7
90	±1.5	4	±1.7	5	±2.0	6
53	±1.5	4	±1.6	5	±2.0	6

(2) 外观质量。砖的外观质量应符合表6-2的规定。

表6-2 外观质量

项目	优等品	一等品	合格品
两条面高度差/mm,≤	2	3	4
弯曲/mm,≤	2	3	4
杂质凸出高度/mm,≤	2	3	4
缺棱掉角的3个破坏尺寸/mm，不得同时大于	5	20	30
裂纹长度/mm,≤ 大面上宽度方向及其延伸至条面上的长度 大面上长度方向及其延伸至顶面的长度或条、顶面上水平裂纹的长度	30 50	60 80	80 100
完整面不得少于	2条面和2顶面	1条面和1顶面	—
颜色	基本一致	—	—

注：1. 为装饰而施加的色差、凹凸纹、拉毛、压花等不算作缺陷。2. 凡有下列缺陷之一者，不得

称为完整面:a.缺损在条面或顶面上造成的破坏面尺寸同时大于 10 mm×10 mm;b.条面或顶面上裂纹宽度大于 1 mm,其长度超过 30 mm;c.压陷、粘底、焦花在条面或顶面上的凹陷或凸出超过 2 mm,区域尺寸同时大于 10 mm×10 mm。

(3)强度。强度应符合表 6-3 的规定。

表 6-3 强度标准

强度等级	抗压强度平均值 $\bar{f}$,≥	变异系数 δ≤0.21 强度标准值 f_k,≥	变异系数 δ>0.21 单块最小抗压强度值 f_{min},≥
MU30	30.0	22.0	25.0
MU25	25.0	18.0	22.0
MU20	20.0	14.0	16.0
MU15	15.0	10.0	12.0
MU10	10.0	6.5	7.5

(4)抗风化性能。

①风化区的划分。严重风化区包括黑龙江省、吉林省、辽宁省、内蒙古自治区、新疆维吾尔自治区、宁夏回族自治区、甘肃省、青海省、陕西省、山西省、河北省、北京市和天津市;非严重风化区包括山东省、河南省、安徽省、江苏省、湖北省、江西省、浙江省、四川省、贵州省、湖南省、福建省、台湾省、广东省、广西壮族自治区、海南省、云南省、西藏自治区、上海市和重庆市。

说明:a.风化区用风化区指数进行划分。b.风化指数是指日气温从正温降至负温或负温升至正温的每年平均天数与每年从霜冻之日起至霜冻消失之日止这一期间降雨总量(以 mm 计)的平均值的乘积。c.风化指数大于等于 12700 为严重风化区,风化指数小于 12700 为非严重风化区。d.各地如有可靠数据,也可按计算的风化指数划分本地区的风化区。e.上述未统计香港特别行政区和澳门特别行政区。

②严重风化区中的前 5 个地区的砖必须进行冻融试验,其他地区砖的抗风化性能符合表 6-4 规定时不做冻融试验,否则必须进行冻融试验。

表 6-4 抗风化性能

砖的种类项目	严重风化区 5 h 煮沸吸水率/%,≤		饱和系数,≤		非严重风化区 5 h 煮沸吸水率/%,≤		饱和系数,≤	
	平均值	单块最大值	平均值	单块最大值	平均值	单块最大值	平均值	单块最大值
黏土砖	18	20	0.85	0.87	19	20	0.88	0.90
粉煤灰砖	21	23			23	25		
页岩砖	16	18	0.74	0.77	18	20	0.78	0.80
煤矸石砖	16	18			18	20		

注:粉煤灰掺入量(体积比)小于30%时,按黏土砖规定判定。

③冻融试验后,每块砖样不允许出现裂纹、分层、掉皮、缺棱、掉角等冻坏现象;质量损失不得大于2%。

(5)泛霜。每块砖样应符合下列规定:优等品:无泛霜;一等品:不允许出现中等泛霜;合格品:不允许出现严重泛霜。

(6)石灰爆裂。

①优等品不允许出现最大破坏尺寸大于2 mm的爆裂区域。

②一等品。最大破坏尺寸大于2 mm且小于等于10 mm的爆裂区域,每组砖样不得多于15处。不允许出现最大破坏尺寸大于10 mm的爆裂区域。

③合格品。最大破坏尺寸大于2 mm且小于等于15 mm的爆裂区域,每组砖样不得多于15处,其中大于10 mm的不得多于7处。不允许出现最大破坏尺寸大于15 mm的爆裂区域。

(7)欠火砖、酥砖和螺旋纹砖。产品中不允许有欠火砖、酥砖和螺旋纹砖。

(8)配砖和装饰砖。与烧结普通砖规格相同的装饰砖的技术要求同烧结普通砖。为增强装饰效果,装饰砖可制成本色、一色或多色,装饰面也可以是砂面、光面、压花等墙面装饰作用的图案。

(9)放射性物质。砖的放射性物质应符合GB 6566—2012的规定。

6. 试验方法

(1)尺寸偏差。检验样品数为20块,按GB/T 2542—2012规定的检验方法进行。其中每一尺寸测量不足0.5 mm按0.5 mm计,每一方向尺寸以两个测量值的算术平均值表示。

样本平均偏差是20块试样中同一方向40个测量尺寸的算术平均值减去其公称尺寸的差值,样本极差是抽检的20块试样中同一方向40个测量尺寸中最大测量值与最小测量值之差值。

(2)外观质量。按GB/T 2542—2012规定的检验方法进行。颜色的检验方法:抽试样20块,装饰面朝上,随机分两排并列,在自然光下距离试样2 m处目测。

(3)强度。

①强度试验。按GB/T 2542—2012规定的方法进行。其中试样数量为10块,加荷速度为(5+0.5) kN/s。试验后按下面两式分别计算出强度变异系数 δ 和标准差 s。

$$\delta = \frac{s}{f}$$

$$s = \sqrt{\frac{1}{9}\sum_{i=1}^{10}(f_i - \overline{f})^2}$$

式中:

δ——砖强度变异系数,精确至 0.01;

s——10 块试样的抗压强度标准差,单位为兆帕(MPa),精确至 0.01;

$\overline{f}$——10 块试样的抗压强度平均值,单位为兆帕(MPa),精确至 0.01;

f_i——单块试样抗压强度测定值,单位为兆帕(MPa),精确至 0.01。

②结果计算与评定。

a. 平均值-标准值方法评定。变异系数 $\delta \leqslant 0.21$ 时,按表 6-3 中抗压强度平均值 $\overline{f}$、强度标准值 f_k 评定砖的强度等级。样本量 $n=10$ 时的强度标准值按下式计算。

$$f_k = \overline{f} - 1.83\,s$$

式中:

f_k——强度标准值,单位为兆帕(MPa),精确至 0.1。

b. 平均值-最小值方法评定。变异系数 $\delta > 0.21$ 时,按表 6-3 中抗压强度平均值 $\overline{f}$、单块最小抗压强度值 $f_{\min}$ 评定砖的强度等级,单块最小抗压强度值精确至 0.1 MPa。

(4)冻融试验。试样数量为 5 块,按 GB/T 2542—2012 规定的试验方法进行。

(5)石灰爆裂、泛霜、吸水率和饱和系数试验按 GB/T 2542—2012 规定的试验方法进行。

(6)放射性物质。按 GB 6566—2010 规定的试验方法进行。

7. 检验规则

(1)检验分类。产品检验分为出厂检验和型式检验。

①出厂检验。出厂检验项目包括尺寸偏差、外观质量和强度等级。每批出厂产品必须进行出厂检验,外观质量检验在生产厂内进行。

②型式检验。型式检验项目包括 GB/T 5101 要求的全部项目。有下列情况之一者,应进行型式检验:新厂生产试制定型检验;正式生产后,原材料、工艺等发生较大的改变,可能影响产品性能时;正常生产时,每半年进行一次(放射性物质一年进行一次);出厂检验结果与上次型式检验结果有较大差异时;国家质量监督机构提出进行型式检验时。

(2)批量。检验批的构成原则和批量大小按 JC/T 466 的规定。3.5 万~15 万块为一批,不足 3.5 万块按一批计。

(3)抽样。

①外观质量检验的试样采用随机抽样法,在每一检验批的产品堆垛中抽取。

②尺寸偏差检验和其他检验项目的样品用随机抽样法从外观质量检验后的样品中抽取。

③抽样数量见表 6-5。

表 6-5　抽样数量(单位:块)

序号	检验项目	抽样数量
1	外观质量	$50(n_1=n_2=50)$
2	尺寸偏差	20
3	强度等级	10
4	泛霜	5
5	石灰爆裂	5
6	吸水率和饱和系数	5
7	冻融	5
8	放射性	4

(4)判定规则。

①尺寸偏差。尺寸偏差应符合表 6-1 相应等级的规定。

②外观质量。外观质量采用 JC/T 466 二次抽样方案,根据表 6-2 规定的质量指标,检查出其中不合格品数 d_1,按下列规则判定:$d_1 \leqslant 7$ 时,外观质量合格;$d_1 \geqslant 11$ 时,外观质量不合格;$d_1 > 7$ 且 $d_1 < 11$ 时,需再次从该产品批中抽样 50 块检验,检查出不合格品数 d_2,按下列规则判定:$(d_1 + d_2) \leqslant 18$ 时,外观质量合格;$(d_1 + d_2) \geqslant 19$ 时,外观质量不合格。

③强度。强度的试验结果应符合表 6-3 的规定,低于 MU10 判为不合格。

④总判定。

a.出厂检验质量等级的判定按出厂检验项目和在时效范围内最近一次型式检验中的抗风化性能、石灰爆裂及泛霜项目中最低质量等级进行判定。其中有一项不合格,则判为不合格。

b.型式检验质量等级的判定中,强度、抗风化性能和放射性物质合格,按尺寸偏差、外观质量、泛霜、石灰爆裂检验中最低质量等级判定。其中有一项不合格,则判该批产品质量不合格。

c.外观检验中有欠火砖、酥砖和螺旋纹砖,则判该批产品不合格。

8. 标志、包装、运输和储存

(1)标志。产品出厂时,必须提供产品质量合格证。产品质量合格证的主要内容包括生产厂名、产品标记、批量及编号、证书编号、本批产品实测技术性能和生产日期等,由检验员和承检单位签章。

(2)包装。根据用户需求按品种、强度、质量等级、颜色分别包装,包装应牢固,保证运输时不会摇晃碰坏。

(3)运输。产品装卸时要轻拿轻放,避免碰撞摔打。

(4)储存。产品应按品种、强度等级、质量等级分别整齐堆放,不得混杂。

(二)空心砖

1. 概念

空心砖是指具有一定孔洞率(孔洞总面积占所在砖面积的百分率)的黏土质砖块,其长度一般为 240 mm,最多不超过 300 mm,孔洞率一般在 15% 以上,如图 6-2 所示。

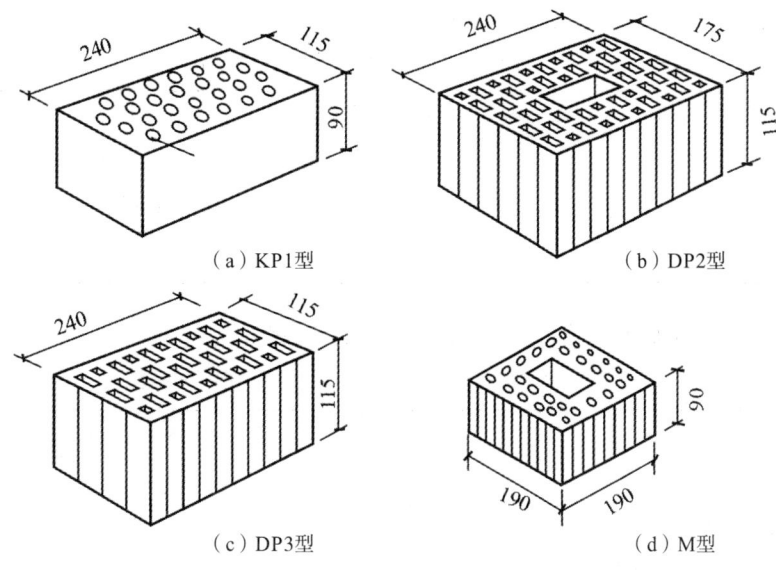

图 6-2 多孔砖规格尺寸

2. 分类

空心砖按其用途可大致分为承重空心砖、非承重空心砖、拱壳空心砖、楼板空心砖、梁空心砖、墙板空心砖、配筋空心砖、吸声空心砖和花格空心砖等,其中最主要和应用最多的是承重空心砖和非承重空心砖。

(1)承重空心砖。

①性能。

a.承重空心砖的主要力学性能见表 6-6。

表 6-6 承重空心砖的主要力学性能

强度等级	抗压强度/MPa		抗折荷载/kg	
	5 块平均值不小于	单块平均值不小于	5 块平均值不小于	单块平均值不小于
MU20	20	14	945	615
MU15	15	10	735	475
MU10	10	6	530	310
MU7.5	7.5	4.5	430	260

注:1.若试验结果的数值中,有一项达不到强度等级要求的四个指标之一者,应予降号。2.空心砖的抗折荷载是由试验值根据不同规格进行换算而得的,换算方法见 GB/T 2542—2012《砌墙砖试验方法》中的规定。3.空心砖的强度等级不得低于 MU7.5。

b.承重空心砖的抗冻性能要求是:经抗冻试验后,试件中任何一块不得出现明显的分层、剥落等现象;经抗冻试验后,空心砖的强度等级不得低于要求的强度等级。

②规格。

a.承重空心砖的规格主要有三种,见表 6-7。

表 6-7 承重空心砖的规格

代号	长/mm	宽/mm	高/mm	备注
KM1	190	190	90	
KP1	240	115	90	参照 GB/T 13545—2014
KP2	240	185	115	

b.承重空心砖的尺寸偏差及外观质量要求见表 6-8。

表 6-8 承重空心砖的尺寸偏差及外观质量要求

项目	指标/mm	
	一等品	二等品
尺寸允许偏差不大于: ①尺寸为 240 mm、190 mm、180 mm; ②尺寸为 115 mm; ③尺寸为 90 mm	±5 ±4 ±3	±7 ±5 ±4
完整面不得少于: 凡有下列缺陷之一者,不能称为完整面: ①缺棱、掉角在条、顶面上造成的破坏面同时大于 20 mm×30 mm; ②裂缝宽度超过 1 mm,其长度超过 70 mm; ③有严重的焦花、粘底	1 条面和 1 顶面	1 条面或 1 顶面
缺棱、掉角的 3 个破坏尺寸不得同时大于	30	40
裂纹的长度不得大于: ①大面上深入孔壁 15 mm 以上的宽度方向裂纹; ②大面上深入孔壁 15 mm 以上的长度方向裂纹; ③条、顶面上的水平裂纹	100 120 120	140 160 160
杂质在砖面上造成的凸出高度不大于	5	5
混等率(指本等级中混入该等以下各等级产品的百分数)不得超过	10%	10%

(2)非承重空心砖。

①性能。

a.非承重空心砖的力学性能见表 6-9。

表 6-9 非承重空心砖的力学性能

受压方向	抗压强度/MPa	
	5 块平均值	其中最小值
大面受压	≥3	≥2.5
条面受压	≥2.5	≥2.0

b. 非承重空心砖的抗冻性与承重空心砖的要求相同。

② 规格。

a. 非承重空心砖的规格主要有两种,见表 6-10。

表 6-10 非承重空心砖的主要规格

代号	规格分类	长/mm	宽/mm	高/mm	备注
KF1	主规格	240	240	115	①参照 GB/T 24492—2009;
	副规格	115	240	115	②主、副规格的数量比例为 20∶1

b. 非承重空心砖的尺寸偏差及外观质量要求见表 6-11。

表 6-11 非承重空心砖的尺寸偏差及外观质量要求

项目	指标
完整面不得少于: 凡有下列缺陷之一者,不能称为完整面: ①缺棱、掉角在条、顶面上造成的破坏面同时大于 20 mm×30 mm; ②裂缝宽度超过 1 mm,其长度超过 100 mm	1 条面和 1 大面
缺棱、掉角的 3 个破坏尺寸不得同时大于	40 mm
裂纹不得大于: ①在大面上 沿宽度方向开裂 沿长度方向开裂 ②在条面上 沿高度方向开裂 沿长度方向开裂 ③孔壁裂通之裂纹 沿砖长度方向延伸,裂纹不得大于	 80 mm,2 处 100 mm,1 处 60 mm,2 处 100 mm,1 处 1 处
内壁残缺(以砖长度方向全部断壁累积)不大于	80 mm
大面翘曲不大于	3 mm
条面翘曲不大于	3 mm
边棱圆角 R 不大于	2 mm
混等率(即在合格品混有等外品的百分数)不大于	15%
杂质在砖面上造成的凸出高度不大于	≤2%

二、砌块砌体材料

(一)普通混凝土小型空心砌块

1. 分级
(1)按尺寸偏差及外观质量分为优等品(A)、一等品(B)和合格品(C)。

(2)按强度等级分为 MU1.5、MU2.5、MU3.5、MU5.0、MU7.5、MU10.0、MU15.0、MU20.0。

2. 性能
①用于清水墙的砌块,其抗渗性应满足表 6-12 的规定。

表 6-12　普通混凝土小型空心砌块的抗渗性

项目名称	指标
水面下降高度	三块中任一块≥10 mm

(2)砌块的抗冻性应符合表 6-13 的要求。

表 6-13　普通混凝土小型空心砌块的抗冻性

使用环境条件		抗冻符号	指标
非采暖地区		不规定	—
采暖地区	一般环境	D15	强度损失≤25%
	干湿交替环境	D25	质量损失≤5%

注:非采暖地区是指最冷月份平均气温高于−5 ℃的地区;采暖地区是指最冷月份平均气温低于或等于−5 ℃的地区。

(3)砌块的抗压强度应符合表 6-14 的要求。

表 6-14　普通混凝土小型空心砌块的抗压强度

强度等级	抗压强度/MPa	
	平均值≥	单块最小值≥
MU1.5	1.5	1.2
MU2.5	2.5	2.0
MU3.5	3.5	2.8
MU5.0	5.0	4.0
MU7.5	7.5	6.0
MU10.0	10.0	8.0
MU15.0	15.0	12.0
MU20.0	20.0	16.0

(4)砌块的相对含水率应符合表 6-15 的要求。

表 6-15　普通混凝土小型空心砌块的相对含水率

干燥收缩率	潮湿	中等	干燥
≤0.03	46	40	35
0.03～0.045	40	35	30
0.045～0.065	35	30	25

注：潮湿是指年平均相对湿度大于75%的地区；中等是指年平均相对湿度在50%～75%的地区；干燥是指年平均相对湿度小于50%的地区。

3. 规格

(1)主规格尺寸为 390 mm×190 mm×190 mm，其他规格尺寸可由供需双方协商确定。

(2)最小外壁厚应不小于 30 mm，最小肋厚应不小于 25 mm。

(3)空心率应不小于 25%。

(4)尺寸允许偏差应符合表 6-16 的要求。

表 6-16　普通混凝土小型空心砌块的尺寸允许偏差

项目名称	尺寸允许偏差/mm	
	一等品	合格品
长度	±2	±3
宽度	±2	±3
高度	±2	±3

(5)产品标记按产品名称(代号 NHB)、强度等级、外观质量等级和标准编号的顺序进行标记。

标记示例：强度等级为 MU7.5、外观质量等级为优等品(A)的砌块标记为 NHB MU7.5 A GB 8239。

4. 外观质量

砌块的外观质量应符合表 6-17 的要求。

表 6-17　普通混凝土小型空心砌块的外观质量

项目名称		优等品(A)	一等品(B)	合格品(C)
弯曲/mm,≤		2	2	2
缺棱掉角	个数/个,≤	0	2	2
	三个方向投影尺寸的最小值,≤	0	20	30
裂纹延伸的投影尺寸累计/mm,≤		0	20	30

(二)轻集料混凝土小型空心砌块

1. 分级

(1)按孔的排数分为单排孔、双排孔、三排孔和四排孔四类。

(2)按密度等级分为 500、600、700、800、900、1000、1200、1400 八个等级。

(3)按强度等级分为 1.5、2.5、3.5、5.0、7.5、10.0 六个等级。

(4)按尺寸偏差允许及外观质量分为优等品(A)、一等品(B)和合格品(C)三个等级。

2. 性能

(1)吸水率不应大于 22%。不同吸水率时,相对含水率应符合表 6-18 的要求。

表 6-18　普通混凝土小型空心砌块的相对含水率

干燥收缩率	潮湿	中等	干燥
≤15	45	40	35
15~18	40	35	30
>18	35	30	25

注:潮湿是指年平均相对湿度大于 75% 的地区;中等是指年平均湿度在 50%~75% 的地区;干燥是指年平均相对湿度小于 50% 的地区。

(2)密度等级应符合表 6-19 的要求,其规定值允许最大偏差为 100 kg/m³。

表 6-19　轻集料混凝土小型空心砌块的密度等级

密度等级	砌块干燥表观密度的范围/(kg/m³)
500	≤500
600	510~600
700	610~700
800	710~800
900	810~900
1000	910~1000
1200	1010~1200
1400	1210~1400

(3)强度等级符合表 6-20 要求的为优等品或者一等品;密度等级范围不满足要求的为合格品。

表 6-20　轻集料混凝土小型空心砌块的强度等级

强度等级	抗压强度/MPa		密度等级范围/(kg/m³)
	平均值≥	单块最小值≥	
1.5	≥1.5	1.2	≤800
2.5	≥2.5	2.0	
3.5	≥3.5	2.8	≤1200
5.0	≥5.0	4.0	
7.5	≥7.5	6.0	≤1400
10.0	≥10.0	8.0	

(4)砌块的抗冻性应符合表 6-21 的要求。

表 6-21　轻集料混凝土小型空心砌块的抗冻性

使用环境条件		抗冻符号
非采暖地区		不规定
采暖地区	一般环境	D15
	干湿交替环境	D25

注:非采暖地区是指最冷月份平均气温高于-5 ℃的地区;采暖地区是指最冷月份平均气温低于或等于-5 ℃的地区。

(5)加入粉煤灰等火山灰质掺和料的小砌块,其碳化系数不应小于 0.8,软化系数不应小于 0.75。

3. 规格

(1)主规格尺寸为 390 mm×190 mm×190 mm,其他规格尺寸可由供需双方协定。

(2)尺寸允许偏差应符合表 6-22 的要求。

表 6-22　轻集料混凝土小型空心砌块的尺寸允许偏差

项目名称	尺寸允许偏差/mm	
	一等品	合格品
长度	±2	±3
宽度	±2	±3
高度	±2	+3、-4

注:最小外壁厚和肋厚不应小于 20 mm。

(3)轻集料混凝土小型空心砌块(LHB)按产品名称、分类、密度等级、质量等级和标准编号的顺序进行标记。

标记示例:密度等级为 600 级、强度等级为 1.5 级、质量等级为优等品的轻集料混凝土三排孔小砌块标记为 LHB 3 600 1.5A GB/T 15229。

4. 外观质量

外观质量应符合表6-23的要求。

表6-23 轻集料混凝土小型空心砌块的外观质量

项目名称	优等品(A)	一等品(B)	合格品(C)
缺棱掉角个数/个，≤	0	2	2
三个方向投影尺寸的最小值，≤	0	20	30
裂纹延伸的投影尺寸累计/mm，≤	0	20	30

(三)蒸压加气混凝土砌块(GB/T 11968—2006)

1. 分级

(1)按抗压强度分为 A1.0、A2.0、A2.5、A3.5、A5.0、A7.5、A10.0 七个级别。

(2)按体积密度分为 B03、B04、B05、B06、B07、B08 六个级别。

(3)按尺寸偏差与外观质量、体积密度及抗压强度分为优等品(A)、一等品(B)和合格品(C)三个等级。

2. 性能

(1)砌块的干燥收缩、抗冻性和导热系数(干态)应符合表6-24的规定。

表6-24 蒸压加气混凝土砌块的干燥收缩、抗冻性和导热系数

体积密度级别		B03	B04	B05	B06	B07	B08
干燥收缩	标准法/(mm/m)，≤	0.50					
	快速法/(mm/m)，≤	0.80					
抗冻性	质量损失/%，≤	5.0					
	冻后强度/MPa，≥	0.8	1.6	2.0	2.8	4.0	6.0
导热系数(干态)/[W/(m·K)]，≤		0.10	0.12	0.14	0.16	—	—

注：1.规定采用标准法、快速法测定砌块干燥收缩值，若测定结果发生矛盾不能判断时，则以标准法测定的结果为准。2.用于墙体的砌块，允许不测导热系数。

(2)砌块的抗压强度应符合表6-25的规定。

表6-25 蒸压加气混凝土砌块的抗压强度

强度级别	立方体抗压强度/MPa	
	平均值不小于	单块最小值不小于
A1.0	1.0	0.8
A2.0	2.0	1.6
A2.5	2.5	2.0

续表

强度级别	立方体抗压强度/MPa	
	平均值不小于	单块最小值不小于
A3.5	3.5	2.8
A5.0	5.0	4.0
A7.5	7.5	6.0
A10.0	10.0	8.0

(3)砌块的强度级别应符合表 6-26 的规定。

表 6-26　蒸压加气混凝土砌块的强度级别

体积密度级别		B03	B04	B05	B06	B07	B08
强度级别	优等品(A)	A1.0	A2.0	A3.5	A5.0	A7.5	A10.0
	一等品(B)			A3.5	A5.0	A7.5	A10.0
	合格品(C)			A2.5	A3.5	A5.0	A7.5

(4)砌块的干体积密度应符合表 6-27 的规定。

表 6-27　蒸压加气混凝土砌块的干体积密度

体积密度级别		B03	B04	B05	B06	B07	B08
体积密度/(kg/m³)	优等品(A),≤	300	400	500	600	700	800
	一等品(B),≤	330	430	530	630	730	830
	合格品(C),≤	350	450	550	650	750	850

3. 规格

(1)砌块的规格尺寸见表 6-28。若购货单位需要其他规格,可与生产厂家协商确定。

表 6-28　蒸压加气混凝土砌块的规格尺寸

砌块公称尺寸/mm			砌块制作尺寸/mm		
长度 L	宽度 B	高度 H	长度 L_1	宽度 B_1	高度 H_1
600	100 125 150 200 250 300	200 250	$L-10$	B	$H-10$
	120 180 240	300			

(2)按产品名称(代号 ACB)、强度级别、体积密度级别、规格尺寸、产品等级和标准编号的顺序进行标记。

标记示例:强度级别为 A3.5、体积密度级别为 B05、规格尺寸为 600 mm×200 mm×250 mm 的优等品蒸压加气混凝土砌块,其标记为 ACB A3.5 B05 600×200×250A GB/T 11968。

4. 外观质量

砌块的尺寸偏差和外观质量应符合表 6-29 的要求。

表 6-29 蒸压加气混凝土砌块的尺寸偏差和外观质量

项目		指标		
		优等品(A)	一等品(B)	合格品(C)
尺寸允许偏差/mm	长度 L_1	±3	±4	±5
	宽度 B_1	±2	±3	+3 −4
	高度 H_1	±2	±3	+3 −4
缺棱掉角	个数/个,≤	0	1	2
	最大尺寸/mm,≤	0	70	70
	最小尺寸/mm,≤	0	30	30
平面弯曲/mm,≤		0	3	5
裂纹	条数/条,≤	0	1	2
	任一面上的裂纹长度不得大于裂纹方向尺寸的	0	1/3	1/2
	贯穿一棱二面的裂纹长度不得大于裂纹所在面的裂纹方向尺寸总和的	0	1/3	1/2
爆裂和损坏深度不得大于/mm		10	20	30
表面疏松、层裂		不允许有		
表面油污		不允许有		

(四)粉煤灰砌块(JC/T 862—2008)

1. 分级

(1)砌块的强度等级按其立方体试件的抗压强度分为 10 级和 13 级。

(2)砌块按其外观质量、尺寸偏差和干缩性能分为一等品(B)和合格品(C)。

2. 性能

(1)砌块的立方体抗压强度、碳化后强度、抗冻性能和密度应符合表 6-30 的规定。

表 6-30　粉煤灰砌块的立方体抗压强度、碳化后强度、抗冻性能和密度

项目	指标	
	10 级	13 级
抗压强度/MPa	3 块试件平均值≥10.0 单块最小值为 8.0	3 块试件平均值≥13.0 单块最小值为 10.5
人工碳化后的强度/MPa	≥6.0	≥7.5
抗冻性	冻融循环结束后,外观无明显疏松、剥落或裂缝;强度损失≥20%	
密度/(kg/m³)	不超过设计密度的 10%	

(2)砌块的干缩值应符合表 6-31 的规定。

表 6-31　粉煤灰砌块的干缩值

一等品(B)	合格品(C)
≤0.75	≤0.9

3. 规格

(1)砌块的主要规格外形尺寸为 880 mm×380 mm×240 mm 和 880 mm×430 mm×240 mm。如生产其他规格砌块,可由供需双方协定。

(2)砌块端面应加灌浆槽,坐浆面宜设抗剪槽。

(3)砌块的外观质量和尺寸允许偏差应符合表 6-32 的规定。

表 6-32　粉煤灰砌块的外观质量和尺寸允许偏差

	项目	指标	
		一等品(B)	合格品(C)
外观质量	表面疏松	不允许有	
	贯穿面棱的裂缝	不允许有	
	任一面上的裂纹长度不得大于裂纹方向尺寸的	1/3	
	石灰团、石膏团	直径大于 5 mm 的不允许	
	粉煤灰团、空洞的爆裂	直径大于 30 mm 的不允许	直径大于 50 mm 的不允许
	局部突起高度/mm,≤	10	15
	翘曲/mm,≤	6	8
	缺棱掉角在长、宽、高三个方向上的投影的最大值/mm,≤	30	50
	高低差/mm 长度方向	6	8
	宽度方向	4	6

续表

项目		指标	
		一等品(B)	合格品(C)
尺寸允许偏差/mm	长度	+4 -6	+5 -10
	高度	+4 -6	+5 -10
	宽度	±3	±6

(4)砌块按产品名称、规格、强度等级、产品等级和标准标号的顺序进行标记。标记示例：

①砌块的规格尺寸为 880 mm×380 mm×240 mm,强度等级为 10 级,产品等级为一等品(B)时,标记为 FB880×380×240-10B-JC 238。

②砌块的规格尺寸为 880 mm×430 mm×240 mm,强度等级为 13 级,产品等级为合格品(C)时,标记为 FB880×430×240-13C-JC 238。

4. 外观质量

砌块的外观质量应符合表 6-32 的规定。

三、石材砌体材料

常用的建筑装饰石材可分为天然石材和建筑石材两类。天然石材是将开采来的岩石,对其形状、尺寸和表面质量三个方面进行一定的加工处理后所得到的材料。建筑石材是指主要用于建筑工程砌筑或装饰的天然石材,砌筑用石材有毛石和料石之分,装饰用石材主要指各种形状和品种的天然石质板材。

(一)毛石

毛石又称片石或块石,它是由爆破直接获得的石块。依据其平整程度又分为乱毛石和平毛石两类。

1. 乱毛石

乱毛石形状不规则,一般在一个方向的长度为 300~400 mm,质量为 20~30 kg,其中部厚度一般不宜小于 150 mm,乱毛石主要用于砌筑基础、勒脚、墙身、堤坝、挡土墙壁等,也可作毛石混凝土的集料。

2. 平毛石

平毛石是乱毛石略经加工而成的。它的形状较乱毛石整齐,其形状基本上有六个面,但表面粗糙,中部厚度不小于 200 mm。平毛石常用于砌筑基础、墙身、勒脚、桥墩、涵洞等。

(二)料石

料石又称条石,是由人工或机械开采出的较规则的六面体石块,略经加工凿琢而成。按其加工后的外形规则程度,分为毛料石、粗料石、半细料石和细料石四种。

1. 毛料石

毛料石的外形大致方正,一般不加工或仅稍加修整即可,高度应不小于 200 mm,叠砌面凹入深度不大于 25 mm。

2. 粗料石

粗料石的截面宽度、高度应不小于 200 mm,并且不小于长度的 1/4,叠砌面凹入深度不大于 20 mm。

3. 半细料石

半细料石的规格尺寸同粗料石,但叠砌面凹入深度应不大于 15 mm。

4. 细料石

通过细加工的细料石外形规则,规格尺寸同粗料石,但叠砌面凹入深度应不大于 10 m。

上述料石常由砂岩、花岗岩等质地比较均匀的岩石开采琢制,至少应有一个面的角整齐,以便互相合缝。它们主要用于砌筑墙身、踏步、地坪、拱和纪念碑;形状复杂的料石制品,可用于柱头、柱脚、楼梯踏步、窗台板、栏杆和其他装饰面等。

(三)饰面石材

1. 天然花岗岩石材

建筑装饰工程上所指的花岗石是指以花岗岩为代表的一类装饰石材,包括各类以石英、长石为主要组成矿物,并含有少量云母和暗色矿物的岩浆岩和花岗质的变质岩,如花岗岩、辉绿岩、辉长岩、玄武岩、橄榄岩等。从外观特征看,花岗石常呈整体均粒状结构,称为花岗结构。

(1)特性。花岗石构造致密、强度高、密度大、吸水率极低、质地坚硬、耐磨,属酸性硬石材。花岗石的化学成分有 SiO_2、Al_2O_3、CaO、MgO、Fe_2O_3 等,其中 SiO_2 的含量约为 60%,因此其耐酸、抗风化、耐久性好,使用年限长。花岗石所含的石英在高温下会发生晶变,体积膨胀而开裂,因此不耐火。

(2)分类、等级及技术要求。天然花岗石板材按形状可分为毛光板(MG)、普型板(PX)、圆弧板(HM)和异型板(YX)四类;按其表面加工程度可分为细面板(YG)、镜面板(JM)和粗面板(CM)三类。根据《天然花岗石建筑板材》(GB/T 18601—2009)的规定,毛光板(按厚度偏差、平面度公差、外观质量等)、普型板(按规格尺寸偏差、平面度公差、角度公差及外观质量等)、圆弧板(按规格尺寸偏差、直线度公差、线轮廓度公差及外观质量等)均分为优等品(A)、一等品(B)和合格品(C)三个等级。

天然花岗石板材的技术要求包括规格尺寸允许偏差、平面度允许公差、角度允许公差、外观质量和物理性能等。

(3)天然放射性。天然石材中的放射性是引起普遍关注的问题。但经检验证明,绝大多数的天然石材中所含放射物质极微,不会对人体造成任何危害。但部分花岗石产品放射性指标超标,会在长期使用过程中对环境造成污染,因此有必要限制其使用。根据《建筑材料放射性核素限量》(GB 6566—2010)的规定,装修材料(花岗石、建筑陶瓷、石膏制品等)按天然放射性核素(镭-226、钍-232、钾-40)的放射性比活度及外照射指数的限值分为 A、B、C 三类。其中,A 类产品的产销与使用范围不受限制;B 类产品不可用于 1 类民用建筑的内饰面,但可用于 1 类民用建筑的外饰面及其他一切建筑物的内、外饰面;C 类产品只可用于一切建筑物的外饰面。

放射性水平超过限值的花岗石和大理石产品,其中的镭、钍等放射元素衰变过程中将产生天然放射性气体氡,氡是一种无色、无味、感官不能觉察的气体,特别易在通风不良的地方聚集,可导致肺、血液、呼吸道发生病变。

目前国内使用的众多天然石材产品,大部分是符合 A 类产品要求的,但不排除有少量的 B 类、C 类产品,因此,装饰工程中应选用经过放射性测试并获得放射性产品合格证的产品。此外,在使用过程中,还应经常打开居室门窗,促进室内空气流通,使氡稀释,达到减少污染的目的。

(4)应用。花岗石板材主要应用于大型公共建筑或装饰等级要求较高的室内外装饰工程。花岗石因不易风化,外观色泽可保持百年以上,所以粗面和细面板材常用于室外地面、墙面、柱面、勒脚基座、台阶等,镜面板材主要用于室内外地面、墙面、柱面、台面、台阶等,并且特别适宜做大型公共建筑大厅的地面。

2. 天然大理石板材

建筑装饰工程上所指的大理石是广义的,除指大理岩外,还泛指具有装饰功能,可以磨平抛光的各种碳酸盐岩和与其有关的变质岩,如石灰岩、白云岩、钙质砂岩等。大理石板材的主要成分为碳酸盐矿物。

(1)特性。天然大理石质地较密实、抗压强度较高、吸水率低、质地较软,属碱性中硬石材。天然大理石易加工、开光性好,常被制成抛光板材,其色调丰富、材质细腻,极富装饰性。

大理石的化学成分有 CaO、MgO、SiO_2 等,其中 CaO 和 MgO 的总量占 50% 以上,故大理石属碱性石材。在大气中受硫化物及水汽形成的酸雨长期的作用下,大理石容易发生腐蚀,造成表面强度降低、变色掉粉、失去光泽,影响其装饰性能。所以除少数大理石,如汉白玉、艾叶青等质纯、杂质少、比较稳定、耐久的板材品种可用于室外以外,绝大多数大理石板材只适宜用于室内。

(2)分类、等级及技术要求。天然大理石板材按形状分为普型板(PX)和圆弧板(HM)。国际和国内板材的通用厚度为 20 mm，亦称为厚板。随着石材加工工艺的不断改进，厚度较小的板材也开始应用于装饰工程，常见的有 10 mm、8 mm、7 mm、5 mm 等规格，亦称为薄板。

根据《天然大理石建筑板材》(GB/T 19766—2016)的规定，天然大理石板材按板材的规格尺寸偏差、平面度公差、角度公差及外观质量分为优等品(A)、一等品(B)和合格品(C)三个等级。

天然大理石板材的技术要求包括规格尺寸允许偏差、平面度允许公差、角度允许公差、外观质量和物理性能等。

天然大理石、花岗石板材采用"平方米"计量，出厂板材均应注明品种代号标记、商标、生产厂名等。配套工程用材料应在每块板材侧面标明其图纸编号。包装时应将光面相对，并按板材的品种、规格、等级分别包装。运输搬运过程中应严禁滚摔碰撞。板材直立码放时，倾斜角不大于 15°；平放时地面必须平整，垛高不高于 1.2 m。

(3)应用。天然大理石板材是装饰工程的常用饰面材料，一般用于宾馆、展览馆、剧院、商场、图书馆、机场、车站、办公楼、住宅等工程的室内墙面、柱面、服务台、栏板、电梯间门口等部位。由于其耐磨性相对较差，虽然也可用于室内地面，但不宜用于人流量较多场所的地面。由于大理石耐酸腐的能力较差，故除个别品种外，一般只适用于室内。

3. 青石板材

青石板属于沉积岩类(砂岩)，其主要成分为石灰石和白云石。随着岩石深埋条件的不同和其他杂质(如铜、铁、锰、镍等金属的氧化物)的混入，形成多种色彩。青石板质地密实、强度中等、易于加工，可采用单工艺制成薄板或条形材。青石板材是理想的建筑装饰材料，可用于建筑物墙、地坪铺贴及庭园栏杆(板)、台阶等，具有古建筑的独特风格。

常用青石板的色泽为豆青色、深豆青色以及青色带灰白结晶颗粒等多种。青石板根据加工工艺的不同分为粗毛面板、细毛面板和剁斧板等多种，还可根据建筑意图加工成光面(磨光)板。青石板的主要产地有浙江台州、江苏苏州、北京石景山区等。

青石板以"立方米"或"平方米"计量，其包装、运输、储存条件类似于花岗石板材。

4. 人造饰面石材

人造饰面石材是采用无机或有机胶凝材料作为胶剂，以天然砂、碎石、石粉或工业渣等为粗、细填充料，经成形、固化、表面处理而成的一种人造材料。它一般具有质量轻、强度大、厚度薄、色泽鲜艳、花色繁多、装饰性好、耐腐蚀、耐污染、便于施工、价格较低等特点。按照所用材料和制造工艺的不同，可把人造饰面石材分为水泥型人造石材、聚酯型人造石材、复合型人造石材、烧结型人造石材和微晶玻璃型人造石材等。其中，聚酯型人造石材和微晶玻璃型人造石材是目前应用较多的人造饰面石材,适用于室内外墙面、地面、柱面、台面等。

(四)饰面石材的检验

饰面石材的检验分为出厂检验和型式检验。有下列情况之一时,应进行型式检验:新建厂投产;荒料、生产工艺有重大改变;正常生产时,每年进行一次。其相关检验要求见表 6-33、表 6-34 和表 6-35。

表 6-33　饰面石材出厂检验

名称	检验参数		抽样	判定
天然花岗石建筑板材	毛光板	厚度偏差	同一品种、同一类别、同一供货批的为一批;或按连续安装部位的板材为一批。根据表 6-34 抽取样本	单块板材的所有检测结果均符合技术要求中相应等级时,则判定该块板材符合该等级。根据样本检验结果,若样本中发现的等级不合格品数小于或等于合格判定数(Ac),则判定该批符合该等级;若样本中发现的等级不合格品数大于或等于不合格判定数(Re),则判定该批不符合该等级
		平面度公差		
		镜向光泽度		
		外观质量		
	普型板	规格尺寸偏差		
		平面度公差		
		角度公差		
		镜向光泽度		
		外观质量		
	圆弧板	规格尺寸偏差		
		角度公差		
		直线度公差		
		线轮廓公差		
		外观质量		
天然大理石建筑板材	普型板	规格尺寸偏差	同一品种、同一类别、同一供货批的为一批;或按连续安装部位的板材为一批。根据表 6-34 抽取样本	单块板材的所有检测结果均符合技术要求中相应等级时,则判定该块板材符合该等级。根据样本检验结果,若样本中发现的等级不合格品数小于或等于合格判定数(Ac),则判定该批符合该等级;若样本中发现的等级不合格品数大于或等于不合格判定数(Re),则判定该批不符合该等级
		平面度公差		
		角度公差		
		镜向光泽度		
		外观质量		
	圆弧板	规格尺寸偏差		
		角度公差		
		直线度公差		
		线轮廓公差		
		镜向光泽度		
		外观质量		

表 6-34 饰面石材抽取数量(单位:块)

批量范围	样本数	合格判定数(Ac)	不合格判定数(Re)
≤25	5	0	1
26~50	8	1	2
51~90	13	2	3
91~150	20	3	4
151~280	32	5	6
281~500	50	7	8
501~1200	80	10	11
1201~3200	125	14	15
≥3201	200	21	22

表 6-35 饰面石材型式检验

名称	检验参数	抽样	判定
天然花岗石建筑板材	加工质量	同出厂检验	同出厂检验
	外观质量		
	体积密度	从检验批中随机抽取双倍数量样品	试验结果均符合相应技术要求,则判定该板材以上项目合格;有两项及以上不符合相应技术要求时,则判定该批板材为不合格;有一项不符合相应技术要求时,利用备样对该项目进行复验,复验结果合格时,则判定该批板材以上项目合格,否则判定该批板材为不合格
	吸水率		
	压缩强度		
	弯曲强度		
	耐磨性		
	放射性		
天然大理石建筑板材	加工质量	同出厂检验	同出厂检验
	外观质量		
	体积密度	从荒料上制取	有一项不符合相应技术要求时,则判定该批板材为不合格
	吸水率		
	干燥压缩强度		
	弯曲强度		
	耐磨性		
	放射性		

四、砌筑砂浆

(一)砂浆的定义与分类

《建筑材料术语标准》(JGJ/T 191—2009)规定,砂浆是以胶凝材料、细骨料、掺和料(可以是矿物掺和料、石灰膏、电石膏、黏土膏等的一种或多种)和水等为主要原材料经混合、硬化后具有一定强度的工程材料。适用于民用与一般工业建(构)筑物的砌筑、抹灰、地面及一般防水工程的砂浆为普通建筑砂浆。

1. 按用途分类

根据《普通建筑砂浆技术导则》(RISN—TG008—2010),普通建筑砂浆按用途可分为砌筑砂浆(图6-3)、抹灰砂浆(图6-4)、地面砂浆(图6-5)和防水砂浆(图6-6),并可采用表6-36的代号表示。

图 6-3 砌筑砂浆　　　　图 6-4 抹灰砂浆

 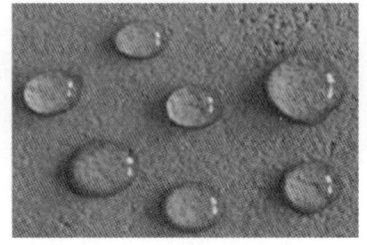

图 6-5 地面砂浆　　　　图 6-6 防水砂浆

表 6-36 普通建筑砂浆的代号

品种	砌筑砂浆	抹灰砂浆	地面砂浆	防水砂浆
代号	M	P	S	W

砌筑砂浆是将砖、石、砌块等块材黏结成砌体的砂浆。砌筑砂浆在建筑工程中用量大,起黏结、垫层及传递应力的作用。

《抹灰砂浆技术规程》(JGJ/T 220—2010)规定,抹灰砂浆是指将水泥、细骨料和水以及根据性能确定的其他组分按规定比例拌和在一起配制成的砂浆。抹灰砂浆大面积涂抹于建筑物表面,具有保护和找平基体、满足使用要求和增加美观的作用。

《聚合物水泥防水砂浆》(JC/T 984—2011)规定,防水砂浆是以水泥、细骨料为主要组分,以聚合物乳液或可再分散乳胶粉为改性剂,添加适量助剂混合制成的具有防水功能的砂浆。

2. 按生产方式分类

普通建筑砂浆按生产方式可分为现场拌制砂浆(图 6-7)和预拌砂浆(图 6-8)。现场拌制砂浆是指在施工现场将水泥、细骨料、水及根据需要加入的外加剂、掺和料等组分,按一定比例计量、拌制而成的拌和物。

图 6-7　现场拌制砂浆　　　　图 6-8　预拌砂浆

现场拌制砂浆可采用表 6-37 的代号表示。

表 6-37　现场拌制砂浆的代号

品种	砌筑砂浆	抹灰砂浆	地面砂浆	防水砂浆
代号	SM	SP	SS	SW

预拌砂浆又可分为干混砂浆和湿拌砂浆。干混砂浆是在专业生产厂将干燥的原材料按比例混合,运至使用地点、交付后再加水(或配套组分)拌和使用的砂浆。湿拌砂浆是在搅拌站生产的、在规定时间内运送并使用、交付时处于拌和物状态的砂浆。

3. 按所用胶凝材料分类

根据所用胶凝材料的不同,普通建筑砂浆可分为水泥砂浆、石灰砂浆和水泥混合砂浆(常指水泥石灰混合砂浆)。水泥砂浆是以水泥、细骨料和水为主要原材料,也可根据需要加入矿物掺和料并配制而成的砂浆。石灰砂浆是以石灰膏、细骨料和水为主要原材料,也可根据需要加入矿物掺和料并配制而成的砂浆。水泥混合砂浆是以水泥、细骨料和水为主要原材料,并加入石灰膏、电石膏、黏土膏中的一种或几种,也可根据需要加入矿物掺和料并配制而成的砂浆。

(二)砂浆的组成

砂浆的组成材料包括胶凝材料、细骨料、掺和料、水和外加剂。

(三)建筑砂浆的进场检验与复试

根据《砌体结构工程施工质量验收规范》(GB 50203—2011),每一检验批且不超过 250 m³ 砌体的各类、各强度等级的普通砌筑砂浆,每台搅拌机应至少抽检一次。验收批的预拌砂浆、蒸压加气混凝土砌块专用砂浆,抽检可分为 3 组。

检验方法:在砂浆搅拌机出料口或湿拌砂浆的储存容器出料口随机取样制作砂浆试块(现场拌制的砂浆,同盘砂浆只应制作 1 组试块),试块标养 28 d 后做强度试验,预拌砂浆中的湿拌砂浆稠度应在进场时取样检验。

砌筑砂浆的验收批,同一类型、强度等级的砂浆试块不应少于 3 组;对于建筑结构的安全等级为一级或设计使用年限为 50 年及以上的房屋,同一验收批砂浆试块的数量不得少于 3 组。当砂浆试块数量不足 3 组时,其强度的代表性较差,验收也存在较大风险,如只有 1 组试块时,其错判概率至少为 30%。

当施工中或验收时出现下列情况时,可采用现场检验方法对砂浆或砌体强度进行实体检测,并判定其强度:砂浆试块缺乏代表性或试块数量不足;对砂浆试块的试验结果有怀疑或有争议;砂浆试块的试验结果不能满足设计要求;发生工程事故,需要进一步分析事故原因。

五、石膏

1. 石膏的定义与分类

石膏是一种以硫酸钙($CaSO_4$)为主要成分的气硬性无机胶凝材料,其品种见表 6-38,其中建筑石膏和高强石膏在建筑工程中应用较多。

表 6-38 石膏的品种

石膏品种	成分
建筑石膏	β 型半水石膏磨细而成
模型石膏	杂质含量少、色白的 β 型半水石膏磨细而成
高强石膏	α 型半水石膏磨细而成
粉刷石膏	β 型半水石膏与 Ⅱ 型半水石膏的混合物,加入外加剂,也可加入集料
高温煅烧石膏	天然二水石膏或天然硬石膏在 800~1000 ℃下煅烧,使部分 $CaSO_4$ 分解出 CaO,磨细而成
无水石膏水泥	人工在 600~750 ℃下煅烧二水石膏制得的硬石膏或天然硬石膏,加入适量激发剂混合磨细而成

2. 建筑石膏的验收、储运及保管

建筑石膏的验收、储运及保管见表 6-39。

表 6-39　建筑石膏的验收、储运及保管

验收	储运	保管
一般采用袋装,可用具有防潮及不易破的纸袋或其他复合袋包装。包装袋上应清楚标记制造厂名、生产批号和出厂日期、质量等级、商标、防潮标志等	不得受潮和混入杂物,不同等级的应分别储运,不得混杂	存期为 3 个月（自生产日期起）,超过 3 个月的石膏应重新进行质量检验,以确定等级

六、板材

(一)钢筋混凝土板

1. 简介

钢筋混凝土板是用钢筋混凝土材料制成的板,是房屋建筑和各种工程结构中的基本结构或构件,常用作屋盖、楼盖、平台、墙、挡土墙、基础、地坪、路面、水池等,应用范围极广,如图 6-9 所示。钢筋混凝土板按平面形状分为方板、圆板和异形板;按结构的受力作用方式分为单向板和双向板。最常见的有单向板、四边支承双向板和由柱支承的无梁平板。板的厚度应满足强度和刚度的要求。

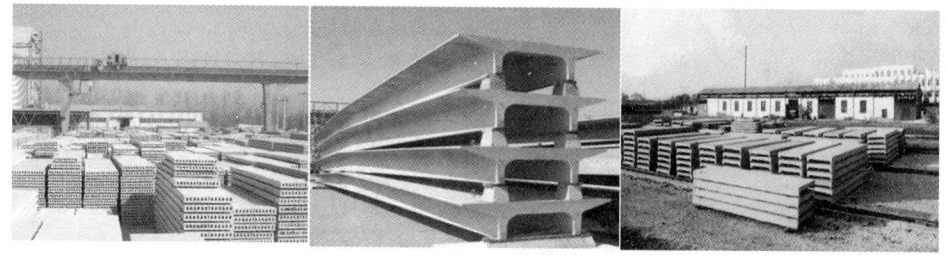

图 6-9　钢筋混凝土板

2. 常用分类及规格型号

(1)跨度。住宅用最大的跨度为 4.2 m,不讲模数,超过了需要定做。

(2)宽度。以 500 mm 和 600 mm 居多。

(3)厚度。常见的有 120 mm 和 150 mm。

(4)承受活荷载等级。一般住宅只用两种级别规格的板,即一级板和二级板,一级板可以承受的活荷载为 $1\ kN/m^2$,二级板可以承受的活荷载为 $2\ kN/m^2$。

3. 检验批

同一规格、同一等级的产品,1000 张为一批,不足 2000 张也按一批计。

4. 运输与储存要求

(1)运输。人力搬运板材时应两人将板侧立搬运,整垛板应用叉车搬运。长

途运输时,运输工具底面必须平整,应尽量堆放同样高度并将其固定好。在运输过程中要减少震动,防止撞击和雨淋。吊装时应用专用吊具,避免损坏。

(2)储存。板材应按不同板型规格分别堆放,堆放场地必须平坦、坚实并防止雨淋。A型板的堆放高度一般不得超过1.5 m,B型板的堆放高度一般不得超过1.0 m。

(二)夹芯板

1. 简介

夹芯板在工程中大量运用,具有很多特点。

(1)质量轻。每平方米重量低于24 kg,可以充分减少结构造价。

(2)安装快捷。自重轻、可以插接安装及随意切割的特点,决定其安装的简便,可提高效益,节省工期。

(3)防火。彩钢复合加芯板的面质材料及保温材料为非燃或难燃材料,能够满足防火规范要求。

(4)耐火。经特殊涂层处理的彩色钢板可保新10~15年,以后每隔10年喷涂防腐涂料,板材寿命超过35年。

(5)美观。压型钢板的线条多达几十种颜色,可配合多种风格的建筑物。

(6)保温隔热。常用保温材料有岩棉、玻璃纤维棉、聚苯乙烯、聚氨酯等,导热系数低,具有良好的保温隔热效果。

(7)环保防噪声。复合板隔音强度可达50 dB,是十分有效的隔音材料。

(8)可塑性。强压型钢板可以任意切割,能够满足特殊设计的需要。

(9)高强度。采用高强度钢板为基材,抗张拉强度为5600 kg/cm^2,再加上先进的设计与辊压成型,具有很好的结构特性。

图6-10 夹心板

2. 检验批及抽样方法

(1)检验批。

①原材料检测。按一次进货的同一厂家、同一原料、同一规格,数量不超过100 m为一批。每批随机抽取100 m彩卷及岩棉,检验厚度及质量。

②生产成品检测。按一次实际生产情况，数量不超过 50 m 的，检验 50 m 中约 5 块成品夹芯板的生产质量。

(2)取样方法。正常检查一次，随机抽样。

(3)外观验收。检查颜色、尺寸偏差、有无划痕等。

4. 保管与储存要求

产品应储存在干燥、通风的库房内，平整堆放，高度不宜超过 2 m，并应避免阴雨天气，防霉防潮。

第二节　门窗材料

一、概述

作为建筑艺术造型的重要组成因素之一，门窗设置较为显著地影响着建筑物的形象特征。建筑外立面的门窗，特别是高层建筑的外窗，其制品规格形式、框料和玻璃的色彩与质感，经过拼樘组合或采用不同排列方式之后所构成的平面和立面图案，以及它们的视觉综合特性同建筑外墙（包括屋面）饰面相配合而产生的外观效果，往往十分强烈地展示着建筑设计所追求的艺术风格。同时，作为建筑围护结构的可启闭部分，门窗对建筑物的采光、通风、保湿、节能和使用安全等诸多方面具有重要意义。

二、门窗工程的分类

建筑门窗按材料的不同，可分为木门窗、钢门窗、铝合金门窗、塑料门窗、特种门窗和其他门窗等。

1. 木门窗

木门窗由于其加工工艺简单、制作容易，无须配备大型、昂贵的机械设备，产品价格较为便宜，一直是建筑工程中使用最广、用量最大的一类门窗。但这种门窗存在着维修量大、易变形、耗费大量可贵的木材等缺陷，所以国家提出了以钢代木、以塑代木的方针，在建筑工程中相继采用了钢门窗、塑料门窗及其他新型门窗，木门窗的用量有所减少。即使如此，目前木门窗在建筑工程中使用的比重仍然很大。

木门窗的种类很多，如按构造分类，木质门可分为夹板门、镶板门、拼板门、实拼门、镶玻璃门、格栅门、百叶门、带纱扇门、连窗门等多种；木质窗可分为单层窗、双层窗、三层窗、带玻璃的窗、子母扇窗、组合窗、落地窗、带纱扇窗、百叶窗等。木门窗如再按开启方式、功能分类又可分为多种。

2. 钢门窗

钢门窗按材料构成的不同，可分为普通钢门窗、喷塑钢门窗、镀锌彩板门窗和钢塑复合经济型保温窗。

普通钢门窗有实腹和空腹两类。实腹钢门窗是采用窗用热轧型钢制成的；空腹钢门窗是用薄钢板或带钢卷轧、焊接成空心管状截面的空腹窗料制作而成。钢门窗强度好、抗风力好、价格低廉，大量用于一般住宅建筑、公共建筑和工业建筑。但这种门窗气密性、水密性相对较差，隔声、保温性能也不好，容易锈蚀，日常维修工作量较大，现正在改进和提高。普通钢门窗的品种和规格见表 6-40。

表 6-40　普通钢门窗的品种和规格

名称	品种	规格系列
钢窗	平开窗 固定窗 中悬窗	门框口尺寸(mm) 宽：870(970) 高：2085、2385、2485
钢门	全玻钢门 半玻钢门 纱门 带玻窗钢门	
实腹密封钢门窗	密闭窗 隔纱密闭窗 密闭门连窗 附纱门连窗 密闭门 附纱密闭门	32QM 系列 洞口高：600、900、1200、1500、1800、2100、2400 洞口宽：600、800、900、1000、1200、1500、1800、2100
实腹钢窗	固定窗 平开窗 附纱窗 密闭窗 上悬天窗 中悬天窗	32 系列
实腹钢门	平开门 一面板 双层板 塑钢板 纱门	40 系列 40 系列 40 系列 32 系列 32、40 系列
空腹钢门	纱窗门 推拉门 纱门	25、27 系列 27 系列
实腹钢门窗	推拉窗 安全窗 钢天窗 推拉门 钢大门 百叶门窗	32 系列(实腹) 25 系列(空腹)

喷塑钢门窗是按照铝合金门窗设计原理研制出的一种新型钢门窗。它以 1.2~2 mm 带钢冷弯成型材,经过加工制成单根构件,进行酸洗磷化全方位防腐处理,四面再做静电喷塑,最后装配成产品。本产品强度高,水密性、气密性好,主要物理性能指标明显优于普通钢门窗,达到及部分超过铝合金门窗。另外,产品色彩丰富,造型美观,价格低廉,适用于办公楼、学校、医院、图书馆、工业厂房、高层民用住宅及封阳台、走廊等。其品种和性能见表 6-41。

表 6-41 喷塑钢门窗品种和性能

名称	品种	技术性能
静电喷塑空腹钢门窗	推拉窗 固定窗 中悬窗 立转窗 平开窗 自行组合窗 半玻平开门 钢板平开门 大玻璃推拉门 大玻璃双面弹簧门 自行组合门窗	气密性:第Ⅳ级(GB 7107) 水密性:第Ⅳ级(GB 7108) 抗风压性:第Ⅰ级(GB 7106)
喷塑轻钢推拉窗	GT1 系列 TGC70 系列	抗风压强度:≥3000 Pa 气密性:≤2 m³/(h·m) 水密性:≥250 Pa
喷塑空腹推拉钢窗	—	空气渗透性:10 Pa 下 1.6 m³/(h·m) 雨水渗漏性:保持未发生渗漏最高压 100 Pa 抗风压强度:主要受力杆件相对挠度为 1/300 时,风压值 3.5 kPa
喷塑空腹推拉钢窗	70 系列	

镀锌彩板门窗是以 0.7~1.1 mm 厚的彩色镀锌卷板和 4 mm 厚的平板玻璃和中空玻璃为主要材料,经机械加工而成。门窗四角用特制黏结剂、插接件和螺钉组装,门窗全部缝隙用橡胶密封条和密封膏密封,产品出厂前,玻璃和零部件安装齐全。该门窗具有重量轻、强度高、采光面积大、防尘、隔声、保温性能好等优点。采用涂色镀锌钢板制作门窗,不但解决了金属门窗腐蚀问题,在使用过程中经久耐用,保养工作量小,而且色彩鲜艳,外形美观,适用于商店、办公室、实验室、教学楼、高级宾馆旅社、各种剧场影院等高级建筑及民用住宅的门窗工程。

钢塑复合经济型保温窗是以 25A 空腹钢型材与改性聚氯乙烯塑料型材复合制成,具有节省钢材、保温性能好等特点,适用于东北、华北、西北地区及寒冷多风沙地区的住宅建筑用窗。

3. 铝合金门窗

普通铝合金门窗重量轻、用材省,每米耗材量较钢木门窗轻 50%;型材表面经过氧化着色处理,可着银白、古铜、暗红、黑色等或带色花纹,外观光洁美丽,色泽牢固,耐腐蚀,便于进行工业化生产,有利于实现门窗产品设计标准化、系列化、零配件通用化,进一步实现门窗产品商品化。

铝合金门窗有良好的气密性、水密性和装饰性,广泛用于高级宾馆、饭店、影剧院、候机楼、写字楼、计算机房、高层建筑等。其品种和规格见表 6-42。

表 6-42 铝合金门窗品种和规格

名称	品种	规格系列
铝合金窗	推拉窗	90 系列
	平开窗	70 系列、38 系列
	中悬窗 纱窗 内倾窗 内开内倒窗 固定窗 回转窗 上下提拉窗 隔断固定窗 滑撑窗 转轴翻窗	90 系列 55 系列 38 系列 50 系列
	升降窗	60 系列、44 系列
铝合金门	推拉门 平开门 自由门 合页门 折叠门 地弹簧门 固定门	38 系列 42 系列 90 系列 100 系列 50 系列 70 系列

4. 塑料门窗

(1)全塑料门窗及塑钢门窗。全塑料门窗是以聚氯乙烯塑料为主要原料,添加适量的助剂和改性剂,经挤出机挤压成各种截面的异型材,再根据不同品种规格,选用不同截面的异型材组装加工而成。为了增加门窗的刚度,提高其牢固度和抗风压能力,在塑料异型材中设置轻钢或铝合金加劲板条,通常称这样的塑料门窗为塑钢门窗。该门窗质轻、阻燃、隔声、隔热、防潮、耐腐,色泽鲜艳,不需油漆,其抗拉强度、抗弯强度均比木材好,可用于公共建筑、宾馆、旅社及民用建筑等的门窗。

(2)钙塑门窗。钙塑门窗是以聚氯乙烯为主要原料,加入定量的改性材料、增强材料、稳定剂、防老化剂、抗静电剂等加工而成。该门窗具有耐酸、耐碱、可锯、可钉、不吸水、不腐蚀、不需油漆等特点,而且耐热性、隔声性好,重量轻,价格较全塑料门窗要低,适用于厂矿企业、机关院校、医院病房、家庭住宅、车厢、客轮、旅馆饭店、地下工程及公共场所等。

(3)玻璃钢门窗。玻璃钢门窗是以合成树脂为基材,以玻璃纤维及其制品为增强材料,经一定成型加工工艺制作而成,一般有实心和空心两类,其生产方式有整体模塑和型材拼装两种。

玻璃钢门窗具有轻质、高强、耐久、耐热、绝缘、抗冻、成型简单等特点,特别是具有优异的耐腐蚀性,所以除用于一般建筑外,特别适用于湿度大、有腐蚀性介质的化工生产车间、火车车厢及各种冷库的保温门窗。

5. 特种门窗

(1)防火门窗。防火门一般根据其构造材质分为钢质防火门及木质防火门两种。钢质防火门是采用优质冷轧薄钢板冷加工而成,门扇内部填充轻质绝热耐火材料。木质防火门是用优质云杉或其他优质木材,经难燃处理加工而成,门窗内部填充材料及五金配件等均符合耐火极限要求。防火门亦可按耐火等级分为甲级防火门、乙级防火门和丙级防火门,或按门的结构形式分为单扇防火门、双扇防火门和防火卷闸门等。

防火窗是以防火玻璃安装在钢窗框上加工而成。它具有良好的防火隔热性能,防火玻璃本身的透明、透光性能和普通玻璃一样。防火窗可用于各类高层建筑及不宜安装防火门、但有防火和采光要求的地方。

(2)卷帘门窗。卷帘门亦称卷门或卷闸,一般由帘片、导轨、卷轴、手动或电动启闭系统等组成。卷帘门窗具有操作方便、坚固耐用、防风、防尘、防水、防盗、占地面积小、安装方便等优点,适用于高层建筑、商场、宾馆、医院、银行、工厂、车间、车站、码头、仓库、学校等。

(3)金属转门。金属转门是指通过门窗旋转达到启闭的金属门。它分为铝质和钢质两类型材结构。铝结构采用铝镁合金挤压型材,铝材表面阳极氧化,有银白色和古铜色两种,外观美观,并能耐大气腐蚀。钢结构采用20#碳素结构钢无缝异型管,冷拉成各种类型转门、转壁框架,然后表面喷涂各种油漆。

铝结构采用合成橡胶密封固定玻璃,具有良好的密封、抗震和耐老化性能,活扇与转壁之间采用聚丙烯毛刷条,钢结构玻璃采用油面腻子固定。铝结构采用5~6 mm厚玻璃,钢结构采用6 mm厚玻璃,玻璃规格根据实际使用尺寸配装。门扇一般逆时针旋转,转动平稳,门扇旋转主轴下部设有可调节阻尼装置,以控制门扇因惯性产生偏快的转速,以保持旋转体平稳状态,四只调节螺栓逆时针旋为阻尼增大。转壁分双层铝合金装饰板和单层弧形玻璃。

(4)拉闸门。拉闸门是以镀锌薄钢板经机械滚压成型,制成空腹式双排列槽型轨道,配以优质工程塑料制滑轮,以单列向心球轴承作支撑组合而成。拉闸门具有造型新颖、外形平整美观、结构紧凑、刚性强、启闭轻巧省力、防锈蚀等优点,门上设有明暗锁控制及三锁钩保险装置,能起到防火、防盗等作用。

(5)自动门。自动门有自动伸缩门、自动推拉门、自动平开门、自动翻板门、感应式自动门和其他自动门。自动门一般由门体、驱动器、遥控器等部分组成,门体以优质不锈钢型材、铝合金型材或经过喷塑、喷漆或电镀处理的方钢等型材制作,具有造型美观、运行平稳、节省场地、操作简便等优点,并能与各种现代建筑协调相配,是现代公司、企业、机关院校、娱乐场所及宾馆、饭店等大门的理想选择产品。

(6)金属铰链门、弹簧门。金属铰链门、弹簧门有铝质和钢质两类型材结构。铝结构采用铝镁硅合金挤压型材,表面经阳极氧化,有银白和茶色两种,外形美观,且能耐大气腐蚀。钢结构采用 20 号碳素结构钢无缝异型管冷挤成各种类型,门樘表面可根据需要喷涂各种油漆。两种门均在风荷载不大于 100 kgf/m² 条件下使用。

铝结构采用有机密封胶条固定玻璃,具有良好的密闭抗震和耐老化性能,钢结构玻璃采用油腻子固定。铝、钢结构采用 5~6 mm 厚玻璃。弹簧门扇可向内或向外开启,运动平稳,无噪声,开启方便,关闭紧密,坚固耐用,便于擦洗清洁和维修。当门扇角度不满 90°时,能自动复位,快慢可以任意调节,当门扇开启成 90°时,可使其原地定位。铰链门单向开启,铰链采用铜质轴承铰链。该类门适用于混凝土、砖墙体和钢结构等建筑,应用于宾馆、商店、机场及厂房等中、高级民用及工业建筑设施的启闭。

除了以上种类门窗,还有钢板复合门、铝合金防爆防盗大门、玻璃无框门和其他特种钢门等,因篇幅限制,这里不再赘述。

三、铝合金门窗系列

1. 门窗系列分类

铝合金门窗按节能形式分为断桥式和非断桥式铝合金门窗。断桥式门窗使用进口条和国产条,判别方法是进口条上一般有英文字母标识。断桥式型材有节能和保温的作用,非断桥式型材则无此功能。非断桥式门窗可推荐用于公共场所。如图 6-11 所示。

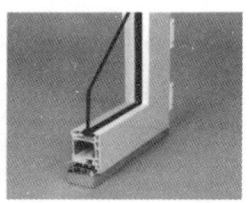

图 6-11　断桥式和非断桥式铝合金窗

铝合金门窗按功能形式分为推拉式、平开式、上悬式、中悬式、内开内倒式、内平开上悬式、上滑窗等，如图 6-12 所示。其中中悬窗多用于塑钢窗，上滑窗多用于卫生间。铝合金门如图 6-13 所示。

（a）推拉式

（b）上悬式

（c）外平推窗

（d）断桥隔热内开内倒窗

图 6-12　铝合金门窗按功能形式分类

以铝合金型材厚度为划分标准，分为 50 型、55 型、60 型、70 型、80 型、90 型等。其中 80 型、90 型一般用于对强度有一定要求的推拉窗、推拉门等。

此外还有百叶窗和纱窗的区分，铝合金百叶窗由帘幕和传动系统两部分构成。帘幕由若干小型叶片组成，叶片可以自由启闭和转角。铝合金百叶窗有垂直百叶和水平百叶两种，适用于宾馆、饭店、影剧院、图书馆、计算中心及民用住宅等各种建筑的窗户遮阳和通风。

门窗一般命名为"型号＋节能形式＋功能形式"，如 60 断桥内开内倒窗。按铝合金门所用门夹分类有大门夹和小门夹之分。

（a）推拉门

（b）平开门

（c）铝合金地弹簧门

图 6-13　铝合金门分类

2. 平开铝合金门

平开铝合金门（代号 PLM，包括带纱扇平开铝合金门 SPLM）按其门框的厚度构造尺寸区分，分为 40 mm、45 mm、50 mm、55 mm、60 mm、70 mm、80 mm 等系列，即门厚度基本尺寸系列；同时也包括相对于基本尺寸系列在 2 mm 之内可以靠近基本尺寸系列。门的宽度、高度构造尺寸主要根据门框厚度构造尺寸和洞口安装要求确定。

3. 平开铝合金窗

建筑用平开铝合金窗（代号 PLC）执行 GB 8479 标准，该标准也适用于滑轴平开窗（HPLC）、带纱扇窗（APLC）、固定窗（GLC）、上悬窗（SLC）、中悬窗（CLC）、下悬窗（XLC）和立转窗（LLC）。窗的基本尺寸系列按窗框厚度构造尺寸区分，有 40 mm、45 mm、50 mm、55 mm、60 mm、65 mm 和 70 mm；相对于基本尺寸系列在 2 mm 之内，可靠近基本尺寸系列。

平开铝合金窗的窗洞口尺寸系列、材料要求、表面处理、装配要求、表面质量和性能基本上同平开铝合金门，此处不再重复介绍。

4. 推拉铝合金门

根据《推拉铝合金门》(GB 8480) 的规定，门厚度基本尺寸系列按其门框厚度构造尺寸区分，主要有 70 mm、80 mm 和 90 mm 系列。建筑用推拉铝合金门代号为 TLM，包括带纱窗的推拉铝合金门（代号为 STLM）。

5. 推拉铝合金窗

根据《铝合金门窗》(GB/T 8478—2008) 的规定，窗厚度基本尺寸系列按其窗框厚度构造尺寸区分，主要有 40 mm、55 mm、70 mm、80 mm、90 mm 系列；对于未列窗厚度尺寸系列，相对于基本尺寸系列在 ±2 mm 之内，可靠近基本尺寸系列。建筑用推拉铝合金窗的代号为 TLC，包括带纱窗的推拉铝合金窗（代号为 ATLC）。

6. 铝合金地弹簧门

铝合金地弹簧门（代号为 LDHM）产品的品种规格、技术标准、质量等级和检验规则等，执行国家标准《铝合金地弹簧门》(GB 8482)，该标准也适用于固定式铝合金门（代号为 GLM）。

门厚度基本尺寸系列按门框厚度构造尺寸区分，分为 45 mm、55 mm、70 mm、80 mm 和 100 mm 等。未列门厚度尺寸系列，相对于基本尺寸系列在 2 mm 之内，可以靠近基本尺寸系列。铝合金地弹簧门如图 6-14 所示。

图 6-14　铝合金地弹簧门

7. 常用分类及规格型号

产品包括 50、60、65、70、73、77、80、83、85、88、92、95 和 108 十三大系列塑料门窗异型材以及高档白色异型材、彩色覆膜异型材、全色及 MC 彩色共挤型材。铝型材按表面处理方式分为阳极氧化着色型材、电泳涂漆型材、粉末喷涂型材、氟碳喷涂型材、木纹型材和铝木复合型材。按照规格型号分为 50 系列、55 系列、60 系列、65 系列、70 系列、76 系列、80 系列、868 系列、87 系列、90 系列、95 系列、100 系列、110 系列、126 系列、110/120/140/150/180 幕墙及通用系列普通、隔热型材。如 FK60-K/FK60-K-1(宽度 60 mm,60～65 系列窗配套)、FK80-88(宽度 80 mm,80～88 系列窗配套)、FK83-92(宽度 83 mm,83～92 系列窗配套)、FK88-92(宽度 88 mm,88～92 系列窗配套)、FK90(宽度 90 mm,90～100 系列窗配套)、FK95(宽度 95 mm,95～110 系列窗配套)和 FK105(宽度 105 mm,105～120 系列窗配套)。

四、检验与验收标准

1. 检验批

每批次进行取样抽检,待测样品应注明生产日期、规格型号、铝棒厂家、批号等关键信息。根据力学性能、漆膜划格、漆膜冲击、耐砂浆性能、耐盐酸性能、耐高压沸水性能等各项取样要求进行取样试验;铝合金建筑型材依据国家标准 GB/T 5237.1 至 GB/T 5237.6—2017、行业标准 YST 730—2010,型材表面应整洁,不允许有裂纹、起皮、腐蚀和气泡等缺陷存在,型材色泽应均匀一致;按一次进货的同一厂家、同一原料、工艺、配方和规格,数量不超过 50 t 为一批。每批随机抽取 3 根型材,再从 3 根型材上截取;正常检查一次随机抽样方案,检查颜色、尺寸偏差。

2. 常用标准

(1)铝合金门窗及其型材。

GB/T 5237.1—2017　　铝合金建筑型材　第 1 部分:基材
GB/T 5237.2—2017　　铝合金建筑型材　第 2 部分:阳极氧化型材
GB/T 5237.3—2017　　铝合金建筑型材　第 3 部分:电泳涂漆型材
GB/T 5237.4—2017　　铝合金建筑型材　第 4 部分:喷粉型材

GB/T 5237.5—2017　　铝合金建筑型材　第5部分:喷漆型材
GB/T 5237.6—2017　　铝合金建筑型材　第6部分:隔热型材
GB/T 23615.1—2017　　铝合金建筑型材用辅助材料　第1部分:聚酰胺型材
GB/T 8478—2008　　铝合金门窗

(2)玻璃标准。

JGJ 113—2009　　建筑玻璃应用技术规程
GB 11614—2009　　平板玻璃
GB/T 11944—2012　　中空玻璃
GB 15763.1—2009　　建筑用安全玻璃　第1部分:防火玻璃
GB 15763.2—2005　　建筑用安全玻璃　第2部分:钢化玻璃
GB 15763.3—2009　　建筑用安全玻璃　第3部分:夹层玻璃
GB 15763.4—2009　　建筑用安全玻璃　第4部分:均质钢化玻璃
GB/T 18915.1—2013　　镀膜玻璃　第1部分:阳光控制镀膜玻璃
GB/T 18915.2—2013　　镀膜玻璃　第2部分:低辐射镀膜玻璃

(3)木门窗。

JG/T 122—2000　　建筑木门、木窗

(4)塑料门窗及其型材。

JG/T 263—2010　　建筑门窗用未增塑聚氯乙烯彩色型材
GB/T 8814—2017　　门、窗用未增塑聚氯乙烯(PVC-U)型材

(5)门窗相关规范。

DGJ 32/J 62—2008　　塑料门窗工程技术规程
DGJ 32/J 07—2009　　铝合金门窗工程技术规程

检验和验收标准见表6-43。

表6-43　检验与验收标准

性能	要求
密度/(g/cm³)	≥1.2
挥发分/%	≤0.5
硬度/HRR	≥58
吸水厚度膨胀率/%	≤0.5
耐高温性能(120 ℃,2 h)	表面无裂纹
静曲强度/MPa	≥31.5
弯曲弹性模量/MPa	≥2400
加热后尺寸变化率/%(60 ℃,24 h)	≤0.1

续表

性能		要求
加热后尺寸变化率/%(100 ℃,24 h)		无气泡、裂痕、麻点
耐候性(6000 h)	静曲强度/MPa	≥31.5
	握定力/N	≥4000
耐酸、耐碱(GB/T 22412)		无变化
甲醛释放量		E1≤1.5
导热系统/[W/(m²·K)](25 ℃)		≤0.2

五、保管与储存要求

铝合金型材保管与储存方式原则上按照国家标准《铝及铝合金加工产品包装、标志、运输、储存》(GB/T 3199—2007)执行；产品应储存在阴凉、通风的库房内,平整堆放,高度不宜超过 1.5 m,并应避免阳光直射。储存期一般不应超过2年。

第三节 水、暖、电材料

一、金属管材

1. 镀锌管

(1)镀锌管(图 6-15)又称镀锌钢管,分为热镀锌管和电镀锌管两种。热镀锌管镀锌层厚,具有镀层均匀、附着力强、使用寿命长等优点。电镀锌管成本低,表面不是很光滑,其本身的耐腐蚀性比热镀锌管差很多。

图 6-15 镀锌管

(2) 常用分类及规格型号见表6-44。

表6-44 常用分类及规格型号

规格	壁厚/mm	规格	壁厚/mm	规格	壁厚/mm	规格	壁厚/mm
DN15	1.8	DN40	1.8	DN80	2.2	DN150	2.5
	2.0		2.0		2.5		2.75
	2.2		2.2		2.75		3.0
	2.5		2.5		3.0		3.25
	2.75		2.75		3.25		3.5
DN20	1.8		3.0		3.5		3.75
	2.0		3.25		3.74		4.0
	2.2		3.5		4.0		4.25
	2.5	DN50	1.8	DN100	2.0		2.75
	2.75		2.0		2.2		3.0
DN25	1.8		2.2		2.5		3.25
	2.0		2.5		2.75		3.5
	2.2		2.75		3.0		3.75
	2.5		3.0		3.25	DN200	4.0
	2.75		3.25		3.5		4.25
	3.0		3.5		3.75		4.5
	3.25		2.2		4.0		4.75
DN32	1.8		2.5		4.25		5.0
	2.0		2.75	DN125	2.5		5.5
	2.2	DN65	3.0		2.75		5.75
	2.5		3.25		3.0		6.0
	2.75		3.5		3.25		
	3.0		3.75		3.5		
	3.25				3.75		
					4.0		

镀锌管理论重量公式：

$$(直径-壁厚)\times 壁厚 \times 0.02466 \times 1.0599 = 每米重量(kg/m)$$

(3) 镀锌钢管进场验收及复检标准。验收材料产品合格证、材质检测等书面文件；外观检查没有明显缺陷，镀锌管色泽正常，镀层均匀；检查长度尺寸合格，管径及壁厚合格。

送检检测标准依据：《低压流体输送焊接钢管》(GB/T 3091—2015)；《直缝电焊钢管》(GB/T 13793—2016)；《焊接钢管尺寸及单位长度重量》(GB/T 21835—2008)。

保管镀锌钢管的场地或仓库，应选择在清洁干净、排水通畅的地方，远离产生有害气体或粉尘的厂矿。要清除场地上的杂草及一切杂物，保持钢管干净；不得与酸、碱、盐、水泥等对钢管有侵蚀性的材料堆放在一起。不同品种的镀锌钢管应分别堆放，防止混淆，防止接触腐蚀。

2. 无缝钢管

(1)由整块金属制成的,表面上没有接缝的钢管,称为无缝钢管,如图 6-16 所示。根据生产方法,无缝钢管分为热轧管、冷轧管、冷拔管、挤压管、顶管等。按照断面形状,无缝钢管分为圆形和异形两种,异形管有方形、椭圆形、三角形、六角形、瓜子形、星形、带翅管等多种复杂形状。最大直径达 650 mm,最小直径为 0.3 mm。根据用途不同,可分为厚壁管和薄壁管。无缝钢管主要用作石油地质钻探管、石油化工用裂化管、锅炉管、轴承管以及汽车、拖拉机、航空用高精度结构钢管。

(2)常用分类及规格型号。无缝钢管采用"外径×壁厚"表示,例如:$\phi 108\times 4$,无缝钢管的外径是 108 mm,壁厚是 4 mm,同直径的无缝钢管的壁厚有很多种,比如 108 mm 的无缝钢管壁厚还有 3 mm、3.5 mm、4.5 mm、5.0 mm、5.5 mm 等;常用的规格有 $\phi 108\times 4$、$\phi 89\times 4$、$\phi 76\times 3$、$\phi 133\times 4$、$\phi 159\times 4.5$ 等。

图 6-16 无缝钢管

(3)验收及试验。无缝钢管检测包括性能检测、化学成分检验、物理性能检验、规格及外观质量和包装检验。一般进场验收主要查看是否有焊缝、是否有沙眼,检查管材厚度,由于管材不定尺和厚度不均匀,故进场数量需要过磅。无特殊要求无缝钢管不进行第三方检测。

(4)保管与储存。无缝钢管储存在干燥清洁处,按规格型号分类堆码,堆码高度不宜过高,每层垫上方木。

二、非金属管材

1. UPVC 管与 PVC 管

(1)PVC 管(图 6-17)即聚氯乙烯管,一般质量较差,硬度不够,容易老化,一般用于排水管。UPVC 管(图 6-18)即硬质聚氯乙烯管,质量好,适用于工业污水、食品级超纯水、反渗透等水处理设备、电镀设备等,使用范围广。

图 6-17 PVC 管

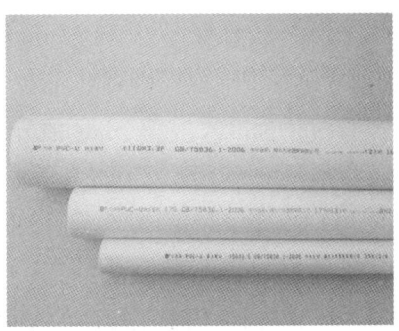

图 6-18 UPVC 管

(2)常用分类及规格型号。UPVC管与PVC管采用"外径×壁厚"表示,例如:De110×3.2就是外直径为110 mm,壁厚为3.2 mm,用于给排水常用的规格为De20、De25、De32、De40、De50、De63、De75、De90、De110、De160、De200、De250、De315、De400等。

(3)验收及试验。进场验收一般查看质保书和合格证,查看管材批号是否一致,外观查看是否光滑圆润,检查管材厚度,通常检测为截取15 cm,人站上去变形但不裂不碎为合格。UPV管一般要进行复试,按照随机每批次取样,同种规格截取3段50 cm送第三方检测。

(4)保管与储存。UPVC和PVC管可搭设管架分规格堆码,防止暴晒在阳光下,注意防止低温冻坏管材。

2. PPR管

(1)PPR是三丙聚乙烯的简称,PPR管(图6-19)又称无规共聚聚丙烯管,采用热熔接的方式,有专用的焊接和切割工具,有较高的可塑性。外加保温层,保温性能更好,管壁也很光滑,不包括内外丝的接头。一般用于内嵌墙壁,或者深井预埋管中。PPR管价格适中,性能稳定,耐热保温,耐腐蚀,内壁光滑不结垢,管道系统安全可靠,不渗透,使用年限可达50年。

图6-19 PPR管

(2)常用分类及规格型号。PPR管材规格用"管系列S、公称外径DN×公称壁厚En"表示。例如:PPR管系列S5、PPR公称外径DN25 mm、PPR公称壁厚En2.5 mm,表示为S5、DN25 mm×En2.5 mm。

PPR管系列S是用以表示PPR管材规格的无量纲数值系列,有如下关系:

$$S=(DN-En)/2En$$

式中:

DN——PPR公称外径,单位为mm;

En——PPR公称壁厚,单位为mm。

一般常用的PPR管规格有5、4、3.2、2.5、2五个系列。

PPR管材按标准尺寸率SDR值分为11、9、7.4、6、5五个系列。

PPR标准尺寸率SDR为PPR管材公称外径DN与公称壁厚En的比值。

SDR与PPR管系列的关系为:SDR=2S+1。

PPR管件规格的表示方法:PPR管件公称外径DN指与PPR管件相连的PPR管材的公称外径。PPR管件的壁厚应不小于相同PPR管系列S的PPR管材的壁厚。

(3)验收及试验。进场验收查看检验资料和合格证与管材标号是否对应,等级是否一致。PPR 管具有不透光性,可截取 40 cm 堵住一段查看透光性,检验管材厚。PPR 管需进行复试,每一组取 16 根为单位,其中 200 mm 长 3 根、400 mm 长 3 根、120 mm 长 10 根。每一组代表最大批量为 5000 m,送第三方检测。

(4)保管与储存。PPR 管可搭设管架分规格堆码,防止暴晒在阳光下,注意防止低温冻坏管材。

3. PE 管

(1)PE 管(图 6-20)分为中密度聚乙烯管和高密度聚乙烯管。根据壁厚分为 SDR11 和 SDR17.6 系列。前者适用于输送气态的人工煤气、天然气、液化石油气和给水,后者主要用于输送天然气。

图 6-20　PE 管

(2)常用分类及规格型号。根据 PE 管的压力等级来划分,主要分为 0.6 MPa、0.8 MPa、1.0 MPa、1.25 MPa 和 1.6 MPa。根据 PE 管的口径来分大体可以分为 20、25、32、40、50、63、75、90、110、125、160、180、200、225、250、280、315、355、400、450、500、560、630、710、800、900、1000、1200,单位都是 mm。PE 管口径都是指外径,对应压力等级的不同,管材的壁厚也就各不相同,以 De 表示外径。

(3)验收及试验。进厂验收检查产品有无出厂合格证、出厂检验报告,对外观进行检查。检查管材内外表面是否清洁光滑,是否有沟槽、划伤、凹陷、杂质和颜色不均匀等。检查管的长度,管的长度应均匀一致,误差不超过 ±20 mm。逐一检查管口端面是否与管材的轴线垂直,是否存在气孔。凡长短不同的管材,在未查明原因前应不予验收。燃气用 PE 管应为黄色和黑色,当为黑色时管口必须有醒目的黄色色条,同时管材上应有连续的、间距不超过 2 m 的标志,写明用途、原材料牌号、标准尺寸比、规格尺寸、标准代号和顺序号、生产厂名或商标、生产日期等。取三个试样的实验结果的算术平均数作为该管材的不圆度,其值大于 5% 为不合格。管材直径用圆周尺检查,测其两端的直径,任意一处不合格则产品为不合格。壁厚用千分尺检查,测圆周的上下四点,任意一处不合格则产品为不合格。PE 管需进行复试,代表数量为 5000 m 一批,不足 5000 m 的按一批计,PE 管送检的长度为 6000 mm,分为 6 根,每根 1000 mm。

(4)保管与储存。PE 管可搭设管架分规格堆码,防止暴晒在阳光下,注意防止低温冻坏管材。

4. 双壁波纹管

(1)双壁波纹管(图 6-21)是以高密度聚乙烯为原料的一种新型轻质管材,具有重量轻、耐高

图 6-21　双壁波纹管

压、韧性好、施工快、寿命长等特点,其管壁结构设计优异,与其他结构的管材相比,成本大大降低。由于其连接方便、可靠,在国内外得到广泛应用,大量替代混凝土管和铸铁管。

(2)常用分类及规格型号。一般用 DN 表示内径,常用有 DN200、DN300、DN400、DN500、DN600、DN800,双壁波纹管环刚度(kN/m^2)分为 SN4、SN6.3、SN8 三个等级。

(3)验收及试验。进场验收首先要检查管内外表面,应光滑、平坦,无显著气泡、裂纹、划伤、杂质、色彩不平等缺点。需要进行复试,主要检查环刚度、柔韧性和冲击力。

(4)保管与储存。双壁波纹管应储存于常温干燥库中。直管应平放,堆码高度不得超过 2 m。脱件和成盘的多孔管可以平放,但应避免重压或挤压堆放。双壁波纹管不允许与有毒有害物质混放,应远离热源,在存放处应设置醒目的禁火标志。存放期自生产之日起,一般不得超过 2 年。

三、复合材料

1. 衬塑钢管

(1)衬塑钢管(图 6-22)以镀锌无缝钢管、焊接钢管为基管,内壁去除焊筋后,衬入与镀锌管内等径的食品级聚乙烯(PE)管材,聚乙烯衬层厚度要求符合 CJ/T 136—2007 标准,最后加压、加热一定时间后成型,是传统镀锌管的升级型产品。衬塑钢管继承了钢管和塑料管各自的优点,并且根据市场需求、生产工艺、防腐措施、连接方

图 6-22 衬塑钢管

式、性价比等诸多方面进行综合分析后合理设计管材。因此,该管材具有众多技术特点,广泛应用于各类建筑的冷热水的给水系统。连接方式有专用卡环连接、沟槽(卡箍)连接或丝扣连接,施工工艺类似于钢管的沟槽连接与钢管的丝扣连接。

(2)常用分类及规格型号。一般采用 DN 表示,型号与镀锌管等同。属于常用给水管材,一般采用丝接,有专属管件。

(3)验收及试验。看管口是否脱层,看钢管壁厚是否达标,看镀锌层是否损坏、达到标准。一般不进行第三方检测。

(4)保管与储存。衬塑钢管储存在干燥清洁处,按规格型号分类堆码,堆码高度不宜过高,每层垫上方木。

2. 钢丝网骨架聚乙烯复合管

(1) 钢丝网骨架聚乙烯复合管是以高强度钢丝左右螺旋缠绕成型的网状骨架为增强体,以高密度聚乙烯(HDPE)为基体,并用高性能的HDPE改性黏结树脂将钢丝骨架与内、外层高密度聚乙烯紧密地连接在一起的一种新型管材,如图6-23所示。该管材主要用作城市给水、热网回水、煤气、天然气输送管道,采用热熔连接。

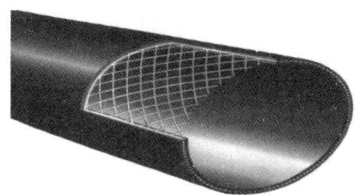

图6-23 钢丝网骨架聚乙烯复合管

(2) 常用分类及规格型号。一般采用De表示,即外径,包括20、25、32、40、50、63、75、90、110、125、160、180、200、225、250、280、315、355、400、450、500、560、630、710、800、900、1000、1200,单位为mm。

(3) 验收及试验。进厂验收检查产品有无出厂合格证、出厂检验报告,对外观进行检查。检查管材内外表面是否清洁光滑,有无凹凸不平,检查管材厚度。一般不进行第三方检测。

(4) 保管与储存。钢丝网骨架聚乙烯复合管可搭设管架分规格堆码,防止暴晒在阳光下,注意防止低温冻坏管材。

四、电力照明材料

(一) 电线、电缆

1. 电线

(1) 电线是指传输电能的导线(图6-24),分为裸线、电磁线和绝缘线。裸线没有绝缘层,包括架空绞线以及各种型材(如型线、母线、铜排、铝排等)。电线主要用于户外架空及室内汇流排和开关箱。

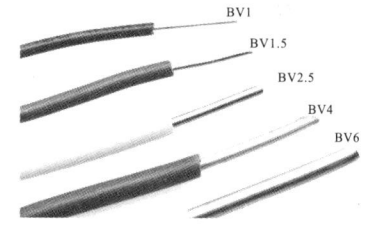

图6-24 电线

(2) 常用分类及规格型号。工程常用电线包括:BV——铜芯塑料绝缘线,WDZA——低烟无卤A级阻燃线,WDZB——低烟无卤B级阻燃线,WDZN——低烟无卤耐火线,RV——软芯线。常用型号有1.5、2.5、4、6、10。例如:BV-2.5 mm² 表示铜芯塑料绝缘线,导线截面为2.5 mm²。

(3) 验收及试验。每一批次进场查看检验报告、合格证,与实物对照,看线的颜色是否均匀,表面光滑;低烟无卤,可以现场点燃,看是否可以燃烧达到无烟效果;阻燃看是否可以点燃,测量线径是否达到标准,电线为每卷到现场,每卷通常100 m,随机抽样查看是否足尺。按照进场的同一生产厂家、同一规格型号的材料数量为基数进行取样,材料数量(长度)在1万 m 及以下的取一组试样,1万 m 以上的按2万 m 取样一组,但取样数量不少于2组。取样长度为未拆包装整卷。主要按照 GB 50303—2015 检测其直流电阻、电压和绝缘电阻。

(4)保管与储存。在对电线进行存放的时候,严禁与酸、碱及矿物油类接触,要与这些有腐蚀性的物质隔离存放;储存电线的库房内不得有破坏绝缘及腐蚀金属的有害气体存在;尽可能避免在露天以裸露方式存放。

电线储存期限以产品出厂期为限,一般不宜超过一年半,最长不超过2年。

2. 电缆

(1)电缆通常是由几根或几组导线(每组至少2根)绞合而成的,类似于绳索(图6-25),每组导线之间相互绝缘,并常围绕着一根中心扭成,整个外面包有高度绝缘的覆盖层。电缆具有内通电、外绝缘的特征。电缆有电力电缆、控制电缆、补偿电缆、屏蔽电缆、高温电缆、计算机电缆、信号电缆、同轴电缆、耐火电缆、船用电缆、矿用

图 6-25 电 缆

电缆、铝合金电缆等。它们都是由单股或多股导线和绝缘层组成,用来连接电路、电器等。

(2)常用分类及规格型号。

电线电缆的型号组成与顺序如下:[1.类别、用途][2.导体][3.绝缘][4.内护层][5.结构特征][6.外护层或派生][7.使用特征]。

1~5项和第7项用拼音字母表示,高分子材料用英文名的首字母表示,每项可以是1~2个字母;第6项是1~3个数字。

常用代码:用途代码:不标为电力电缆,K——控制缆,P——信号缆;导体材料代码:不标为铜(也可以标为 CU),L——铝;内护层代码:Q——铅包,L——铝包,H——橡套,V——聚氯乙烯护套,内护套一般不标识;外护层代码:V——聚氯乙烯,Y——聚乙烯电力电缆;派生代码:D——不滴流,P——干绝缘;特殊产品代码:TH——湿热带,TA——干热带,ZR——阻燃,NH——耐火,WDZ——低烟无卤、企业标准。

型号中的省略原则:电线电缆产品中铜是主要使用的导体材料,故铜芯代号T省写,但裸电线及裸导体制品除外。裸电线及裸导体制品类、电力电缆类、电磁线类产品不标明大类代号,电气装备用电线电缆类和通信电缆类也不列明,但列明小类或系列代号等。

第7项是各种特殊使用场合或附加特殊使用要求的标记,在"-"后以拼音字母标记。有时为了突出该项,把该项写到最前面。如 ZR——阻燃、NH——耐火、

WDZ——低烟无卤、企业标准、TH——湿热地区用、FY——防白蚁、企业标准等。

主要内容：

①SYV：实心聚乙烯绝缘射频同轴电缆，用于无线通信、广播、监控系统工程和有关电子设备中传输射频信号（含综合用同轴电缆）。

②SYWV(Y)：物理发泡聚乙烯绝缘有线电视系统电缆，为视频（射频）同轴电缆（SYV、SYWV、SYFV），适用于闭路监控及有线电视工程。

SYWV(Y)、SYKV 有线电视、宽带网专用电缆结构：（同轴电缆）单根无氧圆铜线＋物理发泡聚乙烯（绝缘）＋（锡丝＋铝）＋聚氯乙烯（聚乙烯）。

③信号控制电缆（RVV 护套线、RVVP 屏蔽线），适用于楼宇对讲、防盗报警、消防、自动抄表等工程。

RVVP：铜芯聚氯乙烯绝缘屏蔽聚氯乙烯护套软电缆，电压 250V/300V，2～24 芯。用途：仪器、仪表、对讲、监控、控制安装等。

④RG：物理发泡聚乙烯绝缘接入网电缆，用于同轴光纤混合网（HFC）中传输数据模拟信号。

⑤KVVP：聚氯乙烯护套编织屏蔽电缆。用途：电器、仪表、配电装置的信号传输、控制、测量等。

⑥RVV(227IEC52/53)：聚氯乙烯绝缘软电缆。用途：家用电器、小型电动工具、仪表及动力照明。

⑦AVVR：聚氯乙烯护套安装用软电缆。

⑧SBVV：HYA 数据通信电缆（室内外），用于电话通信、无线电设备的连接以及电话配线网的分线盒接线。

⑨RV、RVP：聚氯乙烯绝缘电缆。

⑩RVS、RVB：适用于家用电器、小型电动工具、仪器、仪表及动力照明连接。

⑪BV、BVR：聚氯乙烯绝缘电缆。用途：适用于电器仪表设备及动力照明固定布线。

⑫RIB：音箱连接线（发烧线）。

⑬KVV：聚氯乙烯绝缘控制电缆。用途：电器、仪表、配电装置信号传输、控制、测量等。

⑭SFTP：双绞线，用于传输电话、数据及信息网。

⑮UL2464：电脑连接线。

⑯VGA：显示器线。

⑰SDFAVP、SDFAVVP、SYFPY：同轴电缆，电梯专用。

⑱JVPV、JVPVP、JVVP：铜芯聚氯乙烯绝缘及护套铜丝，用于编织电子计算机控制电缆。

例如：WDZB-YJV-1KV-3×185＋2×95 表示低烟无卤阻燃交联聚氯乙烯电缆。

(3)验收及试验。

①有"CCC"认证标识。电线电缆产品与广大消费者的生活有着密切的关系，它的质量优劣、安全与否直接影响广大消费者的人身和财产安全。因此，电线电缆产品是国家强制安全认证产品，所有生产企业必须取得中国电工产品认证委员会认证的"CCC"认证，获得"CCC"认证标志，在合格证或产品上有"CCC"认证标志。

②包装精美。电线电缆产品的包装与其他产品一样，凡是生产产品符合国家标准要求的大中型正规企业，生产的电线电缆很注重产品包装。

③产品外观光滑圆整，色泽均匀。产品符合国家标准要求的电线电缆企业，为了提高产品质量，保证产品符合国家标准要求，在原材料选购、生产设备、生产工艺等方面严格把关。所以，正规生产的电线电缆产品外观光滑圆整，色泽均匀，而假冒劣质产品的外观粗糙、无光泽。对于橡皮绝缘软电缆，要求外观圆整，护套、绝缘、导体紧密，不易剥离，而假冒劣质产品外观粗糙、椭圆度大，护套绝缘强度低，用手就可以撕掉。

④导体有光泽，直流电阻、导体结构尺寸等符合国家标准要求。符合国家标准要求的电线电缆产品，不论是铝材料导体，还是铜材料导体，都比较光亮，无油污，导体的直流电阻完全符合国家标准，具有良好的导电性能，安全性高。

⑤长度准确。长度是区别符合国家标准要求的产品和假冒劣质产品的主要指标。符合国家标准要求的电线电缆产品的长度符合国家标准，为 100 m±0.5 m（即以 100 m 为标准，允许误差 0.5 m）。

⑥合格证标识清楚。符合国家标准要求的电线电缆产品合格证印刷清晰，"CCC"认证标识、商标、型号规格、额定电压、长度、检验、制造日期、认证编号、执行标准、厂名、厂址、电话等标识得清楚，且与产品相符合。

电缆的检验规范：《电缆的导体》(GB/T 3956—2008)；《电缆和光缆绝缘和护套材料通用试验方法》(GB/T 2951—2008)；《阻燃和耐火电线电缆通则》(GB/T 19666—2005)。

关于电缆送检的要求，各地规定不相同，一般是同一批次抽检 2 个型号，如有耐火电缆，必须抽检 1 个型号，在电缆盘上截取 15 m 送检。

(4)保管与储存要求。

①在对线缆进行存放的时候，严禁与酸、碱及矿物油类接触，要与这些有腐蚀性的物质隔离存放。

②储存电缆的库房内不得有破坏绝缘及腐蚀金属的有害气体存在。

③尽可能避免在露天以裸露方式存放电缆,电缆盘不允许平放。

④电缆在保管期间,应定期滚动(夏季3个月一次,其他季节可酌情延期)。滚动时,将向下存放盘边滚翻朝上,以免底面受潮腐烂。存放时要经常注意电缆封头是否完好无损。

⑤电缆储存期限以产品出厂期为限,一般不宜超过一年半,最长不超过2年。

(二)绝缘材料

绝缘材料种类繁多,一般机电安装工程主要使用绝缘胶带、绝缘隔板和绝缘胶垫。

1. 绝缘胶带

绝缘胶带专指电工使用的用于防止漏电、起绝缘作用的胶带,又称绝缘胶布或胶布带,由基带和压敏胶层组成,如图6-26所示。基带一般采用棉布、合成纤维织物和塑料薄膜等制成,胶层由橡胶加增黏树脂等配合剂制成,黏性好,绝缘性能优良。绝缘胶带具有良好的绝缘、耐压、阻燃、耐候等特性,适用于电线接驳、电气绝缘、隔热防护等。

图 6-26　绝缘胶带

(2)常用分类及规格型号。

①绝缘黑胶布。只有绝缘功能,不阻燃也不防水,已经逐渐被淘汰,只有在一些民用建筑电气上还在使用。

②PVC电气阻燃胶布。它具有绝缘、阻燃和防水三种功能,但由于它是PVC材质,故延展性较差,不能把接头包裹得很严密,防水性不是很理想,但它已经被广泛应用。

③高压自黏布。一般用在等级较高的电压上,由于它的延展性好,在防水上要比PVC电气阻燃胶布更出色,因此人们也把它应用于低压领域,但它的强度不如PVC电气阻燃胶布,通常将这两种配合使用。

(3)验收及试验。

①黏着力。

工具:拉力试验机、不锈钢片、2 kg橡胶滚轮等。

操作说明:割取长25~30 cm、宽25 mm胶带试片。手撕胶带再复原后,检查胶带是否上翘。将胶带粘在干净的钢板上(或包于铁心上),放入120 ℃烤箱中烘烤30 min取出,检查胶带是否上翘。撕下胶带检查是否脱胶。

取几片胶带浸入凡立水中1 h,如发生脱胶或凡立水发生蛋白现象,则为不合格。

②初期力。

工具:30°斜坡滚台、滚球——4♯、6♯、8♯、10♯、12♯、16♯、20♯、24♯、28♯、32♯等。

操作说明:割取胶带试片长约 120 mm、宽 25 mm(有效规格=100 mm×25 mm)。用卫生纸蘸挥发性溶剂(甲苯、乙酸乙酯或丙酮)擦拭滚球和滚台面。将胶带试片前缘置于离平顶台面下 100 mm 处,胶面(有效长度 100 mm)朝上且维持平整,用玛拉胶带固定胶带试片前后端。将滚球以镊夹夹起,置于滚台的平顶边缘,轻轻推下,若滚球停止于胶带试片的胶面上,重复 3 次,取胶带试片所能粘住的最大球号,记录为试片的初期力。

③保持力。

工具:保持力试验机、1 kg 秤锤、钢片(上端钻有圆孔)、2 kg 橡胶滚轮等。

操作说明:割取长 180 mm、宽 25 mm 的胶带试片(有效规格=25 mm×25 mm),钢片以挥发性溶剂(甲苯、乙酸乙酯或丙酮)擦拭干净。取胶带试片轻轻贴合于钢片中央处,以 2 kg 橡胶滚轮对准胶带试片来回滚压一次,除去胶带试片上端多余部分,使胶带试片与钢片的有效贴合面积为 25 mm×25 mm,将底端较长的胶带试片反折粘勾住 1 kg 秤锤。悬挂于保持力试验机上,开始计时,直到胶带试片从钢片上滑落,记录时间(保持力)。

④张力强度。

工具:拉力试验机。

操作说明:割取基材,取长 120~200 mm、宽 15 mm 试片 3 张。基材上下两端各以拉力试验机夹头夹住,两端点距离为 D_1(即原长度)。启动拉力试验机,直到基材断裂为止,记录断裂时的长度 D_2 及断裂时的拉力,此即张力强度,单位为 kg/15 mm。依据下列公式计算伸长率:

$$伸长率=(D_2-D_1)/D_1\times100\%$$

注意事项:试片断裂处不得位于夹头内,若拉断处位于夹头内,则需重测。

⑤耐燃性。

工具:耐燃试验箱。

工作说明:割取胶带试片,长为 250~300 mm,宽约为 25 mm。将胶带上端固定于耐燃试验箱上端横杆,另一端悬空。用打火机点燃胶带试片下端,点着后,移开火源。

判定方法:火源移开后,3 s 内,火必须自动熄灭,或火球滴落板面,必须立刻熄灭。

⑥破坏电压。

装置：AC DIELECTRICTESTER。

取样：取 25 mm×120 mm 胶带试片。

步骤：将试片置于电极之间，以电压 0.5 kV/s 的定速测试，逐渐增加，直到试片穿破为止，(指针回复零点)记录当时的最高电压。必须求 10 点的平均值。

一般国家标准：《电气用压敏胶粘带 第 1 部分：一般要求》(GB/T 20631.1—2006)。

绝缘胶带一般不进行第三方检测。

(4)保管与储存要求。绝缘胶带一般置于阴凉、干燥处保存。一般保存时间不超过 2 年。

2. 绝缘隔板

(1)绝缘隔板又称绝缘挡板或绝缘板，用绝缘材料制成，必须有良好的绝缘性能，形状及大小以适用为宜，制成后的绝缘板必须经耐电压试验合格后方可使用。

绝缘隔板可以与高压带电体直接接触，35 kV 及以下可以起临时遮拦的作用。绝缘隔板可以放在拉开的隔离开关的触头之间，作为防止刀开关自行落下或误合闸导致误送电的措施。绝缘隔板应安装牢固，装拆隔板时，操作人员与带电体必须保持一定的安全距离，10 kV 及以下应为 0.35 m，35 kV 及以下应为 0.60 m。如果因现场条件所限达不到最小距离，应按带电等级论，必须使用绝缘工具操作。

使用安全隔板时，应先检查其完好性，使用后应妥善保管，并永久保证其清洁完好。

(2)常用分类及规格型号。绝缘隔板按照隔板的样式可分为带手柄绝缘隔板和系绳式绝缘隔板两种。绝缘隔板是采用环氧树脂与无碱玻璃纤维布浸透加压烘干固化而成型的。用于 10 kV 电压等级的绝缘隔板厚度不应小于 3 mm，用于 35 kV 电压等级的绝缘隔板厚度不应小于 4 mm。

(3)验收及试验。绝缘板进场主要检测厚度是否达到标准，表面无划痕，表面需要清洁。

(4)保管与储存要求。绝缘隔板储存需防火防潮，不能露天存放。

3. 绝缘胶垫

(1)绝缘胶垫又称为绝缘毯、绝缘垫、绝缘橡胶板、绝缘胶板、绝缘橡胶垫、绝缘地胶、绝缘胶皮、绝缘垫片等，是具有较大体积电阻率和耐电击穿的胶垫，如图 6-27 所示，用于配电等工作场合的台面或铺地绝缘材料。

(2)常用分类及规格型号。

①按照电压等级可分为 5 kV、10 kV、15 kV、20 kV、25 kV、30 kV、35 kV 等类型。

②按颜色可分为黑色绝缘胶垫、红色绝缘胶垫、绿色绝缘胶垫和黑绿复合绝缘胶垫。

③按厚度可分为 2 mm、3 mm、4 mm、5 mm、6 mm、8 mm、10 mm 和 12 mm 等类型。

④按宽度可分为 1 m、1.2 m 和 1.5 m 等类型。

(3)进场验收及复检标准。外观:斑痕或凹凸不平的深度或高度不得超过胶垫厚度公差;气泡:每平方米内,面积不大于 1 cm^2 的气泡不超过 5 个,任意两个气泡间距离不小于 40 mm;边缘不齐或海绵状部分宽度不超过 10 mm,长度不超过胶垫总长的 1/10;裂纹:不允许有。

图 6-27 绝缘胶垫

应储存在干燥通风的环境中,远离热源,离开地面和墙壁 20 cm 以上。避免受酸、碱和油的污染,不要露天放置,避免阳光直射。

国家标准:《电绝缘橡胶板》(HG 2949—1999)。

项目:工频耐压试验。

周期:1 年。

要求:

电压等级/工频耐压/持续时间:高压/15 kV/ 1 min;低压/3.5 kV/1 min。

说明:使用于带电设备区域。绝缘胶垫试验接线图如图 6-28 所示。

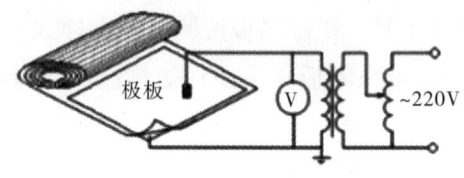

图 6-28 绝缘胶垫试验接线图

试验时先将绝缘胶垫上下铺上湿布或金属箔,并应比被测绝缘胶垫四周小 200 mm,连续均匀升压至规定的电压值,保持 1 min,观察有无击穿现象,若无击穿,则试验通过。试样分段试验时,两段试验边缘要重合。

(4)保管与储存要求。绝缘隔板储存需防火防潮,不能露天存放。

(三)控制材料

控制材料主要有翘板开关、断路器和漏电保护器。

1. 翘板开关

(1) 翘板开关也称船形开关、跷板开关、IO 开关、电源开关等,其结构与钮子开关相同,只是把钮柄换成船形。船形开关常用作电子设备的电源开关,其触点分为单刀单掷和双刀双掷等,有些开关还带有指示灯。

(2) 常用分类及规格型号。各个厂家的型号标示不一样,主要分为单开、双开、三开、四开(图 6-29)和双控型。

图 6-29 四 开

(3) 进场验收及复检标准。现场进场验收主要查看内部导电体是否为铜质,外观光滑,拿在手里具有一定的重量感。翘板开关一般要求进行复试。

(4) 保管与储存要求。翘板开关储存时需分类摆放,注意防火防潮。

2. 断路器

(1) 断路器是指能够关合、承载和开断正常回路条件下的电流并能关合、在规定的时间内承载和开断异常回路条件下的电流的开关装置,如图 6-30 所示。断路器按其使用范围分为高压断路器与低压断路器,高、低压的界线划分比较模糊,一般将 3 kV 以上的称为高压断路器。

断路器可用来分配电能,不频繁地启动异步电动机,对电源线路及电动机等实行保护,当它们发

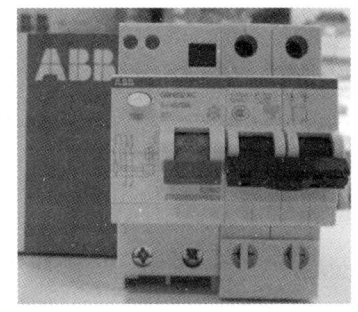

图 6-30 断路器

生严重的过载或者短路及欠压等故障时,能自动切断电路,其功能相当于熔断器式开关与过欠热继电器等的组合,而且在分断故障电流后一般不需要变更零部件。目前,断路器已获得广泛的应用。

电的产生、输送、使用中,配电是一个极其重要的环节。配电系统包括变压器和各种高低压电器设备,低压断路器则是一种使用量大面广的电器。

(2) 常用分类及规格型号。按极数分类,有单极、二极、三极和四极等;按安装方式分类,有插入式、固定式和抽屉式等。

产品介绍:

A9/EC65 小型断路器:用于照明配电电路、短路及过载保护。

A9LE/EPNLE 漏电断路器:在接地系统中,用于短路过载及漏电保护。断路器正常操作故障保护使断路器处于分断位置时相线,中性线都处在断开状态,避免中性线故障时带电。在进行接通和分断操作时,中性线接通优先,分断滞后。断路器具有短路限流功能,额定短路分断能力高。断路器具有过载保护短路漏电

及电压保护装置，保护功能齐全，接线方便可靠。

过欠压延时保护器：全自动过欠压延时保护器是根据市场需要研发的新一代产品。该保护器设计合理，并采用进口元器件和国内名牌元器件组装，产品能在高压冲击和欠压情况下迅速可靠地切换电源，保护家用电器。当电压恢复正常值，经延时后能自动接通电路、恢复供电，能有效保护电器在电源瞬间通电的冲击。所有功能全部自动化，无需专人操作，选用双色发光二极管指示，安全快捷。

EC100小型断路器：用于工业配电系统、短路及过载保护，额定电流为63～125 A，额定短路分断能力高，具有短路限流结构。保护功能齐全，具有过载及短路保护装置，接线安全可靠，采用"框式"接线结构，功能扩展简便，安全可靠。可配漏电脱扣器、辅助触头、报警触头、分励脱扣器、欠压脱扣器、汇流排等多种附件。

EPD电涌保护器：EPD插拔式电涌保护器采用与固定式电涌保护器相同的工作原理和选择准则，对间接雷电和直接雷电影响或其他瞬时过电压的电涌进行保护。

EIC1交流接触器：主要用于交流50 Hz或60 Hz、额定电压至660 V及以下，供远距离接通和分断电路之用，并可与相应规格的热继电器或电子保护器组合成电磁式或机电一体化的电动机起动器。

ENS塑壳断路器：塑料外壳式断路器是综合采用国际先进技术设计开发的新型断路器之一。该断路器额定绝缘电压为800 V，适用于交流50 Hz和60 Hz，额定工作电压至690 V，额定工作电流从6A至1250A的配电网络电路中，用来分配电能和保护线路及电源设备免受过载、短路、欠电压等故障的损坏，同时也能作为电动机的不频繁起动及过载短路欠电压保护。该断路器具有体积小、分断高、飞弧短（或无飞弧）等特点，是用户使用的理想产品。该断路器可垂直安装（即竖装），亦可水平安装（横装）。

ENSLE塑壳漏电断路器：该断路器用来对人提供间接接触保护，也可以防止因设备绝缘损坏，产生接地故障电流而引起的火灾危险，并可用于分配电能和保护线路及电源设备的过载短路，还可以作为线路的不频繁转换和电动机不频繁起动之用，常规的带剩余电流保护断路器的漏电保护模块工作电源取样为二相，本系列断路器为三相，若缺任一相，断路器漏电保护模块仍能正常工作，额定剩余动作电流及最大断开时间根据实际情况现场可调。

EGL-125隔离开关：隔离开关是高压开关电器中使用最多的一种电器，是在电路中起隔离作用的。它本身的工作原理及结构比较简单，但是由于使用量大，工作可靠性要求高，对变电所、电厂的设计、建立和安全运行的影响均较大。刀闸的主要特点是无灭弧能力，只能在没有负荷电流的情况下分合电路。EGL-125-4000A适用于两条低压电路切换或者两个负载设备的转换或安全隔离等。

EATS3 双电源转换开关：用两路电源来保证供电的可靠性，一种产品在两路电源之间进行可靠切换。该产品具有自投自复和自投不自复两种切换功能。此款为手动转换开关，设计新颖、安全可靠、自动化程度高、使用范围广。

EW45 万能式智能断路器：主要用来分配电能和保护线路及电源设备免受过载、短路、欠电压、单相接地等故障的危害，该断路器具有多种智能保护功能，可做选择性保护，且动作精确，避免不必要的停电，提高供电可靠性和安全性。

(3) 进场验收及复检标准。断路器应固定牢靠，外表清洁完整，动作性能符合规定。电气连接可靠且接触良好。

油断路器应无渗油现象，油位正常，SF6 断路器气体漏气率和含水量应符合规定，真空断路器的真空度应符合产品的技术要求。通常采用工频耐压试验方法进行检验。

断路器与其操动机构（或组合电器及其传动机构）的联动应正常，无卡阻现象，分合闸指示应正确，调试操作时，辅助开关及电器闭锁装置应动作正确可靠。

SF6 断路器配备的密度继电器的报警、闭锁定值应符合规定，电气回路传动应正确。瓷套应完整无损，表面清洁，配备的并联电阻、均压电容的绝缘特性应符合产品技术规定。液压系统应无渗油，油位正常，压力表压力应指示正确。操动机构箱的密封垫应完整，电缆管口、洞口应予封闭。油漆应完整无损，相色标志正确，接地良好。

主要国家标准：《高压交流断路器》(GB/T 1984—2014)；《高压开关设备和控制设备标准的共用技术要求》(GB/T 11022—2011)；IEC/T 62271—100—2012。

断路器一般要求抽样送检，同一批次抽取 2 种规格，一组为 2 个。

(4) 保管和储存。断路器储存需分类摆放，注意防火防潮。

3. 漏电保护器

(1) 漏电保护器，简称漏电开关，又称漏电断路器，主要用来在设备发生漏电故障时以及对有致命危险的人身触电进行保护，具有过载和短路保护功能，可用来保护线路或电动机的过载和短路，亦可在正常情况下作为线路的不频繁转换起动之用，如图 6-31 所示。

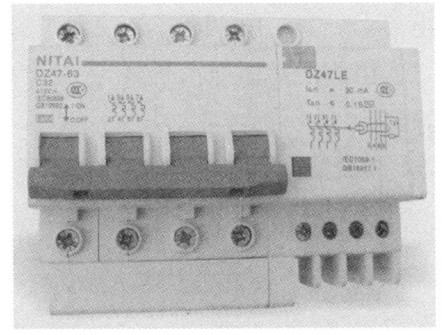

图 6-31　漏电保护器

(2) 常用分类及规格型号。漏电保护器可以按其保护功能、结构特征、安装方式、运行方式、极数和线数、动作灵敏度等进行分类，这里主要按其保护功能和用途进行分类和叙述，一般可分为漏电保护继电器、漏电保护开关和漏电保护插座三种。

①漏电保护继电器是指具有对漏电流检测和判断的功能,而不具有切断和接通主回路功能的漏电保护装置。漏电保护继电器由零序互感器、脱扣器和输出信号的辅助接点组成。它可与大电流的自动开关配合,作为低压电网的总保护或主干路的漏电、接地或绝缘监视保护。

当主回路有漏电流时,由于辅助接点和主回路开关的分离脱扣器串联成一回路,因此辅助接点接通分离脱扣器而断开空气开关、交流接触器等,使其掉闸,切断主回路。辅助接点也可以接通声、光信号装置,发出漏电报警信号,反映线路的绝缘状况。

②漏电保护开关不仅与其他断路器一样可将主电路接通或断开,而且具有对漏电流检测和判断的功能,当主回路中发生漏电或绝缘破坏时,漏电保护开关可根据判断结果将主电路接通或断开。它与熔断器、热继电器配合可构成功能完善的低压开关元件。

目前这种形式的漏电保护装置应用最为广泛,市场上的漏电保护开关根据功能划分包括以下几种类别:只具有漏电保护断电功能,使用时必须与熔断器、热继电器、过流继电器等保护元件配合;同时具有过载保护功能;同时具有过载、短路保护功能;同时具有短路保护功能;同时具有短路、过负荷、漏电、过压、欠压功能。

③漏电保护插座是指能够对漏电电流检测和判断并能切断回路的电源插座。其额定电流一般在 20 A 以下,漏电动作电流为 6~30 mA,灵敏度较高,常用于手持式电动工具和移动式电气设备的保护及家庭、学校等民用场所。

(3)进场验收及复检标准。主要查看型号是否符合设计,品牌是否对应,找一个三脚插座,在 L(标准的电工走线法中 L 为火线)符号上连上电阻、电容(串联),另一端连接到地线标示脚上。由于电流经地线走,漏电保护器检测到的火线入的电流大于零线回来的电流,故动作跳闸。一般不进行复试。

相关国家标准:《低压开关设备和控制设备 第 2 部分:断路器》(GB/T 14048.2—2008);GB/T 16916.1—2014;GB/T 16917.1—2014;GB/T 20044—2012;GB/T 10963.1—2005;GB/T 6829—2017。

(4)保管和储存。断路器储存需分类摆放,注意防火防潮。

五、暖通材料

1. 金属阀门

(1)阀门是控制流动的流体介质的流量、流向、压力、温度等的机械装置,阀门是管道系统中的基本部件。阀门管件在技术上与泵一样,常常作为一个单独的类别进行讨论。阀门可用手动或者手轮、手柄或踏板操作,也可以通过控制来改变流体介质的压力、温度和流量变化。

(2)常用分类及规格型号。阀门型号通常应表示出阀门类型、驱动方式、连接形式、结构特点、密封面材料、阀体材料和公称压力等要素。阀门型号的标准化为阀门的设计、选用和销售提供了方便。当今阀门的类型和材料越来越多,阀门的型号编制也越来越复杂。目前,阀门制造厂一般采用统一编号方法;凡不能采用统一编号方法的,各制造厂均按自己的需要制订编号方法。

《阀门型号编制方法》适用于工业管道用闸阀(图 6-32)、节流阀、球阀、蝶阀(图 6-33)、隔膜阀、柱塞阀、旋塞阀、止回阀、安全阀、减压阀和疏水阀等,包括阀门的型号编制和阀门的命名。

图 6-32 闸 阀

图 6-33 蝶 阀

阀门的用途广泛,种类繁多,分类方法也比较多,总体上可分两大类。第一类为自动阀门,是依靠介质(液体、气体)本身的能力而自行动作的阀门,如止回阀、安全阀、调节阀、疏水阀、减压阀等。第二类为驱动阀门,是借助手动、电动、液动、气动来操纵动作的阀门,如闸阀、截止阀、节流阀、蝶阀、球阀、旋塞阀等。

(3)阀门的验收及试验。进厂验收检查产品有无出厂合格证、出厂检验报告,对外观进行检查。检查阀门外表面是否清洁光滑,是否有破损、裂纹、凹陷,检查阀门的铭牌,上面是否有规格的说明,如公称压力、公称直径等,然后拿卡尺测量阀门的高度、宽度、内径、外径、深度等。需要进行复试的,主要检测试验是壳体试验、上密封试验、低压密封试验、高压密封试验等。

(4)保管与储存。阀门应存放在干燥通风的室内,且堵塞通路两端。阀门应定期检查,并清除其上的污物,在其表面涂抹防锈油。阀门上的标尺应保持完整、准确、清晰,应查看阀门密封面是否磨损,并根据情况进行维修或更换。检查阀杆和阀杆螺母的梯形螺纹磨损情况、填料是否过时失效等,并进行必要的更换。

2. 非金属阀门

(1)塑料阀门具有质量轻、耐腐蚀、不吸附水垢、可与塑料管路一体化连接和使用寿命长等优点。塑料阀门在给水(尤其是热水与采暖)和工业用其他流体的塑料管路系统中,具有其他阀门无法比拟的优势。

(2)常用分类及规格型号。国际上塑料阀门的类型主要有球阀、蝶阀、止回阀、隔膜阀、闸阀和截止阀等,结构形式主要有两通、三通和多通阀门,原料主要有 ABS、PVC-U、PVC-C、PB、PE、PP、PVDF 等。塑料阀门型号一般由 4 个单元组成,编排顺序如下:材质、公称尺寸、承口口径制式和承口型式。PVC 闸阀如图 6-34 所示。

图 6-34　PVC 闸阀

公称尺寸用下列代号表示:DN20、DN25、DN32、DN40、DN50、DN63、DN75、DN90、DN110、DN160 等。

承口口径制式可用下列代号表示:代号 DIN,代表承口口径可与德国标准管材连接;代号 JIS,代表承口口径可与日本工业标准管材连接;代号 ANSI,代号承口口径可与美国国标管材连接。

承口型式用下列代号表示:代号 TP,代表接口为螺纹连接型式;代号 D,代表接口为承插连接型式。

(3)验收及试验。进场验收应检查产品有无出厂合格证、出厂检验报告;阀门整体、把手盖表面应光滑,不允许有裂纹、气泡、严重冷斑、明显杂色、色泽不均、分解变色等缺陷,承口尺寸用相应的内卡规测量等。需要进行密封试验,全部进行 0.8～1.0 MPa 气密性检验,保证两侧及手柄均不漏气方为合格。

(4)保管与储存。阀门应存放于库房内,合理放置,远离热源,不得暴晒、沾污、重压、抛摔和损坏。存放期自生产之日起,一般不得超过 3 年。

3. 暖气片

(1)暖气片作为现代生活的采暖设备有着独特的魅力。铸铁暖气片已经逐步退出了市场舞台,钢制暖气片(图 6-35)、铜铝复合散热器等新型暖气片无论从材质上还是制作工艺上,都优于铸铁散热器,成为市场上最主流的暖气片。

(2)常用分类及规格型号。暖气片通常都是根据单片的宽度和厚度来进行型号和规格的区分。如钢制 60 圆头 1800 高暖气片,是指暖气片

图 6-35　钢制暖气片

单片的宽度是 60 mm,高度是 1.8 m。一般暖气片里写的 600×450 等,单位都是 mm。暖气片分为以下 6 种。

①铸铁暖气片。优点:热惰性好、机械强度大、价格便宜、经济实惠。缺点:外形粗糙、笨重;色彩、高度、造型单一;表面粗糙,容易积累灰尘,清洁起来十分困难;散热效率低;承重能力较差;接口处容易漏水;而且生产制造不环保,国家已不提倡使用;

②铝合金暖气片。优点:传热能力强,耐酸、耐氧化;颜色、高度选择范围广;体积小、重量轻、散热效率高。缺点:壁薄,容易发生碱腐蚀,产生泄漏,对水质有一定的要求;因材质因素对焊接工艺要求很高,容易出现崩漏现象;表面不够光滑精细,手感粗糙,对清理造成一定影响。

③钢铝复合暖气片。优点:存水量大,散热效果比较好,重量轻,喷塑表面美观,形式丰富多样,强度高,外形美观,颜色、造型丰富,选择余地大;表面光滑细腻,不容易积累污垢,清洁方便;体积小、重量轻;承重能力强;散热效率高,适合碱性水质。缺点:壁厚比铸铁散热器要薄,如果水质含氧量高,容易产生腐蚀。

④钢制暖气片。优点:质量稳定,热性能好,工作压力较高;存水量大,散热效果好;壁厚,耐腐蚀,使用寿命长。缺点:在供暖水质及运行管理不大规范的条件下,暖气片易氧化腐蚀漏水,需要满水保养,装饰性较差。

⑤铜铝复合暖气片。优点:铜铝复合暖气片克服了铸铁暖气片承压低、金属热强度低、装饰性能差的缺点,也克服了钢制暖气片及其他金属暖气片耐腐蚀性差的弱点,减少了对系统水质要求过高带来的麻烦;耐腐蚀,使用寿命长,导热性能好,散热量大,高效节能,而且适合碱性水质的采暖需求。缺点:存水量较少,保温时间短。

⑥纯铜暖气片。优点:导热性能极强,散热效果好,耐腐蚀,使用寿命长。缺点:造价高,不易运输,市场占有率极低。

(3)验收及试验。暖气片外表面应在良好的预处理后采用静电喷塑工艺,漆膜表面应光滑、平整、均匀,不得有气泡、堆积、流淌和漏喷;底漆厚度不得小于 15 μm,漆膜厚度不得小于 60 μm;漆膜附着力应达到 GB/T 1720—1979 规定的 1~3 级要求;漆膜耐冲击性能应符合 GB/T 1732—1993 的规定。暖气片管接口螺纹应符合 GB/T 7306 的规定,螺纹应保证 3~5 扣完整无缺陷,连接管螺纹处应有保护帽。每组暖气片设置活动手动跑风 1 个。暖气片管内不得少于一层均匀、致密、耐酸、耐碱、耐高温、阻氧的保护层,并提供内腔保护层施工工艺、做法及检测报告。暖气片应逐组进行水汽压试验,承压能力不小于 1.6 MPa。

(4)保管与储存。暖气片在搬运过程中应轻拿轻放,以免造成损坏,尤其注意保护面罩不被划伤。暖气片应储存在通风干燥的库房,按型号、尺寸分类排放,高度不超过 1.7 m,底部应垫高 20 cm 存放。

4. 风机

(1) 风机是对气体压缩和气体输送机械的习惯简称,通常所说的风机包括通风机、鼓风机和风力发电机。气体压缩和气体输送机械是把旋转的机械能转换为气体压力能和动能,并将气体输送出去的机械。风机的主要结构部件是叶轮、机壳、进风口、支架、电机、皮带轮、联轴器、消音器、传动件(轴承)等。

(2) 常用分类。风机可按气体流动的方向分为离心式、轴流式、斜流式(混流式)和横流式等类型。离心风机:气流轴向进入风机的叶轮后主要沿径向流动。这类风机根据离心作用的原理制成,产品包括离心通风机、离心鼓风机和离心压缩机。轴流风机:气流轴向进入风机的叶轮,近似地在圆柱形表面上沿轴线方向流动,如图6-36所示。这类风机包括轴流通风机、轴流鼓风机和轴流压缩机。回转风机:利用转子旋转改变气室容积来进行工作。常见的品种有罗茨鼓风机和回转压缩机。

图 6-36 轴流风机

(3) 验收及试验。风机开箱前应检查包装是否完整无损,风机的铭牌参数是否符合要求,各随带附件是否完整齐全。仔细检查风机在运输过程中有无变形或损坏,坚固件是否松动或脱落,叶轮是否有擦碰现象,并对风机各部分零件进行检查。如发现异常现象,应待修复后再使用。用 500 V 兆欧表测量风机外壳与电机绕组间的绝缘电阻,其值应大于 0.5 MΩ,否则应对电机绕组进行烘干处理,烘干时温度不许超过 120 ℃。风机后期需要进行复试,对噪音、风速、节能等进行专项检测。

(4) 保管与储存。风机应经常保持整洁,风机表面保持清洁,进、出风口不应有杂物。定期消除风机及管内的灰尘等杂物。风机应储存在干燥的环境中,避免电机受潮。风机在露天存放时,应有防雨措施。在储存与搬运过程中应防止风机磕碰,以免风机受到损伤。根据使用环境条件不定期对轴承补充或更换润滑油脂(电机封闭轴承在使用寿命期内不必更换润滑油脂),为保证风机在运行过程中的良好的润滑,加油次数不少于 1000 h/次,封闭轴承和电机轴承加油用 ZL-3 锂基润滑油脂填充轴承内外圈的 2/3。严禁缺油运转。风机在运行过程中发现风机有异常声、电机严重发热、外壳带电、开关跳闸、不能起动等现象,应立即停机检查。为了保证安全,不允许在风机运行中进行维修。检修后应进行试运转 5 min 左右,确认无异常现象再开机运转。

5. 镀锌风管

(1) 镀锌钢板风管。镀锌钢板风管是以镀锌钢板为主要原材料,经过咬口、机械加工成型,现场制作方便,具有可设计性,是传统的通风、空调用管道。同时,随着技术的发展,由以前的手工制作改变为现在的全部机械化生产,具有效率高、加工尺寸精确等优点。

(2)常用分类及规格型号。风管的规格型号都是根据施工图纸、现场条件进行制作。

(3)验收及试验。制作风管前,首先要检查采用的材料是否符合质量要求,是否有出厂合格证明书或质量鉴定文件。板材表面应平整,厚度应均匀,无凸凹及明显的压伤现象,并不得有裂纹、砂眼、结疤及刺边和锈蚀情况;风管和配件表面平整、圆弧均匀、纵向接缝应错开;咬口缝应紧密,宽度均匀。焊缝应作外观检查,不应有气孔、砂眼、夹渣、裂纹等缺陷,焊接后钢板的变形应矫正。成品风管需要复验,进行漏光试验和漏风试验。

(4)保管与储存。不能露天存放,要有防雨措施。要保持镀锌钢板表面光滑洁净,放在宽敞干燥的隔潮木头垫架上,叠放整齐。要立靠在木架上,不要平叠,以免拖动时刮伤表面。风管成品应码放在平整、无积水、宽敞的场地,不与其他材料、设备等混放在一起,并有防雨雪措施。码放时应按系统编号,整齐、合理,便于装运。风管搬运、装卸应轻拿轻放,防止损坏成品。

6. 不锈钢风管

(1)不锈钢风管。不锈钢风管成品因其优异的耐蚀性、耐热性、高强度等物化性能,主要应用于多种气密性要求较高的工艺排气系统、溶剂排气系统、有机排气系统、废气排气系统及普通排气系统室外部分、湿热排气系统、排烟除尘系统等。

(2)常用分类及规格型号。根据工程现场的不同要求,生产各种形状、各种规格型号及板材的成品风管。

(3)验收及试验。制作风管前,首先要检查采用的材料是否符合质量要求,是否有出厂合格证明书或质量鉴定文件。板材表面应平整,厚度应均匀,无凸凹及明显的压伤现象,并不得有裂纹、砂眼、结疤及刺边和锈蚀情况;风管和配件表面平整、圆弧均匀、纵向接缝应错开;咬口缝应紧密,宽度均匀。焊缝应作外观检查,不应有气孔、砂眼、夹渣、裂纹等缺陷,焊接后钢板的变形应矫正。成品风管需要复验,进行漏光试验和漏风试验。

(4)保管与储存。因不锈钢材质容易发生点蚀,且不锈钢点蚀多发生在含有碘、氯、溴等水溶液环境中,因此要远离此类环境储存;控制与不锈钢接触液体的酸碱度、氯化物浓度以及温度;采用阴极保护、阳极保护或者同时采取这两种保护措施;要保持不锈钢钢板表面光滑洁净,放在宽敞干燥的隔潮木头垫架上,叠放整齐。要立靠在木架上,不要平叠,以免拖动时刮伤表面。风管成品应码放在平整、无积水、宽敞的场地,不与其他材料、设备等混放在一起,并有防雨雪措施。码放时应按系统编号,整齐、合理,便于装运。风管搬运、装卸应轻拿轻放,防止损坏成品。

7. 非金属风管

(1)非金属风管是以玻璃钢板、硬聚氯乙烯板、防火板、橡塑等非金属材料制作的风管。

(2)常用分类及规格型号。市场上常见的非金属风管多为玻璃钢板风管,且都是根据工程现场的不同要求,生产各种形状、各种规格型号及板材的成品风管。

(3)验收及试验。制作风管前,首先要检查采用的材料是否符合质量要求,是否有出厂合格证明书或质量鉴定文件。风管内表面应平整光滑(手感好),外表面应整齐美观,厚度均匀,边缘无毛刺,不得有气泡(气孔)分层现象,外表面不得扭曲,不平度不大于 3 mm,内外壁的直线度每米不大于 5 mm。法兰与风管应成一体,与壁面要垂直,与管轴线成直角,不垂直度不大于 2 mm。风管两对角线之差不大于 3 mm。管表面气泡数量每平方米不得多于 5 个,气泡单个面积不大于 10 mm^2。后期需要进行复验,除了漏光试验和漏风试验,对于防火材料制作的风管还要进行点燃试验,确保材料合格。

(4)保管与储存。要注意成品保护,不得损坏。成品存放地要平整并有遮阳防雨措施。码放时总高度不能超过 3 m,上面无重物压力。风管成品应码放在平整、无积水、宽敞的场地,不与其他材料、设备等混放在一起,并有防雨雪措施。

8. 空调器

(1)空调(器)是空气调节器的简称,空调是对空气的温度、湿度、纯净度、气流速度进行处理,满足人们生产、生活需要的设备,如图 6-37 所示。它的功能是对房间(或封闭空间、区域)内空气的温度、湿度、洁净度和空气流速等参数进行调节,以满足人体舒适或工艺过程的要求,但要根据空间的大小选择空调的大小。

图 6-37 空调内外机

(2)常用分类及型号。空调器按照结构类型分类如图 6-38 所示。

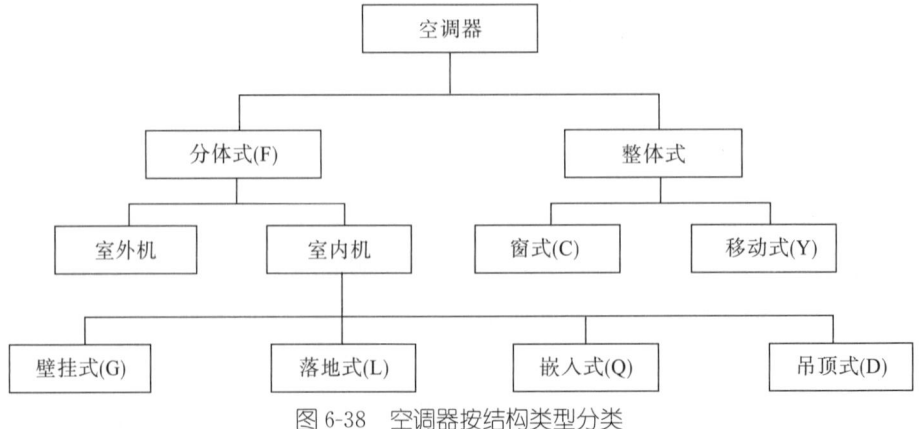

图 6-38 空调器按结构类型分类

①窗式空调。一般安装于窗口,安装维修比较简便,尺寸不受限制,价格也比较便宜,但窗式机外形较单一,安装需另收费用。

②分体壁挂式空调。安装位置局限性小,易与室内装饰搭配,操作方便,美观大方。分体式空调具备超宁静工作特性,不会影响睡眠,且具有多重净化功能,但价格比窗式空调贵一些。

③分体柜式空调。制冷制热功率强劲,风力强,适合大面积房间、商店、饭店及公共场所,但占空间、噪音大。

④单冷式空调。不具有制热功能,适用于夏天较热或冬天有充足暖气供应的地区。

⑤冷暖式空调。具有制热功能,根据其制热方式可分为热泵型和电辅助加热型。热泵型适用于夏季炎热、冬季较冷的地区;电辅助加热型增加了电辅助加热部件,制热强劲,适用于夏季炎热、冬季寒冷的地区。

⑥天吊、藏天花空调。基本上是商用机系列(2P~5P)。

空调器型号有国家统一标准:

例如:KFR-25GW,KFR-50LW,KC-20。K 代表空调器;F 代表分体式;R 代表热泵;G 代表挂机;L 代表立柜式;W 代表室外机;20、25 和 50 代表制冷量分别为 2000 W、2500 W 和 5000 W。

空调匹数与面积换算:1 匹制冷量为 2500 W,以此为标准依此类推。空调以制冷量为标准换算匹数,不以输入功率为标准。瓦(W)同大卡是不同的能量单位,1 大卡=1.16 W。瓦是制冷量单位,不是用电量单位。

(3)验收及试验。空调器验收时除了检查说明书、合格证以及保修单等资料外,外观上还需要检查以下内容:

①空调器外壳的喷漆或喷塑表面不应有明显的气泡、流痕、漏涂、底漆外露、皱纹和其他损伤。

②电镀件(如开关旋钮等)表面应光滑,色泽均匀,不得有剥落、露底、针孔、明显的花斑和划伤等缺陷。

③面板等装饰性塑料件表面应平整光滑、色泽均匀,塑料件应耐老化,不得有裂痕、气泡和明显缩孔等缺陷。

④空调各零件的安装应牢固可靠,管路间或管路与零件之间不应有相互摩擦和碰撞。

⑤检查蒸发器、冷凝器的制造质量。二者质量的优劣直接影响空调器的制冷量。要求蒸发器、冷凝器的肋片排列整齐,间隙均匀,不倒坍;肋片的翻边应没有裂纹;肋片应该紧紧地装接在铜管上,不得松动,否则会降低蒸发器、冷凝器的换热效率,使制冷量下降。后期需要复试,需要对空调器进行节能检测。

(4) 保管与储存。在储存与搬运过程中应防止风机磕碰,以免风机受到损伤。储存位置需要保持干燥,不能露天存放,避免阳光直晒;定期清洁面板,用软布蘸上温水或中型清洁剂轻轻擦拭,然后用干的软布擦干,切忌用硬毛刷、开水、溶剂油等用力擦洗,以免损坏面板的涂层,使塑料加速老化。定期清洁过滤网,空调器在使用过程中,必须1个月或2个月就要对空气过滤网清洗一次;经常检查空调器电器插头和插座的接触是否良好;定期清洗空调器的冷凝器和蒸发器盘管。

第四节 消防材料

一、消防管件

(一)消防工程常用管道

消防管道是指用于消防方面,连接消防设备、器材,输送消防灭火用水、气体或者其他介质的管道材料。由于特殊需求,消防管道的厚度与材质都有特殊要求,并喷红色油漆。由于消防管道常处于静止状态,因此对管道要求较为严格,管道需要耐压力、耐腐蚀、耐高温性能好。根据材质的不同,消防管道分为以下几种。

1. 球墨铸铁管

(1) 使用18号以上的铸造铁水经添加球化剂后,经过离心球墨铸铁机高速离心铸造成的管材,称为球墨铸铁管,简称球管、球铁管和球墨铸管等,常用于室外消防管网,如图6-39所示。

图6-39 球墨铸铁管

管与管之间的连接,采用承插式或法兰盘式接口形式;按功能又可分为柔性接口和刚性接口两种。柔性接口用橡胶圈密封,允许有一定限度的转角和位移,因而具有良好的抗震性和密封性,比刚性接口安装简便快速,劳动强度小。

(2) 常用规格及型号见表6-45。一般采用DN表示,如DN80×6,表示公称直径为80 mm,厚度为6 mm。

表 6-45 常用规格及型号

公称直径/mm	外径/mm	壁厚/mm	每米重量/kg	每根重量/kg	每千米/根	每千米/t
80	98	6	12.8	76.5	167	12.77
100	118	6.1	15.8	95	167	15.87
150	170	6.3	24	144	167	20.05
200	220	6.4	32.3	194	167	32.4
250	274	6.8	42.4	255	167	42.59
300	326	7.2	53.8	323	167	53.94
350	378	7.7	67.2	403	167	67.3
400	429	8.1	80.3	482	167	80.48
450	480	8.6	95.8	575	167	95.86
500	532	9	111.5	669	167	11.72
600	635	9.9	147	882	167	147.29
700	738	10.8	187.1	1123	167	187.54
800	842	11.7	232.3	1394	167	232.8
900	945	12.6	281.8	1691	167	282.4
1000	1048	13.5	336.2	2017	167	336.84
1200	1255	15.3	459.7	2758	167	460.59

(3)进场验收及复检标准。验收材料产品合格证、材质单等书面文件；外观检查没有明显缺陷，防腐色泽正常，防腐层均匀；检查长度尺寸合格，管径及壁厚合格。

根据不同设计要求，检测依据以下标准：《水及燃气用球墨铸铁管、管件和附件》(GB/T 13295—2013)；《球墨铸铁管和管件水泥砂浆内衬》(GB/T 17457—2009)；《球墨铸铁管 水泥砂浆离心法衬层 新拌砂浆的成分检验》(GB/T 17458—1998)；《球墨铸铁管 沥青涂层》(GB/T 17459—1998)；《球墨铸铁管外表面锌涂层》(GB/T 17456)；《生活饮用水输配水设备及防护材料的安全性评价标准》(GB/T 17219—1998)；《排水用柔性接口铸铁管、管件及附件》(GB/T 12772—2016)。

铸铁管一般不要求进行复试。

(4)保管与储存要求。球墨铸铁管堆放场地应平整、坚实。堆放必须垫稳，防止滚动，承口不得受力。堆放层高不得高于 3 层或不高于 1.3 m。

2. 合金管

(1)合金管是无缝钢管的一种，合金管分为结构用无缝管及高压耐热合金管，如图 6-40 所示。主要区别

图 6-40 合金管

于合金管的生产标准及其工业,对合金管进行退火调质改变它的机械性能,达到所需要的加工条件。其性能比一般的无缝钢管高,合金管化学成分中含Cr比较多,具有耐高温、耐低温、耐腐蚀的性能。普碳无缝管中不含合金成分或者合金成分很少,合金管在石油、航天、化工、电力、锅炉、军工等行业的用途比较广泛的原因为合金管的机械性能多变化、好调整。

(2)常用规格及型号见表6-46。

合金管的材质大致有16－50Mn、27SiMn、20－40Cr、12－42CrMo、16Mn、12Cr1MoV、T91、27SiMn、30CrMo、15CrMo、20G、Cr9Mo、10CrMo910、15Mo3、15CrMoV、35CrMoV、45CrMo等。

消防系统常用型号为37Mn、34Mn2V、35CrMo及16Mn,主要用于制作各种灭火气瓶、输气管道等。

表6-46 常用规格及型号

外径	壁厚/mm											
	2.5	3.0	3.5	4.0	4.5	5.0	5.5	6.0	6.5	7.0	7.5	8.0
	理论重量/(kg/m)											
32	1.82	2.15	2.46	2.76	3.05	3.33	3.59	3.85	4.09	4.32	4.53	4.74
38	2.19	2.59	2.98	3.35	3.72	4.07	4.41	4.74	5.05	5.35	5.64	5.92
42	2.44	2.89	3.35	3.75	4.16	4.56	4.95	5.33	5.69	6.04	6.38	6.71
45	2.62	3.11	3.58	4.04	4.49	4.93	5.36	5.77	6.17	6.56	6.94	7.30
50	2.93	3.48	4.01	4.54	5.50	5.55	6.04	6.51	6.97	7.42	7.86	8.29
54		3.77	4.36	4.93	5.49	6.04	6.58	7.10	7.61	8.11	8.60	9.08
57			4.00	4.62	5.23	5.83	6.41	6.99	7.55	8.10	8.63	9.16	9.67
60			4.22	4.88	5.52	6.16	6.78	7.39	7.99	8.58	9.15	9.71	10.26
63.5			4.48	5.18	5.87	6.55	7.21	7.87	8.51	9.14	9.75	10.36	10.95
68			4.81	5.57	6.31	7.05	7.77	8.48	9.17	9.86	10.53	11.19	11.84
70			4.96	5.74	6.51	7.27	8.01	8.75	9.47	10.18	10.88	11.56	12.23
73			5.18	6.00	6.81	7.60	8.38	9.16	9.91	10.66	11.39	12.11	12.82
76			5.40	6.26	7.10	7.93	8.75	9.56	10.36	11.14	11.91	12.67	13.42
83				6.86	7.79	8.71	9.62	10.51	11.39	12.26	13.12	13.96	14.80
89				7.38	8.38	9.38	10.36	11.33	12.28	13.22	14.16	15.07	15.98
95				7.90	8.98	10.04	11.10	12.14	13.17	14.19	15.19	16.18	17.16
102				8.5	9.67	10.82	11.96	13.09	14.21	15.31	16.40	17.48	18.55
108					10.26	11.49	12.70	13.90	15.09	16.27	17.44	18.59	19.73

续表

外径	壁厚/mm										
	2.5	3.0	3.5	4.0	4.5	5.0	5.5	6.0	6.5	7.0	7.5	8.0
	理论重量/(kg/m)										
114				10.85	12.15	13.44	14.72	15.98	17.23	18.47	19.70	20.91
121				11.54	12.93	14.30	15.67	17.02	18.35	19.68	20.99	22.29
127				12.13	13.59	15.04	16.48	17.90	19.23	20.72	22.10	23.48
133				12.73	14.26	15.78	17.29	18.79	20.28	21.75	23.21	24.66
140					15.04	16.65	18.24	19.83	21.40	22.96	24.51	26.04
146					15.70	17.39	19.06	20.72	22.36	24.00	25.62	27.23
152					16.37	18.13	19.87	21.60	23.32	25.03	26.73	28.41

（3）合金管进场验收及复检标准。外观应无沉积锈、弯曲、磕碰等明显瑕疵。截面尺寸符合合同要求。数量或重量委托有资质的检测单位进行复检。检测标准依据《输送流体用无缝钢管》(GB/T 8163—2018)执行。

（4）保管与储存要求。检验合格的管道、管件、阀门应有专用的场地堆放，不得与普通管道混放和露天堆放。不得与地面直接接触，应垫木板或胶皮。堆放总高不得超过 1.2 m。

3. 镀锌钢管

（1）镀锌钢管（图 6-41）又称镀锌管，分热镀锌管和电镀锌管两种。热镀锌管镀锌层厚，具有镀层均匀、附着力强、使用寿命长等优点。电镀锌管成本低，表面不是很光滑，其本身的耐腐蚀性比热镀锌管差很多。

图 6-41　镀锌钢管

（2）镀锌钢管规格与壁厚见表 6-47。

表 6-47 镀锌钢管规格与壁厚

规格	壁厚/mm	规格	壁厚/mm	规格	壁厚/mm	规格	壁厚/mm
DN15	1.8	DN40	1.8	DN80	2.2	DN150	2.5
	2.0		2.0		2.5		2.75
	2.2		2.2		2.75		3.0
	2.5		2.5		3.0		3.25
	2.75		2.75		3.25		3.5
DN20	1.8		3.0		3.5		3.75
	2.0		3.25		3.74		4.0
	2.2		3.5		4.0		4.25
	2.5	DN50	1.8	DN100	2.0	DN200	2.75
	2.75		2.0		2.2		3.0
DN25	1.8		2.2		2.5		3.25
	2.0		2.5		2.75		3.5
	2.2		2.75		3.0		3.75
	2.5		3.0		3.25		4.0
	2.75		3.25		3.5		4.25
	3.0		3.5		3.75		4.5
	3.25	DN65	2.2		4.0		4.75
DN32	1.8		2.5		4.25		5.0
	2.0		2.75		2.5		5.5
	2.2		3.0		2.75		5.75
	2.5		3.25	DN125	3.0		6.0
	2.75		3.5		3.25		
	3.0		3.75		3.5		
	3.25				3.75		
					4.0		

镀锌管理论重量公式：

(直径－壁厚)×壁厚×0.02466×1.0599＝每米重量(kg/m)

(3)镀锌钢管进场验收及复检标准。验收材料产品合格证、材质检测等书面文件；外观检查没有明显缺陷，镀锌钢管色泽正常，镀层均匀；检查长度尺寸合格，管径及壁厚合格。

送检检测标准依据：《低压流体输送用焊接钢管》(GB/T 3091—2015)；《直缝电焊钢管》(GB/T 13793—2016)；《焊接钢管尺寸及单位长度重量》(GB/T 21835—2008)。

(4)保管与储存要求。保管镀锌钢管的场地或仓库应选择在清洁干净、排水通畅的地方,远离产生有害气体或粉尘的厂矿。在场地上要清除杂草及一切杂物,保持钢管干净;不得与酸、碱、盐、水泥等对钢管有侵蚀性的材料堆放在一起。不同品种的镀锌钢管应分别堆放,防止混淆,防止接触腐蚀。

4. 复合型管材

复合型管材是由两种或多种材料组合而成的管材,是以金属管材为基础,内、外焊接聚乙烯、交联聚乙烯等非金属材料成型,具有金属管材和非金属管材的优点,如图 6-42 所示。消防系统常用钢塑复合管和涂塑钢管两种。

(1)钢塑复合管。钢塑复合管是以无缝钢管、焊接钢管为基管,内壁涂装高附着力、防腐、食品级卫生型的聚乙烯粉末涂料或环氧树脂涂料。也有一些是镀锌管内壁置一定厚度的 UPVC 塑料而成的钢塑复合管,采用预热内装或内涂流平处理工艺,以内装或内涂树脂工艺来继承钢管的钢性支撑能力和塑料管材的卫生能力。钢塑复合管用于石油和天然气输送、工矿用管、消防管、冷水管等各种领域,建筑给水也可以见到这种管的身影。

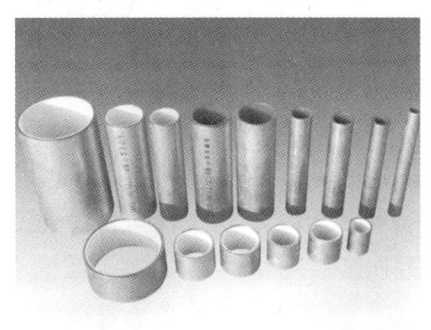

图 6-42 复合型管材

钢塑复合管的规格型号与镀锌钢管一致。

进场验收及复检:进场管材必须有国家认可机构出具的产品质量检测报告(需要加盖厂家公章,公章必须为红色鲜章)以及产品的合格证原件。管材表面喷码清晰,所示产品名称、规格、型号、生产厂家应与合同一致。

检测技术标准依据:《钢塑复合压力管》(CJ/T 183—2003);《钢塑复合压力管用管件》(CJ/T 253—2007);《钢塑复合压力管用双热熔管件》(CJ/T 237—2006)。仓储保管与镀锌管一致。

(2)涂塑钢管。涂塑钢管又称涂塑管、涂塑复合管、涂塑复合钢管,是以钢管为基体,通过喷、滚、浸、吸等工艺在钢管(底管)内表面熔接一层塑料防腐层或在内外表面熔接塑料防腐层的钢塑复合钢管,如图 6-43 所示。

涂塑钢管具有优良的耐腐蚀性和比较小的摩擦阻力。环氧树脂涂塑钢管适用于给排水、海水、温水、油、气体等介质的输送,聚氯乙烯涂塑钢管适用于排水、海水、油、气体等介质的输送。

图 6-43 涂塑钢管

涂塑钢管是采用 PE(改性聚乙烯)进行热浸塑或 EP(环氧树脂)进行内外涂

覆的产品,具有优良的耐腐蚀性能;同时涂层本身还具有良好的电气绝缘性,不会产生电蚀;吸水率低,机械强度高,摩擦系数小,能够达到长期使用的目的;还能有效地防止植物根系及土壤环境应力的破坏等;连接便捷、维修简便。连接方式包括丝扣(DN15～DN100)、沟槽(DN65～DN400)、法兰(适用任意口径)、焊接、双金属连接、承插、管节、密封连接等。消防用涂塑钢管为红色涂层。

涂塑钢管的规格与镀锌钢管相同,检测标准要增加覆膜厚度检测。

(二)管道连接方式及配件

1. 连接方式

(1)当消火栓给水系统管道采用内外壁热浸镀锌钢管时,不应采用焊接。系统管道采用内壁不防腐管道时,可焊接连接,但管道焊接应符合相关要求。自动喷水灭火系统(指报警阀后)管道不能采用焊接,应采用螺纹、沟槽式管接头或法兰连接。

(2)消火栓给水系统管径>100 mm 的镀锌钢管,应采用法兰连接或沟槽连接。自动喷水灭火系统管径>100 mm 的,未明确不能使用螺纹连接,仅要求在管径≥100 mm 的管段上在一定距离内配设法兰连接或沟槽连接点。

(3)当消火栓给水系统与自动喷水灭火系统管道采用法兰连接时,推荐采用螺纹法兰,当采用焊接法兰时,应进行二次镀锌。

(4)任何管段需要改变管径时,应使用符合标准的异径管接头和管件。

(5)有关消防管道连接方式及相关技术要求,可参照《全国民用建筑工程设计技术措施——给水排水》中的有关规定。

2. 连接配件

(1)沟槽式(卡箍)连接如图 6-44 所示。

图 6-44 沟槽式连接

①沟槽式连接件(管接头)和钢管沟槽深度应符合《沟槽式管接头》(CJ/T 156—2001)的规定。公称直径 DN≤250 mm 的沟槽式管接头的最大工作压力为

2.5 MPa,公称直径 DN≥300 mm 的沟槽式管接头的最大工作压力为 1.6 MPa。

②有振动的场所和埋地管道应采用柔性接头,其他场所宜采用钢性接头,当采用钢性接头时,每隔 4~5 个钢性接头应设置一个柔性接头。

(2)螺纹连接如图 6-45 所示。

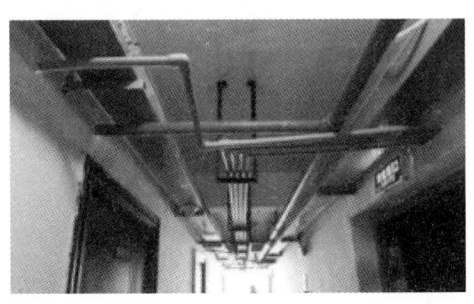 

图 6-45　螺纹连接

①系统中管径＜DN100 的内外壁热镀锌钢管或内外壁热镀锌无缝钢管均可采用螺纹连接。当系统采用内外壁热镀锌钢管时,其管件可采用锻铸铁螺纹管件(GB/T 3287—2011);当系统采用内外壁热镀锌无缝钢管时,其管件可采用锻钢螺纹管件(GB/T 14626—1993)。

②钢管壁厚 δ＜Sch30(DN≥200 mm)或壁厚 δ＜Sch40(DN＜200 mm),均不得使用螺纹连接件连接。

③当管道采用 55°锥管螺纹(Rc 或 R)时,螺纹接口可采用聚四氟乙烯带密封;当管道采用 60°锥管螺纹(NPT)时,宜采用密封胶对螺纹接口进行密封;密封带应在阳螺纹上施加。

④管径＞DN50 的管道不得使用螺纹活接头,在管道变径处应采用单体异径接头。

(3)焊接或法兰接头。

①法兰根据连接形式可分为平焊法兰、双金属焊接法兰、对焊法兰和螺纹法兰等。双金属焊接钢管是一种新型的管材,法兰选择必须符合《钢制管法兰　类型与参数》(GB/T 9112—2010)、《钢制对焊管件　类型与参数》(GB/T 12459—2017)、《管法兰用非金属聚四氟乙烯包覆垫片》(GB/T 13404—2008)等标准。

②热浸镀锌钢管若采用法兰连接,应选用螺纹法兰。系统管道采用内壁不防腐管道时,可采用焊接连接。管道焊接应符合《现场设备、工业管道焊接工程施工及验收规范》。

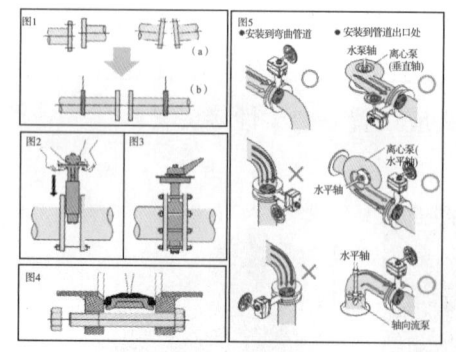

图 6-46 接头安装

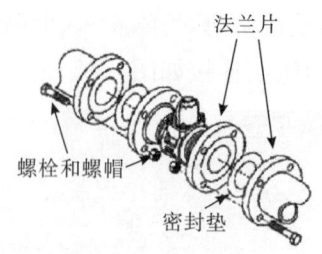

图 6-47 法兰接头

二、消防器具

1. 灭火器箱

（1）灭火器箱是用于放置手提式灭火器的消防产品，是商场、工厂、仓库、办公楼、车站、各类群居场所和码头等人员密集场所必备的消防器材。灭火器箱按使用环境及材质可分为不锈钢灭火器箱（主要用于室外）和碳钢铁皮灭火器箱（主要用于室内），如图 6-48、图 6-49 所示。

图 6-48 不锈钢灭火器箱

图 6-49 碳钢铁皮灭火器箱

（2）规格。根据灭火器容量不同，灭火器箱通常有表 6-48 所示的规格（不同厂家、不同材质产品的外形尺寸可能会有少许不同）。

表 6-48 灭火器规格

灭火器容量/kg	箱体尺寸（长、宽、高）/mm
2	310×170×430
3	330×185×480
4	350×200×580
5	370×200×580
8	430×220×740

（3）常规外观检验。灭火器箱箱体端正，不应有歪斜、翘曲等变形现象，箱体

各表面应无凹凸不平等加工缺陷,置地型灭火器箱应能平稳安放,在水平地面不应有倾斜摇晃。灭火器箱箱门关闭后,应与四周框面平齐,其平面度公差不应大于 2 mm。箱门与框之间的间隙应均匀平直。

2. 手提式灭火器

(1)简介。常用的手提式灭火器(图 6-50)有以下几种。

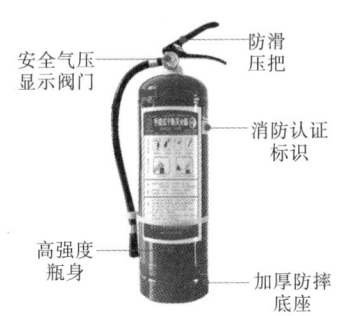 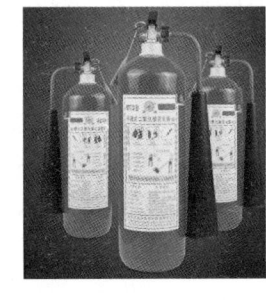 

图 6-50 灭火器

①干粉灭火器。干粉灭火器主要由盛装粉末的粉筒、储存二氧化碳的钢瓶、装有进气管和出粉管的气头以及输送粉末的喷管组成。根据灭火剂成分的不同分为碳酸氢钠干粉灭火器和磷酸铵盐干粉灭火器两大类。手提式干粉灭火器的规格型号如下:

a. 碳酸氢钠干粉灭火器的规格有 MF1、MF2、MF3、MF4、MF5、MF6、MF8、MF10 等 8 种,其中 MF 代表碳酸氢钠灭火剂,阿拉伯数字代表灭火剂重量,单位为千克。

b. 磷酸铵盐干粉灭火器的规格有 MF/ABC1、MF/ABC2、MF/ABC3、MF/ABC4、MF/ABC5、MF/ABC6、MF/ABC8、MF/ABC10 共 8 种,其中 MF/ABC 代表磷酸铵盐干粉灭火器,阿拉伯数字代表灭火剂重量,单位为千克。

上述两种灭火器的适用范围有所不同:碳酸氢钠干粉灭火器适用于易燃、可燃液体、气体及带电设备的初起火灾;磷酸铵盐干粉灭火器除可用于上述几类火灾外,还可用于扑救固体类物质的初起火灾,但都不能用于扑救金属燃烧火灾。

②二氧化碳灭火器。二氧化碳灭火器主要依靠窒息作用和部分冷却作用灭火,常用于贵重设备、档案资料、仪器仪表、600V 以下电气设备的初期火灾。

③1211 灭火器。1211 灭火器是储压式一类灭火器,使用时由储存在桶内的氮气将 1211 灭火剂喷出灭火。该灭火器使用范围广泛,可用于可燃气体、电气设备、固体物质、精密仪器、贵重物资仓库、飞机、船舶、油库、宾馆等的初期火灾。

(2)手提式灭火器检验规则。主要是以控制和验收手提式灭火器安全与质量性能为目的的计数抽数检查规则。

应符合以下标准:GB 4351《手提式灭火器通用技术条件》;GB 4397《手提式

1211灭火器》;GB 4398《手提式水型灭火器》;GB 4399《手提式二氧化碳灭火器》;GB 4400《手提式化学泡沫灭火器》;GB 4401《手提式酸碱灭火器》;GB 4402《手提式干粉灭火器》;GB 12515《手提贮压式干粉灭火器》。

按照国家规定,干粉灭火器在出厂之日起5年时,第一次送检;之后,每隔2年送检一次。自检的话,至少每月一次,主要是检查外观,包括看压力表,如果有损坏,就要即时送检,不受时间限制。在即将到达送检年限的情况下,建议可作一次演习,这样不造成浪费。

3. 消火栓箱

(1)简介。消火栓箱是指用于存放消火栓的箱子(图6-51),要配水带、水枪等,安装方式有挂墙式、落地式、明装式、暗装式、半暗装式等。消火栓箱按材料分类有铁皮箱体、不锈钢箱体、铝合金箱体等。

进场验收及复检标准:箱体无凹凸不平的坑痕和磕碰痕迹。各面垂直度偏差不大于(1.5~3)/1000。箱门与框密合、平齐,不平度不大于2 mm,间隙不大于2.5 mm。箱体内外表面应防腐,涂层应均匀、平整、明亮。明装箱体外涂层应色泽美观,无流淌、气泡、剥落等缺陷。焊接处应平整,焊点牢固,无烧穿、焊瘤缺陷,铆接应严实美观、排列整齐。托架、挂架、卷盘应做防腐处理。箱门玻璃厚度不小于4 mm。箱体板材厚度单栓不小于1.0 mm,双栓不小于1.2 mm。栓箱门应有关紧装置,开启角度不小于165°,无卡涩,启闭灵活。箱门上应有铭牌和直观、醒目、匀称的"消火栓"字样。

图6-51 消防栓箱

消火栓箱应满足以下标准要求:《铸造铝合金》(GB/T 1173—2013);《铸造铜及铜合金》(GB/T 1176—2013);《内扣式消防接口》(GB 3265);《室内消火栓》(GB3445—2018);《低压电器外壳防护等级》(GB/T 4942.2—1993);《消防水带》(GB 6246—2011);《消防水枪》(GB 8181—2005)。

按照一般消防检测要求,需送一套箱体、阀门、栓头、水袋进行检测。

4. 消防喷淋系统

图6-52 消防喷淋系统

（1）消防喷淋系统是一种消防灭火装置，是目前应用十分广泛的一种固定消防设施，它具有价格低廉、灭火效率高等特点，如图6-52所示。根据功能不同可以分为人工控制和自动控制两种形式。

人工控制就是当发生火灾时需要工作人员打开消防泵为主干管道供压力水，喷淋头在水压作用下开始工作。人工控制消防喷淋系统由消防泵、水池、主干管道、喷淋头、末端排水装置组成。

自动控制消防喷淋系统是一种在发生火灾时，能自动打开喷头喷水灭火并同时发出火灾报警信号的消防灭火设施。自动控制消防喷淋系统具有自动喷水、自动报警和初期火灾降温等优点，并且可以和其他消防设施同步联动工作，能有效控制、扑灭初期火灾，现已广泛应用于建筑消防中。自动控制消防喷淋系统由水池、阀门、水泵、气压罐控制箱、主干管道（＋屋顶水箱）、分支次干管道、信号蝶阀、水流指示器、分支管、喷淋头、排气阀、末端排水装置组成。

（2）检验。

①应具备制造地消防主管部门颁发的生产许可证以及使用地消防主管部门颁发的质量认可证。

②喷水和喷雾系统中的喷头、报警阀、压力开关、水流指示器，泡沫系统中的泡沫发生装置、比例混合器、固定式消防泵组、单向阀、喷头、阀驱动装置等系统组件，应经过国家消防产品质量监督检验中心检测并出具检测报告。

对系统组件、设备及材料进行外观检查，应符合下列规定：

①系统组件及设备等应无变形及其他机械损伤；外露非加工面保护涂层完好；无保护层的加工面无锈蚀；外露接口无损伤，保护物良好；活动机件无卡阻和异声；铭牌清晰牢固，与标准相符；介质流向标记清楚；安装、维护和运行说明书与手册齐全。

②管子及管件表面无裂纹、夹渣、重皮等，锈蚀或凹陷不超过壁厚负公差；螺纹表面完整无损伤，法兰密封的密封面平整、光洁、无毛刺和径向沟槽；垫片无老化、分层、折皱。

对重要的系统组件应进行性能检查，并达到要求。

①对于非消防产品的通用阀门，应进行抽检或逐个检查，进行壳体压力试验和密封试验，并做好试验记录。试验方法及要求按《工业金属管道工程施工规范》（GB 50235—2010）有关内容执行。

②喷水与喷雾系统中报警阀应逐个进行渗漏试验；闭式喷头应进行密封性能抽检；压力开关、水流指示管和各种限位装置应逐个进行功能检查，做好试验记录。试验方法及要求按《自动喷水灭火系统施工及验收规范》（GB 50261—2017）有关内容执行。

③泡沫灭火系统中的泡沫液储罐的强度和严密性应进行抽查,并做好记录。试验方法及要求按《泡沫灭火系统施工及验收规范》(GB 50281—2006)有关内容执行。

④气体灭火系统中的选择阀、液体单向阀、气体单向阀和高压软管应逐个进行水压强度试验和气压严密性试验,阀驱动装置亦应进行检查并符合要求,做好试验记录。试验方式及要求按《气体灭火系统施工及验收规范》(GB 50263—2007)有关内容执行。

5. 防火封堵材料

防火封堵材料种类包括防火板、泡沫封堵材料、阻燃模块、防火密封胶、柔性有机防火堵料、无机防火堵料及阻火包。

(1)防火板(图 6-53)。防火板又名耐火板,学名为热固性树脂浸渍纸高压层积板,英文缩写为 HPL(Decorative High-pressure Laminate),是表面装饰用耐火建材,有丰富的表面色彩、纹路以及特殊的物理性能。

(2)泡沫封堵材料。主要为聚氨酯泡沫,聚氨酯硬质泡沫是以异氰酸酯和聚醚为主要原料,在发泡剂、催化剂、阻燃剂等多种助剂的作用下,通过专用设备混合,经高压喷涂现场发泡而成的高分子聚合物。聚氨酯泡沫有软泡和硬泡两种。软泡为开孔结构,硬泡为闭孔结构;软泡又分为结皮和不结皮两种。

聚氨酯软泡的主要功能是缓冲。聚氨酯软泡常用于沙发、家具、枕头、坐垫、玩具、服装和隔音内衬。聚氨酯硬泡是一种具有保温与防水功能的新型合成材料,其导热系数低,仅为 0.022～0.033 W/(m·K),相当于挤塑板的一半,是目前所有保温材料中导热系数最低的。聚氨酯硬质泡沫塑料主要应用于建筑物外墙保温、屋面防水保温一体化、冷库保温隔热、管道保温、冷藏车及冷库隔热等。

(3)阻燃模块(图 6-54)。阻燃模块是用防火材料制成的具有一定形状和尺寸规格的固体,可以方便地切割和钻孔,适用于孔洞或电缆桥架的防火封堵。阻燃模块主要由无机材料制作而成,有弹性。

图 6-53　防火板

图 6-54　阻燃模块

(4)防火密封胶(图 6-55)。防火密封胶是一种封堵用的密封材料,具有密封与防火的双重性能,属于措施型防火材料。防火密封胶是一种高分子的塑胶材料。膨胀型防火密封胶在火灾中具有遇热发生体积膨胀的特性。

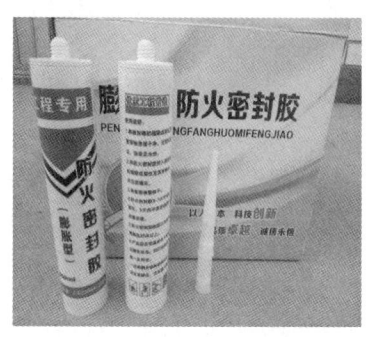

图 6-55　防火密封胶　　　　图 6-56　柔性有机防火堵料

(5)柔性有机防火堵料(图 6-56)。柔性有机防火堵料是以有机合成树脂为黏结剂,添加防火剂、填料等经辊压而成。该堵料长久不固化,可塑性很好,可以任意地进行封堵。这种堵料主要应用在建筑管道和电线电缆贯穿孔洞的防火封堵工程中,并与无机防火堵料、阻火包配合使用。柔性无机防火堵料是一种灰色粉末状材料,将其与水混合后可用于电线电缆的孔洞封堵或用作电线隧道的阻火墙,也就是我们俗称的"防火泥"。

(6)无机防火堵料(图 6-57)。无机防火堵料又叫速固型防火堵料,它是以无机黏结剂为基料,并配以无机耐火材料、阻燃剂等而制成的。使用时,在现场按比例加水调制。该类堵料不仅耐火极限高,而且具备相当高的机械强度,无毒无味,施工方便,固化速度快,具有很好的防火和水密、气密性能。该类堵料在固化前有较好的流动性和分散性,对于多根电缆束状敷设和层状敷设的场合,采用现场浇注这类堵料的方法,可以有效地堵塞和密封电缆与电缆之间、电缆与壁板之间的各种微小空隙,使各电缆之间相互隔绝,阻止火焰和有毒气体及浓烟扩散。无机防火堵料属于不燃材料,在高温和火焰作用下,基本不发生体积变化而形成一层坚硬致密的保护层,其热导率较低,有显著的防火隔热效果。

(7)阻火包(图 6-58)。阻火包外层采用编织紧密、经特殊处理、耐用的玻璃纤维布制成,内部填充特种耐火、隔热材料和膨胀材料。阻火包具有不燃性,耐火极限可超过 4 h,在较高温度下膨胀和凝固,形成一种隔热、隔烟的密封,且防火抗潮性好,不含石棉等有毒物成分。阻火包可有效地用于发电厂、工矿企业、高层建筑、石化等电缆贯穿孔洞处作防火封堵,特别适用于需经常更换或增减电缆的场合或施工工程中暂时性的防火。

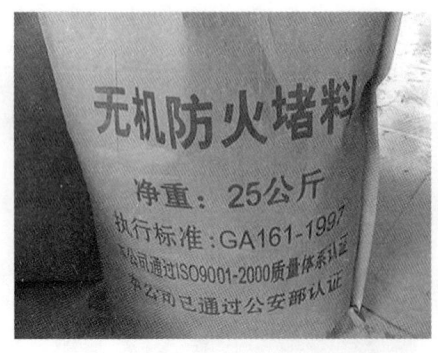
图 6-57 无机防火堵料
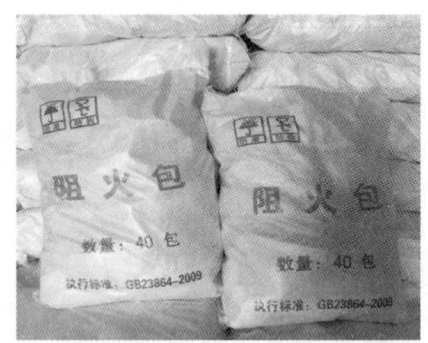
图 6-58 阻火包

防火材料的规格:一般防火材料规格是以防火等级来区分的,像每种材料的耐火时间,如 1 h、2 h、3 h 等。

进场验收和复试:进场验收主要查看产品是否过期、产品防火等级,进行耐火试验,一般需要进行第三方检测。

防火材料保管和储存:分类储存,防止暴晒和受潮。

第五节 防水材料

防水材料是防止水透过建筑物或构筑物结构层而使用的一种建筑材料。常用的防水材料有防水卷材、防水涂料、刚性防水材料和建筑密封材料四类。

1. 防水卷材

防水卷材作为柔性防水材料,主要用于建(构)筑物迎水面的外包防水。常用的有高聚物改性沥青防水卷材和合成高分子防水卷材。

高聚物改性沥青防水卷材是以合成高分子聚合物改性沥青为涂盖材料,以玻璃纤维或聚酯无纺布为胎基制成的柔性防水卷材,具有高温不流淌、低温不脆裂等优良性能。常用的高聚物改性沥青防水卷材主要有 SBS 改性沥青防水卷材(图 6-59)和 APP 改性沥青防水卷材(图 6-60)。

图 6-59 SBS 改性沥青防水卷材

图 6-60　APP 改性沥青防水卷材

合成高分子防水卷材是以合成橡胶、合成树脂或两者的共混体为基料,加入适量的化学助剂和填充料等,经不同工序(混炼、压延或挤压等)加工而成的可弯曲的片状防水材料。合成高分子防水卷材主要分为橡胶基防水卷材(三元乙丙橡胶防水卷材,图 6-61)、树脂防水卷材和树脂-橡胶共混防水卷材三大类。

图 6-61　三元乙丙(EPDM)橡胶防水卷材

2. 防水涂料

防水涂料在常温下是一种液态物质,将它涂抹在结构物基层的表面上,能形成一层坚韧的防水膜,从而起到防水装饰和保护的作用。防水涂料适用于各种不规则部位的防水。常用的防水涂料有聚合物水泥基防水涂料、聚氨酯防水涂料、水泥基渗透结晶型防水涂料等。

聚合物水泥基防水涂料是以丙烯酸酯、乙烯-乙酸乙烯酯等聚合物乳液和水泥为主要原材料,加入填料及其他助剂制成的可固化成膜的双组分防水涂料,属于柔性防水材料,如图 6-62 所示。

图 6-62　聚合物水泥基防水涂料

聚氨酯防水涂料是由含异氯酸酯基的化合物与固化剂等助剂混合而成的防水涂料,一般可分为双组分和单组分两种,属于柔性防水材料,如图 6-63 所示。聚氨酯防水涂料以优异的性能在建筑防水涂料中占有重要地位,素有"液体橡胶"的美誉。

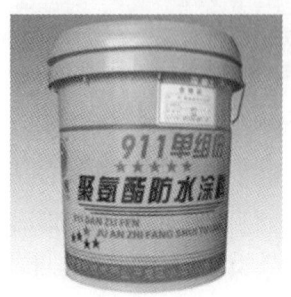

图 6-63　聚氨酯防水涂料

水泥基渗透结晶型防水涂料是以水泥和石英砂为主要原材料,掺入活性化学物质与水拌和后,活性化学物质通过载体可渗入混凝土内部,并形成不溶于水的结晶体,使混凝土致密的刚性防水涂料,属于刚性防水涂料,如图 6-64 所示。

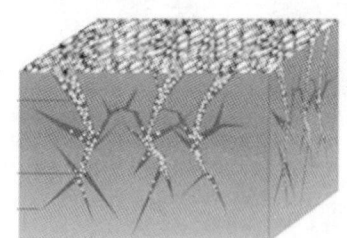

图 6-64　水泥基渗透结晶型防水涂料

3. 刚性防水材料

刚性防水材料通常指防水混凝土与防水砂浆。防水混凝土是以调整混凝土的配合比、掺外加剂或使用新品种水泥等方法提高自身的密实性、憎水性和抗渗性,使其满足抗渗压力大于 0.6 MPa 的不透水性混凝土。防水混凝土兼有结构层和防水层的双重功效。其防水机理是依靠结构混凝土构件自身的密实性,再加上一些构造措施(如设置坡度、变形缝或者使用嵌缝膏、止水环等),达到结构自防水的目的。

防水砂浆主要依靠某种特定的外加剂,如防水剂、膨胀剂、聚合物等,以提高水泥砂浆的密实性或改善砂浆的抗裂性,从而达到防水的目的。

4. 建筑密封材料

建筑密封材料是一些能使建筑上的各种接缝或裂缝、变形缝(沉降缝、伸缩缝和抗震缝)保持水密、气密性能,并且具有一定强度,能连接结构件的填充材料。建筑密封材料分为定型密封材料和不定型密封材料。

(1)定型密封材料。定型密封材料包括密封条和止水带,如铝合金门窗橡胶密封条(图 6-65)、丁腈橡胶-PVC 门窗密封条、自黏性橡胶、橡胶止水带(图 6-66)、塑料止水带、钢板止水带等。

图 6-65　门窗密封条　　　　图 6-66　橡胶止水带

定型密封材料按密封机理的不同分为遇水非膨胀型(图 6-67)和遇水膨胀型(图 6-68)两种。

 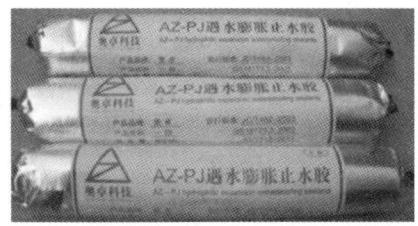

图 6-67　遇水非膨胀型定型密封材料　　　图 6-68　遇水膨胀型定型密封材料

(2)不定型密封材料。常用的不定型密封材料有沥青嵌缝油膏、聚氯乙烯接缝膏、塑料油膏、丙烯酸类密封膏、聚氨酯密封膏、聚硫密封膏和硅酮密封膏等。其中硅酮密封膏有优异的耐热性、耐寒性和良好的耐候性,有较好的黏结性能,耐拉伸-压缩疲劳性强,耐水性好。

硅酮密封膏按用途分为 F 类和 G 类两种类别。F 类为建筑接缝密封膏,适用于预制混凝土墙板、水泥板、大理石板的外墙接缝,混凝土和金属架的黏结,卫生间和公路缝的防水密封等;G 类为镶装玻璃用密封膏,主要用于嵌玻璃和建筑门窗的密封。

5.防水材料的进场验收及复试

屋面防水材料进场抽样检验见表 6-49。

表 6-49　屋面防水材料进场抽样检验

防水材料名称	现场抽样数量	外观质量检验	物理性能检验
高聚物改性沥青防水卷材	大于 1000 卷抽 5 卷，每 500～1000 卷抽 4 卷，每 100～499 卷抽 3 卷，100 卷以下抽 2 卷，进行规格尺寸和外观检验，在外观质量合格的卷材中，任取一卷做物理性能检验	表面平整，边缘整齐，无孔洞、缺边、裂口，胎基未浸透，矿物粒粒度，每卷卷材的接头	可溶物含量、拉力、最大拉力时延伸率、耐热性、低温柔性、不透水性
合成高分子防水卷材		表面平整，边缘整齐，无气泡、裂纹、黏结疤痕，每卷卷材的接头	断裂拉伸强度、扯断伸长率、低温弯折性、不透水性
高聚物改性沥青防水卷材	每 10 t 为一批，不足 10 t 按一批抽样	水乳型：无色差、凝胶、结块、明显沥青丝 溶剂型：黑色黏稠状、细腻、均匀胶状液体	固体含量、耐热性、低温柔性、不透水性、断裂延长率或抗裂性
合成高分子防水卷材		反应固化型：均匀黏稠状，无凝胶、结块 挥发固化型：经搅拌后无结块，呈均匀状态	固体含量、拉伸强度、断裂伸长率、低温柔性、不透水性
聚合物水泥防水涂料		液体组分：无杂质、无凝胶的均匀乳液 固体组分：无杂质、无结块的粉末	固体含量、拉伸强度、断裂伸长率、低温柔性、不透水性
胎体增强材料	每 3000 m² 为一批，不足 3000 m² 按一批抽样	表面平整、边缘整齐、无孔洞、无污迹	拉力、延伸率
沥青基防水卷材用基层处理剂	每 5 t 产品为一批，不足 5 t 的按一批抽样	均匀液体、无结块、无凝胶	固体含量、耐热性、低温柔性、剥离强度
高分子胶黏剂		均匀液体、无杂质、无分散颗粒或凝胶	剥离强度、浸水 168 h 后的剥离强度保持率
改性沥青胶黏剂		均匀液体、无结块、无凝胶	剥离强度
合成橡胶胶黏带	每 1000 m 为一批，不足 1000 m 的按一批抽样	表面平整，无固块、杂物、孔洞、外伤及色差	剥离强度、浸水 168 h 后的剥离强度保持率
合成高分子密封材料	每 1 t 产品为一批，不足 1 t 的按一批抽样	均匀膏状物或黏稠液体，无结皮、凝胶或不易分散的固体团状	拉伸模量、断裂伸长率、定伸黏结性

地下工程用防水材料进场抽样检验见表 6-50。

表 6-50　地下工程用防水材料进场抽样检验

防水材料名称	现场抽样数量	外观质量检验	物理性能检验
高聚物改性沥青类防水卷材	大于1000卷抽5卷,每500~1000卷抽4卷,每100~499卷抽3卷,100卷以下抽2卷,进行规格尺寸和外观检验,在外观质量合格的卷材中,任取一卷做物理性能检验	断裂、折皱、孔洞、剥离、边缘不整齐,胎体露白、未浸透,撒布材料粒度、颜色,每卷卷材的接头	可溶物含量、拉力、延伸率、低温柔度、热老化后低温柔度、不透水性
合成高分子类防水卷材	大于1000卷抽5卷,每500~1000卷抽4卷,每100~499卷抽3卷,100卷以下抽2卷,进行规格尺寸和外观检验,在外观质量合格的卷材中,任取一卷做物理性能检验	折痕、杂质、胶块、凹痕、每卷卷材的接头	断裂拉伸强度、断裂伸长率、低温弯折性、不透水性、撕裂强度
混凝土建筑接缝用密封胶	每2 t产品为一批,不足2 t的按一批抽样	细腻、均匀膏状物或黏稠液体,无气泡、结皮和凝胶现象	流动性、挤出性、定伸黏结性
橡胶止水带	每月同标记的止水带产量为一批抽样	尺寸公差,开裂、缺胶、海绵状、中心孔偏心、凹痕、气泡、杂质、明疤	拉伸强度、扯断伸长率、撕裂强度
腻子型遇水膨胀止水条	每5000 m为一批,不足5000 m按一批抽样	尺寸公差,柔软、弹性均匀、色泽均匀,无明显凹凸	硬度、7 d膨胀率、最终膨胀率、耐水性
遇水膨胀止水条	每5 t产品为一批,不足5 t的按一批抽样	细腻、黏稠、均匀膏状物,无气泡、结皮和凝胶	表干时间、拉伸强度、体积膨胀率
聚合物水泥防水砂浆	每10 t产品为一批,不足10 t的按一批抽样	干粉类:均匀,无结块;乳胶类:液料经搅拌后均匀无沉淀,粉料均匀、无结块	7 d黏结强度、7 d抗渗性、耐水性

第六节　装饰装修材料

一、建筑涂料

(一)概述

涂敷于物体表面能与基体材料很好黏结并形成完整而坚韧保护膜的材料称为涂料。建筑涂料是专用于建筑内、外表装饰的涂料,建筑涂料还可对建筑物起到一定的保护作用和某些特殊功能作用。建筑涂料是涂料中的一个重要类别,在我国，一般将用于建筑物内墙、外墙、顶棚、地面、卫生间的涂料称为建筑涂料。

(二)分类

1. 按基料的类别分类

(1)有机涂料。有机涂料分为溶剂型涂料、水溶性涂料和乳液型涂料。

①溶剂型涂料。溶剂型涂料又称溶液型涂料，是以合成树脂为基料，有机溶剂为稀释剂，加入适量的颜料、填料、助剂等，经研磨、分散等而成的涂料。溶剂型涂料形成的涂膜细腻、光洁、坚韧，有较高的硬度、光泽、耐水性、耐洗刷性、耐候性、耐酸碱性和气密性，对建筑物有较高的装饰性和保护性，且施工方便。溶剂型涂料的使用范围广，适用于建筑物的内外墙及地面等。但涂膜的透气性差，可燃或具有一定的燃烧性。此外，溶剂型涂料本身易燃，挥发出的溶剂对人体有害，施工时要求基层材料干燥，而且价格较高。

②水溶性涂料。水溶性涂料是以水溶性合成树脂为基料，加入水、颜料、填料、助剂等，经研磨、分散等而成的涂料。水溶性涂料的价格低，无毒无味，施工方便，但涂膜的耐水性、耐候性、耐洗刷性差，一般用于建筑内墙面。

③乳液型涂料。乳液型涂料又称乳胶涂料、乳胶漆，是以合成树脂乳液为基料，加入颜料、填料、助剂等，经研磨、分散等而成的涂料。合成树脂乳液是粒径为$0.1\sim0.5\ \mu m$的合成树脂分散在含有乳化剂的水中所形成的乳状液。

乳液型涂料无毒、不燃，对人体无害，价格较低，具有一定的透气性，其他性能接近或略低于溶剂型涂料，特别是光泽度较低。乳液型涂料施工时不需要基层材料很干燥，但施工时温度宜在10℃以上，用于潮湿部位的乳液型涂料需加入防霉剂。乳液型涂料是目前大力发展的涂料。水溶性涂料和乳液型涂料统称水性涂料。

(2)无机涂料。无机涂料是以水玻璃、硅溶胶、水泥等为基料，加入颜料、填料、助剂等，经研磨、分散而成的涂料。无机涂料的价格低、无毒、不燃，具有良好的遮盖力，对基层材料的处理要求不高，可在较低温度下施工。涂膜具有良好的耐热性、保色性、耐久性，且涂膜不燃。无机涂料可用于建筑内外墙面等。

(3)无机-有机复合涂料。无机-有机复合涂料是既使用无机基料又使用有机基料的涂料。按复合方式的不同分为：无机基料与有机基料通过物理方式混合而成；无机基料与有机基料通过化学反应进行接枝或镶嵌的方式而成。

无机-有机复合涂料既具有无机涂料的优点，又具有有机涂料的优点，且涂料的成本较低，适用于建筑物内外墙面等。

2. 按在建筑物上的使用部位分类

分为外墙涂料、内墙涂料、顶棚涂料、地面涂料、屋面防水涂料等。

3. 按涂膜厚度、形状与质感分类

按涂膜厚度可分为薄质涂料和厚质涂料，前者的厚度一般为$50\sim100\ \mu m$，后

者的厚度一般为1~6 mm。按涂膜的形状和质感可分为平壁状涂层涂料、砂壁状涂层涂料和凹凸立体花纹涂料。

4. 按装饰涂料的特殊功能分类

可分为防火涂料、防水涂料、防腐涂料、保温涂料、防霉涂料、弹性涂料等。

建筑涂料分类时,常将两种分类结合在一起,如合成树脂乳液内(外)墙涂料、溶剂型外墙涂料、水溶性内墙涂料、合成树脂乳液砂壁状涂料等。

(三)建筑涂料的进场验收

根据《建筑装饰装修工程质量验收标准》(GB 50210—2018)的规定,建筑涂饰工程所用涂料的品种、型号和性能应符合设计要求,涂料进场应检查产品合格证书、性能检测报告和进场验收记录。建筑涂料检测取样规定见表6-51。

表6-51 建筑涂料检测取样规定

材料名称	试验项目	检验批划分及取样
合成树脂乳液内墙涂料	容器中状态、施工性、低温稳定性(3次循环)、涂膜外观、干燥时间(表干)(h)、耐碱性(24 h)、抗泛碱性(48 h)、对比率(白色和浅色)、耐洗刷性(次)	①从每个被取样的容器中取一个样品就足够了。当交付批有若干个容器时,符合统计学要求的正确的取样数见下表,若取样数低于表中数值,应在取样数中注明。 被取样容器的最低件数 {表格见下}
合成树脂乳液外墙涂料	容器中状态、施工性、低温稳定性、涂膜外观、干燥时间(表干)(h)、耐碱性(24 h)、抗泛碱性(48 h)、对比率(白色和浅色)、耐洗刷性(2000次)、涂层耐变温性(3次循环)、透水性(mL)、耐人工气候老化型	
溶剂型外墙涂料	容器中状态、施工性、低温稳定性、涂膜外观、干燥时间(表干)(h)、耐碱性(24 h)、抗泛碱性(48 h)、对比率(白色和浅色)、耐洗刷性、涂层耐变温性(5次循环)、透水性(mL)、耐沾污性、耐人工气候老化型	若交付批是由不同生产批的容器组成,那么应对每个生产批的容器取样 ②将按合适的方法取得的全部样品充分混合。对于液体,在一个清洁、干燥的容器中,最好是不锈钢容器中混合。尽快取出至少3份均匀的样品(最终样品),每份样品至少400 mL或完全规定试验所需样品量的3~4倍,然后将样品装入符合要求的容器中。 样品取得后,应贴上符合质量管理要求的能够追溯样品情况的标签。
复层建筑涂料	容器中状态、施工性、低温稳定性、初期干燥抗裂性、黏结强度、耐洗刷性、涂层耐变温性(5次循环)、透水性、耐沾污性、耐候性、耐冲击性	
饰面型防火涂料	容器中状态、细度、干燥时间、防水性能、附着力、柔韧性、耐冲击性、耐水性、耐湿热性、耐燃时间、火焰传播比值、质量损失、碳化体积	

被取样容器的最低件数

容器的总数 N	被取样容器的最低件数 n
1~2	全部
3~8	2
9~25	3
26~100	5
101~500	8
501~1000	13
其后类推	$N=\dfrac{\sqrt{n}}{2}$

(四)常用标准

常用标准包括:《建筑装饰装修工程质量验收标准》(GB 50210—2018);《合成树脂乳液内墙涂料》(GB/T 9756—2018);《色漆、清漆和色漆与清漆用原材料取样》(GB/T 3186—2006);《合成树脂乳液外墙涂料》(GB/T 9755—2014);《溶剂型外墙涂料》(GB/T 9757—2001);《复层建筑涂料》(GB/T 9779—2015);《饰面型防火涂料》(GB 12441—2018)。

二、陶瓷材料

(一)概述

陶瓷在我国有源远流长的历史,经过历代陶工们的辛勤劳动和不断创新,形成了各式各样的陶瓷装饰纹样。每个历史时期的审美感受和制作工艺存有差异,从而形成不同的陶瓷装饰形式。在建筑装饰工程中,陶瓷是最古老的装饰材料之一。随着现代科学技术的发展,陶瓷在花色、品种、性能等方面都有了巨大的变化,为现代建筑装饰装修工程带来了越来越多兼具实用性和装饰性的材料,在建筑工程中的应用十分普遍。

(二)建筑陶瓷的分类及性能

1. 墙面砖

(1)外墙面砖。外墙面砖由半瓷质或瓷质材料制成,分为彩釉砖、无釉外墙砖、劈离砖、陶瓷艺术砖等,均饰以各种颜色或图案。釉面一般为单色、无光泽或弱光泽,具有经久耐用、不褪色、抗冻、抗蚀和依靠雨水自洗清洁的特点。

生产工艺是以耐火黏土、长石、石英为坯体主要原料,在1250～1280 ℃下一次烧成,坯体烧后为白色或有色。目前采用的新工艺是以难熔或易熔的红黏土、页岩黏土、矿渣为主要原料,在辊道窑内于1000～1200 ℃下一次快速烧成,烧成周期为1～3 h,也可在隧道窑内烧成。

①彩釉砖。彩釉砖是彩色陶瓷墙地砖的简称,多用于外墙与室内地面的装饰。彩釉砖釉面色彩丰富,有各种拼花的印花砖、浮雕砖,具有耐磨、抗压、防腐蚀、强度高、表面光、易清洗、防潮、抗冻、釉面抗急冷和急热性能良好等优点。

彩釉砖可以用于外墙,还可以用于内墙和地面。其规格主要有100×100、150×150、200×200、250×250、300×300、400×400、150×75、200×100、200×150、250×150、300×200、115×60、240×60、260×65等。

②无釉外墙砖。无釉外墙砖与彩釉砖的性能、尺寸都一样,但砖面不上釉料,

且一般为单色。无釉外墙砖也多用于外墙和地面装饰。

③劈离砖。劈离砖又叫劈裂砖、劈开砖，焙烧后可以将一块双联砖分离为两块砖。劈离砖具有致密、吸水率小、硬度大、耐磨、质感好、色彩自然、易清洗、抗冻性好、耐酸碱、防潮、不打滑、不反光、不褪色等优点。

劈离砖由于其特殊的性能，是建筑装饰中的常用陶瓷，适用于车站、停车场、人行道、广场、厂房等各类建筑的墙面地面。常用尺寸有240×60×13、194×90×13、150×150×13、190×190×13、240×52×11、240×115×11、240×115×11、194×94×11等。

④陶瓷艺术砖。陶瓷艺术砖以砖的色彩、块体大小、砖面堆积陶瓷的高低构成不同的浮雕图案为基本组合，将它组合成各种具体图案。陶瓷艺术砖强度高、耐风化、耐腐蚀、装饰效果好，且造型颇具艺术性，能给人以强烈的艺术感染力。陶瓷艺术砖多用于宾馆大堂、会议厅、车站候车室和建筑物外墙等。

（2）内墙面砖。内墙面砖是用黏土或瓷土焙烧而成的，分为上釉和不上釉两种，表面平整、光滑、不沾污，耐水性和耐蚀性都很好。它不能用于室外，否则经日晒、雨淋、风吹、冰冻，将导致破裂损坏。

①釉面砖。釉面砖是上釉的内墙面砖，不仅品种多，而且有白色、彩色、无光、石光等多种色彩，并可拼接成各种图案、字画，装饰性较强。釉面砖用精陶质材料制成，制品较薄，坯体气孔率较高，正表面上釉，以白釉砖和单色釉砖为主要品种，并在此基础上应用色料制成各种花色品种。釉面砖多用于厨房、住宅、宾馆、内墙裙等处的装修及大型公共场所的墙面装饰。

②无釉面砖。无釉面砖和釉面砖有一样的尺寸和性能，但表面无釉，没有光泽，也较轻，色泽自然，常用于室内墙面装饰及不许有眩光的场所，如浴室、厨房、实验室、医院、精密仪器车间等室内墙面装饰；也可以用来砌筑水槽，经过专门绘画的更是可以在室内拼贴成美丽的图案，具有独特的艺术效果。

③三度烧装饰砖。三度烧装饰砖是近年来的一种新型建材，是将釉烧后的瓷砖涂绘鲜艳的闪光釉和低温色料金膏等，再经低温烤烧而成，多用于卫生间或餐厅墙面装饰。三度烧装饰砖包括三类，分别是转印纸式装饰砖、腰带装饰砖和整面网印闪光釉装饰砖。三度烧装饰砖最适宜贴在卫生间或者餐厅，能够为室内环境增色不少。

2. 地砖

地砖是铺设于地面的陶瓷锦砖、地砖、玻化砖等的总称，它们强度高，耐磨性、耐腐蚀性、耐火性、耐水性均好，又容易清洗，不褪色，广泛用于地面的装饰。地砖常用于人流较密集的建筑物内部地面，如住宅、商店、宾馆、医院及学校等建筑的厨房、卫生间和走廊的地面。地砖还可用作内外墙的保护和装饰。

(1)锦砖。锦砖也称马赛克,是用于地面或墙面的小块瓷质装修材料,可制成不同颜色、尺寸和形状,并可拼成一个图案单元,粘贴于纸或尼龙网上,以便于施工,分有釉和无釉两种。

锦砖一般以耐火黏土、石英和长石作制坯的主要原料,干压成型,于1250 ℃左右下烧成。也有以泥浆浇注法成型,用辊道窑、推板窑等连续窑烧成。

将小块锦砖拼成图案粘贴在纸上可直接铺贴地面,锦砖颜色多样,造型变化多端,组织致密,易清洗,吸水率小,抗冻性好,耐酸、耐碱、耐火,是优良的铺地砖。

锦砖常用于卫生间、门厅、走廊、餐厅、浴室、精密车间、实验室等的地面铺装,也可以作为建筑物外墙面装饰,用途十分广泛。常用规格为20~40 mm,厚度为4~5 mm。

(2)缸砖。缸砖又称防潮砖,具有较强的吸水性,而且在吸水达到饱和状态后又能产生阻水作用,从而达到防潮、防渗透的效果。用可塑性大的难熔黏土烧制而成,形状各式各样,规格不一,颜色鲜亮,常见的有红、蓝、绿、米黄等。缸砖耐磨、防滑、耐弱酸、弱碱,色彩古朴自然。

缸砖用于铺装地面时可设计成各种图案,多用于室内、走廊、酒店、厨房、学校、园林装饰、广场、旅游景区以及楼面隔热等,特别是在复古工程、公共建筑、景观工程中运用广泛。

(3)玻化砖。玻化砖其实就是全瓷砖,属于无釉瓷质墙地砖。玻化砖是一种强化的抛光砖,它采用高温烧制而成,质地比抛光砖更硬、更耐磨,毫无疑问,它的价格也同样更高。玻化砖按照仿制分为仿花岗岩和仿大理岩两类,也可分为平面型和浮雕型,平面型又有无光和抛光之分。玻化砖的耐磨性、光泽、质感皆可与天然花岗岩相比,色彩鲜亮、色泽柔和、古朴大方,效果逼真,在目前的装饰材料市场上十分受欢迎。

玻化砖既有陶瓷的典雅,又有花岗岩的坚韧,硬度高,吸水率极小(几乎为零),抗冻性好,广泛运用于宾馆、商场、会议厅、大堂等场所的外墙装修和地面铺装。

3. 卫生陶瓷

卫生陶瓷是以磨细的石英粉、长石粉和黏土为主要原料,注浆成型后一次烧制,然后表面施乳浊釉的卫生洁具。它具有结构致密、气孔率小、强度大、吸水率小、抗无机酸腐蚀(氢氟酸除外)、热稳定性好等特点,主要用于各种洗面洁具、大小便器、水槽、安放卫生用品的托架、悬挂毛巾的钩等。卫生陶瓷表面光洁,不沾污,便于清洗,不透水,耐腐蚀,颜色有白色和彩色两种,合理搭配能够使卫生间熠熠生辉。卫生陶瓷可用于厨房、卫生间、实验室等。目前的发展趋势趋向于使用方便、冲刷功能好、用水省、占地少、多款式、多色彩等。

4. 琉璃制品

建筑琉璃制品是一种低温彩釉建筑陶瓷制品,既可用于屋面、屋檐和墙面装饰,又可作为建筑构件使用。琉璃制品主要包括琉璃瓦(板瓦、筒瓦、沟头瓦等)、琉璃砖(用于照壁、牌楼、古塔等贴面装饰)、建筑琉璃构件等,其中人们广为熟知的琉璃瓦是建筑园林景观常用的工程材料。

琉璃制品表面光滑、不易沾污、质地坚密、色彩绚丽、造型古朴,极富有传统民族特色,融装饰与结构件于一体,集釉质美、釉色美和造型美于一身。中国古建筑多采用琉璃制品,使得建筑光彩夺目、富丽堂皇。琉璃制品色彩多样,晶莹剔透,有金黄、翠绿、宝蓝等色,耐久性好。但由于成本较高,因此多用于仿古建筑、纪念性建筑和古典园林中的亭台楼阁。

(三)建筑陶瓷的进场验收

1. 抽样检验方案

陶瓷砖的抽样检验系统采用两次抽样方案,一部分采用计数(单个值)检验方法;一部分采用计量(平均值)检验方法。对每项性能试验所需的样本量见表 6-52。

表 6-52 陶瓷常检参数及抽样判定表

性能	样本量		计数检验				计量检验				试验方法
			第一样本		第一样本+第二样本		第一样本		第一样本+第二样本		
	第一次	第二次	接收数 Ac_1	拒收数 Re_1	接收数 Ac_2	拒收数 Re_2	接收	第二次抽样	接收	拒收	
吸水率	5	5	0	2	1	2	$\bar{X}_1>L$	$\bar{X}_1>L$	$\bar{X}_2<L$	$\bar{X}_2<L$	GB/T 3810.3—2016
	10	10	0	2	1	2	$\bar{X}_1>U$	$\bar{X}_1>U$	$\bar{X}_2<U$	$\bar{X}_2>U$	
断裂模数	7	7	0	2	1	2	$\bar{X}_1>L$	$\bar{X}_1<L$	$\bar{X}_2>L$	$\bar{X}_2<L$	GB/T 3810.4—2016
	10	10	0	2	1	2					
破坏强度	5	5	0	2	1	2	$\bar{X}_1>L$	$\bar{X}_1<L$	$\bar{X}_2>L$	$\bar{X}_2<L$	GB/T 3810.4—2016
	7	7	0	2	1	2					
	10	10	0	2	1	2					
抗热震性	5	5	0	2	1	2	—	—	—	—	GB/T 3810.4—2016

2. 检验批的构成

由同一生产厂生产的同品种、同规格的产品批中提交检验批。一个检验批可以由一种或多种同质量产品构成。任何可能不同质量的产品应假设为同质量的产品,才可以构成检验批。

如果不同质量与试验性能无关,可以根据供需双方的一致意见,视为同质量。例如,具有同一坯体而釉面不同的产品,尺寸和吸水率可能相同,单表面质量是不相同的;同样,配件产品只是在样本中保持形状不同,而在其他性能方面认为是相同的。

3. 取样范围

经供需双方商定而选择的试验性能,可根据检验批的大小而定。原则上只对检验批大于 5000 m² 的砖进行全部项目的检验。对检验批少于 1000 m² 的砖,通常认为没有必要进行检验。抽取进行试验的检验批的数量,应得到有关方面的同意。

4. 抽样

取样品的地点由供需双方商定。可同时从现场每一部分抽取一个或多个具有代表性的样本。样本应从检验批中随机抽取。抽取两个样本,第二个样本不一定要检验。每组样本应分别包装和加封,并作出经有关方面认可的标记。

对每项性能试验所需的砖的数量可分别在表 6-52 中的第 2 列"样本量"栏内查出。

5. 检验

建筑陶瓷常检参数及抽样判定见表 6-52。

6. 检验批的接收规则

计数检验:

①第一样本检验得出的不合格品数小于等于规定的第一接收数 Ac_1 时,则该检验批可接收。

②第一样本检验得出的不合格品数大于等于规定的第一拒收数 Re_1 时,则该检验批可拒收。

(四)常用标准

常用标准包括:《陶瓷砖》(GB/T 4100—2015);《陶瓷砖试验方法 第 16 部分:小色差的测定》(GB/T 3810.16—2016)。

第七节　保温材料

一、概述

建筑工程中,将不易传热的材料,即对热流有显著阻抗性的材料或材料复合体称为绝热材料。习惯上把用于控制室内热量外流的材料叫作保温材料;把防止室外热量进入室内的材料叫作隔热材料。绝热材料是保温材料和隔热材料的总称。绝热材料一方面满足了建筑空间或热工设备的热环境,另一方面也节约了能源。因此,有些国家将绝热材料看作继煤、石油、天然气、核能之后的"第五大能源"。

二、分类

(1)按材料成分分类:有机隔热保温材料;无机隔热保温材料;金属类隔热保温材料。

(2)按材料形状分类:松散隔热保温材料;板状隔热保温材料;整体保温隔热材料。

(3)按照保温材料的不同容重、成分、范围、形状和施工方法进行分类。

(4)按照不同容重分为重质($400\sim600$ kg/m^3)、轻质($150\sim350$ kg/m^3)和超轻质(小于 150 kg/m^3)三类。

(5)按照不同成分分为有机和无机两类。

(6)按照适用温度不同范围可分为高温用(700 ℃以上)、中温用($100\sim700$ ℃)和低温用(小于 100 ℃)三类。

(7)按照不同形状分为粉末、粒状、纤维状、块状等类,又可分为多孔、矿纤维和金属等。

(8)按照不同施工方法分为湿抹式、填充式、绑扎式、包裹缠绕式等。

三、常见保温材料

常见的保温材料有聚苯乙烯泡沫塑料、聚氨酯泡沫塑料、无机硬质绝热材料、纤维保温材料和绝热夹芯板。

1. 聚苯乙烯泡沫塑料

聚苯乙烯泡沫塑料常用的有绝热用模塑聚苯乙烯泡沫塑料(EPS)和绝热用挤塑聚苯乙烯泡沫塑料(XPS)。

根据《绝热用模塑聚苯乙烯泡沫塑料》(GB/T 10801.1—2002)的规定,EPS

是由可发性聚苯乙烯珠粒经加热预发泡后,在模具中加热成型制成的具有闭孔结构、使用温度不超过 75 ℃ 的聚苯乙烯塑料板材。EPS 是聚苯乙烯树脂在加工成型时,用化学机械方法使其内部产生微孔制得的硬质、半硬质或软质泡沫塑料。

根据《绝热用挤塑聚苯乙烯泡沫塑料(XPS)》(GB/T 10801.2—2018)的规定,XPS 是以聚苯乙烯树脂或其共聚物为主要成分,添加少量添加剂,通过加热挤塑成型而制得的具有闭孔结构的硬质泡沫塑料。

2. 聚氨酯泡沫塑料

聚氨酯泡沫塑料是聚氨基甲酸酯树脂在加工成型时,用化学或机械方法使其内部产生微孔制得的硬质、半硬质或软质泡沫塑料。聚氨酯泡沫塑料常用的有硬质聚氨酯泡沫塑料和喷涂聚氨酯硬体保温材料。

3. 无机硬质绝热材料

无机硬质绝热材料常用的有膨胀蛭石及其制品、膨胀珍珠岩绝热制品、蒸压加气混凝土砌块、泡沫玻璃绝热制品、泡沫混凝土砌块等。

蛭石是一种天然矿物,在 850～1000 ℃ 的温度下煅烧时,体积急剧膨胀,单个颗粒的体积能膨胀 8～20 倍。蛭石在热膨胀时很像水蛭蠕动,因此而得名。蛭石煅烧膨胀后成为膨胀蛭石。

膨胀珍珠岩是由天然珍珠岩煅烧膨胀而制得的,呈蜂窝泡沫状的白色或灰白色颗粒,通常分为普通型和憎水型。其中憎水珍珠岩是一种新型保温材料,其导热系数低,普通在 0.045 W/(m·K) 左右,最低在 0.041 W/(m·K)。其外表具有一层封锁玻壳,使其具有较高的抗压强度,不易毁坏,从而可大大降低运用过程中的破损率,使保温效果得到有效维护;同时降低了材料的吸水性,减少了配合比重的加水量,使材料整体凝固时间明显缩短,有助于提高施工效率。

蒸压加气混凝土是以硅质材料(砂、粉煤灰及含硅尾矿等)和钙质材料(石灰、水泥)为原料,掺加发气剂(铝粉),通过配料、搅拌、浇注、预养、切割、蒸压、养护等工艺过程制成的轻质多孔硅盐制品,因其经发气后含有大量均匀而细小的气孔,故名蒸压加气混凝土。

泡沫玻璃是由碎玻璃、发泡剂(石灰石、碳化钙或焦炭)、改性添加剂和发泡促进剂等,经过细粉碎和均匀混合后,再经过高温熔化、发泡、退火而制成的无机非金属玻璃材料。

泡沫混凝土又名发泡混凝土,是将化学发泡剂或物理发泡剂发泡后加入胶凝材料、掺料、改性剂、卤水等制成的料浆中,经混合搅拌、浇注成型、自然养护所形成的一种含有大量封闭气孔的新型轻质保温材料。

4. 纤维保温材料

纤维保温材料常用的有建筑绝热用玻璃棉制品(图 6-69)、建筑用岩棉(图

6-70)和矿渣棉绝热制品(图6-71)。

图6-69 玻璃棉　　　　图6-70 岩　棉　　　　图6-71 矿渣棉

5. 绝热夹芯板

夹芯板就面板来说分为金属面板与非金属面板两种。金属面板易加工,可以做成各种形状,但有些场合的非金属面板有着金属面板所不及的作用,如耐腐蚀、耐撞击方面等。

金属面绝热夹芯板用钢板、彩钢或铝合金板夹保温材料制成,夹芯材质通常为金属聚氨酯夹芯板(PU夹芯板)、金属聚苯夹芯板(EPS夹芯板)、金属岩棉夹芯板(RW夹芯板)、三聚酯夹芯板(PIR夹芯板)、酚醛夹芯板(PF夹芯板)等。夹芯板广泛用于大型工业厂房、仓库、体育馆、超市、医院、冷库、活动房、建筑物加层、洁净车间以及需保温隔热防火的场所。

夹芯板外形美观,色泽艳丽,整体效果好,它集承重、保温、防火、防水于一体,且无需二次装修,安装快捷方便,施工周期短,综合效益好,是一种用途广泛、极具潜力的高效环保建材。

彩钢夹芯板是当前建筑材料中常见的一种产品,不但能够很好地阻燃隔声,而且环保高效。彩钢夹芯板由上下两层金属面板和中层高分子隔热内芯压制而成,具有安装简便、质量轻、环保高效等特点,而且填充系统使用的闭泡分子结构可以杜绝水汽的凝结。

四、保温材料的进场验收

保温材料进场抽样检验见表6-53。

表6-53 保温材料进场抽样检验

名称	组批及抽样	外观质量检验	物理性能检验
模塑聚苯乙烯泡沫塑料	同规格按100 m³为一批,不足100 m³的按一批计。在每批产品中随机抽取20块进行规格尺寸和外观质量检验。从规格尺寸和外观质量检验合格的产品中,随机取样进行物理性能检验。	色泽均匀,阻燃型应掺有颜色的颗粒;表面平整,无明显收缩变形和膨胀变形;熔结良好,无明显油渍和杂质	表面密度、压缩强度、导热系数、燃烧性能

续表

名称	组批及抽样	外观质量检验	物理性能检验
挤塑聚苯乙烯泡沫塑料	同类型、同规格按 50 m³ 为一批,不足 50 m³ 的按一批计。在每批产品中随机抽取 10 块进行规格尺寸和外观质量检验。从规格尺寸和外观质量检验合格的产品中,随机取样进行物理性能检验	表面平整,无夹杂物,颜色均匀;无明显气泡、裂口、变形	压缩强度、导热系数、燃烧性能
硬质聚氨酯泡沫塑料	同原料、同配方、同工艺条件按 50 m³ 为一批,不足 50 m³ 的按一批计。在每批产品中随机抽取 10 块进行规格尺寸和外观质量检验。从规格尺寸和外观质量检验合格的产品中,随机取样进行物理性能检验	表面平整,无严重凹凸不平	表面密度、压缩强度、导热系数、燃烧性能
泡沫玻璃绝热制品	同品种、同规格按 250 件为一批,不足 250 件的按一批计。在每批产品中随机抽取 6 个包装箱,每箱各抽取 1 块进行规格尺寸和外观质量检验。从规格尺寸和外观质量检验合格的产品中,随机取样进行物理性能检验	垂直度、最大弯曲度、缺棱、缺角、孔洞、裂纹	表面密度、抗压强度、导热系数、燃烧性能
膨胀珍珠岩制品	同品种、同规格按 2000 件为一批,不足 2000 件的按一批计。在每批产品中随机抽取 10 块进行规格尺寸和外观质量检验。从规格尺寸和外观质量检验合格的产品中,随机取样进行物理性能检验	弯曲度、缺棱、缺角、孔洞、裂纹	表面密度、抗压强度、导热系数、燃烧性能
加气混凝土砌块	同品种、同规格、同等级按 200 m³ 为一批,不足 200 m³ 的按一批计。在每批产品中随机抽取 50 包进行规格尺寸和外观质量检验。从规格尺寸和外观质量检验合格的产品中,随机取样进行物理性能检验	缺棱掉角、裂纹、爆裂、黏膜和损坏深度、表面酥松、层裂,表面油污	干密度、抗压强度、导热系数、燃烧性能
泡沫混凝土砌块		缺棱掉角、裂纹、爆裂、黏膜和损坏深度、表面酥松、层裂,表面油污	干密度、抗压强度、导热系数、燃烧性能

续表

名称	组批及抽样	外观质量检验	物理性能检验
玻璃棉、岩棉、矿渣棉制品	同原料、同工艺、同品种、同规格按1000 m²为一批，不足1000 m²的按一批计。在每批产品中随机抽取6个装箱或卷块进行规格尺寸和外观质量检验。从规格尺寸和外观质量检验合格的产品中，抽取1包装箱或卷进行物理性能检验	表面平整，伤痕、污迹、破损，覆层与基材粘贴	表观密度、抗压强度、导热系数、燃烧性能
金属面绝热夹芯板	同品种、同规格按2000件为一批，不足2000件的按一批计。在每批产品中随机抽取10块进行规格尺寸和外观质量检验。从规格尺寸和外观质量检验合格的产品中，随机取样进行物理性能检验	表面平整，无明显凹凸、翘曲、变形，切口平直、切面整齐，无毛刺，芯板切面整齐、无剥落	剥离性能、抗弯承载力、防火性能

五、其他常用信息

保温材料在建筑中常见的应用类型及设计选用应符合《建筑用绝热材料 性能选定指南》(GB/T 17369—2014)的规定。

第七章　轨道工程物资

铁路轨道是指路基面以上的铁道线路部分,由钢轨、配件、轨枕、扣件、道岔、道床等主要部件和防爬设备等附属设备组成。

第一节　钢　轨

钢轨是铁路轨道中直接与列车轮对接触的部位,是轨道的最上部,是铁路轨道的主要组成部件。它的功用在于引导机车前进,承受车轮的巨大压力,并将其传递到轨枕上。因此,要求钢轨必须有连续、平顺和阻力尽可能小的滚动表面。在电气化铁道或自动闭塞区段,钢轨还可兼供轨道电路之用。

图 7-1　钢轨

一、钢轨的类型

1. 按重量分类

(1)表示方法:以每米钢轨的质量(kg/m)表示。

(2)主要类型:75 kg/m、60 kg/m、50 kg/m、43 kg/m。

2. 按长度分类

(1)标准有孔轨:12.5 m、25 m 及相应的标准缩短轨。

12.5 m 对应的标准缩短轨缩短量:40 mm、80 mm、120 mm。

25 m 对应的标准缩短轨缩短量:40 mm、80 mm、160 mm 。

(2)标准无孔轨:25 m、50 m 和 100 m。

二、钢轨产品质量监督抽查检验实施细则

1. 抽样方案

采用一次抽样检验,根据当年的铁路产品监督抽查计划检验内容,按表 7-1 随机抽取一定数量的样品作为一个样本,采用(1;0)抽样方案。

表 7-1　抽样数量及要求

抽样数量	抽样要求	备注
6 件	尺寸、平直度和扭曲、表面质量:长度不小于 25 m,2 件	抽取 100 m 钢轨或 75 m 钢轨两端
	其余项目:抽取 3 炉次样品,每炉 2 件,截取不大于 10 m 样段,同时截取同样数量备用样段留存于检验机构	

2. 检验内容及检验方法

A 类项点须 100%合格,B 类项点按 80%的合格率判为合格,其中合格项点数按五舍六入原则计算。

表 7-2　43~75 kg/m 钢轨产品质量监督抽查检验内容及检验方法

序号	检验项目	不合格类别	检验方法 检验方法要点说明	仪器设备名称	备注
1	化学成分	A	在钢轨上按照 TB/T 2344—2012 图 7 拉伸试样部位取化学分析试样,按照 GB/T 20123 称量 0.5 g 试样,经高频燃烧后测定 C、S 的含量,按照 GB/T 20125 称量 0.5 g 试样后,加入酸,加热完全溶解后定容,用发射光谱绘制校准曲线,相关系数不小于 0.999 后,测定元素含量。允许偏差:C 为±0.02%,S 为±0.005%,Si 为±0.02%,Mn 为±0.05%,P 为±0.005%,V 为±0.01%,其他元素允许偏差符合GB/T 222—2006	碳硫分析仪、ICP 原子发射光谱仪	仲裁试验采用化学法
2	残留元素	B	在钢轨上按照 TB/T 2344—2012 图 7 拉伸试样部位取化学分析试样,按照 GB/T 20125 称量 0.5 g 试样后,加入酸,加热完全溶解后定容,用发射光谱绘制校准曲线,相关系数不小于 0.999 后,测定残留元素含量。允许偏差符合 GB/T 222—2006	ICP 原子发射光谱仪	
3	含氢量	A	在钢轨轨头中心取测试样,测试含氢量	定氢仪	—

续表

序号	检验项目	不合格类别	检验方法 检验方法要点说明	仪器设备名称	备注
4	总含氧量	B	在钢轨头部上按照 TB/T 2344—2012 图 6 所示 3 个位置取测试样,测试总含氧量	氮氧测定仪	—
5	含氮量	B	在钢轨头部上按照 TB/T 2344—2012 图 6 所示 3 个位置取测试样,测试含氮量	氮氧测定仪	—
6	拉伸	A	在钢轨上随机取样,具体部位件见 TB/T 2344—2012 图 7 所示。试样尺寸为 $d_0=10$ mm,$l_0=5d_0$。试验方法参照 GB/T 228.1—2010 方法 B 执行	万能材料试验机	—
7	轨顶面硬度	A	在钢轨上随机取样,试样长度不应小于 100 mm,轨头顶面磨去 0.5 mm,测试点不少于 5 个。其硬度变化不应大于 30 HB	布氏硬度计	—
8	轨头横断面硬化层硬度	B	在钢轨的头部或尾部切取 1 块 15～20 mm 厚的试片,按照 TB/T 2344—2012 6.4.2 图 3 所示测点位置进行洛氏硬度试验	洛氏硬度计	仅适用于热处理钢轨
9	轨端淬火硬度	B	在距轨端约 50 mm 处,磨去钢轨顶面脱碳层进行布氏硬度试验	布氏硬度计	仅适用于 U71Mn 钻孔轨
10	显微组织	A	在钢轨任一位置头部取样,取样位置如 TB/T 2344—2012 图 7 所示。在金相显微镜下放大 500 倍观察,试验方法参照 GB/T 13298—2015 执行	金相显微镜	—
11	脱碳层深度	B	在钢轨任一位置制取厚度为 10～15 mm 试样,轨头表面脱碳层深度检验范围如 TB/T 2344—2012 图 4 所示。按照 GB/T 224—2008 要求制取试样,用金相显微镜观察、测量	金相显微镜	—
12	非金属夹杂物	A(硫化物)类、D(球状氧化物)类	B	在钢轨任意位置轨头部距轨顶面 10～15 mm 纵向切取试样,检查面应平行于轨顶面且居中,面积不小于 200 mm²	金相显微镜	—
13		B(氧化铝)类、C(硅酸盐)类	B			

续表

序号	检验项目	不合格类别	检验方法 / 检验方法要点说明	仪器设备名称	备注
14	低倍	A	在钢轨任意位置切取厚度为 10～15 mm 横截面,按照 GB/T 226—2015 制取试样,按照 TB/T 2344—2012 附录 C 规定的要求进行评判	目测检查	—
15	落锤	A	上随机取样,试样长度不应小于 1.3 m,表面应无缺陷。试验在 10 ℃ 以上的室温进行,试样轨头向上平放于间距为 1 m 的刚性支点上,锤重 1000 kg,按下列高度自由落下打击一次:43 kg/m 钢轨为 6.7 m,50 kg/m 钢轨为 7.7 m,60 kg/m 钢轨为 9.1 m,75 kg/m 钢轨为 11.2 m	落锤试验机	—
16	轨高	B	使用 TB/T 2344—2012 附录 B 中样板及塞尺进行检验。43 kg/m、50 kg/m 钢轨轨冠饱满度不检验,焊接轨不检验螺栓孔项点。长度取环境温度 20 ℃ 时测量数值	样板及塞尺	—
17	轨头宽	B			
18	轨冠饱满度	B			
19	断面不对称	B			
20	夹板安装面斜度	B			
21	夹板安装面高度	B			
22	轨腰厚度	B			
23	轨底宽度	B			
24 尺寸	轨底边缘厚度	B			
25	轨底凹入	B			
26	端面斜度(垂直、水平)	B			
27	螺栓孔直径	B			
28	螺栓孔位置	B			
29	螺栓孔直径和位置的综合偏差	B			
30	螺栓孔倒棱	B			
31	长度	B			

续表

序号	检验项目		不合格类别	检验方法 / 检验方法要点说明	仪器设备名称	备注
32	平直度和扭曲	轨端 0~1.5 m 部位	B	采用平直尺、塞尺、扭转尺，按 TB/T 2344—2012 具体方法进行测量	平直尺、塞尺、扭转尺	—
33		距轨端 1~2.5 m 部位	B			
34		轨身	B			
35		轨端扭曲	B			
36	表面质量	裂纹	B	目测及采用塞尺进行检验	目测及塞尺	—
37		轨冠、轨底、夹板安装面凸出	B			
38		磨痕、刮伤、线纹、折叠、氧化皮、轧痕深度	B			
39		冷态划痕	B			
40		表面缺陷修磨	B			
41	轨底残余应力		B	在至少距轨端 3 m 处切取试样，具体试验方法参照 TB/T 2344—2012 附录 F 执行	静态电阻应变仪	—
42	断裂韧性		A	在至少距轨端 3m 处切取试样，具体试验方法参照 TB/T 2344—2012 附录 D 执行	电液伺服疲劳试验机	—
43	疲劳裂纹扩展速率		A	在至少距轨端 3 m 处切取试样，取样部位、试样尺寸及试验条件按照 TB/T 2344—2012 第 7.10 条及 GB/T 6398—2017 执行	电液伺服疲劳试验机	—
44	疲劳		A	在至少距轨端 3 m 处切取试样，每件样轨上制取 2 件疲劳试样，取样部位、试样尺寸及试验条件按照 TB/T 2344—2012 第 7.11 条及 GB/T 3075—2008 执行	电液伺服疲劳试验机	—

三、钢轨存放

(1) 不同牌号、不同型号的钢轨应分开存放并标识。

(2)钢轨应正向(轨顶向上)、平排码放在存放台上,排列要整齐、平直、稳固。钢轨端部应对齐,相错量不大于 100 mm。

(3)存放作业中禁止损伤钢轨。

(4)多层存放时,层间应布置钢质垫物,垫物尺寸应相同。采用木质垫物时,建议使用松木或杨木,不可重复使用。垫木码放时应上下对齐,与各层钢轨垂直放置,保持钢轨的平直度。

(5)应在每个横担上方布置层间垫物,层间垫物应与横担中心垂直对齐,偏差量不大于 50 mm。

(6)采用混凝土地基梁时,钢轨码放不宜超过 15 层;采用硬化地面时,钢轨码放不宜超过 12 层。

采用硬化地面存放钢轨的码放方案实例如下:

垛宽 16 m,基础为夯实地面垫以 150 mm 石渣,石渣上置枕木(5 道计,45 根/层)。

钢轨码放:底层 200 根,往上每层递减 4 根。平均 300 t/层,每垛码放 5 层。

钢轨重量:1500 t/垛。

层间垫木:尺寸 8 cm×10 cm×200 cm。

垫木码放:5 道/层,45 根/层。

四、生产厂家

我国生产钢轨的四大轨梁厂分别是攀钢集团的攀钢轨梁厂、鞍钢集团的鞍钢轨梁厂、武钢轨梁厂以及包钢轨梁厂。

第二节 道 岔

道岔是一种使机车车辆从一股道转入另一股道的线路连接设备,通常大量铺设于车站、编组站。道岔可以充分发挥线路的通过能力,在铁路线路上有重要作用。即使是单线铁路,若铺设道岔,修筑一段大于列车长度的叉线,也可以实现列车对开。

道岔是使两条或两条以上的轨道在平面上连接或交叉的设备,可以把股道连接组成不同形式的车站或车场。

道岔具有构造复杂、限制列车速度、行车安全性低、养护维修投入大等特点,与曲线、钢轨接头并称为铁路轨道的三大薄弱环节。

一、分类

根据用途和构造形式,道岔可分为连接设备(主要有单开道岔和对称双开道岔)、交叉设备(主要有菱形交叉道岔)以及连接与交叉设备(主要有渡线道岔和复式交分道岔)。

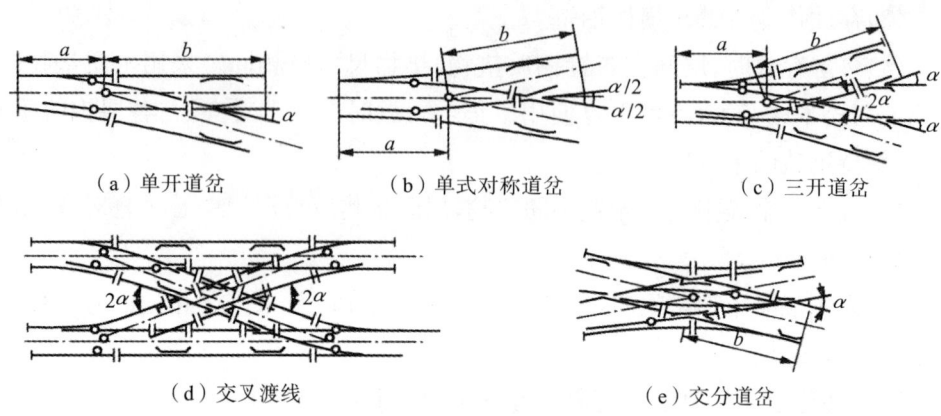

图 7-2 各种道岔图示

二、道岔组成

道岔是个大家族,最常见的是单开道岔,由转辙器、辙叉及护轨和连接部分 3 个单元组成。转辙器包括基本轨、尖轨和转辙机械。当机车车辆欲从 A 股道转入 B 股道时,可操纵转辙机械使尖轨移动位置。如图 7-3 所示,尖轨 1 密贴基本轨 1,尖轨 2 脱离基本轨 2,开通 B 股道,关闭 A 股道,机车车辆即可进入连接部分,沿导曲线轨过渡到辙叉和护轨单元。此单元由固定辙叉心、翼轨及护轨组成,作用是保护车轮安全通过两股轨线的交叉之处。

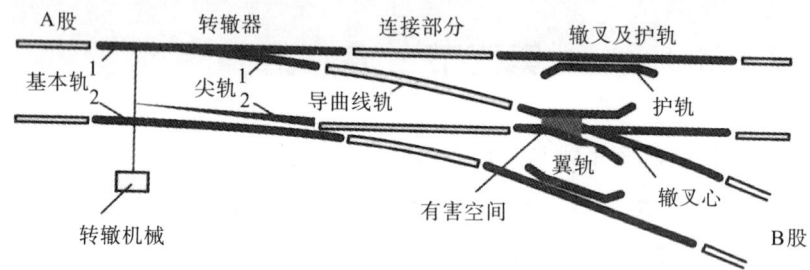

图 7-3 普通单开道岔的组成

1. 转辙器

转辙器是引导列车进入道岔不同方向的设备,由基本轨、尖轨、联结零件(拉杆、连接杆、顶铁、滑床板、轨撑等)、跟端结构、辙前垫板、辙后垫板及转辙机械等组成。

作用:将尖轨扳动到不同的位置,使列车沿直线或侧线行驶。

(1)基本轨。基本轨由标准断面的钢轨制成,直线方向的为直基本轨,侧线方向的为曲基本轨。

作用:承受车轮的垂直压力,与尖轨共同承受车轮的横向水平推力,保持尖轨位置的稳定。

(2)尖轨。尖轨由与基本轨同类型的标准断面钢轨或特种断面钢轨制成。

作用:尖轨依靠其刨尖的一端与基本轨紧密贴靠,引导车轮的运行方向,使其进入直股或侧股线路。

(3)矮型特种断面尖轨(简称 AT 尖轨)。AT 尖轨由较同型基本轨高度低的特种断面钢轨制成。

贴靠形式:藏尖式。基本轨的轨头下颚轨距线以下作 1:3 的斜切,使尖轨尖端藏于基本轨的轨距线之下,形成藏尖式尖轨。

2. 辙叉及护轨

辙叉及护轨包括辙叉、护轨、基本轨及其他联结零件。

(1)辙叉。辙叉是道岔中两股线路相交处的设备,由翼轨和心轨(叉心)组成。

作用:确保列车跨越线路时按确定的行驶方向正常通过道岔。

辙叉号数(N)也称道岔号数,可用于表示辙叉角(α)大小,即 $N=\cot \alpha$。辙叉角越大,道岔号数越小;反之,辙叉角越小,道岔号数越大。道岔号数的选择与允许列车侧向通过道岔的速度有密切关系,可参考我国《铁路技术管理规程》中的规定。

(2)护轨。护轨是固定辙叉的重要组成部分,设置在辙叉两侧。由于固定辙叉存在"有害空间",故其直、侧向都设有护轨;可动心轨辙叉消灭了"有害空间",故其直向不设护轨,只在侧向设置护轨,起防磨作用,同时提高侧向行车的安全可靠性。

作用:控制车轮运行方向,使之正常通过"有害空间"而不错入轮缘槽,防止轮缘冲击辙叉心轨尖端,保证行车安全。

3. 连接部分

连接部分是转辙器和辙叉之间的连接线路,包括直股连接线和曲股连接线。

三、道岔检验

1. 整组道岔

(1)抽样方案。分别从 4 种道岔关键部件中随机各抽取(抽样基数符合相应关键部件抽样要求)一件并作标记,所抽取的关键部件不允许更换、调整和再加工(电务孔除外),在规定的 48 h 内应完成一组整组道岔的组装。如在规定的 48 h 内无法完成一组整组道岔的组装,则判为不合格。产品质量检验的样本按 GB/T 2829—2002《周期检查计数抽样程序及表(适用于对过程稳定性的检验)》中判别水平Ⅱ的一次抽样方案抽取(见表 7-3)。

表7-3 抽样方案

判别水平 DL	不合格质量水平 RQL	样本数 n	判定数组	
			合格判定数 Ac	不合格判定数 Re
Ⅱ	80	1	0	1

(2)抽样地点。在生产企业成品库和试铺场地抽样。

(3)仪器仪表。检验用仪器仪表有钢卷尺、钢板尺、游标卡尺、塞尺、宽座直角尺、轨距尺、扭力扳手、支距尺和检验专用量具等。

(4)检验内容及检验方法。检验内容、检验方法、执行标准条款及检验类别划分见附表2。

注:执行标准未注明者皆为 TB/T 412—2014《标准轨距铁路道岔条件》。

(5)检验结果的判定(见附表1)。

①单项判定。

A 类项点判定:合格率为100%时,判定 A 类项点合格。

B 类项点判定:合格率为90%时,判定 B 类项点合格。

C 类项点判定:合格率为80%时,判定 C 类项点合格。

②综合判定。当同时满足 A 类项点、B 类项点和 C 类项点合格判定时,判定该次道岔(整组道岔)产品质量检验为合格,否则为不合格。

2. 道岔尖轨

(1)抽样方案。抽样基数不少于10件。产品质量检验的样本按 GB/T 2829—2002《周期检查计数抽样程序及抽样表(适用于对过程稳定性的检验)》中判别水平Ⅱ的一次抽样方案抽取(见附表3、4)。

①表面质量及外形尺寸、疲劳试验。按附表3、4中规定的样本数,从企业逐批检查合格的成品中随机抽取,并尽量从本周期各个不同时间里分散抽取样本。疲劳试验从表面质量外形尺寸检验合格的样本中随机抽取。

②表面硬度。按附表3、4中规定的样本数抽取尖轨实物。

③淬火层形状及深度、脱碳层深度、断面硬度及硬度分布和显微组织。试样取自同轨型、同材质、同工艺的淬火试件,按附表3、4中所列样本数抽样。

(2)抽样地点。在生产企业成品库或生产线终端抽样。

(3)仪器仪表。检验用仪器仪表有金相显微镜、洛氏硬度计、便携式布氏硬度计、专用测试平台、一米直尺、钢卷尺、塞尺、宽座直角尺、游标卡尺、深度尺、落锤试验机和疲劳试验机等。

(4)检验内容及检验方法。检验内容、检验方法、执行标准条款及检验类别划分见附表5、6。

注：执行标准未注明者皆为 TB/T 412—2014《标准轨距铁路道岔条件》。

(5)检验结果的判定(见附表3、4)。

①表面质量及外形尺寸。A 类项点的判定方案为[5;0,1]，B 类项点的判定方案为[5;1,2]及[5;2,3]。当同时满足 A 类项点、B 类项点的判定方案时，判定该次表面质量及外形尺寸检验合格，否则为不合格。

②淬火层形状及深度。B 类项点的判定方案为[3;1,2]。当满足 B 类项点的判定方案时，判定该次淬火层形状及深度检验合格，否则为不合格。

③淬火层硬度。A 类项点的判定方案为[3;0,1]及[5;0,1]。当同时满足 A 类项点的判定方案时，判定该次淬火层硬度检验合格，否则为不合格。

④淬火层显微组织。A 类项点的判定方案为[3;0,1]。当满足 A 类项点判定方案时，判定该次淬火层显微组织检验合格，否则为不合格。

⑤AT 尖轨跟端过渡段疲劳试验、脱碳层深度、跟端淬火层形状。A 类项点的判定方案为[3;0,1]，B 类项点的判定方案为[3;1,2]。当同时满足 A 类项点、B 类项点判定方案时，判定该次检验合格，否则为不合格。

⑥综合判定。

道岔(AT 尖轨)：当同时满足上述①~⑤条中 A 类项点、B 类项点的判定方案时，判定该次道岔(AT 尖轨)产品质量检验为合格，否则为不合格。

道岔(普通尖轨)：当同时满足上述①~④条中 A 类项点、B 类项点的判定方案时，判定该次道岔(普通尖轨)产品质量检验为合格，否则为不合格。

3. 道岔基本轨

(1)抽样方案。抽样基数不少于 10 件。产品质量检验的样本按 GB 2829—2002《周期检查计数抽样程序及抽样表(适用于对过程稳定性的检验)》中判别水平Ⅱ的一次抽样方案抽取(见附表 7)。

①表面质量及外形尺寸。按附表 7 中规定的样本数，从企业逐批检查合格的成品中随机抽取，并尽量从本周期各个不同时间里分散抽取样本。

②表面硬度。按附表 7 中规定的样本数抽取钢轨实物。

③淬火层形状及深度、断面硬度及硬度分布和显微组织试样。试样取自同轨型、同材质、同工艺的淬火试件，按附表 7 中所列样本数抽样。

(2)抽样地点。在生产企业成品库或生产线终端抽样。

(3)仪器仪表。检验用仪器仪表有金相显微镜、洛氏硬度计、便携式布氏硬度计、专用测试平台、一米直尺、钢卷尺、塞尺、宽座直角尺、游标卡尺和深度尺等。

(4)检验内容及检验方法。检验内容、检验方法、执行标准条款及检验类别划分见附表 8。

注：执行标准未注明者皆为 TB/T 412—2014《标准轨距铁路道岔条件》。

(5)检验结果的判定(见附表7)。

①表面质量及外形尺寸。A类项点的判定方案为[5;0,1],B类项点的判定方案为[5;1,2]及[5;2,3]。当同时满足A类项点、B类项点的判定方案时,判定该次表面质量及外形尺寸检验合格,否则为不合格。

②淬火层形状及深度。B类项点的判定方案为[3;1,2]。当满足B类项点的判定方案时,判定该次淬火层形状及深度检验合格,否则为不合格。

③淬火层硬度。A类项点的判定方案为[3;0,1]及[5;0,1]。当满足A类项点的判定方案时,判定该次淬火层硬度检验合格,否则为不合格。

④淬火层显微组织。A类项点的判定方案为[3;0,1]。当满足A类项点判定方案时,判定该次淬火层显微组织检验合格,否则为不合格。

⑤综合判定。当同时满足上述①~④条中A类项点、B类项点的判定方案时,判定该次道岔(基本轨)产品质量检验为合格,否则为不合格。

4. 道岔(高锰钢)辙叉

(1)抽样方案。产品质量检验的样本按 GB 2829—2002《周期检查计数抽样程序及抽样表(适用于对过程稳定性的检验)》中判别水平Ⅱ的一次抽样方案抽取(见附表9)。其中,同一适用范围的辙叉成品抽样基数不得少于20件,其中包含炉次的抽样基数不得少于5炉次,需做外形尺寸检验的相同型号的辙叉抽样基数不得少于10件。

①表面质量及外形尺寸。按附表9中规定的样本数,从企业逐批检查合格的成品中随机抽取,并尽量从本周期各个不同时间里分散抽取样本,所抽样本不得有相同炉次的产品。

②力学性能。

a.拉力(抗拉强度、断后伸长率)。按附表9所列样本数(指炉次),从保留的合格辙叉炉次的试样(或试块)中抽样,每一炉次抽取3根拉力试棒。

b.冲击。按附表9所列样本数(指炉次),从保留的合格辙叉炉次的试样(或试块)中抽样,每一炉次抽取3个试样。

c.硬度。实物硬度试验样本:按附表9所规定的样本(辙叉),从所抽外形尺寸样本(辙叉)中抽样,测定道岔咽喉处的翼轨及轨头宽 40 mm 处的心轨硬度。试样硬度试验样本:样本抽取方法与拉力试样相同。

③化学分析。按附9所列样本数(指炉次),从保留的合格辙叉炉次的试样(或试块)中抽样,每一炉次抽取1个试样。

④金相。按附表9所列样本数(指炉次),从保留的合格辙叉炉次的试样(或试块)中抽样,每个炉次制取1个试样。

⑤探伤。从表面质量及外形尺寸检查用的样本(辙叉)中抽取探伤检查用样本。

(2)抽样地点。在生产企业成品库或生产线终端抽样。

(3)仪器仪表。检验用仪器仪表有万能试验机、布氏硬度计、便携式硬度计、冲击试验机、红外碳硫仪、直读光谱仪、金相显微镜、超声波探伤仪、游标卡尺、钢直尺、塞尺、钢卷尺和宽座直角尺等。

(4)检验内容及检验方法。检验内容、检验方法、执行标准条款及检验类别划分见附表10。

注:执行标准未注明者皆为 TB/T 447—2004《高锰钢辙叉技术条件》。

(5)检验结果的判定(见附表9)。

①力学性能。A类项点的判定方案为[3;0,1],B类项点的判定方案为[3;1,2]。当同时满足 A 类项点、B 类项点的判定方案时,判定该次力学性能检验合格,否则为不合格。

②材质。A类项点的判定方案为[3;0,1],B类项点的判定方案为[3;1,2]。当同时满足 A 类项点、B 类项点的判定方案时,判定该次材质检验合格,否则为不合格。

③表面质量外形尺寸。A类项点的判定方案为[5;0,1],B类项点的判定方案为[5;1,2]及[5;2,3]。当同时满足 A 类项点、B 类项点的判定方案时,判定该次表面质量外形尺寸检验合格,否则为不合格。

④显微组织及非金属夹杂物。A类项点的判定方案为[3;0,1]。当满足 A 类项点判定方案时,判定该次显微组织及非金属夹杂物检验合格,否则为不合格。

⑤内部缺陷限值。B类项点的判定方案为[5;1,2]。当满足 B 类项点判定方案时,判定该次内部缺陷限值检验合格,否则为不合格。

⑥综合判定。当同时满足上述①~⑤条中 A 类项点、B 类项点的判定方案时,判定该次道岔(高锰钢辙叉)产品质量检验为合格,否则为不合格。

5. 道岔(合金钢)辙叉

(1)抽样方案。抽样基数不少于抽样数的 2 倍。产品质量检验的样本按 GB/T 2829—2002《周期检查计数抽样程序及抽样表(适用于对过程稳定性的检验)》中判别水平Ⅱ的一次抽样方案抽取,随机抽取 3 组进行检验(见表7-4)。

表7-4 抽样方案

判别水平 DL	不合格质量水平 RQL	样本数 n	判定数组	
			合格判定数 Ac	不合格判定数 Re
Ⅱ	50	3	0	1

(2)抽样地点。在生产企业成品库或生产线终端抽样。

(3)仪器仪表。检验用仪器仪表有万能材料试验机、冲击试验机、布氏硬度计、便携式硬度计、金相显微镜、无损探伤设备和检验专用量具等。

(4)检验内容及检验方法。检验内容、检验方法、执行标准条款及检验类别划分见附表 11。

注:执行标准未注明者皆为 TB/T 412—2014《标准轨距铁路道岔条件》。

(5)检验结果的判定(见附表 12)。

①单项判定。

A 类项点判定:合格率为 100% 时,判定 A 类项点合格。

B 类项点判定:合格率为 90% 时,判定 B 类项点合格。

C 类项点判定:合格率为 80% 时,判定 C 类项点合格。

②综合判定。当同时满足 A 类项点、B 类项点和 C 类项点合格判定时,判定该组道岔(合金钢)辙叉产品质量检验为合格,否则为不合格。

6. 道岔(可动心轨)辙叉

(1)抽样方案。抽样基数不少于抽样数的 1.5 倍。产品质量检验的样本按 GB/T 2829—2002《周期检查计数抽样程序及抽样表(适用于对过程稳定性的检验)》中判别水平 Ⅱ 的一次抽样方案抽取(见附表 13~16)。

①表面质量及外形尺寸。按附表 13~16 中规定的样本数,从企业逐批检查合格的成品中抽样,并尽量从本周期各个不同时间里分散抽取样本。

②表面硬度。按附表 13~16 中规定的样本数抽取实物(翼轨在理论尖端处)。

③淬火层形状及深度、断面硬度及硬度分布和显微组织。试样取自同轨型、同材质、同工艺的淬火试件作为检验轨,按附表 13~16 中所列样本数抽样。

④跟端实物疲劳试验。试样取自同轨型、同材质、同工艺的锻制轨,按附表 13、16 中所列样本数抽样。

⑤AT 轨锻压段、翼轨特种断面及端头标准轨成型段、变形段及热影响区机械性能。试样取自同轨型、同材质、同工艺的锻制轨,按附表 13~16 中所列样本数抽样。

⑥AT 轨锻压段及热影响区脱碳层深度。试样取自同轨型、同材质、同工艺的锻制轨,按附表 13、16 中所列样本数抽样。

⑦钢轨焊接。试样应符合 TB/T 1632.1~1632.2—2014 中型式试验的要求。

⑧组装检验。组装检验样本按 GB/T 2829—2002《周期检查计数抽样程序及抽样表》中判别水平 Ⅱ,不合格质量水平 50 确定一次抽样方案[3;0,1],从不少于五组中随机抽取三组进行检验。

(2)抽样地点。在生产企业成品库或生产线终端抽样。

(3)仪器仪表。检验用仪器仪表有金相显微镜、洛氏硬度计、便携式布氏硬度计、专用测试平台、一米直尺、钢卷尺、塞尺、宽座直角尺、疲劳试验机、落锤试验机、游标卡尺和深度尺等。

(4)检验内容及检验方法。检验内容、检验方法、执行标准条款及检验类别划分见附表17~21。

注：执行标准未注明者皆为 TB/T 412—2014《标准轨距铁路道岔条件》。

(5)检验结果的判定(见附表13~16)。

①表面质量及外形尺寸。A 类项点的判定方案为[5;0,1]，B 类项点的判定方案为[5;1,2]及[5;2,3]。当同时满足 A 类项点、B 类项点的判定方案时，判定该次表面质量及外形尺寸检验合格，否则为不合格。

②淬火层形状及深度。B 类项点的判定方案为[3;1,2]。当满足 B 类项点的判定方案时，判定该次淬火层形状及深度检验合格，否则为不合格。

③淬火层硬度。A 类项点的判定方案为[3;0,1]及[5;0,1]。当满足 A 类项点的判定方案时，判定该次淬火层硬度检验合格，否则为不合格。

④淬火层显微组织。A 类项点的判定方案为[3;0,1]。当满足 A 类项点判定方案时，判定该次淬火层显微组织检验合格，否则为不合格。

⑤AT 轨跟端过渡段疲劳试验。A 类项点的判定方案为[3;0,1]。当满足 A 类项点判定方案时，判定该次疲劳检验合格，否则为不合格。

⑥翼轨特种断面及端头标准轨成型段、变形段及热影响区的机械性能。A 类项点的判定方案为[3;0,1]。当满足 A 类项点判定方案时，判定该次机械性能检验合格，否则为不合格。

⑦AT 轨锻压段及热影响区机械性能。A 类项点的判定方案为[3;0,1]。当满足 A 类项点判定方案时，判定该次机械性能检验合格，否则为不合格。

⑧AT 轨锻压段及热影响区脱碳层深度。A 类项点的判定方案为[3;0,1]。当满足 A 类项点判定方案时，判定该次脱碳层深度检验合格，否则为不合格。

⑨钢轨焊接。符合 TB/T 1632.1~1632.2—2014 中型式试验的要求。

⑩组装检验。

a. 单项判定。

A 类项点判定：合格率为 100%时，判定 A 类项点合格。

B 类项点判定：合格率为 90%时，判定 B 类项点合格。

C 类项点判定：合格率为 80%时，判定 C 类项点合格。

计算合格率时，检查项点中某一项点若有多处，按多个项点计。

b. 综合判定。当3组同时满足 A 类项点、B 类项点和 C 类项点合格判定时，判定该次道岔(可动心轨)辙叉组装检验为合格，否则为不合格。

⑪检验结果的判定。当同时满足上述①~⑩条的判定方案时，判定该次道岔(可动心轨辙叉)产品质量检验为合格，否则为不合格。

7. 道岔护轨

(1)抽样方案。抽样基数不少于10件。产品质量检验的样本按 GB 2829—

2002《周期检查计数抽样程序及抽样表(适用于对过程稳定性的检验)》中判别水平Ⅱ的一次抽样方案抽取(见附表22)。

①表面质量及外形尺寸。按附表22中规定的样本数,从企业逐批检查合格的成品中抽样,并尽量从本周期各个不同时间里分散抽取样本。

②表面硬度。按附表22中规定的样本数抽取钢轨实物。

③淬火层形状及深度、断面硬度及硬度分布和显微组织。试样取自同轨型、同材质、同工艺的淬火试件作为检验轨,按附表22中所列样本数抽样。

(2)抽样地点。在生产企业成品库或生产线终端抽样。

(3)仪器仪表。检验用仪器仪表有金相显微镜、洛氏硬度计、便携式布氏硬度计、专用测试平台、一米直尺、钢卷尺、塞尺、宽座直角尺、游标卡尺和深度尺等。

(4)检验内容及检验方法。检验内容、检验方法、执行标准条款及检验类别划分见附表23。

注:执行标准未注明者皆为 TB/T 412—2014《标准轨距铁路道岔条件》。

(5)检验结果的判定(见附表22)。

①表面质量及外形尺寸。A类项点的判定方案为[5;0,1],B类项点的判定方案为[5;1,2]及[5;2,3]。当同时满足A类项点、B类项点的判定方案时,判定该次表面质量及外形尺寸检验合格,否则为不合格。

②淬火层形状及深度。B类项点的判定方案为[3;1,2]。当满足B类项点的判定方案时,判定该次淬火层形状及深度检验合格,否则为不合格。

③淬火层硬度。A类项点的判定方案为[3;0,1]及[5;0,1]。当满足A类项点的判定方案时,判定该次淬火层硬度检验合格,否则为不合格。

④淬火层显微组织。A类项点的判定方案为[3;0,1]。当满足A类项点判定方案时,判定该次淬火层显微组织检验合格,否则为不合格。

⑤综合判定。当同时满足上述①~④条中A类项点、B类项点的判定方案时,判定该次道岔(护轨)产品质量检验为合格,否则为不合格。

四、道岔的储存

道岔在运输、装卸、存放和铺设过程中,应保证道岔部件不变形、不受损,在存放和作业过程中应符合下列规定:

(1)道岔部件存放场地应平整坚实,保持排水畅通,防止变形。

(2)道岔出厂时临时固定件不得随意拆除。堆码层数不得超过2层,每层构件间应设垫木,支点位置应正确。道岔部件存放支垫顶面高度差不大于10 mm。

(3)转辙器、可动心轨辙叉轨排、可动心轨辙叉组件最多码放2层。钢轨间堆码垛层数不得多于4层。轨件和地面间应铺垫缓冲衬垫(木质垫块),每层用衬垫垫实垫平,衬垫应按高度方向垂直设置。

(4)电务设备存放时注意放置方向,避免损坏转辙机。

(5)包装箱应单层存放。

(6)岔枕码放。按组摆放并设置标签避免错误。岔枕跺之间必须有适当距离以便装载时运输设备走行。在未开始铺设前,岔枕跺应保持运输包装状态。堆放后,必须至少每个月检验一次木块,若木块受损应立即置换。岔枕堆放后其上不得放置附加荷载(如钢轨)。岔枕码放应保证桁架钢筋不变形、不脱焊,岔枕螺栓孔防护盖完好无损,防止岔枕预埋套管内进入杂物。岔枕应分组存放,按岔枕你编号顺序堆码,长枕在下,短枕在上,每层岔枕间以两块垫木隔开,上下层垫木应对正。岔枕堆放高度不得超过 4 层,层间加木块以保证有足够的垂直间隙,木块尺寸至少应为 100 mm×100 mm。

(7)弹性垫板存放。不安装时应放在包装箱内,装有产品的包装箱不允许堆码摆放;应保存于清洁、通风、不被日光直射、远离热源及化学试剂污染处。

(8)道岔所有零部件在储存时应采用防雨帆布遮盖,并保存于非露天、干燥通风且周围无腐蚀性物质的场所。

(9)道岔轨排应分组存放,大件在下,小件在上。轨面应进行保护,防止受损。

第三节　轨枕及扣件

轨枕又称枕木,是铁路配件的一种。由于目前轨枕所用材料不仅仅是木材,因此不宜再称为"枕木"。轨枕按材质可分为木枕、混凝土枕、钢枕等。其中,混凝土枕按配筋方式又可分为普通钢筋混凝土轨枕和预应力钢筋混凝土轨枕。

一、木枕

木枕又称枕木、防腐木枕,也叫注油枕木,是由木材制成的轨枕。制作木枕须选用坚韧而富有弹性的木材。

图 7-4　木　枕

二、钢筋混凝土轨枕

钢筋混凝土轨枕使用寿命长,稳定性高,养护工作量小,损伤率和报废率比木枕要低得多。在无缝线路上,钢筋混凝土轨枕比木枕的稳定性高15%～20%,因此,钢筋混凝土轨枕尤其适用于高速客运线。当然,钢筋混凝土轨枕也有缺点,其中最突出的是自重量大。

三、预应力混凝土轨枕

第二次世界大战后,世界各国因木材资源短缺,开始用钢筋混凝土轨枕代替木枕,后改进为预应力混凝土轨枕。自1957年起,中国铁路也开始大量使用预应力混凝土轨枕,截至1983年底已铺设约6445万根。1983年,我国预应力混凝土年产量400万根以上,约占世界预应力混凝土轨枕年产量(约为1500万根)的1/4。预应轨力混凝土轨枕除了能大量节约优质钢材外,还有使用寿命长、轨道稳定性好等优点,且可满足高速、大运量要求,对推广无缝线路起了很大的作用。

1. 分类

预应力混凝土轨枕按轨枕结构形式可分为整体式、双块式、半枕,下面主要介绍双块式混凝土轨枕。

(a)整体式

(b)双块式

(c)半枕

图7-5 轨枕的结构形式

2. 双块式混凝土轨枕检验

(1)抽样方案。在经企业检验合格的不少于2000根和不少于10批库存的双块式轨枕中,共抽取双块式轨枕样品20根,样品生产日期应最大限度地分散。双块式轨枕具体抽样方案和判定数组见表7-5。

表 7-5　双块式轨枕具体抽样方案和判定数组

编号	项目	检验类别	样本数 n	检验数 N	判定数组 合格判定数 Ac	判定数组 不合格判定数 Re
1	预埋套管抗拔力	A	3	3	0	1
2	混凝土脱模抗压强度	A		N1	0	1
3	混凝土 28d 抗压强度	A	TB/T 10425—1994			
4	标志	A	20	20	0	1
5	表面可见裂纹	A	20	20	0	1
6	预埋套管内堵孔数	A	20	80	0	1
7	保持轨距的两套管中心距(1—3 或 2—4)	B1	20	20	1	2
8	同一承轨槽的两相邻套管中心距	B1	20	40	2	3
9	预埋套管距轨槽面 120 mm 深处偏离中心线距离	B1	20	80	4	5
10	预埋套管的凸起高度	B1	20	80	4	5
11	承轨面平整度	B1	20	40	2	3
12	两承轨面间相对扭曲	B1	20	20	1	2
13	两承轨槽外侧底脚间距离(配 WJ-8 扣件)	B1	20	40	2	3
14	钢筋桁架上弦距双块式轨枕顶面距离	B2	20	40	4	5
15	同一承轨槽底脚间距离(配 WJ-8 扣件)	B2	20	40	4	5
16	承轨槽底脚距套管中心距离(配 WJ-8 扣件)	B2	20	80	8	9
17	轨底坡(100 mm 范围内,配 WJ-8 扣件)	B2	20	40	4	5
18	承轨部位表面缺陷	B2	20	40	4	5
19	双块式轨枕长度	B2	20	40	4	5
20	各断面高度	C	20	20	16	17
21	承轨部位顶部宽度	C	20	40	16	17
22	其他部位表面缺陷	C	20	20	16	17
23	双块式轨枕棱角破损和掉角	C	20	40	16	17

注:1. N1 为脱模批数;

2. 预埋套管抗拔力试验:抽取 3 根双块式轨枕,每根双块式轨枕上各抽取 1 个套管进行试验;

3. A 类项别单项项点数不允许超偏;B1 类项别单项项点数的超偏率不大于 5%;B2 类项别单项项点数的超偏率不大于 10%;C 类项别各单项超偏项点数之和不大于 C 类总项点数的 10%。

(2)双块式轨枕检验内容及检验方法。

表 7-6 双块式轨枕检验内容及检验方法(单位:mm)

序号	检验项目		项点类别	质量指标(技术要求)	检验方法要点说明	仪器设备名称	备注
1	预埋套管抗拔力		A	≥60 kN	用抗拔仪施加荷载至60 kN静停3 min后,目测预埋套管周边混凝土没有可见的裂纹,靠近预埋套管处允许有少量砂浆剥离	抗拔仪	
2	混凝土脱模抗压强度		A	≥40 MPa	按GB/T 50081—2002的规定进行	2000 kN压力试验机	
3	混凝土28d抗压强度		A	符合标准要求	按GB/T 50081—2002的规定进行	2000 kN压力试验机	
4	标志		A	在规定位置压出型号、钢模编号、制造厂名、制造年份等	目测	/	
5	承轨面与挡肩裂纹、双块式轨枕侧面与横截面平行的裂纹		A	不允许	目测	/	
6	预埋套管内堵孔数		A	不允许	目测	/	
7	持轨距的两套管中心距(1—3或2—4)	配WJ-7扣件	B1	+2 −1	量测	游标卡尺	
		配WJ-8扣件		±1.5			
8	同一承轨槽的两相邻套管中心距	配WJ-7扣件	B1	±1.0	量测	游标卡尺	
		配WJ-8扣件		±0.5			
9	预埋套管距轨槽面120 mm深处偏离中心线距离		B1	≤2	量测	专用孔斜测量装置	
10	预埋套管的凸起高度		B1	−0.5～0.0	量测	深度尺	
11	承轨面平整度		B1	1 mm/150 mm	量测	钢板尺、塞尺	
12	两承轨面间相对扭曲		B1	<0.7	量测	扭曲检测仪	
13	两承轨槽外侧底脚间距离(配WJ-8扣件)		B1	+1.5 −1.0	量测	大轨距测量仪	
14	钢筋桁架上弦距双块式轨枕顶面距离		B2	±3	量测	钢板尺	
15	同一承轨槽底脚间距离	配WJ-8扣件	B2	+1.5 −1.0	量测	小轨距测量仪	
16	承轨槽底脚距套管中心距离		B2	±1	量测	钢板尺	
17	轨底坡(100 mm范围内)		B2	±0.5	量测	坡度尺、塞尺	
18	承轨部位表面缺陷		B2	长度≤10;深度≤2	量测	钢板尺、深度尺	
19	双块式轨枕长度		C	+4 −2	量测	钢卷尺	
20	各断面高度		C	±3	量测	专用厚度尺	
21	承轨部位顶部宽度		C	±3	量测	钢板尺	
22	其他部位表面缺陷		C	长度≤50;深度≤5	量测	钢板尺、深度尺	
23	双块式轨枕棱角破损和掉角		C	长度≤50	量测	钢板尺	

(3)存放。轨枕堆码必须保证底层两根垫木平整,并且保证垫木位于底层轨枕承轨槽下方的波浪筋上,以保证底层钢筋不弯曲,轨枕线间存放轨枕的方向和

线路方向相一致。

轨枕层间用 10 cm×10 cm 方木支撑,枕垛应绑扎牢固。每垛存放 6 层,每层 5 根时,轨枕垛间距为 15×d(d 为枕间距,如 d=650 mm,则剁间距为 9.75 m)。

四、岔枕

岔枕是用在铁路道岔上的专用轨枕,主要用在道岔牵引点处,可将道岔电务转换杆件置于枕内,有利于大机养护作业。

图 7-6 岔 枕

按材质可将岔枕分为木岔枕、混凝土岔枕和钢岔枕。随着铁路高速、重载发展的需要,用混凝土岔枕代替木岔枕已成为岔枕的发展方向。混凝土岔枕是目前主流的岔枕形式。混凝土岔枕材源较丰富,且可保证几何尺寸,使轨道弹性均匀,提高轨道的稳定性;不受气候、腐朽、虫蛀及火灾的影响,使用寿命长;此外,混凝土岔枕还具有较高的道床阻力,可提高线路的横向稳定性。但混凝土岔枕也有其自身的缺点:自重大、刚度大、抗震性能不佳,弹性差,易脆裂,搬运、维修不易,绝缘性能差。

1. 抽样规则

(1)每养护窑(或每一长线台座)检验一组混凝土脱模强度。

(2)每批检验一组 28 d 混凝土抗压强度。

(3)每 10 批(不足 10 批按 10 批计)检验一组混凝土脱模弹性模量和一组 28 d 弹性模量。

(4)预埋套管抗拔力的抽检数量为每批 3 根,每根岔枕仅用于一个套管试验。

(5)用于静载抗裂检验的岔枕应从外观质量及各部尺寸检查合格,且长度为 2.5~3.0 m 的岔枕中抽取,每根岔枕仅用于一个试验。对于 18 号及以下号码道岔用岔枕,每批正弯矩抗裂试验检验 2 根,负弯矩抗裂检验 2 根;18 号以上号码道岔用岔枕,每批正弯矩抗裂试验检验 4 根,负弯矩抗裂检验 4 根。

(6)在疲劳强度检验中,抽取外观质量及各部尺寸合格,且长度为 2.5～3.0 m 的岔枕中抽取。每次抽取 4 根,2 根用于中间截面负弯矩疲劳强度试验,2 根用于中间截面正弯矩疲劳强度试验。

2. 检验方法及判别规则

检验方法及判别规则应符合 TB/T 3080—2014《有砟轨道混凝土岔枕》。

3. 储运

(1)岔枕应按批存放,不合格的岔枕应单独存放。

(2)岔枕应按水平层次存放,每两层岔枕间应设置两条(两支点)木条或厚软垫,每个支点至枕端的距离为枕长的 0.21 倍,码垛的水平层数不应超过 8 层。长度接近的岔枕形成一垛(长枕在下,短枕在上)。

(3)岔枕装卸和运输时,不应受到损伤,支点的位置应满足设计要求。

五、木枕扣件

木枕扣件是木枕轨道上用于联结钢轨和木枕的联结零件,依其联结钢轨、垫板与木枕三者之间的关系分为分开式及混合式。

分开式扣件将固定钢轨和固定铁垫板的螺栓或道钉分开。一般用道钉将铁垫板固定在枕木上,铁垫板上有承轨槽,固定钢轨的螺栓安装在铁垫板上,然后用弹条或扣板将钢轨固定。

混合式扣件由铁垫板和道钉组成,直接以勾头道钉(方形)将钢轨与铁垫板以及枕木连接在一起。混合式扣件扣压力较小,为防止钢轨纵向爬行,需要较多的防爬设备。

图 7-7　木枕扣件

六、混凝土枕扣件

混凝土轨扣件是联结钢轨与轨枕的中间零件。不同类型的轨枕和有砟、无砟轨道使用的扣件不同。混凝土轨枕扣件有扣板式、拱形弹片式和弹条式等类型。

扣板式扣件由扣板、螺纹道钉、弹簧垫圈、铁座及缓冲垫板组成，以硫黄水泥砂浆将螺纹道钉锚固在混凝土轨枕承轨台的预留孔中，然后利用螺栓将扣板扣紧。

弹条扣件有弹条Ⅰ、Ⅱ、Ⅲ型。弹条Ⅰ型由 ω 弹条、螺旋道钉、轨距挡板及橡胶垫组成，扣压力不足，弹程偏小。弹条Ⅱ型的外形与弹条Ⅰ型相同，扣压力较弹条Ⅰ型有所提升，弹程不小于 10 mm。弹条Ⅲ型为无挡肩扣件，适用于大运量、高密度的运输条件，具有扣压力大、弹性好等优点，尤其是取消混凝土挡肩后，弹条Ⅲ型消除了轨底在横向力作用下发生横位移的可能性。

图 7-8　混凝土枕扣件

下面主要介绍弹条扣件的检验和存放。

1. 弹条扣件检验

(1)抽样方案。采用一次抽样检验，根据当年的铁路产品监督抽查计划检验内容，按照表 7-7 随机抽取一定数量的弹条，同时抽取相同数量的弹条做好标记后作为备用样品留存于检验机构。

表 7-7　抽样数量及要求

序号	检验项目	抽样数量	抽样要求	备注
1	型式尺寸及表面质量	10	成品	—
2	残余变形	5	成品	适用于弹条Ⅰ/Ⅱ型扣件弹条，可利用尺寸检测样品
3	扣压力	5	成品	适用于弹条Ⅲ型扣件弹条，可利用尺寸检测样品
4	硬度	5	成品	可利用残余变形/扣压力检测样品
5	金相组织	5	成品	适用于弹条Ⅰ/Ⅱ型扣件弹条，可利用硬度检测样品
6	脱碳层深度	5	成品	可利用硬度检测样品
7	疲劳性能	6	成品	可利用尺寸检测样品

(2)检验内容及检验方法。

表 7-8　弹条 I 型扣件弹条产品监督抽查检验内容及检验方法(单位:mm)

序号	检验项目		项点类别	质量指标(技术要求)	检验数量	检验方法要点说明	仪器设备名称	备注
1	弹程		A	A型:$9^{+1.0}_{-0.5}$ B型:$8^{+1.0}_{-0.5}$	10	弹条两前肢接触平台,用塞尺测量弹条前端中间最低点至平台的距离	专用平台、专用塞尺	
2	最小直径	中部	B	≥12.3	10	按 TB/T 1495.2—1992 第4.6条的规定,用卡尺在垂直弹条中心线的任意位置测量	游标卡尺	
		尾部		≥12.6	10			
3	翘角		B	≤0.8	10	弹条置于平台上,按住两拱,用塞尺测量	塞尺	
4	拱高		B	A型:$30.4^{+1.0}_{-1.5}$ B型:$29^{+1.0}_{-1.5}$	10	弹条两前肢接触平台,用高度尺测量。两值均需合格	游标高度尺	
5	宽度	置道钉处	B	$26^{0}_{-1.5}$	10	在平台上,距测量平台内面(弹条尾部定位面)40 mm 处刻一标志线,在此处测 $26^{0}_{-1.5}$ mm,在最前端圆弧直径处测量宽度	游标卡尺	
		最前端圆弧直径处		≥24	10			
6	两肢宽度		B	A型:$74^{+2.0}_{-1.0}$ B型:$68^{+2.0}_{-1.0}$	10	将弹条置于平台上,两肢前端紧贴平台,用游标卡尺测量挡台至弹条尾部的尺寸(先左,后右)。两值均需合格	游标卡尺	
7	中间宽度		B	A型:$74^{+0.5}_{-2.0}$ B型:$68^{+0.5}_{-2.0}$	10	将弹条置于平台上,两尾部紧贴平台挡台,用游标卡尺测量挡台至弹条中部最前端的距离	游标卡尺	
8	两肢直线段的接触长度		B	≥5	10	弹条两前肢接触平台,用0.3 mm 的塞尺分别从两肢外侧塞入,然后用直尺量前肢端部至塞尺与前肢接触点的距离。两值均需合格	平直尺	
9	外观		B	表面不应有斑痕、裂纹、氧化皮和毛刺;各部位不允许有局部擦伤及拉痕;其中部和尾部由热压而产生压痕宽度(指弦长)不得大于4 mm。两肢不允许有反翘	10	目测	—	

续表

序号	检验项目	项点类别	质量指标(技术要求)	检验数量	检验方法要点说明	仪器设备名称	备注
10	防锈	B	弹条应进行防锈处理	10	目测	—	
11	标记	A	弹条表面应有明显的厂标	10	目测	—	
12	硬度	A	41～46 HRC	5	试件取样部位为弹条中肢中段,在试件断面圆心至1/2半径范围内试验4点,读数精度至少为HRC 0.5,取后3点算术平均值	洛氏硬度计	
13	金相组织	A	均匀的回火屈氏体或回火索氏体,心部允许有微量的断续铁素体	5	取样部位同硬度试验,按 TB/T 2478—1993 的有关规定进行	金相显微镜	
14	脱碳层深度	A	≤0.3	5	取样部位同硬度试验,按 GB/T 224—2008 的有关规定进行	金相显微镜	
15	残余变形	A	经残余变形试验后,其中部前端的永久变形值不得大于1.0 mm	5	按 TB/T 1495.2—1992 第5.1条实验步骤进行	材料试验机、游标高度尺	
16	疲劳性能	A	弹条在500万次疲劳试验后无宏观损伤,残余变形不应大于1.0 mm	3/6	按 TB/T 2329—2002 进行,组装位移 Δ:A 型 9 mm,B 型 8 mm,施加动态位移 +0.50～−0.90 mm,荷载循环次数为 $5×10^6$;试验后测量弹条的残余变形	弹条疲劳试验机、游标高度尺	

表7-9 弹条Ⅱ型扣件弹条产品监督抽查检验内容及检验方法(单位:mm)

序号	检验项目		项点类别	质量指标(技术要求)	检验数量	检验方法要点说明	仪器设备名称	备注
1	弹程		A	$10^{+0.5}_{-1.0}$	10	弹条两前肢接触平台,用塞尺测量弹条前端中间最低点至平台的距离	专用平台、专用塞尺	
2	最小直径	中部	B	≥12.3	10	按 TB/T 1495.2—1992 第4.6条的规定,用卡尺在垂直弹条中心线的任意位置测量	游标卡尺	
		尾部	B	≥12.6	10			
3	翘角		B	≤0.8	10	弹条置于平台上,按住两拱,用塞尺测量	塞尺	

续表

序号	检验项目		项点类别	质量指标(技术要求)	检验数量	检验方法要点说明	仪器设备名称	备注
4	拱高		B	$32^{+1.0}_{-1.5}$	10	弹条两前肢接触平台,用高度尺测量。两值均需合格	游标高度尺	
5	宽度	置道钉处	B	$26^{0}_{-1.5}$	10	在平台上,距测量平台内面(弹条尾部定位面)40 mm 处刻一标志线,在此处测 $26^{0}_{-1.5}$ mm,在最前端圆弧直径处测量宽度	游标卡尺	
		最前端圆弧直径处		≥24	10			
6	两肢宽度		B	$68^{+2.0}_{-1.0}$	10	将弹条置于平台上,两肢前端紧贴平台,用游标卡尺测量挡台至弹条尾部的尺寸(先左,后右)。两值均需合格	游标卡尺	
7	中间宽度		B	$68^{+0.5}_{-2.0}$	10	将弹条置于平台上,两尾部紧贴平台挡台,用游标卡尺测量挡台至弹条中部最前端的距离	游标卡尺	
8	两肢直线段的接触长度		B	≥8	10	弹条两前肢接触平台,用 0.3 mm 的塞尺分别从两肢外侧塞入,然后用直尺量前肢端部至塞尺与前肢接触点的距离。两值均需合格	平直尺	
9	外观		B	表面不应有斑痕、裂纹、氧化皮和毛刺;各部位不允许有局部擦伤及拉痕;其中部和尾部由热压而产生压痕宽度(指弦长)不得大于 4 mm。两肢不允许有反翘	10	目测	—	
10	防锈		B	弹条应进行防锈处理	10	目测	—	
11	标记		A	弹条两肢前端上表面应有清晰的型号标记和厂标	10	目测	—	
12	硬度		A	42~47 HRC	5	试件取样部位为弹条中肢中段,在试件断面圆心至 1/2 半径范围内试验 4 点,读数精度至少为 HRC 0.5,取后 3 点算术平均值	洛氏硬度计	
13	金相组织		A	均匀的回火屈氏体或回火索氏体,心部允许有微量的断续铁素体	5	取样部位同硬度试验,按 TB/T 2478—1993 的有关规定进行	金相显微镜	

续表

序号	检验项目	项点类别	质量指标(技术要求)	检验数量	检验方法要点说明	仪器设备名称	备注
14	脱碳层深度	A	≤0.3	5	取样部位同硬度试验，按 GB/T 224—2008 的有关规定进行	金相显微镜	
15	残余变形	A	经残余变形试验后，其中部前端的永久变形值不得大于 1.0 mm	5	按 TB/T 1495.2—1992 第 5.1 条实验步骤进行	材料试验机、游标高度尺	
16	疲劳性能	A	弹条在 500 万次疲劳试验后无宏观损伤，残余变形不应大于 1.0 mm	3/6	按 TB/T 2329—2002 进行，组装位移 Δ：A 型 9 mm，B 型 8 mm，施加动态位移 +0.50～−0.90 mm，荷载循环次数为 $5×10^6$；试验后测量弹条的残余变形	弹条疲劳试验机、游标高度尺	

表 7-10 弹条Ⅲ型扣件弹条产品监督抽查检验内容及检验方法（单位：mm）

序号	检验项目	项点类别	质量指标(技术要求)	检验数量	检验方法要点说明	仪器设备名称	备注
1	中肢与跟端连接圆弧顶点至跟端最低点距离	B	52±1.5	10	弹条顺利放入专用检具后，中肢贴靠一侧中肢定位销，弹条最低点 A 应在最低点测量块 3 mm 槽内	专用检具	
2	中肢与跟端连接圆弧顶点至趾端扣压点距离	B	35±1.5	10	弹条顺利放入专用检具后，中肢贴靠一侧中肢定位销，趾端端面垂直于底板的投影应落在检具底板上宽 3 mm 的槽内，弹条端面应平直并与底板槽边线平行	专用检具	
3	中肢与跟端连接圆弧顶点至中肢末端距离	B	97±3.0	10	弹条顺利放入专用检具后，中肢贴靠一侧中肢定位销，中肢长量块的短肢端应顺利旋转通过中肢，长肢端在旋转过程中能被中肢卡住为合格	专用检具	
4	弹条长度	B	110±3.0	10	弹条顺利放入专用检具后，中肢贴靠一侧中肢定位销，总长量块的短肢端应顺利旋转通过弹条前拱部位，长肢端在旋转过程中被弹条前拱部位卡住为合格	专用检具	
5	弹条高度	B	63±3.0	10	靠一侧中肢定位销，总高量块较薄端应顺利旋转通过弹条前拱最高部位，较厚端在旋转过程中被弹条前拱最高部位卡住为合格	专用检具	

续表

序号	检验项目	项点类别	质量指标(技术要求)	检验数量	检验方法要点说明	仪器设备名称	备注
6	中肢中心与趾端边缘的距离	B	$53^{+1.5}_{-1.0}$	10	弹条顺利放入专用检具后,中肢贴靠一侧中肢定位销,用游标卡尺在趾端侧底板刻度线处测量距离 F_1,然后测量中肢测点处直径 d,两者相减即可	专用检具、游标卡尺	
7	中肢中心与跟端边缘的距离	B	$46^{+1.5}_{-1.0}$	10	弹条顺利放入专用检具后,中肢贴靠一侧中肢定位销,用游标卡尺在最低点测量块 3 mm 槽宽处测量距离 G_1,然后测量中肢测点处直径 d,两者相减即可	专用检具、游标卡尺	
8	中肢顶点与趾中心扣压点高差	B	16 ± 1	10	弹条顺利放入专用检具后,中肢贴靠孔底,在立架上用游标深度尺插入检查孔测量出立架上平面至指针杆上平面的距离 H_1,标定值为 44 mm,两者相减即可	专用检具、游标深度尺	
9	弹条趾端 α 角	B	$1°\pm30'$	10	弹条顺利放入专用检具后,中肢贴靠孔底,刻度盘平面应与弹条趾端扣压面轴线垂直,并与扣压面密贴接触,读出指针刻度盘读数 α,将刻度盘转 90° 后与扣压面密贴接触,读出指针刻度盘读数 β	专用检具	
10	弹条趾端 β 角	B	$1°\pm30'$	10		专用检具	
11	弹条直径	B	20 ± 0.25	10	通用量具测量中肢	游标卡尺	
12	中肢与跟端连接圆弧最高点高差	B	38 ± 1.5	10	弹条顺利放入专用检具后,中肢贴靠一侧中肢定位销,螺旋高量块较薄端应顺利旋转通过弹条中肢与跟端连接圆弧最高点,较厚端在旋转过程中被弹条中肢与跟端连接圆弧最高点卡主为合格	专用检具、游标卡尺	
13	中肢与跟端连接圆弧	B	弹条小圆弧部分不得出现明显折痕,用 $\phi17.5$ 的圆柱往小圆弧内侧任意位置靠,所靠位置均与圆柱相切	10	用芯棒往中肢与跟端连接圆弧内侧任意位置靠,所靠位置均与芯棒圆柱面相切为合格	专用检具、游标卡尺	
14	外观	B	弹条表面不得有裂纹,不得有影响操作或有碍组装的毛刺,由成型工具造成的压痕应平滑,并无尖锐的刻痕	10	目测	专用检具、游标卡尺	

续表

序号	检验项目	项点类别	质量指标(技术要求)	检验数量	检验方法要点说明	仪器设备名称	备注
15	标志	B	弹条中肢下表面或趾端上表面应有永久性厂标	10	目测	—	
16	表面防锈	B	弹条表面应进行防锈处理	10	目测	—	
17	硬度	A	44～48 HRC	5	试件取样部位为弹条中肢中段,在试件断面圆心至1/2半径范围内试验4点,读数精度至少为HRC 0.5,取后3点算术平均值	洛氏硬度计	
18	扣压力	A	≥11 kN	5	按TJ/GW 002—2000 第5.2条进行,弹条中肢与跟端连接圆弧内侧顶点距铁座侧面距离为8～10 mm	测力仪、游标卡尺	
19	疲劳性能	A	弹条经500万次疲劳试验后不得折断,残余变形不大于1.0 mm	3/6	按TJ/GW 002—2000 第5.3条进行	弹条疲劳试验机、游标高度尺	

2. 弹条扣件存放

(1)根据储存物资的属性、特点、用途规划设置仓库,选择清洁、干燥、通风、起重与运输条件较好的库房。

(2)将各种产品分区整齐码放,并进行标识。标牌应注明产品生产厂家、型号、数量、到货时间及铺架区段。

(3)在露天场所储存时,应做好防潮、防湿、防晒。

(4)运达施工现场后,应由专人进行管理,做好产品的收、发、存记录。在装卸、搬运过程中,严禁野蛮装卸,不得抛掷。

第四节 道 砟

道砟是铁路运输系统中用于承托轨枕的碎石,是常见的轨道道床结构。一般铺设路轨之前,先在路基上铺一层碎石,压实后才铺上轨枕及钢轨。

图7-9 道 砟

1. 出场检验、验交

（1）采石场质量检查员在装车前负责组织产品出场检验并填写道砟产品合格证，检验项目为道砟粒径级配、颗粒形状及清洁度指标。对不符合标准的产品，质量检查员有权拒绝装车。

（2）道砟产品按批交付。一列车装运、同一等级、交付同一用户的道砟算一批。用汽车运输时，一昼夜内，装运同一等级、交付同一用户的道砟算一批。每批产品应附有质量检查员签发的产品合格证，采石场应同时向用砟单位提交开采面资源性材质检验证书副本或有效期内的生产检验证书副本。

（3）用砟单位有权对采石场的粒径级配等道砟加工指标进行抽检。

（4）用砟单位如发现粒径级配、颗粒形状或清洁度指标与标准不符，应通知采石场赴现场复验。复验时的采样方法如下：

①卸砟前。如装砟车少于3辆，则每一辆车中取一个子样；如多于3辆，则任意两辆中各取一个子样；每个子样约130 kg，并从车辆的四角及中央5处提取。

②卸砟后。有用砟单位任选125 m长度的卸砟地段，每25 m由砟肩到底坡均匀选一个子样（合计5个），每个子样约70 kg。

如复检结果为不合格，则应在现场采取相应补救措施。

2. 运输、储存

（1）运输道砟产品的车辆每次装车前车内要进行清扫，不应残留泥土、灰尘等杂物，公路运输道砟的车辆应做好表面覆盖。

（2）道砟产品的贮料场（或临时对料场）地面应硬化处理，防止黏土、粉尘等杂物的渗入，并采取覆盖等有效措施防止道砟污染。

（3）道砟装卸作业时，严禁装料机在砟面上行走。铲车作业不应将泥土、粉尘铲入。

（4）采石场和施工单位应采取下列有效措施，防止或减少道砟颗粒的离析，保证出场上道道砟的级配符合相关要求。

①修建跨线漏斗仓，用于存放道砟；大量储存碎石道砟产品时，应采用移动式皮带运输机或移动卸料方式分层堆放；当采用装载机进行堆放作业时，也应采取分层堆放；当采用固定式皮带输送机定点卸砟堆放时，其堆放高度不应超过4 m。

②出厂（场）装车作业时，应采用纵向铲装法，严禁围绕料堆铲装作业。

③当堆放储存大量道砟产品，且无法满足上述①②的要求时，应对道砟产品进行分类堆放，出场或上道时再混装。

第八章 铁路四电工程物资

第一节 通信专业物资

一、通信传输与接入系统

(一)传输设备

1. 概述

随着中国高速铁路的快速发展,铁路各系统对通信业务产生了更多的需求,对通信系统也提出了更高的要求。只有提供高可靠性的通信传输网,才能降低故障率,减少故障处理时间,为高速铁路的安全运行提供重要的技术支撑。传输系统主要负责为本线各车站、GSM-R 基站(Global System for Mobile Communications-Railway,铁路综合数字移动通信系统)、线路所、信号中继站、牵引供电和电力供电等业务节点提供传输接入条件,为通信系统各子系统(GSM-R、调度通信、数据网、综合视频监控、电话交换等)以及信号、牵引及供电、防灾安全监控等系统的业务提供传输通道。

2. 分类及规格型号

铁路传输设备可分为 3 层结构,即骨干层、中继层和接入层。铁路传输网骨干层主要承载中国国家铁路集团有限公司(以下简称"国铁集团")到铁路局和铁路局之间的通信信息,中继层主要承载铁路局内较大通信站点之间的通信信息,接入层主要承载各铁路车站以及区间等站点的通信信息。

3. 验收

(1)传输设备验收应包括设备安装和配线、传输设备单机检验、传输设备系统检验、传输系统网管检验。

(2)系统验收应在通信线路、数字同步和单机设备正常,网管数据配置正确的情况下进行。

(3)施工单位宜参与传输设备的厂验,检查出厂测试记录,其性能应符合产品技术标准和订货合同要求。

(二)接入网系统

1. 概述

铁路通信传输系统主要承载于铁路传输网接入层上,通过铁路通信接入网,可以将用户信息接入相应的通信业务网络节点,并在传输网的支持下,实现铁路通信的相应功能。铁路通信传输系统的工程技术主要是为铁路运输服务提供便利,不但给行车调度的共线电话带来方便,还可以利用红外线对通道进行监护。因此,铁路通信传输系统与传统的电信接入网相比有很大的区别,如数字用户板、音频专线板、E1 支路板配置较多,模拟用户板较少,更加得安全、平稳和可靠。

铁路通信传输系统通常由 3 层网构成:最上层是干线长途传输网,中间层是各局线长途及部分区段的传输网,最下层是区段及地区的传输网,主要承担铁路在本地区网络内的传输业务。前两层网络可以归于铁路网络建设的核心网,而目前我们所说的接入网技术则主要是解决第三层网络关键性问题的技术。即采用用户接入网系统,构成铁路通信的区段及地区通信系统。

跟传统的电信网相比,铁路通信传输系统具有许多特点,比如点多,线长,沿铁路干线进行分布,需要设置较多的交换局、所,支线多,组网较为复杂,维护的难度和成本较高等。

2. 验收

(1)接入网系统验收包括光纤用户接入网设备安装和配线、接入网设备单机检验、接入网系统检验、接入网系统网管检验。

(2)接入网系统验收之前应确认传输通道和电话交换系统正常运行,网管已经安装完毕,网管等系统数据加载正常。

(3)当接入网系统采用不对称数字用户线、局域网、混合光纤同轴电缆系统时,验收应符合 YD/T 5140《有线接入网设备安装工程验收规范》的规定。

(4)当接入网采用无线方式时,工程验收应符合设计要求和相关技术标准的规定。

(5)施工单位宜参与接入网系统的厂验,检查出厂测试记录,其性能应符合产品技术指标和订货合同要求。

二、GSM-R 数字移动通信系统

(一)概述

GSM-R 是铁路通信行业综合专用的数字移动通信系统,在全球移动通信系统(Global System for Mobile Communications,GSM)的基础上增加了语音调度服务(语音组呼、语音广播、增强多优先级与强拆)、铁路行业专用的调度服务(功能寻址、基于位置的寻址和矩阵接入),并以此为信息化平台,使用户可在此平台上开发各种铁路应用。因此,GSM-R 实际包含 GSM 传统业务、基于 GSM 的语音集群业务以及铁路行业通信服务。

(二)基本结构

作为目前铁路运营商最为泛采用的铁路无线通信制式,GSM-R 移动通信系统是有深厚历史背景的,其基础服务能力继承于 3GPP(3rd Generation Partnership Project,第三代合作伙伴计划)标准。3GPP 标准是以 GSM 核心网为根本的第三代技术规范。针对铁路行业对无线业务的需求,为提高铁路行业业务的承载能力,在众多产业链合作伙伴的持续投入下,GSM-R 的技术细节不断完善,逐渐成为成熟而可靠的无线通信制式,得到更广泛的认可。GSM-R 系统框架下的交换系统、基站系统、运行和维护系统、通用分组无线业务系统、终端系统和移动智能网系统一起构成了 GSM-R 系统的基功能模块,并通过交换系统中的移动交换网关和其他电路域业务的通信和数交换。

(三)验收

(1)铁路沿线无线场强覆盖和系统内干扰保护比应符合相关技术标准的规定。当系统采用无线冗余覆盖时,应分别对各单网进行全线覆盖和全网全线覆盖检测,结果应符合设计要求。

(2)室内无线场强覆盖应符合设计要求。

(3)电路域服务质量指标应符合相关技术标准的规定。

① GSM-R 网络语音业务与非列车运行控制类数据业务 QoS(Quality of Service,服务质量)指标:a. 端到端连接建立时间;b. 连接建立失败概率;c. 数据速率;d. 最大端到端延迟(传输时间);e. 平均端到端延迟(传输时间);f. 越区切换中断时间;g. 越区切换成功率。

②GSM-R 网络列车运行控制数据业务服务质量 QoS 指标:a. 连接建立时延;b. 连接建立失败概率;c. 最大端到端时延(30 B 数据块);d. 连接丢失概率;e. 传输干扰时间 T_{T1};f. 传输无差错时间(传输恢复时间)T_{REC};g. 网络注册时延。

(4)GSM-R 网络分组域服务质量指标应符合设计要求:优先等级、延迟等级、可靠性级别、吞吐量(峰值吞吐量、平均吞吐量)。

(5)短消息指标要求应符合设计要求:移动点对点短消息发送成功率、移动点对点短消息发送时延、移动点对点短消息丢失率、移动点对点短消息储存有效期。

(6)点对点话音呼叫业务应符合设计要求和相关技术标准的规定:固定用户呼叫

移动用户、固定用户呼叫固定用户、移动用户呼叫固定用户、移动用户呼叫移动用户。

（7）语音广播业务应符合设计要求和相关技术标准的规定。

（8）语音组呼业务应符合设计要求和相关技术标准的规定：固定用户发起的语音组呼、移动用户发起的语音组呼。

（9）铁路紧急呼叫应符合设计要求和相关技术标准的规定。

（10）系统的多方通信业务应符合设计要求和相关技术标准的规定。

三、铁路运输管理信息系统

（一）概述

铁路运输管理信息系统（Transportation Management Information System，TMIS）主要包括：确报、货票、运输计划、车辆、编组站、货运站、区段站、分局调度、货车实时追踪、机车实时追踪、集装箱实时追踪、日常运输统计、现在车及车流推算和军交运输等子系统。简而言之，TMIS 说就是通过建立全路计算机网络，将国铁集团、铁路局、主要站段的计算机设备联成一个整体，从而实现对全路近 50 万辆货车、1 万多台机车、2 万多列列车、几十万个集装箱及所运货物实施追踪管理。TMIS 可以随时提供任何一辆货车、一台机车、一列列车、一个集装箱及所运货物的地点及设备的技术状态，并预见 3 天内的动态变化，特别是预见编组站、分界口、限制口的车流变化，可以为铁路系统运输指挥人员提供及时、准确、完整的动态信息和决策方案，也可以为货主服务。

（二）基本结构

TMIS 的总体结构由四部分组成。

1. 信息源部分

TMIS 采用集中建库与分布处理相结合的模式，完成中央数据库系统，站段系统，国铁集团、铁路局、铁路分局应用系统，计算机通信网络系统的建设。中央数据库通过中央系统直接经铁路专用通信网，从编组站、区段站、货运站、分界站、车务段、机务段车辆段等 2200 个联网报告点（非联网报告点向车务段或分局上报）收取列车、货车、机车、集装箱、货票等实时信息。这些站段的信息系统除了向中央系统报告信息之外，还承担处理本站段信息的业务。

2. 中央处理部分

在国铁集团建立中央处理系统，实时收集信息源点的信息并进行处理，建立实时信息库。

3. 应用系统部分

国铁集团、铁路局、铁路分局及主要站段从中央处理系统获得有关信息并开发各自的应用程序,从而实现对车辆、列车、机车、集装箱及所运货物的实时追踪管理,实现货票信息、确报信息全路共享,实现现在车和车流推算信息自动化,有预见地组织车流,实现日常运输统计自动化。

4. 网络部分

建立全路数据通信网,将上述三部分联成一个整体,实现信息的交换和共享。

(三)验收

(1)工程采用的主要材料、构配件和设备,施工单位应对其外观、规格、型号和质量证明文件等进行验收,并经监理工程师检查认可;凡涉及结构安全和使用功能的,施工单位应进行检验,监理单位应按规定进行见证取样检测或平行检验。新材料、新设备、新器材及进口设备和器材的进场验收,还需提供安装、使用、维修、试验及合同规定的有关文件、检测报告等。

(2)各工序应按施工技术标准进行质量控制,每道工序完成后,施工单位应进行检查,并形成记录。

(3)工序之间应进行交接检验,上道工序应满足下道工序的施工条件和技术要求,相关专业工序之间的交接检验应经监理工程师检查认可,未经检查或经检查不合格的不得进行下道工序施工。

四、数字调度通信系统

(一)概述

数字调度通信系统是运输指挥的重要基础设施,对铁路运输指挥与安全生产起着至关重要的作用。数字调度通信系统是铁路专有的、具有中国特色的、与中国铁路调度指挥方式紧密相关的一种特殊的电话通信系统,是在对铁路专用通信现状、应用及业务需求进行深入研究的基础上,采用先进的数字通信技术、数字处理技术和计算机技术为铁路量身定制的。

(二)系统构成及功能

(1)数字调度通信系统由调度所调度交换机、车站调度交换机、调度台、值班台、其他固定终端及维护管理终端构成。

(2)数字调度通信系统业务和功能应符合下列要求:①系统具有单呼、组呼、全呼、会议呼、强插、单键直拨、自动应答等调度通信功能。②调度/值班台具有双通道且可相互切换,支持呼叫保持、呼叫等待、呼叫转接、远程调度等功能。③调度所调度交换机之间应互联互通,系统可通过交换机中继互连,实现调度台、调度分机之间的各种呼叫,可设置呼叫级别并具有限制呼叫功能。④在调度区分界点(交叉点)可接入相邻方向调度台。⑤系统应兼容既有模拟调度电话。⑥系统应与 GSM-R 系统联网。⑦系统应提供共线通道和点对点通道。⑧系统具有多通道数字录音功能或提供数字录音外接端口。⑨可实现集中管理、近程维护,具有系统诊断、主动告警等功能。⑩调度所调度交换机应具备主、备系统切换功能,符合容灾备份要求。⑪其他应符合现行铁路运输行业标准 TB/T 3160.1 的相关要求。

(三)验收

(1)数字调度通信系统验收包括设备安装和配线、数字调度通信设备单机检验、数字调度通信系统检验、数字调度系统网管检验。

(2)数字调度通信系统验收前应确认传输系统、数据通信系统、GSM-R 数字移动通信系统和单机设备正常。

(3)数字语音记录仪发生故障时,不应影响与其连接的其他设备正常工作。

五、数字光纤直放站

(一)概述

数字光纤直放站是采用软件无线电技术,将 GSM Um 接口信号数字化,通过光纤传送到远端,利用远端射频单元进行再生和放大,实现基站信号拉远覆盖的无线网络覆盖设备。数字光纤直放站主要由数字近端机和数字远端机两部分构成,可以灵活地分布、安装,如图 8-1 所示。远端机通过 Ir 接口与近端机相连,近端机与基站接口是射频接口。

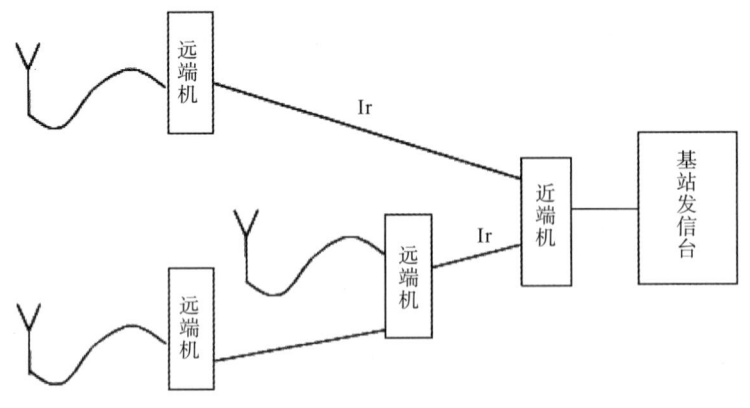

图 8-1 数字光纤直放站设备示意图

数字光纤直放站具有在一个近端带多个远端情况下,噪声不叠加的能力,可适用于铁路、高速公路、普通道路、城中村、海域等狭长形区域覆盖,还可以解决目前网络优化中存在的一些问题,如城市中新建基站站址选择和老基站搬迁等问题。

(二)验收

设备应有良好的包装及防水、防震动标志。在设备抵达用户指定安装地点时,要防止野蛮装卸。开箱过程中,注意轻拿轻放,保护物件的表面涂层。开箱后,应按照箱内说明书逐项检查。

六、通信电源系统

(一)概述

作为通信系统的"心脏",通信电源在通信局(站)中具有无可比拟的重要地位。通信电源的种类很多,不仅包含 48 V 直流组合通信电源系统,而且还包括 DC/DC 二次模块电源、UPS 不间断电源和通信用蓄电池等。通信电源的核心基本一致,都是以功率电子为基础,通过稳定的控制环设计,再加上必要的外部监控,最终实现能量的转换和过程的监控。通信设备需要电源设备提供直流供电。电源的安全、可靠是保证通信系统正常运行的重要条件。

(二)基本结构

通信电源系统一般由交流供电系统、直流供电系统和接地供电系统组成。

1. 交流供电系统

通信电源的交流供电系统由高压配电所、降压变压器、油机发电机、不间断电源(Uninterruptible Power Supply,UPS)和低压配电屏组成。交流供电系统有 3 种交流电源:变电站供给的市电、油机发电机供给的自备交流电、UPS 供给的后备交流电。

2. 直流供电系统

通信设备的直流供电系统由高频开关电源(AC/DC 变换器)、蓄电池、DC/DC 变换器和直流配电屏等部分组成。

注:AC 表示交流电(Alternating Current),DC 表示直流电(Direct Current)。

3. 接地系统

为了提高通信质量、确保通信设备与人身的安全,通信局(站)的交流和直流供电系统都必须有良好的接地装置。

(三)验收

(1)电源设备验收包括电源设备安装、设备配线、接地装置安装、电源设备功能和性能检验。

(2)电源设备受电启动前,应检查确认符合下列条件:①外部电源符合 TB 10008《铁路电力设计规范》的相关规定。②接地良好,接地电阻值符合设计要求和相关技术标准的规定。

(3)电源系统验收合格前,不得对负载供电。

(4)电源系统验收前,应先确认电源设备配线安装完毕。

七、平面调车系统

(一)概述

平面调车是在平面牵出线上进行的调车作业,需通过调车长及调车员等作业人员之间的通信来实现。平面调车作业对无线通信业务的安全性要求比较高,通信内容包括语音通话和调车操作作业指令(以下简称"调车指令")传送。

铁路平面无线调车系统基于无线数字电台加装控制软、硬件,实时传送车辆编组调车信息,实现灯显信令、语音提示,是通信与信号一体化的车辆编组调度的信息与控制系统。

(二)基本结构

数字平面调车设备包括调车机控台、调车长手持台、连接员手持台、制动员手持台和调车区长台。

(三)特点

(1)系统采用数字电台作为语音和数据的传输平台,可靠性高,功能扩展较为方便。

(2)可进行大容量文本信息的传送,实现调车作业单的传输。

(3)对手持台进行参数设置可实现调车长、制动员、连接员角色的转换。

(4)手持台、区长台、机控台参数设置有按键操作和计算机控制两种方式。

(5)区长台和机控台可方便连接记录单元,实现大容量储存和 U 盘下载。

(6)区长台可实现多路扫描,同时监听 4 个调车组作业。

(7)机控台灯显采用交流点灯的方式,无论采用何种编码形式或外界干扰信号均不能造成信令显示升级。

(8)在通话状态下可顺利发送紧急停车指令,保证调车安全。

八、电源环境监控系统

(一)概述

电源环境监控系统是一种综合利用数据库技术、通信技术、自动控制技术、新型传感技术等构成的计算机网络,提供的一种以计算机技术为基础、基于集中管理监控模式的自动化、智能化和高效率的技术手段。该系统监控对象主要是机房动力和环境设备等,如配电、UPS、空调、视频、门禁、防雷、消防系统等。

(二)项目和内容

1. 配电系统

电源环境监控系统主要对配电系统的三相相电压、相电流、线电压、线电流、有功功率、无功频率、功率因数等参数和配电开关的状态进行监测,当一些重要参数超过危险界限后进行报警。

2. UPS电源(包含直流电源)

电源环境监控系统通过由UPS厂家提供的通信协议及智能通信接口对UPS内部整流器、逆变器、电池、旁路、负载等各部件的运行状态进行实时监测,一旦有部件发生故障,系统将自动报警。系统中对于UPS的监控一律采用只监测、不控制的模式。

监测内容包括:①实时监测UPS整流器、逆变器、电池(电池健康检测,含电压、电流等数值)、旁路、负载等各部分的运行状态与参数(监测的具体内容根据不同品牌和协议会有所不同)。②通过图表直观地展示UPS整体的运行数据。一旦UPS有告警,该项状态会变红色,同时产生报警事件并记录储存,第一时间发出电话拨号、手机短信、邮件、声光等,对外报警。③历史曲线记录。可查询一年内相应参数的历史曲线及具体时间的参数值(包括最大值、最小值),导出电子表格,方便管理员全面了解UPS的运行状况。

3. 空调设备

通过实时监控,能够全面诊断空调运行状况,监测空调各部件(如压缩机、风机、加热器、加湿器、去湿器、滤网等)的运行状态与参数。利用机房动力环境监控系统管理功能,可远程修改空调设置参数(温度、湿度、温度上下限、湿度上下限等),重启精密空调。即使空调机组只有微小的故障,也可以通过机房动力环境监控系统检测出来,及时采取措施防止空调机组进一步损坏。

4. 机房温湿度

在机房的各个重要位置,需要装设温湿度检测模块,记录温湿度曲线供管理人员查询。一旦温湿度超出范围，即刻启动报警，提醒管理人员及时调整空调的工作设置值或调整机房内的设备分布。

5. 漏水检测

漏水检测系统分定位和不定位两种。所谓定位式，就是指可以准确报告具体漏水地点的测漏系统。不定位系统则相反，只能报告发现漏水，但不能指明位置。漏水检测系统由传感器和控制器组成。控制器监测传感器的状态，发现水情立即将信息上传给监控 PC。测漏传感器有线检测和面检测两类，机房内主要采用线检测传感器。线检测传感器使用测漏绳，将水患部位围绕起来，漏水发生后，水接触到测漏绳发出报警。

6. 烟雾报警

烟雾探测器内置微电脑控制，可实现故障自检，防止漏报、误报，输出脉冲信号、电平信号、继电器开关或者开和关信号。烟尘进入电离室会破坏烟雾探测器的电场平衡关系，一旦检测到浓度超过设定的阈值便会发出报警。

7. 视频监控

机房环境监控系统集多画面浏览、录像回放、视频远传、报警触发、云台控制、设备联动于一体，一旦报警，可同时与其他设备进行联动，如与双鉴探测器、门磁联动，进行录像。

8. 门禁监控

门禁系统由控制器、感应式读卡器、电控锁和开门按钮等组成（联网系统外加通信转换器）。读卡方式属于非接触读卡方式，系统可对出入人员进行有效的监控和管理。

9. 防雷系统

通过开关量采集模块来实现对防雷模块工作情况的实时监测，通常只有开和关两种监测状态。

10. 消防系统

电源环境监控系统对消防系统的监控主要是消防报警信号、气体喷洒信号的采集，并不会控制消防系统。

(三)验收

(1)电源环境监控系统验收包括设备安装和配线、设备单机检验、系统检验、网管检验等。

(2)系统验收前，应对监控设备进行全面检查：①监控系统设备安装、单机调试完毕，工作正常。②系统软件安装完毕，运行正常。③各被控设备安装、调试完成。④通信通道正常。

九、动力环境集中监控系统

(一)概述

动力环境集中监控系统是一个网络化的集成系统,通过将各局(站)的动力设备及环境运行数据集中到监控中心,进行储存、处理,实时呈现运行数据和告警数据。以"四遥"(遥测、遥信、遥控、遥调)为手段,通信企业可以变被动的抢修模式为主动的预防性维护模式,达到减员增效的目的。

随着通信行业的迅猛发展,通信企业间的竞争不断加剧,网络质量成为了通信企业的生命线。网络质量领先是通信企业的绝对竞争优势,稳定的动力设备和优良的机房环境是保障网络质量的必要条件。为了提高运行质量保障能力和运维管理低成本运作能力,通信企业必须建设动力环境集中监控系统。

(二)基本结构

动力环境集中监控系统由采集子系统、传输子系统和软件子系统组成,采集子系统负责底端数据的采集,传输子系统负责将底端采集到的数据传送到监控中心,软件子系统负责系统设置、数据处理、告警产生、数据储存等。

被监控对象按功能分为动力和环境两大类:动力类包括高压配电、低压配电、UPS、油机、电源、电池组、空调等,环境类包括门禁、烟感、温度、湿度等。

被监控对象按采集方式分为智能设备和非智能设备两大类:智能设备本身具有数据采集和处理能力,且带有智能接口,可以与上位机通信;非智能设备本身不具备数据采集和处理能力,需要增加传感器、变送器和采集器来完成数据采集和上报。

(三)验收

(1)动力环境集中监控系统验收包括设备安装和配线、设备单机检验、系统检验、网管检验等。

(2)系统验收前,应对监控设备进行全面检查:①监控系统设备安装、单机调试完毕,工作正常。②系统软件安装完毕,运行正常。③各被控设备安装、调试完成。④通信通道正常。

十、通信铁塔

(一)概述

通信铁塔由塔体、平台、避雷针、爬梯和天线支撑等钢构件组成,经热镀锌防腐处理,主要用于微波、超短波、无线网络信号的传输与发射等。

为了保证无线通信系统的正常运行,一般将通信天线安置于高处,以增加服务半径,达到理想的通信效果。通信铁塔可用于增加通信天线的高度,在通信网络系统中发挥重要作用。

(二)常见类型

移动通信基站最常见的铁塔类型有角钢塔、单管塔、景观塔、通信杆、拉线塔、仿生塔、美化天线、抱杆等。

(三)验收

(1)铁塔施工应符合工程设计要求。

检查方法:对照设计图纸检查。

(2)钢材料规格应符合设计要求和国家现行有关产品标准的规定。

检查方法:采用钢尺或游标卡尺检查。

(3)铁塔高度、平台、加挂支柱的安装高度及位置等均应符合工程设计要求。

检查方法:观察检查,或辅助采用测距仪测量。

(4)铁塔构件如有变形应在安装前进行矫正,但在环境温度低于－16 ℃时,不得对构件进行矫正。

检验方法:观察检查,有无变形。

(5)基础混凝土表面应平整,无凹凸不平现象。

检查方法:观察检查基础外露部分。

(6)塔体安装垂直度应符合工程设计要求,铁塔中心轴线倾斜度不得大于被测高度的1/1500。

检查方法:采用经纬仪测量。

(7)铁塔连接螺栓应符合下列要求:①连接螺栓应顺畅穿入,不得强行敲击。当孔位偏差小于等于3 mm时,可打过冲后再穿入螺栓,螺栓穿向应一致。②螺母拧紧后螺栓外露丝扣为3～5扣。③螺母紧固应符合工程设计的力矩要求:a.用力矩扳手检查力矩,应符合工程设计要求值。b.铁塔全部连接螺栓均应做防松处理。④用0.25 kg的小锤敲击铁塔时,不能有松动声音。

检查数量:按节点数抽查5%,但不小于10个节点。

检查方法:观察检查。

合格标准:合格点不小于抽查点数的80%。

(8)塔靴底座地脚螺栓必须上双螺母。

检查方法:观察检查。

(9)铁塔防腐层应符合下列要求:①塔防腐如采用油漆防腐时,表面油漆必须涂底漆(但构件连接法兰盘的接触面严禁涂漆),涂漆应均匀,无流痕,无气泡,不掉皮。②塔防腐如采用热浸锌防腐时,锌层应均匀,不起泡,不翘皮,无返锈现象。③用 0.25 kg 的小锤轻敲铁塔构件时,防腐层不得脱落。④防腐层厚度不小于设计规定。

检查数量:从构件中抽查 5%,但不小于 10 个节点。

检查方法:观察检查及辅助测试方法(镀层测厚仪)。

合格标准:合格点不小于抽查点数的 80%。

(10)基础地脚螺栓应按工程设计要求做防腐处理。

检查方法:观察检查。

(11)避雷针安装位置及高度应符合工程设计要求,避雷针安装牢靠、端正,允许垂直偏差小于等于 5%(与避雷针高度比较)。

检查方法:观察检查及采用经纬仪测量。

(12)防雷保护接地电阻值应符合工程设计要求,且不大于 5 Ω。

检查方法:采用电阻仪测量。

(13)铁塔航空标志灯的安装应符合工程设计要求或航空部门的相关规定。

检查方法:观察检查。

(14)馈线过桥应符合工程设计要求,并与钢塔结构可靠连接。

检查方法:观察检查。

(15)施工现场应清理干净,现场平整,无杂物及其他施工遗留物品。

检查方法:观察检查。

(16)基础验收完成后,基础柱头应及时做好混凝土二次浇灌工作。

检查方法:观察检查。

(四)标志、包装、运输与储存

1. 标志

在产品底部的醒目部位应设置产品标牌,其内容应包括:a. 产品代号与名称;b. 产品型号;c. 制造厂家;d. 出厂日期;e. 产品型号。

2. 包装、运输与储存

(1)产品包装时,大部件应用钢丝绑扎牢固,产品配件装箱托运,包装箱内应附装箱单和产品出厂合格证。

(2)产品配件箱应在仓库内储存,大部件允许露天存放。

(3)产品出厂后的质量保证期为一年。正常使用、储存条件下,产生的破损、锈蚀等缺陷,由制造厂负责解决。

十一、通信机柜

(一)概述

通信机柜通常是指用在通信方面的机箱机柜,大多采用钣金工艺加工而成,主要起到保护内部零部件的作用。通信机柜作为产品的外壳,可为电源、主机板、各种扩展板卡、软盘驱动器、光盘驱动器、硬盘驱动器等储存设备提供空间,并通过机箱内部的支撑、支架、各种螺丝或卡子、夹子等连接件将这些零配件牢固固定在机箱内部,形成一个整体,确保产品功能的实现。

针对不同的使用需求,通信机柜设计在外观和结构上都有着严格的要求。在通信机柜设计的过程中,设计人员应根据具体的产品需求来确定机柜的整机尺寸,为内部零部件的配置提供合理的空间,尽可能避免由空间过大或过小带来的资源浪费。外观设计方面,通信机柜应大方得体、整洁美观。机柜的造型应直观,侧板平整,无扭曲,无变形,表面光洁,色泽均匀,整体给人美观耐用的感觉。同时,机柜的外观设计应该更人性化,如金属部件无锐棱毛刺,外观无明显尖锐的棱角,标志齐全、易识别,拆装安全方便等。

(二)分类

按功能分类:防火防磁柜、电源柜、监控机柜、屏蔽柜、安全柜、防水机柜、保险柜、多媒体控制台、文件柜、壁挂柜。

按适用范围分类:户外机柜、室内机柜、通信柜、工业安全柜、低压配电柜、电力柜、服务器机柜。

按扩展分类:控制台、电脑机箱机柜、不锈钢机箱、监控操作台、工具柜、标准机柜、网络机柜。

(三)验收

(1)数量、型号、规格、质量符合设计和订货合同的要求及相关技术标准规定。
(2)图纸、说明书等技术资料,合格证、质量检验报告等质量证明文件齐全。
(3)机柜(架)、设备及附件无变形,表面无损伤,镀层、漆饰完整无脱落,铭牌、标志完整清晰。
(4)机柜(架)、设备内部件完好,连接无松动,无受潮、发霉、锈蚀。

(四)铭牌、包装、运输与储存

1. 铭牌

设备应有铭牌,铭牌上的字迹必须清楚,且应标有下列内容:a. 制造厂名;

b. 型号；c. 重量；d. 制造年；e. 其他。

2. 包装、运输与储存

设备必须用木板花箱包装，保证产品在运输及储存期间不致损伤。必须单台整机包装，做好防水、防潮、防晒等措施，不能散件包装运输到场后组装。包装上应注明工程名称、站点名称、收货单位、收货联系人、发货站、制造厂名、产品规格型号等。随同产品应具有装箱单、合格证、说明书、出厂试验记录。产品向上放置为正方向。产品在运输及储存时必须正方向放置。

十二、光纤配线架

(一) 概述

光纤配线架（Optical Distribution Frame，ODF）是光缆和光通信设备之间或光通信设备之间的配线连接设备。

光纤配线架用于光纤通信系统中局端主干光缆的成端和分配，可方便地实现光纤线路的连接、分配和调度。随着网络集成程度的提高，出现了集光纤配线架、数字配线架、电源分配单元于一体的光数混合配线架，适用于光纤到小区、光纤到大楼、远端模块及无线基站的中小型配线系统。

(二) 分类、组成及型号

1. 分类

(1) 按机架结构形式分类：①封闭式，一般指 ODF 正面、背面和侧面都安装有面板或门。②半封闭式，指正面或背面部分暴露，侧面一般封闭。③敞开式，指正面完全暴露。

(2) 按机架操作方式分类：①全正面操作式，一般指 ODF 只能正面操作。②双面操作式，指能从 ODF 的正面或背面进行操作。

(3) 按机架功能组成分类：①普通型，一般指由一个独立的机架组成。②组合型，指由两个或两个以上机架与走线通道组成。

2. 组成

普通型 ODF 由机架、光缆引入和接地单元、光纤终接单元、配线单元、光纤活动连接器、光分路器（可选）及备附件组成。各单元之间可能独立，也可能合为一体。

组合型 ODF 由走线通道、终接子架、配线子架、光纤活动连接器、光分路器（可选）及备附件组成。各部分之间可能独立，也可能合为一体。

(三)标志、包装、运输与储存

1. 标志

(1)ODF 上应有标志,标明产品型号、名称、商标、生产单位、出厂年月、机号。

(2)ODF 上的连接器应有商标或生产厂家的标记。

2. 包装

(1)ODF 应包装出厂,包装要求及包装箱面标志应符合 GB/T 3873 中的规定。

(2)包装箱内除产品外,还应装入以下物品和有关文件,文件可用塑料袋或纸袋封装:a. 备附件及专用工具;b. 产品使用说明书;c. 产品合格证;d. 装箱清单。

3. 运输

ODF 包装后,可用汽车、火车、轮船、飞机等运输,在运输中应避免碰撞、跌落、雨雪的直接淋袭和日光暴晒。

4. 储存

ODF 应储存在通风良好、干燥的仓库中,其周围不应有腐蚀性气体存在,储存温度应为 $-25 \sim 55$ ℃,相对湿度不大于 93%。

十三、数字配线架

(一)概述

数字配线架(Digital Distribution Frame,DDF)又称高频配线架,以系统为单位,有 8 系统、10 系统、16 系统、20 系统等,在数字通信中具有优越性,可使数字通信设备的数字码流连接成为一个整体。$2 \sim 155$ Mbit/s 信号的输入、输出都可终接在 DDF 上,方便配线、调线、转接、扩容,具有较高的灵活性。

(二)外观与结构

1. 外观

(1)标志应齐全、清晰、耐久可靠。

(2)涂覆层应表面光洁,色泽均匀,无流挂,无露底;金属件无毛刺、锈蚀;塑料件应表面光洁,颜色均匀无明显差异,无裂纹、划伤、无变形。

(3)同轴连接器表面应光洁,接触表面粗糙度 Ra 应不大于 $1.6~\mu m$,表面应无明显麻点及孔隙,无起皮、起泡现象,没有露底的材料裂纹、机械划痕。

(4)机架高度分为 2000 mm、2200 mm 和 2600 mm 三种,宽度推荐选用 120 mm 的整数倍,深度推荐选用 225 mm、300 mm、450 mm 或 600 mm。机架外形尺寸的偏差应不超过 ± 2 mm,机架的前面、后面及侧面对底部基准面的垂直度公差应不大于 3 mm。

2. 结构

(1)按机架架体的密封程度不同,DDF 可分为封闭式、半封闭式和敞开式。

(2)机架底部和顶部可上下固定,结构应牢固,应能承受顶部线缆及结构件的负载。装配具有一致性和互换性,紧固件无松动。外露和操作部位的锐边应倒圆角。

(3)机械活动部位应转动灵活、插拔适度、锁定可靠,方便施工安装和维护;同轴插头座应带有锁定装置;门的开启角应不小于 10°,间隙应不大于 3 mm。

(三)标志、包装、运输与储存

1. 标志

(1)DDF 上应有永久性标志,标明产品型号、名称、商标、生产单位、出厂年月、机号。

(2)DDF 上的连接器应有商标或生产厂家的标记。

2. 包装

(1)DDF 应包装出厂,包装要求及包装箱面标志应符合 GB/T 3873 中的规定。

(2)包装箱内除产品外,还应装入以下物品和有关文件,文件可用塑料袋或纸袋封装:a. 备附件及专用工具;b. 产品使用说明书;c. 产品合格证;d. 装箱清单。

3. 运输

DDF 包装后,可用汽车、火车、轮船、飞机等运输,在运输中应避免碰撞、跌落、雨雪的直接淋袭和日光暴晒。

4. 储存

DDF 应储存在通风良好、干燥的仓库中,其周围不应有腐蚀性气体存在,储存温度应为 $-25\sim55$ ℃,相对湿度应不大于 93%。

十四、通信电杆

(一)概述

通信电杆是用混凝土与钢筋或钢丝制成的电杆。

(二)分类

(1)按外形分类:锥形杆和等径杆。

(2)按产品的不同配筋方式分类:钢筋混凝土电杆、预应力混凝土电杆和部分预应力混凝土电杆。

（三）验收

检验内容包括外观质量、尺寸偏差、力学性能（抗裂检验、裂缝宽度检验和标准检验弯矩下的挠度）等。

1. 批量

同型号、同材料、同工艺、同梢径（或直径）的电杆，每1000根为一批，若两个月内生产总数不足1000根，但不少于30根时，也可作为一个检验批。

2. 抽样

（1）外观质量和尺寸偏差。每批随机抽取10根进行外观质量和尺寸偏差检验。

（2）力学性能。从外观质量及尺寸偏差检验合格的产品中，随机抽取1根进行抗裂检验、裂缝宽度检验和标准检验弯矩下的挠度检验。

3. 判定

（1）外观质量和尺寸偏差。10根受检电杆中，不符合某一等级的电杆不超过2根，则判定该批产品的外观质量和尺寸偏差为相应等级。

（2）力学性能。抗裂检验、裂缝宽度检验和标准检验弯矩下的挠度均符合规定时，判为合格。如有一项不符合规定时，允许再抽取2根电杆进行检验，如仍有1根不符合规定，则判该批产品力学性能不合格。

（四）储存与运输

1. 储存

（1）产品堆放场地应坚实平整。

（2）产品应根据不同杆长分别采用两支点或三支点堆放。杆长小于等于12 m时，采用两支点支承；杆长大于12 m时，宜采用三支点支承。

（3）产品应按规格、类别、等级分别堆放。锥形杆梢径大于270 mm和等径杆直径大于400 mm时，堆放层数不宜超过4层。锥形杆梢径小于等于270 mm和等径杆直径小于等于400 mm时，堆放层数不宜超过6层。

（4）产品应堆放在支垫物上，层与层之间用支垫物隔开，每层支垫物应在同一平面上，各层支点应在同一垂直线上。

2. 运输

（1）产品在运输过程中的支承要求应符合有关规定。

（2）产品装卸过程中，每次吊运数量：梢径大于170 mm的电杆，不宜超过3根；梢径小于或等于170 mm的电杆，不宜超过5根；如果采取有效措施，每次吊运数量可适当增加。

(3)产品由高处滚向低处,必须采取牵制措施,不得自由滚落。

(4)产品支点处应套上软织物(如草圈等)或用草绳等捆扎,以防碰伤。

十五、通信电缆

(一)概述

通信电缆是由多根互相绝缘的导线或导体构成缆芯,外部有密封护套的通信线路,有的在护套外面还装有外护层。通信电缆传输频带较宽,通信容量较大,受外界干扰小,但不易检修。

通信电缆主要用于传输音频、150 kHz 及以下的模拟信号和 2048 kbit/s 及以下的数字信号;在一定条件下,也可用于传输 2048 kbit/s 以上的数字信号;适用于市内、近郊及局部地区架空或管道敷设,也可直埋。

(二)分类

1. 按线缆的型式分类

(1)单导线:最原始的通信电缆,单导线回路,以大地作为回归线。

(2)对称电缆:由两根在理想条件下完全相同的导线组成回路。

(3)同轴电缆:由同一轴线上的内、外两根导体组成回路,外导体包围着内导体,同时两者绝缘。

2. 按应用场合分类

(1)长途电缆:传输距离长,一般进行复用,多数直接埋在地下,少数情况下采用架空安装的方式,或者安装在管道中。

(2)市内电缆:电缆内的导线"成双成对",而且对数多。一般安装在管道中,少量的市内电缆附挂在建筑物上或架空安装。

(3)局用电缆:主要指在电信局内使用的通信电缆,一般安装在配线架上,也有的安装在走线槽中;局用电缆用于电信局内传输设备与交换设备之间,以及其他局内设备的内部。在电信局内部,为了防火,有时给局用电缆加上阻燃护套。

3. 按结构分类

(1)对称通信电缆:由两根对称排列的导线组成通信回路,分高频和低频两种。前者最高传输频率可达 800 kHz,相当于一个回路中可开通 180 路电话;后者最高传输频率一般小于 252 kHz,相当于一个回路中可开通 60 路电话。对称通信电缆的电磁场呈开放状态,在高频电磁场中,回路的衰减和损耗较大,回路间相互干扰和外界干扰都较大,难以提高传输频率和容量。

(2)同轴通信电缆:由两根相互绝缘的同轴心的内外导体组成通信回路(同轴

对),再由一个或多个同轴对绞合而成。同轴通信电缆多用作长途通信干线,用于开通多路载波通信或传输电视节目,也可用于高效率的数据信息传输。

(三)规格型号

(1)市内通信电缆产品型号:HYA、HYV、HYAV、HYAC(自承式)、HYAT(冲油)、CPEV、CPEV-S。

(2)煤矿专用通信电缆产品型号:MHYA(PUYA)、MHYV(PUYV)、MHYAV(PUYAV)、MHYVR(PUYVR)。

(3)屏蔽通信电缆:HYVP、HYAP、MHYVP、MHYVRP、RVSP(屏蔽双绞线)。

(4)铠装通信电缆:HYA53、MHYA32、MHYV22、MHYAV22、MHYAV32、HYAT53、HYV22、HYV32、HYA32、HYV53、HYVP22、HYAP22、HYAP32、MHYVP22、MHYVP32、MHYVRP22、MHYVRP32。

(5)阻燃通信电缆:ZR-HYA、ZRA-HYA、ZA-HYA、ZRC-HYA、WDZ-HYA、ZR-YJYR。

(四)运输与储存

(1)在对电缆进行存放的时候,严禁与酸、碱及矿物油类接触,要与这些有腐蚀性的物质隔离存放。

(2)储存电缆的库房内不得有破坏绝缘及腐蚀金属的有害气体存在。

(3)尽可能避免在露天环境下以裸露方式存放电缆,电缆盘不允许平放。

(4)电缆在保管期间,应定期滚动(夏季3个月一次,其他季节可酌情延期)。滚动时,将向下存放盘边滚翻朝上,以免底面受潮腐烂。存放时要经常注意电缆封头是否完好无损。

(5)电缆储存期以产品出厂期为限,一般不宜超过一年半,最长不超过2年。

(6)运输中严禁从高处扔下电缆或装有电缆的电缆盘,特别是在较低温度时(一般为5℃及以下),扔、摔电缆将有可能导致绝缘、护套开裂。

(7)吊装包装件时,严禁多盘同时吊装。在车、船等运输工具上,电缆盘要用合适方法加以固定,防止互相碰撞或翻倒,避免造成机械损伤。

十六、通信光缆

(一)概述

通信光缆是由若干根(芯)光纤(一般从几芯到几千芯)构成的缆芯和外护层所组成。通信光缆与传统的对称铜回路及同轴铜回路相比,传输容量大得多,且衰耗少，传输距离长，体积小，重量轻，无电磁干扰，成本低。通信光缆是当前最有前景的通信传输媒体，正广泛地应用于电信、电力、广播等各部门的信号传输，将逐步成为未来通信网络的主体。光缆与电缆在结构上的主要区别是，光缆必须有加强构件去承受外界的机械负荷，以保护光纤免受各种外界机械力的影响。

(二) 基本结构

1. 缆芯

缆芯位于光缆的中心，是光缆的主体；它的作用是妥善安置光纤，使光纤在一定的外力作用下仍然能够保持优良传输性能。常用的缆芯结构大体上分为如下4种：a. 层绞式，又分为松套和紧套两种；b. 骨架式，又称为槽式；c. 带式；d. 中心束管式，通常简称为束管式。

2. 护层

护层位于缆芯的外围，由护套和外护层组成。

(1) 护套。光缆常用的护套属于半密封性的护套，由双面涂塑的铝带(PAP)或钢带(PSP)在缆芯外纵包黏结而成。护套除了为缆芯提供机械保护外，主要用于防潮。PAP护套的光缆可用于管道敷设或架空安装，而PSP护套的光缆可用于直埋敷设。当然，还有更好的全密封金属护套，但制作成本较高。

(2) 外护层。外护层(外护套)可为光缆护套提供进一步的保护，就好像给光缆穿上"铠甲"一样，因此也被称为"铠装"。通常在直埋、爬坡、水底、防鼠啮咬等场合下需要对光缆装铠。铠装的种类包括涂塑钢带、不锈钢带、单层钢丝、双层钢丝等，有时还使用尼龙铠装。一般在铠装层外还需要加上外被层，以免金属铠装受到腐蚀。

(三) 分类

(1) 按结构分类：a. 层绞式；b. 骨架式；c. 带式；d. 束管式。

(2) 按安装方式分类：a. 架空光缆；b. 直埋光缆；c. 管道光缆；d. 水底光缆；e. 局用光缆。

(3) 按光纤种类分类：a. 紧套光缆；b. 松套光缆；c. 单模光缆；d. 多模光缆；e. 色拉移位光缆。

(4) 按填充物分类：a. 充油式光缆；b. 充气式光缆。

(四) 验收

(1) 数量、型号、规格、质量符合设计和订货合同的要求及相关技术标准规定。

(2) 合格证、质量检验报告等质量证明文件齐全。

(3) 光缆无压扁、护套损伤、表面严重划伤等缺陷。

(4) 光缆单盘检测应符合下列要求：①单盘光缆长度、衰耗符合设计或订货要求。②低频四线组单盘电缆电性能符合表 8-1 的要求。③铜芯聚烯烃绝缘铝塑综合护套市内通信电缆电性能符合表 8-2 的要求。④采用其他型号的电缆时，应符合相关技术标准的规定。

表 8-1 低频四线组单盘电缆电性能要求

序号	项目		测量频率	单位	标准	换算
1	0.9 mm 线径电阻(20 ℃)		直流	Ω/km	≤28.5	实测值/L
	0.7 mm 线径电阻(20 ℃)		直流	Ω/km	≤48	
	0.6 mm 线径电阻(20 ℃)		直流	Ω/km	≤65.8	
2	0.9 mm 线径绝缘电阻		直流	MΩ·km	≥10000	实测值×L
	0.7 mm 线径绝缘电阻		直流	MΩ·km	≥5000	
	0.6 mm 线径绝缘电阻		直流	MΩ·km	≥5000	
3	电气绝缘强度	所有芯线与金属外护套间	50 Hz	V	≥1800 (2 min)	—
		芯线间	50 Hz	V	≥1000 (2 min)	—
4	电容耦合	K_1 平均值	0.8~1 kHz	pF/500 m	≤81	实测值/$\sqrt{L/500}$
		K_1 最大值	0.8~1 kHz	pF/500 m	≤330	实测值×500/L
		e_1、e_2 平均值	0.8~1 kHz	pF/500 m	≤330	实测值/$\sqrt{L/500}$
		e_1、e_2 最大值	0.8~1 kHz	pF/500 m	≤800	实测值×500/L

注：L 为被测电缆长度。

表 8-2 铜芯聚烯烃绝缘铝塑综合护套市内通信电缆电性能要求

序号	内容		标准				换算
1	导线直径/mm		0.4	0.5	0.6	0.8	实测值/L
	单线电阻(20 ℃)/(Ω/km)		≤148	≤95	≤65.8	≤36.6	
2	绝缘电阻/(MΩ·km)	填充型	3000				实测值×L
		非填充型	10000				
3	电气绝缘强度(1 min)/V	所有芯线与金属外护套间	3000				—
		芯线间	1000(实心)/750(泡沫)				
4	断线、混线		不断线、不混线				—

注：L 为被测电缆长度。

十七、光缆接头盒

(一)概述

光缆接头盒是两根或多根光缆之间的保护性连接部分,是光缆线路工程建设中必须采用的重要器材之一。光缆接头盒的质量直接影响光缆线路的质量和使用寿命。

(二)分类

(1)按外形结构分类:帽式和卧式。
(2)按光缆敷设方式分类:架空、管道(隧道)和直埋等类型。
(3)按光缆连接方式分类:直通接续和分歧接续。
(4)按密封方式分类:热收缩密封型和机械密封型。

(三)验收

(1)光缆接头盒壳体应光洁平整、形状完整、色泽一致,无气泡、龟裂、空洞、翘曲、杂质等不良缺陷,无溢边和毛刺。
(2)附件还要求有产品使用说明书、接头盒组装和重复开启工具、光纤接续质量卡等。

(四)运输与储存

(1)产品包装后,可用汽车、火车、轮船、飞机等运输,在运输中应避免碰撞、跌落、雨雪的直接淋袭和日光暴晒。
(2)光缆接头盒应储存在通风良好、干燥的仓库中,其周围不应有腐蚀性气体存在,储存温度为$-25\sim55\ ℃$。

十八、光缆配线箱

(一)概述

光缆配线箱适用于光缆与光通信设备的配线连接,也适用于光缆和配线尾纤的保护性连接,可通过配线箱内的适配器,以光跳线引出光信号,实现光配线功能。

(二)分类

(1)按其接续方式分类:模块卡接式配线箱和旋转卡接式配线箱。

(2)按箱体结构形式分类：单开门配线箱和双开门配线箱。
(3)按其进出线对总容量分类：单面模块配线箱和双面模块配线箱。
(4)按配线箱内有无接线端子分类：无端子配线箱和有端子配线箱。

(三)验收

(1)箱体单元、构件、板材等表面，无明显变形、碰伤、裂痕等。
(2)安装零部件齐全并匹配。

(四)标志、包装、运输与储存

1. 标志

(1)光缆配线箱上应有标志，标明执行的标准号、产品型号、名称、商标、生产单位、出厂年月、机号。
(2)光缆配线箱上的连接器应有商标或生产厂家的标记。

2. 包装

(1)光缆配线箱应包装出厂，包装要求及包装箱面标志应符合 GB/T 3873 中的规定。
(2)包装箱内除产品外，还应装入以下物品和有关文件，文件可用塑料袋或纸袋封装：a. 备附件及专用工具；b. 产品使用说明书；c. 产品合格证；d. 装箱清单。

3. 运输

光缆配线箱包装后，可用汽车、火车、轮船、飞机等运输，在运输中应避免碰撞、跌落、雨雪的直接淋袭和日光暴晒。

4. 储存

光缆配线箱应储存在通风良好、干燥的仓库中，其周围不应有腐蚀性气体存在，储存温度为 $-25 \sim 55$ ℃。

第二节　信号专业物资

一、ZPW-2000A 信号设备

(一)概述

随着我国铁路信号技术设备的更新换代，ZPW-2000A 型无绝缘移频自动闭塞系统以其在轨道电路的传输安全性、传输长度、可靠性、可维护性等方面的优势，在我国得到了广泛的推广和应用。该系统安全性高，传输性好，具有自主知识

产权,可自动检测列车的位置,传递连续的速度信息,控制信号机的显示。

ZPW-2000A/K 型无绝缘轨道电路设备在 ZPW-2000A 型无绝缘移频自动闭塞系统的基础上,针对客运专线列控系统的需求进行了适应性设计,进一步提高了系统和设备的可靠性,可适用于时速 200 km 及以上的高速铁路和客运专线,目前已广泛应用于我国新建客专和高铁线路。但是,该系统组成设备多,结构复杂且信息繁多,对现场维护人员的维护管理能力提出了更高的要求。

(二)分类及规格型号

1. 继电编码 ZPW-2000A 无绝缘轨道电路区间设备

表 8-3　继电编码 ZPW-2000A 无绝缘轨道电路区间设备规格型号

序号	名称	型号	备注
1	无绝缘移频自动闭塞机柜	ZPW·G-2000A/T	容纳 10 套轨道电路
2	无绝缘移频自动闭塞接口柜	ZPW·GK-2000A/T	
3	无绝缘防雷模拟网络组匣	ZPW·XML/T	容纳 8 个模拟网络盘
4	发送器	ZPW·F	区间站内通用
5	接收器	ZPW·J	
6	衰耗器	ZPW·S	
7	采集衰耗器	ZPW·SC	带采集功
8	分线采集器	ZPW·CE	带采集功能
9	采集处理器	ZPW·CC	带采集功能
10	防雷模拟网络盘	ZPW·ML	防雷型
11	防雷匹配变压器	ZPW·BPL	防雷型
12	空心线圈	ZPW·XK	电气绝缘节用
13	机械绝缘空心线圈	ZPW·XKJ-1700 ZPW·XKJ-2000 ZPW·XKJ-2300 ZPW·XKJ-2600	机械绝缘节用,四种载频频率
14	调谐单元	ZPW·T-1700	四种载频频率
15	空心线圈防雷单元	ZPW·ULG	电化区段
16	空心线圈防雷单元	ZPW·ULG1	非电化区段
17	电量隔离传感器(电流传感器)	CE-IJ03-32CD	与发送器配套安装在机柜上,为采集功能提供电流数据

2. 继电编码 ZPW-2000A 站内电码化设备

表 8-4 继电编码 ZPW-2000A 站内电码化设备规格型号

序号	名称	型号	备注
1	站内电码化发送机柜	ZPW·GFM-2000A/T	可安装 10 台发送器、5 个检测器
2	发送器	ZPW·F	正线、侧线通用
3	电码化采集发送检测器	ZPW·JFC	可检测 2 台发送器,带采集功能
4	电码化发送检测器	ZPW·JF	可检测 2 台发送器
5	站内电码化综合柜	ZPW·GZM-2000A	安装电码化各种组合
6	室内电码化轨道防雷组合	MGFL-T	可放置 36 个 NFL 防雷模块
7	防雷模块	NFL	送电端、受电端用
8	匹配防雷变压器组合	MFT1-U	可放置 6 组 FT1-U 防雷单元
9	匹配防雷变压器单元	FT1-U	1 台发送器对应 1 台防雷单元
10	室内送端隔离组合	MGL-UF	可放置 BMT 和 NGL-U 各 3 台
11	室内受端隔离组合	MGL-UR	可放置 5 台 NGL-U
12	室内隔离盒	NGL-U	送电端、受电端通用
13	室内调整变压器	BMT-25	送电端用
14	室外隔离盒	WGL-U	送电端、受电端通用
15	防护盒	HF4-25	受电端用
16	轨道变压器	BG2-130/25	送电端、受电端通用
17	室内送端隔离组合	MGL1-UF	可放置 BMT 和 NGL-U 各 3 台
18	室内受端隔离组合	MGL1-UR	可放置 NGL-U5 台
19	室内隔离盒	NGL1-U	送电端、受电端通用
20	室外隔离盒	WGL1-U	送电端、受电端通用
21	室内送端隔离组合	FMGL-UF	可放置 BMT 和 NGL-U 各 3 台
22	室内受端隔离组合	FMGL-UR	可放置 NGL-U5 台
23	室内隔离盒	FNGL-U	送电端、受电端通用
24	室内调整变压器	BMT2	送电端用
25	室外隔离盒	FWGL-U	送电端、受电端通用
26	中继变压器	BZ4-U	受电端用
27	轨道变压器	BG1-80	送电端、受电端通用
28	闭环电码化检测柜	ZPW·GJMB	
29	正线检测盘	ZPW·PJZ	8 个正线轨道区段
30	侧线检测盘	ZPW·PJC	8 个股道区段

续表

序号	名称	型号	备注
31	单频检测调整器	ZPW·TJD	四个接收端
32	双频检测调整器	ZPW·TJS	二个接收端

3. 通信编码 ZPW-2000A 无绝缘轨道电路区间设备

表 8-5　通信编码 ZPW-2000A 无绝缘轨道电路区间设备规格型号

序号	名称	型号	备注
1	无绝缘轨道电路柜	ZPW·G-2000A/K	容纳 10 套轨道电路，满配时可安装 20 个发送器和 10 个接收器
2	无绝缘移频自动闭塞接口柜	ZPW·GK-2000A/K	
3	分线采集器组匣	ZPW.XML2/K	每台组匣可装 6 个模拟网络盘和 2 个分线采集器
4	发送器	ZPW·F-K	
5	接收器	ZPW·J-K	
6	衰耗冗余控制器	ZPW·RS-K	
7	分线采集器	ZPW·CE2	能够完成电缆侧电流采集功能
8	防雷模拟网络盘	ZPW·ML-K	防雷型
9	空心线圈		电气绝缘节用
10	机械绝缘空心线圈	ZPW·XKJD-1700 ZPW·XKJD-2000 ZPW·XKJD-2300 ZPW·XKJD-2600	机械绝缘节用 四种载频频率
11	调谐匹配单元	ZPW·PT-1700 ZPW·PT-2000 ZPW·PT-2300 ZPW·PT-2600	四种载频频率
12	空心线圈防雷单元	ZPW·ULG	电化区段

(三)验收

1. 各种机柜(柜体内装有对应的组合、组匣)的现场验收

(1)外观质量验收。验收物资外观质量、规格型号的符合情况,如材料的包装、表面状态、外在形态等是否存在问题或缺陷,几何尺寸是否相符。主要的验收

方法为：目测、检尺等凭观察和简单工具可实行的方法。

（2）资料验证。验证质量证明资料和技术资料是否与实物相符，是否与合同、供货通知书和使用标准相符，并验证其有效性，包括是否在有效期内、是否由具备资质的检测部门出具。需要验证的质量证明资料有产品出厂合格证、材质证明、试验报告单等。需要验证的技术资料有使用说明书、性能技术参数等。

（3）数量验收。验收规格、数量是否与送货单相符。

（4）对通过验收验证的物资，收料人员应在供应商的送料单上签字确认外观质量、数量、单证资料、收料日期，将收料人留存联留存，使用手持机入库，打印单据并签字，作为物资实际进场/入库的原始记录。

2. 其余材料的验收

其余材料直接发往当地的电务检测车间进行检测并收集对应的产品合格证，经电务检测车间检测合格贴码及贴定位标签后拉回入库，按照定位标签分站分区间堆码整齐，便于限（定）额发放。不合格的产品直接返厂更换，并做好记录。

（四）标志、包装、运输与储存

（1）标志。在包装箱的侧板上标注以下内容：产品名称及产品型号、制造厂名称、产品数量、发货地点、收货站名、收货单位、出厂日期。

（2）包装、运输、储存。设备在包装时，应做好防水、防腐、防撞措施，保证在大批货物的运输和装卸过程中不受损坏，保证货物安全到达施工现场。每个包装箱内应附有产品合格证、使用说明书、附件、配件、装箱单。包装箱的侧面应有警示标志，其标志应符合 GB/T 191 的规定。所有材料、设备必须置于室内储存，堆码规范、整齐。

二、25 Hz 相敏轨道电路接收器

（一）概述

用于铁路电气化区段的站内 25 Hz 相敏轨道电路接收器，以微处理机为基础，采用数字处理技术完成对电化区段 25 Hz 相敏轨道电的接收，彻底解决了接点卡阻和抗电气化干扰能力不强、返还系数低等问题，与原继电器的接收阻抗、接收灵敏度相同，提高了系统的安全性和可靠性。

(二)分类及规格型号

表 8-6 25 Hz 相敏轨道电路接收器的分类及规模型号

名称	型号	备注
单套电子接收器	JXW-25A	安全型继电器结构
单套电子接收器	JXW-25A1	JRJC 型二元二位型继电器结构
双套电子接收器	JXW-25B	安全型继电器结构
接收变压器盒	HBJ	安全型继电器结构,用于双套
报警盒	HB	安全型继电器结构,用于双套

(三)验收

直接发往当地的电务检测车间进行检测并收集对应的产品合格证,经电务检测车间检测合格贴码及贴定位标签后拉回入库,按照定位标签分站分区间堆码整齐,便于限(定)额发放。不合格的产品直接返厂更换,并做好记录。

(四)运输与储存

25 Hz 相敏轨道电路接收器运输过程中应避免强烈震动、摔撞及雨雪淋袭。25 Hz 相敏轨道电路接收器应储存在通风良好,温度为 $-25\sim40\ ℃$,相对湿度不大于 80%,周围无酸、碱或其他有害气体的库房中。若储存期超过半年,应开箱通风;若储存期超过一年,应通电检验。

三、信号防雷设备

(一)概述

信号防雷设备主要有防雷分线柜和防雷开关箱。

1. 防雷分线柜

防雷分线柜是一种集分线盘与防雷柜于一体的新型产品。防雷分线柜处于雷电防护区(Lightning Protection Zone,LPZ) LPZ0 区与 LPZ1 区的分界面,实现了"防雷"与"分线"的科学结合,克服了既有信号防雷设备不符合防雷规范、安装分散、元件分离、维修不便、接地线过长等缺点。

2. 防雷开关箱

防雷开关箱使用高质量断路器,经精心设计、专业制造而成,广泛应用于铁路信号三相或单相供电系统,可预防雷电感应过电压和浪涌过电流。

防雷开关箱的电源与防雷组件、串联断路器并联,可确保电源系统长期可靠工作,实现全面保护(L－N、L1－N、L2－N、L3－N 的差模横向保护,L－PE、

L1—PE、L2—PE、L3—PE 和 N—PE 的共模纵向保护)。此外,防雷开关箱还带有雷电计数、声光报警和遥信功能。

(1)全面保护。内部采用性能优越的防雷模块组件,非线性好,通流量大,残压低,质量有保证。模块内置动态热感脱扣装置,劣化后立即动作,可使防雷器安全地从主电路脱离。采用高质量断路器,工作稳定可靠。防雷模块可带电插拔、更换,维护方便,对电路工作无影响。

(2)雷电计数功能。面板带有雷电计数器,能够记录雷击次数,且自带清零复位键。

(3)声光报警功能。防雷开关箱具有声光报警功能,一旦发生电源缺相、断路器开路、防雷模块老化脱扣等情况,便会触发警报,显示直观、及时。

(4)遥信功能。防雷开关箱带有遥信报警接线端子,可方便远程监控,实现无人值守。

(5)内部布线整齐合理,美观实用。

(6)机箱上、下部开孔,采用专用接线端子,电源线进出方便,连接可靠。

(7)雷电计数器和声光报警装置可由充电电池、市电供电,工作稳定可靠。

(二)分类及规格型号

表 8-7　信号防雷设备的分类及规格型号

序号	名称	型号	规格/mm	备注
1	防雷分线柜	GFL1-K818	2350×900×600	
2	防雷开关箱	TK-380	710×560×180	
			620×450×160	

(三)验收

1. 外观质量验收

验收物资外观质量、规格型号的符合情况,如材料的包装、表面状态、外在形态等是否存在问题或缺陷,几何尺寸是否相符。主要的验收方法为:目测、检尺等凭观察和简单工具可实行的方法。

2. 资料验证

验证质量证明资料和技术资料是否与实物相符,是否与合同、供货通知书和使用标准相符,此外还应验证其有效性(是否在有效期内,是否由具备资质的检测部门出具)。需要验证的质量证明资料有产品出厂合格证、材质证明、试验报告单等。需要验证的技术资料有使用说明书、性能技术参数等。

3. 数量验收

验收规格、数量是否与送货单相符。

4. 标牌验收

每台设备必须在明显易见的位置设置产品标牌,其内容包括:a. 产品名称;b. 产品型号;c. 制造日期及出厂编号;d. 制造厂名称。

5. 包装验收

包装箱的侧板上应标注以下内容:a. 产品名称及产品型号;b. 制造厂名称;c. 产品数量;d. 发货地点;e. 收货站名,收货单位;f. 出厂日期。

对通过验收验证的物资,收料人员应在供应商的送料单上签字确认外观质量、数量、单证资料、收料日期,将收料人留存联留存,使用手持机入库,打印单据并签字,作为物资实际进场/入库的原始记录。

(四) 包装、运输与储存

设备在包装时,应做好防水、防腐、防撞措施,保证在大批货物的运输和装卸过程中不受损坏,保证货物安全到达施工现场。每个包装箱内应附有产品合格证、使用说明书、附件、配件、装箱单。包装箱的侧面应有警示标志,其标志应符合 GB/T 191 的规定。所有材料、设备必须置于室内储存,堆码规范、整齐。

四、信号组合柜

(一) 概述

信号组合柜适用于普速铁路、地铁、轻轨、电厂等信号系统。信号组合柜内安装各型继电器、断路器、阻容盒及其他信号设备;通过电缆可实现本柜与其他组合柜或设备之间的电气连接。

(二) 分类及规格型号

表 8-8 信号组合柜的分类及规格型号

序号	型号	外形尺寸/mm (宽×厚×高)	组合及零层尺寸/mm	组合及零层安装尺寸/mm	备 注
1	GZX1-C	900×500×2350	820×180	804×114,4-ϕ7	敞开式,无前门
2	GZX2-C	960×500×2350	880×180	850×114,4-ϕ7	敞开式,无前门
3	GZX1-M	900×500×2350	820×180	804×114,4-ϕ7	密闭式,前后门为铁门
4	GZX2-M	960×500×2350	880×180	850×114,4-ϕ7	密闭式,前后门为铁门
5	GZX1-T	900×500×2350	820×180	804×114,4-ϕ7	透明式,前门为玻璃门
6	GZX2-T	960×500×2350	880×180	850×114,4-ϕ7	透明式,前门为玻璃门

注:1. 组合柜高度均为 2350 mm,厚度一般有 450 mm、500 mm、600 mm 三种,宽度有 900 mm 和 960 mm 两种;2. 组合柜后门均为双开门铁门;3. 组合柜也可根据用户要求进行更改。

(三)验收

1. 外观质量验收

(1)组合柜颜色要求,组合、零层、补空等颜色与柜体颜色一致。

(2)组合、零层、端子板、断路器等器件应互相平行,并与底座垂直,不得有明显歪斜。

(3)金属零部件表面应有喷涂或电镀防护层,外部零部件无表面缺陷。

(4)涂漆件的漆层平整清洁,涂层厚度均匀,表面清洁、有光泽、颜色一致。

(5)电镀零件的外观光滑均匀,没有斑点、凸起和起泡现象,边缘和棱角无烧痕。

(6)热固性塑料零件表面应平整、有光泽,无裂纹、肿胀、起泡及掉渣等现象。

(7)热塑性材料零件表面应平整、质地均匀、无纹络、起泡等现象。

2. 资料验证

验证质量证明资料和技术资料是否与实物相符,是否与合同、供货通知书和使用标准相符,此外还应验证其有效性(是否在有效期内,是否由具备资质的检测部门出具)。需要验证的质量证明资料有产品出厂合格证、材质证明、试验报告单等。需要验证的技术资料有使用说明书、性能技术参数等。

3. 数量验收

验收规格、数量是否与送货单相符。

4. 标牌验收

每台设备必须在明显易见的位置设置产品标牌,其内容包括:a. 产品名称;b. 产品型号;c. 制造日期及出厂编号;d. 制造厂名称。

5. 包装验收

包装箱的侧板上应标注以下内容:a. 产品名称及产品型号;b. 制造厂名称;c. 产品数量;d. 发货地点;e. 收货站名,收货单位;f. 出厂日期。

对通过验收验证的物资,收料人员应在供应商的送料单上签字确认外观质量、数量、单证资料、收料日期,将收料人留存联留存,使用手持机入库,打印单据并签字,作为物资实际进场/入库的原始记录。

(四)包装、运输与储存

设备在包装时,应做好防水、防腐、防撞措施,保证在大批货物的运输和装卸过程中不受损坏,保证货物安全到达施工现场。每个包装箱内应附有产品合格证、使用说明书、附件、配件、装箱单。包装箱的侧面应有警示标志,其标志应符合 GB/T 191 的规定。所有材料、设备必须置于室内储存,堆码规范、整齐。产品要储存在通风良好,温度为 $-5 \sim 40\ ℃$,空气相对湿度不大于 75%,周围无酸、碱或其他有害气体的库房中。若产品储存期超过半年,应开箱通风;若储存期超过一年,应通电检查。

五、计算机联锁系统

(一)概述

计算机联锁(Computer Based Interlocking,CBI)系统可在信号操作员或者自动列车监控系统操作下实现站内道岔、信号机、轨道电路之间的联锁控制,是铁路安全高效行车不可缺少的保障装备。

(二)分类

按照系统特点分类:CBI-Ⅰ型双机热备计算机联锁系统和CBI-Ⅱ型三重冗余系统计算机联锁系统。

按照道岔组数分类:15组(含15组)以下,16~30组(含30组),31~50组(含50组),50组以上。

(三)验收

1. 外观质量验收

验收物资外观质量、规格型号的符合情况,如材料的包装、表面状态、外在形态等是否存在问题或缺陷,几何尺寸是否相符。主要的验收方法为:目测、检尺等凭观察和简单工具可实行的方法。

2. 资料验证

验证质量证明资料和技术资料是否与实物相符,是否与合同、供货通知书和使用标准相符,此外还应验证其有效性(是否在有效期内,是否由具备资质的检测部门出具)。需要验证的质量证明资料有产品出厂合格证、材质证明、试验报告单等。需要验证的技术资料有使用说明书、性能技术参数等。

3. 数量验收

验收规格、数量是否与送货单相符。因为联锁设备单位为套,所以每套到货也要计件验收核对件数,并做好记录。

4. 标牌验收

每台设备必须在明显易见的位置设置产品标牌,其内容包括:a. 产品名称;b. 产品型号;c. 制造日期及出厂编号;d. 制造厂名称。

5. 包装验收

包装箱的侧板上应标注以下内容:a. 产品名称及产品型号;b. 制造厂名称;

c. 产品数量;d. 发货地点;e. 收货站名,收货单位;f. 出厂日期。

对通过验收验证的物资,收料人员应在供应商的送料单上签字确认外观质量、数量、单证资料、收料日期,将收料人留存联留存,使用手持机入库,打印单据并签字,作为物资实际进场/入库的原始记录。

(四)包装、运输与储存

设备在包装时,应做好防水、防腐、防撞措施,保证在大批货物的运输和装卸过程中不受损坏,保证货物安全到达施工现场。每个包装箱内应附有产品合格证、使用说明书、附件、配件、装箱单。包装箱的侧面应有警示标志,其标志应符合 GB/T 191 的规定。所有材料、设备必须置于室内储存,堆码规范、整齐。

六、信号微机监测系统

(一)概述

信号微机监测系统是保证行车安全、加强信号设备结合部管理、监测铁路信号设备运行状态的重要行车设备,是铁路装备现代化的重要组成部分。信号微机监测系统融合了传感器技术、现场总线、计算机网络通讯、数据库及软件工程等技术,通过监测、记录信号设备的主要运行状态,为电务部门掌握设备的当前状态和进行事故分析提供科学依据。同时,系统还能对数据进行逻辑判断和处理。当信号设备工作偏离预定界限或出现异常时,可触发警报,避免因设备故障或违章操作影响列车的安全,保证列车正点运行。

(二)分类

按照道岔组数可分为:15组(含15组)以下,16~30组(含30组),31~50组(含50组),50组以上等。

(三)验收

1. 外观质量验收

验收物资外观质量、规格型号的符合情况,如材料的包装、表面状态、外在形态等是否存在问题或缺陷,几何尺寸是否相符。主要的验收方法为:目测、检尺等凭观察和简单工具可实行的方法。

2. 资料验证

验证质量证明资料和技术资料是否与实物相符,是否与合同、供货通知书和使用标准相符,此外还应验证其有效性(是否在有效期内,是否由具备资质的检测部门出具)。需要验证的质量证明资料有产品出厂合格证、材质证明、试验报告单等。需要验证的技术资料有使用说明书、性能技术参数等。

3. 数量验收

验收规格、数量是否与送货单相符。因为微机监测设备单位为套,所以每套到货也要计件验收核对件数,并做好记录。

4. 标牌验收

每台设备必须在明显易见的位置设置产品标牌,其内容包括:a. 产品名称;b. 产品型号;c. 制造日期及出厂编号;d. 制造厂名称。

5. 包装验收

包装箱的侧板上应标注以下内容:a. 产品名称及产品型号;b. 制造厂名称;c. 产品数量;d. 发货地点;e. 收货站名,收货单位;f. 出厂日期。

对通过验收验证的物资,收料人员应在供应商的送料单上签字确认外观质量、数量、单证资料、收料日期,将收料人留存联留存,使用手持机入库,打印单据并签字,作为物资实际进场/入库的原始记录。

(四) 包装、运输与储存

采集机柜采用泡沫板包装,外置防雨塑料袋,用加厚木箱包装承运。印刷电路板采用防静电塑料袋包装,塑料袋内放置防潮剂,置于发泡盒中,整体用加厚木箱包装,中间用泡沫板隔垫。每个包装箱内应附有产品合格证、使用说明书、附件、配件、装箱单。包装箱的侧面应有警示标志,其标志应符合 GB/T 191 的规定。运输时应注意防震、防水。所有材料、设备必须置于室内储存,堆码规范、整齐。库房应无严重电磁干扰,无强烈机械振动,无严重尘土侵蚀,且周围无可引起爆炸的危险气体。

七、CTC、TDCS 信号列车调度集中系统

(一) 概述

调度集中(Centralized Traffic Control,CTC)也称列车集中控制,是控制中心(调度员)对某一调度区段的信号设备进行集中控制,对列车运行进行直接指挥、管理的技术设备。

分散自律 CTC 技术:与调度中心集中控制相比,分散自律 CTC 技术将过去由调度中心集中控制所有车站的列车作业的方式改为由各个车站独立控制各自的列车和调车作业。

基本原则:列车作业优先于调车作业,调车作业不得干扰列车作业,若发生冲突应由系统判决,根据系统给出的建议执行。

列车调度指挥系统(Train operation Dispatching Command System,TDCS)

是为了提高现有运输指挥管理手段、提高调度管理水平和运输效率、改善调度指挥人员工作条件而实施的大型综合性系统工程。TDCS 覆盖全国铁路,可实现全国铁路系统内有关列车运行、数据统计、运行调整及数据资料的数据共享、自动处理与查询。这一项目的实施将使中国铁路的调度指挥管理达到世界先进水平。

作为基层信息采集系统,车站是整个 TDCS 得以实现的基础。车站 TDCS 由分机和站机两部分组成。车站分机是 TDCS 的信息来源,主要负责信息的采集和传送等工作。如果车站分机出故障,不仅该车站没有信息显示,还将影响该车站 TDCS 的正常运行,对行车运行指挥造成直接影响。所以,保证 TDCS 的正常运行必须先保证各个车站分机的正常运行。

(二)分类

CTC 系统分类:CTC 1.0 系统、CTC 2.0 系统、CTC 3.0 系统。

TDCS 分类:TDCS 1.0 系统、TDCS 2.0 系统、TDCS 3.0 系统。

(三)验收

1. 外观质量验收

验收物资外观质量、规格型号的符合情况,如材料的包装、表面状态、外在形态等是否存在问题或缺陷,几何尺寸是否相符。主要的验收方法为:目测、检尺等凭观察和简单工具可实行的方法。

2. 资料验证

验证质量证明资料和技术资料是否与实物相符,是否与合同、供货通知书和使用标准相符,此外还应验证其有效性(是否在有效期内,是否由具备资质的检测部门出具)。需要验证的质量证明资料有产品出厂合格证、材质证明、试验报告单等。需要验证的技术资料有使用说明书、性能技术参数等。

3. 数量验收

验收规格、数量是否与送货单相符。因为 CTC 系统、TDCS 单位为套,所以每套到货也要计件验收核对件数,并做好记录。

4. 标牌验收

每台设备必须在明显易见的位置设置产品标牌,其内容包括:a. 产品名称;b. 产品型号;c. 制造日期及出厂编号;d. 制造厂名称。

5. 包装验收

包装箱的侧板上应标注以下内容:a. 产品名称及产品型号;b. 制造厂名称;c. 产品数量;d. 发货地点;e. 收货站名,收货单位;f. 出厂日期。

对通过验收验证的物资,收料人员应在供应商的送料单上签字确认外观质量、数量、单证资料、收料日期,将收料人留存联留存,使用手持机入库,打印单据并签字,作为物资实际进场/入库的原始记录。

(四)包装、运输与储存

设备在包装时,应做好防水、防腐、防撞措施,保证在大批货物的运输和装卸过程中不受损坏,保证货物安全到达施工现场。每个包装箱内应附有产品合格证、使用说明书、附件、配件、装箱单。包装箱的侧面应有警示标志,其标志应符合 GB/T 191 的规定。所有材料、设备必须置于室内储存,堆码规范、整齐。

八、光通信站间安全信息传输系统

(一)概述

CXG-SY 基于光通信站间安全信息传输设备,利用两条独立的 2M 通信通道,可以提高站间闭塞信息传输的可靠性。为保障切换装置的安全性与系统整体的可靠性,系统的设计遵循两光一电、光缆主用、电缆备用的原则,对于既有的闭塞电缆,设备可实现光/电通道自动切换,最大限度避免和减轻雷击造成的损失。

系统采用双机热备结构,具备自检功能,能满足信号设备状态修的要求。

单套 CXG-SY 设备支持 2 个方向闭塞信息传输,两套 CXG-SY 设备支持 3~4 个方向闭塞信息传输,以此类推。

配接网管系统,可实现远程集中监测、集中控制和集中报警,监测内容包括 ZDJ、FDJ、ZXJ、FXJ(或它们的复示继电器)闭塞接口继电器动作信息等;控制内容包括 A、B 机互切,光缆、电缆互切等;报警内容包括 A、B 机故障报警,2M 通道故障报警,ZXJ、FXJ 励磁故障报警,其他系统故障报警等。

(二)分类及规格型号

光通信站间安全信息传输系统分为托盘和机柜两种模式,可选择 220 V 交流电源和 48 V 直流电源。

(三)验收

1. 外观质量验收

验收物资外观质量、规格型号的符合情况,如材料的包装、表面状态、外在形态等是否存在问题或缺陷,几何尺寸是否相符。主要的验收方法为:目测、检尺等凭观察和简单工具可实行的方法。

2. 资料验证

验证质量证明资料和技术资料是否与实物相符,是否与合同、供货通知书和使用标准相符,此外还应验证其有效性(是否在有效期内,是否由具备资质的检测部门出具)。需要验证的质量证明资料有产品出厂合格证、材质证明、试验报告单等。需要验证的技术资料有使用说明书、性能技术参数等。

3. 数量验收

验收规格、数量是否与送货单相符。因为光通信站间安全信息传输系统单位为套,所以每套到货也要计件验收核对件数,并做好记录。

4. 标牌验收

每台设备必须在明显易见的位置设置产品标牌,其内容包括:a. 产品名称;b. 产品型号;c. 制造日期及出厂编号;d. 制造厂名称。

5. 包装验收

包装箱的侧板上应标注以下内容:a. 产品名称及产品型号;b. 制造厂名称;c. 产品数量;d. 发货地点;e. 收货站名,收货单位;f. 出厂日期。

对通过验收验证的物资,收料人员应在供应商的送料单上签字确认外观质量、数量、单证资料、收料日期,将收料人留存联留存,使用手持机入库,打印单据并签字,作为物资实际进场/入库的原始记录。

(四)包装、运输和储存

设置在包装时,应做好防湿、耐震的措施,保证在运输中不受损坏,保证货物安全到达施工现场。每个包装箱内应附有产品合格证、使用说明书、附件、配件、装箱单。包装箱的侧面应有"向上""小心轻放""防湿"等标志,其标志应符合 GB/T 191 的规定。运输过程中不得受强烈震动和碰撞,不应受雨雪淋袭。包装好的设置应保管在空气流通,相对湿度不大于 85%,温度为 $-10\sim40$ ℃,且无腐蚀性有害气体的库房中。若储存期超过 3 个月,应打开包装箱检查。所有材料、设备必须置于室内储存,堆码规范、整齐。

九、信号控制台

(一)概述

信号控制台可用于铁路继电、微机等制式的电气集中联锁车站,用以操纵站内道岔的转换和信号的显示,显示有关设备的位置和状态,亦可用于煤矿、地铁、港口等其他铁路站场和道口的控制与监督。

(二)分类及规格型号

信号控制台型号所代表的含义,如图 8-2 所示。

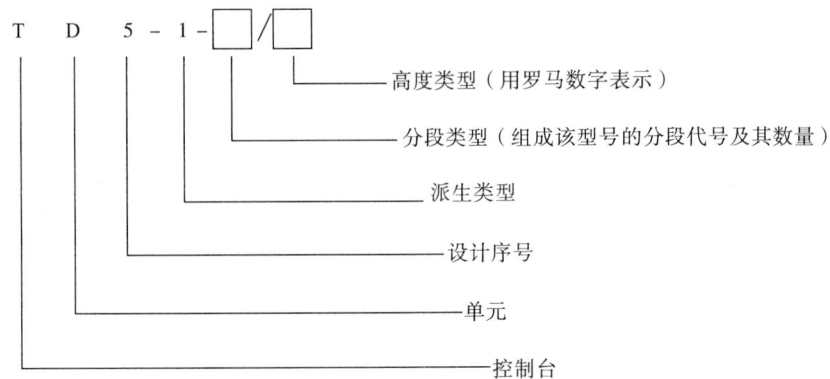

图 8-2 信号控制台型号说明

表 8-9 分段的基本类型及外形尺寸(单位:mm)

分段类型	高度类型	单元数 横向	单元数 竖向	分段外形尺寸 长	分段外形尺寸 宽	分段外形尺寸 高	盘面垂直高度	单元盘面倾角	工作台面高度
A	Ⅰ	10	15	468	400	1280	480	0°	800
A	Ⅱ	10	20	468	400	1532	732	0°	800
A	Ⅲ	10	25	468	400	1690	892	0°	800
B	Ⅰ	20	15	888	400	1280	480	0°	800
B	Ⅱ	20	20	888	400	1532	732	0°	800
B	Ⅲ	20	25	888	400	1690	892	0°	800
C	Ⅰ	30	15	1308	400	1280	480	0°	800
C	Ⅱ	30	20	1308	400	1532	732	0°	800
C	Ⅲ	30	25	1308	400	1690	892	0°	800
D	Ⅰ	40	15	1730	400	1280	480	0°	800
D	Ⅱ	40	20	1730	400	1532	732	0°	800
D	Ⅲ	40	25	1730	400	1690	892	0°	800
CX	Ⅰ	30	15	1354	790	1365	473	0°~8°	800
CX	Ⅱ	30	20	1354	790	1523	630	0°~8°	800
CX	Ⅲ	30	25	1354	790	1680	788	0°~8°	800
DX	Ⅰ	40	15	1774	790	1365	473	0°~8°	800
DX	Ⅱ	40	20	1774	790	1523	630	0°~8°	800
DX	Ⅲ	40	25	1774	790	1680	788	0°~8°	800

注:当工作台面为活连接时,拆卸后分段外形尺寸可减少 156 mm。

示例:用两个 A 分段、一个 C 分段拼装成的高度类型为Ⅱ的控制台,其型号可表示为 TD5-1-2A1C/Ⅱ。

(三)验收

1. 外观质量验收

验收物资外观质量、规格型号的符合情况,如材料的包装、表面状态、外在形态等是否存在问题或缺陷,几何尺寸是否相符。主要的验收方法为:目测、检尺等凭观察和简单工具可实行的方法。

2. 资料验证

验证质量明资料和技术资料是否与实物相符,是否与合同、供货通知书和使用标准相符,此外还应验证其有效性(是否在有效期内,是否由具备资质的检测部门出具)。需要验证的质量证明资料有产品出厂合格证、材质证明、试验报告单等。需要验证的技术资料有使用说明书、性能技术参数等。

3. 数量验收

验收规格、数量是否与送货单相符。因为控制台单位为套,所以每套到货也要计件验收核对件数,并做好记录。

4. 标牌验收

每台设备必须在明显易见的位置设置产品标牌,其内容包括:a. 产品名称;b. 产品型号;c. 制造日期及出厂编号;d. 制造厂名称。

5. 包装验收

包装箱的侧板上应标注以下内容:a. 产品名称及产品型号;b. 制造厂名称;c. 产品数量;d. 发货地点;e. 收货站名,收货单位;f. 出厂日期。

对通过验收验证的物资,收料人员应在供应商的送料单上签字确认外观质量、数量、单证资料、收料日期,将收料人留存联留存,使用手持机入库,打印单据并签字,作为物资实际进场/入库的原始记录。

(四)包装、运输与储存

设备在包装时,应做好防湿、耐震的措施,保证在运输中不受损坏,保证货物安全到达施工现场。每个包装箱内应附有产品合格证、使用说明书、附件、配件、装箱单。包装箱的侧面应有"向上""小心轻放""防湿"等标志,其标志应符合GB/T 191 的规定。运输过程中不得受强烈震动和碰撞,应不受雨雪淋袭。包装好的设备应保管在空气流通,相对湿度不大于85%,温度为 $-10 \sim 40\ ℃$,且无腐蚀性有害气体的库房中。若储存期超过3个月,应打开包装箱检查。所有材料、设备必须置于室内储存,堆码规范、整齐。

十、25 Hz 相敏轨道电路微机测试盘

(一)概述

25 Hz 相敏轨道电路微机测试盘是以微处理器为基础的轨道电路测试仪器。测试盘有手动及自动两种测量方式,能对电气集中车站轨道电路受电端的局部电压、轨道电压和相位差进行测试,测试数据可直观地显示在显示器上。

(二)分类

25 Hz 相敏轨道电路微机测试盘有 26 路和 48 路两种结构类型。

(三)验收

1. 外观质量验收

验收物资外观质量、规格型号的符合情况,如材料的包装、表面状态、外在形态等是否存在问题或缺陷。主要的验收方法为:目测。

2. 资料验证

验证质量证件和技术证件是否与实物相符,是否与合同、供货通知书和使用标准相符,此外还应验证其有效性(是否在有效期内,是否由具备资质的检测部门出具)。需要验证的质量证明资料有产品出厂合格证、材质证明、试验报告单等。需要验证的技术资料有使用说明书、性能技术参数等。

3. 数量验收

验收规格、数量是否与送货单相符。

4. 标牌验收

每台设备必须在明显易见的位置设置产品标牌,其内容包括:a. 产品名称;b. 产品型号;c. 制造日期及出厂编号;d. 制造厂名称。

5. 包装验收

包装箱的侧板上应标注以下内容:a. 产品名称及产品型号;b. 制造厂名称;c. 产品数量;d. 发货地点;e. 收货站名,收货单位;f. 出厂日期。

对通过验收验证的物资,收料人员应在供应商的送料单上签字确认外观质量、数量、单证资料、收料日期,将收料人留存联留存,使用手持机入库,打印单据并签字,作为物资实际进场/入库的原始记录。

(四)标志、包装、运输与储存

设备在包装时,应做好防水、防腐、防撞措施,保证在大批货物的运输和装卸

过程中不受损坏，保证货物安全到达施工现场。每个包装箱内应附有产品合格证、使用说明书、附件、配件、装箱单。包装箱的侧面应有警示标志，其标志应符合 GB/T 191 的规定。所有材料、设备必须置于室内储存，堆码规范、整齐。

十一、信号电源屏

(一)概述

信号电源屏融合了功率电子技术、微电子技术、高频开关技术、计算机智能监测技术，以及两路电源全自动切换、UPS 稳压技术，实现了铁路信号电源的智能化、模块化、网络化和标准化。

信号电源屏在结构上采用以铁路信号电源标准机柜加上功能模块为单元的积木式组合，大量采用国际标准元器件，配合多种热备冗余模式，从而使系统在人身安全防护、电气火灾预防、过载短路保护、电磁干扰屏蔽以及环保节能、系统隔离、微机监测、信息网络传输、雷电防护等方面得到全面提升，操作、维护也更方便。

(二)分类

根据电源屏的容量分类：20 kV·A、25 kV·A、50 kV·A、60 kV·A、65 kV·A、70 kV·A、120 kV·A 等。

(三)验收

1. 外观质量验收

验收物资外观质量、规格型号的符合情况，如材料的包装、表面状态、外在形态等是否存在问题或缺陷，几何尺寸是否相符。主要的验收方法为：目测、检尺等凭观察和简单工具可实行的方法。

2. 资料验证

验证质量证明资料和技术资料是否与实物相符，是否与合同、供货通知书和使用标准相符，此外还应验证其有效性（是否在有效期内，是否由具备资质的检测部门出具）。需要验证的质量证明资料有产品出厂合格证、材质证明、试验报告单等。需要验证的技术资料有使用说明书、性能技术参数等。

3. 数量验收

验收规格、数量是否与送货单相符。因为电源屏单位为套，所以每套到货也要计件验收核对件数，并做好记录。

4. 标牌验收

每台设备必须在明显易见的位置设置产品标牌，其内容包括：a. 产品名称；

b. 产品型号；c. 制造日期及出厂编号；d. 制造厂名称。

5. 包装验收

在包装箱的侧板上标注以下内容：a. 产品名称及产品型号；b. 制造厂名称；c. 产品数量；d. 发货地点；e. 收货站名，收货单位；f. 出厂日期。

对通过验收验证的物资，收料人员应在供应商的送料单上签字确认外观质量、数量、单证资料、收料日期，将收料人留存联留存，使用手持机入库，打印单据并签字，作为物资实际进场/入库的原始记录。

(四) 包装、运输与储存

设备在包装时，应做好防潮、耐震的措施，保证在运输中不受损坏，保证货物安全到达施工现场。每个包装箱内应附有产品合格证、使用说明书、附件、配件、装箱单。包装箱的侧面应有"向上""小心轻放""防潮"等标志，其标志应符合 GB/T 191 的规定。电源屏应储存于空气流通，周围无腐蚀性气体，相对湿度不大于 90%(20 ℃)，环境温度为 $-25 \sim 55$ ℃(24 h 内不超过 70 ℃)的库房中。库房内严禁烟火。若电源屏存放期超过 2 个月以上，应打开包装箱，通风存放。所有冷备用的电源模块、电子板件，在储存时间超过一年后，投入使用前应单独通电进行测试，确认状态良好再投入使用。

十二、安全型继电器

(一) 概述

安全型继电器用于铁路信号控制设备，具有动作可靠、性能稳定、使用寿命长、品种齐全、通用化程度高、安装和维修方便等特点，亦可用于其他自动控制设备之中。

安全型继电器正常工作环境条件：①温度：$-40 \sim 60$ ℃ (JWXC-H310 型继电器温度为 $-25 \sim 55$ ℃；JSBXC1-850、JSBXC1-870 系列可编程时间继电器温度为 $-5 \sim 40$ ℃)。②相对湿度：不大于 90%(温度 25 ℃)。③气压：不低于 70.1 kPa (相当于海拔高度 3000 m 以下)。④振动：频率不大于 15 Hz，振幅不大于 0.45 mm。⑤工作位置：水平。⑥周围无可引起爆炸或有腐蚀性的有害气体，且应有防尘措施。

(二) 分类及规格型号

安全型继电器按工作特征分类：无极继电器、整流继电器、有极继电器、偏极继电器、时间继电器。

表 8-10　继电器的分类及规格型号

规格序号	继电器名称	继电器型号	鉴别销号	接点组数	线圈连接	电源片连接方式 连接	电源片连接方式 使用	备注
1	无极继电器	JWXC-1000	11,52	8QH	串联	2,3	1,4	
2	无极继电器	JWXC-7	11,55	8QH	串联	2,3	1,4	
3	无极继电器	JWXC-1700	11,51	8QH	串联	2,3	1,4	
4	无极继电器	JWXC-2.3	11,54	4QH	串联	2,3	1,4	
5	无极继电器	JWXC-2000	12,55	2QH	串联	2,3	1,4	
6	无极加强接点继电器	JWJXC-480	15,51	2QH,2QHJ	单独	—	1,2,3,4	
7	无极加强接点继电器	JWJXC-$\frac{135}{135}$	31,53	2QH,4QJ,2H	单独	—	1,2,3,4	
8	无极缓动继电器	JWXC-H310	23,54	8QH	单圈	—	1,4	
9	无极缓放继电器	JWXC-H340	12,52	8QH	串联	2,3	1,4	
10	无极缓放继电器	JWXC-H600	12,51	8QH	串联	2,3	1,4	
11	无极缓放继电器	JWXC-$\frac{500}{H300}$	12,53	8QH	串联	2,3	1,4	
12	无极加强接点缓放继电器	JWJXC-H$\frac{125}{0.44}$	15,55	2QH,2QJ,2H	单独	—	1,2,3,4	—
13	无极加强接点缓放继电器	JWJXC-H$\frac{125}{0.13}$	15,43	2QH,2QJ,2H	单独	—	1,2,3,4	—
14	无极加强接点缓放继电器	JWJXC-H$\frac{125}{80}$	31,52	2QH,2QJ,2H	单独	—	1,2,3,4	—
15	无极加强接点缓放继电器	JWJXC-H$\frac{80}{0.06}$	12,22	2QH,2QJ,2H	单独	—	1,2,3,4	—
16	无极加强接点缓放继电器	JWJXC-H$\frac{120}{0.17}$	15,55	2QH,2QJ,2H	单独	—	1,2,3,4	—
17	整流继电器	JZXC-480	13,55	4QH,2Q	串联	1,4	7,8	
18	整流继电器	JZXC-0.14	13,54	4QH,2Q	并联	3,4	5,6	
19	整流继电器	JZXC-H156	22,53	4QH	串联	1,4	5,6	
20	整流继电器	JZXC-H62		4QH	串联	1,4	5,6	
21	整流继电器	JZXC-H18	13,53	4QH	串联	1,4	5,6	
22	整流继电器	JZXC-H142						用于LED信号灯电路
23	整流继电器	JZXC-H$\frac{0.14}{0.14}$	22,53	2QH,2H	单独	—	53,63 32,42	—

续表

规格序号	继电器名称	继电器型号	鉴别销号	接点组数	线圈连接	电源片连接方式 连接	电源片连接方式 使用	备注
24	整流继电器	JZXC-$\frac{16}{16}$	13,53	4QH	单圈	—	1,2	—
25	整流继电器	JZXC-H18F	13,53	4QH	单圈	—	5,6	—
26	整流继电器	JZXC-H18F1	13,53	4QH	单圈	—	1,2	代替 JJXC-15
27	整流继电器	JZXC-480F	13,55	4QH,2Q	单独	—	71,81	—
28	有极继电器	JYXC-660	15,52	6DF	串联	2,3	1,4	—
29	有极继电器	JYXC-270	15,53	4DF	串联	2,3	1,4	—
30	有极加强接点继电器	JYJXC-$\frac{160}{260}$	15,54	2DF,2DFJ	单独	—	1,2 3,4	—
31	有极加强接点继电器	JYJXC-X$\frac{135}{220}$	12,23	2DF,2DFJ	单独	—	1,2 3,4	—
32	有极加强接点继电器	JYJXC-$\frac{220}{220}$	15,54	2DF,2DFJ	单独	—	1,2 3,4	—
33	有极加强接点继电器	JYJXC-3000	13,51	2F,2DFJ	串联	2,3	1,4	—
34	有极加强接点继电器	JYJXC-J3000	13,51	2F,2DFJ	串联	2,3	1,4	—
35	偏极继电器	JPXC-1000	14,51	8QH				
36	时间继电器	JSBXC1-850	14,55	2QH,2Q	单独	—	1,2 3,4	73—DC+ 62—DC—
37	时间继电器	JSBXC1-870 系列	14,55	2QH,2Q	单独	—	1,2 3,4	73—DC+ 62—DC—

(三)验收

直接发往当地的电务检测车间进行检测并收集对应的产品合格证,经电务检测车间检测合格贴码及贴定位标签后拉回入库,按照定位标签分站分区间堆码整齐,便于限(定)额发放。不合格的产品直接返厂更换,并做好记录。

(四)储存

继电器应分站储存于空气流通,周围无腐蚀性气体,相对湿度不大于90%(20 ℃),环境温度为−25~55 ℃(24 h 内不超过 70 ℃)的库房中。库房内严禁烟火。

十三、电动转辙机和电液转辙机及安装装置

转辙机是转辙装置的核心和主体,是道岔控制系统的执行机构,可用于道岔的转换和锁闭,反映道岔位置和状态。按动作能源和传动方式,转辙机可分为电

动转辙机、电动液压转辙机(简称"电液转辙机")和电空转辙机。下面,主要介绍电动转辙机和电液转辙机。

(一)概述

1. 电动转辙机

电动转辙机由电动机提供动力,采用机械传动。大部分转辙机都是电动转辙机,如 ZD6 系列和 ZD(J)9 系列等。

ZD6 系列电动转辙机的功能是转换、锁闭、表示铁路道岔。当 ZD6 系列电动转辙机接通电源,将按下列顺序自动完成其功能:

切断原表示电路→释放道岔锁闭→转换道岔→锁闭道岔→接通新表示电路

ZD6 系列电动转辙机的设计,充分考虑了"故障导向安全"原则。当发生挤岔等事故时,ZD6 系列电动转辙机能较好地保护铁路道岔、机车等重要铁路运输设备。

ZD(J)9 系列电动转辙机可用来转换各种铁路道岔的尖轨、心轨和道岔的外锁闭装置。

ZD(J)9 系列电动转辙机能满足以下要求:a. 有速动开关,可检测尖轨或心轨的终端位置;b. 可转换道岔;c. 有保持道岔尖轨和心轨密贴的锁闭装置;d. 挤岔后有切断表示的功能。

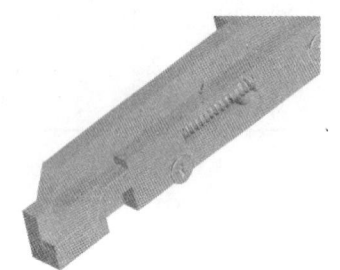 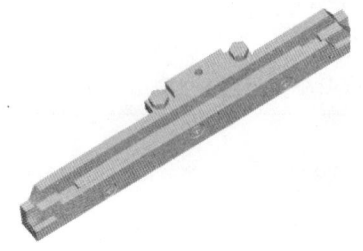

图 8-3 动作杆

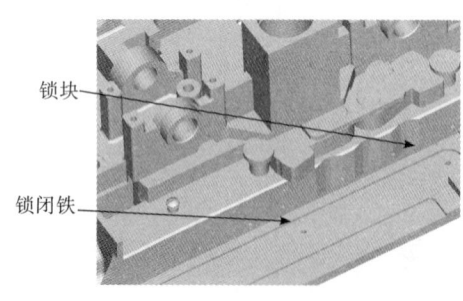 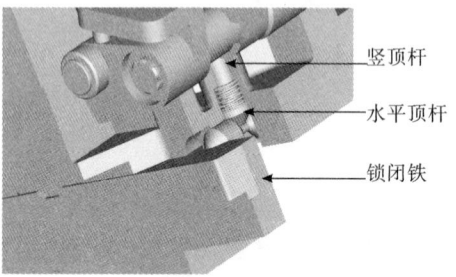

图 8-4 锁闭装置　　　　　图 8-5 挤脱器

转辙机采用滚珠丝杠减速,效率较高。电机采用三相交流 380 V 电源,因此电缆单芯控制距离长,交流电机比直流电机故障少。接点系统采用铍青铜静接点组和铜钨合金动接点环。伸出杆件镀铬防锈,伸出处用聚乙烯堵孔圈和油毛毡防尘圈支承和防尘。转动和滑动面均采用 SF2 复合材料衬套和衬垫,因此转辙机的维护工作量小。停电或维护中需要手动转换时,可以转动手动开关轴,切断安全开关的接点,插入手摇把,手动转换转辙机。为了满足用户现场大修和既有线改造中节省投资的需求,派生有 ZD(J)9 系列直流系列电动转辙机。

2. 电液转辙机

电液转辙机由电动机提供动力,采用液压传动,机械锁闭,磨损小,寿命长,锁闭可靠,具有挤岔断表示的功能。两牵引点之间采用油管传输,可避免机械磨损和旷动,安装简便,适用于多点牵引。采用两点和多点牵引时,不用在 SH5(SH6) 型转换锁闭器和信号楼之间敷设电缆,也不必在信号楼内增设控制电路。主机由电动机、油泵、油缸、启动油缸、接点系统、锁闭杆、动作杆等部分组成。副机主要由油缸、挤脱接点、标示杆、动作杆组成。

3. 转辙机安装装置

转辙机安装装置是支撑和固定转辙机、密贴检查器、转换锁闭器的托板或基础角钢和连接杆件的统称。

(二)分类及规格型号

1. 电动转辙机

(1)ZD6 系列电动转辙机。ZD6 系列电动转辙机根据对道岔的保护方式可分为可挤型和不可挤型,根据对道岔的锁闭方式可分为单锁闭和双锁闭。

表 8-11　ZD6 系列电动转辙机的型号及参数

型号 特性	ZD6-A 165/250	ZD6-D 165/350	ZD6-E 190/600	ZD6-F 130/450	ZD6-G 165/600	ZD6-H 165/350	ZD6-J 165/600
额定转换力/N	2450	3432	5884	4413	5884	3432	5884
额定直流电压/V	160						
工作电流/A	≤2.0	≤2.0	≤2.2	≤2.2	≤2.2	≤2.0	≤2.2
转换时间/s	≤3.8	≤5.5	≤9	≤6.5	≤9	≤5.5	≤9
动作杆动程/mm	165±2	165±2	190±2	130±2	165±2	165±2	165±2
表示杆动程/mm	86~167	14~185	17~196	75~115	14~185	70~167	50~100
动作杆主销抗挤切力/N	29420±1961	29420±1961	49033±3266	29420±1961	29420±1961	29420±1961	29420±1961
动作杆副销抗挤切力/N	29420±1961	49033±3266	88200	49033±3266	49033±3266	49033±3266	49033±3266

续表

型号 特性	ZD6-A 165/250	ZD6-D 165/350	ZD6-E 190/600	ZD6-F 130/450	ZD6-G 165/600	ZD6-H 165/350	ZD6-J 165/600
表示杆销抗挤切力/N	—	14710~17652	设固定检查缺口 14710	14710~17652	14710~17652	—	—
挤岔方式	可挤	可挤	不可挤	可挤	可挤	可挤	可挤
锁闭方式	单锁闭	双锁闭	双锁闭	双锁闭	双锁闭	单锁闭	单锁闭

(2) ZD9 系列电动转辙机。

表 8-12　ZD9 系列电动转辙机的型号及参数

型号	ZD9	ZD9-A ZD9-C	ZD9-B ZD9-D	ZD9-E	ZD9-F
额定电压 DC/V	160	160	160	160	160
额定转换力/kN	4	2.5	4.5	4.5	6
动作杆动程/mm	170	220	150	120	170
锁闭杆动程/mm	152	160	75	75	152
工作电流/A	≈2	≈2	≈2	≈2	≈2
动作时间/s	≤8	≤8	≤8	≤8	≤9
挤脱力/kN	28±2	—	28±2	28±2	28±2
摩擦力/kN	6±0.6	3.8±0.3	6.8±0.7	6.8±0.7	9±0.9
重量/kg	180	182	177	177	180
适用范围	尖轨动程 152mm 以下的道岔。双杆内锁	双机牵引第一牵引点,不可挤,双杆内锁	双机牵引第二牵引点,可挤,单杆内锁(Ⅰ、Ⅱ、Ⅲ型提速道岔)	双机牵引第二牵引点,可挤,单杆内锁	尖轨动程 152mm 以下的道岔。双杆内锁

(3) ZD(J)9 系列电动转辙机的型号及参数

表 8-13　ZD(J)9 系列系列电动转辙机的型号及参数

型　号	ZD(J)9	ZD(J)9-A ZD(J)9-C	ZD(J)9-B ZD(J)9-D	ZD(J)9-E	ZD(J)9-F
电源电压 AC 三相/V	380	380	380	380	380
额定转换力/kN	4	2.5	4.5	4.5	6
动作杆动程/mm	170	220	150	120	170
锁闭杆动程/mm	152	160	75	75	152
工作电流/A	≈1.5	≈1.5	≈1.5	≈1.5	≈1.5
动作时间/s	≤5.8	≤5.8	≤5.8	≤5.8	≤7.5

续表

型 号	ZD(J)9	ZD(J)9-A ZD(J)9-C	ZD(J)9-B ZD(J)9-D	ZD(J)9-E	ZD(J)9-F
单线电阻/Ω	≤54	≤54	≤54	≤54	≤54
挤脱力/kN	28±2	—	28±2	28±2	28±2
摩擦力/kN	6±0.6	3.8±0.3	6.8±0.7	6.8±0.7	9±0.9
重量/kg	180	182	177	177	180
适用范围	尖轨动程152 mm以下的道岔。双杆内锁	双机牵引第一牵引点,不可挤,双杆内锁	双机牵引第二牵引点,可挤,单杆内锁(Ⅰ、Ⅱ、Ⅲ型提速道岔)	双机牵引第二牵引点,可挤,单杆内锁	尖轨动程152 mm以下的道岔。双杆内锁

2. 电液转辙机

电液转辙机的常见型号主要有 ZY(ZYJ)4、ZY(ZYJ)6、ZY(ZYJ)6F 和 ZY(ZYJ)7。

3. 转辙机安装装置

常用安装装置按照牵引点数不同可分为一个牵引点、二个牵引点、三个牵引点、四个牵引点、五个牵引点等,且分左装、右装,钢轨型号(43 kg 轨、50 kg 轨、60 kg 轨)也有不同。

(三)验收

所有转辙机直接发往当地的电务检测车间进行检测并收集对应的产品合格证,经电务检测车间检测合格贴码及贴定位标签后拉回入库,按照定位标签分站分区间堆码整齐,便于限(定)额发放。不合格的产品直接返厂更换,并做好记录。

1. 外观质量验收

验收物资外观质量、规格型号的符合情况,如材料的包装、表面状态、外在形态等是否存在问题或缺陷。主要的验收方法为:目测。

2. 资料验证

验证质量证明资料和技术资料是否与实物相符,是否与合同、供货通知书和使用标准相符此外还应验证其有效性(是否在有效期内,是否由具备资质的检测部门出具)。需要验证的质量证明资料有产品出厂合格证、材质证明、试验报告单等。需要验证的技术资料有使用说明书、性能技术参数等。

3. 数量验收

验收规格、数量是否与送货单相符。因为安装装置单位为套,所以每套到货也要计件验收核收件数,并做好记录。

4. 标牌验收

每台设备必须在明显易见的位置设置产品标牌,其内容包括:a. 产品名称;b. 产品型号;c. 制造日期及出厂编号;d. 制造厂名称。

5. 包装验收

包装箱的侧板上应标注以下内容:a. 产品名称及产品型号;b. 制造厂名称;c. 产品数量;d. 发货地点;e. 收货站名,收货单位;f. 出厂日期。

对通过验收验证的物资,收料人员应在供应商的送料单上签字确认外观质量、数量、单证资料、收料日期,将收料人留存联留存,使用手持机入库,打印单据并签字,作为物资实际进场/入库的原始记录。

(四)储存

转辙机应分站存放于库房内,安装装置分站存放于室外,堆码整齐,便于发放。

十四、钢轨绝缘

(一)概述

高强度钢轨绝缘严格按行业标准生产。绝缘件具有韧性强、耐磨性高、耐冲击力强等优点。轨端材质有环氧树脂、增韧尼龙和陶瓷。槽型有二段式和三段式。鱼尾板采用液压锻打工艺,增加 6 mm 加强筋可进一步提高使用寿命和安全性能。

(二)分类

按钢轨型号分类:43 kg 型钢轨绝缘、50 kg 型钢轨绝缘、60 kg 型钢轨绝缘。

(三)验收

数量验收:验收规格、数量是否与送货单相符。因为钢轨绝缘单位为套,所以每套到货也要计件验收核对件数,并做好记录。

对通过验收验证的物资,收料人员应在供应商的送料单上签字确认外观质量、数量、单证资料、收料日期,将收料人留存联留存,使用手持机入库,打印单据并签字,作为物资实际进场/入库的原始记录。

(四)储存

钢轨绝缘应分型号分层堆码整齐,无其他特殊要求。

十五、信号电缆

(一)概述

信号电缆适用于相关工程系统中有关设备和控制装置之间的连接,可实现额定电压交流 500 V 或直流 1000 V 及以下系统信息控制及电能传输。

(二)分类及规格型号

1. 铁路信号电缆

电缆型号:PTYA23(PTYAH23)、PTYL23(PTYLH23)。

2. 铁路数字信号电缆

电缆型号:SPTYWA23、SPTYWL23。

3. 内屏蔽铁路数字信号电缆

电缆型号:SPTYWPA23、SPTYWPL23。

4. 应答器数据传输电缆

电缆型号:LEU·BSYL23、LEU·BSYA23、LEU·BSYYP。

(三)验收

信号电缆进场应进行验收,其规格、型号、数量及质量应符合设计要求和相关技术标准的规定。对照设计文件和订货合同进行检验,并检查实物和质量证明文件。所有信号电缆必须单盘测试,检验方法参照相关技术标准,采用高阻兆欧表、电容耦合测试仪、万用表等仪表测试检查电缆电气性能,检测项目和验收标准见表 8-14。

表 8-14　信号电缆检测项目和验收标准

序号	电缆类别	项目(20 ℃测试条件)	单位	标准	换算公式
1	综合护套、铝护套信号电缆	导体直流电阻(芯线直径1.0 mm)	Ω/km	23.5	$L/1000$
		绝缘电阻(芯线间,芯线对屏蔽层)	$M\Omega \cdot km$	$\geqslant 3000$	$1000/L$
2	铁路内屏蔽数字信号电缆	导体直流电阻(芯线直径1.0 mm)	Ω/km	22.5 ± 1	$L/1000$
		工作线对导体电阻不平衡	%	$\leqslant 1$	—
		绝缘电阻(DC 500 V,每根绝缘芯线对其他绝缘芯线,与金属及金属套连接)	$M\Omega \cdot Km$	$\geqslant 10000$	$1000/L$
		工作电容(0.8～1.0 kHz)	nF/km	28 ± 2	$L/1000$

续表

序号	电缆类别	项目(20 ℃测试条件)	单位	标准	换算公式
3	应答器电缆	导体直流电阻	Ω/km	≤9.9	$L/1000$
		工作线对导体电阻不平衡	%	≤1	—
		绝缘电阻(DC 100~500 V)	MΩ·km	≥10000	$1000/L$
		工作电容(0.8~1.0 kHz)	nF/km	≤42.3	$L/1000$

(四)运输与储存

电缆在运输中应避免碰撞或机械损伤。电缆应妥善存放,防止受潮,避免日光长期照射。

十六、铁路信号变压器

(一)概述

铁路信号变压器是铁路信号的基础设备,在铁路信号中广泛使用。信号设备、车站联锁设备、区间闭塞设备均由各种单元电路组成。铁路信号专用变压器是各种单元电路信号器材的主要组成部分,故要满足一定的技术条件和要求,以实现铁路信号的自动控制和远程控制,保证各项设备的正常工作。

(二)分类

根据使用处所、性质、条件等不同情况,可将铁路信号变压器分为不同的类型:a. 用于信号机点灯回路的信号变压器;b. 用于轨道电路的送、受电端,保证轨道电路正常工作的轨道变压器、中继变压器;c. 用于道岔表示回路及电源设备的道岔表示变压器;d. 用于电气化牵引区段各种轨道电路的扼流变压器;e. 用于接入铁路信号低压交流电源与信号设备、信息传输设备,有雷电防护功能的信号设备雷电防护用变压器等。

(三)验收

所有变压器直接发往当地的电务检测车间进行检测并收集对应的产品合格证、使用说明书,经电务检测车间检测合格贴码及贴定位标签后拉回入库,按照定位标签分站分区间堆码整齐,便于限(定)额发放。不合格的产品直接返厂更换,并做好记录。

(四)储存

铁路信号变压器应分站储存于空气流通,周围无腐蚀性气体,相对湿度不大于90%(20 ℃),环境温度为－25～55 ℃(24 h 内不超过 70 ℃)的库房中。库房内严禁烟火。

十七、断相保护器

(一)概述

断相保护器是依靠多相电路的一相导线中电流的消失而断开被保护设备,或依靠多相系统的一相或几相失压来防止将电源施加到被保护设备上的一种保护装置,又称掉相保护器、缺相保护器。

(二)分类及规格型号

断相保护器可分为限时和不限时两种。不限时断相保护器常见型号为 DBQ;限时断相保护器常见型号为 DBQX-13S、DBQX-30S、QDX-S13、QDX-S30。

(三)验收

直接发往当地的电务检测车间进行检测并收集对应的产品合格证、使用说明书,经电务检测车间检测合格贴码及贴定位标签后拉回入库,按照定位标签分站堆码整齐,便于限(定)额发放。不合格的产品直接返厂更换,并做好记录。

(四)储存

应分站储存于空气流通,周围无腐蚀性气体或尘埃,相对湿度不大于90%(20 ℃),环境温度为－25～55 ℃(24 h 内不超过 70 ℃)的库房中。库房内严禁烟火。

十八、灯丝报警主机

(一)概述

灯丝报警主机可实现断丝定位报警显示,同时将断丝信息传输至微机监测,常用型号为 PB-3(S)加强型(站内＋区间)。

(二)验收

将报警主机插入配好线的继电器插座上,打开 DC 24 V 电源,此时灯丝报警主机上应显示"FF";当室外断丝时,灯丝报警主机上应显示对应的点灯单元地址码,断丝恢复后,重新显示"FF"。

(三)储存

设备应存放在干燥、清洁、无腐蚀性物质的地方,避免暴晒、雨淋,小心轻放,避免碰撞和敲击。

十九、补偿电容

(一)概述

ZPW-2000A 自动闭塞区段用以传输信息的载频是频率 $f=1700+300\times n$($n=0、1、2、3$)的高频信号。如果载频信号是在一个理想的通道中传输,那么 ZPW-2000 系列轨道电路所采用的传输设备将得以大大简化。然而以 2 根钢轨为主通道掺杂了道床、大地等各方面因素后,表现为感性阻抗,阻抗值远远大于道砟电阻。为了改善通道状况,使其利于信号传输,而不至于在信号到达终端之前就被消耗殆尽,或衰减到难以识别,就必须对其进行处理,即对其感性阻抗进行容抗化。显而易见,最简单的办法就是加装电容。一般而言,电容的配置同载频频率、道砟电阻、机车信号短路电流、列车分路等都有一定的关系。

(二)分类

按补偿电容分类:55 μF、50 μF、46 μF、40 μF、25 μF。

(三)验收

设备直接发往当地的电务检测车间进行检测并收集对应的产品合格证、使用说明书,经电务检测车间检测合格贴码及贴定位标签后拉回入库,按照定位标签分站分区间堆码整齐,便于限(定)额发放。不合格的产品直接返厂更换,并做好记录。

(四)储存

设备应分站分区间储存于空气流通,周围无腐蚀性气体,相对湿度不大于 90%(20 ℃),环境温度为 -25~55 ℃(24 h 内不超过 70 ℃)的库房中。库房内严禁烟火。

二十、断路器

(一)概述

随着技术的进步,信号设备逐步增设了各类检测装置,可对各器件的工作状态进行检测。例如,当器材发生故障时,声光报警可提醒技术人员及时处理。液压电磁式断路器就是应运而生的新一代断路器,适用于各种对可靠性要求高的设备,如信号电源屏、信号组合等。液压断路器在电源屏、信号组合上的应用及液压电磁式断路器在铁路信号上的应用均具有良好的效果。

(二)分类及规格型号

断电器按电流类型可分为直流和交流,按极数可分为单极、双极和三极,按安装方向(以安装面方向为基准)可分为垂直和水平,按安装方式可分为导轨式和固定式。

(三)验收

断路器直接发往当地的电务检测车间进行检测并收集对应的产品合格证、使用说明书,经电务检测车间检测合格贴码及贴定位标签后拉回入库,按照定位标签分站分区间堆码整齐,便于限(定)额发放。不合格的产品直接返厂更换,并做好记录。

(四)储存

断路器应分站储存于空气流通,周围无腐蚀性气体,相对湿度不大于90%(20 ℃),环境温度为-25~55 ℃(24 h内不超过70 ℃)的库房中。库房内严禁烟火。

二十一、信号机构

(一)概述

XSZG(A)型透镜式铝合金色灯信号机构(组合式)是供铁路站场和区间作为进站、出站、防护、预告、驼峰、复式、遮断、通过及引导等地面灯光信号之用,由单灯灯室组合而成。

(二)分类及规格型号

信号机构主要有高柱二显示、高柱三显示、矮柱二显示、矮柱三显示、引导白灯、进路表示器等。

(三)验收

1. 外观质量验收

验收物资外观质量、规格型号的符合情况,如材料的包装、表面状态、外在形态等是否存在问题或缺陷。主要的验收方法为:目测。

2. 资料验证

验证质量证明资料和技术资料是否与实物相符,是否与合同、供货通知书和使用标准相符,此外还应验证其有效性(是否在有效期内,是否由具备资质的检测部门出具)。需要验证的质量证明资料有产品出厂合格证、材质证明、试验报告单等。需要验证的技术资料有使用说明书、性能技术参数等。

3. 数量验收

验收规格、数量是否与送货单相符,并做好记录。

4. 标牌验收

每台设备必须在明显易见的位置设置产品标牌,其内容包括:a. 产品名称;b. 产品型号;c. 制造日期及出厂编号;d. 制造厂名称。

5. 包装验收

在包装箱的侧板上标注以下内容:a. 产品名称及产品型号;b. 制造厂名称;c. 产品数量;d. 发货地点;e. 收货站名,收货单位;f. 出厂日期。

对通过验收验证的物资,收料人员应在供应商的送料单上签字确认外观质量、数量、单证资料、收料日期,将收料人留存联留存,使用手持机入库,打印单据并签字,作为物资实际进场/入库的原始记录。

(四)储存

信号机构必须保存在防水、通风的库房内,分站分区间摆放整齐并标识清楚。

二十二、信号箱盒

(一)概述

信号箱盒主要包括变压器箱和电缆盒。其中,变压器箱主要用于轨道电路送、受电端以及高柱色灯信号机等处,电缆盒用于信号电缆的分歧、接续点的保护及电缆的连接。SMC(Sheet Molding Compound,片状模塑料)复合材料室外信号箱盒以 SMC 复合材料为原材料,采用模压成型工艺生产制而成,重量轻,耐腐蚀,使用寿命长,绝缘强度高,耐电弧,阻燃,密封性能好,且产品设计灵活,易规模化生产。SMC 复合材料室外信号箱盒具有全天候防护功能,能够满足室外工程项目中各种恶劣环境和场所的需求,克服了室外金属信号箱箱体易锈蚀、寿命短和隔热保温性能差等缺陷,目前已广泛应用于铁路运输行业。

(二)分类及规格型号

防盗型 SMC 复合材料变压器箱常见的型号有 XB1 和 XB2,防盗型 SMC 复合材料电缆盒常见的型号有 HZ-6、HZ-12、HZ-24、HF4 和 HF7。

(三)验收

1. 外观质量验收

验收物资外观质量、规格型号的符合情况,如材料的包装、表面状态、外在形态等是否存在问题或缺陷,几何尺寸是否相符。主要的验收方法为:目测方法。

2. 资料验证

验证质量证明资料和技术资料是否与实物相符,是否与合同、供货通知书和使用标准相符,此外还应验证其有效性(是否在有效期内,是否由具备资质的检测部门出具)。需要验证的质量证明资料有产品出厂合格证、材质证明、试验报告单等。需要验证的技术资料有使用说明书、性能技术参数等。

3. 数量验收

验收规格、数量是否与送货单相符。因为信号箱盒含有配件,所以到货也要计件验收核对件数,并做好记录。

4. 标牌验收

每台设备必须在明显易见的位置设置产品标牌,其内容包括:a. 产品名称;b. 产品型号;c. 制造日期及出厂编号;d. 制造厂名称。

5. 包装验收

在包装箱的侧板上标注以下内容:a. 产品名称及产品型号;b. 制造厂名称;c. 产品数量;d. 发货地点;e. 收货站名,收货单位;f. 出厂日期。

对通过验收验证的物资,收料人员应在供应商的送料单上签字确认外观质量、数量、单证资料、收料日期,将收料人留存联留存,使用手持机入库,打印单据并签字,作为物资实际进场/入库的原始记录。

(四)保管与储存

信号箱盒应分站分区间储存于空气流通,周围无腐蚀性气体,相对湿度不大于 90%(20 ℃),环境温度为 -25~55 ℃(24 h 内不超过 70 ℃)的库房中。库房内严禁烟火。

二十三、信号机柱

(一)概述

铁路水泥信号机柱俗称水泥电杆,是常规钢筋混凝土电杆的一种,主要用于装设进站和出站信号机。一根质量合格的水泥信号机柱可以指引火车平稳运行;相反,一根不合格的水泥信号机柱则会形成安全隐患,严重时甚至可能引起重大交通事故。

(二)分类及规格型号

信号机柱通常可按高度分为 8.5 m、10 m 和 11 m 三种类型。

(三)验收

(1)外观验收。机柱横向不得有裂纹;纵向裂缝不超过 1 条,宽度在 0.2 mm 以内,长度小于 1000 mm;混凝土面无剥落现象,钢筋不得外露;机柱不得弯曲。

(2)数量验收。验收规格、数量是否与送货单相符,并做好记录。

(3)检验方法。检查质量证明文件;观察检查;用刻度放大镜测量检查。

(四)储存

信号机柱分型号堆码,标识清楚,置于室外。应做到地面坚实平整,并做好防滑措施。

第三节 电力专业物资

一、牵引变压器

(一)概述

牵引变压器是电气化铁道牵引供电系统的特殊变压器,可将三相电力系统的电能传输给两个各自带负载的单相牵引线路。两个单相牵引线路分别给上下行机车供电。在理想的情况下,两个单相负载相同。所以,牵引变压器就是用作三相变二相的变压器。

牵引变压器是电气化铁道牵引供电系统的特殊变压器,是牵引变电所的"心脏",应满足牵引负载变化剧烈、外部短路频繁的要求。根据 TB/T 3159—2007 规定,牵引变压器有三相、三相—二相和单相三种类型。

(二)分类

1. 按联结组方式分类

牵引变压器有单相牵引变压器(I,i),单相 V,v 和三相 V,v(V,x)联结牵引变压器,三相 YN,d11 联结牵引变压器,三相 YN,d11,d1 组成的十字交叉联结牵引变压器,SCOTT 牵引变压器,YN,v 联结平衡牵引变压器和 YN,A 联结平衡牵引变压器等。

2. 按额定容量分类

牵引变压器的额定容量一般以正常使用条件作为原则。

额定容量值宜从序列 6.3 MV·A,8 MV·A,10 MV·A,12.5 MV·A,16 MV·A,20 MV·A,25 MV·A,31.5 MV·A,40 MV·A,50 MV·A,63 MV·A,75 MV·A,80 MV·A,90 MV·A,100 MV·A 和 120 MV·A 中选取。

3. 按额定电压分类

一次侧:110 kV,220 kV。

二次侧:27.5 kV,2×27.5 kV,55 kV。

4. 按冷却方式分类

按冷却方式可分为自冷和风冷等类型。

5. 按调压方式分类

按调压方式可分为无励磁调压和有载调压两种类型。

(三)验收

牵引变压器应符合国家标准、行业行规及相应的 IEC 标准;产品出厂检验报告、型式认证报告完整;产品铭牌标识清楚;各项技术参数必须达到国家标准对电力变压器的要求(损耗、电压降、组别、温升等);外部无任何损伤,以投运前检测单位试验报告合格为准。

1. 标志

(1)牵引变压器的接线端子应有明显标志,同时应标有运输及起吊标志,所有标志应符合相关标准的规定。

(2)变压器所有接地处应有明显的接地符号。

(3)每台牵引变压器应有铭牌,铭牌的材料应不受气候的影响,且固定在明显易见的位置;铭牌上所标志的项目内容应清晰且牢固。铭牌上应标注下述项目:a. 牵引变压器的名称、型号和产品代号;b. 标准代号;c. 制造厂名;d. 出厂序号;e. 制造年月;f. 相数;g. 额定容量;h. 额定频率;i. 各绕组的额定电压和分接范围;j. 各绕组的额定电流;k. 联结组标号和绕组联结示意图;l. 冷却方式;m. 绝缘水平；n. 空载电流（实测值）；o. 空载损耗及负载损耗；p. 以百分数表示的短路阻抗实测值；q. 顶层油温升和绕组温升；r. 总重；s. 绝缘油重；t. 器身重或上节油箱重；u. 运输重量。

牵引变压器除装设标有以上项目的主铭牌外，还应装设标有关于附件性能的铭牌，需分别按所用附件（如套管和分接开关）的相应标准列出。

2. 试验

变压器的试验包括例行试验型式试验和特殊试验。

（1）例行试验。例行试验包括以下内容：a. 绕组电阻测量；b. 电压比测量和联结组标号检定（包括各抽头）；c. 短路阻抗和负载损耗测量；d. 空载电流和空载损耗测量；e. 绕组对地绝缘电阻和绝缘系统电容的介质损耗因数的测量；f. 绝缘例行试验（含局部放电测量试验）；g. 密封试验；h. 分接开关试验；i. 绝缘油试验。

（2）型式试验。型式试验包括以下内容：a. 温升试验；b. 绝缘型式试验；c. 油箱机械强度试验。变压器各组件应按相应的标准提供单独的型式试验报告。

（3）特殊试验。特殊试验包括以下内容：a. 过负荷能力试验；b. 短路承受能力试验；c. 声级测定；d. 过励磁试验。

（四）起吊、运输与储存

（1）变压器应具有承受变压器总重的起吊装置，变压器器身、油箱和可拆卸结构的储油柜及散热器等应有起吊装置；变压器下节油箱应设置水平牵引的装置。

（2）变压器的结构应在经过正常的铁路、公路及水路运输后内部结构相互位置不变，紧固件不松动。变压器的组件、部件（如储油柜、散热器、套管和阀门等）的结构和布置应不妨碍吊装、运输及运输中紧固定位。

（3）变压器通常为带油运输。如受运输条件限制时，可不带油运输，但应充以干燥的气体（气体压力 20～30 kPa），并明确标识所充气体种类。运输前应进行密封试验，确保密封良好。变压器主体在运输中及到达现场后，油箱内的气体压力应保持正压，且有压力表监测。

（4）变压器应满足运输重量、尺寸的限度和运输过程中耐受冲撞的能力，并装设冲撞记录仪进行检查。变压器结构应满足允许倾斜15°。

（5）运输时应保证变压器的所有组件、部件（如储油柜、散热器、套管和阀门等）不损坏和不受潮。

二、干式变压器

（一）概述

干式变压器是指铁芯和绕组均不浸于绝缘液体中的变压器，具有抗短路能力强、维护工作量小、运行效率高、体积小、噪音低等优点。冷却方式分为自然空冷和强迫风冷。自然空冷时,变压器可在额定容量下长期连续运行。强迫风冷时,变压器输出容量可提高 50%,适用于断续过负荷运行或应急事故过负荷运行。由于过负荷时负载损耗和阻抗电压增幅较大,设备处于非经济运行状态,故不应长时间连续过负荷运行。

(二)分类及型号说明

1. 分类

(1)按外壳分类:①全封闭干式变压器,置于无压力的密封外壳内,通过内部空气循环进行冷却。②封闭干式变压器,置于通风的外壳内,通过外部空气循环进行冷却。③非封闭干式变压器,不带防护外壳,通过空气自然循环或强迫空气循环进行冷却。

(2)按绝缘介质分类:①SCB 系列环氧树脂浇注干式变压器,绝缘材料为环氧树脂。②SGB 系列 H 级绝缘非包封干式变压器,绝缘材料为诺麦克纸杜邦漆。

(3)按铁芯材质分类:硅钢片铁芯干式变压(SCB、SGB 系列)和非晶合金铁芯系列干式变压器(SCBH、SGB 系列)。

(4)按节能序列分类:SCB9、SCB10、SCB11、SCB13、SCBH15、SGB9、SGB10、SGB11、SGB13、SGBH15 系列等。

2. 型号说明

以 SCB10-1000/10/0.4 为例进行说明:S 表示此变压器为三相变压器,如果 S 换成 D 则表示此变压器为单相;C 表示此变压器的绕组为树脂浇注成形固体;B 表示箔式绕组,如果是 R 则表示缠绕式绕组,如果是 L 则表示铝绕组,如果是 Z 则表示有载调压(铜不标);10 为设计序号,也称技术序号;1000 为此台变压器的额定容量(1000 kV·A);10 为一次额定电压(10 kV);0.4 为二次额定电压(0.4 kV)。

(三)验收

1. 铭牌

每台变压器应有一块铭牌,铭牌的材料应不受气候影响,且固定在明显易见的位置。铭牌上所标志的内容应永久保持清晰。下述各项内容应标注在铭牌上:a. 干式变压器;b. 本部分代号;c. 制造单位名称;d. 出厂序号;e. 制造年月;f. 每个绕组的绝缘系统温度;g. 相数;h. 每种冷却方式的额定容量;i. 额定频率;j. 额定电压,包括各分接电压(如果有);k. 每种冷却方式的额定电流;l. 联结组标号;m. 在额定电流及相应参考温度下的短路阻抗;n. 冷却方式;o. 总质量;p. 绝缘水平;q. 防护等级;r. 环境等级;s. 气候等级;t. 燃烧性能等级。

2. 技术要求

(1)变压器应符合 GB 1094.11 和 GB/T 1094.12 的规定。

(2)变压器组件、部件的设计、制造及检验等应符合相关标准的要求。

(3)变压器的声级水平应符合 JB/T 10088 的规定。

(4)变压器的接地装置应有防护层及明显的接地标志。

(5)变压器次和二次引线的接线端子应符合 GB/T 5273 的规定。

(6)变压器防止直接接触的保护标志应符合 GB/T 5465.2 的规定。

(7)变压器的铁心和金属件应有防腐蚀的保护层。

(8)变压器应装有底脚。其上应设有安装用的定位孔,孔中心距(横向尺寸)为 300 mm、400 mm、550 mm、660 mm、820 mm、1070 mm、1475 mm 及 2040 mm;如使用单位要求装有滚轮时,轮中心距(横向尺寸)为 550 mm、660 mm、820 mm、1070 mm、1475 mm 及 2040 mm。如对纵向尺寸有要求时,也可按横向尺寸数值选取。

(9)变压器应具有承受整体总质量的起吊装置;根据需要,有载调压变压器的有载分接开关可与变压器主体分开起吊。

3. 随变压器装箱的文件

随变压器装箱的文件应包括:a. 装箱单;b. 铭牌标志图;c. 外形尺寸图;d. 产品合格证(包括例行试验数据);e. 产品使用说明书。

(四)保管与储存

(1)所有变压器均应能在环境温度低至 −25 ℃时,适于运输和储存。

(2)制造单位应被告知变压器在抵达安装现场的运输过程中,预计会受到的冲击、振动和倾斜的最大值。

(3)变压器包装箱外壁的文字与标志应耐受风吹日晒,不可因雨水冲刷而模糊不清,其内容应包括:a. 制造单位名称;b. 收货单位名称及地址;c. 产品名称及型号;d. 毛质量和变压器总质量;e. 包装箱外形尺寸;f. 包装箱储运指示标志(其中"向上""防湿""小心轻放""由此吊起"等应符合 GB/T 191 的规定)。

(4)变压器在运输和储存期间应防止受潮。

三、电力变压器

(一)概述

电力变压器是电力输配电、电力用户配电的必要设备。电力变压器是一种静止的电气设备,是用来将某一数值的交流电压(电流)变成频率相同的另一种或几种数值不同的电压(电流)的设备。当一次绕组通以交流电时,会产生交变的磁通,交变的磁通通过铁芯导磁作用在二次绕组中感应出交流电动势。二次感应电动势的高低与一、二次绕组匝数有关,即电压大小与匝数成正比。

电力变压器的主要作用是传输电能,因此,额定容量是它的主要参数。额定容量是一个表现功率的惯用值,可用于表征传输电能的大小,以 kV·A 或 MV·A 为单位。当对变压器施加额定电压时,可根据额定容量来确定在规定条件下不超过温升限值的额定电流。

(二)分类

(1)按用途分类:升压(发电厂用,6.3 kV/10.5 kV 或 10.5 kV/110 kV 等)、联络(变电站间用,220 kV/110 kV 或 110 kV/10.5 kV)、降压(配电用,35 kV/0.4 kV 或 10.5 kV/0.4 kV)。

(2)按相数分类:单相、三相。

(3)按绕组分类:双绕组(每相装在同一铁心上,原、副绕组分开绕制,相互绝缘)、三绕组(每相有三个绕组,原、副绕组分开绕制,相互绝缘)、自耦变压器(一套绕组中间抽头作为一次或二次输出)。

(4)按绝缘介质分类:油浸变压器(阻燃型、非阻燃型)、干式变压器、110 kV SF_6 气体绝缘变压器。

(三)验收

电力变压器应符合国家标准、行业行规及相应的 IEC 标准;产品出厂检验报告、型式认证报告完整;产品铭牌标识清楚;各项技术参数必须达到国家标准对电力变压器的要求(损耗、电压降、组别、温升等);外部无任何损伤,以投运前检测单位试验报告合格为准。

1. 铭牌

下述各项内容应标注在铭牌上:a. 变压器种类;b. 本部分代号;c. 制造单位名称、变压器装配所在地;d. 出厂序号;e. 制造年月;f. 产品型号;g. 相数;h. 额定容量;i. 额定频率;j. 各绕组额定电压及分接范围;k. 各绕组额定电流;l. 联结组标号;m. 以百分数表示的短路阻抗实测值;n. 冷却方式;o. 总质量;p. 绝缘液体的质量、种类。

2. 检验规则方法

(1)油箱及所有附件应齐全,无锈蚀及机械损伤,密封应良好。

(2)油箱箱盖或钟罩法兰及封板的连接螺栓应齐全,紧固良好,无渗漏;浸入油中运输的附件,其油箱应无渗漏。

(3)充油套管的油位应正常,无渗油,瓷体无损伤。

(4)充气运输的变压器,油箱内应为正压,其压力应为 0.01～0.03 MPa。

(5)装有冲击记录仪的设备,应检查并记录设备在运输和装卸中的受冲击情况。

(四)保管与储存

1. 运输

(1)变压器在装卸和运输过程中,不应有严重冲击和振动。电压在 220 kV 及以上且容量在 150000 kV·A 及以上的变压器应装设冲击记录仪。冲击允许值应符合制造厂及合同的规定。

(2)当利用机械牵引变压器时,牵引的着力点应在设备重心以下。运输倾斜角不得超过 15°。

(3)钟罩式变压器整体起吊时,应将钢丝绳系在下节油箱专供起吊整体的吊耳上,且必须经钟罩上节相对应的吊耳导向。

(4)用千斤顶顶升大型变压器时,应将千斤顶放置在油箱千斤顶支架部位,及时垫好垫块,保证升降操作协调,各点受力均匀。

(5)充氮气或充干燥空气运输的变压器,应有压力监测和气体补充装置。变压器、电抗器在运输途中应保持正压,气体压力应为 0.01～0.03 MPa。

(6)干式变压器在运输途中,应有防雨及防潮措施。

2. 保管

(1)散热器(冷却器)、连道管、安全气道、净油器等应密封。

(2)表计、风扇、潜油泵、气体继电器、气道隔板、测温装置以及绝缘材料等,应放置于干燥的室内。

(3)短尾式套管应置于干燥的室内,充油式套管卧放时应符合制造厂的规定。

(4)本体、冷却装置等,其底部应垫高、垫平,不得水淹。干式变压器应置于干燥的室内。

(5)浸油运输的附件应保持浸油保管,其油箱应离封。

(6)与本体连在一起的附件可不拆下。

(7)绝缘油的保管应符合下列要求:①绝缘油应储藏在密封清洁的专用油罐或容器内。②每批到达现场的绝缘油均应有试验记录,且应取样进行简化分析,必要时进行全分析。③不同牌号的绝缘油,应分别储存,且有明显牌号标志。④放油时应目测,用铁路油罐车运输的绝缘油,油的上部和底部不应有异样。用小桶运输的绝缘油,应对每桶进行目测,同时辨别其气味;各桶的商标应一致。

四、整流变压器

(一) 概述

整流变压器是整流设备的电源变压器。整流设备的特点是原边输入交流,而副边输出直流。工业用的整流直流电源大部分都是由交流电网通过整流变压器与整流设备而得到的。

整流变压器的功能:为整流系统提供适当的电压;减小因整流系统造成的波形畸变对电网的污染。

(二) 分类

(1) 按冷却方式分类:干式(自冷)变压器、油浸(自冷)变压器、氟化物(蒸发冷却)变压器。

(2) 按防潮方式分类:开放式变压器、灌封式变压器、密封式变压器。

(3) 按铁芯或线圈结构分类:芯式变压器(插片铁芯、C 型铁芯、铁氧体铁芯)、壳式变压器(插片铁芯、C 型铁芯、铁氧体铁芯)、环型变压器、金属箔变压器。

(4) 按电源相数分类:单相变压器、三相变压器、多相变压器。

(5) 按用途分类:电源变压器、调压变压器、音频变压器、中频变压器、高频变压器、脉冲变压器。

(三) 验收

整流变压器应符合国家标准、行业行规及相应的 IEC 标准;产品出厂检验报告、型式认证报告完整;产品铭牌标识清楚;各项技术参数必须达到国家标准对变压器的要求(损耗、电压降、组别、温升等);外部无任何损伤,以投运前检测单位试验报告合格为准

1. 铭牌

下述各项内容应标注在铭牌上:a. 变压器种类;b. 本部分代号;c. 制造单位名称、变压器装配所在地;d. 出厂序号;e. 制造年月;f. 产品型号;g. 相数;h. 额定容量;i. 额定频率;j. 各绕组额定电压及分接范围;k. 各绕组额定电流;l. 联结组标号;m. 以百分数表示的短路阻抗实测值;n. 冷却方式;o. 总质量;p. 绝缘液体的质量、种类;q. 连接组标号因移相不能表示时应标出绕组连接简图和相量图;r. 额定容量只标出网侧额定非正弦负载下的容量;s. 饱和电抗器最大控制电流和直流压降范围(内附饱和电抗器时);t. 电流互感器技术数据(内附电流互感器时);u. 额定直流空载电压(需要时);v. 额定直流电流(需要时);w. 调压变压器(如内附有

调压变压器)必要数据。

2. 试验

例行试验项目包括：a. 绕组电阻测量；b. 电压比测量和联结组标号检定；c. 短路阻抗和负载损耗测量；d. 空载损耗和空载电流测量；e. 绕组对地及绕组间直流绝缘电阻测量；f. 绝缘例行试验；g. 有载分接开关试验；h. 液浸式变压器压力密封试验；i. 充气式变压器油箱压力密封试验；j. 内装电流互感器变比和极性试验；k. 液浸式变压器铁芯和夹件绝缘检查；l. 绝缘液试验。

(四)保管与储存

1. 油浸式整流变压器

油浸式整流变压器，包装、运输应符合 GB/T 6451 的规定。

(1)变压器应有接线端子、运输及起吊标志，标志内容应符合相关标准规定。

(2)变压器需具有承受变压器总重的起吊装置。变压器身、油箱、储油柜和散热器或冷却器等均应有起吊装置。

(3)成套拆卸的组件和零件(如气体继电器、套管、测温装置及紧固件等)的包装应保证经过运输、储存直到安装前不损坏和不受潮。

(4)变压器内部结构应在经过正常的铁路、公路及水路运输后相互位置不变，紧固件不松动。变压器的组件、部件(如套管、散热器或冷却器、阀门和储油柜等)的结构及布置位置应不妨碍吊装、运输及运输中紧固定位。

(5)变压器如不带油运输，则需充以干燥的气体(露点低于-40 ℃)。运输前应进行密封试验，以确保在充以 20~30 kPa 压力的气体时密封良好。变压器主体在运输中及到达现场后，油箱内的气体压力应保持正压，且有压力表监测。在现场储存期间应维持正压，且有压力表监测。

(6)变压器在运输中应安装二维冲撞记录仪。

(7)在运输、储存直至安装前，应保证变压器本体及其所有的组件、部件(如储油柜、套管、阀门及散热器或冷却器等)不损坏和不受潮。

2. 干式整流变压器

干式整流变压器，包装、运输应符合 GB/T 10228 的规定。

(1)所有变压器均应能在环境温度低至-25 ℃时，适于运输和储存。

(2)制造单位应被告知变压器在抵达安装现场的运输过程中，预计会受到的冲击、振动和倾斜的最大值。

(3)变压器包装箱外壁的文字与标志应耐受风吹日晒，不应因雨水冲刷而模糊不清，其内容应包括：a. 制造单位名称；b. 收货单位名称及地址；c. 产品名称及型号；d. 毛质量和变压器总质量；e. 包装箱外形尺寸；f. 包装箱储运指示标志(其中"向上""防湿""小心轻放""由此吊起"等应符合 GB/T 191 的规定)。

(4)变压器在运输和储存期间应防止受潮。

五、箱式变电站

(一)概述

箱式变电站,又名预装式变电所或预装式变电站,是一种由高压开关设备、配电变压器和低压配电装置,按一定接线方案排成一体的工厂预制户内、户外紧凑式配电设备。即将变压器降压、低压配电等功能有机地结合在一起,安装在一个防潮、防锈、防尘、防鼠、防火、防盗、隔热、全封闭、可移动的钢结构箱中。

箱式变电站是继土建变电站之后兴起的一种崭新的变电站,可适用于矿山、工厂企业、油气田和风力发电站,特别适用于城网建设与改造。

(二)分类及规格型号

箱式稳压器可以分为三大类:拼装式、组合装置型和一体型。

拼装式箱式变电站:将高、低压成套装置及变压器装入金属箱体,高、低压配电装置间还留有操作走廊。这种型式的箱式变体积较大,现在已较少使用。

组合装置型箱式变电站:这种型式的高、低压配电装置不使用现有的成套装置,而是将高、低压控制、保护电器设备直接装入箱内,使之成为一个整体。由于总体设计是按免维护型考虑的,箱内不需要操作走廊。这样可以减小箱式变的体积,这种型式是欧式箱变,是目前普遍采用的型式。

一体型箱式变电站:这种型式就是所谓的美式箱变。它是在简化高、低压控制与保护装置的基础上,将高、低压配电装置与变压器主体一齐装入变压器油箱,使之成为一个整体。这种型式的箱式变体积更小,其体积近似于同容量的普通型油浸变压器,仅为同容量欧式箱变体积的 1/3 左右。

此外,箱式变电站的型式还可以分为普通型和紧凑型两类。普通型箱式变电站有 ZBW 型和 XWB 型等,紧凑型箱式变电站有 ZB1-336 型和 GE 型等。

(三)验收

1. 资料验收

(1)要求提供的型式试验证书或报告的清单,如果适用,还包括 IAC-A、IAC-B或 IAC-AB 级内部电弧试验选择的判据。

(2)结构特征,例如:a. 各个运输单元的质量;b. 预装式变电站的总质量;c. 预装式变电站的外形尺寸和布置(总体布置);d. 变器的最大允许尺寸;e. 外部连接线的布置说明;f. 运输和安装要求;g. 运行和维护的说明;h. 元件相关标准要求的信息;i. 预装式变电站周围推荐的最小距离;j. 滞留油的箱体(如果有)的容积。

(3)要求用户采购的推荐备件清单。

(4)外壳材料以及适用时表面处理或涂层的特性和在规定的环境条件下评估它们性能所进行的试验。

(5)预装式变电站符合国家标准的声明。

2. 铭牌验收

每台变电站应有一耐久、清晰、易识别的铭牌,铭牌至少应包括下列内容:a. 制造厂名或商标;b. 型号;c. 外壳级别;d. 内部电弧标识(适用时);e. 质量;f. 出厂编号;g. 采用标准的编号;h. 制造日期。

3. 装配检验

(1)箱式变电站的供配电系统应正确并符合设计要求,图纸与产品保持一致。

(2)所有电器设备及部件、元器件要符合图纸及相关技术要求的规定。

(3)高、低压成套开关柜、低压成套无功功率补偿装置的导线截面和颜色、母线的制作应符合工艺规程的要求。

4. 检验试验

施工单位先进行设备自调、自检,合格后报建设单位,建设单位委托具有试验资质的试验部门进场,对箱式变电站进行试验,试验项目包括:绝缘油试验、交流耐压试验、额定电压冲击试验和相位检查试验等。

(四)保管与储存

箱式变电站或其运输单元的运输、储存和安装以及使用时的运行和维护,必须按照制造厂的说明书进行。因此,制造厂应提供关于箱式变电站的运输、储存、安装、运行和维护的说明书。下面给出的资料,可以作为重要的附加说明补充到箱式变电站制造厂提供的附加说明书中。

1. 运输、储存和安装时的条件

如果订单中规定的使用条件在运输、储存和安装过程中不能得到保证,制造厂和用户之间应就此达成一项特别的协议。特别是,如果在通电前所处的环境条件下,外壳不能提供适当的保护,应给出防止绝缘过度吸潮或受到不可消除的污染的说明。为了避免运输过程中预知的振动和冲击造成损伤,需要给出指导和/或提供特别的措施以保护元件(开关设备和电力变压器)的安全。

2. 开箱和起吊

每个运输单元的重量应由制造厂声明,且最好应标在该运输单元上。应该配备能够起吊每个单元的运输重量的足够的起吊架。说明书应该清楚地规定安全起吊箱式变电站的优选方法以及如果不适用于连续户外使用的起吊架的拆除。

六、真空断路器

(一)概述

真空断路器因其灭弧介质和灭弧后触头间隙的绝缘介质都是高真空而得名,具有体积小、重量轻、适用于频繁操作、灭弧不用检修等优点,在配电网中应用较为普遍。真空断路器适用于工矿企业、发电厂、变电站,可保护和控制电器设备,特别适用于要求无油化、少检修及频繁操作的场所,可配置在中置柜、双层柜、固定柜中,保护和控制高压电气设备。

真空断路器主要包含三大部分:真空灭弧室、电磁或弹簧操动机构、支架及其他部件。

(二)分类及规格型号

(1)按极数分类:单极、二极、三极和四极等。

(2)按安装方式分类:插入式、固定式和抽屉式等。

(三)验收

1. 外观检验

(1)真空断路器制造商应制定产品包装规范。产品的包装应符合其包装规范的要求。

(2)产品应采用防潮、防震的包装,且在包装箱外应有"易碎""怕潮""向上""不准倒置""由此起吊"和"重心"等明显标志。

(3)断路器及构架、机构箱等连接部位螺栓压接牢固,平垫、弹簧垫齐全,螺栓外露长度符合要求。

(4)一次接线端子无开裂,无变形,表面镀层无破损。

(5)金属法兰与瓷件胶装部位黏合牢固,防水胶完好。

(6)设备防水、防潮措施完好,设备无受潮现象。

(7)断路器外观清洁无污损,油漆完整。

(8)设备出厂铭牌齐全、参数正确。

(9)瓷套表面无裂纹,清洁,无损伤,均压环无变形。

(10)机构箱无磕碰、划伤。

(11)规格、数量应符合技术协议和安装图纸要求。

(12)组部件、备件应齐全,规格应符合设计要求,包装及密封应完好。

(13)备品、备件、专用工具和仪表应随断路器同时装运,但必须单独包装且有明显标记,以便与提供的其他设备相区别。

(14)备品、备件验收可参照断路器相关组件验收要求执行。

(15)依照装箱清单清点发货物品,避免遗漏。

2. 资料检验

每台设备应随包装箱装有下列文件:a. 装箱单;b. 产品合格证;c. 出厂试验报告;d. 安装、使用及维护说明书。

3. 检验试验

检验项目包括:a. 测量绝缘电阻;b. 测量每相导电回路的电阻;c. 交流耐压试验;d. 测量断路器主触头的分、合闸时间,分、合闸的同期性,合闸时触头的弹跳时间;e. 测量分、合闸线圈及合闸接触器线圈的绝缘电阻和直流电阻;f. 断路器操动机构的试验。

(四)保管与储存

1. 运输

真空断路器制造商应制定产品运输规范。运输过程中,产品不得倒置,不得遭受强烈振动。

2. 储存

真空断路器储存的场所应符合以下条件:a. 环境温度符合产品企业标准(或技术条件)规定的使用环境温度;b. 通风;c. 无腐蚀性气体;d. 防雨(户内产品适用)。

储存期内产品若要投入使用,应在使用前按产品安装使用说明书的要求进行必要的检查和检验。

七、电力熔断器

(一)概述

电力熔断器是熔断器中的一种,是指当电流超过规定值时,以自身产生的热量使熔体熔断,断开电路的一种电流保护器。

作为短路保护器和过电流保护器,熔断器广泛应用于高低压配电系统和控制系统以及用电设备中,是应用最普遍的保护器件之一。

(二)分类及型号

1. 分类

(1)插入式熔断器:常用于380 V及以下电压等级的线路末端,作为配电支线或电气设备的短路保护器。

(2)螺旋式熔断器：分断电流较大，可用于 500 V 以下电压等级、200 A 以下电流等级的电路中，作短路保护，常用于机床电气控制设备。熔体上的上端盖有一熔断指示器，一旦熔体熔断，指示器立即弹出，可透过瓷帽上的玻璃孔观察。

(3)封闭式熔断器：封闭式熔断器分有填料和无填料两种。有填料封闭式熔断器一般用方形瓷管，内装石英砂及熔体，分断能力强，用于 500 V 以下电压等级、1 kA 以下电流等级的电路中。无填料封闭式熔断器将熔体装入密闭式圆筒中，分断能力稍小，用于 500 V 以下电压等级、600 A 以下电流等级的电路中。

(4)快速熔断器：快速熔断器主要用于半导体整流元件或整流装置，作短路保护。由于半导体元件的过载能力很低，只能在极短时间内承受较大的过载电流，因此要求短路保护器具有快速熔断的能力。快速熔断器的结构和有填料封闭式熔断器基本相同，但二者的熔体材料和形状不同，快速熔断器的熔体是以银片冲制的有 V 形深槽的变截面熔体。

(5)自复熔断器：采用金属钠作熔体，在常温下具有高电导率。当电路发生短路故障时，短路电流产生高温使钠迅速汽化，气态钠呈高阻态，限制短路电流。当短路电流消失后，温度下降，金属钠的导电性能得到恢复。自复熔断器只能限制短路电流，不能真正分断电路，但其优点是不必更换熔体，能重复使用。

2. 型号说明

以 R (1)(2)-(3/4)为例：R 表示低压熔断器；(1)为形式，其中 T 表示有填料封闭管式，L 表示螺旋式，S 表示快式，LS 表示螺旋快式，M 表示无填料封闭管式，C 表示插入式；(2)为设计代号；(3)为熔断器、支持件额定电流；(4)为熔断体额定电流。如 RT14 系列，R 表示低压熔断器，T 表示有填料封闭管式，14 表示设计代号。

(三)验收

1. 外观

(1)产品的说明书、合格证等应齐全。

(2)包装上标识应与实物一致，且包装应能有效地保护物料在运输过程中不被损坏。

(3)熔管体上印制的标签应清晰，内容应含物料名称、规格型号、额定电流、额定电压及生产厂家或品牌等。

(4)产品应能正常安装到标准熔断器座或卡扣上，结构、尺寸应符合技术规格书要求。

2. 性能

(1)测试两端应为导通状态。

(2)测试两端电阻值应小于 0.5 Ω。

(3)来料型号、规格应与认证或备案内容一致。

3. 资料

产品的说明书、合格证等应齐全。

(四)保管与储存

(1)按熔断器的一般保管要求保管。

(2)熔断器的熔断管易损、怕震、怕潮,应加强保管检查。

(3)触头导电部分应涂工业凡士林以防锈,其他金属部分应涂油加以保护。

(4)用有机纤维材料制成的熔断器若发霉,应将霉迹擦尽,用蘸有汽油的纱布擦干净,干燥处理后涂上一层防霉漆,再进行烘干处理。

(5)有填料的熔断器如有潮气侵入,不能自行保养,应及时与有关部门联系,送厂处理。

八、电流互感器

(一)概述

电流互感器由闭合的铁心和绕组组成,是依据电磁感应原理将一次侧大电流转换成二次侧小电流来测量的仪器。它的一次侧绕组匝数很少,且串接在需要测量的线路中,经常有线路的全部电流流过。二次侧绕组匝数比较多,串接在测量仪表和保护回路中。电流互感器工作时,二次侧回路始终是闭合的,测量仪表和保护回路中串联线圈的阻抗很小,电流互感器的工作状态接近短路。

(二)分类及型号说明

1. 分类

(1)按照用途分类。

测量用电流互感器(或电流互感器的测量绕组):在正常工作电流范围内,向测量、计量等装置提供电网的电流信息。

保护用电流互感器(或电流互感器的保护绕组):在电网故障状态下,向继电保护等装置提供电网故障电流信息。

(2)按绝缘介质分类。

干式电流互感器:由普通绝缘材料经浸漆处理作为绝缘。

浇注式电流互感器:由环氧树脂或其他树脂混合材料浇注成型。

油浸式电流互感器:由绝缘纸和绝缘油作为绝缘,一般为户外型。

充气式电流互感器:主绝缘为气体。

(3)按安装方式分类。

贯穿式电流互感器:穿过屏板或墙壁的电流互感器。

支柱式电流互感器:安装在平面或支柱上,兼做一次电路导体支柱用的电流互感器。

套管式电流互感器:没有一次导体和一次绝缘,直接套装在绝缘的套管上的一种电流互感器。

母线式电流互感器:没有一次导体,但有一次绝缘,直接套装在母线上使用的一种电流互感器。

(4)按原理分类。

电磁式电流互感器:根据电磁感应原理实现电流变换的电流互感器。

电子式电流互感器:具有抗磁饱和、低功耗、宽频带等优点。由于电磁式电流互感器存在易饱和、非线性及频带窄等问题,电子式电流互感器逐渐成为主流产品。

2. 型号说明

电流互感器的型号说明如下:

第一位:字母,L 表示电流互感器。

第二位:字母,A 表示穿墙式,Z 表示支柱式,M 表示母线式,D 表示单匝贯穿式,V 表示结构倒置式,J 表示零序接地检测用,W 表示抗污秽,R 表示绕组裸露式。

第三位:字母,Z 表示环氧树脂浇注式,C 表示瓷绝缘,Q 表示气体绝缘介质,W 表示微机保护专用。

第四、五位:字母,B 表示带保护级,C 表示差动保护,D 表示 D 级,Q 表示加强型,J 表示加强型 ZG。

以 LZZBJ9-10A3G 为例,L 表示电流互感器,第一个 Z 表示支柱式,第二个 Z 表示环氧树脂浇柱式,B 表示带保护级,J 表示加强型,9 为设计序号,10 为额定电压(kV),A3G 为结构代号。

(三)验收

1. 资料验收

(1)对照设备清单,检查设备现场配置情况,应与设备清单内容相符。

(2)对照备品清单,检查备品数量,应与备品清单内容相符。

(3)互感器安装使用说明书、出厂试验报告、合格证等应齐全。

2. 外观检查

要求外观清洁,油漆完整,无裂纹,无破损,硅橡胶套管无龟裂,瓷套管上釉应完整,无放电痕迹,无渗漏油或漏气;铭牌标志清楚、完整;相色标志清晰、正确;油位指示/SF_6压力指示清晰、正确,引线长度适中,支架油漆完整,支架接地引下线标示符合规范。

3. 检验试验

检验项目应包括:a. 绝缘电阻试验;b. 电容型电流互感器的介质损耗和电容量的试验;c. 绝缘油电气强度试验(油浸式);d. 绝缘油中水分测试(油浸式);e. 油色谱分析(油浸式);f. 测量互感器一、二次绕组的直流电阻值;g. 电流互感器的励磁特性;h. 极性试验;i. 互感器误差测量;j. 局部放电测量;k. 交流耐压试验;l. SF_6气体水分含量测试(SF_6气体式)。

(四)保管与储存

电流互感器的运输、储存和安装以及使用中的运行和维修,务必依据制造方的说明书。如果订单上规定的使用条件在运输和储存时不能得到保证,制造方与用户应该签订专门的协议。运输、储存和安装时以及在通电之前,可能有必要专为保护产品绝缘采取预防措施,以免因雨、雪或凝露而受潮。运输中的振动应予以重视,必须提供适当的须知。

九、电压互感器

(一)概述

电压互感器和变压器类似,是用来变换线路上的电压的仪器。但是,变压器变换电压是为了输送电能,因此容量很大,一般以千伏安或兆伏安为计量单位;而电压互感器变换电压主要是为了给测量仪表和继电保护装置供电,测量线路的电压、功率和电能,或者在线路发生故障时保护线路中的贵重设备、电机和变压器,因此电压互感器的容量很小,一般都只有几伏安、几十伏安,最大也不超过一千伏安。

(二)分类及型号说明

1. 分类

(1)按安装地点分类:户内式和户外式。额定电压在 35 kV 及以下的多制成户内式;35 kV 以上的则制成户外式。

(2)按相数分类:单相式和三相式。额定电压在 35 kV 及以上的不能制成三相式。

(3)按绕组数目分类:双绕组和三绕组电压互感器。其中,三绕组电压互感器除一次侧和基本二次侧外,还有一组辅助二次侧,供接地保护用。

(4)按绝缘方式分类。

干式电压互感器:结构简单,无着火和爆炸危险,但绝缘强度较低,只适用于6 kV以下的户内式装置。

浇注式电压互感器:结构紧凑,维护方便,适用于3 kV~35 kV户内式配电装置。

油浸式电压互感器:绝缘性能较好,可用于10 kV以上的户外式配电装置。

充气式电压互感器:用于SF_6全封闭电器中。

(5)按工作原理分类。

电磁式电压互感器:利用电磁感应原理按比例变换电压或电流的设备。

电容式电压互感器:由串联电容器分压,再经电磁式互感器降压和隔离,可以为表计和继电保护回路提供工作电压,还可以将载波频率耦合到输电线,用于长途通信、远方测量、选择性的线路高频保护、遥控和电传打字等。

电子式电压互感器:由连接到传输系统和二次转换器的一个或多个电压或电流传感器组成的一种装置,用以传输正比于被测量的量,供给测量仪器、仪表和继电保护或控制装置。

2. 型号说明

电压互感器型号由以下几部分组成,各部分字母、符号表示内容:

第一位:字母,J表示电压互感器。

第二位:字母,D表示单相;S表示三相。

第三位:字母,J表示油浸;Z表示浇注。

第四位:数字,表示电压等级(kV)。

例如:JDJ-10表示单相油浸电压互感器,额定电压为10 kV。

(三)验收

1. 资料验收

(1)对照设备清单,检查设备现场配置情况,应与设备清单内容相符。

(2)对照备品清单,检查备品数量,应与备品清单内容相符。

(3)互感器安装使用说明书、出厂试验报告、合格证等应齐全。

2. 外观检查

要求外观清洁,油漆完整,无裂纹,无破损,硅橡胶套管无龟裂,瓷套管上釉应完整,无放电痕迹,无渗漏油或漏气;铭牌标志清楚、完整;相色标志清晰、正确;油位指示/SF_6压力指示清晰、正确,引线长度适中,支架油漆完整,支架接地引下线标示符合规范。

3. 检验试验

检验项目包括：a. 绝缘电阻试验；b. 电容型电压互感器的介质损耗和电容量的试验；c. 绝缘油电气强度试验（油浸式）；d. 绝缘油中水分测试（油浸式）；e. 油色谱分析（油浸式）；f. 测量互感器一、二次绕组的直流电阻值；g. 测量电压互感器的励磁特性；h. 极性试验；i. 互感器误差测量；j. 局部放电测量；k. 交流耐压试验；l. SF_6 气体水分含量测试（SF_6 气体式）。

（四）保管与储存

电压互感器的运输、储存和安装以及使用中的运行和维修，务必依据制造方的说明书。如果订单上规定的使用条件在运输和储存时不能得到保证，制造方与用户应该签订专门的协议。运输、储存和安装时以及在通电之前，可能有必要专为保护产品绝缘采取预防措施，以免因雨、雪或凝露而受潮。运输中的振动应予以重视，必须提供适当的须知。

十、电容补偿柜

（一）概述

电力系统中的负载类型大部分属于感性负载。电力电子设备的广泛使用在一定程度上降低了电网功率因数，而较低的功率因数降低了设备利用率和使用寿命，增加了供电投资，降低了电压质量，大大增加了线路损耗。在电力系统中连入电容补偿柜，可以平衡感性负载，提高功率因数，提升设备的利用率。一般情况下，电容补偿柜由柜体、母排、熔断器、隔离开关熔断器组、电容接触器、避雷器、电容器、电抗器、一次导线、二次导线、端子排、功率因数自动补偿控制装置和盘面仪表等组成。

（二）分类

(1) 按安装环境分类：户内电容柜和户外电容柜。
(2) 按控制方式分类：自动分组投切电容柜和固定投切电容柜。
(3) 按投切开关分类：真空接触器投切电容柜、断路器投切电容柜、可控硅投切电容柜（动态）和磁控式投切电容柜。
(4) 按补偿设备分类：线路补偿和设备补偿。

（三）验收

1. 资料验收

合格证、使用说明书、安装接线图、原理图、出厂试验和检测报告等应齐全。

2. 外观验收

(1)柜体应光洁,内外涂层完整,不掉漆,无明显凹痕或机械损伤;各个开关的功能标识应清晰、正确;应贴有国家强制性产品认证(CCC)标志。

(2)柜内布线整齐,无扭绞现象;导线连接紧密,不伤芯线,不断股;柜内开关灵活。

(3)要求按图纸或材料清单选用柜体和开关元件,规格型号及品牌要与材料清单一致。

3. 检验试验

检验项目包括:a. 机械操作验证;b. 通电操作试验;c. 工频过电压保护试验;d. 介电强度试验;e. 保护电路连续性验证;f. 电气间隙与爬电距离;g. 缺相保护试验;h. 防护等级验证。

(四)保管与储存

1. 保管

(1)电容补偿柜应在防尘、防震、干燥、通风的库房内保管。库房内不能有腐蚀金属和破坏绝缘的气体存在。库房温度应保持5~30 ℃,相对湿度不得超过80%。

(2)电容补偿柜受体积、重量所限,不宜重叠码垛,应按照使用要求直立平放,不得倾斜,以防柜架变形。

(3)保管期间应严格防潮,在柜内放置防潮剂。

2. 搬运

电容补偿柜在搬运装卸过程中,不许倒置、翻滚,以防柜面漆层脱落、电器损坏以及柜体变形。

十、高压负荷开关

(一)概述

高压负荷开关是一种功能介于高压断路器和高压隔离开关之间的电器。高压负荷开关内有简单的灭弧装置,能通断一定的负荷电流和过负荷电流,但不能断开短路电流,一般与高压熔断器串联使用,借助熔断器来进行短路保护,用于控制电力变压器。

(二)分类及型号说明

1. 分类

(1)按使用环境分类:户内式、户外式。

(2)按灭弧形式和灭弧介质分类:固体产气式、压缩空气式、SF_6式、油浸式。

(3)按操作频繁程度分类:一般、频繁。

(4)按操作方式分类:三相同时操作、逐项操作。

(5)按操动机构分类:动力储能、人力储能。

2. 型号说明

根据国家技术标准的规定,我国高压负荷开关型号(①②③④⑤⑥)一般由字母和数字按以下方式组成。

①高压开关类别:F表示负荷开关,G表示隔离开关,R表示熔断器。

②N表示户内型,W表示户外型。

③设计序号。

④电压等级(kV)。

⑤R表示带熔断器(不带熔断器不表示)。

⑥S表示熔断器装于开关上端(装于开关下端不表示)。

(三)验收

1. 外观验收

(1)标志。标志(文字、符号或图像)应符合与规格书要求,不可有无法辨视的不良现象(模糊、溢色、残缺、断线)。

(2)铭牌。出厂的每台设备(单极出厂的每极开关)应有铭牌,铭牌上应注明制造厂、型号、额定电压、额定电流、额定雷电冲击耐受电压、额定短时耐受电流、额定短路持续时间、额定短路关合电流、额定SF_6气体压力、负荷开关总重、出厂编号、制造年月等。

操动机构铭牌上应注明:a. 制造厂名称;b. 操动机构型号、名称;c. 额定操作电压、气压、液压、电流性质及数值;d. 重量;e. 出厂编号;f. 制造年月。

注:负荷开关与操动机构合装为一整体时可采用一块铭牌,其内容应包括操动机构铭牌内容。

操动机构线圈上铭牌应注明:a. 额定电压及电流性质(交流或直流);b. 导线牌号及规格,线圈匝数;c. 电阻值(温度为20℃时)。

(2)尺寸应符合技术规范书的要求。

(3)引脚光洁,无异物,无明显可视斑点、起皮、剥落及异常颜色变化,胶水高度不超出基座,外壳边缘无绝缘漆等任何影响可焊性的油污。

(4)本体无划伤、开裂、缺损、毛边、引脚无变形、弯曲、松动。

(5)装配良好,无缝隙、顶触、开裂、未附胶(露绕组)、绝缘层缺少、封胶未干及灌胶颜色(材料)差异、外盒颜色及材质差异。

(6)引线颜色、材质、剥头无异常,紧密绞合,符合图纸要求。

(7)连接片颜色、材质、压接外观无异常。

(8)绝缘管颜色、材质、热缩位置及尺寸、热缩外观无异常。

(9)锰铜部分机加工外观合格,厚薄均匀,尺寸一致,锰铜片与端子压接良好。

2. 资料验收

合格证、电气图、操作规程、装箱单、安装使用说明书和检验报告等应齐全。

3. 高压负荷开关检验试验

检验项目包括:a. 温升试验;b. 绝缘试验;c. 主回路电阻测量;d. 短时耐受电流和峰值耐受电流试验;e. 关合和开断试验;f. 机械试验。

(四)保管与储存

高压负荷开关的运输、储存和安装应按照制造厂给出的说明书进行。如果在运输、储存和安装时不能保证订货单中规定的使用条件,制造厂和用户应当就此达成专门的协议。运输、储存和安装时以及在通电之前,可能有必要专为保护产品绝缘采取预防措施,以免因雨、雪或凝露而受潮。运输中的振动也应该予以重视,必须提供适当的须知。

每一台完整的设备应该提供起吊设施并且在外部标注起吊的方法。设备装配完好后应该在外部标注其最大的质量。专门的起吊设备应该能够吊起每个运输单元,安装使用说明书中应有明确规定。

十二、避雷器

(一)概述

避雷器是用于保护电气设备免受高瞬态过电压危害,限制续流的持续时间和幅值的一种电器,有时也称为过电压保护器、过电压限制器。

(二)分类

避雷器可分为很多种,如金属氧化物避雷器、线路型金属氧化物避雷器、无间隙线路型金属氧化物避雷器、全绝缘复合外套金属氧化物避雷器和可卸式避雷器等。

避雷器的主要类型有管型避雷器、阀型避雷器和氧化锌避雷器等,每种类型的主要工作原理不同,但工作实质是相同的,都是为了保护通信线缆和通信设备不受损害。

(三)验收

(1)铭牌:制造厂家、产品名称及型号与所订购产品一致。

(2)外套:①瓷外套应无裂纹,无破损。②复合外套应无破损、变形。③瓷外套法兰处存在进水可能时,应开设排水口,防止积水。

(3)压力释放通道:完好、无破损。

(4)均压环(若有):无划痕、毛刺及变形。

(5)底座:①应使用单个的大爬距绝缘底座,机械强度应满足载荷要求。②外观良好,无破损。

(6)监测装置:外观良好,无破损,无进水受潮。电压等级110 kV及以上的避雷器应有泄漏电流监测装置,泄漏电流量程符合现场实际需求,且三相一致。

(7)技术资料:安装使用说明书、合格证明和出厂试验报告等资料应齐全。

(四)保管与储存

(1)避雷器必须在干燥通风的库房内保管,库房内相对湿度不得超过80%,不得与有害气体和笨重物资同存一库,以防金属部件锈蚀或瓷体破碎。

(2)装箱成套的避雷器可以分层成套码垛,但必须直立存放,不可倒置(避雷器的瓷檐向下)。垛高宜在3 m以下;垛形宜端正平稳,防止倾斜倒塌;垛底适当垫高,以通风为宜。

(3)凡带有金属配件的避雷器,其金属件可涂防锈油(储存期间应经常检查)。用兆欧表测量绝缘电阻,若阻值偏低,表示密封有问题,必须与有关部门联系,送生产厂维护,不得自行拆看。

(4)避雷器在搬运、装卸、码垛或发放时,均应平稳搬放,严禁抛掷、翻滚、摇晃,以防瓷体破碎。

十三、隔离开关

(一)概述

隔离开关是一种无灭弧功能的开关器件,只能在没有负荷电流的情况下分、合电路,主要用于隔离电源,进行倒闸操作,连通和切断小电流电路。隔离开关在分位置时,触头间有符合规定要求的绝缘距离和明显的断开标志;在合位置时,能承载正常回路条件下的电流及在规定时间内异常条件(例如短路)下的电流。隔离开关一般用作高压隔离开关,即额定电压在1 kV以上的隔离开关,其工作原理及结构比较简单,但是由于使用量大,工作可靠性要求高,对变电所、电厂的设计、建立和安全运行的影响均较大。

(二)分类及规格型号

1. 分类

(1)按其安装方式分类:户外隔离开关和户内高压隔离开关。其中,户外隔离开关是指能承受风、雨、雪、污秽、凝露、冰及浓霜等作用,适于安装在露台的隔离开关。

(2)按其绝缘支柱结构分类:单柱式隔离开关、双柱式隔离开关和三柱式隔离开关。其中,单柱式隔离开关在架空母线下面直接将垂直空间用作断口的电气绝缘,可节约占地面积,减少引接导线,分合闸状态清晰可见。在超高压输电情况下,变电所采用单柱式隔离开关后,节约占地面积的效果更为明显。

(3)按电压等级分类。

低压隔离开关:电气设备进行维修时,需要切断电源,使维修部分与带电部分脱离,并保持有效的隔离距离,要求在其分断口间能承受过电压的耐压水平。

高压隔离开关:如 GN 系列户内高压隔离开关。

2. 规格型号

常见高压隔离开关型号如下:

CR:中心断口隔离开关(126~252 kV)。

DR:双面隔离开关(72.5~363 kV)。

KR:双柱水平伸缩式隔离开关(126~550 kV)。

PR:单柱双臂垂直伸缩式隔离开关(126~500 kV)。

SR:水平旋转单侧断口式隔离开关(40.5 kV)。

VR:V 型中心断口隔离开关(126 kV)。

YR:单柱单臂垂直伸缩式隔离开关(126~550 kV)。

(三)验收

(1)按照高压电器的一般要求验收。

(2)凡是紧固件,均应有防松装置及防腐镀层。

(3)检查有接地闸刀的隔离开关,在主闸刀和接地闸刀之间应有联锁装置。

(4)闸刀与触头的吻合应准确,啮合应紧密有力,闸刀动作应紧凑,无摆动现象。

(四)保管与储存

(1)按照高压电器的一般保管要求进行保管。

(2)若隔离开关的刀片氧化变质,应拆下刀片,酸洗除去氧化层,再用清水洗净,吹干,然后涂上一层工业用无碱防腐剂。

(3)如弹簧锈蚀程度较轻,可用钢丝刷将锈迹刷掉,用蘸有松节油的布将弹簧擦干净,然后涂上一层银粉漆。锈蚀严重的不宜使用,必须替换同样规格的新弹簧。

(4)若发现瓷瓶碰损,可视情节轻重分别处理。若釉面碰伤,但未伤及磁体,可以维持原状,不作处理。若磁体受伤,但受伤面积不超过标准规定的许可范围,可做磨光处理,或用环氧树脂修补;若磁体受伤面积超过规定标准,则应替换新瓷瓶。

十四、安全视频监控装置

(一)概述

安全视频监控系统可以对铁路牵引变电所、开闭所、分区所和电力配电所的电气设备(如变压器、开关、刀闸等)和周边环境进行有效监控,具有防火、防烟、防潮、防盗等功能。

(二)验收

(1)资料验收:查验合格证和随带技术文件,实行生产许可证和安全认证制度的产品还应查验许可证编号和安全认证标志。此外,还需查验出厂试验记录。

(2)外观检查:有铭牌,元器件无损坏丢失,接线无脱落脱焊,蓄电池柜内电池壳体无碎裂、漏液,充油、充气设备无泄露,涂层完整,无明显碰撞凹陷。

(三)保管与储存

在防尘、防震、干燥通风的库房内保管。库房内不能有腐蚀金属和破坏绝缘的气体存在。库房温度应保持 5~30 ℃,相对湿度不得超过 80%。

十五、光纤光栅监控系统

(一)概述

光纤光栅监控系统的服务器上设置有光纤电流传感器、霍尔传感器、电压监测模块、容性设备绝缘在线监测装置和电源在线监测装置。光纤电流传感器与解调器连接,解调器、霍尔传感器、电压监测模块、容性设备绝缘在线监测装置、电源在线监测装置分别与数据分析处理器连接,并将采集到的参数传输至数据分析处理器。数据分析处理器与数据传输装置连接,数据传输装置将数据传输至监控室。监控室包括用于显示各项参数信息的显示模块、报警模块和用于人机交互的操作界面。其中,报警模块包括用于判定危险等级的危险等级模块和通讯模块。通讯模块通过无线网络与通讯终端建立连接。

(二)验收

1. 资料验收

使用说明书、系统主要部件的产品出厂合格证和型式检验报告等应齐全。

2. 外观验收

(1)组件上的铭牌应清晰、完整。
(2)组件应无碰撞变形及其他机械性损伤,表面无锈蚀,保护层完好。

(三)保管与储存

在防尘、防震、干燥通风的库房内保管。库房内不能有腐蚀金属和破坏绝缘的气体存在。库房温度应保持 5~30 ℃,相对湿度不得超过 80%。

十六、综合自动化系统

(一)概述

综合自动化系统可对变电站的二次设备(包括仪表、信号系统、继电保护、自动装置和远动装置)进行功能的组合和优化设计,利用先进的计算机技术、现代电子技术和通信设备及信号处理技术,实现对全变电站的主要设备和输配电线路的自动监测、自动控制和微机保护以及调度通信等综合性的自动化功能。

(二)常用分类及规格型号

从国内、外变电站综合自动化技术的发展情况来看,综合自动化系统大致有以下几种:

1. 分布式系统

分布式系统是指按变电站被监控对象或系统功能分布的多台计算机单功能设备,通过连接网络,实现分布式处理。这里所谈的"分布"是指变电站资源在物理上的分布(未强调地理分布),强调的是从计算机的角度来研究分布问题。这是一种较为理想的结构,在可扩展性、通用性及开放性方面都有较强的优势,然而在实际的工程应用及技术实现上存在许多难以解决的问题。

2. 集中式系统

集中式系统的硬件装置、数据处理均集中配置,采用由前置机和后台机构成的集控式结构。其中,前置机负责数据的输入、输出、保护、监测及控制,后台机负责数据的处理、显示、打印及远方通讯。目前,国内许多的厂家仍采用这种结构方式。这种结构有以下不足:①前置管理机任务繁重、引线多,属于信息"瓶颈",降低了整个系统的可靠性,即在前置机故障情况下,将失去当地及远方的所有信息及功能;②不能从工程设计的角度节约开支,仍需铺设电缆;③扩展一些自动化需求的功能较难。

3. 分层分布式系统

分层分布式系统是指按变电站的控制层次和对象设置全站控制级(站级)和就地单元控制级(段级)的二层式分布控制系统结构。其中,站级系统包括站控系统(SCS)、站监控系统(SMS)、站工程师工作台(EWS)及同调度中心的通信系统(RTU)。

站控系统(SCS):具有快速的信息响应能力及相应的信息处理分析功能,可完成站内的运行管理及控制(包括就地及远方控制管理两种方式),如事件记录、开关控制及数据收集。

站监控系统(SMS):对站内所有运行设备进行监测,为站控系统提供运行状态及异常信息,即提供全面的运行信息功能,如扰动记录、站内设备运行状态、二次设备投入/退出状态及设备的额定参数等。

站工程师工作台(EWS):可对站内设备进行状态检查、参数整定和调试检验,也可以用便携机进行就地及远端的维护工作。

段级在横向按站内一次设备(变压器或线路等)面向对象的分布式配置,在功能分配上遵循尽量下放的原则,即凡是可以在本间隔就地完成的功能决不依赖通讯网,特殊功能例外,如分散式录波及小电流接地选线等功能。

(三) 验收

1. 外观验收

(1)面漆颜色应由制造厂向业主提供色标并得到确认。

(2)对暴露的面层和机器表面(包括螺栓)应有防锈涂层保护。运输前,应在内部的金属表面喷上适量的防锈漆。

2. 资料验收

装箱单、合格证(包括配套设备的合格证)、产品使用说明书、出厂试验报告以及安装时必需的技术图纸等应齐全。

3. 检验试验

(1)型式试验。型式试验的目的是保证微机综合自动化系统产品同有关规范和设计的一致性。

检验项目包括:a. 工频耐压试验;b. 雷电冲击耐压试验;c. 耐冲击能力试验;d. 过负荷能力试验;e. 振动和撞击试验;f. 伏安特性试验;g. 对模拟电力系统的动作试验;h. 连续通电试验;i. 耐湿热试验;j. 动态模拟试验。

(2)出厂试验。出厂试验是通过检查资料,执行有限但重要的检查和试验,以核实综合自动化系统设计和业主的要求是否一致,同时检验材料与结构有无问题。

(3)现场试验。现场试验在设备运到现场且安装完成后进行。现场试验应在业主的现场进行,供货商代表与业主代表共同参加。通过初步的检查和试验,确认产品在包装和运输期间没有损坏,在现场试验期间所得的试验结果应该与出厂试验所得的结果相近。现场试验报告由双方签字后方可有效。

试验项目原则上与其他试验相同,还需要补充以下内容:a. 连接可靠性的进一步确认;b. 所采用的电流/电压试验;c. 本侧和远端的联络试验;d. 动作顺序的联动试验。

(四)保管与储存

(1)每个货物的集装箱、板条箱、包装箱的上面或侧面都必须用油漆或其他方式刷上清晰可读的运输防护标志,如防水、防晒、不准倒置等标志,标识吊装重心并在装卸时严格遵守。

(2)散件和备件应装在箱内。不同包装或容器的内部和外部应用供货商订单号、货签号和重量等区分。每个配件的包装或容器都应附一份材料清单。

十七、电容补偿装置

(一)概述

电力系统中的负载类型大部分属于感性负载。电力电子设备的广泛使用在一定程度上降低了电网功率因数,而较低的功率因数降低了设备利用率和使用寿命,增加了供电投资,降低了电压质量,大大增加了线路损耗。在电力系统中连入电容补偿装置,可以平衡感性负载,提高功率因数,提升设备的利用率。

(二)分类

(1)按安装地点分类:户内型和户外型。

(2)按补偿方式分类。

三相式:装置内每个电容器组由一个电容器投切器件三相一起接入或退出主电源回路,电容器组内部可连接成三角形或星形,允许其中一相不经电容器投切器件而接入主电源回路。一些装置中的电容器组可以不经电容器投切器件而接入主电源回路。

分相式:装置内每个电容器组每相分别由一个电容器投切器件接入或退出主

电源回路,电容器组内部可连接成三角形或星形,星形接法的电容器组应将中性线与主电源回路中性线相连。正常运行时可分别控制每个电容器组各相电容器投切器件的接通或断开。

混合式:装置内同时装有三相式控制的电容器组和分相式控制的电容器组。

(3)按切除-投入最小时间间隔分类。

快速型:装置补偿响应时间不大于 100 ms。

普通型:装置补偿响应时间大于 100 ms。

(4)按控制方式分类。

手动控制:装置中无控制器,手动控制装置或电容器组投入和切除。

自动控制:装置通过控制器进行电容器组自动投入和切除,也可通过控制器手动控制。

(三)验收

1. 外观验收

(1)装置壳体的外表面,一般应喷涂无眩目反光的覆盖层,表面不得有起泡、裂纹或流痕等缺陷。

(2)装置应能承受一定的机械、电和热的应力,其构件应有良好的防腐蚀性能。

(3)装置上应有主保护接地端子,其导电能力应和装置进线相导体的导电能力相同,并标有明显、耐久的接地符号。

(4)装置内的中性线应能传导电路可能需要的最大电流,应充分考虑分相式补偿时因三相电容量不相同而可能流过中性线的电流。

(5)装置中所选用的指示灯、按钮、导线及母线的颜色应符合 GB/T 4025 和 GB 7947 的要求。

(6)装置外形尺寸应符合 GB/T 3047.1 的规定。

(7)装置外观与结构的其他方面应满足 GB 7251.1 的要求。

2. 检验试验

(1)例行试验。例行试验包括:a. 外观及结构检查;b. 电容(电感)检验;c. 介电强度试验;d. 通电操作试验;e. 失压保护试验;f. 工频过电压保护试验;g. 触电防护措施和保护电路有效性检验。

(2)型式试验。型式试验包括:a. 温升试验;b. 介电强度试验;c. 短路耐受强度试验;d. 触电防护措施和保护电路有效性检验;e. 电气间隙和爬电距离检验;f. 机械操作检验;g. 外壳防护等级试验;h 放电器件检查;i. 涌流试验;j. 电容器投切器件连续投切试验;k. 电容器组过电流保护试验;l. 电容器投切器件开断特性测试;m.装置中电器和独立元件的试验;n.装置补偿响应时间测试。

(3)验收试验。购买方负责试验。试验项目由制造方与购买方协商。

在有条件时,推荐进行下列项目的试验:a.外观及结构检查;b.介电强度试验(试验电压为例行试验规定值的85%);c.机械操作试;d.通电操作试验;e.电容(电感)检验。

3. 资料验收

设备清单、出厂合格证、试验记录、报告和说明书、备品备件、测试仪器及专业工具清单等应齐全。

(四)保管与储存

1. 包装

装置应有内包装和外包装箱,插件插箱应锁紧扎牢,包装箱应有防尘、防雨、防震措施。在经过正常条件的运输后包装箱不应损坏。

2. 运输

装置应适于陆运、水运(海运)或空运,运输和装卸按包装箱上的标记进行。

3. 储存

装置应储存在环境温度－20～60 ℃,相对湿度不大于90%的库房内,室内应无酸、碱、盐及腐蚀性、爆炸性气体。

十八、电抗器

(一)概述

电抗器也称为电感器。一个导体通电时会在其所占据的一定空间范围产生磁场,所以所有能载流的电导体都有一般意义上的感性。然而通电长直导体的电感较小,所产生的磁场不强,因此,实际的电抗器是导线绕成螺线管的形式(空心电抗器)。有时为了让这只螺线管具有更大的电感,便在螺线管中插入铁芯,称铁芯电抗器。电抗分为感抗和容抗,比较科学的归类是感抗器(电感器)和容抗器(电容器)统称为电抗器,然而由于过去先有了电感器,并且被称为电抗器,所以现在人们把电容器称为容抗器,而电抗器专指电感器。

(二)分类

(1)按结构及冷却介质分类:空心式电抗器、铁心式电抗器、干式电抗器和油浸式电抗器等。

(2)按接法分类:并联电抗器和串联电抗器。

(3)按功能分类:限流电抗器和补偿电抗器。

(4)按用途分类:限流电抗器、滤波电抗器、平波电抗器、功率因数补偿电抗器、串联电抗器、平衡电抗器、接地电抗器、消弧线圈、进线电抗器、出线电抗器、饱和电抗器、自饱和电抗器、可变电抗器(可调电抗器、可控电抗器)、轭流电抗器、串联谐振电抗器和并联谐振电抗器等。

(三)验收

1. 检验试验

(1)例行试验。应进行下列例行试验:a. 绕组电阻测量;b. 电抗测量;c. 环境温度下的损耗测量;d. 绝缘试验;e. 间隙铁芯或磁屏蔽空心电抗器绕组对地的绝缘电阻测量;f. 液浸式电抗器电容及介质损耗因数测量。

(2)型式试验。应进行下列型式试验:a. 温升试验;b. 间隙铁心或磁屏蔽空心电抗器振动测量;c. 声级测定;d. 绝缘试验;e. 风扇和油泵所消耗功率的测量(如果有)。

(3)特殊试验。当用户特殊要求时,应进行下列特殊试验:a. 三相电抗器零序电抗测量;b. 三相电抗器互电抗测量;c. 谐波电流测量;d. 间隙铁芯或磁屏蔽空心电抗器接近参考温度下的损耗测量;e. 间隙铁芯或磁屏蔽空心电抗器的线性度测定;f. 间隙铁芯或磁屏蔽空心电抗器磁化特性测量;g. 绝缘试验;h. 接近运行温度下的声级测定。

2. 外观检验

(1)每台设备随货附上出厂检验报告,检验合格且报告内容应与实物信息一致。

(2)包装上标志应与实物一致,且包装应能有效地保护物料在运输过程中不损坏。

(3)产品标签清晰,内容应包括物料名称、规格型号、额定电流、电压、电感量、产品批号或日期、生产厂家或品牌等。

(4)输入、输出各相端标志清晰、准确,且符合技术规格书要求。

(5)产品空间尺寸、安装螺孔/栓规格、孔位均符合技术规格书或图纸要求,且能正常安装到配套产品上。

(6)输入、输出铜排的规格尺寸、材质、开孔位置及孔径均符合技术规格书要求。

(7)铁芯的硅钢片拼装无缝隙,绕组外包层或绝缘漆涂层无损伤,夹板固定无松动,外接引出线应用黄蜡管作防护。

3. 资料验收

合格证、电气图、操作规程、装箱单、安装使用说明书和检验试验报告等应齐全。

(四)保管与储存

1. 运输

(1)电抗器至安装地点的运输方法主要为公路或铁路运输。

(2)在运输过程中,应注意天气,做好防雨、防雪措施。

(3)运输过程中,电抗器的倾斜度应不大于30°。

(4)起吊电抗器应同时使用夹件上的四个吊环,对有全包装的电抗器应按其起吊标志进行起吊。

(5)起吊时,绳与垂线的夹角不得大于30°,所有钢丝绳与吊钩应能承受吊运设备整体的重量。

(6)产品装卸时应严格按照国家有关装卸规程。装卸过程中,应小心轻放,平衡起吊,保证人身和设备的安全。

(7)禁止绑拉线圈、垫块、引线等易损件。

2. 储存

(1)需仓储的产品,验收完毕应储存在干燥、防雨、无粉尘的地方。

(2)所有产品应包装、储存在库房内,不得堆放,且库房内不可同时储存活性化学药品和腐蚀性物品。

(3)干式电抗器不应存放于户外,需短时间户外放置的应保证包装良好,并垫以木方,垫高不小于100 mm。

十九、电力远动系统

(一)概述

电力远动系统可应用通信、电子和计算机技术采集电力系统实时数据,对电力网和远方发电厂、变电所的运行进行监控的系统,可实现遥信、遥测、遥控和遥调,即四遥。

(二)验收

(1)认证检验。在新产品定型、软件重大升级、硬件配置重大改变、与被控站设备由不同供应商集成等情形下,主站系统应通过铁路总公司认可的第三方认证机构的认证检验。

(2)出厂检验。系统出厂前应通过出厂检验,软、硬件配置应与实际项目一致。

(3)现场检验。系统投运前应通过现场检验,现场检验包括点对点试验、功能和性能试验、系统联调试验。点对点试验是指根据工程项目的信号定义表,逐个确认主站与被控站系统间所有信号点的一致性试验。功能和性能试验是检验现场系统是否满足规定的性能及功能要求。在现场的点对点试验、功能和性能试验完成后,应进行系统联调试验。现场检验不合格者,供货单位应进行处理,直至符合要求。

(三)保管与储存

1. 标志

产品标志应标明下列内容:a. 制造厂名;b. 产品名称;c. 产品型号或标记;d. 制造日期(或编号)或生产批号。

2. 包装

(1)产品应有内包装和外包装,插件、插箱应锁紧、塞好、扎牢。包装箱应有防磁、防潮、防尘、防振动、防辐射等措施。

(2)包装箱内应附有产品合格证、产品说明书、调试记录、安装图等技术资料及装箱清单、随机备品备件清单等。

(3)包装箱上应标注产品名称、型号。

3. 运输

包装好的产品,均应能适用于公路、铁路等运输,运输时应明确防护要求。

二十、直流屏

(一)概述

目前,发电厂和变电站中的电力操作电源采用的都是直流电源。直流屏就是用来供应直流电源的,可为控制负荷和动力负荷以及直流事故照明负荷等提供电源,是当代电力系统控制、保护的基础。

直流屏由交配电单元、充电模块单元、降压硅链单元、直流馈电单元、配电监控单元、监控模块单元及绝缘监测单元组成,主要应用于电力系统中小型发电厂、水电站、各类变电站和其他使用直流设备的场合(如石化、矿山、铁路等),适用于开关分合闸及二次回路中的仪器、仪表、继电保护和故障照明等。

直流屏是一种全新的数字化控制、保护、管理、测量的直流系统。监控主机部分高度集成化,采用单板结构,内含绝缘监察、电池巡检、接地选线、电池活化、硅链稳压等功能。主机配置大液晶触摸屏,各种运行状态和参数均以汉字显示,整体设计简洁,人机界面友好,符合用户使用习惯。

直流屏系统为远程检测和控制提供了强大的功能,且具有遥控、遥调、遥测、遥信功能和远程通讯接口。通过远程通讯接口,用户可远程获得直流电源系统的运行参数,还可直接设定和修改运行状态及定值,可满足电力自动化和电力系统无人值守变电站的要求。此外,直流屏还配有标准 RS232/485 串行接口和以太网接口,可方便纳入电站自动化系统。

(二)分类

1. 落地式直流屏

落地式直流屏的特点如下:

(1)落地式直流屏采用开关电源和 N+1 热备份的模块化设计。

(2)落地式直流屏充电模块可以带电热插拔,平均维护时间大幅度减少。

(3)落地式直流屏动力母线和控制母线可以由充电模块单独直接供电,可以通过降压装置热备份。

(4)落地式直流屏具备低差自主均流技术,模块间输出电流最大不平衡度低于 5%。

(5)落地式直流屏的防雷和电气绝缘措施可靠,选配的绝缘监测装置能够实时监测系统绝缘情况,确保系统和人身安全。

(6)落地式直流屏系统设计采用 IEC(国际电工委员会)、UL 等国际标准,可靠性与安全性有充分保证。

2. 壁挂式直流屏

壁挂式直流屏的特点如下:

(1)壁挂式直流电源屏采用一体化设计思想,由整流模块、监控模块、降压单元、配电单元和电池安装箱构成,适用于小型开关站、小型用户变电站及小型 10 kV 变电站系统。

(2)壁挂式直流屏具有体积小、结构简单、独立构成系统等特点;监控模块采用 LCD 汉字菜单显示,系统监控和电池自动化管理功能完善。

(3)壁挂式直流屏具有与自动化系统连接的四遥接口,有 RS232 和 RS485 两种可供选择的通讯接口,有 RTU、CDT 和 MODBUS 三种可供选择的通讯规约。

(三)验收

1. 外观验收

(1)柜体外表无脏污,无锈蚀,油漆光亮,无脱落。

(2)直流屏的安装应无倾斜、移位、变形现象,前后门都能灵活开启,开启角度大于 90°,门锁可靠。

(3)屏内应设置保护接地,接地处应有防锈措施和明显标志。

(4)屏门应使用不小于 4 mm² 的软铜线接地。

(5)电池组的布置应使有关人员易于观察每只电池的液面线,便于维护和维修。

(6)电缆孔洞封堵严密、标准。

2. 资料验收

合格证、电气图、操作规程、装箱单、安装使用说明书和检验试验报告等应齐全。

3. 功能验收

(1)充电装置正常,散热风扇运转正常。

(2)交流进线空开,直流总保险接线紧固,标志正确、清晰。

(3)联络刀闸、放电刀闸能操作灵活。

(4)各支路空开接线紧固,标志正确、清晰,指示灯信号正确。

(5)正负极电压和对地绝缘电阻正常。

(6)液晶屏显示正常,母线及各支路无报警信号。

(7)断开其他连接支路时,控制母线和动力母线对地绝缘电阻均不小于 10 MΩ。

(8)监控装置能正常显示正负极电压、充电电流、负荷电流等参数。

(9)当直流系统发生接地故障或绝缘能力低于规定值时,绝缘监察应可靠动作,声光信号应正确显示。

(10)当控制母线电压高于或低于规定值时,电压监察继电器应可靠动作,声光信号应正确显示。

(11)进行接地试验,监控装置能正确判断接地支路。

(12)断开一路交流电源空开,直流屏能自动切换到另一路。

(13)拉开部分支路空开,监控装置显示正确。

(四)保管与储存

(1)工作环境温度:0~45 ℃。

(2)空气相对湿度:不应大于85%。

(3)运行场所:无强烈振动,无大量尘埃,无腐蚀性气体,无导电性和爆炸性介质,通风良好。

二十一、交流屏

(一)概述

交流屏是用于连接电源、变压器、换流设备和其他负载,并对供电系统进行监控和保护,具有在电源和各种负载之间进行接通、断开、转换,实现规定的运行方式等控制功能的设备。

(二)分类

根据用电设备及用电量的不同,交流屏的配置有所区别,一般由电压表、电流表、开关、信号灯、保险和线路等组成,其作用就是在整个动力系统中监测总电压、电流或分支电压及电流的使用情况,可根据所需情况开、关支路。

(三)验收

1. 外观验收

铭牌、合格证清晰,符合标准。型号、规格符合设计要求。

2. 资料验收

包装清单、产品出厂合格证明书、出厂试验报告、安装和使用说明书等应齐全。

(四)保管与储存

(1)设备制造完成并通过试验后应及时包装,否则应得到切实的保护,确保其不受污损。

(2)所有部件经妥善包装或装箱后,在运输过程中尚应采取其他防护措施,以免散失、损坏或被盗。

(3)在包装箱外应标明买方的订货号、发货号。

(4)各种包装应能确保各零部件在运输过程中不致损坏、丢失、变形、受潮和腐蚀。

(5)包装箱上应有明显的包装储运图示标志。

(6)整体产品或分别运输的部件都要适合运输和装卸的要求。

(7)随产品提供的技术资料应完整无缺。

二十二、开关柜

(一)概述

开关柜是一种电气设备,其主要作用是在电力系统发电、输电、配电和电能转换的过程中,开合、控制和保护用电设备。开关柜内的部件主要有断路器、隔离开关、负荷开关、操作机构、互感器以及各种保护装置。

(二)分类及规格型号

(1)按电压等级分类:通常将 AC 1000 V 及以下称为低压开关柜(如 PGL、

GGD、GCK、GBD、MNS 等），AC 1000 V 以上称为高压开关柜（如 GG-1A、XGN15、KYN48 等），有时也将高压柜中电压为 AC 10 kV 的称为中压柜（如 XGN15 型 10 kV 环网柜）。

(2) 按电压波形分类：交流开关柜、直流开关柜。

(3) 按内部结构分类：抽出式开关柜（如 GCS、GCK、MNS 等）、固定式开关柜（如 GGD 等）。

(4) 按用途分类：进线柜、出线柜、计量柜、补偿柜（电容柜）、转角柜、母线柜。

(三) 验收

1. 外观验收

(1) 开关柜柜体：①开关柜柜体包装完好，面板螺栓紧固、齐全，表面无锈蚀及机械损伤，密封应良好。②SF_6 充气柜预充压力符合要求。

(2) 绝缘件：绝缘件包裹完好，无受潮，外表面无损伤、裂痕。

(3) 接地手车：接地手车包装完好，外观完整。

(4) 母线：母线包装箱完好，母线数量与装箱单数量一致。

(5) 充气柜 SF_6 气体：必须具有 SF_6 检测报告、合格证。

(6) 其他零部件：①组部件、备件应齐全，规格应符合设计要求，包装及密封应良好。②备品备件、专用工具同时装运，但必须单独包装，且有明显标记，以便与提供的其他设备区别。③开关柜在现场组装、安装需用的螺栓和销钉等，应多装运 10%。

2. 资料验收

(1) 图纸：a. 外形尺寸图；b. 附件外形尺寸图；c. 开关柜排列安装图；d. 母线安装图；e. 二次回路接线图；f. 断路器二次回路原理图。

(2) 技术资料：a. 开关柜出厂试验报告；b. 开关柜型式试验和特殊试验报告（含内部燃弧试验报告）；c. 断路器出厂试验和型式试验报告；d. 电流互感器、电压互感器出厂试验报告；e. 避雷器出厂试验报告；f. 接地刀闸出厂试验报告；g. 三工位刀闸出厂试验报告；h. 主要材料检验报告（绝缘件、导体镀银层、绝缘纸板等的检验报告）；i. 断路器安装使用说明书；j. 开关柜安装使用说明书。

(四) 保管与储存

1. 保管

(1) 开关柜应在防尘、防震、干燥、通风的库房内保管。库房内不能有腐蚀金属和破坏绝缘的气体存在。库房温度应保持 5～30 ℃，相对湿度不得超过 80%。

(2) 开关柜受体积、重量所限，不宜重叠码垛，应按照使用要求直立平放，柜体四面必须垂直地面,不得倾斜,以防柜架变形。

(3)保管期间应严格防潮,在柜内放置防潮剂。

2. 搬运

开关柜在搬运装卸过程中,不得倒置、翻滚,以防柜面漆层脱落、电器损坏以及柜体变形。

二十三、配电箱

(一)概述

配电箱是指挥供电线路中各种元器件合理分配电能的控制中心,是可靠接纳上端电源、正确馈出荷载电能的控制环节,体积小,安装简便,技术性能特殊,位置固定,配置功能独特,不受场地限制,应用比较普遍,操作稳定可靠,空间利用率高,占地少且具有环保效应。

(二)分类

配电箱分动力配电箱、照明配电箱和计量箱。

(三)验收

1. 资质检查

配电箱生产厂家应有"三箱类"生产资质,即有照明配电箱、动力箱、计量箱的生产资质。施工单位进行产品验收时,首先要检查厂家相关资料,其中应包括生产资质证书、检验报告、合格证,如无上述相关资料应重新进行验收。

2. 箱体的检查

箱体质量检查可参照《终端电器选用及验收规程》(CECS 107:2000)进行。按照规定,其钢板厚度不应小于1.2 mm,且不宜采用热轧钢板。对于采用冷轧钢板等材料的,应采用热镀锌或喷塑(漆)作防腐处理。对于上下开启的门,开启角度应不小于90°。外壳防护等级应按现行国家标准《外壳防护等级(IP代码)》(GB/T 4208)的规定划分,应不低于IP3X,以防止直径大于2.5 mm的固体异物进入。对于无附加设施的户外设备,第二位特征数字应至少为5,即能防止垂直成60°范围以内的淋水,或符合设计要求。

3. 元器件的检查

配电箱的终端元器件应有国家认可的低压电器检测机构出具的检测报告,小型断路器、漏电保护器必须有中国电工产品认证委员会颁发的电工产品认证合格证。对于配电箱的终端元器件,应重点核查它的参数,如型号、额定工作电流、分断能力、脱扣特性和相互配合特性是否符合设计要求及国家相应标准。对照设计图纸逐项检查，如有不达标，厂家应予更换。

4. 配线及端子排的检查

内部配线要整洁、明了，各回路引出和配出线没有打"直角弯"，导线采用国标型产品，绝缘导线的电压等级符合电路的要求；相序 L1、L2、L3 按黄、绿、红分色，三相间负荷分配符合设计系统图；保护地线（PE 线）采用黄、绿相间的绝缘线；零线宜采用淡蓝色绝缘导线；两个器件之间的导线没有中间接头；裸露铜导体与未经绝缘的金属构件之间的电气间隙大于 5.5 mm。配电箱内部的导线应根据电流大小进行选择。

端子排是常见的附件，应符合 GB/T 4026《人机界面标志标识的基本和安全规则　设备端子和导体终端的标识》的规定，连接中性线的接线端子应用字母"N"标识，保护线排用"PE"标识；接线端子排的排列要便于识别和接线，在端子排上的接线原则上接一根导线，受条件限制接头搪锡后或压接后再接至端子排；为了保证维持适合于电器元件和电路的额定电流和短路强度所需的接触压力，保护接地螺钉的最小尺寸应符合下表（表 8-15）要求。

表 8-15　接地螺钉最小尺寸

电器的约定发热电流（A）	接地螺钉最小尺寸（mm）
$I_{th} \leqslant 20$	M4
$20 < I_{th} \leqslant 200$	M6
$200 < I_{th} \leqslant 630$	M8
$630 < I_{th} \leqslant 1000$	M10
$I_{th} > 1000$	M12

（四）保管与储存

配电箱的运输和储存应符合现行国家标准 GB/T 14048.1《低压开关设备与控制设备总则》的规定，储存温度应保持 $-25 \sim 40$ ℃，搬运时自由跌落高度不大于 250 mm。

二十四、投光灯塔

（一）概述

投光灯塔是铁路站场内为满足业务需要而设置的照明设施。在不妨碍列车运行的情况下，可将灯具安装支架改进为适合铁路使用的升降式高杆照明灯，以减轻现场维修工作量。

投光灯塔一般布置在股道两侧。当需要在股道之间布置时,股道中心距离应不小于 6.5 m,布置前应提交站场设计人员以预留出灯塔位置。灯塔的具体布置方式有交叉布置和三角布置两种。

(二)分类

投光灯塔分钢筋混凝土灯塔和铁塔两种。其中,铁塔又可分为热镀锌螺栓连接和涂漆焊接两种。

(三)验收

1. 标志

在产品底部的醒目部位应装设产品标牌,其内容包括:a. 产品代号与名称;b. 产品型号;c. 制造厂家;d. 出厂日期;e. 产品型号。

2. 试验方法与检验规则

(1)型式试验。在新产品开发定型投入批量生产前或工艺、材料有较大变动时进行。其试验内容为:在灯架上加载至额定质量的 1.5 倍后升至规定高度,并在模拟设计侧向力条件下,利用经纬仪观测塔顶端的水平位移,应小于规定的挠度允许值;同时,用应变仪测定塔身重要结构件的应力值,应小于该部位材料的强度设计值。

(2)性能试验。在装配后调试时进行。

电动升降试验:连续升降 3 次,升降架运动速度为 5～8.0 m/min,电动机减速箱不得有异常现象,机构运转平稳,挂钩定位准确可靠,触点闭合及时准确,各部运转正常。

手动升降试验:手摇摇臂,按要求施加力矩,灯架应平稳升降且无卡阻现象,停止施力后,灯架运动不得出现失控。

(3)检验规则。检验项目、部位及方法如下:①按规定利用仪表测量接地电阻值,检查防雷设施安装状态,应符合规定。②按规定对焊缝接头外观进行检查。③按规定检查电触点之闭合状态,闭合定位应准确可靠,并与升降机构动作协调、联锁。④按规定进行手动提升,用弹簧测力器测定驱动施力,使力矩不大于 40 N·m。⑤按规定检查结构件,紧固件及配电箱等外部安装质量,热镀锌层、油漆应均匀覆盖外露表面。⑥按规定测量塔身垂直度、轴线偏差、横截面尺寸,安装导轮后升降架与构架配合等应符合图纸规定。⑦用水平仪测量基础表面平面度,基础地脚螺栓位置等应符合图纸要求。⑧对降落至限位点的升降架,应测定其横向最大尺寸,设于站场股道间的灯塔,其升降架外廓尺寸应满足要求。

检验方式:在产品出厂运往现场安装后逐台进行检验。

(四)保管与储存

(1)产品包装时大部件应用钢丝绑扎牢固,产品配件装箱托运,包装箱内应附装箱单和产品出厂合格证。

(2)产品配件箱应在仓库房内储存,大部件允许露天存放。

(3)产品出厂后的质量保证期为一年,正常运转、储存条件下发生的破损、锈蚀等由制造厂负责解决。

二十五、柴油发电机

(一)概述

柴油发电机是一种小型发电设备,系指以柴油等为燃料,以柴油机为原动机带动发电机发电的动力机械。整套机组一般由柴油机、发电机、控制箱、燃油箱、启动和控制用蓄电瓶、保护装置、应急柜等部件组成,主要用于应急供电。

(二)分类

(1)按使用条件分类:陆用和船用。其中,陆用机组可分为固定式和移动式(拖车式)两类,按使用要求又可分为普通型、自动化型、低噪声型和低噪声自动化型。

(2)按发电机输出电流性质分类:交流发电机组和直流发电机组。

(3)按交流同步发电机励磁方式分类:装备旋转交流励磁机励磁系统的机组和装备静止励磁机励磁系统的机组。

(4)按用途分类:常用发电机组、备用发电机组和应急发电机组。

(三)验收

1. 整机

(1)柴油机及发电机的主要参数达到额定指标,输出功率不低于额定功率的85%。

(2)柴油机负荷调节器配备合理,工作可靠。

(3)柴油发电机组紧急保安装置合理,工作可靠。

(4)各种防护装置齐全完整。

(5)机组外表清洁,无积灰,无锈蚀。

2. 电气系统

(1)励磁调压装置齐全,运行可靠。

(2)继电保护装置齐全可靠。

(3)配电装置齐全可靠。

(4)电气系统绝缘及接地保护装置齐全可靠,达到规定要求。

3. 运行

(1)机组运转正常,无异常声响,无剧烈振动,无超温现象。

(2)柴油发电机组辅助设备合理,运行达到规定要求。

(3)机组润滑装置齐全,运行时无漏油现象。

(4)机组润滑系统油压正常,油质符合要求。

(5)滤清器的滤芯完好、有效。

(6)冷却装置齐全可靠,运行时无泄漏现象。

(7)排水温度达到要求。

(8)供给油质、油压、油耗达到规定要求。

(9)各种计表齐全,运行灵敏可靠,指示正确。

(四)保管与储存

1. 短期内不使用时

(1)放净燃油。

(2)将发动机的活塞转至压缩上止点。

(3)移入室内存放,并用罩布盖好,不能放置在潮湿的地方,不要与易燃、易爆及腐蚀性物品放在一起,定期转动曲轴。

2. 长期内不使用时

(1)按短期内不使用的项目进行。

(2)清除机组表面层脏污,用压缩空气将机组内部吹干净,发电机里面放满干燥剂,用厚纸将发电机端盖上所有通风口盖好,并用绳子绑牢。

(3)将机滤、空滤等装置中的机油放净。

(4)从排气管向每个气缸注入 100~200 g 机油,将曲轴转动数十次,以便机油在气缸内均匀分布,并使活塞处于压缩上止点。

(5)取下气门室盖,用脱水机油润滑气门结构。

(6)用油纸包封排气口、空滤、燃油箱通气孔、低温启动装置的排烟口。

(7)将柴油机、发电机、联轴口、底架及发电机所有部件、工具、附件等金属表面擦洗干净,必要的地方抹油。

(8)每月摇转曲轴 1~2 次,每次摇转后均应使活塞处于压缩上止点。

二十六、电力电缆

(一)概述

电力电缆是用于传输和分配电能的电缆,由线芯(导体)、绝缘层、屏蔽层和保护层四部分组成,常用于城市地下电网、发电站引出线路、工矿企业内部供电及过江海水下输电线。

(二)分类及规格型号

1. 分类

(1)按绝缘材料分类。

油浸纸绝缘电力电缆:以油浸纸作绝缘的电力电缆,应用历史最长。油浸纸绝缘电力电缆安全可靠,使用寿命长,价格低廉,主要缺点是敷设受落差限制。自从开发出不滴流浸纸绝缘后,落差限制问题得到了解决,油浸纸绝缘电缆得以继续广泛应用。

塑料绝缘电力电缆:绝缘层为挤压塑料的电力电缆。常用的塑料有聚氯乙烯、聚乙烯、交联聚乙烯。塑料绝缘电力电缆结构简单,制造加工方便,重量轻,敷设安装方便,不受落差限制,因此广泛用作中低压电缆,且有取代黏性浸渍油纸电缆的趋势。塑料绝缘电力电缆最大缺点是存在树枝化击穿现象,这限制了它在更高电压条件下的使用。

橡皮绝缘电力电缆:绝缘层为橡胶加上各种配合剂,经过充分混炼后挤包在导电线芯上,经过加温硫化而成。橡皮绝缘电力电缆柔软,富有弹性,适合于移动频繁、敷设弯曲半径小的场合。常用作绝缘的胶料有天然橡胶和丁苯橡胶混合物以及乙丙橡胶、丁基橡胶等。

(2)按电压等级分类。

低压电缆:适用于固定敷设在交流 50 Hz、额定电压 3 kV 及以下的输配电线路上,作输送电能用。

中低压电缆:额定电压一般为 35 kV 及以下,如聚氯乙烯绝缘电缆、聚乙烯绝缘电缆和交联聚乙烯绝缘电缆等。

高压电缆:额定电压一般为 110 kV 及以上,如聚乙烯绝缘电缆和交联聚乙烯绝缘电缆等。

超高压电缆:额定电压 275~800 kV。

特高压电缆:额定电压 1000 kV 及以上。

2. 电力电缆的型号

(1)用汉语拼音第一个字母的大写表示绝缘种类、导体材料、内护层材料和结构特点。例如：Z代表油浸纸，L代表铝，Q代表铅，F代表分相，ZR代表阻燃，NH代表耐火。

(2)用数字表示外护层构成，有两位数字。无数字代表无铠装层，无外被层。第一位数字表示铠装，第二位数字表示外被，如粗钢丝铠装纤维外被表示为41。

(3)电缆型号按电缆结构的排列一般依次序为：绝缘材料、导体材料、内护层、外护层。

(4)电缆产品用型号、额定电压和规格表示。其方法是在型号后再加上说明额定电压、芯数和标称截面积的数字。

3. 型号说明

(1)类别：H表示市内通信电缆，HP表示配线电缆，HJ表示局用电缆。

(2)绝缘：Y表示聚乙烯绝缘，YF表示泡沫聚烯烃绝缘，YP表示泡沫/实心皮聚烯烃绝缘。

(3)内护层：A表示涂塑铝带黏结屏蔽聚乙烯护套，S表示铝、钢双层金属带屏蔽聚乙烯护套，V表示聚氯乙烯护套。

(4)特征：T表示石油膏填充，G表示高频隔离，C表示自承式。

(5)外护层：23表示双层防腐钢带绕包铠装聚乙烯外被层，33表示单层细钢丝铠装聚乙烯被层，43表示单层粗钢丝铠装聚乙烯被层，53表示单层钢带皱纹纵包铠装聚乙烯外被层，553表示双层钢带皱纹纵包铠装聚乙烯外被层。

(6)型号：BV表示铜芯聚氯乙烯绝缘电线，BLV表示铝芯聚氯乙烯绝缘电线，BVV表示铜芯聚氯乙烯绝缘聚氯乙烯护套电线，BLVV表示铝芯聚氯乙烯绝缘聚氯乙烯护套电线，BVR表示铜芯聚氯乙烯绝缘软线，RV表示铜芯聚氯乙烯绝缘安装软线，RVB表示铜芯聚氯乙烯绝缘平型连接线软线，BVS表示铜芯聚氯乙烯绝缘绞型软线，RVV表示铜芯聚氯乙烯绝缘聚氯乙烯护套软线，BYR表示聚乙烯绝缘软电线，BYVR表示聚乙烯绝缘聚氯乙烯护套软线，RY表示聚乙烯绝缘软线，RYV表示聚乙烯绝缘聚氯乙烯护套软线。

(7)类型代号：WD表示无卤低烟型，ZR表示阻燃型，NH表示耐火型，DH表示防火型。

(三)验收

1. 产品质量证明文件

(1)电缆应有出厂质量证明文件，包括合格证、厂家检测报告。①每盘电缆都应附有产品质量验收合格证和出厂试验报告。②电缆合格证书应标示出生产该电缆的绝缘挤出机的开机顺序号和绝缘包装文件挤出顺序号。③同型号、同批次电缆均应有抽检试验报告。

(2)电缆质量证明文件应为原件,如果是复印件,应确保复印件和原件内容一致,并加盖原件存放单位公章,注明原件存放处,并由经办人签字、注明日期。

(3)生产厂家应有营业执照、生产许可证。

2. 外观

(1)标识。①护套表面上应有制造厂名、产品型号、额定电压、计米长度和制造年月的连续标志。②标志应字迹清楚,清晰耐磨。

(2)电缆本体。①本体无形变,外护套光滑,无损伤。②电缆两端应用防水密封套密封,密封套和电缆的重叠长度不应小于 200 mm。③电缆卷绕在电缆盘上后用护板保护,护板可以用木板或钢板。④电缆型号、规格、长度应符合订货合同要求。

(四)保管与储存

(1)每个电缆盘上只能卷绕一根电缆。

(2)电缆盘的结构应牢固,筒体部分应采用钢结构,电缆盘应完好而不腐烂;盘表面上应标明制造厂名、产品型号、额定电压、起止尺寸和长度、制造年月、重量等内容,且应以箭头指示电缆的缠紧方向或电缆敷设方向。

(3)电缆盘不应平放,运输时应采取防止电缆盘滚动的措施。

(4)电缆盘在装卸时应采用专门的吊装工具,严禁将电缆盘由车上推下。

二十七、钢绞线

(一)概述

钢绞线是由多根钢丝绞合而成的钢铁制品,碳钢表面可以根据需要增加镀锌层、锌铝合金层、包铝层、镀铜层、环氧树脂层等。

(二)分类

(1)按用途分类:预应力钢绞线、电力用的镀锌钢绞线及不锈钢绞线。其中,预应力钢绞线涂防腐油脂或石蜡后包高密度聚乙烯称为无黏结预应力钢绞线。预应力钢绞线也有用镀锌或镀锌铝合金钢丝制成的。

(2)按材料特性分类:钢绞线、铝包钢绞线及不锈钢绞线。

(3)按结构分类:预应力钢绞线根据钢丝数量可分为 2 丝、3 丝、7 丝和 19 丝,最常用的是 7 丝结构。电力用的镀锌钢绞线及铝包钢绞线可根据钢丝数量分为 2 丝、3 丝、7 丝、19 丝和 37 丝等结构,最常用的是 7 丝结构。

(4)按表面涂覆层分类:(光面)钢绞线、镀锌钢绞线、环氧涂层钢绞线、铝包钢绞线、镀铜钢绞线、包塑钢绞线等。

(三)验收

(1)可委托有钢绞线检定资格的检测部门进行,依据订货合同验收,验收期自到货日起不应超过一年。

(2)检验项目。检验项目包括:a.表面及外形;b.尺寸;c.拉伸实验;d.扭转实验;e.镀锌重量试验;f.缠绕试验;g.最小破断拉力。

(3)组批规则。钢绞线应按批验收,每批应由同一结构、同一直径、同一抗拉强度级、同一锌层级别的钢绞线组成。

(4)取样数量。①每批钢绞线抽取10%(不少于一盘)进行质量检查。②从被检查的钢绞线盘的一端取样,按规定项目进行拆股试验。

钢丝试验根数:1×3结构钢绞线抽样3根,1×7结构钢绞线抽样4根(外层3根、中心1根),1×19结构钢绞线抽样7根(每层3根、中心1根),1×37结构钢绞线抽样10根(每层3根、中心1根)。

(5)复验和判定规则。经过试验的钢绞线,如果其中某项试验不合格,则该盘判为不合格产品,需另从该批其他盘中抽取双倍数量的盘复验其中不合格项目。若复验仍不合格,则该批判为不合格产品。允许逐盘检验,合格者予以交货。

(四)保管与储存

存放时,应该选择合适的仓库。仓库应有良好的通风环境,地面应该使用混凝土进行硬化处理,保证排水通畅。线盘需用方木垫起。不同批次的钢绞线需要分开存放。钢绞线上面不应该有泥土等污渍,在存放之前,应该将油污等清洁干净。

二十八、钢芯铝绞线

(一)概述

钢芯铝绞线是指单层或多层铝股线绞合在镀锌钢芯线外的加强型导线,主要应用于输电线路。

(二)分类及规格型号

钢芯铝绞线的常见型号有JL/G1A、JL/G1B、JL/G2A、JL/G2B和JL/G3A。其中,G1A和G1B指的是普通强度钢线,G2A和G2B指的是高强度钢线,G3A指的是特高强度钢线。

型号表示的差异：以 JL/G1A-240/30 型钢芯铝绞线为例，在 GB/T 1179—2008 和 GB/T 1179—2017 中以目前的 JL/G1A-240/30 表示，在 GB/T 1179—1983 中以 LGJ—240/30 表示。

(三) 验收

1. 检验试验

检验项目包括：a. 结构尺寸；b. 外观；c. 材料；d. 工艺质量；e. 铝线机械性能；f. 铝线电阻率；g. 钢丝性能；h. 长度。

2. 取样标准

(1) 绞前取样。试样应从任意一批绞线所用的圆铝线和镀锌钢丝中选取，按根数选取不少于10%的试样。每项试验的试件应从所选取的每根试样上截取。

(2) 绞后取样。试样应从任一批中按绞线根数选取约10%。每项试验的试件应从所选取的每根试样上截取。

注意：①测定镀锌钢丝伸长1%应力的试样，应在中心的钢丝上截取。②如第一次试验有不合格时，应另取双倍数量的试样就不合格的项目进行第二次试验。若仍不合格，应逐盘检查。

3. 包装及标志

(1) 绞线应成盘交货，最外一层与电缆盘侧板边缘的距离应不小于 30 mm，并妥善包装。连在一起的两根绞线，其连接处应至少剪断一半铝线，并将连接处的两边扎牢。电缆盘应符合 JB/T 8137《电线电缆交货盘》的规定。短段绞线允许成圈交货，每圈应至少捆扎三处，并妥善包装。

(2) 每盘或每圈绞线应附有标签，标明以下内容：a. 制造厂名称；b. 绞线型号及规格；c. 由外至内每根绞线的长度；d. 毛重及净重；e. 制造日期。

(四) 保管与储存

存放时，应该选择合适的仓库。仓库应有良好的通风环境，地面应该使用混凝土进行硬化处理，保证排水通畅。线盘需用方木垫起。不同批次的钢绞线需要分开存放。钢绞线上面不应该有泥土等污渍，在存放之前，应该将油污等清洁干净。

二十九、电力电缆接头

(一) 概述

电缆铺设好后，为了使其成为一个连续的线路，各段线必须连接为一个整体，这些连接点就称为电缆接头，又称电缆头。电缆线路中间部位的电缆接头称为中间接头，而线路两末端的电缆接头称为终端头。电缆接头可用于锁紧和固定进出线，起防水、防尘、防震动的作用。

(二)分类

(1)按安装场所分类：户内式和户外式。

(2)按制作安装材料分类：热缩式(最常用的一种)、干包式、环氧树脂浇注式和冷缩式。

(3)按线芯材料分类：铜芯电力电缆头和铝芯电力电缆头。

(4)按接头材质分类：塑料电缆接头和金属电缆接头。其中，金属电缆接头又分为多孔金属电缆防水接头、防折弯金属电缆接头、双锁紧金属电缆防水接头、塑料软管电缆接头和金属软管电缆接头等。

(三)验收

检验内容包括：a.交流耐压或直流耐压试验；b.局部放电试验；c.冲击耐压试验；d.恒压复合循环试验；e.短路热稳定试验；f.短路动稳定试验。

(四)保管与储存

(1)电缆终端套管储存时，应有防止机械损伤的措施。

(2)电缆附件的绝缘材料的防潮包装应密封良好，并按材料性能和保管要求储存和保管。

(3)电缆及其附件在安装前的保管期限应符合厂家要求。当需长期保管时，应符合设备保管的专门规定。

(4)电缆终端和中间接头的附件应当分类存放。为了防止绝缘附件和材料受潮、变质，除瓷套等在室外存放不会产生受潮、变质的材料外，其余材料必须存放于干燥、通风、有防火措施的室内。终端用的套管等易受外部机械损伤的绝缘件，无论存放于室内还是室外，均应放于原包装箱内，并用泡沫塑料、草袋、木料等围遮、包牢。

(5)电缆终端头和接头浸于油中部件、材料均应采用防潮包装，存放于干燥的室内，贮运过程中注意防止因密封破坏而受潮。

三十、环形混凝土电杆

(一)概述

环形混凝土电杆是用混凝土与钢筋或钢丝制成的电杆。

(二)分类

(1)按外形分类:锥形杆和等径杆。

(2)按产品的不同配筋方式分类:钢筋混凝土电杆、预应力混凝土电杆和部分预应力混凝土电杆。

(三)验收

检验项目包括:a. 外观质量;b. 尺寸偏差;c. 抗裂检验;d. 裂缝宽度检验;e. 标准检验弯矩下的挠度;f. 混凝土强度检验。

1. 批量

同型号、同材料、同工艺、同梢径(或直径)的电杆,每 1000 根为一批,若两个月内生产总数不足 1000 根、但不少于 30 根,也可作为一个检验批。

2. 抽样

(1)外观质量和尺寸偏差。每批随机抽取 10 根进行外观质量和尺寸偏差检验。

(2)力学性能。从外观质量及尺寸偏差检验合格的产品中,随机抽取 1 根进行抗裂检验、裂缝宽度检验和标准检验弯矩下的挠度检验。

3. 判定

(1)外观质量和尺寸偏差。10 根受检电杆中,不符合某一等级的电杆不超过 2 根,则判该批产品的外观质量和尺寸偏差为相应等级。

(2)力学性能。抗裂检验、裂缝宽度检验和标准检验弯矩下的挠度检验均符合规定时,判为合格。如有一项不符合规定时,允许再抽取 2 根电杆进行检验,如仍有 1 根不符合规定,则判该批产品力学性能不合格。

(四)保管与储存

1. 保管

(1)产品堆放场地应平整。

(2)产品应根据不同杆长分别采用两支点或三支点堆放。杆长小于等于12 m时,采用两支点;杆长大于12 m时,采用三支点。

(3)产品应按规格、类别、等级分别堆放。锥形杆梢径大于 270 mm 或等径杆直径大于 400 mm 时,堆放层数不宜超过 4 层。锥形杆梢径小于等于 270 mm 或等径杆直径小于等于 400 mm 时,堆放层数不宜超过 6 层。

(4)产品应堆放在支垫物上,层与层之间用支垫物隔开,每层支垫物应在同一平面上,各层支点应在同一垂直线上。

2. 运输

(1)产品在运输过程中的支承要求应符合有关规定。

(2)产品装卸过程中,梢径大于 170 mm 的电杆,每次吊运数量不宜超过 3 根;梢径小于等于 170 mm 的电杆,不宜超过 5 根;如果采取有效措施,每次吊运数量可适当增加。

(3)产品由高处滚向低处时,必须采取牵制措施,不得自由滚落。

(4)产品支点处套上一软织物(草圈等),或用草绳等捆扎,以防碰伤。

三十一、电力金具

(一)概述

电力金具是连接和组合电力系统中的各类装置,传递机械负荷、电气负荷,起某种防护作用的金属附件。

(二)分类

(1)按作用及结构分类:悬垂线夹、耐张线夹、UT 线夹、连接金具、接续金具、保护金具、设备线夹、T 型线夹、母线金具和拉线金具等。

(2)按用途分类:线路金具和变电金具。

(3)按电力金具产品单元分类:可锻铸铁类、锻压类、铝铜铝类和铸铁类。

(4)按产品执行标准分类:国标与非国标。

(5)按金具的主要性能和用途分类。

①悬吊金具(又称支持金具或悬垂线夹):主要用于悬挂导线于绝缘子串上(多用于直线杆塔)及悬挂跳线于绝缘子串上。

②锚固金具(又称紧固金具或耐线线夹):主要用于紧固导线的终端,使其固定在耐线绝缘子串上,也可用于避雷线终端的固定及拉线的锚固。锚固金具可承担导线、避雷线的全部张力,有的锚固金具也可作为导电体。

③连接金具(又称挂线零件):用于绝缘子连接成串及金具与金具的连接,可承受机械载荷。

④接续金具:专用于接续各种裸导线、避雷线。接续金具可承担与导线相同的电气负荷,大部分接续金具可承担导线或避雷线的全部张力。

⑤防护金具:用于保护导线、绝缘子等,如保护绝缘子用的均压环、防止绝缘子串上拔用的重锤及防止导线振动用的防振锤和护线条等。

⑥接触金具:用于硬母线或软母线与电气设备的出线端子的连接、导线的 T 接及不承力的并线连接等。由于这些连接处都属于电气接触,因此,要求接触金

具具有较高的导电性能和接触稳定性。

⑦固定金具(又称电厂金具或大电流母线金具):用于配电装置中的各种硬母线或软母线与支柱绝缘子的固定、连接等。大部分固定金具不作为导电体,仅起固定、支持和悬吊的作用。但由于这些金具是用于大电流,故所有元件均要求无磁滞损失。

(三)验收

1. 试验项目

试验项目包括:a. 外观;b. 尺寸;c. 组装;d. 热镀锌锌层;e. 非破坏性试验;f. 破坏荷载;g. 握力;h. 电阻;i. 温升;j. 热循环;k. 电晕和无线电干扰。

除非另有规定,一批产品不足 100 件时,不做抽样试验。批量在 100 件及以上时,抽样数量按以下公式计算:

当 $100 \leqslant n < 500$ 时,$p=4$;

当 $500 \leqslant n \leqslant 20000$ 时,$p=4+1.5n/1000$;

当 $n > 20000$ 时,$p=19+0.75n/1000$。

式中:n——金具批量;p——抽样数量(最接近的整数)。

热镀锌锌层检验的抽样数量按 DL/T 768.7 的规定执行。

2. 验收标准

如果试件全部符合要求,则该批产品为合格。如果有两件或更多的试件不能通过同一项试验,则该批产品为不合格。如果有一件试件有一项试验不符合要求,则在同批产品中抽取原抽样两倍的数量,重做该项试验,如果新试件全部符合要求,则该批产品为合格。如再有一个试件不符合要求,则该批产品为不合格。

(四)标志与包装

(1)金具必须按图样的规定,做出清晰的永久性的标志,其内容包括金具的识别标志(型号)和制造厂识别标志(厂标)。

(2)标志方法及要求:①金具的标志部位明显。②用铸造方法生产的金具,应在铸造时一并铸出标志,凹字应与金具表面在同一水平上,外加凸槽加框。③用冲压或锻造方法生产的钢制金具,应在热浸镀锌前压出标志;铝制品金具应采用压印法压出标志。

(3)对压缩型金具,应作压起讫点位置的标志;对预绞丝制品,应有安装起始位置标志。

(4)金具的包装必须保证在运输中不致因包装不良而损伤金具,必要时其包装的材质可由供需双方商定。

(5)作为导电体的金具,必须在图样规定的电气接触表面上涂以导电脂,并加套保护;铜、铝管状金具应将管口封堵,以防止在运输和储存中受到损伤或被弄脏。

(6)包装物上应标明:a.制造厂名称、厂标;b.产品名称、型号;c.包装数量、质量;d.必要的其他标志。

(7)每件包装体总质量不超过 50 kg。

(8)每件包装体应附有技术检验部门及检验员印章的产品合格证及必要的技术文件。

(五)保管与储存

(1)存放点必须是通风性能良好的干燥地区。

(2)绝缘杆等应该放置在货架上。

(3)管状金具应将管口封闭。

三十二、绝缘子

(一)概述

绝缘子是指安装在不同电位的导体之间或导体与接地构件之间,能够耐受电压和机械应力作用的器件。绝缘子种类繁多,形状各异。不同类型绝缘子的结构和外形虽有较大差别,但都是由绝缘件和连接金具两部分组成的。绝缘子是一种特殊的绝缘控件,在架空输电线路中发挥重要作用。早年间,绝缘子多用于电线杆,后逐渐发展为高型高压电线连接塔一端悬挂的盘型悬式绝缘子(通常由玻璃或陶瓷制成)。绝缘子不可因环境和电负荷条件发生变化导致的各种机电应力而失效,否则会损害整条线路的使用和运行寿命。

(二)分类

(1)按使用电压分类:高压绝缘子和低压绝缘子。

(2)按制造材料分类:瓷绝缘子、玻璃绝缘子和有机材料(环氧树脂浇注)绝缘子。

(3)按装置场所分类:户内绝缘子和户外绝缘子。

(三)验收

(1)绝缘子瓷件外露表面应均匀地上一层瓷釉,釉面应光滑,不得有显著的色调不均现象,且不应有生烧、过火和氧化起泡现象。

(2)绝缘子铁帽、绝缘体、钢脚三者应在同一轴线上,不应有明显的歪斜,钢帽应光滑,钢脚不允许松动。

(3)绝缘子金属附件的热镀锌层应连续、均匀、光滑。锌层应牢固地附着在附件上,经锌层结合强度试验后不得有起皮、剥落现象。附件与胶合剂接触的内表面,其外观质量应符合相应的附件标准规定。线路绝缘子用附件的外表面不允许缺锌。

(4)绝缘子连接用的锁紧销应采用铜质或不锈钢材料制造,并与绝缘子成套供应。

(四)保管与储存

(1)所有的绝缘子都应使用大小适合、防日晒雨淋的坚固木箱或板条箱包装。每箱装1个或3个绝缘子。每4个板条箱应用钢带与木托盘从四方捆成整体并用塑料膜覆盖。每个托盘只能装1种型号的绝缘子。

(2)绝缘子的包装应有足够的强度,以耐受运输、现场堆放期间的合理处置及随后在安装现场的搬运。

(3)应设有适合的缓冲垫、保护性衬垫、垫木或隔离块,以防止在运输和搬运时受损或变形,所用材料都应为化学惰性的、防水的,且既不黏附在绝缘子上,也不应在户外储存期间发生腐蚀。

(4)为确保货物安全到达目的地,所有的包装箱都应有正确、清晰的标记,以避免因不完善的包装、不完整或难以辨认的标记而导致货物丢失或被错误地发送。

三十三、电缆桥架

(一)概述

电缆桥架由支架、托臂和安装附件等组成,分为槽式、托盘式、梯级式和网格式等结构。建筑物内桥架可以独立架设,也可以附设在各种建(构)筑物和管廊支架上,应体现结构简单、造型美观、配置灵活和维修方便等特点,全部零件均需进行镀锌处理。安装在建筑物外露天的桥架,如果邻近海边或腐蚀区,则材质必须具有防腐、耐潮、耐冲击、高附着性和高强度等特点。

(二)分类

1. 梯级式电缆桥架

CQ1-T型梯级式电缆桥架是根据国内外有关资料改进设计的,具有重量轻、成本低、安装方便、散热、透气性好等优点,既适用于直径较大的一般电缆的敷设,也适用于高、低压动力电缆的敷设。

2. 托盘式电缆桥架

托盘式电缆桥架是石油、化工、轻工、电信等行业中应用最广泛的一种电缆桥架,具有重量轻、载荷大、造型美观、结构简单、安装方便等优点,既适用于动力电缆的安装,也适用于控制电缆的敷设。

3. 槽式电缆桥架

槽式电缆桥架是一种全封闭型电缆桥架,适用于敷设计算机电缆、通信电缆、热电偶电缆及其他高灵敏系统的控制电缆等,对控制电缆的屏蔽干扰和重腐蚀环境中电缆的防护都有较好的效果。

梯级式、托盘式、槽式电缆桥架的优缺点:梯级式电缆桥架具有良好的通风性能,但不防尘,不防干扰。槽式、托盘式电缆桥架具有防尘、防干扰性能。

4. 大跨距电缆桥架

大跨距电缆桥架一般由拉挤玻璃钢型材组装而成,适用于电力电缆、控制电缆、照明电缆及配件等。与铁制桥架相比,大跨距电缆桥架具有使用寿命长(一般设计寿命为20年)、安装方便且成本低(比重仅为碳钢的1/4,施工中无需动火,单根桥架长度可达8 m,甚至更长)、切割方便、无需维护等优点。

5. 组合式电缆桥架

组合式电缆桥架是一种新型桥架,是电缆桥架系列中的第二代产品,适用于各项工程、各种单位、各种电缆的敷设,具有结构简单、配置灵活、安装方便、形式新颖等特点。

(三)验收

1. 检验试验

检验项目包括:a. 外观检查;b. 防护层厚度检查;c. 保护电力连续性试验。

2. 铭牌

电缆桥架的每个单元都应有铭牌,铭牌应装贴在明显易见之处,铭牌材质可为铝或不干胶。下列 a 项到 e 项内容应在铭牌上给出,f 项至 h 项内容可在铭牌或其他有关资料中给出:a. 制造厂名称或商标;b. 产品名称;c. 产品型号及规格;d. 出厂年月或出厂编号;e. 外壳防护等级;f. 产品使用条件及安装环境条件;g. 产品外形尺寸及重量;h. 接地类型及接地装置。

注:外壳防护等级低于 IP30 可以不标。

3. 标志

(1)电缆桥架需接地处应设置明显的接地标志。

(2)电缆桥架在需安装支架处可设明显的标志符号。

(3)标志书写应清晰且不易损坏。

4. 包装

电缆桥架包装采取木箱包装和裸体包装两种型式。具体型式由供需双方商定,但应符合 GB/T 13384 的规定。产品包装后,每批产品应在明显易见处配置适量的标签。下列 a 项至 e 项内容应在标签上给出,包装箱中必须附上 f 项至 j 项内容的文件资料:a.产品名称;b.产品制造厂名称;c.收货单位名称;d.收、发货站;e.重量;f.装箱清单;g.产品合格证书;h.产品材质证明;i.产品使用说明书;j.出厂检验报告。

(四)保管与储存

1. 运输

电缆桥架在运输过程中不能受到机械损伤,应做好避免强烈撞击和避免直接淋雨、雪的措施。吊装时应注意起吊位置。裸体运输时,电缆桥架之间应用相应的垫衬物隔开。垫衬物最好选用半软垫,以免电缆桥架的形位变形。

2. 储存

电缆桥架储存码放时,底部应合理架起、垫空,保证通风良好。储存场所应干燥、有遮盖,应避免产品受到侵蚀。电缆桥架储存时应做到按部件分类码放,桥架之间的空间应配置适量的半软垫,以免重压变形。

三十四、电力铁塔

(一)概述

电力铁塔是输电线路中,使导线之间、导地线之间、导地线和地面、建筑物之间保持一定安全距离的钢结构架,由角钢、连接钢板和螺栓组成。

(二)分类及规格型号

(1)按电压等级分类:35 kV、66 kV、110 kV、220 kV、330 kV、500 kV、750 kV、800 kV 和 1000 kV 铁塔。

(2)按用途分类:直线塔(Z)、转角塔(J)、终端塔(D)、耐张塔(N)、分歧塔(F)、跨越塔(K)、换位塔(H)和直线转角塔(ZJ)。

(3)按铁塔形状分类:上字形(S)、叉骨形(C)、猫头形(M)、三角形(J)、羊角形(Y)、干字形(G)、V 字形(V)、酒杯形(B)、鱼叉形(Yu)、田字形(T)、王字形(W)、桥形(Q)、门形(Me)、鼓形(Gu)、正伞形(Sz)和倒伞形(Sd)。

(三)验收

(1)零件、构件运抵施工场地后,应检查其外形和几何尺寸是否符合规定和设计要求。审核图纸中铁塔类型、塔高、设计重量,记录过磅称重重量,铁塔重量偏差不得超过设计重量的 2%。塔体镀锌层应均匀,无起泡,无翘皮,无返锈。镀件厚度小于 5 mm 时,锌层厚度应不小于 65 μm;镀件厚度大于等于 5 mm 时,镀锌层厚度应不小于 86 μm;

(2)检查数量:每种规格抽查 10%,不足 5 件的全部检查。

(3)检验方法:实测检查。

(4)对于因运输、堆放和吊装等造成的钢构件变形及涂层脱落,应进行矫正和修补。

(四)保管与储存

(1)角钢的包装长度、捆扎道数及重量应便于包装、运输和标记。弯曲角钢、角钢焊接件等不能进行包捆的,可以用角钢框架或镀锌铁线包装。包捆的捆扎用角钢框架、螺栓的连接形式,或打包带捆扎形式,包装物应做防腐处理。

(2)连接板包装一般采用螺栓穿入的办法。

(3)包装应牢固,保证在运输过程中包捆不松动,避免角钢之间、角钢与包装物之间相互摩擦,损坏镀锌层。

(4)除满足合同要求外,还应在包装的明显易见的位置作标记,标注工程代号、塔型、呼称高、捆号,标记内容还应满足运输部门的规定。

(5)应注意装卸和放置场所,不得损坏包装使产品变形或镀锌层受到损坏。

第四节 接触网设备物资

一、避雷器

(一)基本作用

避雷器安装在接触网支柱上,与接触悬挂相连接,作为接触网大气过电压保护之用。接触网工作的额定电压为 25 kV,但在某种情况下会出现大大超过 25 kV 的电压,称为过电压。过电压分为操作过电压和大气过电压。大气过电压是指在接触网附近发生雷击或接触网落雷时接触网产生的过电压。这种峰值很高的过电压会使绝缘子发生闪络、被击穿,从而发生短路事故,损坏接触网设备。安装避雷器后,它能及时地将雷电引入大地,保护设备。目前,接触网上常采用电气化铁道用无间隙氧化锌避雷器。

(二)适用范围

电气化铁道用无间隙氧化锌避雷器的适用范围:a. 适用于户内外;b. 环境温

度-40~40 ℃;c. 海拔高度 2000 m 以下;d. 电源频率 48~62 Hz;e. 最大风速不超过 35 m/s;f. 地震烈度 8 度及以下地区;g. 长期施加在避雷器上的工频电压不超过避雷器的持续运行电压。

(三)基本结构

接触网防雷成套装置主要由避雷器、监测器、脱离器、支柱绝缘子及相关的安装托架和引线组成。

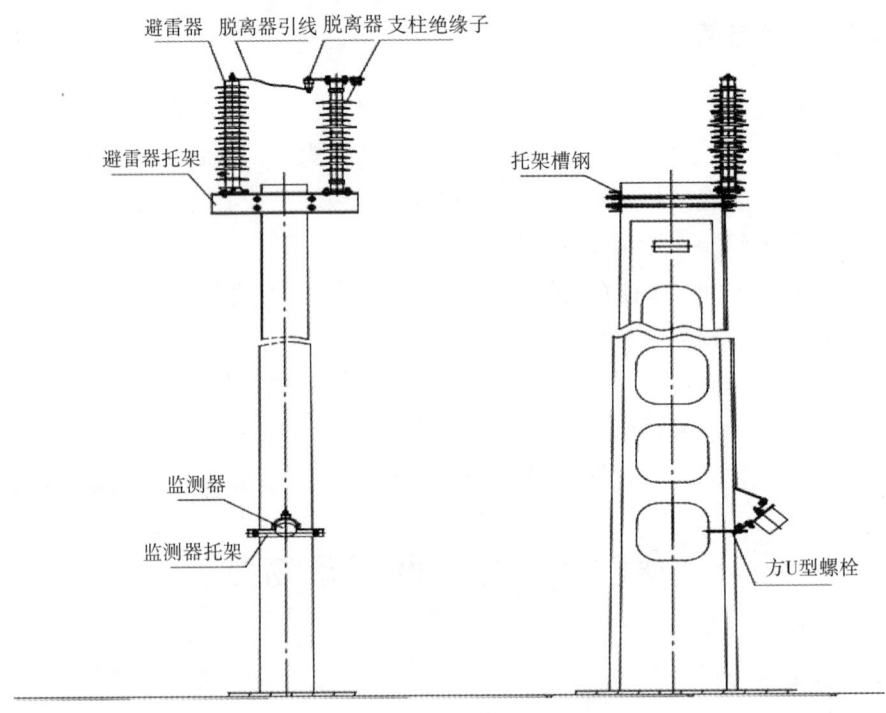

图 8-6 接触网防雷成套装置示意图

(四)基本特点

电气化铁道用无间隙氧化锌避雷器依据外套材料的不同可分为复合外套和瓷外套两种,均由接线端子和主体元件构成。主体元件内装具有优异伏安特性的氧化锌电阻片。复合外套采用憎水性的硅橡胶制成,具有优良的耐污性,与瓷外套相比还具有体积小、重量轻、安装方便等优点。在出现过电压时,氧化锌电阻片可呈低阻状态,将过电压限制到允许值以下,并且吸收一定的过电压能量,从而为电力设备提供可靠的保护。而在避雷器额定电压和系统正常运行电压下,氧化锌电阻片呈高阻状态,使避雷器仅流过很小的泄漏电流,起到与系统绝缘的作用。脱离器为避雷器的特殊附件,主要由能量元件、燃弧装置和保护元件等组成,封装在密封的容器中。一旦避雷器在异常状态下被损坏,脱离器内部将产生燃弧,能量元件因受热而被点燃,密封容器被爆破,使系统与避雷器断开,并作出明显的断开指示,从而避免发生事故。

(五)注意事项

(1)避雷器在装箱、开箱、运输、储存和安装时,应避免激烈碰撞,以防利物划伤避雷器外壳。

(2)避雷器在储存时,周围不得存在强酸、强碱或腐蚀性气体,以避免发生化学腐蚀。

(3)27.5 kV 电气化铁道用无间隙氧化锌避雷器顶端水平拉力不得大于 294 N。

(4)复合外套避雷器的伞裙不宜经常擦洗。

(5)避雷器不允许测工频放电电压,否则会损坏避雷器。

二、隔离开关

(一)基本作用

隔离开关是一种没有灭弧装置的开关设备,主要用于连通或切断接触网供电分段间的电路,增加供电的灵活性,以满足检修和不同供电方式运行的需要。当接触网需要停电作业检修时,可用隔离开关实现与正线或到发线接触网线路的可靠隔离,以保证作业及检修人员的安全和运行部分的正常工作。

(二)适用范围

隔离开关一般装设在大型建筑物(如长大隧道和长大桥梁)两端、车站装卸线、专用线、电力机车库线、机车整备线、绝缘锚段关节及分区、分相绝缘器等需要进行电分段的地方。目前,接触网采用电力系统中的 35 kV 单级隔离开关和电气化铁道专用耐污型单级隔离开关。

(三)基本结构

隔离开关由金属底座、绝缘瓷柱、导电刀闸、接地刀闸和操动机构组成,其结构如图 8-7 所示。

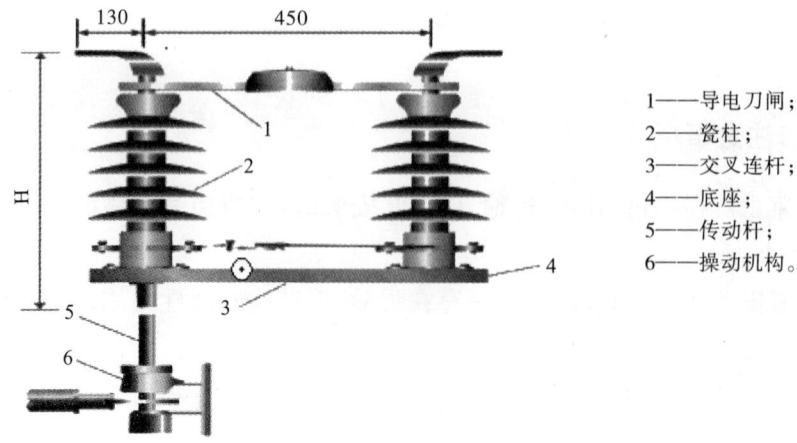

图 8-7 隔离开关

(四)基本分类

(1)按用途分类:带接地刀闸和不带接地刀闸。常见隔离开关的型号为 GW4-35、GW4-35D、GW4-25/630T、GW4-25/630TD。其中,G 表示隔离开关,W 表示户外型,4 表示产品序号,35、25 分别表示额定电压为 35 kV、25 kV,D 表示带接地刀闸,T 表示铁路专用,630 表示额定电流为 630 A。

(2)按操作次数分类:经常操作和不经常操作。

安装在车站货物装卸线、机车整备线和库线等处的隔离开关经常操作,选用带接地刀闸的 GW4-35D 或 GW4-25/630TD 型开关。在开关打开的同时,接地刀闸将接通停电铡刀闸,以保证装卸货物和检修机车人员的安全。

安装在绝缘锚段关节、分相电分段和馈线等处的隔离开关不经常操作,选用不带接地刀闸的 GW4-35、GW4-25/630T 型开关。

(3)按安装地点分类:户内型和户外型。

(4)按触头运动方式分类:水平回转式、垂直回转式、伸缩式和直线移动式。

(5)按隔离开关的级数分类:单级和三级隔离开关。

(6)按操作机构分类:手动和电动。

(五)检调标准和常见故障

1. 检调标准

隔离开关检调时,首先要确定编号及分合闸位置,检调后应恢复原状。经常操作的隔离开关,检调周期为 3~6 个月;不经常操作的隔离开关,检调周期为 9~10 个月。检调标准如下:

(1)各部分零件连接牢固,铁件无锈蚀,操作机构灵活可靠。

(2)开关瓷柱转动灵活,水平转角为 90°,误差为 1°;合闸时,刀闸触头接触紧密良好,呈水平状态,两闸刀中心线为一直线,止钉间隙为 1~3 mm。

(3)触头入槽后,用 0.05 mm×10 mm 的塞尺检查。对于线接触,塞尺应无法插入。对于面接触,接触表面宽度为 50 mm 以下时,插入深度不应超过 4 mm;接触表面宽度为 60 mm 及以上时,插入深度不应超过 6 mm。

(4)绝缘瓷柱清洁,无裂纹和放电痕迹,破损面不大于 300 mm^2;用 2500 kV 兆欧表测绝缘电阻,与前一次比较不应有明显降低,接地电阻不得大于 10 Ω。

(5)开关引线与绝缘子和接地体的间距不小于 300 mm,引线张力不大于 500 N,跨越相邻承力索时,间距应大于 400 mm。带接地闸刀的开关,在开、合过程中,接地闸刀与两主闸刀的瞬时空气间隙不小于 400 mm。

(6)开关应加锁,锁头无锈蚀,开闭方便。

(7)除铜件外的金属部件,应除锈、涂漆,铜件应涂工业凡士林。

2. 隔离开关常见故障

(1)隔离开关绝缘子破损、脏污,会造成绝缘子闪络或击穿事故。

(2)电连接引线与开关设备上的设备线夹和接触线上的电连接线夹接触不良,可引起接触线、承力索、电连接线、吊弦的烧损事故。

(3)开关引线弛度小、拉力大,会使设备线夹或支持绝缘子折断。

(4)开关主刀闸闭合不良,可使触头因长期发热而烧损。

(5)开关长期不用、未及时检修,可使传动轴锈蚀,致使开关无法正常使用。

(6)在有负载的线路上操作隔离开关,可引起电弧,烧损开关或使支撑母线爆炸。

三、分段绝缘器

(一)基本作用

分段绝缘器又称分区绝缘器,是接触网电气分段的常用设备,常安装在各车站装卸线、机车整备线、电力机车库线、专用线等处。在正常情况下,机车受电弓带电滑行通过。当某一侧接触网发生故障或因检修需要停电时,可打开分段绝缘器处的隔离开关,使该部分接触网断电,而其他部分接触网仍正常供电,从而提高接触网运行的可靠性和灵活性。

(二)适用范围

货物线及有货物装卸作业的站线、机车整备线、同一车站内不同车场之间及复线区段车站内上、下行之间因受线路条件等因素的制约,难以布置绝缘锚段关节,需设置分段绝缘器。由于分段绝缘器在材质及结构上均存在一定的问题,虽经不断改进,但仍为接触网系统的薄弱环节,因此应合理使用,尽量少用。

(三)基本结构及分类

分段绝缘器由导流滑道、绝缘部件、接头线夹和悬吊装置等零部件组成,可分为绝缘接触式分段绝缘器和非绝缘接触式分段绝缘器。

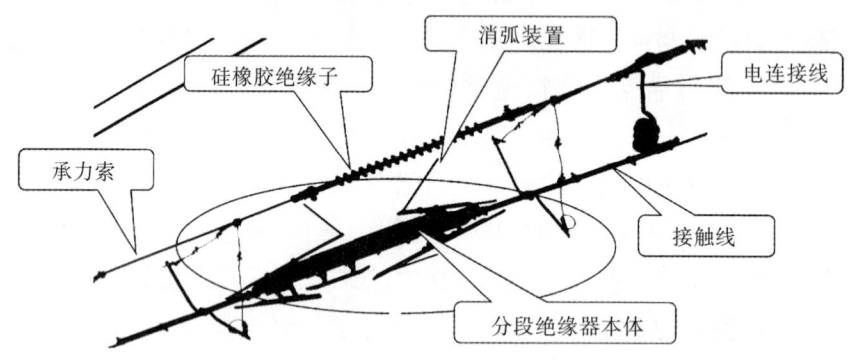

图 8-8 分段绝缘器的结构示意图

(四)验收及检验

1. 外观验收

(1)分段绝缘器的包装应保证运输时绝缘部件完好,不受损伤。

(2)包装箱上应标明产品名称、型号、适配接触线型号、产品序列号、合格证号、制造厂名称和出厂日期。

(3)分段绝缘器各部件应在明显不影响其性能的部位作出厂名的永久性标识。

(4)包装箱内至少应附有以下资料:a. 产品合格证;b. 安装使用说明书;c. 装箱单;d. 出厂检验报告。

(5)绝缘滑道应无裂纹,无伤痕,表面光洁、平直。

(6)分段绝缘器总体、绝缘滑道及各金属零配件的外观和尺寸应符合图纸要求。整体组装后,下部磨耗面应齐平。

2. 检验和试验

表 8-16 分段绝缘器检验规则

序号	检验项目	试验类型	试验方法
1	外观及尺寸检查	T,R	TB/T 2074
2	拉伸破坏试验	T	TB/T 2074
3	例行拉伸试验	R	TB/T 2074
4	起始滑动力试验	T	TB/T 2074

续表

序号	检 验 项 目	试 验 类 型	试 验 方 法
5	爬电距离	T,R	GB/T 775.1—1987 第 25 章
6	最小空气绝缘间隙	T,R	GB/T 775.1—1987 第 25 章
7	工频湿耐受电压	T	GB/T 775.2—1987 第 4 章
8	全波冲击耐受电压	T	GB/T 775.2—1987 第 7 章
9	振动试验	T	TB/T 2074
10	疲劳试验	T	TB/T 2074

注：1. T 为型式试验(改变原料配方或工艺条件时进行)；

2. R 为例行试验(出厂时的检验)。

表 8-17 绝缘部件检验规则

序号	检 验 项 目	试 验 类 型	试 验 方 法
1	例行拉伸试验	T	TB/T 2074
2	拉伸破坏试验	T	TB/T 2074
3	工频干耐受电压	T,R	GB/T 775.2—1987 第 3 章
4	工频湿耐受电压	T	GB/T 775—1987 第 5 章
5	全波冲击耐受电压	T	GB/T 775.2—1987 第 7 章
6	人工污秽耐受电压	T	GB/T 4585—2004
7	耐漏电起痕性和电蚀损性	T	GB/T 6553—2014
8	耐弧性	T	GB/T 1411—2002
9	外观及尺寸检查	T,R	TB/T 2074

注：1. 工频干耐受例行试验电压为 150 kV；

2. T 为型式试验(改变原料配方或工艺条件时进行)；

3. R 为例行试验(出厂时的检验)。

四、自动过分相装置

(一)概述

接触网上每隔 20~25 km 存在一个长度约 30 m 的电分相区，随着高速铁路的发展，列车通过电分相区的时间越来越短。例如直供区段，供电臂长 20 km，车速为 160 km/h 时，每 7.5 min 通过一个电分相区；AT 供电区段，供电臂长 40 km，车速为 300 km/h 时，每 8 min 通过一个电分相区。

传统的电力机车过分相技术是车上手动切换。电力机车通过分相区时，机车乘务员必须按照线路上设置的断合标志进行操作。接近分相区时，先将机车操纵手柄回零(降流过程)，关闭辅助机组，再断开主断路器；通过分相区后，再以相反的顺序操作。这样，受电弓是在无电流情况下进出分相区的，可保证受电弓和接触网的寿命。但这种手动操作通过分相区的主要问题是：一方面影响了行车速度，另一方面不仅耗费司机精力，增加劳动强度，而且过多地分散了司机行车的注意力。行车安全完全依赖于机车司机的注意力和技术水平，没有技术设备保障，稍有疏忽、操作不当或瞭望不及就会拉电弧烧损分相绝缘器甚至造成断线，直接危及设备及行车安全。对高坡重载区段，手动过分相会使列车大幅降速，延长咽喉区段的运行时间，降低线路运营能力。因此，传统的手动切换方式已无法适应我国电气化铁路的发展，尤其无法满足高速电气化铁路的需要，发展自动过分相技术势在必行。

目前，自动过分相技术的实现主要依赖地面自动转换电分相装置、柱上断载自动转换电分相装置及车载断电自动转换电分相装置。

（二）基本结构

目前，我国自动过分相技术主要采用车载断电自动转换电分相装置。

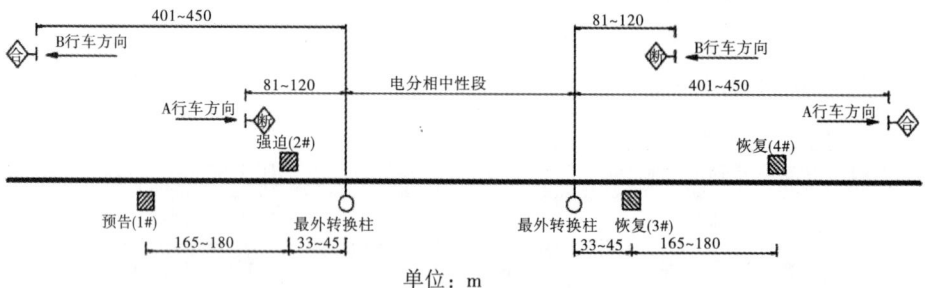

图 8-9 地面开关布置示意图

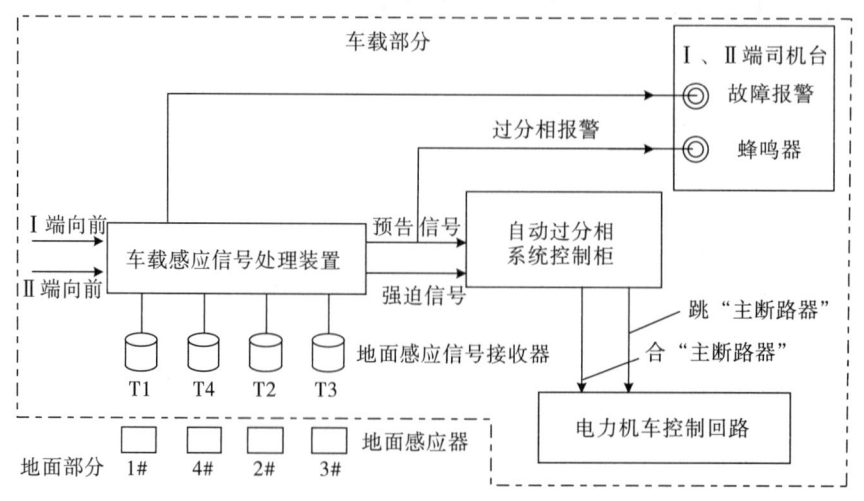

图 8-10 车载自动过分相装置结构简图

车载断电自动转换电分相装置包括 4 种设备：

地面感应装置（又称地感器）：安装在电分相区域中的相应位置，可为电力机车进行分相断电过电分相提供准确的位置信息。

车载感应接收装置（又称信息接收器）：安装在电力机车上，专门用于接收地感信息。

主电路设备：过电分相时断开、分合主电路电源的主体设备。

控制设备：实现自动化及智能化的主体设备。

(三)基本特点

(1)地面投资小,地面感应器采用免维护材料,安全可靠。

(2)机车主断只需要分断辅助机组小电流,不用切断牵引电流,对主断的电气设备寿命影响小。

(3)过分相后通过控制设备,逐渐增大牵引电流,列车冲动小,提高了乘车的舒适度。

(4)过分相的自动控制与列车速度无关,可适应低速、常速、准高速和高速的要求。

(5)预告信号检测采用两套冗余,应用表面可靠性较高。

(6)可以适应多弓运行的列车。头车在接到分相预告信号后发出命令,使各动力车同时断开主断,由各车自行判断是否通过分相区。合主断命令相继发出,可减少整个列车牵引力的损失。

五、跌落式熔断器

(一)概述

跌落式熔断器是户外高压保护电器,一般装置在配电变压器高压侧或配电线支干线路上,用作变压器和线路的短路、过载保护,分、合负荷电流。跌落式熔断器由绝缘支架和熔丝管组成;静触头安装在绝缘支架两端,动触头安装在熔丝管两端;熔丝管由内层的消弧管和外层的酚醛纸管或环氧玻璃布管组成。

跌落式熔断器在正常运行时,熔丝管借助熔丝张紧后形成闭合位置。当系统发生故障时,故障电流使熔丝迅速熔断,形成电弧,消弧管受电弧灼热分解出大量的气体,使管内压力升高,并沿管道形成纵吹,电弧被迅速拉长而熄灭。熔丝熔断后,下部动触头因失去张力而下翻,锁紧机械,释放熔丝管;熔丝管跌落,形成明显的开断位置。当需要拉负荷时,用绝缘杆拉开动触头,此时主动、静动触头仍然接触;继续用绝缘杆拉动触头,辅助触头也分离,在辅助触头之间产生电弧,电弧在灭弧罩狭缝中被拉长,同时灭弧罩产生气体,在电流过零时,将电弧熄灭。

(二)使用条件

熔断器适用于环境温度为-30~40 ℃,海拔不超过 1000 m,风速不大于 35 m/s 的场所。

熔断器不适用于以下场所:a.有燃料或爆炸危险的场所;b.有剧烈震动或冲击的场所;c.易发生电化学腐蚀及有严重空气污染的场所。

(三)基本结构

熔断器由基座和消弧装置两部分组成。灭弧管下端装有可能转动的弹簧支架,始终使熔丝处于紧张状态,以保证灭弧管在合闸位置的自锁。线路与变压器过载或短路时,熔丝熔断并迅速从灭弧管中抽出。灭弧管设计为逐级排气式,可解决在同一熔断器上开断大小电流的矛盾。

(四)型号说明

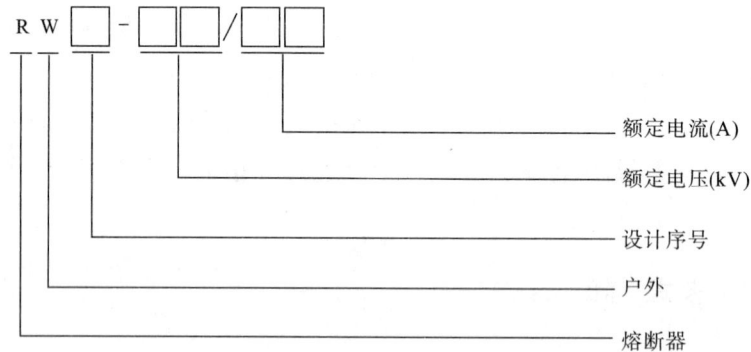

图 8-11 跌落式熔断器型号说明

(五)主要技术参数

表 8-21 跌落式熔断器的主要技术参数

型号	额定电压/kV	额定电流/A	开断电流/A	冲击电压/kV	工频耐压/kV	爬电距离/mm	重量/kg	外形尺寸/cm
RW3	10	100	6300	100	42	230	6.2	48×27×12
RW3	10	200	8000	100	42	230	6.5	48×27×12
HRW3	10	100	6300	100	42	230	6.2	48×27×12
HRW3	10	200	8000	110	42	230	6.2	48×27×12
RW7	10	100	6300	110	42	230	6.2	48×27×12
RW7	10	200	8000	110	42	230	6.5	48×27×12
HRW7	12	100	6300	110	42	230	6.2	48×27×12

续表

型号	额定电压/kV	额定电流/A	开断电流/A	冲击电压/kV	工频耐压/kV	爬电距离/mm	重量/kg	外形尺寸/cm
HRW7	12	200	8000	110	42	230	6.2	48×27×12
RW10-10F	12	100	6300	110	42	260	7.5	53×32×12
RW10-10F	12	200	8000	110	42	260	7.5	43×32×12
HRW10	12	100	6300	110	42	260	7.5	53×32×12
HRW10	12	200	8000	110	42	260	7.5	53×32×12
RW12	15	100	10000	110	40	250	7.5	40×34.5×11
RW12	15	200	12000	110	40	250	7.5	40×34.5×11
RW12	24	100	8000	150	65	540	12	49×35×14
RW12	24	200	12000	150	65	540	12	49×35×14
RW12	30	100	6000	170	70	700	15	56×38×14.5
RW12	30	200	8000	170	70	700	15	56×38×14.5
RW12	33	100	10000	170	70	720	15.5	57×38×14.5
RW12	33	200	12000	170	70	720	15.5	57×37×14.5
RW12	11	100	6000	110	42	340	7.5	49×27×11.5
RW12	11	200	8000	110	42	340	7.5	49×27×11.5
RW11	36	100	6000	110	42	340	16	90×40×13
RW11	36	200	8000	170	70	870	16	90×40×13
RW5	33	100	8000	170	70	820	27.5	67×17×15
RW5	33	200	10000	170	70	820	27.5	68×17×15
HRW9	10	100	6300	110	42			
HRW9	10	300	8000	110	42			

(六)注意事项

(1)检查绝缘子有无损伤、裂纹,拆开上、下引线后,用 2500 V 兆欧表测试绝缘电阻(应大于 300 MΩ)。

(2)检查熔断器转动部位是否灵活,是否有锈蚀、转动不灵等异常情况,零部件是否损坏,弹簧有否锈蚀。

(3)熔断器额定电流与熔体及负荷电流值应匹配。

(4)应防止有害气体或氧化物对熔断器造成侵蚀。

(5)不使用的熔断器应置于防潮的木箱内,存放于空气流通、相对湿度不高于 85% 的仓库中。

六、电压互感器

(一)概述

电压互感器和变压器类似,是用来变换线路上的电压的仪器。但是,变压器变换电压是为了输送电能,因此容量很大,一般以千伏安或兆伏安为计量单位;而电压互感器变换电压主要是为了给测量仪表和继电保护装置供电,测量线路的电压、功率和电能,或者在线路发生故障时保护线路中的贵重设备、电机和变压器,因此电压互感器的容量很小,一般都只有几伏安、几十伏安,最大也不超过一千伏安。专用于电气化铁路的测量用和保护用电压互感器是由传统电压互感器发展而来的,其电压等级主要是电气化铁路使用的电压等级,如 27.5 kV、55 kV 等。

(二)分类

(1)按安装地点分类:户内式和户外式。额定电压在 35 kV 及以下的多制成户内式;35 kV 以上的则制成户外式。

(2)按相数分类:单相和三相式。额定电压在 35 kV 及以上的不能制成三相式。

(3)按绕组数目分类:双绕组和三绕组电压互感器。其中,三绕组电压互感器除一次侧和基本二次侧外,还有一组辅助二次侧,供接地保护用。

(4)按绝缘方式分类。

干式电压互感器:结构简单,无着火和爆炸危险,但绝缘强度较低,只适用于 6 kV 以下的户内式装置;

浇注式电压互感器:结构紧凑,维护方便,适用于 3 kV~35 kV 户内式配电装置。

油浸式电压互感器:绝缘性能较好,可用于 10 kV 以上的户外式配电装置。

充气式电压互感器:用于 SF_6 全封闭电器中。

(5)按工作原理分类。

电磁式电压互感器:利用电磁感应原理按比例变换电压或电流的设备。

电容式电压互感器:由串联电容器分压,再经电磁式互感器降压和隔离,可以为表计和继电保护回路提供工作电压,还可以将载波频率耦合到输电线,用于长途通信、远方测量、选择性的线路高频保护、遥控、电传打字等。

电子式电压互感器:由连接到传输系统和二次转换器的一个或多个电压或电流传感器组成的一种装置,用以传输正比于被测量的量,供给测量仪器、仪表和继电保护或控制装置。

(三)型号说明

电压互感器型号由以下几部分组成,各部分字母、符号表示内容:
第一位:字母,J 表示电压互感器。
第二位:字母,D 表示单相;S 表示三相。
第三位:字母,J 表示油浸;Z 表示浇注。
第四位:数字,表示电压等级(kV)。
例如:JDJ-10 表示单相油浸电压互感器,额定电压为 10 kV。

七、预应力钢筋混凝土支柱

(一)概述

众所周知,混凝土抗拉能力不足,但抗压能力较好。因此,实际上不可能用单一的混凝土来加工承受弯矩的支柱,多采用配筋的方法来提高混凝土支柱的强度。采用预应力技术可以进一步提高支柱强度,得到预应力钢筋混凝土支柱。这种支柱在安装、使用之前,其中的混凝土处于受压状态,而钢筋则处于受拉状态。当支柱承受负载以后,混凝土里将出现拉应力,其数值等于弯矩引起的拉应力与预压应力之差。受拉层里的钢筋的总张力等于预拉应力和弯矩作用引起的拉应力之和。但是,这不会使支柱承受负载的能力受到什么限制,因为此时钢筋还远没有达到满载。

目前,我国电气化铁路广泛采用预应力钢筋混凝土支柱。与钢柱相比,预应力钢筋混凝土支柱的优点是减少了金属材料的使用量,成本较低,使用寿命长,使用中无需进行维修。钢筋混凝土支柱的缺点是比较笨重,且经不起碰撞,因此在运输、装卸和施工中应小心谨慎。

(二)分类

(1)按外观形态分类:矩形横腹杆式和等径圆支柱。

矩形横腹杆式支柱截面为"工"字形,采用带腹孔的横腹结构。这种结构便于上下攀登,利于维修和检查。同时,针对接触网负载的方向性(一般垂直于线路方向承受一定方向弯矩),在支柱受拉一侧增加配筋,提高了高强度钢筋的利用率。但是,这种支柱的生产工艺比较复杂,且运输中容易损坏。矩形横腹杆式混凝土支柱是我国电气化铁道中使用最为广泛的支柱类型。

等径圆钢筋混凝土支柱是一种上下直径相等的圆形支柱。这种支柱表面平滑,加工制造较容易,安装时不受方向性的限制,且受力均匀,运输方便,损耗率低,制造长度比较灵活。缺点是钢筋材料的利用率较低,攀登支柱较困难,不利于维修。目前,主要有 350 mm 和 400 mm 两种直径的等径圆支柱。这种支柱目前在我国电气化铁路区段中主要用作受力较大的锚柱、转换柱和硬横跨支柱。

(2)按钢筋混凝土支柱基础的设置方法分类:整体式支柱和具有独立基础的支柱。整体式支柱的地下部分可起基础的作用,埋置深度一般为 3000 mm 左右。而具有独立基础的钢筋混凝土支柱,要设置专门的混凝土基础,大大增加了混凝土和钢材的耗量,而且需分两个阶段进行作业,提高了施工成本。目前,我国使用的横腹杆式混凝土支柱多属于整体式支柱,等径圆支柱多需要制作杯形混凝土基础或法兰盘连接基础。

(三)型号与参数

1. 横腹杆式钢筋混凝土支柱

表 8-19 横腹杆式钢筋混凝土支柱型号规格表

支柱型号	支柱容量/(kN·m)	柱长/m			柱底尺寸/mm		柱顶尺寸/mm		锥度		使用范围
		L	L_1+L_3	L_2	h_1	b_1	h_2	b_2	i_1	i_2	
$H\frac{38}{8.7+2.6}$	38	11.3	8.7	2.6	550	290	267	196	$\frac{1}{40}$	$\frac{1}{120}$	腕臂支柱
$H\frac{78}{8.7+3.0}$	78	11.7	8.7	3.0	705	291	413	213	$\frac{1}{40}$	$\frac{1}{150}$	
$H\frac{93}{8.7+3.0}$	93	11.7	8.7	3.0	705	291	413	213	$\frac{1}{40}$	$\frac{1}{150}$	
$H\frac{60}{9.2+3.0}$	60	12.2	9.2	3.0	705	291	400	210	$\frac{1}{40}$	$\frac{1}{150}$	
$H\frac{38}{8.2+2.6}$	38	10.8	8.2	2.6	550	290	280	200	$\frac{1}{40}$	$\frac{1}{120}$	
$H\frac{78}{8.2+3.0}$	78	11.2	8.2	3.0	705	291	425	217	$\frac{1}{40}$	$\frac{1}{150}$	
$H\frac{93}{8.2+3.0}$	93	11.2	8.2	3.0	705	291	425	217	$\frac{1}{40}$	$\frac{1}{150}$	
$H\frac{60}{8.7+3.0}$	60	11.7	8.7	3.0	705	291	413	213	$\frac{1}{40}$	$\frac{1}{150}$	
$H\frac{90}{12+3.5}$	90	15.5	12	3.5	920	403	300	300	$\frac{1}{25}$	$\frac{1}{150}$	软横跨支柱
$H\frac{130}{12+3.5}$	130	15.5	12	3.5	920	403	300	300	$\frac{1}{25}$	$\frac{1}{150}$	
$H\frac{150}{12+3.5}$	150	15.5	12	3.5	920	403	300	300	$\frac{1}{25}$	$\frac{1}{150}$	
$H\frac{170}{12+3.5}$	170	15.5	12	3.5	920	403	300	300	$\frac{1}{25}$	$\frac{1}{150}$	

注:表内腕臂支柱 8.7 m 高的用于半补偿链形悬挂,8.2 m 高的用于全补偿链形悬挂。锚柱中 9.2 m 高的用于半补偿链形悬挂,8.7 m 高的用于全补偿链形悬挂。

钢筋混凝土支柱型号中字母和数字的意义如下:以 $H\frac{38}{8.7+2.6}$ 为例,其中 H

表示钢筋混凝土支柱,38 表示支柱容量(kN·m),8.7 表示支柱露出地面高度(m)(见上表注),2.6 表示支柱埋入地下的深度(m)。

支柱容量是指支柱所能承受的最大许可弯矩值。钢筋混凝土支柱的支柱容量是指支柱的地面处所能承受的最大许可弯矩值。

2. 等径圆钢筋混凝土支柱

接触网采用的圆支柱为环形等径预应力钢筋混凝土支柱,简称圆支柱,可按径分为两种(400 mm 和 350 mm)。

表 8-20 ϕ400 环形等径支柱规格技术参数

型 号	容量/(kN·m)	长度/m	杆径/mm	标准弯矩/(kN·m)	参考重量/(kg/m)	适用范围
GQ$\frac{60}{11+3}\phi$400	60	14	400	60	215	腕臂柱
GQ$\frac{80}{11+3}\phi$400	80	14	400	80	215	锚柱
GQ$\frac{100}{11+3}\phi$400	100	14	400	100	215	锚柱
GQ$\frac{60}{9+3}\phi$400	60	12	400	60	215	腕臂柱
GQ$\frac{80}{9+3}\phi$400	80	12	400	80	215	锚柱

表 8-21 ϕ350 环形等径支柱规格技术参数

型 号	容量/(kN·m)	长度/m	杆径/mm	标准弯矩/(kN·m)	参考重量/(kg/m)	适用范围
GQ$\frac{40}{11+3}\phi$350	40	14	350	40	190	腕臂柱
GQ$\frac{50}{11+3}\phi$350	50	14	350	50	190	腕臂柱
GQ$\frac{60}{11+3}\phi$350	60	14	350	60	195	锚柱
GQ$\frac{40}{9+3}\phi$350	40	12	350	40	190	腕臂柱
GQ$\frac{50}{9+3}\phi$350	50	12	350	50	190	腕臂柱
GQ$\frac{60}{9+3}\phi$350	60	12	350	60	195	锚柱

型号中 GQ 表示高强支柱,其余字母和数字与横腹杆式混凝土支柱型号中所表示的意义相同。

(四)验收及储存

1. 横腹杆钢筋混凝土支柱

(1)外观质量验收。

表 8-22 横腹杆钢筋混凝土支柱外观质量指标

序号	内容	项点类别	项目要求
1	裂缝	A	①翼缘不允许有裂缝,但龟裂、水纹不在此限; ②横腹杆不应有裂缝(包括支柱翼缘与横腹杆联结处),但当一根横腹杆裂缝数不超过 2 条、支柱每侧横腹杆总裂缝数不超过 5 条且未贯通时,允许修补; ③下部第一芯模孔下腹板处的裂缝不应超过 2 条,允许修补; ④其他部位的裂缝(也包括紧靠矩形截面处的变截面段)不应多于 2 条,且裂缝宽度不应大于 0.1 mm,长度不应延长到裂缝所在截面高度的 1/2,允许修补
2	碰伤、掉角	B	①翼缘不应有碰伤、掉角,但当碰伤深度不超过主筋保护层厚度时,允许修补; ②其他部位不应有碰伤,但当碰伤面积不大于 100 cm² 时,允许修补
3	漏浆	B	翼缘不应漏浆,但当漏浆深度不大于主筋保护层厚度且累计长度不大于柱高的 5‰ 时,允许修补
4	露筋	A	支柱表面不允许露筋
5	蜂窝	A	支柱表面不允许有蜂窝
6	麻面、粘皮	B	支柱表面不应有麻面和粘皮,但当局部麻面和粘皮面积不大于 25 cm² 且未露主筋时,允许修补
7	预留孔	B	预留孔不应倾斜,且应贯通

(2)储存。①支柱按"工"字形截面正立方向堆置,堆放场地应平整。②支柱采用两点堆放,支点应避开孔洞。但腕臂支柱左支点可向左移动 2.3 m,向右移动 0.6 m,右支点可左右移动 0.8 m;软横跨支柱左支点可左右移 1.1 m,右支点可左右移动 0.8 m。③支柱应按规格分别堆放,其堆放层数应根据支柱强度、地基耐压力及堆垛稳定性而定。在保证基础不下沉、不倾斜的情况下,软横跨支柱堆放层数应不超过 3 层,腕臂支柱层堆放数应不超过 5 层。④支柱堆垛应一顺堆置。在支点上,层与层之间应放置不小于 60 mm×80 mm 的垫木;与地面接触的一层,应放置不小于 100 mm×200 mm 的垫木;带底座法兰盘的支柱垫木均不小于 240 mm×300 mm。各层支点应在同一垂直线上。

2. 等径圆钢筋混凝土支柱

(1)外观质量验收。

表 8-23 等径圆钢筋混凝土支柱外观质量指标

序号	项目名称	项点类别	技术要求
1	裂缝	A	不得有环向或纵向裂缝,但龟裂、水纹和法兰盘上钢混结合部无规则裂纹不在此限
2	漏浆	B	①合缝处不应漏浆,但漏浆深度不大于 10 mm、每处漏浆长度不大于 300 mm、累计长度不大于柱高的 10% 或对称漏浆的搭接长度不大于 100 mm 时,允许修补; ②法兰盘与柱身结合面不应漏浆,但漏浆深度不大于 10 mm、环向漏浆长度不大于周长的 1/4 时,允许修补
3	碰伤	B	局部不应碰伤,但当深度不大于 10 mm、端部环向碰伤长度不大于周长的 1/4 且纵向长度不大于 50 mm 时,允许修补
4	露筋	B	内外表面均不应露筋
5	塌落	A	内表面不应有塌落
6	蜂窝	A	外表面应光洁、平直,不应有蜂窝
7	麻面、粘皮	B	每米长度内麻面或粘皮总面积不大于相同长度外表面积的 5% 时,允许修补

注:A 为关键项点,B 为主要项点。

(2)储存。①支柱堆放场地应平整。②所有类型的支柱均采用两支点堆放。③支柱应按规格分别堆放,堆放层数不宜超过 6 层。④支柱应堆放在支垫物上,层与层之间用支垫物隔开,每层支垫物应在同一平面上,各层支点应在同一垂直面上。⑤法兰型支柱堆放时,法兰盘不准受力。

(五)出厂证明书

出厂证明书应包括下列内容:a. 制造企业名称、地址;b. 执行标准;c. 生产日期、出厂日期;d. 产品规格;e. 混凝土抗压强度检验结果;f. 纵向受力钢筋抗拉强度检验结果;g. 质量检验结果;h. 制造企业技术检验部门签章。

八、接触网钢支柱

(一)概述

接触网钢支柱是由角钢焊接成的立体桁架结构式支柱,具有重量轻、容量大、耐碰撞、运输及安装方便等优点,在接触网工程(特别是较大的站场)中应用广泛。但此类支柱存在用钢量大、造价高、耐腐蚀性能差等缺点,需定期进行除锈、涂漆防腐,且维修不便。从节约钢材及方便运营维护的角度出发,要求尽量少采用接触网钢支柱。目前,涂漆防腐已改为热镀锌防腐,提高了防腐性能,延长了维修周期。钢支柱主要用作跨越股道比较多、需要支柱高度较高、容量较大的软横跨、硬横跨支柱,也可作为桥梁墩台上安装的桥支柱。

钢支柱立在以钢筋混凝土浇成的基础之上,基础可以稳定钢柱避免其倾斜及下沉。配合不同支柱类型及土壤性质,有不同基础类型以适应不同悬挂受力要求。钢支柱通过埋入在基础当中的螺栓与基础连接,然后再用混凝土封住连接部分(称为基础帽)。

(二)分类

格构式钢柱为一立体桁架结构,分为软横跨钢柱和直腿桥钢柱。格构式钢柱的规格、外形尺寸及标准检验弯矩见表8-24、表8-25。

表8-24 软横跨钢柱的规格、外形尺寸及标准检验弯矩

钢柱规格	标准检验弯矩/(kN·m) M_k	柱高/m L	柱底尺寸/mm h_1	柱底尺寸/mm b_1	柱底尺寸/mm h_2	柱底尺寸/mm b_2
$Gs\dfrac{150}{13}$	150	13	1000	600	500	400
$Gs\dfrac{200}{13}$	200					
$G\dfrac{150}{13}$	150					
$G\dfrac{200}{13}$	200					
$G\dfrac{250}{13}$	250					
$G\dfrac{200}{15}$	200	15	1200	800	400	400
$G\dfrac{250}{15}$	250					
$G\dfrac{300}{15}$	300					
$G\dfrac{350}{15}$	350					
$G\dfrac{400}{15}$	400					
$G\dfrac{450}{15}$	450	15	1200	800	400	400
$G\dfrac{500}{15}$	500					
$G\dfrac{550}{15}$	550					
$G\dfrac{600}{15}$	600					

续表

钢柱规格	标准检验弯矩/(kN·m) M_k	柱高/m L	柱底尺寸/mm h_1	柱底尺寸/mm b_1	柱底尺寸/mm h_2	柱底尺寸/mm b_2
$Gz\dfrac{200}{15}$	200	15	800	600	400	300
$Gz\dfrac{250}{15}$	250					
$Gz\dfrac{300}{15}$	300					
$Gz\dfrac{350}{15}$	350					
$Gz\dfrac{400}{15}$	400					
$Gz\dfrac{450}{15}$	450					
$G\dfrac{250-250}{15}$	250—250	15	1200	1200	400	400
$G\dfrac{300-250}{15}$	300—250					
$G\dfrac{350-250}{15}$	350—250					
$G\dfrac{400-250}{15}$	400—250					
$G\dfrac{450-250}{15}$	450—250					
$G\dfrac{650}{20}$	650	20	1800	1000	600	600
$G\dfrac{800}{20}$	800					

表 8-25 直腿桥钢柱的规格、外形尺寸及标准检验弯矩

钢柱规格	标准检验弯矩/(kN·m) M_k	柱高/m L	柱底尺寸/mm h_1	柱底尺寸/mm b_1	柱底尺寸/mm h_2	柱底尺寸/mm b_2
$Gq\dfrac{80}{9}$	80	9	800	600	480	415
$Gq\dfrac{100}{9}$	100					
$Gq\dfrac{120}{9}$	120					
$Gq\dfrac{200}{9}$	200					

续表

钢柱规格	标准检验弯矩/(kN·m) M_k	柱高/m L	柱底尺寸/mm h_1	柱底尺寸/mm b_1	柱底尺寸/mm h_2	柱底尺寸/mm b_2
$Gq\dfrac{80}{11.5}$	80	11.5	800	600	390	365
$Gq\dfrac{100}{11.5}$	100					
$Gq\dfrac{120}{11.5}$	120					
$Gq\dfrac{200}{11.5}$	200					
$Gq\dfrac{80}{12}$	80	12	800	600	370	355
$Gq\dfrac{100}{12}$	100					
$Gq\dfrac{120}{12}$	120					
$Gq\dfrac{200}{12}$	200					
$Gq\dfrac{80}{12.5}$	80	12.5	800	600	350	350
$Gq\dfrac{100}{12.5}$	100					
$Gq\dfrac{120}{12.5}$	120					
$Gq\dfrac{200}{12.5}$	200					

(三)型号说明

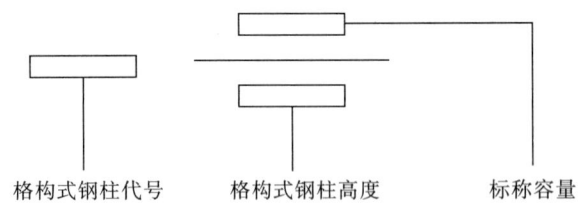

图 8-12 格构式钢柱规格结构

格构式钢柱代号:格构式钢柱用 G 表示;格构式双线腕臂柱用 Gs 表示;格构式窄型钢柱用 Gz 表示;格构式直腿桥钢柱用 Gq 表示;钢柱作打拉线下锚柱使用时,用 Gm 表示。

标称容量:表示钢柱标称容量,单位为千牛·米(kN·m)。此项为一项者,表示垂直线路方向的标称容量;此项为两项者,为不打拉线下锚柱,第一项表示垂直线路方向的标称容量,第二项表示平行线路方向的标称容量。

格构式钢柱高度:表示格构式钢柱高度,单位为米(m)。

例如,$G\dfrac{350}{15}$ 表示标称容量为 350 kN·m 的格构式钢柱,其柱高为 15 m。

(四)验收与检验

1. 外观验收

格构式钢柱的外观质量检查主要以目测为主。格构式钢柱的外形基本尺寸用钢卷尺、钢直尺和游标卡尺测量。

2. 检验项目

(1)出厂检验。检查项目包括外观质量、尺寸偏差、锌层厚度及标准检验弯矩和标准检验弯矩下的挠度检验。

(2)型式试验。检验项目包括外观质量、尺寸偏差、锌层质量及标准检验弯矩、标准检验弯矩下的挠度和承载力检验弯矩检验。

(五)标志与出厂证明书

(1)格构式钢柱应设置标志牌,其内容应包括:制造厂名、产品名称、规格型号和生产日期。

(2)格构式钢柱包装应按协议要求的包装方法和包装限重等规定进行。如协议无规定时,一般不包装。

(3)出厂质量证明书应包括下列内容:a. 证明书编号;b. 执行标准编号;c. 制造厂厂名(或厂标)及地址;d. 产品规格数量及制造年月;e. 质量检验结果;f. 制造厂检验部门签章。

(六)保管及运输

(1)格构式钢柱存放场地平整坚实,无积水。格构式钢柱应按种类、型号分区存放,格构式钢柱底层木垫枕应有足够的支撑面,以防止支点下沉。相同型号的格构式钢柱叠放时,各层格构式钢柱的支点应在同一垂直线上,堆放不应超过4层,层间应设垫层,以防止格构式钢柱被压坏或变形。

(2)吊装格构式钢柱每次不应超过1根,且宜采用两点吊装。

(3)格构式钢柱在装车、运输和卸车时,应妥善固定,保证不发生变形,不损伤锌层。格构式钢柱发运应按交通运输部门的规章办理。

(4)不允许以人工从车上推下格构式钢柱的方式卸车。

九、吊柱

(一)适用范围

本部分适用于电气化施工工程中硬横跨吊柱、硬横梁、隧道内吊柱等。

(二)分类

常用吊柱根据形状可分为矩形和圆形两种。硬横跨及多线路腕臂用吊柱的规格(mm)为160×120×10×3000;双线隧道内悬挂支撑腕臂结构用吊柱的规格(mm)为100×180×8×2200。隧道内吊柱设斜撑,由厂家提供尺寸及长度。硬横梁吊柱应包括与横梁的连接板及连接件和吊柱的封堵板。隧道内吊柱应包括与隧道的连接板及连接件、吊柱的封堵板和斜撑及连接件。

(三)技术性能要求

吊柱的结构性能包括标准检验弯矩、承载力检验弯矩和挠度检验。以设计图纸作为检验依据,隧道三角旋转腕臂双线隧道吊柱工作状态时垂直线路弯矩 M_x 不大于 20 kN·m,顺线路弯矩 M_y 不大于 10 kN·m,并应符合下列要求:

(1)吊柱加载至标准检验弯矩时,导高处挠度不大于 50 mm,且隧道吊柱挠度值 $f \leqslant 1L\%$,其中 L 为吊柱长度。

(2)吊柱加载至承载力检验弯矩(为标准检验弯矩的150%)时,各构件不应产生明显的屈服,锌层不剥离、不凸起。

(四)检验与验收

1. 出厂检验

检验项目包括外观质量、尺寸偏差、锌层厚度及标准检验弯矩和标准检验弯矩下的挠度检验。

2. 型式试验

检验项目包括外观质量、尺寸偏差、锌层厚度、防腐性能、标准检验弯矩、标准检验弯矩下的挠度和承载力检验弯矩检验。

3. 检验项目及检验方法

表8-26 吊柱的检验项目及检验方法

序号	检验项目	检验方法
1	外观质量和尺寸偏差	TB/T 2921

续表

序号	检验项目	检验方法
2	锌层厚度	GB/T 2694
3	锌层附着性	GB/T 2694
4	锌层均匀性	GB/T 2694
5	结构性能	

(五)标志、包装、运输和储存及出厂证明书

标志、运输和储存及出厂证明书应符合 GB/T 25020.1—2010 的有关规定。吊柱的包装应满足长距离运输的需要。

十、H 形钢柱

(一)适用范围

本部分适用于电气化铁路接触网 H 形钢柱,城市轨道交通采用的同类接触网 H 形钢柱可参照本部分执行。

(二)验收及检验

1. 外观验收

H 形钢柱的外观质量检查主要以目测为主。H 形钢柱的外形尺寸用钢卷尺、钢直尺和游标卡尺测量。

2. 锌层及涂层质量检验

检验项目包括:a. 锌层厚度;b. 锌层附着性;c. 锌层均匀性;d. 涂层质量;e. 涂层附着力。

3. 结构性能检验

结构性能检验应在锌层及涂层质量检验合格后进行。

4. 检验规则

(1)出厂检验。检查项目包括外观质量、尺寸偏差、锌层厚度及标准检验弯矩和挠度检验。有涂装要求的 H 形钢柱,尚需进行涂层厚度检验。

(2)型式检验。检验项目包括外观质量、尺寸偏差、锌层质量及标准检验弯矩、挠度和承载力检验弯矩检验。有抗扭要求的 H 形钢柱,尚需进行弯矩检验;有涂装要求的 H 型钢柱,尚需进行涂层质量检验。

(三)标志与产品合格证

(1)H形钢柱在距柱底1.5 m处田野侧设置铭牌,其内容包括:商标、制造厂名、产品名称、规格型号和生产日期。

(2)H形钢柱包装应按协议要求的包装方法和包装限重等规定进行。如协议无规定时,一般不包装。

(3)产品出厂时,应随带企业统一编号的产品合格证,其内容应包括:a.制造企业名称、地址;b.生产日期、出厂时间;c.执行标准;d.产品规格;e.质量检验结果;f.制造企业检验部门签章。

(四)保管及运输

(1)标志、运输和储存应符合GB/T 25020.4—2016的有关规定,包装应满足长距离运输的要求。

(2)根据杆段长度不同,分别采用两支点或三支点堆放,支点距离杆端一般为$0.2L$(L为钢柱长)。

(3)H形钢柱储存场地应平整坚实,无积水。H形钢柱应按种类、型号分区存放,H形钢柱底层木垫枕应有足够的支撑面,以防止支点下沉。相同型号的H形钢柱叠放时,各层H形钢柱的支点应在同一垂直线上,堆放不应超过3层,层间应设垫层,以防止H形钢柱被压坏或者变形。

(4)吊装H形钢柱每次不应超过2根,且宜采用两点吊装。

(5)H形钢柱在装车、运输和卸车时,应妥善固定,保证不发生变形,不损伤涂层。H形钢柱发运应按交通运输部门的规章办理。

(6)不允许以人工从车上推下H形钢柱的方式卸车。

十一、格构式硬横跨钢柱及硬横梁

(一)适用范围

本部分适用于电气化施工及改造工程中格构式硬横跨钢柱及硬横梁。

(二)基本结构

硬横跨结构由横梁、支柱及连接件组成。硬横跨结构的横梁为矩形断面的角钢格构式结构(角钢硬横跨),横梁(跨度为17~40 m)分若干段,梁段间通过法兰连接。支柱采用与横梁结构型式相同的角钢支柱。硬横跨横梁与支柱采用抱箍式连接。

(三)型号与参数

表 8-27 支柱外形尺寸和技术规格

品名	规格型号	横梁跨度/m	支柱型号	支柱高度/m
角钢硬横梁	YHK-J-17	17	GY1	8.4～10.6
	YHK-J-20	20	GY1	
	YHK-J-25	25	GY1	8.4～10.6
	YHK-J-30	30	GY2	
	YHK-J-35	35	GY3	8.6～11.0
	YHK-J-40	40	GY4	

规格型号中,YHK 表示硬横跨,J 表示角钢支柱的角钢硬横跨,其后的数字表示横梁跨度,即硬横跨两侧支柱中心间的距离(m)。上表中支柱高度和横梁跨度仅供参考,应以现场实测后选用的实际数据为准。硬横跨重量为一根横梁和两根支柱的重量。

(四)验收及检验

1. 出厂检验
检查项目包括外观质量、尺寸偏差、锌层厚度检验。

2. 型式检验
检验项目包括外观质量、尺寸偏差、锌层厚度、锌层质量及结构性能检验。

(五)标志与出厂证明书

(1)硬横跨应设置标志牌,其内容应包括:制造厂名、产品名称、规格型号和生产日期等。

(2)硬横跨包装应按协议要求的包装方法和包装限重等规定进行。如协议无规定时,一般不包装。

(3)出厂质量证明书包括下列内容:a. 证明书编号;b. 执行标准编号;c. 制造厂厂名(或厂标)及地址;d. 产品规格数量及制造年月;e. 质量检验结果;f. 制造厂检验部门签章。

(六)保管及运输

(1)硬横跨存放场地平整坚实,无积水。硬横跨应按种类、型号分区存放,硬横跨底层木垫枕应有足够的支撑面,以防止支点下沉。相同型号的硬横跨叠放时,各层的支点应在同一垂直线上,堆放不得超过 4 层,层间应设垫层,以防止硬横跨被压坏或变形。

（2）吊装硬横跨每次不应超过2根，且宜采用两点吊装。

（3）硬横跨在装车、运输和卸车时，应妥善固定，保证不发生变形，不损伤涂层。硬横跨发运应按交通运输部门的规章办理。

（4）不允许以人工从车上推下硬横跨的方式卸车。

（七）标志、包装、运输和储存及出厂证明书

标志、运输和储存及出厂证明书应符合 TB/T 25020.1—2010 的有关规定。产品的包装应满足长距离运输的需要。

十二、接触线

接触线是接触网中直接和受电弓滑板摩擦接触取流的部分，电力机车可从接触线上获得电能。接触线应具有较小的电阻率、较大的导电能力、良好的抗磨损性能、较长的使用寿命、较高的机械性能和较强的抗张能力，其材质、工艺及性能对接触网有重要影响。

接触线一般制成上部带沟槽的圆柱状。沟槽的设计是为了便于安装固定接触线的线夹而不影响受电弓取流。接触线底面与受电弓接触的部分呈圆弧状。

（一）分类

接触线按材质主要分为铜接触线、钢铝接触线和铜合金接触线。

1. 铜接触线

我国电气化铁路建设初期采用的是铜接触线，主要型号为 TCG-110、TCG-100 和 TCG-85。其中，T 表示材质为铜，C 表示电车线，G 表示沟槽型，数字部分表示接触线的截面积（mm^2）。TCG-110、TCG-100 分别用于站场正线和区间，TCG-85 主要用于站场侧线。

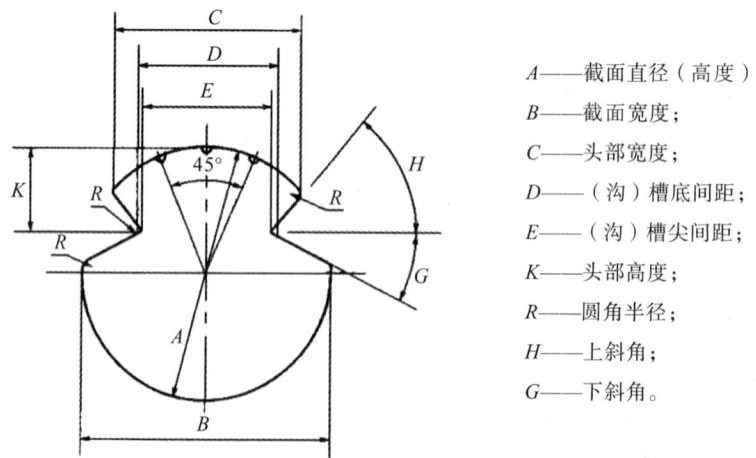

A——截面直径（高度）；
B——截面宽度；
C——头部宽度；
D——（沟）槽底间距；
E——（沟）槽尖间距；
K——头部高度；
R——圆角半径；
H——上斜角；
G——下斜角。

图 8-13 接触线截面示意图（CT 接触线不做识别沟槽）

2. 钢铝接触线

为了减少有色金属铜的使用量,20 世纪 70 年代我国研制了以铝代铜的 GLCA100/215 和 GLCB80/173 型钢铝接触线,以及内包钢的 GLCN 型钢铝接触线。以 GLCA100/215 为例,其中,G 表示材质为钢,L 表示材质为铝,C 表示电车线,A 表示截面形状,N 表示内包,100 表示相当于 100 m² 截面的铜接触线的导电能力,215 表示导线的截面积(mm^2)。

钢铝接触线是由导电性能较好的铝和机械强度较高的钢滚压、冷轧而成,钢的部分用于保证应有的机械强度和耐磨性能,铝的部分用于导流。钢铝接触线具有较高的机械强度,不容易断线,安全性较好,且价格便宜,材料来源广泛。缺点是其刚度和截面积较大,形成的硬弯和死弯不易整直,易影响受流。另外,钢的部分耐腐蚀性能差,在气候潮湿或有酸雨的地区,接触线与受电弓滑板接触的摩擦面易锈蚀;若有电弧烧伤,锈蚀速度更快,且会形成恶性循环。

20 世纪 90 年代以前,我国有色金属比较紧缺,对采用铜接触线较为谨慎,因此钢铝接触线应用较多。但钢铝接触线的安全可靠性较差,且其本身回收再利用价值较低。任何一次弓网事故都将中断列车运行,打乱正常的运输秩序。随着社会的不断发展和进步,人们对铁路运输质量的要求越来越高,目前已不推荐使用钢铝接触线。

3. 铜合金接触线

随着电气化铁路的大幅度提速和高速电气化铁路的建设,我国研制出了 CTAH110 型、CTAH120 型铜银合金接触线。此外,CTM120 型铜镁合金接触线也有使用。

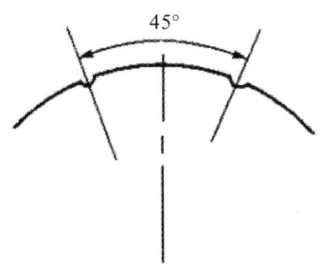

CTA、CTAH型识别沟槽

图 8-14 铜银合金接触线截面沟槽配置

铜合金接触线以其抗拉强度高、耐高温性能好的优势逐渐被人们所认可,目前已成为我国繁忙干线或提速干线接触线的主流产品。

(二)技术性能要求

高速接触网要求接触线受流性能好、稳定性能好、抗张性能好、导电性能好、电流强度大,因此接触线应具备下述主要技术性能:

1. 抗拉强度高

为提高接触线的波动速度,需相应提高接触线的张力,要求抗张强度在 500 N/mm² 左右。在考虑选择高强度材料以提高其应力的同时,还要注意其线密度要求。

提高接触线张力是目前各国普遍采取的技术措施,可以有效地提高接触线的波动速度,同时相应地提高列车运行速度。提高接触线的张力以后,可以得到两个附加效果:第一,可以相应地限制高速运行时的动态抬升量;第二,可以提高弹性系数的不均匀度,使跨中的弹性降低至 0.5 mm/N 左右,而悬挂点处约为 0.4 mm/N,从而使弹性在整个跨距内趋于一致,大大降低了弹性不均匀系数。

2. 电阻系数低

高速接触网中电流强度较大,为此,必须要求接触线的电阻率要低。一般在工作温度为 20 ℃ 时,电阻率应为 $0.01768 \sim 0.0200$ Ω·m,以适应流经大电流的需要。虽然增大接触线截面积可以有效提高拉断力,增大载流量,相应地降低温升。但是,过大地增大接触线的横截面积会产生两个负面效果:第一,使接触线线密度增加,从而降低波动速度,最终限制行车速度,这是极为有害的;第二,架设时易出现硬弯、扭转,很难取直、整正。所以,德国在研制 Re330 型接触网时,仍然把接触线的截面积限制在 120 mm² 以下。在有限的横截面积条件下,提高载流能力的途径是尽量提高导电率,同时还要兼顾导线的抗拉强度。

3. 耐热性能好

高速接触网一般都具有列车运行速度高、密度大、持续时间等特点,因此,接触线内长时间流经大电流,易引起导线发热。温升达到一定程度时,导线的材质会软化,强度会降低;严重时,接触线会产生蠕动性伸长,从而破坏正常的受流。因此,选择的接触线材质应具有较好的耐热性能,一般要求软化点在 300 ℃ 以上,以适应较高载流量。

4. 耐磨性能好

接触线和受电弓是滑动接触的,接触压力大,滑动速度快,要求接触线具有良好的耐磨性能。

5. 制造长度长

为了保证高速电气化区段的良好受流,消除硬点及断线隐患,一般要求在一个锚段内不允许有接头,这就要求接触线的制造长度在一定范围内(1800~2000 m),以适应锚段长度的需要。

纯铜接触线具有优良的导电性能和施工性能,但是存在抗拉力差、耐磨性能差和高温易软化等诸多缺点,无法适应高速度、大载流量的要求。铜合金可以提高接触线机械强度、耐热性能和耐磨性能等。但是,不管在铜内掺杂什么金属,都会提高电阻率,所以研制高强度、耐磨性能好的铜合金接触线,是以有限地牺牲导电性能为代价的。如在铜中掺杂 0.4%～0.7% 的镁可以大幅度地提高抗拉强度,使其应力达到 $490 N/mm^2$,但其导电率只有纯铜的 68.1%。常见接触线规格和物理参数见表 8-28。

表 8-28 常见接触线规格和物理参数

序号	内容		CTAH85	CTAH120	CTAH150	CTA85	CTA150	备注
1	计算截面积/mm^2		86	121	151	86	151	
2	参考单位质量/(kg/km)		769	1082	1350	769	1350	
3	最小抗拉强度/MPa		375	360	360	365	360	
4	最小拉断力/kN	未软化	32.25	43.56	54.36	31.39	52.85	试样标距为 250 mm,试验速度为 20～30 mm/min
		软化后	29.02	39.20	48.92	28.25	47.56	试样加热到 300 ℃±5 ℃ 保温 2 h 后自然冷却
5	最小延伸率/%		3.0	3.0	3.0	3.0	3.0	250 mm 试件破断后
6	最小弯曲次数	至开裂	4	4	4	4	4	弯曲半径 30 mm,180°反复弯曲
		至断开	6	6	6	6	6	
7	最小扭转次数(至断开)		5	5	5	5	5	试样标距为 250 mm,试验速度为 15～20 r/min,单方向扭转
8	最小缠绕次数		3	3	3	3	3	缠绕半径 1d(d 为被测接触线直径),大圆弧面向内卷绕,试验速度不大于 10 r/min,试样应无裂纹、起皮、开裂
9	振动次数		$2×10^6$	$2×10^6$	$2×10^6$	$2×10^6$	$2×10^6$	6 m 长试样,经受 35 mm、频率 3～5 Hz 的振动试验(波形为正弦波)后,应无断裂。试验张力:85 mm^2 为 8.4 kN,120 mm^2 为 15 kN,150 mm^2 为 20 kN

续表

序号	内容	CTAH85	CTAH120	CTAH150	CTA85	CTA150	备注
10	疲劳次数	5×10^5	5×10^5	5×10^5	5×10^5	5×10^5	6 m 长试样,经受频率 1~3 Hz 的轴向疲劳试验(波形为正弦波)后,从中截取 3 个标准试样,测其拉断力(未软化),其值应不小于本表规定的未软化时最小拉断力的 95%。试验张力:85 mm² 为 2.5 kN,120 mm² 为 4.5 kN,150 mm² 为 6 kN
11	20 ℃时最大电阻率/(Ω·m)	0.01777	0.01777	0.01777	0.01777	0.01777	
12	横向晶粒尺寸/mm	≤0.035	≤0.035	≤0.035	≤0.035	≤0.035	
13	氧含量/%	≤0.030	≤0.030	≤0.030	≤0.030	≤0.030	

十三、承力索

(一)概述

在链形悬挂中,承力索利用吊弦将接触线悬挂起来,可在不增加支柱的情况下,增加接触线的悬挂点,提高了接触线的稳定性,减小接触线的弛度。通过调节吊弦的长度,可使接触线在整个跨距内对轨面的距离尽量保持一致,改善接触悬挂的弹性。对承力索的要求是:能够承受较大的张力,具有较强的抗腐蚀能力,温度变化时弛度变化小。

(二)分类

承力索是电气承力索化铁道悬挂接触导线的配套产品,主要通过吊弦将接触线悬挂起来。承力索还可承载一定的电流以减小牵引网阻抗,降低电压损耗和能耗。承力索根据材质可分为铜承力索、钢承力索和铝包钢承力索。

1. 铜承力索

铜承力索导电性能好,可做牵引电流的通道之一,和接触线并联供电,降低压损和能耗,且抗腐蚀性强。但铜承力索消耗铜较多,造价高且机械强度低,不能承受较大的张力,温度变化时弛度变化也大。铜承力索的常用规格有 TJ95、TJ120、

JTM70、JTM95、JTM120、JTM150 等。其中,TJ 表示硬铜绞线,JTM 表示铜镁合金绞线,数字表示截面积(mm^2)。

表 8-29 铜承力索规格参数

序号	项目	JTM70	JTM95	JTM120	JTM150	备注
1	计算截面积/mm^2	65.81	93.27	116.99	147.11	
2	参考单位质量/(kg/km)	599	849	1065	1342	
3	绞线最小计算拉断力/kN	32.51	46.08	57.79	72.67	
4	单丝最小抗拉强度/MPa	494	494	494	494	绞后
5	单丝最小弯曲次数	8	8	8	8	试验方法参考 TB/T 3111—2005。注:绞线的直径大于1.0 mm 的单线能承受6次反复弯曲而不产生开裂,能承受8次反复弯曲而不断开
6	单丝最小扭转次数	20	20	20	20	
7	单丝最小缠绕次数	8	8	8	8	
8	振动次数	$2×10^6$	$2×10^6$	$2×10^6$	$2×10^6$	
9	疲劳次数	$5×10^5$	$5×10^5$	$5×10^5$	$5×10^5$	
10	导电率/(%IACS)	≥77	≥77	≥77	≥77	
11	20 ℃时单丝最大电阻率/($\Omega \cdot m$)	0.02240	0.02240	0.02240	0.02240	

1997 年我国研制了新型铜镁合金承力索。铜合金承力索允许工作温度高、载流能力强,在高速、重载电气化线道上有广阔应用前景,常见型号为 THJ95 和 THJ70。

2. 钢承力索

钢承力索由镀锌钢绞线制成,具有强度高、耐张力大、安装弛度小且弛度变化也小、节省有色金属、造价低等优点,但电阻大,导电性能差,一般为非载流承力索。钢承力索不耐腐蚀,使用时需做好防腐措施。钢承力索的常用规格有 GJ100、GJ80 和 GJ70 等。其中,GJ 表示钢绞线,数字是绞线的截面积(mm^2)。GJ100 用于 3T 系悬挂,GJ70 用于 2.5T 系悬挂(接触线与承力索张力之和为 3 t 或 2.5 t)。

表 8-30 钢承力索规格参数

镀锌钢绞线规格	结构根数及直径/mm	钢截面/mm^2	绞线直径/mm	拉断力/kgf 钢线抗拉强度/(kgf/mm^2)					参考载流量/A	单位重量/(kg/km)
				110	125	140	155	170		
GJ25	7/2.2	26.6	6.6	2630	2990	3350	3710	4070	70	228
GJ35	7/2.6	37.2	7.8	3680	4180	4680	5180	5680	80	318
GJ50	7/3.0	49.5	9.0	4900	5560	6230	6900	7570	90	424

续表

镀锌钢绞线规格	结构根数及直径/mm	钢截面/mm²	绞线直径/mm	拉断力/kgf 钢线抗拉强度/(kgf/mm²)					参考载流量/A	单位重量/(kg/km)
				110	125	140	155	170		
GJ70	19/2.2	72.2	11.0	7150	8120	9100	1000	11000	120	615
GJ95	19/2.5	93.2	12.5	9230	10500	11700	13000	14200	150	795
GJ100	19/2.6	100.83	13.0	9835	11214	12549	13884	15219	160	859.4
GJ120	19/2.8	116.9	14.0	11600	13100	14700	16300	17900	175	995

注:载流量计算条件:环境温度40 ℃,风速0.5 m/s,日照强度1000 W/m² 粒,辐射及吸热系数0.9。

3. 铝包钢承力索

铝包钢承力索是铝覆钢线和铝线绞合而成,主要以铝覆钢线中的钢芯部分承受张力,覆铝层和铝线载流,导电性能好,机械强度和抗腐蚀性能较好。铝包钢承力索一般用符号 GLZ 表示,G 表示钢芯,L 表示铝包钢绞线,Z 表示载流承力索。目前,铝包钢承力索的类型较多,技术性能差异也较大。

表8-31 铝包钢承力索规格参数

型号	结构根数及直径/mm		外径/mm	计算截面积/mm²			综合拉断力/kN	参考重量/kg
	铝	铝包钢		铝	铝包钢	合计		
LBGLJ70/10(6/1)	6/3.8	1/3.8	11.4	68.05	11.34	79.39	22.92	261.30
LBGLJ95/15(28/3)	28/2.06	3/2.55	13.73	93.27	15.31	108.58	33.25	360.38
LBGLJ120/20(28/3)	28/2.29	3/2.83	15.26	115.27	18.86	134.13	40.59	445.52
LBGLJ120/35(8/7)	8/4.43	7/2.46	16.24	123.24	33.25	156.49	57.11	559.77
LBGLJ150/8(18/1)	18/3.2	1/3.2	16	144.76	8.04	152.8	31.99	452.10
LBGLJ150/20(26/3)	26/2.67	3/2.89	16.90	145.5	19.67	165.17	46.07	534.68
LBGLJ185/10(18/1)	18/3.6	1/3.6	18	183.22	10.18	193.4	39.20	571.70
LBGLJ185/25(24/7)	24/3.15	7/2.1	18.9	187.04	24.25	211.29	56.81	678.10
LBGLJ210/25(24/7)	24/3.33	7/2.22	19.98	209.02	27.10	236.12	63.09	757.80
LBGLJ240/30(24/7)	24/3.6	7/2.41	21.6	244.29	31.67	275.96	73.28	885.60

承力索类型较单一,目前国外普遍采用铜或铜合金绞线。从技术角度来分析,承力索与接触线采用同类材质,可改善接触网的性能,简化施工,提高施工精度,免去电气连接类线夹的特殊处理程序,降低运营维护的工作量。实践表明,铜或铜合金材质的承力索技术性能可靠,安全性好。为了提高系统的安全可靠性,干线电气化铁路的承力索一般采用铜或铜合金绞线,而一些次要线路(如矿山铁路、地方专用线等)的承力索可采用其他材质的绞线。

十四、软铜绞线

(一)用途

软铜绞线可作为接触网电连接线使用。

图 8-15　软铜绞线

(二)技术性能要求

1. 电气和机械性能(仅供参考)

软铜绞线电气和机械性能参数见下表,表中指定值空缺均由生产商提供。

表 8-32　软铜绞线电气和机械性能参数

项目	指定值		
标称截面积/mm²	95	120	150
计算截面积/mm²	99.7	117.67	150.1
参考单位质量/(kg/km)	935	1119	1420
根数及单线直径/mm	19/2.52	19/2.8	19/3.15
计算外径/mm	12.6	17.39	18.76
股线节径比			
20 ℃时直流电阻/(Ω/km)	≤0.197	≤0.154	≤0.121

2. 绞合方式

股线应采用正规绞合或束绞,绞合及束绞方向由投标者提供。任一绞层的节径比应不大于相邻内层的节径比。

(三)验收及检验

1. 检验项目和试验方法

表 8-33 软铜绞线的检验项目和试验方法

检验项目	实验类型	试验方法
结构尺寸	T,R	GB/T 4909.2—2009
表面质量	T,R	目力观察
绞合	T,R	GB/T 4909.2—2009 及目力观察
接头	T,S	GB/T 4909.2—2009 及目力观察
直流电阻	T,S	GB/T 3048.4—2007
伸长率	T,S	GB/T 4909.3—2009

注:R 为例行试验,S 为抽样试验,T 为型式试验。

2. 检验规则及验收

(1)产品经制造厂的质量检查部门检验合格后方能出厂,出厂产品应附有质量检验合格证。

(2)同一生产条件下交货的同一型号、同一规格的产品为一批,按 GB/T 2829 规定进行抽样。

采用判别水平为 II 的一次抽样方案:A 类不合格 RQL=40,样本大小为 4,判定条件为[4;0,1];A 类中,振动和疲劳试验不合格 RQL=80,样本大小为 1,判定条件为[1;0,1];B 类不合格 RQL=65,样本大小为 5,判定条件为[5;1,2]。

抽样试验合格,整批验收;抽样试验不合格,整批拒收。若有特殊要求,抽样批量及不合格水平 RQL 值由供需双方协定。

(3)每批产品交货同时按检验规则规定提供全面、完整的检验报告。

(四)包装、运输及储存

(1)绞线应成盘或成圈交货,每个包装件应为统一型号、统一规格。若在一个包装件内有 2 个以上的线段,应在两根连接处加明确标志。

(2)成盘包装的线盘应符合 JB/T 8137 的规定;成圈包装的产品应加用防潮材料,妥善包装。

(3)每个包装上应附有标签,标明:制造厂厂名称、型号及规格、长度、质量、制造日期、标准编号。

(4)在装卸、运输和储存中,应注意避免损伤产品。

十五、铝包钢芯铝绞线

(一)规格及要求

铝包钢芯铝绞线可用作单相 50 Hz、25 kV 交流电气化铁路的承力索、回流线、供电线及架空地线。有关技术条件可参考 TB/T 2937—1998《电气化铁道铝包钢芯铝绞线》。

表 8-34 铝包钢芯铝绞线主要参数

序号	内容		导线截面 300 mm²	导线截面 240 mm²	导线截面 185 mm²	导线截面 70 mm²
1	计算截面/mm²	铝	306.21	244.29	187.07	68.05
		铝包钢	27.1	31.67	24.25	11.34
		总计	333.31	275.96	211.29	79.39
2	结构根数及直径/mm	铝	48/2.85	24/3.6	24/3.15	6/3.8
		铝包钢	7/2.22	7/2.41	7/2.1	1/3.8
3	绞线直径/mm		23.76	21.6	18.9	11.34
4	单位长度质量/(t/km)		1025.3	885.6	678	261.3
5	20 ℃直流电阻/(Ω/km)			0.1136	0.1453	0.3991
6	综合拉断力/kN			73.28	56.81	22.92
7	线胀系数×10⁻⁶/℃			20.4	20.4	20
8	弹性模量/MPa			69000	69000	71400
9	直径偏差/%					
10	截面偏差/%		±2	±2	±2	±2
11	单位长度质量偏差/%		±2	±2	±2	±2

注:表中的空白处由生产商填出实际数据。

(三)技术性能要求

(1)制造长度。铝包钢芯铝绞线的制造长度应满足买方提出的长度要求。

(2)工艺质量。绞线中的铝包钢单线不允许有接头。绞线及单线表面应光洁,不允许有翅片、氧化皮、锐刃边、起泡、刮痕和针孔、锈蚀裂纹、夹杂物及其他不利于使用的缺陷。绞线应整齐紧密地绞合,不得有缺线、断线、跳线、松股及露钢等缺陷。

(3)绞向及节径比。多层绞线的绞向逐层相反,外层必须为右向。导线的节径比应符合表 8-35 的规定。

表 8-35　铝包钢芯铝绞线节径比

结构元件	绞层	节径比
钢或铝包钢芯	6 根层	16～26
	12 根层	14～22
绞层	外层	10～14
	内层	10～16

注：对于有多层的绞线，任一绞层的节径比应不大于相邻内层的节径比。

(四) 验收及检验

1. 试验

厂家应提供型式试验、例行试验项目及试验依据的标准清单，以及表 8-34 中有关项目的试验报告。

2. 检查、验收

按产品的技术要求及有关标准、规定进行检查、验收。请生产厂家提供检查、验收规则，但应至少符合以下要求：

(1) 对于出厂例行检查，应至少提前 48 小时通知买方代表，并在验收方质检人员在场的情况下进行。

(2) 制造后每批（如无约定，一般指每 20 盘线）进行的抽查试验，应有国内权威检测机构出具的检测报告（作为验收依据）。用户有权与上述检测机构共同进行抽查。对抽查试验不合格的产品，用户有权退货。具体的抽查试验项目及试验标准清单，应在签订合同前经双方协商确定，写入合同。

(五) 包装与标志

(1) 绞线应整齐、紧密、稳固地绕在线盘上。

(2) 线盘为钢木线盘，线盘侧板的直径不应大于 1800 mm。最外层的绞线与线盘侧板边缘的距离应大于 30 mm。厂家应提供线盘的筒体直径、侧板直径、侧板内侧宽度、轴孔直径及最大重量等信息。

(3) 卷绕在线盘上的每一层的圈与圈之间应是整齐、紧密地贴在一起，每层绞线间应加纸垫层。除每一层的第一圈和最后一圈外，任何层与层之间应无跨层错乱（扭节和跳线）现象。一个线盘仅卷绕一根连续长度的绞线。

(4) 在最外层的绞线外面应包覆一层涤纶薄膜，并用油毛毡等防护材料包裹，再用木板围好，以避免损坏绞线。

(5) 在线盘上用箭头指明绕向。

(6) 对于需截取各种检查和试验用试件的绞线盘，在截取所有试件后，其钢芯铝绞线的剩余长度不得小于买方规定的长度。

(7)在每一线盘上应采用不掉色的油漆涂料标出下列信息,并附上产品质量证明书:a.买方的订货编号;b.绞线的规格;c.绞线的长度;d.装运、旋转方向或放线标记;e.运输时线盘不能平放的标记;f.毛重和净重;g.线盘编号;h.制造日期;i.买方所指定的收件人和其他信息。

(六)技术资料

制造者应提供全部的技术资料,包括技术数据、试验报告和检查方法等。每批(如无约定,一般指每 20 盘线)产品供货时应提供该批次产品的抽样检测报告,一式五份(含一份正本),由建设单位分别提供给设计院、运营单位和监理单位。

十六、铝包钢绞线

(一)概述

铝包钢绞线是由若干根铝包钢丝绞合而成的同心裸导线。绞线中任意一根铝包钢丝以一定的螺旋升角绕轴线一周的轴向距离叫做节距,而绞线节距与该层绞线直径之比为节径比。最外一层绞向一般为右向,外层钢丝的绞线应与相邻内层钢丝的绞向相反。

铝包钢绞线按断面结构可分为 1×3、1×7、1×19 和 1×37;按导电率可分为 20AC、23AC、27AC、30AC、33AC 和 40AC 六个组别,相应的导电率分别为 20.3%、23%、27%、30%、33%、40% IACS。

节径比:1×3 绞线的节径比为 14~20,最佳值为 16.5;1×7、1×19、1×37 绞线的节径比为内层 10~16,外层 10~12;任一绞层的节径比应小于相邻内层的节径比。

表 8-36 性能近似参数表

组别	密度/(g/cm^3)	综合弹性模量(计算值)/MPa	综合线膨胀系数/$(1/℃)$	电阻温度系数/$(1/℃)$
20AC	6.50	139500	12.6×10	0.0036
23AC	6.27	134100	12.9×10	0.0036
27AC	5.91	126000	13.4×10	0.0036
30AC	5.61	118800	13.8×10	0.0038
33AC	5.25	111600	14.4×10	0.0039
40AC	4.46	98100	15.5×10	0.0040

(二)技术性能要求

(1)原料。铝包钢绞线用铝包钢丝应符合 YB/T 123 的规定。

(2)焊接。三股以上的绞线,单根铝包钢丝允许有接头,但同层钢丝的两个接头间距不得小于 15 m,且接头处应有保护层,其成品绞线的导电性能功能和破断力应符合规定。用户有特殊的要求时,铝包钢绞线不允许有任何接头。

(3)表面质量和绞合质量。铝包钢绞线表面应光滑不允许有漏钢现象。铝包钢绞线应绞合均匀、紧密,不应有缺丝、断丝、松股、破皮等现象,切断后应不松散。

(4)力学性能和电气性能。铝包钢绞线内铝包钢丝的物理性能和电气性能试验应在绞合前进行,可以用目测的方法来观察表面质量和绞合质量,用划印法测量节径比。成品铝包钢绞线破断拉力试验按照 GB 8358 的规定进行。

(三)包装、标志及质量证明书

1. 包装

外包装应内衬塑料布,外用笆片包裹 1~2 层,封口用软铁丝轧紧,再用软铁丝轧牢笆片(不少于 2 处)。短线段可数根绕于同一交货盘中,但应注明由外至内每根绞线的长度。

2. 标志

包装应附有牢固清晰的标牌(也可在交货盘的端部涂刷标志),其上应注明:供方名称或商标、标准编号、绞线的标记、由外至内每根绞线的长度、绞线的净重和毛重、出厂编号、技术监督部门检验标记、制造日期。

3. 质量证明书

交货的铝包钢绞线应附质量证明书,其上应注明:供方名称及商标,合同号,产品名称,标准编号,绞线的直径、结构、绞向和长度,绞线最小计算破断拉力。

十七、腕臂支持装置

(一)用途

腕臂支持装置主要安装在腕臂柱、硬横梁及隧道内用吊柱上,起承载接触悬挂荷重、固定承力索位置和连接固定接触线定位装置等作用。

(二)基本结构

腕臂支持装置一般由平腕臂、斜腕臂、套管双耳、承力索座、支撑管、支撑管卡子和管帽等组成。

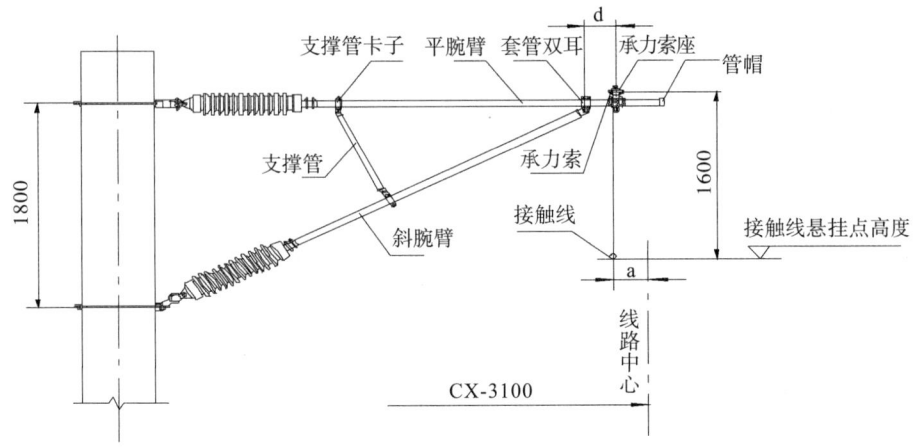

图 8-16 腕臂支持结构示意图

(三)技术性能要求

1. 总体性能要求

腕臂支持结构工作荷重类型见下表。

表 8-37 腕臂支持结构工作荷重类型

接触悬挂工作类型	最大工作荷重组合		
工作支	接触悬挂垂直荷重	工作支承力索水平工作荷重	工作支接触线水平工作荷重
非工作支	接触悬挂垂直荷重	非工作支承力索水平工作荷重	非工作支接触线水平工作荷重

(1)在上表中所确定的非工作支最大工作荷重组合受力及腕臂支持结构典型安装条件下,腕臂的挠度不大于 0.7‰L(L 为腕臂受力支点间的最大长度)。

(2)在上表中所确定的非工作支最大工作荷重的 1.5 倍组合受力及腕臂支持结构典型安装条件下,腕臂不发生塑性变形。

(3)腕臂支持结构应具有在最大工作荷重组合受力条件下结构稳定、摆动灵活等性能。

(4)其他力学性能应满足 TB/T 2075 中相关要求。

2. 平腕臂及斜腕臂

平腕臂及斜腕臂的性能要求见表 8-38。

表 8-38 平腕臂及斜腕臂的性能要求

序号	性能	数值
1	最大水平工作荷重/kN	7.9

续表

序号	性能	数值
2	最大垂直工作荷重/kN	5.0
3	水平破坏荷重/kN	≥23.7
4	垂直破坏荷重/kN	≥15.0
5	其他力学性能应满足 TB/T 2075 中相关要求	

3. 套管双耳

套管双耳的性能要求见表 8-39。

表 8-39 套管双耳的性能要求

序号	性能	数值
1	最大水平工作荷重/kN	5.8
2	最大垂直工作荷重/kN	4.9
3	最大水平破坏荷重/kN	17.4
4	最大垂直破坏荷重/kN	14.7
5	滑动荷重/kN	≥7.5
6	螺栓紧固力矩/(N·m)	44~56
7	其他力学性能应满足 TB/T 2075 中相关要求	

4. 承力索座

承力索座的性能要求见表 8-40。

表 8-40 承力索座的性能要求

序号	性能	数值
1	最大水平工作荷重/kN	3.5
2	最大垂直工作荷重/kN	4.0
3	承力索座与腕臂间滑动荷重/kN	≥5.3
4	承力索座与单根线索间滑动荷重/kN	≥2.0
5	最大垂直破坏荷重/kN	18.0
6	最大水平破坏荷重/kN	18.0
7	螺栓紧固力矩/(N·m)	M16:70;M12:44~56
8	其他力学性能应满足 TB/T 2075 中相关要求	

5. 腕臂支撑、定位管支撑

支撑管的性能要求见表 8-41。

表 8-41 支撑管的性能要求

序号	性能	数值
1	最大工作荷重/kN	4.0
2	支撑管本体、支撑管端部单耳破坏荷重/kN	≥12.0
3	其他力学性能应满足 TB/T 2075 中相关要求	

6. 支撑管卡子

支撑管卡子的性能要求见表 8-42。

表 8-42 支撑管卡子的性能要求

序号	性能	数值
1	最大水平工作荷重/kN	3.0
2	最大垂直工作荷重/kN	3.0
3	最大水平破坏荷重/kN	9.0
4	最大垂直破坏荷重/kN	9.0
5	滑动荷重/kN	≥4.9
6	螺栓紧固力矩/(N·m)	44～56
7	其他力学性能应满足 TB/T 2075 中相关要求	

十八、定位装置

(一)用途

定位装置用于与腕臂支持结构连接,固定接触线的位置。

(二)基本结构

定位装置由定位线夹、定位器、定位支座、电连接跳线、防风拉线、防风拉线环、锚支定位卡子、定位管、定位环、定位管支撑/定位管吊线装置和 48 型管帽等组成。其中,定位器由电连接跳线、定位支座、防风拉线和防风拉线环组成。

(三)技术性能要求

1. 总体性能要求

(1)定位装置在腕臂支持结构中的安装应满足设计所规定的尺寸和功能要求,安装后应连接可靠,运转灵活,在垂直地面及顺线路方向应转动灵活。

(2)定位装置在组合安装状态下,工作支定位装置应满足定位线夹处水平荷重为4.5 kN(特型定位装置为2.25 kN)的受力条件下,任何部位无开裂、塑性变形和滑移现象;非工作支定位装置应满足锚支定位卡子处水平荷重为7.5 kN的受力条件下,任何部位无开裂、塑性变形和滑移现象。

(3)工作支定位装置的结构应满足受电弓在动态包络线范围内最大运行风速条件下正常运行时不打弓的要求。

(4)由限位定位器、定位支座组成的定位装置应在接触线定位点处抬升量为225 mm时开始起限位作用,满足定位器不打弓、定位器不与定位管相碰的要求。

(5)由T型定位器、定位支座组成的定位装置应满足接触线定位点处抬升量大于等于300 mm时定位器不打弓、定位器不与定位管相碰且与所跨越的近端接触线空间绝缘距离大于450 mm的要求。

2. 定位线夹

定位线夹的性能要求见表8-43。

表8-43 定位线夹的性能要求

序号	性能	数值
1	最大工作荷重/kN	2.5
2	破坏荷重/kN	≥7.5
3	滑动荷重/kN	≥1.5
4	螺栓紧固力矩/(N·m)	25～32
5	其他力学性能应满足TB/T 2075中相关要求	

3. 限位定位器

限位定位器的性能要求见表8-44。

表8-44 限位定位器的性能要求

序号	性能	数值
1	最大工作荷重/kN	2.5
2	耐拉伸荷重/kN	≥3.75
3	破坏荷重/kN	≥7.5
5	耐压缩荷重/kN	≥2.5
6	其他力学性能应满足TB/T 2075中相关要求	

4. T型定位器

T型定位器的性能要求见表8-45。

表 8-45　T 型定位器的性能要求

序号	性能	数值
1	最大工作荷重/kN	1.3
2	耐拉伸荷重/kN	1.95
3	耐压缩荷重/kN	1.3
4	破坏荷重/kN	≥3.9
5	其他力学性能应满足 TB/T 2075 中相关要求	

5. L 型定位支座

L 型定位支座的性能要求见表 8-46。

表 8-46　L 型定位支座的性能要求

序号	性能	数值
1	最大工作荷重/kN	2.5
2	滑动荷重/kN	≥3.75
3	破坏荷重/kN	≥7.5
4	螺栓紧固力矩/(N·m)	70～80
5	其他力学性能应满足 TB/T 2075 中相关要求	

6. G1 型定位支座

G1 定位支座的性能要求见表 8-47。

表 8-47　G1 定位支座的性能要求

序号	性能	数值
1	最大工作荷重/kN	2.5
2	滑动荷重/kN	≥3.75
3	破坏荷重/kN	≥7.5
4	螺栓紧固力矩/(N·m)	44～56
5	其他力学性能应满足 TB/T 2075 中相关要求	

7. 软横跨定位支座

软横跨定位支座的性能要求见表 8-48。

表 8-48　软横跨定位支座的性能要求

序号	性能	数值
1	最大工作荷重/kN	2.5
2	滑动荷重/kN	≥3.75

续表

序号	性能	数值
3	破坏荷重/kN	≥7.5
4	螺栓紧固力矩/(N·m)	44~56
5	其他力学性能应满足 TB/T 2075 中相关要求	

8. 软定位器

软定位器的性能要求见表 8-49。

表 8-49 软定位器的性能要求

序号	性能	数值
1	最大工作荷重/kN	2.5
2	耐拉伸荷重/kN	≥3.7
3	水平拉伸破坏荷重/kN	≥7.5
4	其他力学性能应满足 TB/T 2075 中相关要求	

9. 锚支定位卡子

锚支定位卡子的性能要求见表 8-50。

表 8-50 锚支定位卡子的性能要求

序号	性能	数值
1	最大工作荷重/kN	4.5
2	破坏荷重/kN	≥13.5
3	与定位管之间的滑移荷重/kN	≥6.75
4	与接触线之间的滑移荷重/kN	≥4.0
5	螺栓、U 螺栓的紧固力矩/(N·m)	44~56
6	其他力学性能应满足 TB/T 2075 中相关要求	

10. 定位管

定位管的性能要求见表 8-51。

表 8-51 定位管的性能要求

序号	性能	数值
1	最大工作荷重/kN	4.5
2	破坏荷重不小于/kN	≥13.5
3	耐拉伸荷重/kN	6.75
4	耐压缩荷重/kN	4.5
5	其他力学性能应满足 TB/T 2075 中相关要求	

11. 定位环

定位环的性能要求见表 8-52。

表 8-52　定位环的性能要求

序号	性能	数值
1	最大水平工作荷重/kN	4.5
2	最大垂直工作荷重/kN	4.9
3	水平破坏荷重/kN	≥13.5
4	垂直破坏荷重/kN	≥14.7
5	滑动荷重/kN	≥6.75
6	螺栓紧固力矩/(N·m)	44～56
7	其他力学性能应满足 TB/T 2075 中相关要求	

12. 定位管吊线装置

定位管吊线装置由吊线本体、心型环、钳压管、吊环和定位管卡子等组成，其性能要求见表 8-53。

表 8-53　定位管吊线装置的性能要求

序号	性能	数值
1	最大工作荷重/kN	1.5
2	吊线与吊环及心型环压接固定后的滑动荷重/kN	≥4.5
3	定位管卡子的工作荷重/kN	1.5
4	螺栓的紧固力矩(N·m)	44
6	其他力学性能应满足 TB/T 2075 中相关要求	

13. 防风拉线

防风拉线的性能要求见表 8-54。

表 8-54　防风拉线的性能要求

序号	性能	数值
1	最大水平工作荷重/kN	1.5
2	滑动荷重/kN	≥3.0
3	破坏荷重/kN	≥5.0
4	其他力学性能应满足 TB/T 2075 中相关要求	

14. 防风拉线环

防风拉线环的性能要求见表 8-55。

表 8-55 防风拉线环的性能要求

序号	性能	数值
1	最大工作荷重/kN	1.5
2	破坏荷重/kN	≥4.5
3	U 螺栓的紧固力矩/(N·m)	35
4	其他力学性能应满足 TB/T 2075 中相关要求	

15. 线岔

线岔的性能要求见表 8-56。

表 8-56 线岔的性能要求

序号	性能	数值
1	接触线交叉中心处最大垂直工作荷重/kN	0.18
2	线岔本体在垂直工作荷重作用下的挠度	不超过 1.5%L(L 为线岔的有效工作长度)
3	线夹与接触线之间的滑动荷重/kN	≥1.5
4	螺栓紧固力矩/(N·m)	25～32
5	其他力学性能应满足 TB/T 2075 中相关要求	

十九、滑轮组下锚补偿装置

(一)用途

滑轮组下锚补偿装置可用于横腹杆式预应力混凝土支柱、H 型钢柱、格构式钢柱、等径圆柱上接触网终端下锚处,补偿、调整张力。

(二)基本结构

滑轮组下锚补偿装置由补偿滑轮组、坠砣限制架、坠砣杆、特型双环杆、特型杵环杆、D 型连接器和承线锚角钢组成。滑轮组框架的两端与其他零件的连接处应为双耳结构,双耳间距为 20 mm,配 M20 防腐螺栓销。

(三)技术性能要求

(1)补偿滑轮组性能要求:①1∶3 补偿滑轮组补偿装置最大工作荷重为 25 kN。②1∶3 补偿滑轮组补偿装置破坏荷重不小于 75 kN。③不锈钢补偿绳的整绳破断拉力不小于 54 kN,接触线下锚处补偿绳长度不小于 10 m,承力索下锚处补偿绳长度不小于 13 m。④补偿绳两端楔形线夹的破坏荷重应不小于 54 kN。⑤补偿装置同侧安装,要求补偿灵活、安全可靠,补偿滑轮组的传动效率不小于

97%。⑥补偿滑轮组应进行疲劳试验,疲劳试验的次数为 20000 次,疲劳试验时所加的补偿力为 5 kN,按使用工作状态安装。

经疲劳试验后,应达到以下指标:a. 补偿滑轮组传动效率与规定值相比下降不大于 2%;b. 补偿绳整绳破断拉力与规定值相比下降不大于 10%;c. 补偿滑轮组破坏荷重与规定值相比下降不大于 5%;d. 补偿滑轮轮槽磨损深度不大于 0.5 mm;e. 补偿绳无断股现象;f. 经疲劳试验后,滑轮组补偿装置不应出现裂纹、变形等现象。

(2)特型双环杆的最大工作荷重为 21.6 kN,破坏荷重应不小于 65 kN,焊缝应填满封边。

(3)承、线锚角钢的最大工作荷重为 21.6 kN,破坏荷重应不小于 65 kN。

(4)坠砣杆及限制架技术性能应满足隧道外下锚棘轮补偿装置相关要求。

(5)其他力学性能应满足 TB/T 2075 中相关要求。

二十、整体吊弦

(一)用途与配合

整体吊弦适用于接触悬挂中悬吊接触线。一端与铜合金绞线承力索相连接,另一端与铜合金接触线相连接。整体吊弦采用现场预配,实际吊弦长度按施工要求确定。

(二)基本结构

整体吊弦的结构如图 8-17 所示。

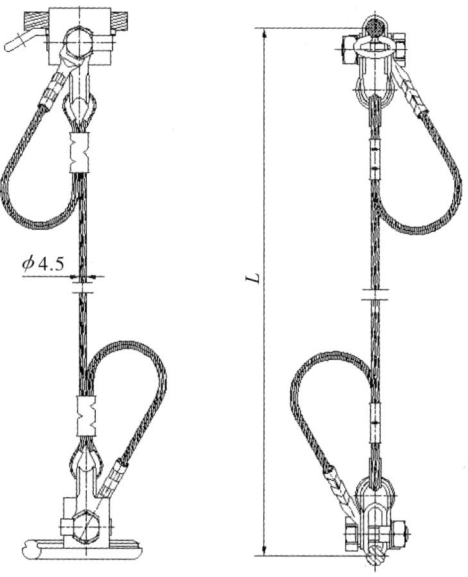

图 8-17 整体吊弦

(三)性能要求

整体吊弦的性能要求见表 8-57。

表 8-57 整体吊弦的性能要求

序号	性能	数值
1	最大垂直工作荷重/kN	1.3
2	整体拉伸破坏荷重/kN	≥3.9
3	与接触线及承力索之间的滑动荷重/kN	≥1.0
4	压接后,吊弦线与压接管的滑动荷重/kN	≥3.9
5	吊弦线的拉断力/kN	≥5.67
6	螺栓的紧固力矩/(N·m)	25～32
7	其他力学性能应满足 TB/T 2075 中相关要求	

二十一、终端锚固线夹

(一)接触线终端锚固线夹

1. 用途与配合

接触线终端锚固线夹用于标称截面积为 120 mm^2 或 85 mm^2 的铜合金接触线的终端锚固及分段连接处。

2. 基本结构

双耳楔型接触线终端锚固线夹的结构形式见下图。

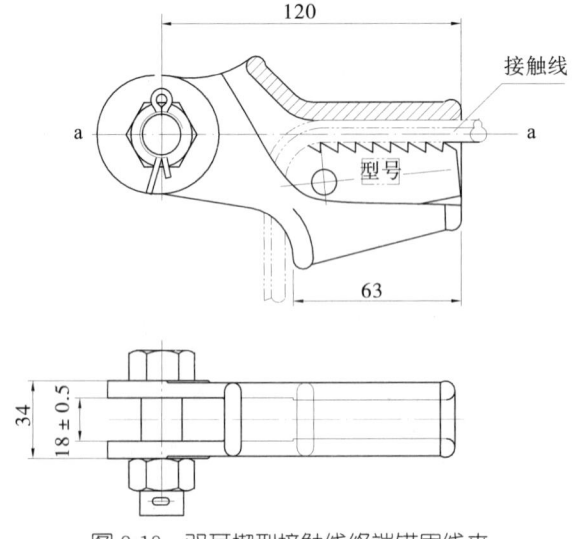

图 8-18 双耳楔型接触线终端锚固线夹

3. 性能要求

(1)用于标称截面积为 85 mm² 铜合金接触线终端锚固线夹应符合以下要求：a.最大工作荷重≥11 kN；b.拉伸破坏荷重≥33 kN。

(2)用于标称截面积为 120 mm² 铜合金接触线终端锚固线夹应符合以下要求：a.最大工作荷重≥22 kN；b.拉伸破坏荷重≥66 kN。

(3)滑动荷重在所连接线索的标称拉断力的 95% 范围内，接触线不应从线夹中滑脱及在线夹内和线夹端口处断线。

(二)承力索终端锚固线夹

1. 用途与配合

承力索终端锚固线夹用于标称截面积为 95 mm²、70 mm² 铜合金绞线承力索的终端锚固及分段连接处。

2. 基本结构

双耳楔型承力索终端锚固线夹的结构形式见下图。

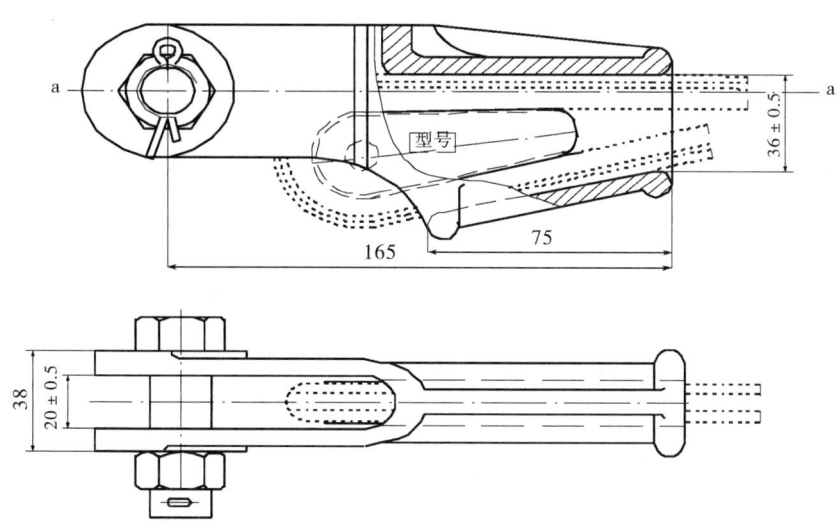

图 8-19　双耳楔型承力索终端锚固线夹

3. 性能要求

(1)用于标称截面积为 70 mm²、95 mm² 铜合金绞线终端锚固线夹应符合以下要求：a.最大工作荷重≥16.5 kN；b.拉伸破坏荷重≥49.5 kN。

(2)滑动荷重在所连接线索的标称拉断力的 95% 范围内，接触线不应从线夹中滑脱及在线夹内和线夹端口处断线。

二十二、中心锚结装置

(一)用途

中心锚结装置在接触悬挂系统中的作用是,防止整个锚段向一侧窜动,接触悬挂断线时缩小事故范围。

(二)基本结构

中心锚结装置由接触线中心锚结线夹、承力索中心锚结线夹、接触线中心锚结绳和承力索中心锚结绳组成。承力索中心锚结绳与承力索的线型相同,可纳入承力索的供货范围。

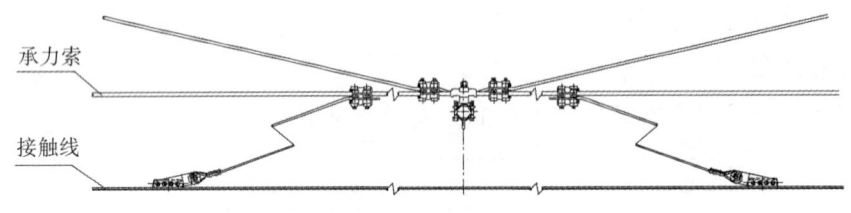

图 8-20 中心锚结装置

(三)性能要求

1. 总体性能要求

中心锚结装置应满足接触悬挂锚段中接触线及承力索分别或同时断线时,未断线的半个锚段仍保持规定的安装状态。

2. 接触线中心锚结线夹

接触线中心锚结线夹的性能要求见表 8-58。

表 8-58 接触线中心锚结线夹的性能要求

序号	性能	数值
1	最大工作荷重/kN	16.5
2	接触线中心锚结线夹与接触线间的滑动荷重/kN	≥24.75
3	接触线中心锚结线夹与锚结绳间的滑动荷重/kN	≥24.75
4	螺栓紧固力矩/(N·m)	100
5	其他力学性能应满足 TB/T 2075 中相关要求	

3. 承力索中心锚结线夹

承力索中心锚结线夹的性能要求见表 8-59。

表 8-59 承力索中心锚结线夹的性能要求

序号	性能	数值
1	最大工作荷重/kN	16.5
2	承力索中心锚结线夹与接触线间的滑动荷重/kN	≥24.75
3	承力索中心锚结线夹与锚结绳间的滑动荷重/kN	≥24.75
4	螺栓紧固力矩/(N·m)	46
5	其他力学性能应满足 TB/T 2075 中相关要求	

二十三、电连接线夹

(一)类型与配合

1. 接触线电连接线夹

接触线电连接线夹的常见类型如下：

120+95 型：一端固定在标称截面积为 120 mm^2 的铜合金接触线上，另一端与标称截面积为 95 mm^2 的软铜绞线压接固定。

85+70 型：一端固定在标称截面积为 85 mm^2 的铜合金接触线上，另一端与标称截面积为 70 mm^2 的软铜绞线压接固定。

2. 承力索电连接线夹

承力索电连接线夹的常见类型如下：

95+95 型：一端固定在标称截面积为 95 mm^2 的铜合金绞线上，另一端与标称截面积为 95 mm^2 的软铜绞线连接。

70+95 型：一端固定在标称截面积为 70 mm^2 的铜合金绞线上，另一端与标称截面积为 95 mm^2 的软铜绞线连接。

70+70 型：一端固定在标称截面积为 70 mm^2 的铜合金绞线上，另一端与标称截面积为 70 mm^2 的软铜绞线连接。

3. 并沟电连接线夹

并沟电连接线夹的常见类型如下：

95+95 型：两根标称截面积为 95 mm^2 的软铜绞线之间并沟连接。

(二)性能要求

1. 电气性能

(1)线夹与导线连接处两端点之间的电阻应不大于同等长度被连接导线的电阻。

(2)线夹与导线连接处的温升应不大于被连接导线的温升。

(3)线夹的载流量应不小于被连接导线的载流量。

2. 机械性能

(1)接触线电连接线夹与软铜绞线之间压接后的握紧荷重不小于 4.0 kN。
(2)接触线电连接线夹与接触线之间滑动荷重不小于 4.0 kN。
(3)承力索电连接线夹与软铜绞线之间滑动荷重不小于 4.0 kN。
(4)承力索电连接线夹与承力索之间滑动荷重不小于 4.0 kN。
(5)并沟电连接线夹与软铜绞线之间滑动荷重不小于 4.0 kN。

3. 与受电弓之间的配合

接触线电连接线夹应与最大行车速度为 200 km/h 的受电弓良好配合,左右偏转不超过 30°时不应打弓,且应注明安装方向是否与行车方向有关。

二十四、腕臂底座

(一)用途

腕臂底座一般用作横腹杆式预应力混凝土支柱、格构式钢柱、圆柱及吊柱上固定腕臂支撑装置。

(二)基本结构

腕臂底座按结构可分为单支腕臂底座、双支腕臂底座和三支腕臂底座。

腕臂底座的安装形式如下:

(1)在横腹杆式预应力混凝土支柱上安装,采用背接角钢+直螺栓+槽钢的形式,腕臂底座本体固定在槽钢上。
(2)在格构式钢柱上安装,采用背接角钢+直螺栓+槽钢的形式,腕臂底座本体固定在槽钢上。
(3)在圆柱及圆吊柱上安装,采用双抱箍固定上、下腕臂底座。
(4)在双槽钢吊柱上安装,采用背接角钢+直螺栓+槽钢的形式,腕臂底座本体固定在槽钢上。
(5)在方吊柱上安装,采用背接角钢+直螺栓+底座本体的形式。

(二)性能要求

(1)最大垂直工作荷重为 4.9 kN(对于单支腕臂作用时)。
(2)最大水平工作荷重为 7.4 kN(对于单支腕臂作用时)。
(3)最大垂直破坏荷重为 14.7 kN(对于单支腕臂作用时)。
(4)最大水平破坏荷重为 22.2 kN(对于单支腕臂作用时)。

(5)双支或三支腕臂底座在单支腕臂的最大水平工作荷重作用下,安装底座本体槽钢的挠度不大于 $0.7\%L$(L 为安装底座本体槽钢的长度)。

(6)双支或三支腕臂底座用槽钢在 1.5 倍最大水平工作荷重作用下不产生永久变形。

(7)底座槽钢、固定角钢单、双腕臂底座槽钢本体不小于 12#;三腕臂底座采用材质为 20# 的无缝钢管或 Q235 结构钢管。

(8)横腹杆柱及吊柱单腕臂底座背接固定角钢不小于∠63×63×6,格构式钢柱单腕臂底座背接固定角钢不小于∠80×80×7。双、三腕臂底座背接角钢不得小于∠90×90×8。

(9)腕臂底座本体与槽钢连接的螺栓应配双螺母、单垫片,紧固安装后螺栓外露不大于 10 mm。

(10)其他力学性能应满足 TB/T 2075 中相关要求。

(三)标志与包装

腕臂底座本体的标志与包装应符合 TB/T 2073 的规定。

二十五、附加悬挂

(一)适用范围

附加悬挂适用于架空供电线、回流线、架空线地线等悬挂及下锚部分。

(二)隧道外附加线肩架材料

隧外附加线肩架材料是指回流线、架空地线、供电线、正馈线和保护线等的肩架本体、肩架与支柱连接材料及与悬挂连接的材料(不含绝缘子和悬挂鞍子)。

1. 回流线肩架

回流线肩架可分为普通型、C 型和 X 型肩架,在钢柱上安装采用钩螺栓连接,在混凝土柱上安装采用直螺栓连接。

(1)普通型肩架。肩架为角钢,主角钢为∠63×63×5,背角钢为∠50×50×5;连接螺栓采用 M16,材质为 Q235A,钩螺栓参照 TB/T 2075 执行;肩架及连接螺栓均为二级镀锌防腐。肩架安装后要保证回流线距支柱最近距离为 800 mm,参考长度为 1250~1790 mm。

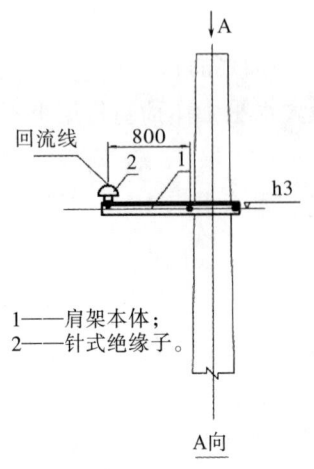
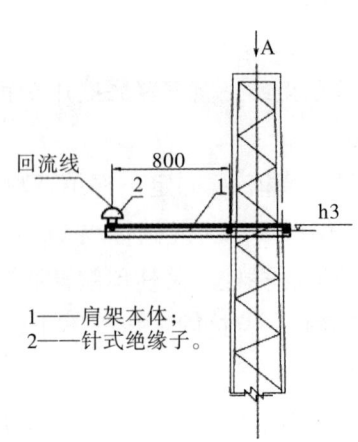

图 8-21　混凝土柱安装形式(普通型肩架)　　图 8-22　钢柱安装形式(普通型肩架)

(2)C 型肩架。肩架为槽钢带斜撑形式,槽钢规格为 63♯,斜撑角钢及背角钢不小于∠50×50×5;连接螺栓采用 M18,材质为 Q235A,钩螺栓参照 TB/T 2075 执行;肩架及连接螺栓均为二级镀锌防腐。肩架安装后要保证回流线距斜撑最近距离为 720 mm,参考长度为 1530～2270 mm。

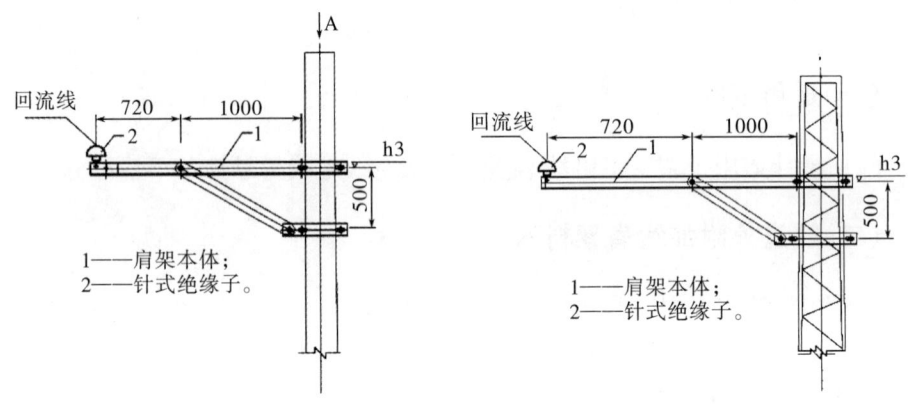

图 8-23　混凝土柱安装形式(C 型肩架)　　图 8-24　钢柱安装形式(C 型肩架)

(3)X 型肩架。肩架为槽钢带长吊环形式,槽钢规格为 63♯,背角钢不小于∠50×50×5;连接螺栓采用 M18,材质为 Q235A,钩螺栓、长吊环参照 TB/T 2075 执行;肩架、长吊环及连接螺栓均为二级镀锌防腐。肩架安装后要保证回流线距支柱最近距离为 1070 mm,参考长度为 1530～2270 mm。

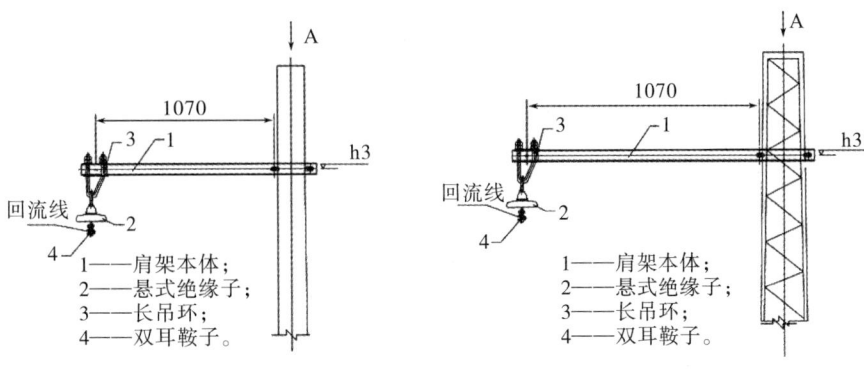

图 8-25 混凝土柱安装形式(X型肩架)　　图 8-26 钢柱安装形式(X型肩架)

2. 架空地线肩架

(1)架空地线肩架。肩架为槽钢带支座形式,槽钢规格为 63♯,背角钢不小于∠50×50×5;连接螺栓采用 M16,材质为 Q235A,钩螺栓参照 TB/T 2075 执行;肩架、支座及连接螺栓均为二级镀锌防腐。肩架安装后要保证架空线距支柱最近距离为 400～500 mm,参考长度为 900～1400 mm。

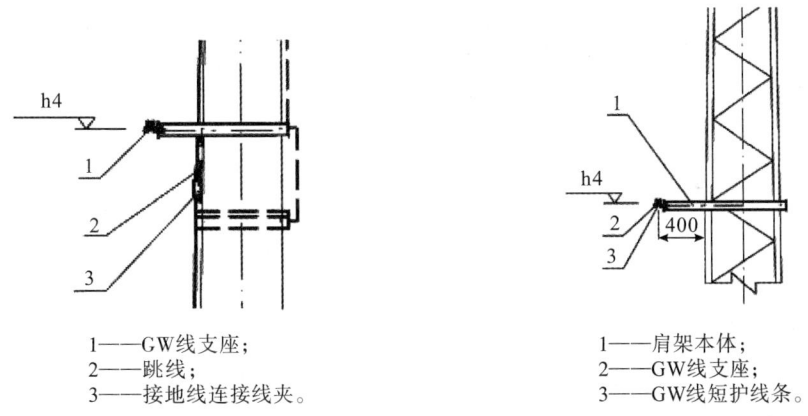

图 8-27 混凝土柱安装形式(架空地线肩架)　　图 8-28 钢柱安装形式(架空地线肩架)

(2)架空地线 X 型肩架。肩架为槽钢带长吊环形式,槽钢规格为 63♯,背角钢不低于∠50×50×5;连接螺栓采用 M16,材质为 Q235A,钩螺栓、长吊环参照 TB/T 2075 执行;肩架、长吊环及连接螺栓均为二级镀锌防腐。肩架安装后要保证架空线距支柱最近距离为 500 mm,参考长度为 900～1400 mm。

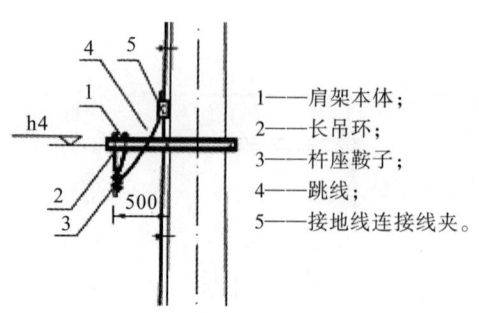
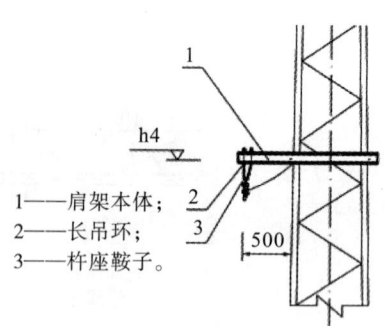

图 8-29 混凝土柱安装形式
（架空地线 X 型肩架）

图 8-30 钢柱安装形式
（架空地线 X 型肩架）

3. 供电线肩架

肩架采用槽钢肩架带斜撑方式，如下图所示。

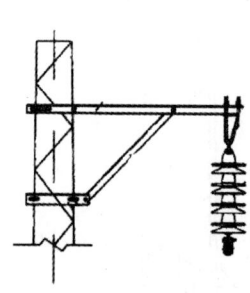
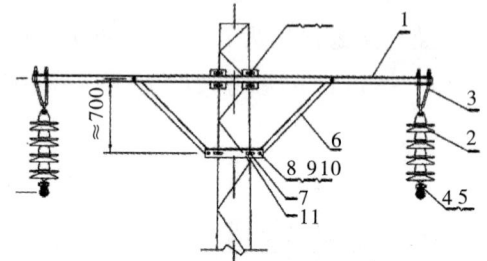

1——肩架本体；2——悬式绝缘子；3——长吊环；4，5——悬垂线夹；
6——斜撑角钢；7，11——斜撑固定角钢；8，9，10——连接螺栓。

图 8-31 单肩肩架　　　　图 8-32 双肩肩架

4. 跳线肩架

肩架为角钢，主角钢及背角钢均为∠50×50×5；连接螺栓采用 M16，材质为 Q235A，钩螺栓参照 TB/T 2075 执行；肩架及连接螺栓均为二级镀锌防腐。肩架加工图待现场技术确定，参考长度为 1250～1650 mm。

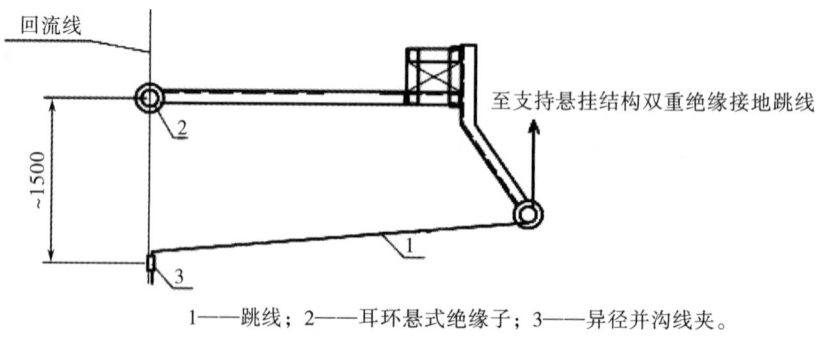

1——跳线；2——耳环悬式绝缘子；3——异径并沟线夹。

图 8-33 跳线肩架

(三)隧道外附加线下锚角钢

隧外附加线下锚材料是指回流线、架空地线、供电线、正馈线和保护线等的下锚角钢、角钢与支柱连接材料。其中,下锚角钢按形式分终端下锚角钢和对向下锚角钢。

1. 终端下锚角钢

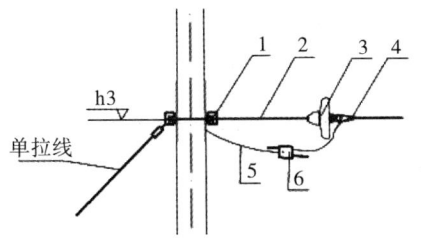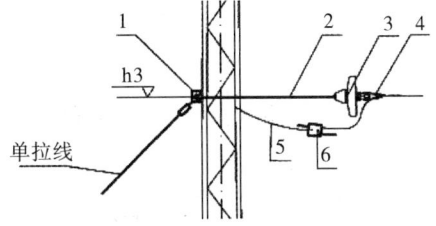

1——Y型承锚角钢;2——12型杵环杆;
3——耳环悬式绝缘子;4——NF线预绞式耐张线夹;5——跳线;6——异径并沟线夹。

图 8-34　混凝土柱终端下锚形式　　图 8-35　格构钢柱终端下锚形式

(1)混凝土柱终端下锚。终端下锚角钢为承锚角钢,主角钢和背角钢均采用∠80×80×8,主角钢带顶紧螺栓;采用 M20 直螺栓与支柱连接;材质为 Q235A,最大工作荷重为 21.6 kN,破坏荷重不小于 65 kN,全部构件均应镀锌防腐。

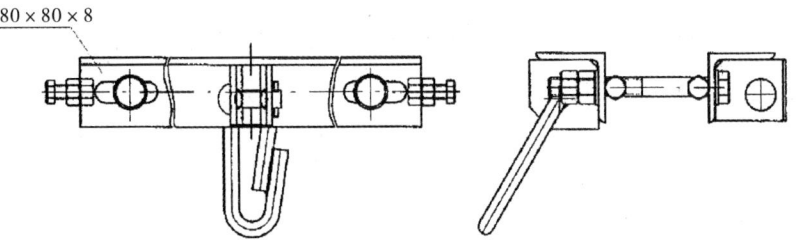

图 8-36　承锚角钢

(2)格构钢柱终端下锚。终端下锚角钢为钢锚角钢,采用∠100×100×8,带顶紧螺栓;采用钩螺栓与支柱连接,参照 TB/T 2075 执行;材质为 Q235A,最大工作荷重为 21.6 kN,破坏荷重不小于 65 kN,全部构件均应镀锌防腐。

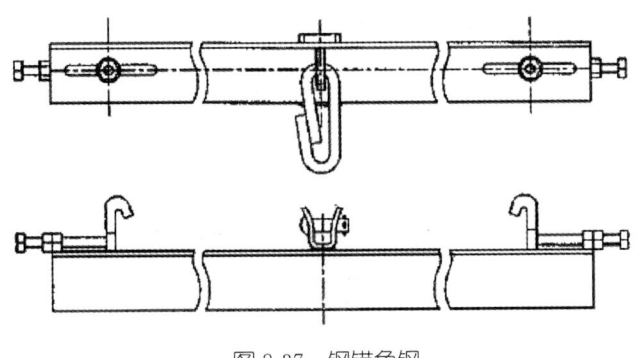

图 8-37　钢锚角钢

2. 对向下锚角钢

(1)混凝土柱对向下锚:对锚角钢采用两组∠80×80×8带顶紧螺栓的角钢,用M16螺栓连接;本体为一级镀锌,拉线环、套环为三级镀锌,材质为Q235B。

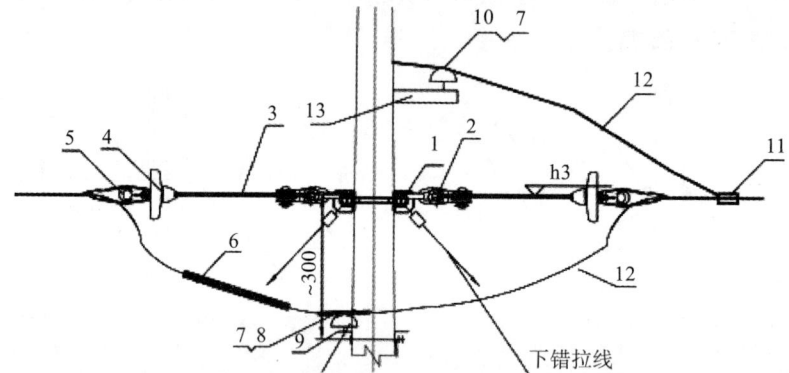

1——砼柱对向下锚角钢;2——四脚直角挂板;3——16型杵环杆;4——耳环悬式绝缘子;5——回流线预绞式耐张线夹;6——回流线接续条;7——预绞式配电绑线;8——预绞式短护线条;9——砼柱跳线肩架;10——针式绝缘子;11——异径并沟线夹;12——跳线;13——跳线肩架。

图8-38 混凝土柱对向下锚

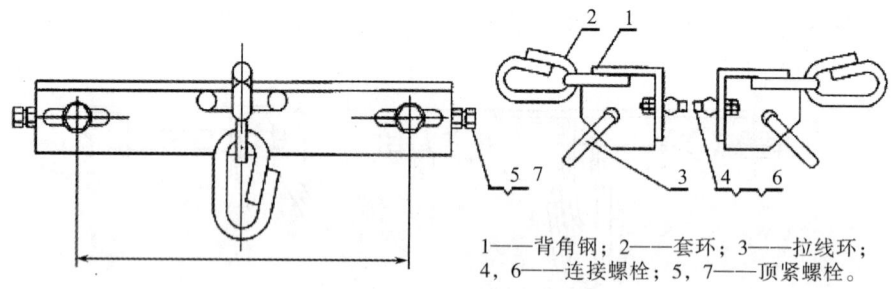

1——背角钢;2——套环;3——拉线环;4,6——连接螺栓;5,7——顶紧螺栓。

图8-39 对锚角钢

(2)格构钢柱对向下锚:采用2套格构钢柱终端下锚材料。

(3)供电线下锚角钢:可分为单支下锚角钢和对向下锚角钢,如下图所示。

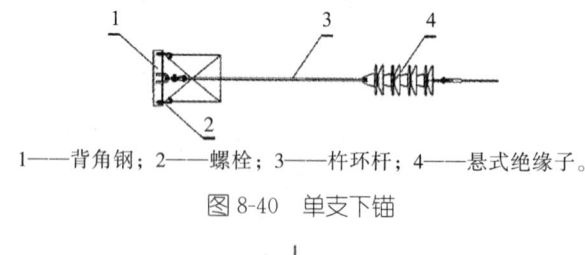

1——背角钢;2——螺栓;3——杵环杆;4——悬式绝缘子。

图8-40 单支下锚

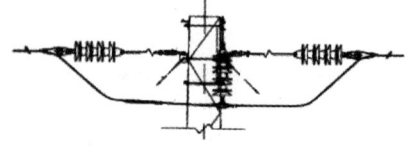

图8-41 对向下锚

(四)杵环杆

1. 外形结构

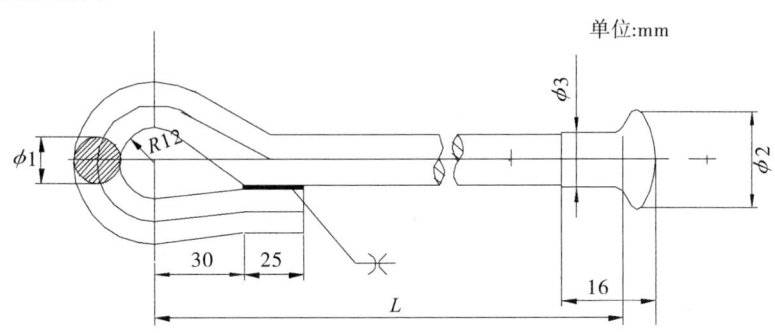

图 8-42　杵环杆

2. 规格型号

表 8-60　杵环杆的规格型号(单位:mm)

型号	标准代号	材料及型式	L	$\phi1$	$\phi2$	$\phi3$	参考重量/kg
$\phi16$-1130	TB/T 2075.17C($\phi16$-1130)—10	Q235A	1130	16	33.3	17	2.05
$\phi16$-1530	TB/T 2075.17C($\phi16$-1530)—10	Q235A	1530	16	33.3	17	2.68

注：表中杵环杆长度 L、$\phi1$、$\phi2$、$\phi3$ 为常用值，选用其他值时可按实际需要确定。

3. 型号说明

采用 $L=1130$ mm、$\phi1=16$ mm 的杵环杆可表示为：

$\phi16-1130$ 型杵环杆 TB/T 2075.17C($\phi16-1130$)—10

4. 性能要求

$\phi16$ 型杵环杆的最大工作荷重为 21.6 kN，破坏荷重不小于 64.8 kN。

(五)双环杆

1. 外形结构

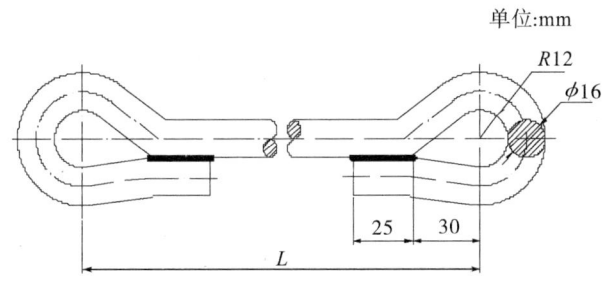

图 8-43　双环杆

2. 规格型号

表 8-61 双环杆的规格型号

型号	L/mm	参考重量/kg
250	250	0.81
350	350	0.97
770	770	1.64
1000	1000	2.00
1500	1500	2.79

3. 型号说明

采用 $\phi 16$ 型 $L=250$ mm 的双环杆可表示为：

$\phi 16$ 型 250 型双环杆　TB/T 2075.12C($\phi 16-250$)—10

4. 性能要求

$\phi 16$ 型双环杆的工作荷重为 21.6 kN，破坏荷重不小于 64.8 kN。

二十六、复合坠砣

(一)外形结构

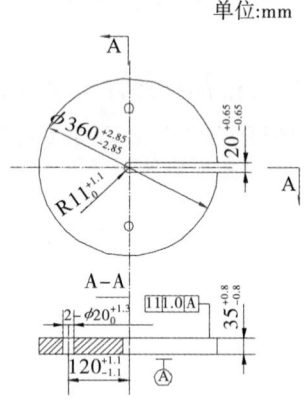

图 8-44　T 型(圆形)铁砣

(二)参考重量

坠砣的参考重量为 25 kg。

(三)技术要求

(1)坠砣的通用技术要求应符合 TB/T 2073 的规定。

(2)坠砣的制造工艺及性能要求如下:①坠砣表面应平整、光滑,无气孔、渣眼、结块。②坠砣表面平面度不大于 1 mm。③坠砣的重量误差应不大于 2%。④坠砣串的重量(包括坠砣杆的重量)应符合规定重量,允许误差不超过 1%。⑤在成批坠砣中不允许全部为负误差或全部为正误差。

二十七、软横跨弹性补偿装置

(一)适用范围

软横跨弹性补偿装置适用于电气化铁路定位索张力和长度补偿使用。

(二)型式

软横跨弹性补偿装置(以下简称"弹性补偿装置")主要由软横跨弹性补偿器(以下简称"弹性补偿器")和补偿绳等组成。弹性补偿器的典型安装如图 8-45 所示。

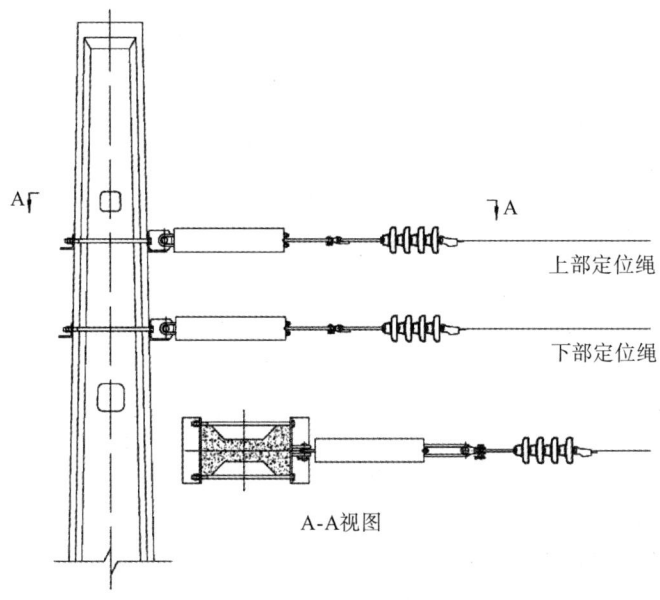

图 8-45 弹性补偿器典型安装示意图

(三)性能要求

(1)弹性补偿装置和弹性补偿器的通用技术要求均应符合 TB/T 2073 的规定。

(2)弹性补偿装置和弹性补偿器应满足 TB/T 2075 或各种场合使用所规定的尺寸、功能和安全要求,安装后应连接可靠,运转灵活,调整方便。

(3)弹性补偿器装置和弹性补偿器在安装状态最大工作荷重条件下的输出张力和伸缩位移应符合 TB/5 2075 和设计技术文件的要求。

(4)在破坏荷重条件下,弹性补偿器装置和弹性补偿器的金属部件均应无断裂和裂痕。

(5)弹性补偿器装置和弹性补偿器保持张力的稳定性应符合本标准的要求。

(四)弹性补偿器

1. 外形结构

弹性补偿器的典型外形结构如图 8-46 所示。

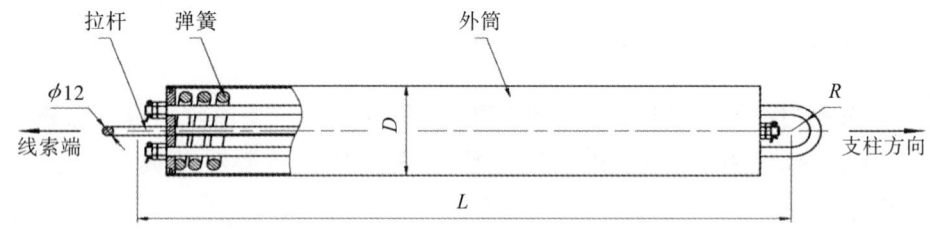

图 8-46 弹性补偿器基本结构示意图

2. 规格及参数

表 8-62 规格及参数

型号	额定张力范围/kN	工作行程/mm	主要外形尺寸/mm		质量/kg	图纸代号
			D	L_{max}		
RTB6-S	4～6	0～70	120	600	6.5	GB6-CMJ-80
RTB10-S	8～10	0～70	120	600	7.5	GB10-CMJ-80

3. 型号说明

额定张力范围 4～6 kN,额定伸长量 0～70 mm 的双层弹性补偿器可表示为:
RTB6-S 型弹性补偿器 TB/T 2075.14(RTB6-S)—10

4. 检验规则与试验方法

(1)弹性补偿器应由制造厂的技术检验部门检验合格,取得合格证后方能出厂,制造厂应保证所有出厂的产品符合 TB/T 2075 及图纸的有关技术文件要求。

(2)弹簧补偿装置的检验项目和检验方法见表 8-63。

表 8-63 弹性补偿器检验项目

序号	类别	检验项目及技术要求		检验类别	检验方法
1	B类	结构尺寸检查	补偿器主要外形尺寸符合设计图纸规定	T,R	TB/T 2074
2		外观检查	拉伸标尺的刻度完整、清晰	T,R	TB/T 2074
3			焊缝质量符合规定	T,R	
4			拉杆无偏斜、弯曲	T,R	
5			外壳色泽均匀无明显碰伤、划痕	T,R	TB/T 2074
6		组装检查	零部件齐全配套,装卸灵活方便	T,R	TB/T 2074
7			拉伸标尺位置正确,能保证补偿器合理行程	T,R	
8		涂镀层检查	镀层均匀性、镀层厚度符合规定	T,S	TB/T 2074
9			弹簧涂层盐雾试验符合规定	T,S	GB/T 1771
10	A类	材料检验	弹簧	T,S	化学成分试验采用相应国家标准,分析误差应符合相应国家标准
11			拉杆	T,S	
12			支撑垫、压板	T,S	
			不锈钢紧固件	T,S	
13		张力偏差试验	±5%	T,S,R	TB/T 2074
14		耐拉伸荷重试验	最大工作荷重的1.5倍,保持5 min	T,S	TB/T 2074
15		破坏荷重试验	不小于最大工作荷重的3倍	T,S	TB/T 2074
16		稳定性试验	全程伸缩 2×10^4 次后的张力偏差、破坏荷重、拉杆最大磨损深度	T	TB/T 2074

注:T 为型式试验,S 为抽查检验,R 为出厂例行检验。

5. 抽样数量与产品质量判定方法

(1)型式试验、抽查检验的抽样数量和产品质量判定方法应符合 TB/T 2073 的规定。

(2)弹性补偿器在出厂前应逐个进行张力偏差例行检验,超过 TB/T 2075 规定的张力偏差范围的单个产品按不合格产品处理。

6. 标志与包装

(1)弹性补偿装置及弹性补偿器的外壳上应清晰地标出制造厂代号的永久性标志。

(2)标志牌的内容应包括:产品名称、规格代号、制造厂家、制造日期。

(3)弹性补偿装置及弹性补偿器的标志、包装、运输、储存按 TB/T 2073 执行。在所有包装上,均应标识制造者的识别标志及生产许可证编号。

(4)每套交货的弹性补偿装置及弹性补偿器应附有制造厂家质量检验部门的

产品合格证。

(5)每套交货的弹性补偿装置及弹性补偿器均应用不易碰伤的包装物包装。

(6)弹性补偿装置及弹性补偿器应储存在通风良好、干燥的仓库或场地上,不宜放在潮湿、盐雾或有腐蚀性气体的场所,以防止锈蚀。

二十八、软横跨支撑固定及连接装置

(一)软横跨支撑固定装置型式

软横跨支撑固定装置的安装包括与钢柱连接、与混凝土柱连接、中间部分连接三类,如图 8-47、8-48、8-49 所示。

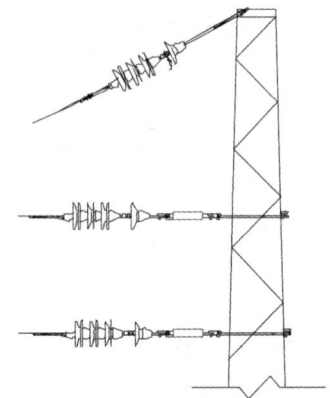

图 8-47　Gz 软横跨支撑固定装置安装示意图(与钢柱连接)

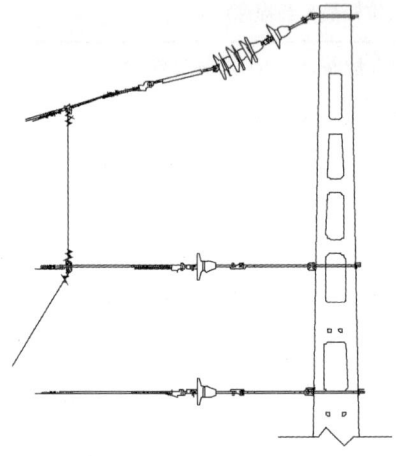

图 8-48　Hz 软横跨支撑固定装置安装示意图(与混凝土柱连接)

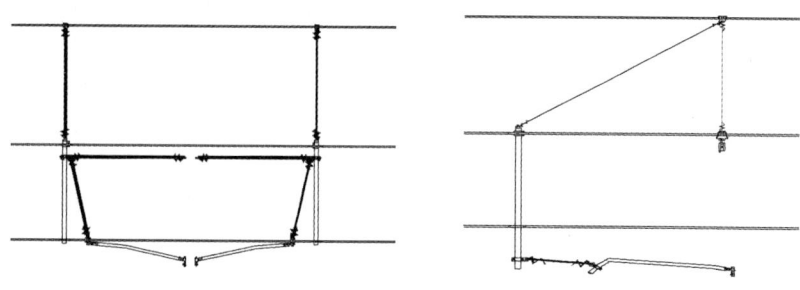

图 8-49　Zb 软横跨支撑固定装置安装示意图（中间部分连接）

(二)软横跨支撑固定装置组成

软横跨支撑固定装置的组成见表 8-64。

表 8-64　软横跨支撑固定装置组成

型号	零件1	零件2	零件3	零件4	零件5
Gz	角型垫块	杵头杆	耳环杆	球型垫块	软横跨固定角钢(含钩螺栓)
Hz	软横跨固定底座	调整螺栓	耳环杆	带耳定位环线夹	
Zb	调节立柱	夹环			

(三)技术性能要求

1. 总体技术性能要求

(1)软横跨支撑固定装置的通用技术要求应符合 TB/T 2073 的规定。

(2)软横跨支撑固定装置在软横跨装置中的安装应满足所在线路规定的安装尺寸和功能要求,安装后应连接可靠,运转灵活,调整方便。

2. 角型垫块

(1)角型垫块的通用技术要求应符合 TB/T 2073 的规定。

(2)角型垫块的制造工艺:a. 采用铸造工艺;b. 盖板和底座的表面应按 TB/T 2073 的要求进行 2 级热浸镀锌。

(3)角型垫块的性能要求:a. 最大工作荷重为 21.6 kN;b. 破坏荷重不小于 64.8 kN。

2. 杵头杆

(1)杵头杆的通用技术要求应符合 TB/T 2073 的规定。

(2)杵头杆的制造工艺:a. 杵头杆本体、螺母应按 TB/T 2073 的要求进行一级热浸镀锌;b. 垫圈应按 TB/T 2073 的要求进行 2 级热浸镀锌。

(3)杵头杆的紧固件:本体螺纹按照 GB/T 196—2003 加工,公差应符合 GB/T 197—2018 的规定。

(4)杵头杆的性能要求：a. 最大工作荷重为 21.6 kN；b. 破坏荷重不小于 64.8 kN；c. 紧固力矩为 80 N·m。

3. 软横跨固定角钢

(1)软横跨固定角钢的通用技术要求应符合 TB/T 2073 的规定。

(2)软横跨固定角钢的制造工艺：a. 钩螺栓的要求见 TB/T 2075.16；b. 软横跨固定角钢本体应按 TB/T 2073 的要求进行 3 级热浸镀锌。

(3)软横跨固定角钢的性能要求：最大工作荷重为 9.8 kN。

4. 钩螺栓

(1)钩螺栓的通用技术要求应符合 TB/T 2073 的规定。

(2)钩螺栓的制造工艺：a. 钩螺栓本体采用热弯和机加工艺制造；b. 钩螺栓本体、螺母和垫圈应按 TB/T 2073 的要求进行 1 级热浸镀锌。

(3)钩螺栓的紧固件：钩螺栓本体螺纹按照 GB/T 196—2003 加工，公差应符合 GB/T 197—2018 的规定。

(4)钩螺栓的性能要求：a. 最大工作荷重为 4.9 kN；b. 紧固力矩为 59 N·m。

5. 耳环杆

(1)耳环杆的通用技术要求应符合 TB/T 2073 的规定。

(2)耳环杆的制造工艺：a. 耳环杆本体采用热弯焊接工艺，焊缝处应无裂纹、气孔、夹渣等缺陷；b. 耳环杆本体的螺纹按 GB/T 196—2003 加工，公差应符合 GB/T 197—2018 的规定；c. 耳环杆本体、螺母应按 TB/T 2073 的要求进行 1 级热浸镀锌，垫圈应按 TB/T 2073 的要求进行 2 级热浸镀锌。

(3)耳环杆的紧固件：a. 螺母应符合 GB/T 41—2016 的规定；b. 垫圈应符合 GB/T 96.1~96.2—2002 的规定。

(4)耳环杆的性能要求：a. 耳环杆的最大工作荷重为 21.6 kN；b. 耳环杆的破坏荷重应不小于 64.8 kN；c. 螺栓的紧固力矩为 80~90 N·m。

6. 双耳连接器

(1)双耳连接器的通用技术要求应符合 TB/T 2073 的规定。

(2)双耳连接器的制造工艺：a. 双耳连接器本体采用金属模锻工艺制造；b. 连接器本体、销钉按 TB/T 2073 的要求进行 2 级热浸镀锌，螺栓销、螺母按 TB/T 2073 的要求进行 1 级热浸镀锌。

(3)双耳连接器的紧固件：a. 螺母应符合 GB/T 41—2016 的规定；b. 开口销应符合 GB/T 91—2000 的规定。

(4)双耳连接器的性能要求：a. 最大工作荷重为 17.6 kN；b. 破坏荷重应不小于 52.8 kN；c. 安装时，应使销钉处于垂直位置，开口销在下面。

7. 球型垫块

(1)球型垫块的通用技术要求应符合 TB/T 2073 的规定。

(2)球型垫块的制造工艺：球形垫块采用铸造工艺，表面应按 TB/T 2073 的要求进行 2 级热浸镀锌。

(3)球型垫块的性能要求：a. 最大工作荷重为 21.6 kN；b. 破坏荷重不小于 64.8 kN。

8. 调节立柱

(1)调节立柱的通用技术要求应符合 TB/T 2073 的规定。

(2)调节立柱的制造工艺：a. 定位环应符合 TB/T 2075.3 的规定；b. 立柱的圆管、挡片、U 型环及圆钢之间采用焊接工艺；c. 立柱及卡子按 TB/T 2073 的要求进行 2 级热浸镀锌；

(3)调节立柱的性能要求：a. 最大水平工作荷重为 3.0 kN，最大垂直工作荷重为 4.9 kN；b. 定位环、卡子与立柱之间的滑动荷重不小于 4.9 kN；c. 螺栓紧固力矩为 44～56 N·m。

9. 夹环

(1)夹环的通用技术要求应符合 TB/T 2073 的规定。

(2)夹环的制造工艺：a. 夹环应采取热弯曲加工；b. G 型夹环本体、销钉应按 TB/T 2073 的要求进行 2 级热浸镀锌。

(3)夹环的紧固件：开口销应符合 GB/T 91—2000 的规定。

(4)夹环的性能要求：a. 最大工作荷重为 3.9 kN；b. 破坏荷重为 11.7 kN。

10. 调整螺栓

(1)调整螺栓的通用技术要求应符合 TB/T 2073 的规定。

(2)调整螺栓的制造工艺：a. 架型调整螺栓本体和耳环螺栓采用模锻工艺制造；b. 架型调整螺栓本体按 TB/T 2073 的要求进行 2 级热浸镀锌，其耳环螺栓进行 2 级热浸镀锌；c. 调整螺栓本体螺纹应符合 GB/T 196—2003 的规定，螺纹公差应符合 GB/T 197—2018 的规定；d. 调整螺栓耳环螺栓螺纹应符合 GB/T 196—2003 的规定，螺纹公差应符合 GB/T 197—2018 的规定。

(3)调整螺栓的性能要求：a. 架型式调整螺栓的最大工作荷重为 27 kN，破坏荷重为 81 kN；b. 调整螺栓在最大工作荷重下调整灵活；c. 在调整螺栓本体外侧增加备母以保证使用中不松动。

11. 焊接杵环

(1)本体采用热弯焊接工艺，焊缝处应无裂纹、气孔、夹渣等缺陷。

(2)本体要进行 1 级热浸镀锌。

(3)材料应符合 GB/T 700—2006 的规定,采用牌号不低于 Q235A 的碳素结构钢。

(4)最大工作荷重为 21.6 kN。

(5)破坏荷重不小于 64.8 kN。

(五)验收及检验

1. 检验规则

(1)软横跨支撑固定及连接装置的检验规则应符合 TB/T 2073 的规定。

(2)软横跨支撑固定及连接装置中的带耳定位环线夹需进行振动及疲劳试验,杵头杆需进行疲劳试验。

(3)经疲劳试验后,各零部件的破坏荷重值与规定的最小值相比下降不超过5%。

(4)经疲劳试验后,各零部件不应出现裂纹、变形等现象。

(5)在全部项目试验中,螺栓与螺母连接不应出现"咬死"现象。

2. 试验方法

软横跨支撑固定及连接装置中各零部件的试验方法应符合 TB/T 2074 的规定。

(六)标志与包装

1. 标志

(1)在角型垫块、球型垫块、调整螺栓、带耳定位环线夹上明显易见而又不降低零件性能的位置,用永久性凸字的方法,清晰地标出制造厂的代号。

(2)在杵头杆、软横跨固定角钢、钩螺栓、耳环杆、软横跨固定底座、调节立柱、夹环上明显易见而又不降低零件性能的位置,清晰地标出制造厂代号的永久性标志。

2. 包装

软横跨支撑固定及连接装置中各零部件的包装应符合 TB/T 2073 的规定。

二十九、连接金具

(一)适用范围

本部分适用于额定电压 27.5 kV 及以上接触网用连接金具。

(三)型式及分类

1. 球头挂环

球头挂环典型结构如图 8-50 所示,常用型号有 Q-7、QP-7。

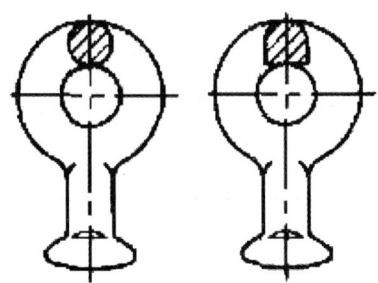

图 8-50　球头挂环

2. 碗头挂板

碗头挂板典型结构如图 8-51 所示,常用型号有 W-7A、W-7B、WS-7、WS-10。

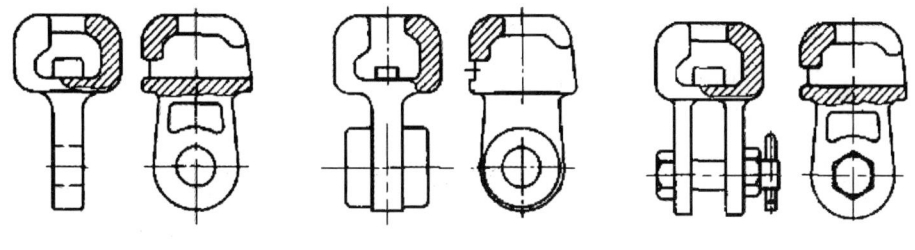

图 8-51　碗头挂板

3. 挂板

挂板可分为 Z 型、ZS 型和 P 型等,典型结构如图 8-52、8-53、8-54 所示。

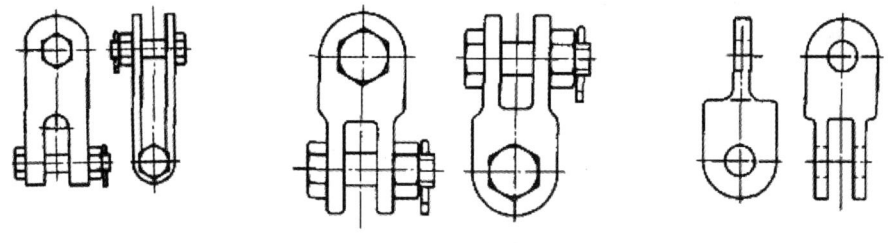

图 8-52　Z 型挂板

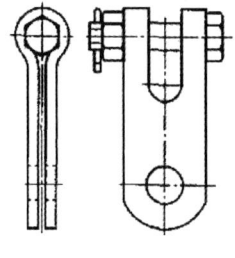

图 8-53　ZS 型挂板

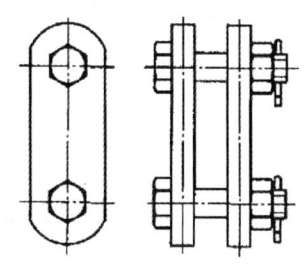

图 8-54　P 型挂板

4. 联板

联板典型结构型式如图图 8-55 所示,常用型号有 LV-0712。

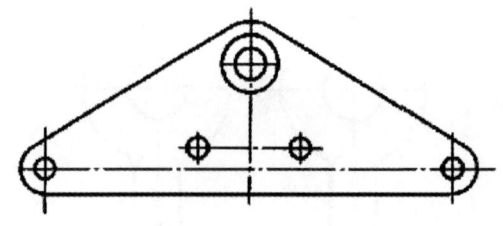

图 8-55　L 型联板

(四)技术性能要求

(1)连接金具一般技术条件应符合 GB/T 2314、DL/T 759—2009 的规定,并按规定程序批准的图样制造。

(2)连接金具的标称载荷、连接型式及尺寸应符合 GB/T 2315 的规定。

(3)连接金具应承受安装、维修及运行中可能出现的机械载荷及环境条件等各种情况的考验。

(4)连接金具的连接部件应有锁紧装置,保证在运行中不松脱,锁紧销应符合 DL/T 1343—2014 的规定。

(5)球头挂环、球头挂板的球头及碗头挂板的球窝连接部位的尺寸和偏差应符合 GB/T 4056 的规定。

(6)连接金具的挂耳螺栓孔中心同轴度公差不大于 1 mm。

(7)连接金具受剪螺栓的螺纹进入受力板件的长度不得大于受力板件壁厚的 1/3。

(五)验收及检验

(1)连接金具的试验方法应符合 GB/T 2317.1、GB/T 2317.2 和 GB/T 2317.3 的规定。

(2)热镀锌的锌层检验按 DL/T 768.7 的规定执行。

(3)连接金具的验收按照 GB/T 2317.4 的规定执行。

(六)标志与包装

连接金具的标志与包装按 GB/T 2314 的规定执行。

三十、电气化铁路接触网零部件

(一)UT 型耐张线夹

1. 外形结构

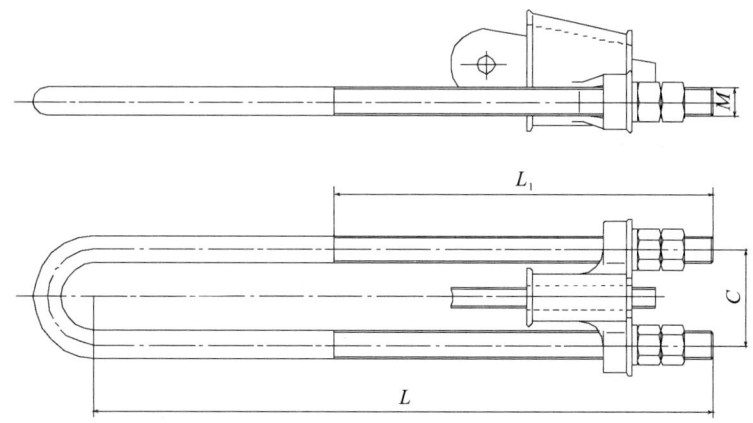

图 8-56　UT 型耐张线夹示意图

2. 规格型号

表 8-65　UT 型耐张线夹型号(单位:mm)

型号	标准代号	适用绞线		M	L	L_1	C	参考重量/kg	备注
		截面/mm²	外径						
UT-2	TB/T 2075.21F(UT-2)—10	70~80	11.0~11.5	18	430	250	62	3.2	附加线
UT-3	TB/T 2075.21F(UT-3)—10	100~120	13.0~14.0	22	500	300	74	5.4	接触网

3. 技术要求

(1)UT 型耐张线夹的通用技术要求应符合 DL/T 757—2009 及 TB/T 2073 的规定。

(2)UT 型耐张线夹的制造工艺:a. UT 型耐张线夹本体、楔子采用失腊熔模铸造工艺制造,表面应按 TB/T 2073 的要求进行 3 级热浸镀锌;b. U 型螺栓的螺纹应符合 GB/T 196—2003 的规定,公差应符合 GB/T 197—2018 的规定,无螺纹部分的直径不允许小于螺纹中径;c. U 型螺栓、螺母应按 TB/T 2073 的要求进行 1 级热浸镀锌;d. UT 型耐张线夹本体在热镀锌前应逐件进行超声波探伤,试验方法及质量评定方法应符合 GB/T 7233 的规定,允许缺陷及大小应符合 TB/T 2073 的规定。

(3)UT 型耐张线夹的紧固件:a. 螺母应符合 GB/T 41—2016 的规定;b. 垫圈应符合 GB/T 95—2002 的规定。

(4)UT 型耐张线夹的性能要求:a. UT-2 型耐张线夹最大工作荷重为 29.3 kN,破坏荷重应不小于 88 kN;b. UT-3 型耐张线夹最大工作荷重为 47.7 kN,破坏荷重应不小于 143 kN;c. 在绞线综合拉断力范围内,绞线不应从线夹内滑出。

(二)NX 型耐张线夹

1. 外形结构

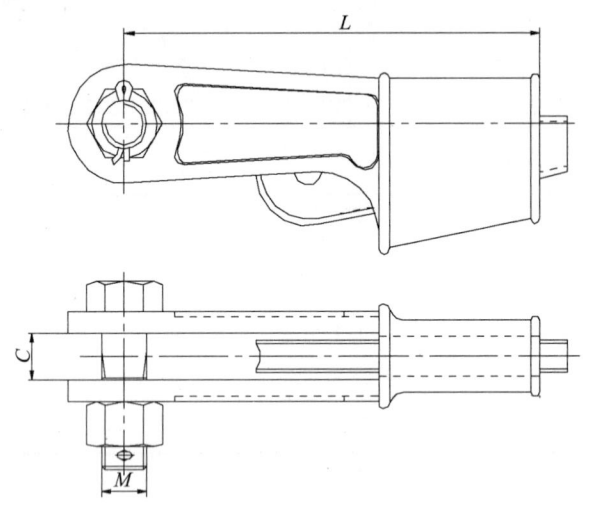

图 8-57　NX 型耐张线夹示意图

2. 规格型号

表 8-66　NX 型耐张线夹型号(单位:mm)

型号	标准代号	适用绞线 截面/mm²	适用绞线 外径	M	L	C	参考重量/kg	备注
NX-2	TB/T 2075.21E(NX-2)—10	70～80	11.0～11.5	18	180	20	1.83	附加线
NX-3	TB/T 2075.21E(NX-3)—10	100～120	13.0～14.0	24	200	24	3.20	接触网

3. 技术要求

(1)NX 型耐张线夹的通用技术要求应符合 DL/T 757—2009 及 TB/T 2073 的规定。

(2)NX 型耐张线夹的制造工艺：a. NX 型耐张线夹本体、楔子采用失腊熔模铸造工艺制造,表面应按 TB/T 2073 的要求进行 3 级热浸镀锌；b. 螺栓销、螺母应按 TB/T 2073 的要求进行 1 级热浸镀锌；c. NX 型耐张线夹本体在热镀锌前应逐件进行超声波探伤,试验方法及质量评定方法应符合 GB/T 7233 的规定,允许缺陷及大小应符合 TB/T 2073 的规定。

(3)NX 型耐张线夹的紧固件：a. 螺栓销应符合 GB/T 31.1—2013 的规定；b. 螺母应符合 GB/T 41—2016 的规定；c. 开口销应符合 GB/T 91—2000 的规定。

(4)NX 型耐张线夹的性能要求：a. NX-2 型耐张线夹最大工作荷重为 29.3 kN,破坏荷重不小于 88 kN；b. NX-3 型耐张线夹最大工作荷重为 47.7 kN,

破坏荷重不小于 143 kN；c. 在绞线综合拉断力范围内，绞线不应从线夹内滑出。

(三)杵座鞍子

1. 外形结构

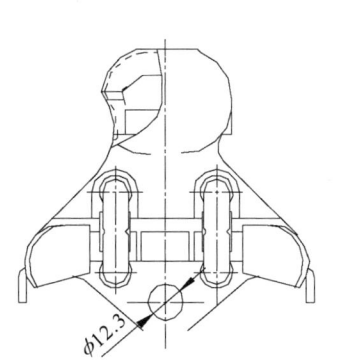
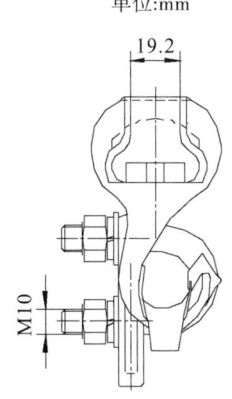

图 8-58　D 型杵座鞍子示意图

2. 规格型号

表 8-67　杵座鞍子型号

型号	标准代号	适用线材	杵座鞍子本体型号	衬垫材质	衬垫	压板	参考重量/kg
DL	TB/T 2075.21A(DL)—10	$\phi11 \sim \phi22$ 铝绞线、钢芯铝绞线及铝包钢型绞线	D	1050A	有	有	0.95

3. 技术要求

(1)杵座鞍子的通用技术要求应符合 TB/T 2073 的规定。

(2)杵座鞍子的制造工艺：a. 杵座鞍子本体压块采用精密铸造工艺制造，表面按 TB/T 2073 的规定进行 3 级热浸镀锌；b. 锁紧销采用型材冲压工艺制造；c. 杵座鞍子本体在热镀锌前应逐件进行超声波探伤，试验方法及质量评定方法应符合 GB/T 7233 的规定，允许缺陷及大小应符合 TB/T 2073 的规定。

(3)杵座鞍子的紧固件：a. 螺栓、U 螺栓的机械性能应符合 GB/T 3098.6—2014 的规定，性能等级为 A2—70 级；b. 螺母的机械性能应符合 GB/T 3098.15—2014 的规定，性能等级为 A2—70 级；c. U 螺栓的螺纹应符合 GB/T 196—2003 的规定，螺纹公差应符合 GB/T 197—2018 的规定；d. 螺栓应符合 GB/T 5782—2016 的规定；e. 螺母应符合 GB/T 6170—2015 的规定；f. 垫圈应符合 GB/T 848—2002 的规定；g. 弹簧垫圈应符合 GB/T 93—1987 的规定；h. 紧固件连接副应具有防松性能。

(4)杵座鞍子的性能要求:a.杵座鞍子的最大工作荷重为4.9 kN;b.杵座鞍子的握紧荷重应不小于3.9 kN;c.杵座鞍子的破坏荷重应不小于14.7 kN;d.D型杵座鞍子中U螺栓的紧固力矩为25 N·m;e.杵座鞍子的挂线槽应适应增加相对应于悬挂线索保护条的要求。

(四)双耳鞍子

1. 外形结构

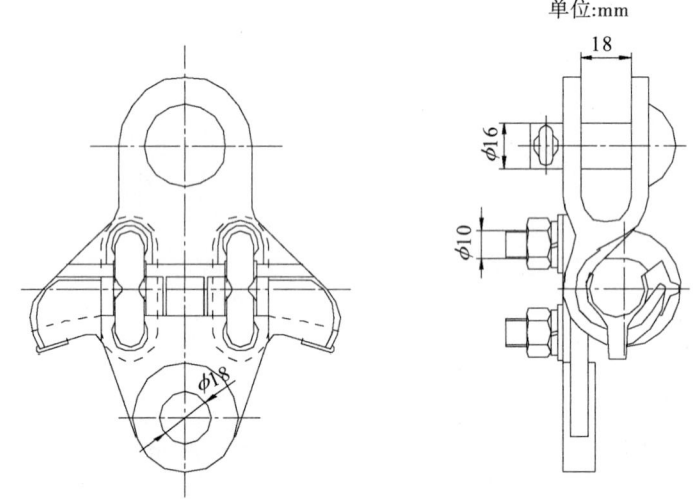

图8-59 双耳鞍子示意图

2. 规格型号

表8-68 双耳鞍子型号

型号	标准代号	适用线材	衬垫材质	衬垫	压板	参考重量/kg
L	TB/T 2075.21B(L)—10	$\phi 11 \sim \phi 22$ 铝绞线、钢芯铝绞线及铝包钢型绞线	1050A	有	有	0.96

3. 技术要求

(1)双耳鞍子的通用技术要求应符合TB/T 2073的规定。

(2)双耳鞍子的制造工艺:a.双耳鞍子本体、压块采用精密铸造工艺制造,表面按TB/T 2073的规定进行3级热浸镀锌;b.双耳鞍子本体在热镀锌前应逐件进行超声波探伤,试验方法及质量评定方法应符合GB/T 7233的规定,允许缺陷及大小应符合TB/T 2073的规定。

(3)双耳鞍子的紧固件:a.U螺栓的机械性能应符合GB/T 3098.6—2014的

规定,性能等级为 A2—70 级;b. 螺母的机械性能应符合 GB/T 3098.15—2014 的规定,性能等级为 A2—70 级;c. U 螺栓的螺纹应符合 GB/T 196—2003 的规定,螺纹公差应符合 GB/T 197—2018 的规定;d. 螺母应符合 GB/T 6170—2015 的规定;e. 垫圈应符合 GB/T 848—2002 的规定;f. 弹簧垫圈应符合 GB/T 93—1987 的规定;g. 紧固件连接副应具有防松性能。

(4)双耳鞍子的性能要求:a. 双耳鞍子的最大工作荷重为 4.9 kN;b. 双耳鞍子的握紧荷重应不小于 3.9 kN;d. 双耳鞍子的破坏荷重应不小于 14.7 kN;d. U 螺栓的紧固力矩为 25 N·m;e. 双耳鞍子的挂线槽应适应增加相对应于悬挂线索保护条的要求。

(五)悬垂线夹

1. 外形结构

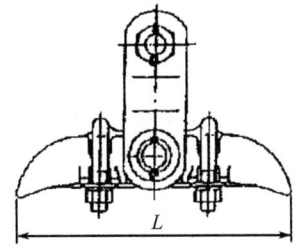 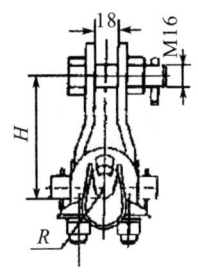

图 8-60　悬垂线夹示意图

2. 技术要求

(1)悬垂线夹一般技术条件应符合 GB/T 2314 的规定,线夹的连接尺寸应符合 GB/T 2315 的规定。

(2)材质与紧固件:a. 以可锻铸铁制造的悬垂线夹船体和压条,应符合 GB/T 9440 的规定;b. 以铝合金制造的悬垂线夹船体和压条,应符合 GB/T 1173 的规定;c. 挂板、U 型螺丝等附件应符合 GB/T 700 的规定;d. 其他未作说明的事宜参照 DL/T 756—2009 执行。

三十一、预绞式金具

预绞类金具是指用预成型螺旋条状物缠绕于导线或地线上,用于承受机械或电气荷载的金具,其使用部位有接触悬挂处(承力索座、悬吊滑轮)、附加线悬挂及下锚处等。

(一)接触悬挂处

1. 参数及选型

表 8-69　接触悬挂处预绞式金具参数及选型

序号	适用部位	型号	适用线材	长度 L/mm	备注
1	承力索座处		JTMH-70	600	
2	承力索座处		JTMH-95	600	
3	悬吊滑轮处		JTMH-70	2000	
4	悬吊滑轮处		JTMH-95	2000	
5	悬吊滑轮处		CTAH-85	2000	
6	悬吊滑轮处		CTS-120	2000	

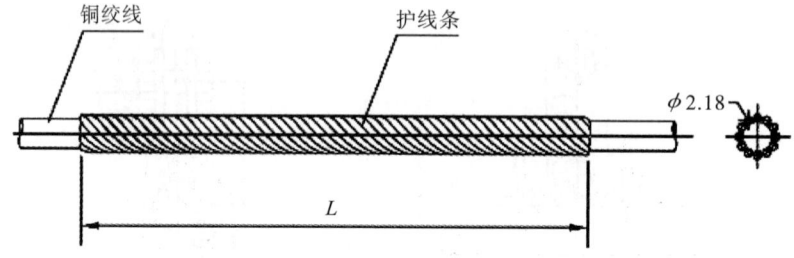

图 8-61　接触网护线条

2. 技术要求

接触网护线条采用铜合金预绞式护线条,缠绕紧密均匀。铜合金护线条单丝不得存在裂纹,直径、机械强度等特性需符合下表(表 8-70)要求。

表 8-70　接触网护线条技术要求

单丝直径/mm	破坏荷载/kN	抗拉强度/MPa
2.18	3.7	1000

(二)附加线悬挂及下锚处

1. 参数及选型

表 8-71　附加线悬挂及下锚处预绞式金具参数及选型

序号	适用线材	耐张线夹	护线条	接续条	悬垂线夹	配电绑线	备注
1	LBGLJ-70/10	NL-70/10	参 AR-0119	JL-70/10	—	参 P10106	
2	LBGLJ-120/20	NL-120/20	参 AR-0124	JL-120/20	—		

续表

序号	适用线材	耐张线夹	护线条	接续条	悬垂线夹	配电绑线	备注
3	LBGLJ-185/25	NL-185/25	参 AR-0129	JL-185/25	—	参 P10110	
4	LBGLJ-240/30	NL-240/40	—	JL-240/40	CL-240	—	

2. 预绞式耐张线夹

预绞式耐张线夹由心形环和预绞丝组成，适用于回流线、正馈线、保护线、架空地线、供电线下锚。心形环本体为热镀锌球墨铸铁，螺栓销为热镀锌钢制件，开口销为不锈钢，预绞丝为铝包钢，配有标签（产品型号、适用范围）及色带。预绞丝包缠应密贴均匀，可重复缠绕1~2次。

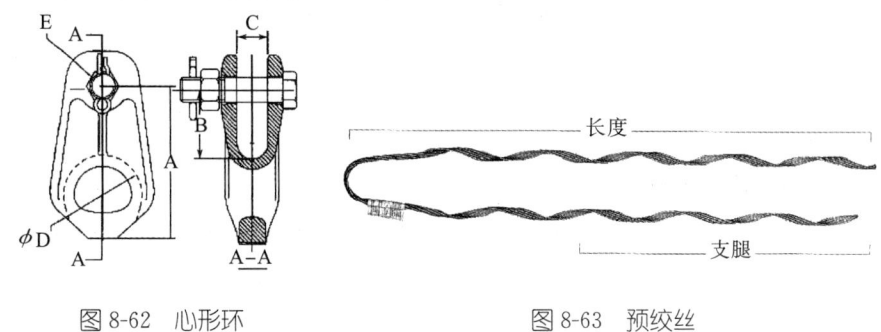

图8-62 心形环　　　　　　图8-63 预绞丝

3. 预绞式护线条

预绞式护线条适用于回流线、保护线、架空地线，可保护导线免受线索摩擦、电弧等的损伤。预绞丝为铝包钢，配有标签（产品型号、适用范围）及色带。针式绝缘子或鞍子内的回流线、保护线、架空地线需安装预绞式护线条，预绞丝包缠应密贴均匀，可重复缠绕1~2次。

图8-64 预绞式护线条

4. 预绞式接续条

预绞式接续条适用于回流线、保护线、架空地线等，可用于断点的跳线接续。预绞丝为铝包钢，配有标签（产品型号、适用范围）及色带。回流线、保护线、架空地线对向下锚、跨越转角时接续使用，预绞丝包缠应密贴均匀。

图 8-65　预绞式接续条

5. 预绞式悬垂线夹

预绞式悬垂线夹由铝包钢预绞丝、金属护套及胶垫等组成,适用于供电线悬挂。

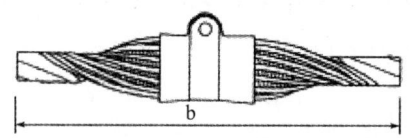

图 8-66　预绞式悬垂线夹

6. 预绞式配电绑线

回流线、跳线在针式绝缘子内安装时采用预绞式配电绑线。预绞式配电绑线由绝缘套管和铝包钢预绞丝组成,配有标签(产品型号、适用范围)及色带。配电绑线与绝缘子紧密配合,可以对抗向上的荷载,防止导线从绝缘子上跳起。

图 8-67　预绞式配电绑线

三十二、防松紧固装置

(一)适用范围

本部分适用于电气化铁道及城市轨道交通接触网零部件系统中采用螺纹副连接结构并具备可靠防松性能的紧固件。

(二)结构组成

电气化铁路接触网防松紧固装置由螺栓(或 U 螺栓)、双开槽自锁螺母组成,其典型结构如 8-68 所示。

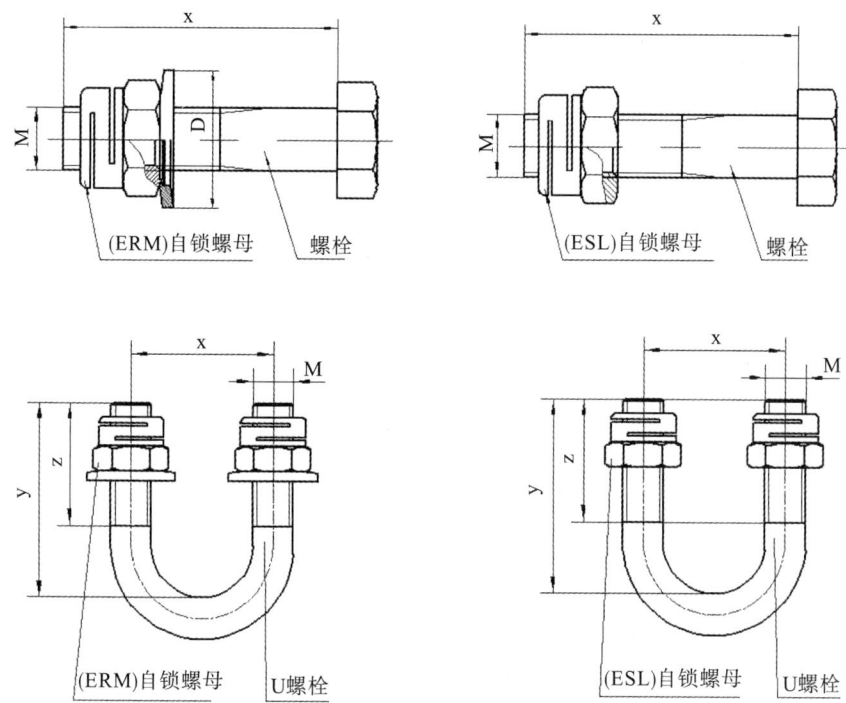

图 8-68　电气化铁路接触网防松紧固装置典型结构

(三)规格型号

电气化铁路接触网防松紧固装置的规格型号见表 8-72。

表 8-72　电气化铁路接触网防松紧固装置规格型号(单位:mm)

序号	型号	螺母公称直径 M	蝶形垫圈外径 D	螺栓规格	U 螺栓规格
1	(ERM)M8A+M×x	8	22	M8×x	—
2	(ERM)M10A_1+M×x	10	22	M10×x	—
3	(ERM)M10A_2+M×x	10	27	M10×x	—
4	(ERM)M12A+M×x	12	27	M12×x	—
5	(ERM)M14A+M×x	14	30	M14×x	—
6	(ERM)M16A+M×x	16	40	M16×x	—
7	(ESL)M8B+M×x	8	—	M8×x	—
8	(ESL)M10B+M×x	10	—	M10×x	—
9	(ESL)M12B+M×x	12	—	M12×x	—
10	(ESL)M14B+M×x	14	—	M14×x	—
11	(ESL)M16B+M×x	16	—	M16×x	—

续表

序号	型号	螺母公称直径 M	蝶形垫圈外径 D	螺栓规格	U 螺栓规格
12	(ERM)M8A+UM×x×y×z	8	22	—	M8×x×y×z
13	(ERM)M10A_1+UM×x×y×z	10	22	—	M10×x×y×z
14	(ERM)M10A_2+M×x×y×z	10	27	—	M10×x×y×z
15	(ERM)M12A+UM×x×y×z	12	27	—	M12×x×y×z
16	(ERM)M14A+UM×x×y×z	14	30	—	M14×x×y×z
17	(ERM)M16A+UM×x×y×z	16	40	—	M16×x×y×z
18	(ESL)M8B+UM×x×y×z	8	—	—	M8×x×y×z
19	(ESL)M10B+UM×x×y×z	10	—	—	M10×x×y×z
20	(ESL)M12B+UM×x×y×z	12	—	—	M12×x×y×z
21	(ESL)M14B+UM×x×y×z	14	—	—	M14×x×y×z
22	(ESL)M16B+UM×x×y×z	16	—	—	M16×x×y×z

上表中防松紧固装置的型号说明如下：

(1)采用公称直径为 10 mm 的含蝶形垫圈的双开槽自锁螺母表示为(ERM)M10A_1。注：双开槽自锁螺母默认标记代表 MxA(或 A_1)。

(2)采用公称直径为 12 mm 的不含蝶形垫圈的双开槽自锁螺母配螺栓(长度为 x)组成的成套防松紧固装置表示为(ESL)M12B+M×x。注：全螺纹加注"Q"，非标准螺纹可加注"×z"以表示长度。

(3)采用公称直径为 12 mm 的含蝶形垫圈的双开槽自锁螺母配 U 螺栓(规格为 M12×x×y×z)组成的成套防松紧固装置表示为(ERM)M12A+UM×x×y×z。注：标准螺纹可不标"×z"。

(四)技术要求

1. 通用技术要求

(1)电气化铁路接触网防松紧固装置的通用技术要求应符合 GB/T 5782—2016(或 GB/T 5783—2016)、GB/T 6170—2015 及 TB/T 2073 的规定。

(2)电气化铁路接触网防松紧固装置的双开槽自锁螺母优先与螺栓(或 U 螺栓)成套供应，也可单独供应螺母。

2. 紧固力矩

电气化铁路接触网防松紧固装置中双开槽自锁螺母试验紧固力矩应符合表 8-73 的规定。

表 8-73　电气化铁路接触网防松紧固装置中螺母试验用紧固力矩

型号	螺栓(或 U 螺栓)公称直径 M/mm	试验紧固力矩/(N·m)
(ERM)M8A/(ESL)M8B	8	30
(ERM)M10A$_1$/(ESL)M10B	10	58
(ERM)M10A$_2$/(ESL)M10B	10	58
(ERM)M12A/(ESL)M12B	12	104
(ERM)M14A/(ESL)M14B	14	126
(ERM)M16A/(ESL)M16B	16	195

电气化铁路接触网防松紧固装置中双开槽自锁螺母的使用紧固力矩应参照表 8-74。具体零部件使用的实际紧固力矩值应根据零件的材质、使用工况等因素,在表 8-74 规定的数值范围内确定。

表 8-74　电气化铁路接触网防松紧固装置中螺母使用紧固力矩

型号	螺栓(或 U 螺栓)公称直径 M/mm	使用紧固力矩/(N·m)
(ERM)M8A/(ESL)M8B	8	24～30
(ERM)M10A$_1$/(ESL)M10B	10	47～58
(ERM)M10A$_2$/(ESL)M10B	10	47～58
(ERM)M12A/(ESL)M12B	12	80～104
(ERM)M14A/(ESL)M14B	14	102～126
(ERM)M16A/(ESL)M16B	16	144～195

3. 整体性能及检验要求

(1)电气化铁路接触网防松紧固装置的双开槽自锁螺母按表 8-73(或表 8-74)的紧固力矩联合作用紧固安装后,螺母的静态(振动试验前)松开力矩值应不小于其安装时的紧固力矩值的 65%。

(2)按 TB/T 2073—2010 对电气化铁路接触网防松紧固装置进行振动试验后,双开槽自锁螺母的紧固力矩值应不小于其振动试验前紧固力矩值的 90%。

(3)在表 8-73 所规定的紧固力矩作用下,按 GB/T 10431—2008 对电气化铁路接触网防松紧固装置进行横向振动试验后,紧固装置中螺栓残余轴力应不小于横向振动试验前初始轴力的 70%。

(4)经全部项目试验后,电气化铁路接触网防松紧固装置不应出现裂纹、变形及螺纹"咬死"等现象。

(五)标志与包装

1. 标志

电气化铁路接触网防松紧固装置的标记应符合 GB/T 3098.6—2014 及 GB/T 3098.15—2014 的有关规定。

在电气化铁路接触网防松紧固装置上明显易见且不降低零件性能的位置,用永久性凹字的方法,清晰地标出制造厂的代号和产品型号。

2. 包装

电气化铁路接触网防松紧固装置的包装应符合 TB/T 2073 的规定。

三十三、绝缘子

绝缘子是接触网中广泛应用的重要部件之一,可用于悬吊和支持接触悬挂并使带电体与接地体间保持电气绝缘。

绝缘子质量及其性能对接触网的工作状态有重要影响。使用过程中,绝缘子易受高电压(包括过电压)、负载、震动等电气和机械方面的影响。同时,环境污染、尘埃等也会影响绝缘子的工作状态。因此,对绝缘子性能及技术状态应予以重视。

(一)构造

接触网上使用的绝缘子一般为瓷质,由瓷土加入石英和长石烧制而成,表面涂有一层光滑的釉质(可防止水分的渗入)。要求绝缘子质地紧密均匀,任何一个断面上都不能有裂纹或气孔。因为绝缘子不仅要承受电气负荷,而且要承受机械负荷,所以绝缘子的钢连接件和瓷体应用不低于 425 号硅酸盐水泥胶合剂黏结成一个整体,以提高其机械强度。

由于绝缘子要承受接触悬挂的负载,且经常受拉伸、压缩、弯曲、扭转、振动等机械力作用,短路时还要承受电动力,因此,在制造时其机械破坏负荷应留有裕度,一般安全系数选取 2.0~2.5。

(二)分类

1. 按结构形式分类

接触网常用的绝缘子按结构形式可分为悬式、棒式、针式和柱式 4 种类型。

(1)悬式绝缘子。悬式绝缘子主要用于承受拉力的悬吊部位。悬式绝缘子按其埋入杆的形状可分为杵头悬式绝缘子和耳环悬式绝缘子,按其抗污能力可分为普通型和防污型,均应符合 GB/T 1001.1—2003 以及相关标准的规定。

(2)棒式绝缘子。棒式绝缘子用于承受压力或弯矩的部位。棒式绝缘子按其用途可分为隧道定位用和腕臂用两种类型,按其适用环境可分为轻污型和重污型。在采用架空地线的区段,一般使用双重绝缘棒式绝缘子,除对接触网的电气绝缘外,还增加了泄漏保护绝缘,在其尾部第一个裙缘上边卡固架空接地线。棒式绝缘子应符合 TB/T 3199.1—2018 的规定,如标准要求有低于 GB 11030—2008,以 GB 11030 为准。

(3)针式绝缘子。针式绝缘子多用于回流线、保护线、接地跳线等线索支撑处,可承受线索不同方向的负荷,将线索支撑固定,并对地进行电气绝缘。针式绝缘子应符合 GB/T 1001 及相关标准的规定。

(4)柱式绝缘子。柱式绝缘子主要用于固定吸流变压器的一次引线,以保证引线对支柱及其他设备的规定距离。

2. 按材料分类

绝缘子按材料主要分为瓷绝缘子、钢化玻璃绝缘子与复合绝缘子三大类,在我国电气化铁道中都有不同程度的应用。

(1)瓷绝缘子。瓷绝缘子生产成本低,价格便宜,有良好的绝缘性能、耐热性能,是我国电气化铁道中主要采用的绝缘子类型。瓷绝缘子的缺点是重量过重,缺乏弹性,防污和可靠性方面有待提高,运营维护费用较大。

(2)钢化玻璃绝缘子。钢化玻璃绝缘子由铁帽、钢化玻璃绝缘件和钢脚组成,并由水泥胶合剂胶合为一体,近年来在我国电气化铁道上得到了广泛的应用。其特点为:

①零值自破,便于检测。钢化玻璃绝缘子具有零值自破的特点,即当绝缘子失去绝缘性能或机械过负荷时,伞裙就会自动破裂、脱落,容易被发现,可及时进行更换,无需登杆逐片检测,可降低工人的劳动强度。

②耐电弧和耐振动性能好。运行过程中,玻璃绝缘子遭受雷电冲击后表面仍是光滑的玻璃体,且有钢化内应力保护层,因此,仍可保持足够的绝缘性能和机械强度。

③自洁性能好,不易老化。玻璃绝缘子不易积污,易于清洁,人工清洁的周期比瓷绝缘子长,可降低维护费用。对典型地区线路上的玻璃绝缘子进行定期取样,测定运行后的机电性能,统计数据表明,使用 35 年的玻璃绝缘子的机电性能与出厂时基本一致,未出现明显老化现象。

④主容量大,成串电压分布均匀。由于玻璃的介电常数为 7~8,因此玻璃绝缘子具有较大的主电容,成串的电压分布均匀,有利于降低导线侧和接地侧附近绝缘子所承受的电压,从而达到减少无线电干扰、降低电晕损耗和延长玻璃绝缘子的寿命的目的。

限制钢化玻璃绝缘子推广使用的因素主要是自爆率。玻璃绝缘子的自爆率较高(0.02%~0.04%),易影响线路运行的可靠性。

(3)复合绝缘子。复合绝缘子是较为理想的新型绝缘子。这种绝缘子的基本绝缘部件由芯棒和伞套组成,芯棒由玻璃纤维束经树脂浸渍而成,具有很高的抗拉强度;芯棒外部的护套和伞裙一般由硅橡胶或乙丙橡胶材料制成。护套包覆在芯棒外表面,一方面可提供绝缘保护,另一方面可保护芯棒免受大气腐蚀。

复合绝缘子的优点为:①机械强度大,抗拉、抗弯、耐受冲击性能好。②自身重量较轻,只有瓷绝缘子重量的 1/10 左右,方便运输、安装。③绝缘性能好,硅橡胶是憎水性材料,在严重污染和大气潮湿情况下的绝缘性能十分优异,可减少防污清洁工作量。④耐电弧性能好。

复合绝缘子在电气化铁道中的应用较为广泛。目前,复合绝缘子主要用于隧道内净空条件受限场合、粉尘污染严重地区、分段绝缘器承力索的绝缘和锚段关节处(减少接触悬挂集中性负载)以及易受击打破坏场合(代替瓷、钢化玻璃绝缘子使用)。

限制复合绝缘子使用的因素主要有价格和检测技术。复合绝缘子的价格较为昂贵,且缺乏简便有效的现场检测技术,大面积使用时尤为突出。用于复合绝缘子检测的主要手段有:用超声波检测绝缘子中存在的气隙和裂纹,用红外检测局部绝缘缺陷带来的局部温升。

(三)使用与检查

绝缘子瓷体易碎,安装、运输中应特别注意。绝缘子连接件不允许机械加工和热加工处理(如切削、电焊等)。安装使用前应严格检查,若发现绝缘子瓷体与连接件间的水泥浇注物有辐射状裂纹,或瓷体表面破损面积超过 300 mm^2,应禁止使用该绝缘子。

连接悬式绝缘子串时,要注意弹簧销子不能脱落,绝缘子串接(3 个以上)后不得有严重的踢腰现象。使用中应注意保持棒式绝缘子与配套部件的型号(腕臂型号)统一,且不得使棒式绝缘子承受弯曲力。

为了保证绝缘子性能可靠,应按具体情况对每个绝缘子进行定期或不定期的清洁和检查。特别是在雨、雪、雾、霜天气以及混合牵引区段,更应经常观察绝缘子的状态,及时清洁,防患于未然。绝缘子脏污后的清洁工作应在停电时间内集中进行,注意防止损坏瓷体表面。

三十四、化学锚栓

(一)基本特点

化学锚栓是以锚固胶将钢筋锚栓固定于混凝土基材钻孔中,通过黏结与锁键作用,实现对被连接件的锚固的一种组件。化学锚栓具有高强度黏结力、高耐久、高效率、无污染等特点,自引进我国以来,已广泛用于电气化工程中的桥梁、隧道接触网结构预埋件的锚固。

(二)性能参数

表 8-75　化学锚栓的性能参数(单位:mm)

螺栓型号	最大埋深	最大被固定物厚度	钻孔直径	钻孔深度	被固体物开孔直径	最小基材厚度	螺栓长度	推荐扭紧扭矩/(N·m)	设计值/kN	
									拉力	剪力
M8	80	15	10	80	9	120	110	10	10.2	8.8
M10	90	20	12	90	12	130	130	20	14.3	13.9
M12	110	25	14	110	14	160	160	30	20.9	20.2
M16	125	35	18	125	18	175	190	60	31.7	37.7
M20	170	65	25	170	22	220	260	120	53.9	58.8
M24	210	65	28	210	26	270	300	200	79.8	84.7
M30	280	70	35	280	33	340	380	400	133.1	134.6

注:1. 以上数据为 C25 混凝土,G6.8 镀锌碳钢材质螺栓参考值;
2. 安全系数:$\gamma=1.8$(抗拉),$\gamma=1.25$(抗剪)。

(三)验收及注意事项

(1)使用时要检查三证(合格证、检验证、出厂证)是否齐全。

(2)外观检查。螺杆必须直,无弯曲、损伤,螺纹完好;镀锌厚度在 5 μm 以上,镀锌层均匀,无剥落、漏镀。

(3)检查锚栓质量。化学植筋的锚栓应采用 HRB400 和 HRB335 级带筋钢及 Q235 和 Q345 钢。钢筋的强度指标应符合现行国家标准 GB 50010《混凝土结构设计规范》的规定;锚栓弹性模量可取 2.0×10^5 MPa。

(4)化学植筋的锚固性能主要取决于锚固胶。我国使用最广泛的锚固胶是环氧基锚固胶,这种胶主要由超耐腐蚀的非苯乙烯类环氧丙烯酸盐树脂主剂与优良的硅石(减少埋设锚栓时阻力)和胶囊状的硬化剂组成。验收时应首先检查有无商检证、出厂检验证、出厂合格证、使用日期,然后用手捏,检查锚固胶是否柔韧,有无硬块(有硬块表明已失效)。

三十五、电气化铁路 27.5 kV 电缆

作为电气化机车的生命线,电气化铁路电缆在保障电力机车的可靠运行中起着至关重要的作用。

(一)型号说明

产品由型号(型号中数字代号表示金属铠装类型及电缆外护套材料,数字前

的文字代号表示隔离套材料)、规格(额定电压、芯数、标称截面积)及执行标准编号表示。

产品型号的组成和排列顺序如下：

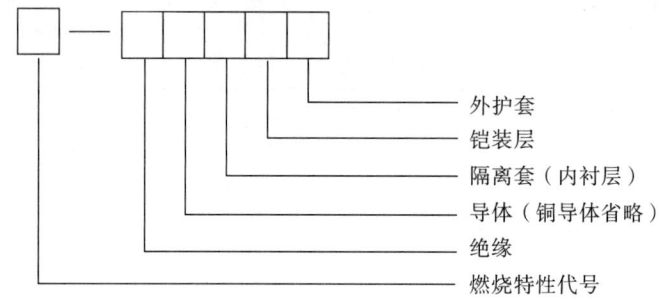

图 8-69 电缆型号说明

表 8-76 电缆型号说明

无卤低烟	WD	聚乙烯隔离套(内衬层)	Y
低卤低烟	DD	非磁性金属丝铠装	7
阻燃	Z	双非磁性金属带铠装	6
阻燃类别	A、B、C	聚氯乙烯为基料的外护套	2
铜导体	T(省略)	聚乙烯为基料的外护套	3
交联聚乙烯绝缘	YJ	PE+PVC复合型外护套	5

(二)使用环境及使用特性

1. 使用环境

表 8-77 电缆使用环境

电缆型号	名称	规格/mm²	使用环境
YJY62	铜芯交联聚乙烯绝缘双铝带铠装聚氯乙烯护套电力电缆	95~400	环境温度-15℃以上,可敷设在管道、隧道或直埋敷设
ZC-YJY62	铜芯交联聚乙烯绝缘双铝带铠装阻燃聚氯乙烯护套电力电缆	95~400	同上,适宜阻燃无低毒要求的场所
YJY73	铜芯交联聚乙烯绝缘双铝带铠装黑色高密度聚乙烯护套电力电缆	95~400	环境温度-15℃以下,可敷设在管道、隧道或直埋敷设
WDZC-YJY73	铜芯交联聚乙烯绝缘双铝带铠装无卤低烟阻燃聚烯烃护套电力电缆	95~400	同上,适宜人烟密集,低毒阻燃要求场所

续表

电缆型号	名称	规格/mm²	使用环境
YJY65	铜芯交联聚乙烯绝缘双铝带铠装 PE+PVC 复合型护套电力电缆	95～400	环境温度-15 ℃以上,可敷设在管道、隧道或露天、直埋敷设
YJY72	铜芯交联聚乙烯绝缘细铝丝铠装聚氯乙烯护套电力电缆	95～400	环境温度-15 ℃以上,可敷设在管道、隧道或直埋敷设,可敷设于高落差受力条件下
ZC-YJY72	铜芯交联聚乙烯绝缘细铝丝铠装阻燃聚氯乙烯护套电力电缆	95～400	同上,适宜阻燃无低毒要求的场所
YJY75	铜芯交联聚乙烯绝缘细铝丝铠装 PE+PVC 复合型护套电力电缆	95～400	环境温度-15 ℃以下,可敷设在管道、隧道或露天、直埋敷设,可敷设于高落差受力条件下

2. 使用特性

(1)电缆导体允许长期工作最高温度为 90 ℃。

(2)短路时(最长持续时间不超过 5 s)电缆导体允许的最高温度为 250 ℃。

(3)电缆导体最大允许故障短路电流见表 8-78。

表 8-78　电缆导体最大允许故障短路电流

标称截面积/mm²	95	120	150	185	240	300	400
最大允许故障短路电流/kA	13.6	17.2	21.4	26.4	34.3	42.9	57.2

注:1.电缆短路时间为 1 s;

2.电缆短路时起始温度按 90 ℃计算。

(三)结构说明

(1)电缆导体为紧压圆形绞合铜导体,应符合 GB/T 3956—2008 中的规定。

(2)绝缘内屏蔽(导体屏蔽)为挤包的半导电层,挤包的半导电材料应是超光滑交联型半导电屏蔽料。

(3)绝缘为挤包的半导电层,挤包的半导电材料应是超净交联聚乙烯绝缘料,绝缘标称厚度 12.0 mm。

(4)绝缘屏蔽为挤包的半导电层,挤包的半导电材料应是超光滑交联型半导电不可剥离型屏蔽料。

以上(2)、(3)、(4)项采取 CVV 三层共挤式干法交联生产线共挤、化学交联一次性生产完成。

(5)所有型号及规格的电缆都有径向阻水性能。需要同时具有纵向阻水性能时,可将半导电阻水带绕包在外屏蔽与径向防水层(隔离套,又称内衬层)之间。

(6)金属屏蔽层采用软铜丝疏绕和铜带反向捆扎绕包组成,与绝缘屏蔽形成有机的整体。铜丝屏蔽标称截面视具体规格而定,也可根据使用的短路电流要求设计成不同截面。

(7)包带绕包,挤包阻水性能好的聚乙烯隔离套(内衬层)。

(8)金属铠装层采用非磁性双铝带铠装或铝丝铠装。

(9)外护套采用聚氯乙烯、阻燃聚氯乙烯、黑色线性低密度聚乙烯、黑色耐环境开裂线性低密度聚乙烯、黑色中高密度聚乙烯或无卤低烟聚烯烃等护套材料挤包,具体护套材料视温度、耐候、阻燃、低毒、防鼠、防蚁等使用环境或客户要求而定。

(四)运输及保管

1. 电缆盘的装运

(1)电缆盘一般采用吊车装运。吊装包装件时及电缆盘在车上运输时,应将电缆盘放稳并牢靠地固定,电缆盘边应塞垫好,防止晃动、碰撞或倾倒。

(2)电缆在运输前必须进行检查。电缆应完好,电缆封端应严密;电缆的内外端头在盘上都要牢靠地固定,避免在运输过程中受震而松动;电缆盘的外面应做好防护,以防外物伤害。如发现问题,处理好后才能装车。

(3)成品盘具不得(工形)平放平吊,不允许平卧装车。平卧装车易使电缆缠绕松脱,也容易使电缆及电缆盘损坏。

(4)运输中严禁从高处扔下装有电缆的电缆盘,以免造成机械损伤。

2. 电缆盘的卸车

(1)卸车时严禁将线缆盘从运输车上直接推下。

(2)装卸电缆盘时严禁几盘同时吊装。

3. 电缆盘的滚动

电缆盘在地面上滚动时必须控制在短距离范围内,必须按照电缆盘侧面所标明的方向(顺着电缆的缠紧方向)滚动。若反向滚动,易使电缆退绕,从而松散、脱落。

附 表

附表1 整组道岔厂内铺设检验基本项点表(单位:mm)

序号	检测项目	偏差要求	检验项点分类	备注
1	道岔水平	水平≤3,导曲线(侧股)不得有反超高	C	
2	道岔高低	用10 m弦量≤3	B	
3	道岔方向	目视成直线,用10 m弦量≤3	C	
4	道岔始端轨距	$^{+3}_{-2}$	B	
5	尖轨尖端轨距	±1	A	
6	直尖轨轨头刨切起点处轨距	±1	B	
7	直尖轨尖端至第一牵引点间与曲基本轨密贴	缝隙≤0.2	A	
8	直尖轨其余部分与基本轨密贴	缝隙≤1.0	B	
9	直尖轨工作边直线度	密贴段1.0,全长2.0。全长为两段直线时,均为1.0	C	
10	尖轨与基本轨间顶铁缝隙(直、曲)	≤1.0	C	
11	尖轨各牵引点前后各一块台板与轨底缝隙(直、曲)	≤0.5	A	
12	尖轨其余台板与轨底缝隙(直、曲)	≤1.0	B	
13	尖轨跟距(直、曲)	v>120 km/h时±1;v≤120 km/h时$^{+2}_{-1}$	B	
14	尖轨起始固定位置支距(直、曲)	v>120 km/h时±1;v≤120 km/h时$^{+2}_{-1}$	B	
15	尖轨限位器间隙偏差(直、曲)	±1.5	B	
16	尖轨跟端轨距	$^{+3}_{-2}$	B	
17	导曲线支距	±2	C	
18	辙叉趾宽、跟宽	±2	B	
19	固定型锐角辙叉咽喉宽度	$^{+3}_{-1}$	B	
20	可动心轨辙叉咽喉宽度	$^{+2}_{-1}$	B	
21	可动心轨尖端至第一牵引点处密贴(直、曲)	缝隙≤0.5	A	
22	可动心轨其余部位与翼轨密贴(直、曲)	缝隙≤1.0	B	

续表

序号	检测项目	偏差要求	检验项点分类	备注
23	叉跟尖轨尖端(100 mm 范围)与短心轨密贴	缝隙≤0.5	B	
24	叉跟尖轨其余部位与短心轨密贴	缝隙≤0.5	C	开通侧股时
25	可动心轨牵引点处轨底与台板部分缝隙	≤0.5	A	
26	可动心轨轨底与其余台板缝隙	≤0.5	B	
27	可动心轨直股工作边应成直线	直线度每米 0.5,全长 2.5,心轨尖端前后各 1 m 内不允许抗线	B	
28	可动心长、短心轨、叉跟尖轨轨腰与顶铁的缝隙	缝隙≤1.0	C	工作状态
29	可动心轨实际尖端至翼轨趾端距离(直股)	$^{+4}_{0}$	B	
30	可动心轨尖端前 1 m 处轨距	$^{+3}_{-2}$	B	
31	可动心轨可弯中心后 500 mm 处轨距	$^{+3}_{-2}$	B	
32	护轨平直段轮缘槽宽	$^{+1}_{-0.5}$	A	
33	查照间隔及护背距离	查照间隔≥1391;护背距离≤1348	A	
34	导曲线部分 3 处轨距(分别在尖轨跟端至导曲线终点或辙叉趾端总长的 1/4、1/2、3/4 处)	$^{+3}_{-2}$	C	
35	可动心轨辙叉跟端轨距	$^{+3}_{-2}$	B	
36	可动心轨辙叉趾端轨距	$^{+3}_{-2}$	B	
37	各牵引点处开口值	±3	B	
38	道岔全长	±20	C	
39	岔枕间距	混凝土枕道岔可动心轨辙叉部分为±5,其他为±10	C	
40	高强度螺栓扭矩	超过设计要求的 0~10%	A	
41	螺栓无松动,无缺油		C	
42	标记正确齐全		A	
43	整组道岔组装	≤48 h	A	

注:1.计算合格率时,检查项点中某一项点若有多处,按多个项点计。
2.表中 v 指道岔容许通过速度。

附表 2 整组道岔厂内铺设检验内容、检验方法、执行标准及检验类别(单位:mm)

序号	检验项目	项点类别	质量指标(技术要求)	检验方法要点说明	仪器设备名称	备注
1	道岔水平	C	水平≤3,导曲线不得有反超高	按 TB/T 412 规定精度,用通用量具及有关专用工具进行测量	检验专用量具、钢卷尺、直尺、游标卡尺、塞尺、宽座直角尺、轨距尺、弦线等	
2	道岔高低	B	用 10 m 弦量≤3			
3	道岔方向	C	目视成直线,用 10 m 弦量≤3			
4	道岔始端轨距	B	$^{+3}_{-2}$			
5	尖轨尖端轨距	A	±1			
6	直尖轨轨头刨切起点处轨距	B	±1			
7	直尖轨尖端至第一牵引点间与曲基本轨密贴	A	缝隙≤0.2			
8	直尖轨其余部分与基本轨密贴	B	缝隙≤1.0			
9	直尖轨工作边直线度	C	密贴段 1.0,全长 2.0。全长为两段直线时,均为 1.0			
10	尖轨与基本轨间顶铁缝隙(直、曲)	C	≤1.0			
11	尖轨各牵引点前后各一块台板与轨底缝隙(直、曲)	A	≤0.5			
12	尖轨其余台板与轨底缝隙(直、曲)	B	≤1.0			
13	尖轨跟距(直、曲)	B	$v>120$ km/h 时±1;$v\leqslant120$ km/h 时$^{+2}_{-1}$			
14	尖轨起始固定位置支距(直、曲)	B	$v>120$ km/h 时±1;$v\leqslant120$ km/h 时$^{+2}_{-1}$			
15	尖轨限位器间隙偏差(直、曲)	B	±1.5			
16	尖轨跟端轨距	B	$^{+3}_{-2}$			
17	导曲线支距	C	±2			
18	辙叉趾宽、跟宽	B	±2			
19	固定型锐角辙叉咽喉宽度	B	$^{+3}_{-1}$			
20	可动心轨辙叉咽喉宽度	B	$^{+2}_{-1}$			
21	可动心轨尖端至第一牵引点处密贴(直、曲)	A	缝隙≤0.5			
22	可动心轨其余部位与翼轨密贴(直、曲)	B	缝隙≤1.0			
23	叉跟尖轨尖端(100 mm 范围)与短心轨密贴	B	缝隙≤0.5			
24	叉跟尖轨其余部位与短心轨密贴	C	缝隙≤0.5			
25	可动心轨牵引点处轨底与台板部分缝隙	A	≤0.5			

续表

序号	检验项目	项点类别	质量指标(技术要求)	检验方法要点说明	仪器设备名称	备注
26	可动心轨轨底与其余台板缝隙	B	≤0.5	按TB/T 412规定精度,用通用量具及有关专用工具进行测量	检验专用量具、钢卷尺、直尺、游标卡尺、塞尺、宽座直角尺、轨距尺、弦线等	
27	可动心轨直股工作边应成直线	B	直线度每米0.5,全长2.5,心轨尖端前后各1 m内不允许抗线			
28	可动心轨、短心轨、叉跟尖轨轨腰与顶铁的缝隙	C	缝隙≤1.0			
29	可动心轨实际尖端至翼轨趾端距离(直股)	B	+4 0			
30	可动心轨尖端前1 m处轨距	B	+3 −2			
31	可动心轨可弯中心后500 mm处轨距	B	+3 −2			
32	护轨平直段轮缘槽宽	A	+1 −0.5			
33	查照间隔及护背距离	A	查照间隔≥1391;护背距离≤1348			
34	导曲线部分3处轨距(分别在尖轨跟端至导曲线终点或辙叉趾端总长的1/4、1/2、3/4处)	A	+3 −2			
35	可动心轨辙叉跟端轨距	A	+3 −2			
36	可动心轨辙叉趾端轨距	C	+3 −2			
37	各牵引点处开口值	B	±3			
38	道岔全长	B	±20			
39	岔枕间距	B	混凝土枕道岔可动心轨辙叉部分为±5,其他为±10			
40	高强度螺栓扭矩	C	超过设计要求的0~10%			
41	螺栓无松动,无缺油	C	螺栓无松动,无缺油			
42	标记正确齐全	A	标记正确齐全			
43	整组道岔组装	A	≤48 h	目测		

附表 3 道岔(AT)尖轨检验项目与判定原则(单位:mm)

组别	序号	检验项目	技术要求	不合格类别	判别水平 DL	不合格质量水平 RQL	抽样方案	样本量 n	判定数 Ac	判定数 Re
表面质量及外形尺寸	1	钢轨锻压段非加工表面质量	3.9.5	A	Ⅱ	30	一次	5	0	1
	2	标志	5.1、5.3	A	Ⅱ	30	一次	5	0	1
	3	尖轨工作边直线度	3.5.1	B	Ⅱ	65	一次	5	1	2
	4	不加工轨顶面直线度	≤0.4	B	Ⅱ	65	一次	5	1	2
	5	轨底直线度和平面度	≤1.0	B	Ⅱ	65	一次	5	1	2
	6	跟端成型段轨底平面度	≤0.5	B	Ⅱ	65	一次	5	1	2
	7	跟端加工的轨顶直线度	≤0.3;过渡段轨顶不应下凹	A	Ⅱ	30	一次	5	0	1
	8	长度	$^{0}_{-4.0}$	B	Ⅱ	80	一次	5	2	3
	9	螺栓孔径	$^{+1}_{0}$	B	Ⅱ	80	一次	5	2	3
	10	螺栓孔中心位置(上下)	±1.0	B	Ⅱ	80	一次	5	2	3
	11	两相邻螺栓孔中心距离	±0.8	B	Ⅱ	80	一次	5	2	3
	12	两最远螺栓孔中心距离(l)	$l<1500,±1.0$ $l≥1500,±2.0$	B	Ⅱ	80	一次	5	2	3
	13	接头螺栓孔中心至轨端距离	±1.0	B	Ⅱ	80	一次	5	2	3
	14	螺栓孔倒棱	(0.8~1.5)×45°	B	Ⅱ	80	一次	5	2	3
	15	螺栓孔壁粗糙度	≤25 μm	B	Ⅱ	80	一次	5	2	3
	16	尖轨经机加工后棱角	打磨	B	Ⅱ	80	一次	5	2	3
	17	钢轨顶弯支距偏差/校直	$^{+2}_{0}$	B	Ⅱ	80	一次	5	2	3
	18	曲尖轨顶弯	压痕深度≤1.0,不允许裂纹	A	Ⅱ	30	一次	5	0	1
	19	轨头 5 mm 断面宽度(b)	$^{0}_{-0.5}$	B	Ⅱ	80	一次	5	2	3
	20	轨头 10 mm 断面宽度(b)		B	Ⅱ	80	一次	5	2	3
	21	轨头 20 mm 断面宽度(b)	±0.5	B	Ⅱ	80	一次	5	2	3
	22	轨头 50 mm 断面宽度(b)		B	Ⅱ	80	一次	5	2	3
	23	轨头 5 mm 断面高度(H)		B	Ⅱ	80	一次	5	2	3
	24	轨头 10 mm 断面高度(H)	$^{0}_{-2}$	B	Ⅱ	80	一次	5	2	3
	25	轨头 20 mm 断面高度(H)		B	Ⅱ	80	一次	5	2	3
	26	轨头 50 mm 断面高度(H)	±0.5	B	Ⅱ	80	一次	5	2	3
	27	跟端成型段轨高		B	Ⅱ	80	一次	5	2	3
	28	跟端成型段轨头高	±0.5	B	Ⅱ	80	一次	5	2	3
	29	跟端成型段轨底厚		B	Ⅱ	80	一次	5	2	3
	30	跟端成型段轨底宽	$^{+0.8}_{-1.0}$	B	Ⅱ	80	一次	5	2	3
	31	跟端成型段轨腰厚	$^{+1.0}_{-0.5}$	B	Ⅱ	80	一次	5	2	3
	32	跟端面垂直度	≤1.0	B	Ⅱ	80	一次	5	2	3
淬火层形状及深度	33	10 mm 横断面淬火层形状	帽形	B	Ⅱ	100	一次	3	1	2
	34	50 mm 横断面淬火层形状	帽形	B	Ⅱ	100	一次	3	1	2
	35	10 mm 断面淬火深度(a)	≥8	B	Ⅱ	100	一次	3	1	2
	36	50 mm 断面淬火深度(a)	≥8	B	Ⅱ	100	一次	3	1	2
	37	50 mm 断面淬火深度(b)	≥6	B	Ⅱ	100	一次	3	1	2

续表

组别	序号	检验项目	技术要求	不合格类别	判别水平 DL	不合格质量水平 RQL	抽样方案	样本量 n	判定数 Ac	判定数 Re
硬度	38	10 mm 横断面淬火层硬度	HRC 32.0~43.0	A	Ⅱ	50	一次	3	0	1
	39	50 mm 横断面淬火层硬度		A	Ⅱ	50	一次	3	0	1
	40	轨头表面硬度	HBW 298~401	A	Ⅱ	30	一次	5	0	1
脱碳层	41	轨头脱碳层深度	≤0.5/≤0.3	A	Ⅱ	50	一次	3	0	1
跟端淬火形状和尺寸	42	跟端横断面淬火层深度	a.≥10	B	Ⅱ	100	一次	3	1	2
	43		b.≥6	B	Ⅱ	100	一次	3	1	2
淬火层显微组织	44	10 mm 断面显微组织	淬火索氏体,不得出现马氏体或明显的贝氏组织	A	Ⅱ	50	一次	3	0	1
	45	50 mm 断面显微组织					一次	3	0	1
实物使用性能试验	46	过渡段疲劳试验	运基线路〔2005〕230号4.7条			50	一次	3	0	1

注:对具有多个同一单项的项目(B类项点),以多于该项点总数目的40%(个数)时,判为不合格。

附4 道岔(普通)尖轨检验项目与判定原则(单位:mm)

组别	序号	检验项目	技术要求	不合格类别	判别水平DL	不合格质量水平RQL	抽样方案	样本量 n	判定数 Ac	判定数 Re
表面质量及外形尺寸	1	表面质量	TB/T 2344 5.12条	A	Ⅱ	30	一次	5	0	1
	2	标志	5.1、5.3条	A	Ⅱ	30	一次	5	0	1
	3	尖轨工作边直线度	密贴段≤1.0	B	Ⅱ	65	一次	5	1	2
	4	不加工轨顶面直线度	≤0.4	B	Ⅱ	65	一次	5	1	2
	5	轨底直线度和平面度	≤1.0	B	Ⅱ	65	一次	5	1	2
	6	长度	0 / −4.0	B	Ⅱ	80	一次	5	2	3
	7	螺栓孔径	+1.0 / 0	B	Ⅱ	80	一次	5	2	3
	8	螺栓孔中心位置(上下)	±1.0	B	Ⅱ	80	一次	5	2	3
	9	两相邻螺栓孔中心距离	±1.0	B	Ⅱ	80	一次	5	2	3
	10	两最远螺栓孔中心距离(l)	$l<1500$,±1.0 / $l\geq1500$,±2.0	B	Ⅱ	80	一次	5	2	3
	11	接头螺栓中心至轨端距离	±1.0	B	Ⅱ	80	一次	5	2	3
	12	螺栓孔倒棱	(0.8~1.5)×45°	B	Ⅱ	80	一次	5	2	3
	13	螺栓孔型粗糙度	≤25 μm	B	Ⅱ	80	一次	5	2	3
	14	尖轨经机加工后棱角	打磨	B	Ⅱ	80	一次	5	2	3
	15	钢轨轨端轨头	(0.8~2.0)×45°	B	Ⅱ	80	一次	5	2	3
	16	曲尖轨顶弯支距偏差	+2.0 / 0	B	Ⅱ	80	一次	5	2	3
	17	曲尖轨顶弯	压痕深度≤1.0,不允许裂纹	A	Ⅱ	30	一次	5	0	1
	18	轨头 5 mm 断面宽度(b)	0 / −0.5	B	Ⅱ	80	一次	5	2	3
	19	轨头 10 mm 断面宽度(b)	±0.5	B	Ⅱ	80	一次	5	2	3
	20	轨头 20 mm 断面宽度(b)	±0.5	B	Ⅱ	80	一次	5	2	3
	21	轨头 50 mm 断面宽度(b)	±0.5	B	Ⅱ	80	一次	5	2	3
	22	轨头 5 mm 断面高度(H)	0 / −2.0	B	Ⅱ	80	一次	5	2	3
	23	轨头 10 mm 断面高度(H)	0 / −2.0	B	Ⅱ	80	一次	5	2	3
	24	轨头 20 mm 断面高度(H)	0 / −2.0	B	Ⅱ	80	一次	5	2	3
	25	轨头 50 mm 断面高度(H)	±0.5	B	Ⅱ	80	一次	5	2	3
	26	钢轨端面垂直度	≤1.0	B	Ⅱ	80	一次	5	2	3
淬火层形状及深度	27	轨头宽 10 mm 横断面形状	帽形	B	Ⅱ	100	一次	3	1	2
	28	轨头宽 50 mm 横断面形状	帽形	B	Ⅱ	100	一次	3	1	2
	29	轨头宽 10 mm 横断面淬火深度(a)	≥8	B	Ⅱ	100	一次	3	1	2
	30	轨头宽 50 mm 横断面淬火深度(a)	≥8	B	Ⅱ	100	一次	3	1	2
	31	轨头宽 50 mm 横断面淬火深度(b)	≥6	B	Ⅱ	100	一次	3	1	2
硬度	32	轨头宽 10 mm 横断面硬度	HRC 32.0~43.0	A	Ⅱ	50	一次	3	0	1
	33	轨头宽 50 mm 横断面硬度	HRC 32.0~43.0	A	Ⅱ	50	一次	3	0	1
	34	轨头顶面表面硬度	HBW 298~401	A	Ⅱ	30	一次	5	0	1
淬火层显微组织	35	轨头宽 10 mm 横断面显微组织	淬火索氏体,不得出现马氏体或明显的贝氏体组织	A	Ⅱ	50	一次	3	0	1
	36	轨头宽 50 mm 横断面显微组织	淬火索氏体,不得出现马氏体或明显的贝氏体组织	A	Ⅱ	50	一次	3	0	1

注:对具有多个同一单项的项目(B类项点),以多于该项点总数目的40%(个数)时,判为不合格。

附表5　道岔(AT)尖轨类产品检验内容、检验方法、执行标准条款及检验类别(单位:mm)

组别	序号	检验项目	项点类别	技术要求	检验方法要点说明	仪器设备名称	备注
表面质量及外形尺寸	1	钢轨锻压段非加工表面质量	A	3.9.5	目测,通用量规测量	深度尺	
	2	标志	A	5.1、5.3	目测		
	3	尖轨工作边直线度	B	3.5.1	按TB/T 412规定精度,用通用量规、量具及有关专用工具进行	专用测试平台、米尺、塞尺、游标卡尺、直尺、直角尺	
	4	不加工轨顶面直线度		≤0.4			
	5	轨底直线度和平面度		≤1.0			
	6	跟端成型段轨底平面度		≤0.5			
	7	跟端加工的轨顶直线度	A	≤0.3;过渡段轨顶不应下凹			
	8	长度	B	0 −0.4			
	9	螺栓孔径		+1.0 0			
	10	螺栓孔中心位置(上下)		±1.0/±0.8			
	11	两相邻螺栓孔中心距离		±1.0			
	12	两最远螺栓孔中心距离(l)		$l<1500$,±1.0 $l≥1500$,±2.0			
	13	接头螺栓孔中心至轨端距离		±1.0			
	14	螺栓孔倒棱		(0.8～1.5)×45°			
	15	螺栓孔壁粗糙度		≤25 μm			
	16	尖轨经机加工后棱角		打磨			
	17	钢轨顶弯支距偏差/校直		+2.0 0			
	18	曲尖轨顶弯	A	压痕深度≤1.0,不允许裂纹			
	19	轨头5 mm断面宽度(b)	B	0 −0.5			
	20	轨头10 mm断面宽度(b)		±0.5			
	21	轨头20 mm断面宽度(b)		±0.5			
	22	轨头50 mm断面宽度(b)		±0.5			
	23	轨头5 mm断面高度(H)		0 −2.0			
	24	轨头10 mm断面高度(H)					
	25	轨头20 mm断面高度(H)					
	26	轨头50 mm断面高度(H)		±0.5			
	27	跟端成型段轨高	B	±0.5			
	28	跟端成型段轨头高					
	29	跟端成型段轨底厚		+0.8 −1.0			
	30	跟端成型段轨底宽					
	31	跟端成型段轨腰厚		+1.0 −0.5			
	32	跟端面垂直度		≤1.0			
淬火层形状及深度	33	10 mm横断面淬火层形状	B	帽形	试件分别从3件淬火AT尖轨样轨上制取。试件横截面按GB/T 226浸蚀后,目视淬火层形状及用直尺测量淬火层深度	深度尺	
	34	50 mm横断面淬火层形状					
	35	10 mm断面淬火深度(a)		≥8			
	36	50 mm断面淬火深度(a)					
	37	50 mm断面淬火深度(b)		≥6			

续表

组别	序号	检验项目	项点类别	技术要求	检验方法要点说明	仪器设备名称	备注
硬度	38	10 mm横断面淬火层硬度	A	HRC 32.0～43.0	在观察淬火层形状试件上测量,测量位置按 TB/T 1779 进行	洛氏硬度计	
	39	50 mm横断面淬火层硬度					
	40	轨头表面硬度		HBW 298～401	在 AT 尖轨轨头宽 30 mm,50 mm 处和跟端热加工过渡段各测一点	便携式布氏硬度计	
脱碳层	41	轨头脱碳层深度	A	≤0.5/≤0.3		金相显微镜	
跟端淬火形状和尺寸	42	跟端横断面淬火层深度	B	a.≥10		直尺	
	43		B	b.≥6		直尺	
淬火层显微组织	44	10 mm断面显微组织	A	淬火索氏体,不得出现马氏体或明显的贝氏体组织	利用观察淬火层形状试件进行显微组织检查	金相显微镜	
	45	50 mm断面显微组织					
实物使用性能试验	46	过渡段疲劳试验		支距 1 m,荷载 390 kN/78 kN,疲劳次数≥200 万次不断裂	运基线路[2005]230号 4.7 条	疲劳试验机	

附表6　道岔(普通)尖轨类产品检验内容、检验方法、执行标准条款及检验类别(单位:mm)

组别	序号	检验项目	项点类别	技术要求	检验方法要点说明	仪器设备名称	备注
表面质量及外形尺寸	1	表面质量	A	TB/T 2344 5.12条	目测,通用量规测量	深度尺	
	2	标志	A	5.1、5.3条	目测		
	3	尖轨工作边直线度		3.5.1	按TB/T 412规定精度,用通用量规、量具及有关专用工具进行	专用测试平台、米尺、塞尺、游标卡尺、直尺、直角尺	
	4	不加工轨顶面直线度		≤0.4			
	5	轨底直线度和平面度		≤1.0			
	6	长度		0 / −4.0			
	7	螺栓孔径		+1.0 / 0			
	8	螺栓孔中心位置(上下)		±1.0			
	9	两相邻螺栓孔中心距离	B				
	10	两最远螺栓孔中心距离(l)		l<1500,±1.0 / l≥1500,±2.0			
	11	接头螺栓孔中心至轨端距离		±1.0			
	12	螺栓孔倒棱		(0.8~1.5)×45°			
	13	螺栓孔壁粗糙度		≤25 μm			
	14	尖轨经机加工后棱角		打磨			
	15	钢轨轨端轨头		(0.8~2.0)×45°			
	16	曲尖轨顶弯支距偏差		+2.0 / 0			
	17	曲尖轨顶弯	A	压痕深度≤1.0,不允许裂纹			
	18	轨头5 mm断面宽度(b)		0 / −0.5			
	19	轨头10 mm断面宽度(b)	B				
	20	轨头20 mm断面宽度(b)		±0.5			
	21	轨头50 mm断面宽度(b)					
	22	轨头5 mm断面高度(H)		0 / −2.0			
	23	轨头10 mm断面高度(H)					
	24	轨头20 mm断面高度(H)					
	25	轨头50 mm断面高度(H)		±0.5			
	26	钢轨端面垂直度		≤1.0			
淬火层形状及深度	27	轨头宽10 mm横断面形状		帽形	试件分别从3件淬火尖轨样轨上制取。试件横截面按GB/T 226浸蚀后,目视淬火层形状及用直尺测量淬火层深度	直尺	
	28	轨头宽50 mm横断面形状					
	29	轨头宽10 mm横断面淬火深度(a)	B	≥8			
	30	轨头宽50 mm横断面淬火深度(a)					
	31	轨头宽50 mm横断面淬火深度(b)		≥6			
硬度	32	轨头宽10 mm横断面硬度		HRC 32.0~43.0	在观察淬火层形状试件上测量,测量位置按TB/T 1779进行	洛氏硬度计	
	33	轨头宽50 mm横断面硬度	A				
	34	轨轨顶面表面硬度		HBW 298~401	在尖轨轨头宽30 mm、50 mm处测量	便携式布氏硬度计	
淬火层显微组织	35	轨头宽10 mm横断面显微组织	A	淬火索氏体,不得出现马氏体或明显的贝氏体组织	利用观察淬火层形状试件进行显微组织检查	金相显微镜	
	36	轨头宽50 mm横断面显微组织					

附表7 道岔基本轨检验项目与判定原则(单位:mm)

组别	序号	检验项目	技术要求	不合格类别	判别水平DL	不合格质量水平RQL	抽样方案	样本量 n	判定数 Ac	判定数 Re
表面质量及外形尺寸	1	表面质量	TB/T 2344 5.12条 TB/T 1779 3.2.5条	A	Ⅱ	30	一次	5	0	1
	2	标志	5.1、5.3条	A	Ⅱ	30	一次	5	0	1
	3	轨顶面直线度	≤0.4	B	Ⅱ	65	一次	5	1	2
	4	直密贴边直线度	≤0.2(藏尖式);≤0.5(贴尖式);曲密帖边应圆顺无硬弯	B	Ⅱ	65	一次	5	1	2
	5	长度(L)	±3.0(L≤12.5 m)/±2.0 ±0.25‰L(L>12.5 m)/±4.0	B	Ⅱ	80	一次	5	2	3
	6	螺栓孔径	+1.0 0	B	Ⅱ	80	一次	5	2	3
	7	螺栓孔中心位置(上下)	±1.0/±0.8	B	Ⅱ	80	一次	5	2	3
	8	两相邻螺栓孔中心距离		B	Ⅱ	80				
	9	两最远螺栓孔中心距离(l)	l<1500,±1.0 l≥1500,±2.0	B	Ⅱ	80	一次	5	2	3
	10	接头螺栓孔中心至轨端距离	±1.0	B	Ⅱ	80	一次	5	2	3
	11	螺栓孔倒棱	(0.8~1.5)×45°	B	Ⅱ	80	一次	5	2	3
	12	螺栓孔壁粗糙度	≤25 μm	B	Ⅱ	80	一次	5	2	3
	13	钻孔钢轨轨端轨头	(0.8~2.0)×45°	B	Ⅱ	80	一次	5	2	3
	14	钢轨端面斜度	≤1.0/≤0.5	B	Ⅱ	80	一次	5	2	3
	15	曲基本轨顶弯支距偏差	+2 0	A	Ⅱ	30	一次	5	2	3
	16	曲基本轨顶弯	压痕深度≤1.0,不允许裂纹	A	Ⅱ	30	一次	5	2	3
淬火层形状及深度	17	轨头横断面淬火层形状	帽形	B	Ⅱ	100	一次	3	0	1
	18	轨头横断面淬火层深度(a)	≥8	B	Ⅱ	100	一次	3	1	2
	19	轨头横断面淬火层深度(b)	≥6	B	Ⅱ	100	一次	3	1	2
硬度	20	轨顶表面硬度	HBW 298~401	A	Ⅱ	30	一次	5	0	1
	21	轨头横断面淬火层硬度	HRC 32.0~40.0	A	Ⅱ	50	一次	3	0	1
淬火层显微组织	22	轨头横断面淬火层组织	淬火索氏体,不得出现马氏体或明显的贝氏体组织	A	Ⅱ	50	一次	3	0	1

注:对具有多个同一单项的项目(B类项点),以多于该项点总数目的40%(个数)时,判为不合格。

附表8 道岔基本轨产品检验内容、检验方法、执行标准条款及检验类别(单位:mm)

组别	序号	检验项目	项点类别	技术要求	检验方法要点说明	仪器设备名称	备注
表面质量及外形尺寸	1	表面质量	A	TB/T 2344 5.12条	目测,通用量规测量	深度尺	
	2	标志	A	5.1、5.3条	目测		
	3	轨顶面直线度	B	≤0.4	按TB/T 412规定精度,用通用量规、量具及有关专用工具进行	米尺、塞尺、游标卡尺、直尺、直角尺、粗糙度比较样块等	
	4	直密贴边直线度		≤0.2(藏尖式);≤0.5(贴尖式);曲密帖边应圆顺无硬弯			
	5	长度(L)		±3.0/±2.0(L≤12.5 m);±0.25‰L/±4.0(L>12.5 m)			
	6	螺栓孔径		+1.0			
	7	螺栓孔中心位置(上下)		±1.0/±0.8			
	8	两相邻螺栓孔中心距离					
	9	两最远螺栓孔中心距离(l)		l<1500,±1.0 l≥1500,±2.0			
	10	接头螺栓孔中心至轨端距离		±1.0			
	11	螺栓孔倒棱		(0.8~1.5)×45°			
	12	螺栓孔壁粗糙度		≤25μm			
	13	钻孔钢轨轨端轨头		(0.8~2.0)×45°			
	14	钢轨端面斜度		≤1.0/≤0.5			
	15	钢轨顶弯支距偏差/校直		+2 0			
	16	钢轨顶弯	A	压痕深度≤1.0,不允许裂纹/压痕深度≤0.8,不允许裂纹			
淬火层形状及深度	17	轨头横断面淬火层形状	B	帽形	试件横截面按GB/T 226浸蚀后,目视淬火层形状及用直尺测量淬火层深度	直尺	
	18	轨头横断面淬火层深度(a)		≥8			
	19	轨头横断面淬火层深度(b)		≥6			
硬度	20	轨顶表面硬度	A	HBW 298~401	在轨顶面测3点,间隔大于1 m	便携式布氏硬度计	
	21	轨头横断面淬火层硬度		HRC 32.0~43.0	试件横断面经加工后,测量硬度及检查显微组织	洛氏硬度计	
淬火形状及深度	22	轨头横断面淬火层组织	A	淬火索氏体,不得出现马氏体或明显的贝氏体组织		金相显微镜	

附表 9　道岔(高锰钢)辙叉检验项目及判定原则(单位:mm)

组别	序号	检验项目		技术要求		不合格类别	判别水平 DL	不合格质量水平 RQL	抽样方案	样本量 n	判定数 Ac	判定数 Re
				不机加工	机加工							
一力学性能	1	抗拉强度(MPa)		$R_m \geq 735$		A	Ⅱ	50	一次	3	0	1
	2	断后伸长率(%)		$A \geq 35$		A	Ⅱ	50	一次	3	0	1
	3	冲击吸收功(J)		$A_{KU2} \geq 118$					一次	3	1	2
	4	硬度(HB)	实物	≥170,预硬化为 250~350		B	Ⅱ	100	一次	3	1	2
	5		试样	≤229					一次	3	1	2
二材质	6	化学成分(%)	C	0.95~1.35		A	Ⅱ	50	一次	3	0	1
	7		Mn	11.0~14.0					一次	3	0	1
	8		Si	0.30~0.80					一次	3	0	1
	9		P	≤0.045(一级),≤0.060(二级)					一次	3	0	1
	10		S	≤0.030(一级),≤0.035(二级)					一次	3	0	1
	11	锰碳比		≥10		B	Ⅱ	100	一次	3	1	2
三表面质量外形尺寸	12	轨距线偏差(全长)		0/−2	0/−2	A	Ⅱ	30	一次	5	0	1
	13	轮缘槽深度		≥47.0	≥47.0				一次	5	0	1
	14	标志		TB/T 447 6.1 条	标志				一次	5	0	1
	15	趾跟端高度		±2.0	+0.8/−0.5				一次	5	1	2
	16	道岔趾宽、跟宽		±3.0	±2.0				一次	5	1	2
	17	咽喉及轨头宽 50 mm 断面前轮缘槽宽		+3.0/0	+2.0/0				一次	5	1	2
	18	轨顶面直线度		全长 L≤5 m 为≤2.0 且 1 mm/1 m 全长 L>5 m 为 3.0 且 1 mm/1 m	全长 L≤5 m 为≤1.5 且 0.5 mm/1 m 全长 L>5 m 为 2.0 且 0.5 mm/1 m	B	Ⅱ	65	一次	5	1	2
	19	趾、跟端对工作边及轨顶面的垂直度		≤2.0	≤1.0				一次	5	1	2
	20	第一螺栓孔距端头		±4.0	±2.0				一次	5	1	2
	21	轨端工作边和轨面错牙		≤1.0	≤0.50				一次	5	1	2
	22	接头夹板组装间隙		≤1.0(长 50 mm 内)	≤0.50				一次	5	1	2
	23	螺栓孔倒角		倒角不小于 1.0	倒角不小于 1.0				一次	5	1	2
	24	沿工作边全长		±6.0	±4.0				一次	5	2	3
	25	翼轨与心轨高度差		<1	不检查				一次	5	2	3
	26	轨底平面度		≤3.0	≤2.0	B	Ⅱ	80	一次	5	2	3
	27	轨底边至道岔中心线距离		不检查	±2.0				一次	5	2	3
	28	轨腰厚度		±2.0	±2.0				一次	5	2	3
	29	耳板厚度		—	+2.0/−0.5				一次	5	2	3
	30	轨墙厚度		+5.0/−3.0	+5.0/−3.0				一次	5	2	3
	31	表面质量		TB/T 447 3.6 条	表面质量				一次	5	2	3
四	32	显微组织及非金属夹杂物		TB/T 447 3.4 条		A	Ⅱ	50	一次	3	0	1
五	33	内部缺陷限值		TB/T 447 3.8 条		B	Ⅱ	65	一次	5	1	2

注:1. 表中一组、二组及四组中的样本量 n 均为炉次数;

2. 力学性能(实物硬度除外)试验:每一炉次中 3 个试样均达到标准要求,判该炉次该项力学性能检验合格,否则为不合格。

附表 10　道岔(高锰钢)辙叉产品检验内容、检验方法、执行标准条款及检验类别(单位:mm)

组别	序号	检验项目		项点类别	技术要求		检验方法要点说明	仪器设备名称	备注
					不机加工	机加工			
一力学性能	1	抗拉强度(MPa)		A	Rm≥735		拉伸试验按GB/T 228 的规定进行	万能试验机	φ10试棒
	2	断后伸长率(%)			A≥35				
	3	冲击吸收功(J)			A_{KU2}≥118		冲击试验按GB/T 229 的规定进行	冲击试验机	
	4	硬度(HB)	实物	B	≥170,预硬化为 250～350		硬度试验按TB/T 447 的规定进行	便携式硬度仪、布氏硬度试验仪	试块尺寸:50×30×15
	5		试样		≤229				
二材质	6	化学成分(%)	C	A	0.95～1.35		随炉浇注,中途制取,利用化学分析仪器进行检查	红外碳硫仪、直读光谱仪	
	7		Mn		11.0～14.0				
	8		Si		0.30～0.80				
	9		P		≤0.045(一级),≤0.060(二级)				
	10		S		≤0.030(一级),≤0.035(二级)				
	11	锰碳比		B	≥10				
三表面质量外形尺寸	12	轨距线偏差(全长)		A	0 −2.0	0 −2.0	按 TB/T 447 规定精度,用通用量规、量具及有关专用工具进行	游标卡尺、直尺、钢卷尺、塞尺等	
	13	轮缘槽深度			≥47.0	≥47.0			
	14	沿工作边全长			±6.0	±4.0			
	15	趾跟端高度			±2.0	+0.8 −0.5			
	16	道岔趾宽、跟宽			±3.0	±2.0			
	17	咽喉及轨头宽 50 mm 断面前轮缘槽宽			+3.0 0	+2.0 0			
	18	翼轨与心轨高度差			≤1	不检查			
	19	轨底平面度			≤3.0	≤2.0			
	20	轨顶面直线度		B	全长 L≤5 m 为≤2.0 且 1 mm/1 m 全长 L>5 m 为≤3.0 且 1 mm/1 m	全长 L≤5 m 为≤1.5 且 0.5 mm/1 m 全长 L>5 m 为≤2.0 且 0.5 mm/1 m			
	21	轨底边至道岔中心线距离			不检查	±2.0			
	22	轨腰厚度			±2.0	±2.0			
	23	耳板厚度			—	+2.0 −0.5			
	24	轨墙厚度			+5.0 −3.0	+5.0 −3.0			
	25	趾、跟端对工作边及轨顶面的垂直度			≤2.0	≤1.0			
	26	第一螺栓孔距端头			±4.0	±2.0			
	27	螺栓孔倒角			倒角不小于 1.0	倒角不小于 1.0			
	28	轨端工作边和轨面错牙			≤1.0	≤0.50			
	29	接头夹板组装间隙			≤1.0(长 50 mm 内)	≤0.50			
	30	表面质量					目测,通过量规直接测量	深度、游标卡尺、直尺	
	31	标志		A			目测		

续表

组别	序号	检验项目	项点类别	技术要求 不机加工	技术要求 机加工				检验方法要点说明	仪器设备名称	备注
四	32	显微组织及非金属夹杂物	A	未溶碳化物不大于W3级；析出碳化物不大于X3级；过热碳化物不大于G2级；非金属夹杂物总和:不大于4A、4B					金相试样可在力学性能用试块中铸取,利用金相显微镜检验	金相显微镜	
五	33	内部缺陷限值	B	产品级别	缺陷位置及大小 距轨顶面深度	距工作边侧距离	缺陷宽度	缺陷连续长度	1.人员资格:探伤人员应取得超声Ⅱ级或以上资格证书,且有一定道岔探伤实际经验。2.探伤仪:应符合JB/T 9214—1999的规定,并具有定期检定证书。3.探头:使用双晶探头或直探头,探伤盲区应小于12 mm。4.试块:应具有相应的标准试块及对比试块。5.探伤灵敏度及扫查判伤方法:应符合TB/T 447要求。6.探伤报告:应符合TB/T 447附录A要求。	超声波探伤仪	
				一级	>20	>15	<1/2轨面宽	<100			
				二级	>16	>12	<1/2轨面宽	<150			
				注:两相邻缺陷间隔距离小于12 mm者按连续缺陷处理							

附表11　道岔(合金钢)辙叉检验内容、检验方法、执行标准及检验类别(单位:mm)

序号	检验项目		检验类别	技术要求	检验方法要点说明	仪器设备	备注
1	心轨机械性能	拉伸强度	A	≥1240 MPa	热处理后,母体取样 GB/T 228	拉力试验机	
2		常温冲击韧性	A	≥70 J/cm²(+20°)	热处理后,母体取样 GB/T 229	冲击试验机	
3		低温冲击韧性	A	≥35 J/cm²(-40°)			型式检验
4		硬度	A	HRC 38~45	心轨宽40 mm,70 mm断面,两处各取3点,取平均值 GB/T 230	硬度试验机	
5	心轨缺陷		A	无夹渣、裂纹	4.2.4	超声波探仪	超声波探伤
6	心轨外观(黑皮)		A	顶面:无黑皮 底面:≤1×50,间隔≥200 侧面:≤0.5×50,间隔≥150			深度×长度
7	轨实际尖端至叉跟轨贴合面起点长度		B	±2.0	目测,通用量规测量,按TB/T 412规定精度,用通用量规、量具及有关专用工具进行	深度尺、专用测试平台、米尺、塞尺、游标卡尺、直尺、直角尺	
8	心轨各断面宽度		B	±0.5			0、20、50 mm断面
9	心轨各断面高度		B	±0.5			0、20、50 mm断面
10	钢轨端面斜度(水平、垂直)		B	≤1.0			
11	叉跟轨长度		C	±2.0			
12	翼轨长度		C	±3.0			
13	轨底宽		C	0 -2.0			弯折点除外
14	轨头宽度		C	±0.5			弯折点除外
15	螺栓孔径		C	+1.0 0			
16	螺栓孔中心位置(上下)		C	±1.0			
17	接头螺栓中心至轨端距离		B	±1.0			
18	两相邻螺栓孔中心距离		C	±1.0			
19	两最远螺栓孔中心距离		B	±1.5			
20	轨及钢轨件螺栓孔倒棱		B	1.5×45°			
21	垫板长度		C	±3.0	目测,通用量规测量,按TB/T 412规定精度,用通用量规、量具及有关专用工具进行	深度尺、专用测试平台、米尺、塞尺、游标卡尺、直尺、直角尺	
22	垫板宽度		C	±2.0			
23	垫板厚度		C	±0.5			
24	垫板孔径		C	+1.0 0			
25	垫板孔距		C	±1.0			
26	铁垫板螺栓孔倒角		B	2×45°或R2			螺栓孔上表面
27	铁垫板螺栓孔周围及孔壁		B	无残余焊瘤、焊渣、飞边和毛刺			
28	间隔铁与心轨、翼轨及叉跟轨密贴		A	缝隙≤0.5			
29	心轨与叉跟轨密贴		A	缝隙≤0.5			
30	高强度螺栓扭矩偏差		A	设计值的0~10%		扭矩扳手	

续表

序号	检验项目	检验类别	技术要求	检验方法要点说明	仪器设备	备注
31	轨底坡扭转角度	B	≤1∶320	目测,通用量规测量,按 TB/T 412 规定精度,用通用量规、量具及有关专用工具进行	深度尺、专用测试平台、米尺、塞尺、游标卡尺、直尺、直角尺	
32	辙叉全长	B	±4			
33	趾端开口距	B	±2			
34	跟端开口距	B	±2			
35	咽喉宽度	B	$^{+2.0}_{0}$			
36	心轨20、50断面处轮缘槽宽度	C	$^{+1.5}_{0}$			
37	辙叉工作边应成直线	B	允许有不大于2.0 mm的空线,不允许抗线			
38	轮缘槽深	C	≥47			
39	标识正确齐全	A	缝隙≤0.5			

附表 12　道岔(合金钢)辙叉检验基本项点(单位:mm)

序号	检验项目		技术要求	检验项点分类	备注
1	心轨机械性能	拉伸强度	≥1240 MPa	A	
2		常温冲击韧性	≥70 J/cm²(+20°)	A	
3		低温冲击韧性	≥35 J/cm²(−40°)	A	型式检验
4		硬度	HRC 38～45	A	
5	心轨缺陷		无夹渣、裂纹	A	超声波探伤
6	心轨外观(黑皮)		顶面:无黑皮 底面:≤1×50,间隔≥200 侧面:≤0.5×50,间隔≥150	A	深度×长度
7	心轨实际尖端至叉跟轨贴合面起点长度		±2.0	B	
8	心轨各断面宽度		±0.5	B	10,20,50 mm 断面
9	心轨各断面高度		±0.5	B	10,20,50 mm 断面
10	钢轨端面斜度(水平、垂直)		≤1.0	B	
11	叉跟轨长度		±2.0	C	
12	翼轨长度		±3.0	C	
13	轨底宽		$_{-2.0}^{0}$	C	弯折点除外
14	轨头宽度		±0.5	C	弯折点除外
15	螺栓孔径		$_{0}^{+1.0}$	C	
16	螺栓孔中心位置(上下)		±1.0	C	
17	接头螺栓中心至轨端距离		±1.0	B	
18	两相邻螺栓孔中心距离		±1.0	C	
19	两最远螺栓孔中心距离		±1.5	B	
20	心轨及钢轨件螺栓孔倒棱		1.5×45°	B	
21	垫板长度		±3.0	C	
22	垫板宽度		±2.0	C	
23	垫板厚度		±0.5	C	
24	垫板孔径		$_{0}^{+1.0}$	C	
25	垫板孔距		±1.0	C	
26	铁垫板螺栓孔倒角		2×45°或 R2	B	螺栓孔上表面
27	铁垫板螺栓孔周围及孔壁		无残余焊瘤、焊渣、飞边和毛刺	B	

续表

序号	检验项目		技术要求	检验项点分类	备注
28	整组辙叉	间隔铁与心轨、翼轨及叉跟轨密贴	缝隙≤0.5	A	
29		心轨与叉跟轨密贴	缝隙≤0.5	A	
30		高强度螺栓扭矩偏差	设计值的0~10%	A	
31		轨底坡扭转角度	≤1:320	B	
32		辙叉全长	±4	B	
33		趾端开口距	±2	B	
34		跟端开口距	±2	B	
35		咽喉宽度	$^{+2.0}_{0}$	B	
36		心轨20、50断面处轮缘槽宽度	$^{+1.5}_{0}$	C	
37		辙叉工作边应成直线	允许有不大于2.0 mm的空线,不允许抗线	B	
38		轮缘槽深	≥47	C	
39	标识正确齐全			A	

项点分类	判定规则	项点总数	合格项点数	合格率
A类项点	合格率100%			
B类项点	合格率90%			
C类项点	合格率80%			
检验结论				

注:计算合格率时,检查项点中某一项点若有多处,按多个项点计。

附表 13　道岔(可动心轨)辙叉长心轨抽样方案及判定表(单位:mm)

组别	序号	检验项目		技术要求	不合格类别	判别水平 DL	不合格质量水平 RQL	抽样方案	样本量 n	判定数	
										Ac	Re
表面质量及外形尺寸	1	轨底直线度和平面度		≤1.0	B	Ⅱ	65	一次	5	1	2
	2	长心轨长度		0 -4.0				一次	5	2	3
	3	螺栓孔径		+1.0 0				一次	5	2	3
	4	螺栓孔壁粗糙度		≤25 μm				一次	5	2	3
	5	螺栓孔中心位置(上下)		±1.0/±0.8				一次	5	2	3
	6	两最远螺栓孔中心距离(l)		l<1500,±1.0 l≥1500,±2.0	B	Ⅱ	80	一次	5	2	3
	7	接头螺栓孔中心至轨端距离		±1.0				一次	5	2	3
	8	螺栓孔倒棱		(0.8~1.5)×45°				一次	5	2	3
	9	两相邻螺栓孔中心距离		±1.0/±0.8				一次	5	2	3
	10	经机加工后棱角		打磨				一次	5	2	3
	11	顶弯支距偏差		+2.0 0				一次	5	2	3
	12	顶弯压痕		≤1.0,无裂纹	A	Ⅱ	30	一次	5	0	1
	13	心轨实际尖端(b)		0 -0.5				一次	5	2	3
	14	轨头 5 mm 断面宽度(b)						一次	5	2	3
	15	轨头 10 mm 断面宽度(b)		±0.5				一次	5	2	3
	16	轨头 20 mm 断面宽度(b)						一次	5	2	3
	17	轨头 50 mm 断面宽度(b)						一次	5	2	3
	18	心轨实际尖端(H)						一次	5	2	3
	19	轨头 5 mm 断面高度(H)		0 -1				一次	5	2	3
	20	轨头 10 mm 断面高度(H)						一次	5	2	3
	21	轨头 20 mm 断面高度(H)						一次	5	2	3
	22	轨头 50 mm 断面高度(H)		±0.5				一次	5	2	3
	23	轨头 70 mm 断面高度(H)						一次	5	2	3
	24	心轨顶面需切削成 1:40 轨顶坡时		角度允许偏差为 1:320				一次	5	2	3
	25	心轨侧面内倾偏差		≤1:80				一次	5	2	3
	26	AT 心轨跟端成型段及过渡段尺寸及孔加工偏差	轨高	±0.5				一次	5	2	3
	27		轨头宽	±0.5				一次	5	2	3
	28		轨底宽	+0.8 -1.0				一次	5	2	3
	29		轨底厚	±0.5				一次	5	2	3
	30		轨头高	±0.5				一次	5	2	3
	31		轨腰厚	+1.0 -0.5				一次	5	2	3
	32		轨头端面对称度	±0.5				一次	5	2	3
	33		轨底端面对称度	1.0				一次	5	2	3
	34		端面垂直度	1.0				一次	5	2	3
	35		夹板安装面高度	±0.5				一次	5	2	3

续表

组别	序号	检验项目		技术要求	不合格类别	判别水平 DL	不合格质量水平 RQL	抽样方案	样本量 n	判定数 Ac	判定数 Re
表面质量及外形尺寸	36	AT心轨跟端扭转		偏差为 1：320	B	Ⅱ	65	一次	5	1	2
	37	AT心轨跟端成型段直线度	心轨跟端成型段的轨底平面度为	0.5 mm				一次	5	1	2
	38		跟端成型段轨底面与AT轨轨底面的平行度为	0.5 mm				一次	5	1	2
	39		跟端加工的轨顶直线度为	0.3 mm/m				一次	5	1	2
	40		过渡段轨顶	不应下凹				一次	5	1	2
	41	AT钢轨锻压段非机加工表面		3.9.5条/3.4.5.4f	A	Ⅱ	30	一次	5	0	1
	42	AT钢轨锻压过渡段形状特性		3.9.6条	B	Ⅱ	80	一次	5	2	3
淬火层形状及深度	43	10 mm横断面淬火层形状		帽形	B	Ⅱ	100	一次	3	1	2
	44	50 mm横断面淬火层形状						一次	3	1	2
	45	10 mm断面淬火深度(a)		≥8				一次	3	1	2
	46	50 mm断面淬火深度(a)						一次	3	1	2
	47	50 mm断面淬火深度(b)		≥6				一次	3	1	2
硬度	48	10 mm横断面淬火层硬度		HRC 32.0～43.0	A	Ⅱ	50	一次	3	0	1
	49	50 mm横断面淬火层硬度						一次	3	0	1
	50	轨头表面硬度		HBW 298～401	A	Ⅱ	30	一次	5	0	1
淬火层显微组织	51	10 mm断面显微组织		淬火索氏体，不得出现马氏体或明显的贝氏体组织	A	Ⅱ	50	一次	3	0	1
	52	50 mm断面显微组织						一次	3	0	1
实物使用性能试验	53	过渡段疲劳试验(仅限于时速200公里铁路道岔)		支距 1 m，荷载 390 kN/78 kN，疲劳次数≥200万次不断裂	A	Ⅱ	50	一次	3	0	1
机械性能	54	锻压段及热影响区		不低于母材	A	Ⅱ	50	一次	3	0	1
脱碳层深度	55	AT轨锻压段及热影响区		≤0.5/≤0.3	A	Ⅱ	50	一次	3	0	1
钢轨焊接	56	钢轨焊接性能		符合 TB/T 1632 的规定	A	一次型式试验合格					

注：对具有多个同一单项的项目(B类项点)，以多于该项点总数目的40%(个数)时，判为不合格。

附表 14　道岔(可动心轨)辙叉短心轨抽样方案及判定表(单位:mm)

组别	序号	检验项目	技术要求	不合格类别	判别水平 DL	不合格质量水平 RQL	抽样方案	样本量 n	判定数 Ac	判定数 Re
表面质量及外形尺寸	1	轨底直线度和平面度	≤1.0	B	Ⅱ	65	一次	5	1	2
	2	长度	0 / −4.0				一次	5	2	3
	3	螺栓孔径	+1.0 / 0				一次	5	2	3
	4	螺栓孔壁粗糙度	≤25μm				一次	5	2	3
	5	螺栓孔中心位置(上下)	±1.0/±0.8				一次	5	2	3
	6	两最远螺栓孔中心距离(l)	$l<1500$, ±1.0 / $l≥1500$, ±2.0/±1.5	B	Ⅱ	80	一次	5	2	3
	7	接头螺栓孔中心至轨端距离	±1.0				一次	5	2	3
	8	螺栓孔倒棱	(0.8~1.5)×45°				一次	5	2	3
	9	两相邻螺栓孔中心距离	±1.0/±0.8				一次	5	2	3
	10	经机加工后棱角	打磨				一次	5	2	3
	11	顶弯支距偏差	+2.0 / 0				一次	5	2	3
	12	顶弯压痕	≤1.0,无裂纹	A	Ⅱ	30	一次	5	0	1
	13	心轨实际尖端(b)	0 / −0.5				一次	5	2	3
	14	轨头 5 mm 断面宽度(b)					一次	5	2	3
	15	轨头 10 mm 断面宽度(b)	±0.5				一次	5	2	3
	16	轨头 20 mm 断面宽度(b)					一次	5	2	3
	17	轨头 50 mm 断面宽度(b)					一次	5	2	3
	18	心轨实际尖端(H)	0 / −1	B	Ⅱ	80	一次	5	2	3
	19	轨头 5 mm 断面高度(H)					一次	5	2	3
	20	轨头 10 mm 断面高度(H)					一次	5	2	3
	21	轨头 20 mm 断面高度(H)	±0.5				一次	5	2	3
	22	轨头 50 mm 断面高度(H)					一次	5	2	3
	23	轨头 70 mm 断面高度(H)					一次	5	2	3
	24	心轨顶面需切削成 1:40 轨顶坡时	角度允许偏差为 1:320				一次	5	2	3
	25	心轨侧面内倾偏差	≤1:80				一次	5	2	3
淬火层形状及深度	26	10 mm 横断面淬火层形状	帽形	B	Ⅱ	100	一次	3	1	2
	27	50 mm 横断面淬火层形状					一次	3	1	2
	28	10 mm 断面淬火深度(a)	≥8				一次	3	1	2
	29	50 mm 断面淬火深度(a)					一次	3	1	2
	30	50 mm 断面淬火深度(b)	≥6				一次	3	1	2
硬度	31	10 mm 横断面淬火层硬度	HRC 32.0~43.0	A	Ⅱ	50	一次	3	0	1
	32	50 mm 横断面淬火层硬度					一次	3	0	1
	33	轨头表面硬度	HBW 298~401	A	Ⅱ	30	一次	5	0	1
淬火层显微组织	34	10 mm 断面显微组织	淬火索氏体,不得出现马氏体或明显的贝氏体组织	A	Ⅱ	50	一次	3	0	1
	35	50 mm 断面显微组织					一次	3	0	1

注:对具有多个同一单项的项目(B类项点),以多于该项点总数目的 40%(个数)时,判为不合格。

附表15 道岔(可动心轨)辙叉叉跟尖轨类抽样方案及判定(单位:mm)

组别	序号	检验项目	技术要求	不合格类别	判别水平DL	不合格质量水平RQL	抽样方案	样本量 n	判定数 Ac	判定数 Re
表面质量及外形尺寸	1	轨底直线度和平面度	≤1.0	B	Ⅱ	65	一次	5	1	2
	2	不加工轨顶面直线度	≤0.4/≤0.3				一次	5	2	3
	3	尖轨工作边直线度	密贴段≤1.0				一次	5	2	3
	4	长度	±2.0				一次	5	2	3
	5	螺栓孔径	$^{+1.0}_{0}$				一次	5	2	3
	6	螺栓孔中心位置(上下)	±1.0/±0.8				一次	5	2	3
	7	两相邻螺栓孔中心距离	±1.0/±0.8				一次	5	2	3
	8	两最远螺栓孔中心距离(l)	$l<1500,±1.0$ $l≥1500,±2.0$	B	Ⅱ	80	一次	5	2	3
	9	接头螺栓孔中心至轨端距离	±1.0				一次	5	2	3
	10	螺栓孔倒棱	(0.8~1.5)×45°				一次	5	2	3
	11	螺栓孔壁粗糙度	≤25 μm				一次	5	2	3
	12	尖轨经机加工后棱角	打磨				一次	5	2	3
	13	尖轨顶弯支距偏差	$^{+2.0}_{0}$				一次	5	2	3
	14	尖轨顶弯压痕	≤1.0,无裂纹	A	Ⅱ	30	一次	5	0	1
	15	轨头 5 mm 断面宽度(b)					一次	5	2	3
	16	轨头 10 mm 断面宽度(b)	±0.5				一次	5	2	3
	17	轨头 20 mm 断面宽度(b)					一次	5	2	3
	18	轨头 50 mm 断面宽度(b)					一次	5	2	3
	19	轨头 5 mm 断面高度(H)	$^{0}_{-1}$				一次	5	2	3
	20	轨头 10 mm 断面高度(H)					一次	5	2	3
	21	轨头 20 mm 断面高度(H)					一次	5	2	3
	22	轨头 50 mm 断面高度(H)	±0.5				一次	5	2	3
	23	轨头 70 mm 断面高度(H)					一次	5	2	3
	24	尖轨贴合面内倾偏差	≤1:80,不允许外倾				一次	5	2	3
	25	尖轨其他切削面外倾偏差	≤1:80				一次	5	2	3
	26	尖轨顶面需切削成1:40轨顶坡时	角度允许偏差为1:320				一次	5	2	3
淬火层形状及深度	27	10 mm 横断面淬火层形状	帽形				一次	3	1	2
	28	50 mm 横断面淬火层形状					一次	3	1	2
	29	10 mm 断面淬火深度(a)	≥8	B	Ⅱ	100	一次	3	1	2
	30	50 mm 断面淬火深度(a)					一次	3	1	2
	31	50 mm 断面淬火深度(b)	≥6				一次	3	1	2
硬度	32	10 mm 横断面淬火层硬度	HRC 32.0~43.0	A	Ⅱ	50	一次	3	0	1
	33	50 mm 横断面淬火层硬度					一次	3	0	1
	34	轨头表面硬度	HBW 298~401	A	Ⅱ	30	一次	5	0	1
淬火层显微组织	35	10 mm 断面显微组织	淬火索氏体,不得出现马氏体或明显的贝氏体组织	A	Ⅱ	50	一次	3	0	1
	36	50 mm 断面显微组织					一次	3	0	1

注:对具有多个同一单项的项目(B类项点),以多于该项点总数目的40%(个数)时,判为不合格。

附表16 道岔(可动心轨)辙叉翼轨抽样方案及判定表(单位:mm)

组别	序号	检验项目		技术要求	不合格类别	判别水平DL	不合格质量水平RQL	抽样方案	样本量n	判定数 Ac	判定数 Re
	1	长度		±6.0/±4.0				一次	5	2	3
	2	螺栓孔径		+1.0 0				一次	5	2	3
	3	螺栓孔壁粗糙度		≤25 μm				一次	5	2	3
	4	螺栓孔中心位置(上下)		±1.0/±0.8				一次	5	2	3
	5	两最远螺栓孔中心距离(l)		l<1500,±1.0 l≥1500,±2.0	B	Ⅱ	80	一次	5	2	3
	6	接头螺栓孔中心至轨端距离		±1.0				一次	5	2	3
	7	螺栓孔倒棱		(0.8～1.5)×45°				一次	5	2	3
	8	两相邻螺栓孔中心距离		±1.0/±0.8				一次	5	2	3
	9	经机加工后棱角		打磨				一次	5	2	3
	10	顶弯支距偏差		+2.0 0				一次	5	2	3
	11	顶弯压痕		≤1.0,无裂纹	A	Ⅱ	30	一次	5	0	1
	12	可动心轨辙叉翼轨与心轨间的贴合面切削斜度内倾允许偏差为		1:80				一次	5	2	3
	13	可动心轨辙叉翼轨的直密贴边直线度		≤0.2				一次	5	2	3
表面质量及外形尺寸	14	翼轨特种断面段的断面型式尺寸偏差	轨高	±0.6/±0.5				一次	5	2	3
	15		轨头宽	±0.5				一次	5	2	3
	16		轨底宽	+0.8 -1.0				一次	5	2	3
	17		轨底厚	±0.5				一次	5	2	3
	18		轨头高	±0.5				一次	5	2	3
	19		轨腰厚	+1.5 -0.5				一次	5	2	3
	20		轨头、轨底对轨腰中心线的位置度	左右方向应小于0.5 mm				一次	5	2	3
	21	翼轨特种断面成型段端头的断面型式尺寸偏差	轨高	±0.6				一次	5	2	3
	22		轨头宽	±0.5				一次	5	2	3
	23		轨底宽	+1.0 -1.5	B	Ⅱ	80	一次	5	2	3
	24		轨腰厚	+1.5 -0.5				一次	5	2	3
	25		轨底边缘厚度	+0.75 -0.5				一次	5	2	3
	26		断面不对称	±1.2				一次	5	2	3
	27		接头夹板安装面斜度	+1.0 -0.5				一次	5	2	3
	28		接头夹板安装面高度	+0.6 -0.5				一次	5	2	3
	29		轨底凹入或凸出	≤0.4				一次	5	2	3
	30		端面斜度(垂直、水平方向)	≤0.8				一次	5	2	3
	31	(端部弯曲)轨距端1 m内	向上	≤0.5				一次	5	2	3
	32		向下	≤0.2				一次	5	2	3
	33		左右	≤0.5				一次	5	2	3
	34	翼轨特种断面成型段和过渡段表面		3.9.5条				一次	5	2	3
	35	翼轨特种断面过渡段部位形状特性		3.9.6条				一次	5	2	3

续表

组别	序号	检验项目		技术要求	不合格类别	判别水平DL	不合格质量水平RQL	抽样方案	样本量 n	判定数 Ac	判定数 Re
表面质量及外形尺寸	36	轨高		±0.5	B	Ⅱ	80	一次	5	2	3
	37	轨头宽		±0.5/±0.3				一次	5	2	3
	38	轨底宽		$+0.8/+0.5$ $-1.0/-1.0$				一次	5	2	3
	39	AT轨跟端成型段及过渡段尺寸及孔加工偏差	轨底厚	±0.5				一次	5	2	3
	40		轨头高	±0.5				一次	5	2	3
	41		轨腰厚	$+1.0$ -0.5				一次	5	2	3
	42		轨头端面对称度	±0.5				一次	5	2	3
	43		轨底端面对称度	1.0/0.5				一次	5	2	3
	44		端面垂直度	1.0/0.5				一次	5	2	3
	45		夹板安装面高度	±0.5/±0.3				一次	5	2	3
	46	AT轨跟端扭转		偏差为1:320				一次	5	2	3
	47	AT轨跟端成型段直线度	跟端成型段的轨底平面度为	0.5/0.3	B	Ⅱ	65	一次	5	1	2
	48		跟端成型段轨底面与AT轨轨底面的平行度为	0.5				一次	5	1	2
	49		跟端加工的轨顶直线度为	0.3 mm/m				一次	5	1	2
	50		过渡段轨顶	不应下凹				一次	5	1	2
	51	AT钢轨锻压段非机加工表面		3.9.5条	A	Ⅱ	30	一次	5	0	1
	52	AT钢轨锻压过渡段形状特性		3.9.6条	B	Ⅱ	80	一次	5	2	3
淬火形状及深度	53	横断面淬火层形状		帽形	B	Ⅱ	100		3	1	2
	54	断面淬火深度(a)		≥8				一次	3	1	2
	55	工作边淬火深度		≥25				一次	3	1	2
	56	断面淬火层硬度		HRC 32.0~43.0	A	Ⅱ	50	一次	5	0	1
硬度	57	轨头表面硬度		HBW 298~401	A	Ⅱ	30	一次	5	0	1
淬火层显微组织	58	断面显微组织		淬火索氏体,不得出现马氏体或明显的贝氏体组织	A	Ⅱ	50	一次	3	0	1
实物使用性能试验	59	过渡段疲劳试验(仅限于时速200 km铁路道岔)		支距1 m,荷载390 kN/78 kN,疲劳次数≥200万次不裂	A	Ⅱ	50	一次	3	0	1
机械性能	60	成型段的机械性能	特种断面	符合TB/T 2344	A	Ⅱ	50	一次	3	0	1
			标准轨断面						3	0	1
	61	变形段、锻压段及热影响区		不低于母材	A	Ⅱ	50	一次	3	0	1
脱碳层深度	62	AT轨锻压段及热影响区		≤0.5/≤0.3	A	Ⅱ	50	一次	3	0	1
钢轨焊接	63	钢轨焊接性能		符合TB/T 1632的规定	A	一次型式试验合格					

注:对具有多个同一单项的项目(B类项点),以多于该项点总数目的40%(个数)时,判为不合格。

附表17　可动心轨辙叉长心轨类产品检验内容、检验方法、执行标准条款（单位：mm）

组别	序号	检验项目	项点类别	技术要求	检验方法要点说明	仪器设备	备注
表面质量外形尺寸	1	轨底直线度和平面度	B	≤1.0	目测、通用量规测量，按 TB/T 412 规定精度，用通用量规、量具及有关专用工具进行	深度尺、专用测试平台、米尺、塞尺、游标卡尺、直尺、直角尺	
	2	长心轨长度	B	$^{0}_{-0.4}$			
	3	螺栓孔径	B	$^{+1.0}_{0}$			
	4	螺栓孔壁粗糙度	B	≤25 μm			
	5	螺栓孔中心位置（上下）	B	±1.0/±0.8			
	6	两最远螺栓孔中心距离（l）	B	l<1500，±1.0；l≥1500，±2.0			
	7	接头螺栓孔中心至轨端距离	B	±1.0			
	8	螺栓孔倒棱	B	(0.8～1.5)×45°			
	9	两相邻螺栓孔中心距离	B	±1.0/±0.8			
	10	经机加工后棱角	B	打磨			
	11	钢轨顶弯支距偏差/校直	B	+2.0			
	12	顶弯压痕	A	≤1.0，无裂纹			
	13	心轨实际尖端（b）	B	−0.5			
	14	轨头 5 mm 断面宽度（b）	B	±0.5			
	15	轨头 10 mm 断面宽度（b）	B				
	16	轨头 20 mm 断面宽度（b）	B				
	17	轨头 50 mm 断面宽度（b）	B				
	18	心轨实际尖端（H）	B	$^{0}_{-1.0}$			
	19	轨头 5 mm 断面高度（H）	B				
	20	轨头 10 mm 断面高度（H）	B				
	21	轨头 20 mm 断面高度（H）	B	±0.5			
	22	轨头 50 mm 断面高度（H）	B				
	23	轨头 70 mm 断面高度（H）	B				
	24	心轨顶面需切削成 1：40 轨顶坡时	B	角度允许偏差为 1：320			
	25	心轨侧面内倾偏差	B	≤1：80			

续表

组别	序号	检验项目		项点类别	技术要求	检验方法要点说明	仪器设备	备注
表面质量及外形尺寸检验	26	AT心轨跟端成型段及过渡段尺寸及孔加工偏差	轨高	B	±0.5	目测,通用量规测量,按TB/T 412 规定精度,用通用量规、量具及有关专用工具进行	深度尺、专用测试平台、米尺、塞尺、游标卡尺、直尺、直角尺	
	27		轨头宽	B	±0.5			
	28		轨底宽	B	+0.8 −1.0			
	29		轨底厚	B	±0.5			
	30		轨头高	B	±0.5			
	31		轨腰厚	B	+1.0 −0.5			
	32		轨头端面对称度	B	±0.5			
	33		轨底端面对称度	B	1.0			
	34		端面垂直度	B	1.0			
	35		夹板安装面高度	B	±0.5			
	36	AT心轨跟端扭转		B	偏差为 1:320			
	37	AT心轨跟端成型段直线度	跟端成型段的轨底平面度为	B	0.5			
	38		跟端成型段轨底面与AT轨轨底面的平行度为		0.5			
	39		跟端加工的轨顶直线度为		0.3			
	40		过渡段轨顶		不应下凹			
	41	AT钢轨锻压段非机加工表面		A	不允许有裂纹,不应有折叠、横向划痕、结疤、压痕。纵向划痕深度不大于0.5 mm。通过机加工达到尺寸要求时,加工面交角应圆顺			
	42	AT钢轨锻压过渡段形状特性		B	的钢轨轨头高度、轨腰厚度、轨底相对于垂直轴偏移量均应均匀过渡,各相交面应圆顺平滑			
淬火层形状及深度	43	10 mm横断面淬火层形状		B	帽形	试件分别从3件淬火AT尖轨样轨上制取。试件横截面按GB/T 226浸蚀后,目视淬火层形状及用直尺测量淬火层深度	深度尺	
	44	50 mm横断面淬火层形状						
	45	10 mm断面淬火深度(a)			≥8			
	46	50 mm断面淬火深度(a)			≥8			
	47	50 mm断面淬火深度(b)			≥6			
硬度	48	10 mm横断面淬火层硬度		A	HRC 32.0~43.0	在观察淬火层形状试件上测量,测量位置按TB/T 1779进行	洛氏硬度计	
	49	50 mm横断面淬火层硬度						
	50	轨头表面硬度			HBW 298~401	在AT尖轨轨头宽30 mm,50 mm处和跟端热加工过渡段各测一点	便携式布氏硬度计	
淬火层显微组织	51	10 mm断面显微组织		A	淬火索氏体,不得出现马氏体或明显的贝氏体组织	利用观察淬火层形状试件进行显微组织检查	金相显微镜	
	52	50 mm断面显微组织						
实物使用性能试验	53	过渡段疲劳试验(仅限于时速200公里铁路道岔)		A	支距 1 m,荷载 390 kN/78 kN,疲劳次数≥200万次不断裂	TB/T 412	疲劳试验机	

续表

组别	序号	检验项目	项点类别	技术要求	检验方法要点说明	仪器设备	备注
机械性能	54	锻压段及热影响区机械性能	A	不低于母材	试件分别从3件AT锻压段及热影响区制取	拉力试验机	
脱碳层深度	55	AT轨锻压段及热影响区脱碳层深度	A	≤0.5/≤0.3	试件分别从3件AT锻压段及热影响区制取	/	
钢轨焊接	56	钢轨焊接性能	A	符合TB/T 1632的规定	一次型式试验合格		

附表 18　可动心轨辙叉短心轨类产品检验内容、检验方法、执行标准条款（单位：mm）

组别	序号	检验项目	项点类别	技术要求	单位	检验方法要点说明	仪器设备	备注
表面质量及外形尺寸检验	1	轨底直线度和平面度	B	≤1.0	mm	目测，通用量规测量，按 TB/T 412 规定精度，用通用量规、量具及有关专用工具进行	深度尺、专用测试平台、米尺、塞尺、游标卡尺、直尺、直角尺	
	2	长度	B	±2.0	mm			
	3	螺栓孔径	B	$^{+1.0}_{0}$	mm			
	4	螺栓孔壁粗糙度	B	≤25 μm	/			
	5	螺栓孔中心位置（上下）	B	±1.0/±0.8	mm			
	6	两最远螺栓孔中心距离（l）	B	l<1500,±1.0 l≥1500,±2.0/±1.5	mm			
	7	接头螺栓孔中心至轨端距离	B	±1.0	mm			
	8	螺栓孔倒棱	B	(0.8～1.5)×45°	/			
	9	两相邻螺栓孔中心距离	B	±1.0/±0.8	mm			
	10	经机加工后棱角	B	打磨	/			
	11	钢轨顶弯支距偏差/校直	B	$^{+2.0}_{0}$	mm			
	12	顶弯压痕	A	≤1.0，无裂纹	mm			
	13	心轨实际尖端（b）	B	$^{0}_{-0.5}$				
	14	轨头 5 mm 断面宽度（b）	B	±0.5	mm			
	15	轨头 10 mm 断面宽度（b）	B					
	16	轨头 20 mm 断面宽度（b）	B					
	17	轨头 50 mm 断面宽度（b）	B					
	18	心轨实际尖端（H）	B					
	19	轨头 5 mm 断面高度（H）	B	$^{0}_{-1.0}$				
	20	轨头 10 mm 断面高度（H）	B					
	21	轨头 20 mm 断面高度（H）	B	±0.5				
	22	轨头 50 mm 断面高度（H）	B					
	23	轨头 70 mm 断面高度（H）	B					
	24	心轨顶面需切削成 1:40 轨顶坡时	B	角度允许偏差为 1:320	/			
	25	心轨侧面内倾偏差	B	≤1:80				
淬火层形状及深度	26	10 mm 横断面淬火层形状	B	帽形	/	试件分别从 3 件淬火 AT 尖轨样轨上制取。试件横截面按 GB/T 226 浸蚀后，目视淬火层形状及用直尺测量淬火层深度	深度尺	
	27	50 mm 横断面淬火层形状						
	28	10 mm 断面淬火深度（a）		≥8	mm			
	29	50 mm 断面淬火深度（a）						
	30	50 mm 断面淬火深度（b）		≥6				
硬度	31	10 mm 横断面淬火层硬度	A	HRC 32.0～43.0	/	在观察淬火层形状试件上测量，测量位置按 TB/T 1779 进行	洛氏硬度计	
	32	50 mm 横断面淬火层硬度						
	33	轨头表面硬度		HBW 298～401		在 AT 尖轨轨头宽 30 mm，50 mm 处和跟端热加工过渡段各测一点	便携式布氏硬度计	
淬火层显微组织	34	10 mm 断面显微组织	A	淬火索氏体，不得出现马氏体或明显的贝氏体组织		利用观察淬火层形状试件进行显微组织检查	金相显微镜	
	35	50 mm 断面显微组织						

附表19　可动心轨辙叉叉跟尖轨类产品检验内容、检验方法、执行标准条款

组别	序号	检验项目	项点类别	技术要求	单位	检验方法要点说明	仪器设备名称	备注
表面质量及外形尺寸检验	1	轨底直线度和平面度	B	≤1.0	mm	目测,通用量规测量,按TB/T 412规定精度,用通用量规、量具及有关专用工具进行	深度尺、专用测试平台、米尺、塞尺、游标卡尺、直尺、直角尺	
	2	不加工轨顶面直线度		≤0.4/≤0.3	mm/m			
	3	尖轨工作边直线度		密贴段≤1.0	mm			
	4	长度		±2.0	mm			
	5	螺栓孔径		+1.0 / 0	mm			
	6	螺栓孔中心位置(上下)		±1.0/±0.8	mm			
	7	两相邻螺栓孔中心距离		±1.0/±0.8	mm			
	8	两最远螺栓孔中心距离(l)		l<1500,±1.0 / l≥1500,±2.0	/			
	9	接头螺栓孔中心至轨端距离		±1.0	mm			
	10	螺栓孔倒棱		(0.8~1.5)×45°	/			
	11	螺栓孔壁粗糙度		≤25 μm	/			
	12	尖轨经机加工后棱角		打磨	/			
	13	钢轨顶弯支距偏差/校直		+2.0 / 0	mm			
	14	尖轨顶弯压痕	A	≤1.0,无裂纹	mm			
	15	轨头5 mm断面宽度(b)	B	0 / −0.5	mm			
	16	轨头10 mm断面宽度(b)						
	17	轨头20 mm断面宽度(b)		±0.5				
	18	轨头50 mm断面宽度(b)						
	19	轨头5 mm断面高度(H)		0 / −2.0				
	20	轨头10 mm断面高度(H)						
	21	轨头20 mm断面高度(H)						
	22	轨头50 mm断面高度(H)		±0.5				
	23	轨头70 mm断面高度(H)						
	24	尖轨贴合面内倾偏差	B	≤1:80,不允许外倾	/			
	25	尖轨其他切削面外倾偏差		≤1:80	/			
	26	尖轨顶面需切削成1:40轨顶坡时	B	角度允许偏差为1:320	/			
淬火层形状及深度	27	10 mm横断面淬火层形状	B	帽形	/	试件分别从3件淬火AT尖轨样轨上制取。试件横截面按GB/T 226浸蚀后,目视淬火层形状及用直尺测量淬火层深度	深度尺	
	28	50 mm横断面淬火层形状						
	29	10 mm断面淬火深度(a)		≥8	mm			
	30	50 mm断面淬火深度(a)						
	31	50 mm断面淬火深度(b)		≥6				
硬度	32	10 mm横断面淬火层硬度	B	HRC 32.0~43.0	/	在观察淬火层形状试件上测量,测量位置按TB/T 1779进行	洛氏硬度计	
	33	50 mm横断面淬火层硬度						
	34	轨头表面硬度	A	HBW 298~401	/	在AT尖轨轨头宽30 mm、50 mm处和跟端热加工过渡段各测一点	便携式布氏硬度计	
淬火层显微组织	35	10 mm断面显微组织	A	淬火索氏体,不得出现马氏体或明显的贝氏体组织		利用观察淬火层形状试件进行显微组织检查	金相显微镜	
	36	50 mm断面显微组织						

附表20 可动心轨辙叉翼轨类产品检验内容、检验方法、执行标准条款

组别	序号	检验项目		项点类别	技术要求	单位	检验方法要点说明	仪器设备名称	备注
表面质量及外形尺寸检验	1	长度		B	±6.0/±4.0	mm	目测,通用量规测量TB/T 412 规定精度,用通用量规、量具及有关专用工具进行	深度尺、专用测试平台、米尺、塞尺、游标卡尺、直尺、直角尺	
	2	螺栓孔径		B	±1.0	mm			
	3	螺栓孔壁粗糙度		B	≤25 μm	/			
	4	螺栓孔中心位置(上下)		B	±1.0/±0.8	mm			
	5	两最远螺栓孔中心距离(l)		B	$l<1500, ±1.0$ $l≥1500, ±2.0$	mm			
	6	接头螺栓孔中心至轨端距离		B	±1.0	mm			
	7	螺栓孔倒棱		B	(0.8~1.5)×45°	/			
	8	两相邻螺栓孔中心距离		B	±1.0/±0.8	mm			
	9	经机加工后棱角		B	打磨	/			
	10	钢轨顶弯支距偏差/校直		B	+2.0 0	mm			
	11	顶弯压痕		A	≤1.0,无裂纹	mm			
	12	可动心轨辙叉翼轨与心轨间的贴合面切削斜度内倾允许偏差为		B	1:80	/			
	13	可动心轨辙叉翼轨的直密贴边直线度		B	≤0.2	mm			
	14	翼轨特种断面段的断面型式尺寸偏差	轨高	B	±0.6/±0.5	mm			
	15		轨头宽	B	±0.5				
	16		轨底宽	B	+0.8 −1.0				
	17		轨底厚	B	±0.5				
	18		轨头高	B	±0.5				
	19		轨腰厚	B	+1.5 −0.5				
	20		轨头、轨底对轨腰中心线的位置度	B	左右方向应小于0.5 mm				
	21	翼轨特种断面成型段端头的断面型式尺寸偏差	轨高	B	±0.6	mm			
	22		轨头宽	B	±0.5				
	23		轨底宽	B	+1.0 −1.5				
	24		轨腰厚	B	+1.5 −0.5				
	25		轨底边缘厚度	B	+0.75 −0.5				
	26		断面不对称	B	±1.2				
	27		接头夹板安装面斜度	B	+1.0 −0.5				
	28		接头夹板安装面高度	B	+0.6 −0.5				
	29		轨底凹入或凸出	B	≤0.4				
	30		端面斜度(垂直、水平方向)	B	≤0.8				
	31	(端部弯曲)轨距端1m内	向上	B	≤0.5				
	32		向下	B	≤0.2				
	33		左右	B	≤0.5				

续表

组别	序号	检验项目		项点类别	技术要求	单位	检验方法要点说明	仪器设备名称	备注
表面质量及外形尺寸检验	34	翼轨特种断面成型段和过渡段表面		A	不允许有裂纹,不应有折叠、横向划痕、结疤、压痕。纵向划痕深度不大于0.5 mm。通过机加工达到尺寸要求时,加工面交角应圆顺	/	目测,通用量规测量TB/T 412/运基线路〔2005〕230号规定精度,用通用量规、量具及有关专用工具进行	深度尺、专用测试平台、米尺、塞尺、游标卡尺、直尺、直角尺	
	35	翼轨特种断面过渡段部位形状特性		A	钢轨轨头高度、轨腰厚度、轨底相对于垂直轴偏移量均应均匀过渡,各相交面应圆顺平滑	/			
	36	AT轨跟端成型段及过渡段尺寸及孔加工偏差	轨高	B	±0.5	mm			
	37		轨头宽	B	±0.5/±0.3				
	38		轨底宽	B	+0.8/+0.5 −1.0/−1.0				
	39		轨底厚	B	±0.5				
	40		轨头高	B	±0.5				
	41		轨腰厚	B	+1.0 −0.5				
	42		轨头端面对称度	B	0.5				
	43		轨底端面对称度	B	1.0/0.5				
	44		端面垂直度	B	1.0/0.5				
	45		夹板安装面高度	B	±0.5/±0.3				
	46	AT轨跟端扭转		B	偏差为1:320	/			
	47	AT轨跟端成型段直线度	跟端成型段的轨底平面度为	B	0.5/0.3	mm			
	48		跟端成型段轨底面与AT轨轨底面的平行度为		0.5	mm			
	49		跟端加工的轨顶直线度为		0.3	mm/m			
	50	过渡段轨顶			不应下凹	/			
	51	AT钢轨锻压段非机加工表面		A	不允许有裂纹,不应有折叠、横向划痕、结疤、压痕。纵向划痕深度不大于0.5 mm。通过机加工达到尺寸要求时,加工面交角应圆顺				
	52	AT钢轨锻压过渡段形状特性		B	的钢轨轨头高度、轨腰厚度、轨底相对于垂直轴偏移量均应均匀过渡,各相交面应圆顺平滑				

续表

组别	序号	检验项目	项点类别	技术要求	单位	检验方法要点说明	仪器设备名称	备注
淬火层形状及深度	53	横断面淬火层形状	B	帽形	/	试件分别从3样轨上制取。试件横截面按GB/T 226浸蚀后，目视淬火层形状及用直尺测量淬火层深度	深度尺	
	54	断面淬火深度(a)		≥8	mm			
	55	工作边淬火深度		≥25	mm			
	56	断面淬火层硬度	A	HRC 32.0～43.0	/			
	57	轨头表面硬度	A	HBW 298～401	/	在理论尖端处一点	便携式布氏硬度计	
淬火层显微组织	58	断面显微组织	A	淬火索氏体，不得出现马氏体或明显的贝氏体组织	/	利用观察淬火层形状试件进行显微组织检查	金相显微镜	
实物使用性能试验	59	过渡段疲劳试验(仅限于时速200公里铁路道岔)	A	支距1 m，荷载390 kN/78 kN，疲劳次数≥200万次不断裂	/	运基线路[2005] 230号4.7条	疲劳试验机	
机械性能	60	成型段的机械性能	特种断面	A	符合TB/T 2344	/	试件分别从3件成型段及热影响区制取	拉力试验机	
			标准轨断面						
	61	变形段、锻压段及热影响区机械性能	A	不低于母材	/	试件分别从3件AT锻压段及热影响区制取	拉力试验机	
脱碳层深度	62	AT轨锻压段及热影响区脱碳层深度	A	≤0.5/≤0.3	/	试件分别从3件AT锻压段及热影响区制取	/	
钢轨焊接	63	钢轨焊接性能	A	符合TB/T 1632的规定	/	一次型式试验合格		

附表 21　道岔(可动心轨)辙叉组装检验产品检验内容、检验方法、执行标准条款及检验类别

组别	序号	检验项目	项点类别	技术要求	单位	检验方法要点说明	仪器设备名称	备注
组装检验	1	标志	A	5 条		目测		
	2	可动心轨尖端至第一牵引点处密贴	A	缝隙≤0.5	mm	塞尺	塞尺	
	3	可动心轨牵引点前后各一块台板与轨底间隙	A	≤0.5	mm	塞尺	塞尺	
	4	可动心轨道岔,曲股工作边曲线段	A	应圆顺,不应出现硬弯	/	目测		
	5	高强度螺栓扭矩	A	超过设计要求的 0~10%	/	扭矩扳手	扭矩扳手	
	6	可动心轨轨底与其余台板间隙	A	≤1	mm	塞尺	塞尺	
	7	可动心轨直股工作边应成直线	B	直线度每米 0.5,全长(尖端前后各 500 除外)2.5,心轨尖端前后各 1m 内不允许抗线	mm	线绳、塞尺	线绳、塞尺	
	8	可动心轨实际尖端至翼轨趾端距离(直股)	B	+4.0 0	mm	卷尺	卷尺	
	9	可动心轨道岔各牵引点处开口值	B	±3	mm	游标卡尺	游标卡尺	
	10	可动心轨道岔趾宽、跟宽	B	±2	mm	卷尺	卷尺	
	11	可动心轨道岔咽喉宽度	B	+2.0 −1.0	mm	游标卡尺	游标卡尺	
	12	可动心轨道岔全长度(沿工作边的长度)	B	±4	mm	卷尺	卷尺	
	13	可动心轨其余部位与翼轨密贴(直、曲)	B	缝隙≤1.0	mm	塞尺	塞尺	
	14	叉跟尖轨尖端(100 mm 范围)与短心轨密贴	C	缝隙≤0.5	mm	塞尺	塞尺	
	15	叉跟尖轨其余部位与短心轨密贴	C	缝隙≤1	mm	塞尺	塞尺	开通侧股
	16	可动心轨道岔的垫板间距应与相应岔枕间距相同	C	±5	mm	卷尺	卷尺	
	17	可动心长、短心轨、叉跟尖轨轨腰与顶铁的缝隙	C	缝隙≤1.0	mm	塞尺	塞尺	工作状态

附表22 道岔护轨检验项目与判定原则(单位:mm)

组别	序号	项目		技术要求	不合格类别	判别水平DL	不合格质量水平RQL	抽样方案	样本量 n	判定数 Ac	判定数 Re
表面质量及外形尺寸	1	表面质量		TB/T 2344 5.12条 TB/T 1779 3.2.5条	A	Ⅱ	30	一次	5	0	1
	2	标志		TB/T 412—2004 5.1、5.3条	A	Ⅱ	30	一次	5	0	1
	3	轨顶面(平直段)直线度		≤2.0	B	Ⅱ	65	一次	5	1	2
	4	长度(L)		±6.0/±4.0	B	Ⅱ	80	一次	5	1	2
	5	螺栓孔径		+1.0 0	B	Ⅱ	80	一次	5	2	3
	6	螺栓孔中心位置(上下)		±1.0/±0.8	B	Ⅱ	80	一次	5	2	3
	7	两相邻螺栓孔中心距离			B	Ⅱ	80	一次	5	2	3
	8	两最远螺栓孔中心距离(l)		$l<1500$,±1.0 $l≥1500$,±2.0	B	Ⅱ	80	一次	5	2	3
	9	螺栓孔倒棱		(0.8~1.5)×45°	B	Ⅱ	80	一次	5	2	3
	10	螺栓孔壁粗糙度		≤25 μm	B	Ⅱ	80	一次	5	2	3
	11	轨底宽度		0 -2.0	B	Ⅱ	80	一次	5	2	3
	12	钢轨端面斜度(水平、垂直)		≤1.0	B	Ⅱ	80	一次	5	2	3
淬火层形状及深度	13	轨头横断面淬火层形状		帽形	B	Ⅱ	100	一次	3	1	2
	14	轨头(b) 槽型钢工作边	横断面淬火层深	≥6 ≥25	B	Ⅱ	100	一次	3	1	2
硬度	15	轨头 槽型钢	工作边表面硬度	HBW 298~401 HBW 341~401	A	Ⅱ	30	一次	5	0	1
	16	轨头 槽型钢工作边	横断面淬火层硬度	HRC 32.0~43.0 A1:HRC 37.0~43.0 A4:HRC≥34.0	A	Ⅱ	50	一次	3	0	1
淬火层显微组织	17	轨头 槽型钢工作边	横断面显微组织	淬火索氏体,不得出现马氏体或明显的贝氏体组织	A	Ⅱ	50	一次	3	0	1

注:对具有多个同一单项的项目(B类项点),以多于该项点总数目的40%(个数)时,判为不合格。

附表23　道岔护轨产品检验内容、检验方法、执行标准条款及检验类别（单位：mm）

组别	序号	检验项目		项点类别	技术要求	检验方法要点说明	仪器设备名称	备注
表面质量及外形尺寸	1	表面质量		A	TB/T 2344 5.12条	目测，通用量规测量	深度尺	
	2	标志		A	5/5	目测		
	3	轨顶面(平直段)直线度			≤2.0	按 TB/T 412/运基线路〔2005〕230号规定精度，用通用量规、量具及有关专用工具进行	专用测试平台、米尺、塞尺、游标卡尺、直尺、直角尺、粗糙度比较样块等	
	4	长度			±6.0/±4.0			
	5	螺栓孔径			+1.0			
	6	螺栓孔中心位置(上下)		B	±1.0/±0.8			
	7	两相邻螺栓孔中心距离			l<1500, ±1.0 l≥1500, ±2.0			
	8	两最远螺栓孔中心距离(l)						
	9	螺栓孔倒棱			(0.8～1.5)×45°			
	10	螺栓孔壁粗糙度			≤25 μm			
	11	轨底宽度			−2.0			
	12	钢轨轨端面斜度			≤1.0			
淬火层形状及深度	13	轨头横断面淬火层形状		B	帽形	试件横截面按 GB/T 226浸蚀后，目视淬火层形状及用直尺测量淬火层深度	直尺	
	14	轨头(b)	横断面淬火层深度		>6			
		槽型钢工作边			≥25			
硬度	15	轨头	工作边表面硬度	A	HBW 298～401	护轨中部测一点	便携式布氏硬度计	
		槽型钢			HBW 341～401			
	16	轨头	横断面淬火层硬度	A	HRC 32.0～43.0	试件横断面经加工后，测量硬度及检查显微组织	洛氏硬度计	
		槽型钢工作边			A1：HRC 37.0～43.0 A4：HRC≥34.0			
淬火层微组织	17	轨头	横断面显微组织	A	淬火索氏体，不得出现马氏体或明显的贝氏体组织		金相显微镜	
		槽型钢工作边						

参考文献

[1]胡兴福,宋岩丽. 材料员通用与基础知识[M]. 2版. 北京:中国建筑工业出版社,2017.

[2]赵丽萍. 土木工程材料[M]. 2版. 北京:人民交通出版社,2014.

[3]梁学忠. 工程材料[M]. 北京:中国铁道出版社,2014.

[4]张伟,王英林. 建筑材料与检测[M]. 北京:北京邮电大学出版社,2016.

[5]徐峰,黄芸. 新编金属材料手册[M]. 合肥:安徽科学技术出版社,2017.

[6]江政俊,刘翔,陈波. 建筑材料[M]. 武汉:武汉大学出版社,2015.

[7]闫宏生. 工程材料[M]. 2版. 北京:中国铁道出版社,2017.

[8]《公路材料员一本通》编委会. 公路材料员一本通[M]. 北京:中国建材工业出版社,2009.

[9]陈俊,吴建涛,陈景雅. 路面工程[M]. 北京:清华大学出版社,2013.

[10]孔纲强,王保田. 路基工程[M]. 北京:清华大学出版社,2013.

[11]彭彦彬,项志盛. 道路工程[M]. 2版. 郑州:黄河水利出版社,2012.

[12]交通部公路科学研究所. 公路沥青路面施工技术规范:JTGF 40—2004[S]. 北京:人民交通出版社,2004.

[13]孙立功,杨江朋. 桥梁工程(铁路)[M]. 2版. 成都:西南交通大学出版社,2014.

[14]赵青,李海涛. 桥梁工程[M]. 武汉:武汉大学出版社,2017.

[15]潘旺林. 最新建筑材料手册[M]. 合肥:安徽科学技术出版社,2014.

[16]魏国安,陈炳义. 建筑材料及工程应用[M]. 北京:中国建筑工业出版社,2018.

[17]赵韬. 铁路机房环境监控系统的设计与实现[D]. 广州:华南理工大学,2011.

[18]朱济龙,芦建明,陈超. 城市轨道交通信号基础[M]. 成都:西南交通大学出版社,2015.

[19]张凡. 城市轨道交通概论[M]. 3版. 成都:西南交通大学出版社,2017.

[20]马广文. 交通大辞典[M]. 上海:上海交通大学出版社,2005.

[21]梁斌. 铁路轨道构造[M]. 北京:北京大学出版社,2013.

[22]高亮. 轨道工程[M]. 北京:中国铁道出版社,2010.

[23]张全寿. 实现铁路运输管理现代化的一项宏大工程铁路TMIS[J]. 铁道

知识,1995(1):4—5.

[24]白爽.机房环境监控系统数据采集与接入方式的研究与实现[D].北京:北京邮电大学,2011.

[25]魏强.浅谈铁路通信系统接入网工程技术[J].信息与电脑(理论版),2011(6):116—117.

[26]杨叶涛.铁路调度管理信息网上发布系统设计与实现[D].武汉:武汉大学,2005.

[27]李世姣.移动通信基站动力环境监控系统的设计与实现[D].成都:电子科技大学,2008.

[28]邹芳明.通信电源在广电有线机房中的应用[J].广播与电视技术,2013,40(7):106.

[29]赵洪军.铁路GSM-R工程设计暂行规定的编制[J].铁道标准设计,2006(3):107—110.

[30]欧阳忠良.环形预应力混凝土电杆养护、保管及运输的正确方法[J].建材产品与应用,2002(6):29.

[31]程学庆.列流图自动生成与空车调配相关问题研究[D].成都:西南交通大学,2007.

[32]高健.动力环境集中监控系统的应用和发展[J].电信工程技术与标准化,2006,19(6):60—64.

[33]王晓婷,邵翔.铁路专用通信网接入技术现状及展望[J].铁道通信信号,2007,43(9):35—37.

[34]刘福安.铁路运输管理信息系统(TMIS)应用安全研究[J].金色年华(下),2011(4):211.

[35]陈云虹.如何正确地选用电线电缆[J].城市亮化,2007(2):36—37.

[36]黄达伟.对通信电源系统的分析[J].中国科技博览,2009(25):49—50.

[37]于长江.基于GPRS的基站信息综合管理系统的设计与实现[D].长沙:湖南大学,2009.

[38]金岱.通信电源在电力系统中的应用[J].科技创新导报,2013(17):103—104.

[39]刘宇.浅析智能化网络环境监控系统的应用[J].黑龙江科技信息,2011(9):98.

[40]高健.谈动力环境集中监控系统的应用与发展[J].UPS应用,2006(6):33—37.

[41]司书晶.变压器行业招投标文件翻译的特点及策略[D].沈阳:辽宁大学,2014.

[42]孙文泽.浅谈变电站综合自动化系统[J].中小企业管理与科技(下旬刊),2012,18(3):273-274.

[43]于荣淼.关于配电箱进场验收的一些做法[J].工程质量,2002(12):11,37.

[44]石岩.对变电站综合自动化的认识与探讨[J].内蒙古科技与经济,2010(10):92-93.

[45]邹洁.变电运行管理工作中自动化技术的应用[J].硅谷,2012(18):146,156.

[46]曹文钟.变电站综合自动化技术分析[J].中国新技术新产品,2009(21):122.

[47]毛淑莲,刘青利.综合自动化技术在变电站中的应用分析[J].甘肃水利水电技术,2012,48(1):45-46,53.

[48]张泽宇.大禹渡一级泵站电气设备优化选型及监控系统开发研究[D].太原:太原理工大学,2014.

[49]王会清,韩勇飞.电流互感器的原理与应用[J].经营管理者,2013(21):383.

[50]赵民生,张涛.对县级电网变电站综合自动化系统建设的几点认识[J].电力学报,2006,21(1):54-57.

[51]田永红.综合自动化变电站发展前景[J].贵州电力技术,2009(11):51-53.

[52]李晓明,窦甜甜.浅谈直流系统[J].内蒙古石油化工,2014(2):50-51.

[53]汤继东.低压熔断器的选择[J].电气工程应用,2018(1):42-45.

[54]王智慧.浅淡运用合理的试验方法保证户外刀闸的安全运行[J].中国科技博览,2014(4):60.

[55]万小彬.电磁式电压互感器的自动设计计算及软件的开发[D].保定:河北农业大学,2012.

[56]蒋正阳.长电缆逆变器供电的异步电机瞬态过电压数学分析[D].长沙:湖南大学,2012.

[57]刘争明.新形势下配电器材的阐述[J].科学之友,2011(14):33-34.

[58]吕骞.刀开关的应用与运行维护[J].农村电气化,2002(8):42-43.

[59]荆强.基于CPS理念的刀开关产品包装设计[D].无锡:江南大学,2009.

[60]韩磊.分层分布式系统在数字化变电站中的应用[J].电力系统通信,2008,29(9):60-62.

[61]倪洪梅.变电站综合自动化系统的探讨[J].民营科技,2009(9):9.

[62] 铁道部经济规划研究院. 中空锚杆技术条件：TB/T 3209—2008[S]. 北京：中国铁道出版社，2008.

[63] 铁道部经济规划研究院. 铁路隧道防水材料 第1部分：防水板：TB/T 3360.1—2014[S]. 北京：中国铁道出版社，2015.

[64] 铁道部经济规划研究院. 铁路隧道防水材料 第2部分：止水带：TB/T 3360.2—2014[S]. 北京：中国铁道出版社，2015.

[65] 全国紧固件标准化技术委员会. 紧固件机械性能 螺栓、螺钉和螺柱：GB/T 3098.1—2010[S]. 北京：中国标准出版社，2011.

[66] 住房和城乡建设部标准定额研究所. 盾构隧道管片质量检测技术标准：CJJ/T 164—2011[S]. 北京：中国建筑工业出版社，2011.

[67] 中国建筑材料联合会. 膨润土：GB/T 20973—2007[S]. 北京：中国标准出版社，2008.

[68] 全国量和单位标准化技术委员会. GB 3100~GB/T 3102[S]. 北京：中国标准出版社，1994.

[69] 全国牵引电气设备与系统标准化技术委员会. 轨道交通 机车车辆牵引变压器和电抗器：GB/T 25120—2010[S]. 北京：中国标准出版社，2011.

[70] 全国变压器标准化技术委员会. 电力变压器 第一部分：总则：GB 1094.1—2013[S]. 北京：中国标准出版社，2014.

[71] 全国裸电线标准化技术委员会. 架空绞线用硬铝线：GB/T 17048—2017[S]. 北京：中国标准出版社，2017.

[72] 全国电工电子设备结构综合标准化技术委员会. 电力综合控制机柜通用技术要求：GB/T 25294—2010[S]. 北京：中国标准出版社，2010.

[73] 中国机械工业联合会. 建筑物设计防雷规范：GB 50057—2010[S]. 北京：中国计划出版社，2011.

[74] 中铁电气化局集团有限公司. TB/T 2075.1~2075.23—2010 电气化铁道接触网零部件[S]. 北京：中国铁道出版社，2010.

[75] 中铁电气化局集团有限公司. 电气化铁路接触网零部件技术条件：TB/T 2073—2010[S]. 北京：中国铁道出版社，2010.